非常规油气储层压裂液

管保山 梁 利 刘玉婷 姜 伟 等著

石 油 工 业 出 版 社

内 容 提 要

本书综合论述了压裂液在低伤害、低成本、可回收、耐盐、耐高温方面,以及泡沫压裂液、无水压裂液和纳米材料在压裂液中的应用等方面的最新研究成果,并对各种非常规压裂液的性能及现场应用进行了介绍。

本书可供从事压裂液研究的科研人员及现场技术人员和高等院校相关专业师生参考使用。

图书在版编目(CIP)数据

非常规油气储层压裂液 / 管保山等著 . — 北京:
石油工业出版社,2020.11
ISBN 978-7-5183-4403-1

Ⅰ. ①非… Ⅱ. ①管… Ⅲ. ①储集层-压裂液-研究
Ⅳ. ①TE357.1

中国版本图书馆 CIP 数据核字(2020)第 234199 号

出版发行:石油工业出版社
     (北京安定门外安华里 2 区 1 号   100011)
     网   址:www.petropub.com
     编辑部:(010)64523708
     图书营销中心:(010)64523633
经   销:全国新华书店
印   刷:北京中石油彩色印刷有限责任公司

2020 年 11 月第 1 版   2020 年 11 月第 1 次印刷
787×1092 毫米   开本:1/16 印张:34
字数:850 千字

定价:240.00 元
(如出现印装质量问题,我社图书营销中心负责调换)

《非常规油气储层压裂液》
编 写 组

主　　编：管保山

副 主 编：梁　利　刘玉婷　姜　伟　刘　萍　翟　文

编写人员：胥　云　才　博　翁定为　石　阳　程　芳

　　　　　王丽伟　许　可　严玉忠　李　勇　张　冕

　　　　　孙　虎　戴彩丽　宋振云　李志航　薛俊杰

　　　　　张金晶

前　　言

　　随着非常规油气资源开发的快速发展，世界能源格局发生了深刻变化。中国的非常规油气资源量巨大，但品质相对较差，勘探开发难度大。非常规油气时代既是机遇也是挑战，水平井钻井+大规模水力压裂成为非常规油气勘探开发的两把"利剑"。随着改造对象的复杂化，压裂液也被赋予了新的定义，对压裂液功能提出了新的要求。

　　"十二五"以来，中国石油依托国家和集团公司科技重大专项持续开展攻关研究，在低伤害、低成本、可回收、耐盐、耐高温、泡沫、无水压裂液及纳米材料在压裂液中的应用等方面取得重大进展，研发系列压裂液体系，并在油田现场进行了运用，取得良好的效果，全面支撑了非常规油气的勘探开发。本书即是对这些成果系统的总结：在低伤害压裂液方面，通过研发长链螯合多极性交联剂，可有效交联 0.15%瓜尔胶，相同性能条件下，瓜尔胶浓度降低 50%以上，残胶中瓜尔胶含量和残渣含量降低 50%以上，有效降低了储层伤害，同时大幅降低了液体成本；针对煤层气吸附性强，常规压裂液易伤害储层的特点，研发黏弹性表面活性剂压裂液，该压裂液黏弹性好，可有效携砂，残渣含量几乎为零，且遇到油气水自动破胶，特别适合煤层气储层改造。在耐盐滑溜水方面，通过引入极性阳离子片段，研发低吸附耐盐滑溜水体系，耐盐能力达到 300000mg/L。在可回收压裂液方法方面，研发了可回收瓜尔胶压裂液、可回收表面活性剂压裂液、可回收香豆胶压裂液、可回收小分子压裂液和可回收滑溜水压裂液。在耐高温压裂液方面，通过多元共聚反应，研发了耐温 240℃的超高温压裂液，有效应对渤海湾盆地高温储层的有效改造。在泡沫压裂液方面，研发高效起泡剂，形成氮气和二氧化碳泡沫压裂液，在煤层气和低压、易水敏储层取得良好效果；在无水压裂液方面，研发了新型液态二氧化碳增稠剂，在苏里格气田成功应用；在纳米压裂液方面，研发了微乳增渗驱油体系，通过纳米乳液渗吸置换和改变岩石表面性质，有效提高波及体积及采收率。

　　本书是在中国石油天然气集团有限公司科技管理部的支持下编写完成的，中国石油勘探开发研究院、长庆油田分公司、川庆钻探长庆分公司等单位给予了大力支持与帮助，一并表示感谢。

　　本书涉及内容广泛，书中难免存在不妥之处，敬请同行和读者批评指正。

目　　录

第一章 概 述

第一节 压裂液发展历程

一、早期压裂液化学发展阶段

1947 年，锡油（Stanolind Oil）公司在位于堪萨斯州西南部的霍果顿（Hugoton）油田进行了首次压裂试验（图 1-1），压裂共注入 1000gal 环烷酸棕榈油（凝固汽油）稠化汽油。

图 1-1　世界第一口压裂试验井

1949 年，哈里伯顿（Halliburton）公司在俄克拉何马州斯蒂芬斯县和得克萨斯州阿彻县进行了首次商业压裂（图 1-2）。压裂液使用了原油或是原油和汽油的混合物。

20 世纪 50 年代，先是使用稠化原油，后使用稠化煤油作为压裂液，1952 年后期大部分压裂采用了成品油或是原油作为压裂液。由于稠化原油含有重馏分，因此黏度低、摩阻高、滤失量大、携砂量少且"黏度—温度"关系不好，为了克服这些缺点，使用了降阻剂、降滤失剂等多种添加剂；同时通过在原油或柴油中加入脂肪酸和苛性碱进行皂化开发出了新的油凝胶体系。

图 1-2　世界第一口商业压裂井

1953 年，水基压裂液出现，研发了多种稠化剂，例如发现谷物淀粉可用于提高水基液的黏度，同时也可降低管内摩阻。

二、现代压裂液化学阶段

20 世纪 50 年代末期：瓜尔胶用作水基液的稠化剂更为可靠，形成硼酸盐交联凝胶技术，从此产生了现代压裂液化学。

20 世纪 60 年代：1962 年 10 月，第一个硼酸盐交联的瓜尔胶压裂液专利获得授权。1964 年 12 月，第一个硼酸盐交联凝胶破胶剂专利获得授权。

为了减少压裂液对储层的伤害，促进了如黏土防膨剂和防乳化剂等功能助剂的发展，加入泡沫和醇的压裂液得到更广泛的应用。

20 世纪 70 年代：压裂液早期的一个重大创新是使用金属交联剂来提高高温井的水基压裂液的黏度；随着越来越多的压裂改造涉及高温井，凝胶稳定剂得到了发展，首先使用的是甲醇。后来，化学稳定剂被开发出来，可以单独使用，也可以和甲醇一起使用。

瓜尔胶化学改性（如羟丙基瓜尔胶 HPG、羟丙基羧甲基瓜尔胶 CMHPG）成功，交联体系完善化（由硼、锑发展到有机钛、有机锆），水基压裂液迅速发展，在压裂液中占据了主导地位，有机交联剂的研发使得压裂液具有延迟交联能力，大幅度降低压裂液在井筒中的摩阻；之后，具有缓释能力的胶囊破胶剂被开发出来；国外开展了滑溜水室内实验和现场试验。

20 世纪 80 年代初期：随着井深的增加和井温的升高，对压裂液的黏度提出了更高的要求，开始大量采用瓜尔胶及其衍生物基压裂液。为了在高温储层中达到足够的黏度和提升其高温稳定性，采用了硼、锆、钛等无机金属离子和有机金属离子交联线性凝胶。泡沫压裂液因其对地层伤害小而受到广泛研究和应用。

20 世纪 90 年代：通过使用高效化学破胶剂和降低聚合物浓度的方法减少瓜尔胶对地层的伤害。压裂液体系仍是以水基压裂液为主（占 65%），泡沫压裂液（占 30%）、油基

2

压裂液和乳化压裂液（占 5%）共存的局面。后来，一种基于黏弹性表面活性剂的压裂液被开发出来。

三、非常规储层压裂液化学阶段

21 世纪：广泛使用水基压裂液体系，随着油气勘探开发的不断深入，非常规油气资源已经成为当前开发的热点，传统瓜尔胶压裂液体系已经不能完全满足油气开采压裂液的需要，众多具有更优异性能的压裂液体系应运而生，如滑溜水、表面活性剂压裂液、纳米压裂液、无水压裂液等。

压裂用水问题日益突出，有效利用返排水或油田产出水配制压裂液将极大缓解这一矛盾，耐盐聚合物、可重复利用压裂液等体系被开发出来。

第二节　压裂液作用

作为水力压裂五大要素（压裂装备、压裂工具、压裂液、支撑剂、方案优化）之一的压裂液发挥着至关重要的作用。早期压裂液的主要作用是传递地面能量，压开地层，并将地面支撑剂输送到地层裂缝中。随着改造对象性质的变化和压裂液化学的发展，压裂液被赋予了新的功能。

一、传递能量、压开地层

水力压裂是通过地面高压泵车将压裂液以超过地层吸收能力的排量注入井筒，在井底附近憋起超过地应力和岩石抗张强度的压力，使地层破裂形成水力裂缝。将地面设备高压传递到井底的媒介就是压裂液，为将地面压力更加高效地传递到井底，需要压裂液有较好的降阻性能，以降低压裂液在管道中流动的摩擦阻力。

二、沟通天然裂缝

压裂液除了压开新的裂缝外，还需兼顾沟通天然裂缝。天然裂缝是非常规储层体积改造的必要条件之一，低黏滑溜水体系更容易进入天然裂缝系统，沟通并激活天然裂缝，这也是低黏滑溜水体系在非常规储层改造中广泛应用的主要原因之一。

三、输送支撑剂

新的裂缝产生或者天然裂缝激活后，若没有得到有效支撑，裂缝将会原位闭合，储层的渗透性改善程度有限。为了提高裂缝的导流能力，需要压裂液携带支撑剂（一般是石英砂或陶粒）到达裂缝来支撑裂缝，裂缝闭合到支撑剂上，从而在井底附近地层内形成具有一定几何尺寸和高导流能力的填砂裂缝，达到增产、增注的目的。早期的压裂液携砂主要是靠压裂液黏度携砂（图 1-3），压裂液黏度一般在 100mPa·s 以上；非常规储层使用的低黏滑溜水体系黏度较低（图 1-4），一般 2~5mPa·s，携砂主要是靠施工排量携砂，施工排量一般为 14~18m³/min。

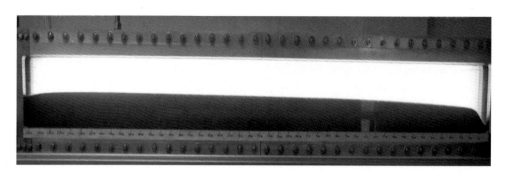

图 1-3　冻胶携砂液（40/70 目石英砂）砂比 20%

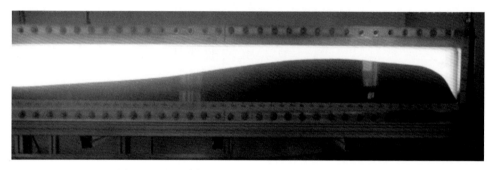

图 1-4　滑溜水携砂液（40/70 目石英砂）砂比 5%

四、冷却地层

压裂液在注入地层过程中，由于低温的压裂液和高温的地层间存在温度差，不可避免会发生热量交换，低温的压裂液会降低地层温度，同时压裂液温度会升高，影响压裂液流变性能。对于高温—超高温储层，大量压裂液的注入能够显著降低裂缝附近储层温度，降低温度对压裂液流变性能产生影响，提高压裂液携砂的安全性和稳定性（图 1-5）。

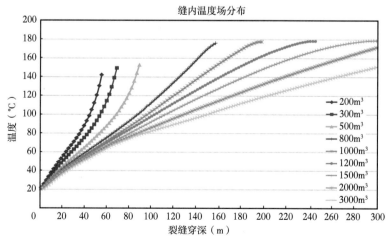

图 1-5　华北油田某高温井压裂液注入对储层温度影响模拟图

五、补充地层能量

对于非常规储层采用弹性衰竭式开采，常规注水等能量补充方式无法实施，地层能量得不到有效补充，导致产量递减快、采出程度低。通过压裂蓄能补充能量的方式能够有效提高井层能量，采用井组压裂蓄能的方式可以提高区块储层能量（图1-6、图1-7）。

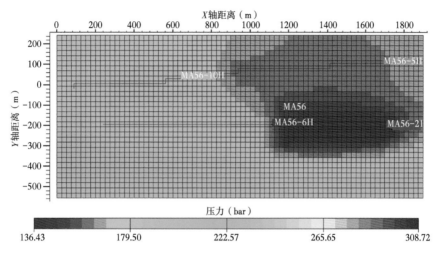

图1-6　某口水平井重复压裂前地层压力分布图

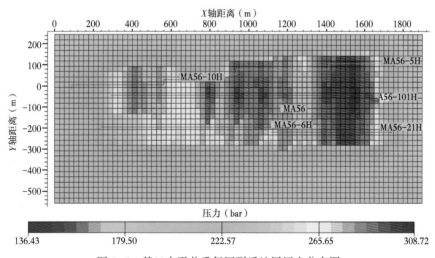

图1-7　某口水平井重复压裂后地层压力分布图

六、置换地层油气

针对非常规致密油储层如何提高动用程度、提高采收率的难题，通过在压裂液中加入驱油剂，改变液体与储层岩石界面间性质，使小孔隙中的油也可以采出，达到渗吸置换驱油的目的，提高采收率。

第三节　主要压裂液体系

压裂液的分类和命名暂无统一的标准。压裂液按照基液类型可分为：水基压裂液、油基压裂液、泡沫压裂液、醇基压裂液、酸基压裂液、乳化压裂液和其他类型压裂液（表1-1）。

表1-1　主要压裂液种类

基液类型	液体种类	主要成分
水基	滑溜水	水+降阻剂
	线性胶	稠化剂（瓜尔胶、HPG、HEC、CMHPG）
	交联冻胶	稠化剂（瓜尔胶、HPG、CMHEC、CMHPG）+交联剂
	黏弹性表面活性剂压裂液	电解质+表面活性剂
泡沫	水基泡沫	水+起泡剂+N_2 或 CO_2
	酸基泡沫	酸+起泡剂+N_2
	醇基泡沫	醇+起泡剂+N_2
油基	线性胶	油+稠化剂
	交联冻胶	磷酸酯凝胶
	水乳液	水+油+乳化剂
酸基	线性胶	酸+稠化剂
	交联冻胶	酸+稠化剂+交联剂
	油乳液	油+水+乳化剂
醇基	甲醇/水混合或100%甲醇	甲醇+水
乳化	水—油乳液	水+油
	CO_2—醇	CO_2+水+醇
	其他	
其他	液态 CO_2	CO_2
	液态 N_2	N_2
	液态 He	He
	液态天然气	LPG（丁烷或丙烷）

按照添加剂类型，可分为活性水、滑溜水、线性胶、交联压裂液、VES、泡沫压裂液、乳化压裂液等。压裂液添加剂主要包括稠化剂（降阻剂）、交联剂、破胶剂、杀菌剂、表面活性剂、黏土稳定剂等（图1-8）。

按照稠化剂类型，可以分为植物胶类压裂液、合成聚合物压裂液、表面活性剂压裂液、纤维素压裂液、生物胶、泡沫、乳化等类型。本书以稠化剂类型为分类并结合压裂液功能，分类介绍主要压裂液体系。

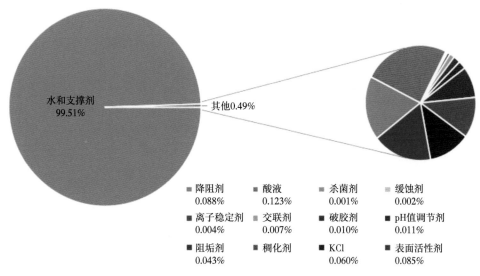

图 1-8　压裂液主要添加剂种类和含量

一、植物胶及其衍生物压裂液

1. 低浓度压裂液

瓜尔胶压裂液是由瓜尔胶原粉或其衍生物与硼或锆等交联形成的冻胶。瓜尔胶原粉水不溶物质量含量较高（18%~25%），原粉 1% 浓度的增黏能力为 187~351mPa·s，但冻胶破胶后残渣含量高，质量分数为 7%~10%。

为降低水不溶物、残渣对水力裂缝导流能力的伤害，对瓜尔胶原粉进行改性，改性后的瓜尔胶水不溶物质量分数降低到 2%~12%。瓜尔胶衍生物包括羟丙基瓜尔胶（HPG）、超级瓜尔胶（SHPG）、羧甲基瓜尔胶（CMG）、羧甲基羟丙基瓜尔胶（CMHPG）等。

通过降低瓜尔胶的使用浓度可大幅降低储层伤害，中国石油勘探开发研究院压裂酸化技术服务中心通过研制长链多点螯合交联技术，开发使用有机硼高效交联剂，形成的超低浓度 HPG 压裂液，显著降低了 HPG 的使用浓度，可使 0.1%HPG 交联，突破美国压裂液 0.18% 交联下限，稠化剂相对浓度降低 30%~50%，残渣含量减少 38%~53%，伤害率降低 30%~40%，在中国石油下属各油田的广泛应用中取得了良好的效果。

2. 可回收压裂液

可回收压裂液体系的核心是小分子稠化剂。采用生物降解技术对瓜尔胶进行降解，通过控制降解条件来控制瓜尔胶的降解程度，从而控制瓜尔胶的相对分子质量，制备出了相对分子质量为（30~50）×10⁴、在硼酸盐条件下可交联的低分子量瓜尔胶，并在瓜尔胶分子链上引入亲水基团，得到了在水中易溶解、分子量低、分子量分布均匀的低分子量瓜尔胶，分子量为常规瓜尔胶的 1/20~1/10，水不溶物、破胶液分子量对地层伤害均有所降低。低分子量瓜尔胶与硼交联后，形成暂时的水凝胶网络，作业过程中依靠地层的酸性对压裂液进行中和，降低其 pH 值而破胶返排，在相同温度条件下，破胶液的黏度十分接近基液的黏度。通过利用 pH 值控制硼酸盐离解平衡移动原理来改变瓜尔胶压裂液的交联状态，使其在酸性条件下非降解性破胶，瓜尔胶分子结构不被破坏，可实现重复交联。

3. 香豆胶压裂液

香豆胶为国产稠化剂，是从香豆种子中提取的天然植物胶，其主要结构为半乳甘露聚糖。1%浓度下的增黏能力差异较大（156~321mPa·s），香豆胶原粉水不溶物含量为7%~15%，具有较好的水溶性且摩阻低，形成的压裂液耐温170℃。

香豆胶的技术性能与瓜尔胶相当，但受种子质量、加工水平及成本压力等因素的限制，现使用的香豆胶压裂液稠化剂用量较高、耐温有限，性能没有达到工业化应用的技术水平。

二、合成聚合物压裂液

1. 滑溜水压裂液

通过向清水中添加一定量的降阻剂，得到一种低黏、低摩阻的压裂液体系。降阻剂一般为聚丙烯酰胺类聚合物。目前现场使用的滑溜水压裂液降阻剂分为两种：一种是在线混配的聚合物高分子乳液，另一种是提前配液的聚合物高分子粉剂。

滑溜水压裂主要适用于水敏性小、储层天然裂缝较发育、脆性较高的地层。较之于常规冻胶压裂其摩阻低，能在高排量下大量泵入，形成更为复杂的裂缝网络，以便获得更大的改造储层体积，压裂效果更好；残渣少，对储层伤害小；易返排，易回收，环境污染小；成本低。但也存在一些不足亟待解决，如由于黏度较低而导致携砂能力较差、压裂时形成的缝网宽度较窄、要求泵注排量高、效率低、用量大等。

2. 高温压裂液

高温压裂液按稠化剂类型主要分为三类：耐高温羟丙基瓜尔胶压裂液和羧甲基羟丙基瓜尔胶压裂液，但天然聚合物耐高温极限是177℃；耐高温改性瓜尔胶和聚丙烯酰胺混合基压裂液；耐高温合成聚丙烯酰胺压裂液。交联剂采用耐温能力更强的有机锆交联剂。

哈里伯顿公司在2002年就申请了耐高温合成聚合物压裂液的专利，2009年哈里伯顿公司的耐高温合成聚合物压裂液的温度稳定性可达232℃，并成功在得克萨斯州南部的油田进行了现场应用。贝克休斯公司在2011年研发了耐温达232℃的合成聚合物压裂液，稠化剂用量较小。斯伦贝谢公司于2014年推出了适用于储层温度高达232℃的耐高温合成聚合物压裂液，并成功在印度海上油田进行了现场应用。2019年，据报道以N、N-二甲基丙烯酰胺（DMAM）、2-丙烯酰胺-2-甲基丙磺酸（AMPS）及N-乙烯基吡咯烷酮（NVP）为单体通过溶液聚合制得三元聚合物稠化剂，形成耐温性能在240℃以上的聚合物压裂液体系。

三、表面活性剂压裂液

表面活性剂压裂液也叫清洁压裂液，是一种由黏弹性表面活性剂（VES）形成的压裂液体系。表面活性剂分子具有疏水基和亲水基的两亲结构，当浓度在临界胶束浓度（cmc）以下时，以单分子状态分散在水中或吸附在界面上，随着溶液中表面活性剂浓度的增大，表面活性剂分子形成不同形态的胶束。在稍高于cmc浓度时形成球形对称胶束；在10倍于cmc或更高浓度溶液中形成柱状胶束；浓度继续增加时柱状胶束聚集成束，形成六方柱形；浓度更高时形成巨大的层状胶束和拟六方柱形胶束；在浓度极高的溶液中会形成液晶结构或微乳状液。表面活性剂压裂液分为阴离子型、阳离子型、非离子型及两性离子型。

清洁压裂液通过表面活性剂随浓度增大而形成的胶束网状结构，因而具有携砂和造缝功能，当胶束结构遇到大量油气会自动破胶，返排能力强，压裂液残渣几乎为零，对储层伤害小。但其耐温性只适用于90℃以下的中低温条件，随着温度升高，VES压裂液黏度逐渐降低，需要不断加大VES剂量以维持其黏度，造成了成本上升，从而限制VES压裂液在中高温储层的应用。VES压裂液由于不能在裂缝表面形成滤饼，大量的压裂液会滤失到储层中，同时表面活性剂的乳化和润湿翻转效应也是VES压裂液应用中所面临的挑战。

四、纤维素压裂液

纤维素压裂液是通过加入纤维物质来改善支撑剂悬砂能力的一种新型压裂液，以减少稠化剂残渣对地层的伤害。纤维素压裂液中通过建立基于纤维的网状结构，增加砂粒下沉的阻力，约束支撑剂分散，增强其稳定性，从而增大裂缝导流能力，提高油气井产能。纤维素压裂液在大港油田和玉门油田的早期应用中存在配液难、破胶不彻底的问题，但其优良的携砂性能、较高的性价比仍然使其成为研究热点。

通过对纤维素进行改性、新型交联剂研发，形成了清洁低残渣、破胶彻底的纤维素压裂液体系。纤维素压裂液所用增稠剂为纤维素及其改性物，如羧甲基纤维素（CMC）、羟乙基纤维素（HEC）、羧甲基羟丙基纤维素（CMHEC）等。该类压裂液的优点是增黏效果好、携砂能力强、滤失量小、残渣含量低且对储层伤害小。

五、生物胶压裂液

黄胞胶是各行业中最典型和最重要的抗盐增稠剂。依靠分子间力形成结构流体，黄胞胶非交联基液弹性与瓜尔胶交联冻胶相近，在一定温度范围（120℃）内，非交联的黄胞胶基液具有较好的携砂性能。非交联黄胞胶与其他交联体系相比配方单一、影响其性能的因素少，此特点是实现压裂液回收再利用的重要优势。黄胞胶不交联作为压裂液使用滤失较大，但其在温度低于80℃时降解困难，会给地层带来较大伤害。

六、泡沫压裂液

泡沫压裂液（如N_2泡沫、CO_2泡沫、N_2—CO_2混合泡沫及VES泡沫）在非常规油气储层已得到广泛应用，对于水敏性地层和缺水环境，因为它们能够用大量压缩气体显著减少水的使用量，泡沫长期以来一直被认为是最好的压裂液之一。泡沫压裂液是在常规压裂液的基础上混拌高浓度的液态N_2或CO_2等组成的以气相为内相、液相为外相的低伤害压裂液。其组成包括液相、气相、表面活性剂及其他添加剂。气体泡沫质量多为40%～60%，泡沫质量小于52%时为增能体系。泡沫压裂液黏度大、携砂能力强、滤失低、残液返排率高，特别适合低温、低压，水敏或水锁等敏感性强的储层。泡沫压裂液在高剪切速率下和高温环境中的压裂过程中不稳，同时摩阻高，需要很高的注入压力才能使岩层破裂，对设备及施工要求高，一般不适合在深井使用。为了保持泡沫的稳定性，泡沫膜的厚度必须超过临界破裂厚度。研发高气体含量的稳定泡沫（泡沫含量超过95%）并保持在高温条件和高剪切速率下具有较小阻力是最近研究的热点。

七、乳化压裂液

乳化压裂液是介于水基压裂液和油基压裂液之间的一种压裂液体系，由30%～40%的液态烃和60%~70%的聚合物水溶液组成的一种"水包油"或"油包水"的压裂液。与水基压裂液相比，其减少了入地水量，具有低滤失、低残渣、高黏度的特点。但乳化压裂由于烃类的加入而导致液体摩阻较高。

八、二氧化碳压裂液

1. 液态二氧化碳压裂液

液态CO_2压裂液是一种以液态CO_2为基础的压裂液体系，适用于水敏性地层的无水压裂液。CO_2在压力为1.4MPa、温度为-34.5℃的条件下在地表呈液态。液态CO_2的黏度大约为5mPa·s，因此可以携带支撑剂。在温度和压力都趋于稳定后，部分CO_2会溶于水和液态烃沉积物中，CO_2吸附能力更强，能够置换吸附于岩石壁面的油气。

2. 超临界二氧化碳压裂液

超临界CO_2压裂液利用CO_2气体在温度超过31.1℃、压力超过7.38MPa时处于超临界态的特性而形成的压裂液体系。超临界CO_2具有许多独特的物理化学性质：（1）密度接近于液体；（2）黏度非常低，接近于气体；（3）表面张力接近于零。这些性质几乎可以解决水力压裂带来的所有难题。但超临界CO_2易流动，在压裂过程中滤失快，需要较大的排量，导致压裂成本高，且其黏度低，携带支撑剂困难。

九、LPG 压裂液

LPG压裂液主要是由丙烷（有时为丁烷），在高压作用下会形成凝胶状的黏稠物的压裂液体系。LPG压裂液能与地下的油气资源自然地混合，并且它不溶解任何盐、重金属或放射性化合物，因此当它和地下的油气资源一起返回到地面时，可彻底解决有害物质的排放问题。与传统水基压裂液相比，LPG压裂液的其他优点包括：LPG压裂液能产生更为有效的裂隙导流能力，具有理想的黏度和携砂性能；无水锁、无聚合物残留、无黏土膨胀，压裂作业后仅有支撑剂留在地层中，对地层伤害极小；压裂后无须返排，可直接投产。该技术的缺点是短期成本较高、操作使用中的风险性较大。

参 考 文 献

白云云，宋本凯，2019. 煤层气水力压裂工艺新进展 [J]. 榆林学院学报，29（2）：13-16.

曹朋青，2008. 压裂液体系研究的进展与展望 [J]. 内江科技，(11)：126-127.

曹学军，何兴贵，2014. 国外黏弹性表面活性剂压裂液研究进展及应用展望 [J]. 天然气勘探与开发，37（2）：76-80+13-14.

曹子英，陶举兵，2015. 页岩气压裂技术与压裂液性能的研究、开发现状 [J]. 重庆工贸职业技术学院学报，11（4）：1-5.

柴思琪，樊祥博，李明，等，2018. 油田压裂返排液处理研究进展 [J]. 山东化工，47（1）：34-36.

陈晨，朱颖，翟梁皓，等，2018. 超临界二氧化碳压裂技术研究进展 [J]. 探矿工程（岩土钻掘工程），45（10）：21-26.

程兴生，卢拥军，管保山，等，2014. 中石油压裂液技术现状与未来发展 [J]. 石油钻采工艺，36（1）：1-5.

杜涛，姚奕明，蒋廷学，等，2016. 合成聚合物压裂液最新研究及应用进展 [J]. 精细石油化工进展，17（1）：1-5.

段志英，2010. 高压深井压裂加重技术研究进展 [J]. 断块油气田，17（4）：500-502.

顾凯，2019. 清洁压裂液的应用研究进展［J］. 化工设计通讯，45（4）：85.

管保山，刘玉婷，刘萍，等，2016. 煤层气压裂液研究现状与发展［J］. 煤炭科学技术，44（5）：11-17+22.

郭布民，李小凡，王杏尊，等，2018. 高温海水基压裂液研究与开发进展［J］. 中国石油和化工标准与质量，38（24）：114-116+118.

郭辉，庄玉伟，褚艳红，等，2018. 双子表面活性剂类清洁压裂液的研究进展［J］. 化工进展，37（8）：3155-3163.

韩春才，2017. 浅谈压裂液技术的现状和发展前景［J］. 化学工程与装备，（8）：233-234.

韩松，邓贤文，2016. 海拉尔盆地压裂液技术现状及发展趋势［J］. 油气井测试，25（2）：18-21+75-76.

何青，姚昌宇，袁胥，等，2017. 水基压裂液体系中交联剂的应用进展［J］. 油田化学，34（1）：184-190.

何涛，景芋荃，柯玉彪，等，2019. 无水压裂液技术研究现状及展望［J］. 精细石油化工进展，20（2）：24-28+32.

胡科先，王晓华，2015. 压裂液技术发展现状研究［J］. 石油化工应用，34（2）：13-16.

黄嵘，唐善法，方飞飞，等，2012. 中高温清洁压裂液研究及应用进展［J］. 化工生产与技术，19（3）：28-32+70-71.

蒋官澄，许伟星，李颖颖，等，2013. 国外减阻水压裂液技术及其研究进展［J］. 特种油气藏，20（1）：1-6+151.

康祥，王富明，2015. 石油压裂液技术现状与未来发展［J］. 石化技术，22（3）：139.

李斌，彭欢，李晓龙，2015. 合成聚合物压裂液稠化剂的研究进展［J］. 广州化工，43（4）：33-35.

李超颖，王英东，曾庆雪，2011. 水基压裂液增稠剂的研究进展［J］. 内蒙古石油化工，37（5）：8-10.

李小刚，宋峙潮，宋瑞，等，2019. 泡沫压裂液研究进展与展望［J］. 应用化工，48（2）：412-417.

李欣，2018. 清洁压裂液研究进展［J］. 能源化工，39（2）：55-59.

李彦林，闫继英，吴勇，等，2004. 国内近期压裂液添加剂发展趋势［J］. 新疆石油科技，（1）：15-19.

李杨，郭建春，王世彬，等，2019. 耐高温压裂液研究现状与发展趋势［J］. 现代化工，39（S1）：95-98.

李杨，郭建春，王世彬，等，2018. 低伤害压裂液研究现状及发展趋势［J］. 现代化工，38（9）：20-22+24.

李永飞，王彦玲，曹勋臣，等，2018. 页岩储层压裂用减阻剂的研究及应用进展［J］. 精细化工，35（1）：1-9.

李渝龙，1996. 植物胶压裂液用有机硼交联剂 SD2-2［J］. 油田化学，（4）：25-28.

李元灵，杨甘生，朱朝发，等，2014. 页岩气开采压裂液技术进展［J］. 探矿工程（岩土钻掘工程），41（10）：13-16.

梁文利，赵林，辛素云，2009. 压裂液技术研究新进展［J］. 断块油气田，16（1）：95-98+117.

刘付臣，杨振周，宋璐璐，等，2018. 国外超高温压裂液添加剂的研发进展与分析［J］. 化工管理，（31）：107-109.

刘明书，唐善法，方飞飞，等，2012. 粘弹性表面活性剂压裂液研究应用进展与展望［J］. 石油化工应用，31（9）：1-4+7.

刘鹏，赵金洲，李勇明，等，2015. 碳烃无水压裂液研究进展［J］. 断块油气田，22（2）：254-257.

刘艳艳，刘大伟，刘永良，等，2011. 水力压裂技术研究现状及发展趋势［J］. 钻井液与完井液，28（3）：75-78+97.

路遥，康万利，吴海荣，等，2018. 丙烯酰胺基聚合物压裂液研究进展［J］. 高分子材料科学与工程，34（12）：156-162.

罗明良，杨宗梅，巩锦程，等，2018. 压裂液技术及其高压流变性研究进展 [J]. 油田化学，35（4）：715-720.

罗炎生，方波，卢拥军，邱晓惠，等，2018. 耐高温压裂液研究进展 [J]. 油田化学，35（3）：545-549.

马明. 改性纤维素压裂液交联流变动力学研究 [D]. 上海：华东理工大学，2016.

马喜平，陈尚冰，1997. 胍胶类交联压裂液及胶囊破胶剂的新进展 [J]. 钻采工艺，（5）：66-70.

马新仿，张士诚，2002. 水力压裂技术的发展现状 [J]. 河南石油，（1）：44-47+1.

潘一，马欣，杨双春，等，2019. 阳离子型双子表面活性剂在石油行业的应用进展 [J]. 应用化工，48（2）：470-476.

潘一，孙孟莹，杨双春，等，2019. 阴离子型清洁压裂液耐温性研究进展 [J]. 精细化工，36（7）：1271-1278.

潘一，夏晨，杨双春，等，2019. 耐高温水基压裂液研究进展 [J]. 化工进展，38（4）：1913-1920.

彭欢，桑宇，杨建，等，2016. 泡沫压裂液携砂性能评价方法研究进展及展望 [J]. 钻采工艺，39（3）：87-90+131-132.

石华强，2018. 鄂尔多斯盆地致密气压裂液技术发展与认识 [C]∥2018 年全国天然气学术年会论文集（03 非常规气藏）. 中国石油学会天然气专业委员会：770-774.

苏创，孟石，2017. 水力压裂用胍尔胶化学改性研究进展 [J]. 化工设计通讯，43（11）：170-172.

谭明文，何兴贵，张绍彬，等，2008. 泡沫压裂液研究进展 [J]. 钻采工艺，（5）：129-132+173.

唐燕祥，1995. 瓜尔胶与田菁胶化学改性的研究进展 [J]. 矿冶，（3）：67-71+25.

唐颖，唐玄，王广源，等，2011. 页岩气开发水力压裂技术综述 [J]. 地质通报，30（Z1）：393-399.

田军，2017. 油田助剂的发展前景研究 [J]. 中国石油石化，（1）：13-14.

王嘉欣，唐善法，2018. 清洁压裂液的研究现状与展望 [J]. 当代化工，47（2）：334-337.

王满学，何静，王永炜，2018. 国内烃基无水压裂液技术研究与应用进展 [J]. 钻井液与完井液，35（6）：1-7.

王满学，刘建伟，何静，等，2018. 水基压裂液重复使用技术的现状及发展趋势 [J]. 断块油气田，25（3）：394-397.

王启帆，徐尧，2019. 水基压裂液重复使用技术的现状及发展趋势 [J]. 石化技术，26（9）：313+345.

王世栋，潘一，李沼萱，等，2016. 非常规压裂液体系研究进展 [J]. 现代化工，36（10）：38-41+43.

王所良，李勇，吴增智，2016. 高温油藏用海水基压裂液研究进展 [J]. 石油化工应用，35（10）：5-9.

王煦，杨永钊，蒋尔梁，等，2010. 压裂液用纤维类物质的研究进展 [J]. 西南石油大学学报（自然科学版），32（3）：141-144+198-199.

魏兵，田庆涛，毛润雪，等，2020. 纳米纤维素材料在油气田开发中的应用与展望 [J]. 油气地质与采收率，1-7.

魏静，钟汉斌，2015. 清洁压裂液的最新研究进展 [J]. 广东化工，42（17）：121+116.

吴刚飞，修书志，廖清志，等，2019. 污水压裂液现场应用探索与认识 [J]. 中国煤层气，16（6）：34-37.

夏熙，杨二龙，2019. 页岩气压裂液研究进展及展望 [J]. 化学工程师，33（7）：59-63+76.

谢璇，张强，陈刚，等，2014. 胍胶基压裂体系研究进展及其在长庆油田的应用 [J]. 精细石油化工进展，15（5）：35-38.

徐敏杰，管保山，刘萍，等，2018. 近十年国内超高温压裂液技术研究进展 [J]. 油田化学，35（4）：721-725.

许春宝，何春明，2012. 非常规压裂液发展现状及展望 [J]. 精细石油化工进展，13（6）：1-5.

薛承瑾，2011. 页岩气压裂技术现状及发展建议 [J]. 石油钻探技术，39（3）：24-29.

严志虎，戴彩丽，赵明伟，等，2015. 清洁压裂液的研究与应用进展 [J]. 油田化学，32（1）：141-145+150.

张晨曦，2016. 粘弹性表面活性剂压裂液新技术进展［J］. 化工管理，（11）：156.

张俊峰，2017. 压裂液技术发展现状研究［J］. 化学工程与装备，（9）：274-275+221.

张磊，2012. 清洁压裂液研究进展及应用现状［J］. 精细石油化工进展，13（8）：12-15.

张荣明，林士英，李柏林，2006. 粘弹性表面活性剂压裂液的研究应用现状分析［J］. 河南石油，（3）：73-75+110.

赵以文，1994. 香豆硼冻胶压裂液［J］. 油田化学，（1）：39-44.

赵忠扬，卢拥军，崔明月，1997. 优质植物胶水基压裂液系列研究与应用［J］. 石油与天然气化工，（3）：185-187+202.

周长林，彭欢，桑宇，等，2016，CO_2 泡沫压裂技术研究进展及应用展望［J］. 钻采工艺，39（3）：46-49+129.

周忠鸣，钱程远，2015. 开发页岩气用压裂液发展综述［J］. 化学工程与装备，（10）：201-203.

Elsevier Ltd，1996. Advanced fracturing fluids improve well economics［R］. 33（5）.

Iman Oraki Kohshour，Reza Barati，Meaghan Cassey Yorro，et al，2017. Economic Assessment and Review of Waterless Fracturing Technologies in Shale Resource Development：A Case Study［J］. Journal of Earth Science，28（5）：933-948.

John N. Hooker，Joe Cartwright，Ben Stephenson，et al，2017. Fluid evolution in fracturing black shales，Appalachian Basin［J］. American Association of Petroleum Geologists，101（8）.

Montgomery C T，Smith M B，2010. Hydraulic fracturing：History of an enduring technology［J］. Journal of Petroleum Technology. 62（12）：26-32.

Nurudeen Yekeen，Eswaran Padmanabhan，Ahmad Kamal Idris，2018. A review of recent advances in foam-based fracturing fluid application in unconventional reservoirs［J］. Elsevier B. V.

Wanli Kang，Silvia John Mushi，Hongbin Yang，et al，2020. Development of smart viscoelastic surfactants and its applications in fracturing fluid：A review［J］. Journal of Petroleum Science and Engineering，190.

Xin Sun，Zhibin Gao，Mingwei Zhao，et al，2019. Development and evaluation of a novel seawater-based viscoelastic fracturing fluid system［J］. Journal of Petroleum Science and Engineering，183.

第二章 滑溜水压裂液体系

近年来，随着致密油气藏开发研究的深入与技术的进步，多级分段压裂、大规模分段多簇的滑溜水压裂技术得到了快速发展与应用。滑溜水压裂主要以低黏携砂、大排量、低砂比、大规模为施工方式，因此，降低泵注液体施工摩阻成为迫切需要解决的问题，这使得高效降阻剂成为配套体积压裂的关键技术。在滑溜水水力压裂技术中，要求降阻剂具有很好的技术指标。降阻剂要取得好的降阻效果，在聚合物分子量大的基础上，聚合物分子链还需具有良好的舒展性，呈线性的大分子链能起到很好的降阻效果，而且大分子链上支链越长，降阻效果越好。降阻剂的加入可以降低井筒中湍流的产生，大分子链在水中舒展，可以输导流体、抑制涡流，降低流体内部的流动阻力；同时聚合物大分子链附着在井壁上，可以形成一种光滑的保护膜，起到降低流体外部摩擦阻力的效果。因此滑溜水压裂液体系由于其极低量的聚合物，具有易返排、成本低、对储层伤害小等特点，因此在许多地区进行了大规模应用，而且取得了不错的经济效益。

第一节 滑溜水压裂液技术简介

20世纪80年代初滑溜水压裂液的出现大幅度减小了摩擦阻力，解决了清水摩擦阻力高、泵功率高、能源消耗高的问题。但是后来交联压裂液逐渐取代了滑溜水压裂液。近年来，随着美国页岩气的开发，滑溜水压裂液重新被重视，并且再次体现出良好的性能。

早期的滑溜水压裂液就是在清水中加入少量的降阻剂，或者再加入少量的添加剂，类如表面活性剂、杀菌剂、阻垢剂和黏土稳定剂等。1997年，米切尔（Mitchell）能源公司将滑溜水应用到现场，并取得了不错的效果。之后，美国页岩气开采主要采用滑溜水压裂液体系，到2004年使用率占到整体开采的30%以上（表2-1）。

表2-1 2004年美国油气田开采所用压裂液百分比

压裂液类型	所占百分比（%）
滑溜水压裂液	31.1
硼酸盐压裂液	23.8
B类低聚物压裂液	15.0
Z类低聚物压裂液	14.3
有机硼酸盐压裂液	7.0
瓜尔胶压裂液	8.4
油基压裂液	0.4

后来人们在现场操作中发现，早期滑溜水压裂液的裂缝导流能力差，因此尝试在滑溜水压裂液中加入一定量的支撑剂，发现加入支撑剂后有明显改善。但是由于滑溜水本身黏

度的限制，携带支撑剂的量较小。

滑溜水压裂液现已被广泛使用到致密油气、页岩油气的开发，其成分主要是水和支撑剂，含量占99%以上，其他类如降阻剂、黏土稳定剂、杀菌剂、表面活性剂和阻垢剂等添加剂含量较少，虽然含量不足1%，却发挥着不可忽视的作用（表2-2）。

表2-2 滑溜水压裂液主要添加剂

添加剂	成分	含量（%）	作用
降阻剂	丙烯酰胺类聚合物	0.010	降低压裂摩擦系数，减少能耗
黏土稳定剂	季铵盐	0.080	提高黏弹稳定性，防止井壁坍塌
杀菌剂	DBNPA、THPS	0.007	杀死细菌，减少对储层的伤害
表面活性剂	乙氧基化醇	0.020	降低压裂液表面张力，提高返排率
阻垢剂	磷酸盐	0.050	防止管道内结垢

一、降阻及降阻剂的概念

Toms（1948）首次发表了一篇有关高聚物降阻的文章，主要研究其降阻机理，指出氯苯中溶入少量的聚甲基丙烯酸甲酯（PMMA），明显发现液体的运动阻力有大幅度的降低，从而提出降阻概念。随后Savins（1963）给降阻做出明确定义："降阻"为"在流体中溶入少量物质后出现能量耗损降低、运输量升高的现象"。

20世纪60年代中期，业内开始关注高聚物降阻，主要原因是由于这一技术能够带来巨大的经济效益，且用量低、降阻效果好，因此在各个领域具有广泛的应用前景。

高聚物降阻即为可以降低紊流流体流动阻力的高分子聚合物，主要是可以达到降低能量损耗、从而提高流量的目的。把可以减小流体流动摩擦阻力的添加剂称之为降阻剂，简称DRA。降阻剂是滑溜水体系中最重要的添加剂，以高分子聚合物为主，利用降阻剂来减小流体的运动摩擦阻力，从而减少压裂费用，提高油气采收率，节约资源。

二、滑溜水压裂液降阻剂的分类

降阻剂通常为相对分子质量较大的柔性高分子聚合物，主要包括了天然聚合物，如瓜尔胶及其衍生物和纤维素衍生物，合成聚合物，如丙烯酰胺类共聚物等。根据其使用用途一般分为水溶性和油溶性两大类，水溶性的降阻剂主要有瓜尔胶、聚氧化乙烯、纤维素、黄原胶和聚丙烯酰胺等，近年来页岩气等非常规储层开采使用的滑溜水压裂液大多采用水溶性降阻剂，最为常见和最常使用的是聚丙烯酰胺类降阻剂。

降阻剂大体可以分为表2-3所示的几类，各自的优缺点不同。

表2-3 各类降阻剂及其特性

降阻剂	溶解性能	携砂性能	伤害性能	降阻性能
线性胶	良好	低	较大	一般
高分子聚合物	一般	低	大	良好
乳液聚合物	好	低	大	良好
交联聚合物		高	一般	差

线性胶，如瓜尔胶及其衍生物，其溶解性能和降阻性能良好，但体系稳定性差，经过高速剪切后降阻效果下降明显，残渣含量多，对储层伤害较大。高分子聚合物主要以丙烯酰胺类聚合物为主，其溶解性能一般，降阻性能良好，优于线性胶，但是一般的丙烯酰胺类聚合物溶液稳定性能差，耐盐性能和耐温性能均不理想。乳液聚合物在高分子聚合物的基础上，其溶解性有了进一步的提高，可以减少溶解时间，但是乳液不易运输且成本高。交联聚合物在携砂性能上有了突破，还具有造缝的优良性能。

三、国内外降阻剂研究现状及分析

1. 国内降阻剂研究现状

国内有关降阻剂的研制报道很少，大多都是依靠国外进口，因此更应该借鉴国外的研制经验，开发新型降阻剂。

20世纪70年代初期，国内对于降阻剂的研究取得一些进展。郑文在20世纪80年代成功合成了油溶性降阻剂。国产降阻剂性能优良，但是由于进步较晚，所以在理论和实践上比起国外相对落后。

20世纪80年代，浙江大学研制出了ZDR、EP等一系列降阻剂，ZDR由于分子量较小的缘故，所以比国外性能差许多；EP降阻剂是通过催化剂制备，在煤油中的降阻率达30%；EPO降阻剂是三元共聚，具有一定的降阻效果。

刘友权利用丙烯酰胺和阳离子单体共聚，制备出耐盐型降阻剂。刘通义等在2013年研制出了一种适用于滑溜水压裂液降阻剂，其水溶性良好，并且携砂能力和降阻性能优良。2014年，针对常规降阻剂携砂性能差、对岩心伤害高、降阻剂聚合物分子量高的缺点，研制出一种新型的降阻剂，该降阻剂具有低黏、高弹性质，对岩心伤害小且降阻性能优良，性能优于常规降阻剂，在现场得到广泛应用。

2015年，长江大学的余维初教授、首席专家吴军博士等领导的团队，成功地研发出绿色清洁滑溜水体系，包括自清洗、无毒、无伤害、纳米级复合高效液体降阻剂JHFR-2，降阻携砂二合一的JHFR-3，具有降阻、助排黏土稳定的JHFR-4，绿色清洁滑溜水体系有以下优点：（1）无生物毒性，成分中去除了一些有害物质，不含任何与压裂液不相溶成分，与其他产品相比更具有普适性和环保性；（2）对储层无伤害；（3）对水质要求低，即使在劣质的水中也可以迅速起效，适用于各种压裂液的返排液或海水；（4）对其他添加剂有增效功能；（5）耐高温，耐高矿化度；（6）水溶性好，可以达到快速溶解；（7）降阻性能优良，降阻率为75%，该体系在滑溜水压裂液降阻剂领域跻身国际领先行列，现已具备3000t/a的生产能力。

2. 国外降阻剂研究现状

压裂液体系最早开始于20世纪50—60年代，其核心就是降阻剂，并且随着页岩气开发的发展，降阻剂逐渐得到重视。

美国米切尔能源公司在1997年第一次使用滑溜水压裂液对页岩气进行开采，在巴奈特（Barnett）页岩层得到了很好的效果，在一定程度上提高了采收率，并且降低了压裂费用。降阻剂不仅可以达到降阻的目的，还因为本身具备一定的黏度，从而可以携带支撑剂完成体积改造。滑溜水压裂液的成功应用，很快扩展到美国的其他页岩气非常规储层。

常规的降阻剂携砂能力差，需要提高泵入速率，因此会加大能量消耗，对泵造成较大的损伤，并且常规的降阻剂对储层会造成一定的伤害。为了解决上述问题，2000年开始，各国通过大量实验研究，发现并研制了一系列新型滑溜水降阻剂。

由于常规滑溜水聚合物降阻剂对储层有伤害，因此聚合物如何降解，研发无伤害型降阻剂十分重要。Carman 在 2007 年对比了过硫酸盐、无机有机过氧化物和其他氧化剂对丙烯酰胺聚合物的降解能力，发现在 82℃ 下过硫酸钾的降解能力最好，但是需要较高的温度，而且还有可能造成更大的储层伤害。因此 2011 年，Hong Sun 进行了大量研究，认为应当从以下两个方向改性降阻剂：一是加快降阻剂水合速率；二是研制出可以自动降解的降阻剂，从而可以减小降阻剂对储层的伤害。

2009 年，Aften 研制出一种应用于清水和氯化钾溶液的聚合物降阻剂，加入较高 HLB 值的非离子型表面活性剂，由于这一类表面活性剂同降阻剂接触时通常不会起到转相的作用，到与水接触后才开始起到转相效果，可以减少能量损耗。Andrei S. Zelenev 通过大量实验研究，发现阴离子型聚丙烯酰胺降阻剂的耐矿化度性能更优良，因此通过对丙烯酰胺改性可以提高其耐盐性能。Hong Sun 和 Dick Stevens 制备出一种新型低伤害降阻剂，在得克萨斯州的 Granite Wash 的 6 口井现场应用，发现新型低伤害降阻剂同其他添加剂配伍性良好，并且溶液稳定性优良，现场施工简易，产量有明显提升。

Aften 在 2010 年通过高矿化度水，尤其是提高二价金属阳离子的浓度，筛选选取出一种新型降阻剂，该降阻剂不仅降阻性能优良，还具有较好的耐盐性能。

2011 年，Javad Paktinat 对比了几种阳离子型和阴离子型降阻剂在清水、模拟海水和返排水中的降阻性能，这几种降阻剂的相对分子质量近似相同，发现所有的降阻剂在清水体系都体现出较好的降阻性能，常规的阳离子型降阻剂和阴离子型降阻剂在模拟海水和返排水中降阻性能均下降，改性后的新型阳离子型降阻剂和阴离子型降阻剂在模拟水和返排水中仍可以表现出较好的降阻性能。

2012 年，Harsha Kolla 研制出一种新型乳液降阻剂，该降阻剂与常规降阻剂相比，耐低温、耐剪切，并且水溶性好；该降阻剂耐高矿化度，在盐水体系中也可以快速溶解，保持优良的降阻能力。

目前常用的降阻剂一般为乳状液，由于乳状液含有表面活性剂，因此它的使用范围有一定的局限性，虽然之前已经成功制备了耐盐性降阻剂，但其耐盐性能有局限，尤其是在很高矿化度下降阻效果明显下降，因此人们提出假设，改变降阻剂的形态是否可以在一定程度上提高其耐盐性能。Kristen M. Tucker 在 2014 年研究了不同形态降阻剂在不同体系的降阻性能，发现乳状液使用范围很窄，粉末虽然使用范围广，但是水溶性较差，而乳状的降阻剂不仅在清水中溶解性好，在高矿化度的体系中仍然具有良好的降阻性能。Marcus Baltazar 等在 2014 年对比研究了常规降阻剂 FR-M、FR-N 和新型降阻剂 FRPW，发现在清水和低矿化度体系中，三种降阻剂均可以表现出较好的水溶性和降阻性，但只有新型降阻剂 FRPW 在高矿化度（15000~90000mg/L）下仍可以展现较好的降阻性能。

四、滑溜水耐盐降阻机理

压裂液这类流体在管道中流动时，会产生摩阻，引起能耗，表现为流体的压头损失，在施工中表现为泵压的增高，在流体中加入少量特定功能的添加剂配制成滑溜水能降低流体摩阻，减少能耗，降低压头损失，降低泵压，这种功能效果称为降阻。

减阻效率通常用降阻百分数 $D_R\%$ 度量：

$$D_R\% = \left[(f_s - f_p)/f_s \right] \times 100\% \tag{2-1}$$

式中　F_s——同一雷诺数下纯溶剂的范宁（Fanning）摩阻系数；

　　　f_p——同一雷诺数下减阻溶液的范宁摩阻系数。

对于管道流动：

$$D_R\% = \frac{\Delta p_S - \Delta p_P}{\Delta p_S} \times 100\% \tag{2-2}$$

式中　Δp_S——定长管道纯溶剂的压力降；

　　　Δp_P——定长管道减阻溶液的压力降。

通过测量定长管子两端的压差和流速，即可由式（2-2）计算 $D_R\%$。

1948 年，Toms 发现在氯苯中加入少量聚甲基丙烯酸酯可使摩阻降低约 50%。此后，降阻研究工作迅速开展，至今已发现三大类物质可起到降阻作用：一是高分子化合物，二是皂类及性质与皂类相似的络合物等，三是适当大小的固体悬浮物。其中高分子化合物使用最广泛，它具有加量少、减阻效率高的特点。

良好降阻效果的高分子化合物应具备以下特点：

（1）流体为高分子降阻剂的良溶剂，这种流体才有被降阻的可能。两者相溶性越好，其降阻效果越理想；

（2）分子结构是长直链型结构，柔顺性好，分支链少，降阻效果越好。具有螺旋形结构的柔性大分子比线型的大分子降阻更为有效。

（3）相对分子质量足够大（$>10^5$）。对同一类型分子来说，相对分子质量越高、链越长，降阻效果越好。

（4）高分子降阻剂在流场作用下会剪切降解，使降阻率大幅度下降。因此，优良的降阻剂还应具备良好的抗剪切性。作为降阻剂，高分子共聚物比均聚物的抗剪切能力要好，要达到相同的降阻率，共聚物的分子量要比均聚物的分子量小得多，这意味着共聚物主链断裂的速率要比均聚物慢，同时抗剪性好。

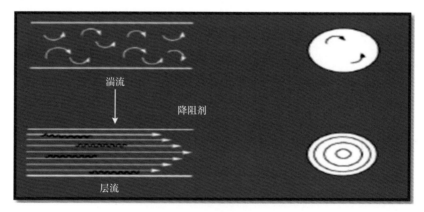

图 2-1　湍流降阻示意图

对于高分子降阻剂的降阻机理至今众说纷纭，大多数皆沿袭 Oldroyd 的设想。Oldroyd 认为聚合物分子极易受邻近管壁区域流动的影响，并认为要解决湍流降阻的问题，应当聚合物大分子和湍流之间的相互作用。湍流有一个显著的特点，就是旋转的涡流线相遇时发生的相互会引起涡流伸长。在这种作用下，大漩涡不断从平均流动中吸取能量。同时，较大的旋转的涡流伸长而形成较小的漩涡。较小的漩涡直径小，雷诺数（Re）较小，相对来讲，受黏度的影响较大，它们会迅速地被黏滞力所减弱，直至耗散为热能（图2-1）。因此，降阻剂的减阻机理是趋于湍流降阻，通过线性长链分子结构或结构流体的弹性结构吸收流体在湍流时耗散的流量并适时释放出来，达到减小能量消耗、降低摩阻的目的（图2-2）。

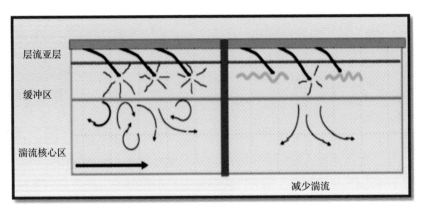

图2-2 湍流耗散能量吸收与释放

如果采用返排液配制滑溜水，由于返排液成分复杂、金属离子含量高，常规降阻剂分子在返排液中易发生"蜷曲"，无法很好地伸展，就很难达到降阻的效果；因此耐盐降阻滑溜水体系中的核心降阻剂应具备在与常规降阻剂分子结构相似的线性长直链型结构的同时需增强降阻剂分子链的刚性，使得降阻剂分子在含有高价金属离子（如 Ca^{2+}、Mg^{2+}）的高矿化度水溶液中可以保持较大的动力学尺寸，水解受到限制，从而防止高浓度盐水对降阻剂的性能造成影响，较短的支链可使得降阻剂分子结构呈嵌段线性长链，从而也能获得较好的抗盐、降阻性能；同时如果分子中含有疏水基团，通过疏水基团的疏水缔合作用也能在一定程度上改善聚合物耐温、抗盐性能。

五、影响高分子聚合物降阻因素

1. 相对分子质量对降阻剂降阻性能的影响

高分子聚合物之所以可以达到降阻效果，很大程度上是由于高分子聚合物溶于水可以体现出一定的表观黏度，因此相对分子质量较大的聚合物有较好的降阻效果。

郑文（1989）、王立（1991）等研究发现，降阻剂聚合物具备很高的相对分子质量，当相对分子质量高于100万时，聚合物才可以起到降阻效果。代加林研究发现，随着降阻剂的相对分子质量增加，其聚合物降阻剂的使用浓度降低，因此可以通过提高聚合物的相对分子质量来降低聚合物的使用浓度。

Hunston（1976）通过研究找出了相对分子质量与降阻率的关系：

$$\frac{r}{C} = K(M - M_{\mathrm{C}}) \qquad (2-3)$$

式中　　C——聚合物浓度；

　　　　K——常数；

M_c——聚合物可以起到降阻效果的最低相对分子质量。

由式（2-3）可以看出，相对分子质量与降阻率成正比，因此提高聚合物的相对分子质量可以提高聚合物的降阻效果。

2. 相对分子质量的分布

相对分子质量的分布也会影响高分子聚合物的降阻效果。相对分子质量分布太高或者太低的都会使降阻效果趋于一般。因此合适的相对分子质量分布对聚合物降阻性能尤为重要。

Hunston（1976）认为相对分子质量分布较宽的高分子聚合物降阻效果不如分布窄的聚合物，但在超高相对分子质量的水平上却恰恰相反。

聚合物的相对分子质量和分布取决于反应机理和反应条件，因此通过选择合适的合成方法和工艺就可以控制得到具备较好降阻性能的聚合物。

3. 聚合物空间结构

聚合物的性能很大程度上取决于其本身的结构，对于高分子聚合物降阻剂而言，降阻剂的降阻性能同样取决于聚合物本身的空间结构。聚合物分子链的几何形状对降阻剂的降阻性能有很大的影响。研究表明，绝大多数降阻剂是柔性分子，其分子链是线形或者是螺旋形，并且柔性越好，降阻效果越好。

Lumle 认为聚合物分子链为螺旋形的降阻效果要优于线形的，聚合物分子越柔性，说明在水中越容易舒展，支链越多，降阻效果越明显。

Gramain 等（1978）研究了不同形状降阻剂的降阻效果，发现分子链支化会大大影响降阻剂的降阻效果；另外分子链的侧基也会影响聚合物的降阻效果，主链上有一些较长的侧基，会提高相应聚合物的降阻性能。Wade（1975）的研究表明，如果主链上接枝一些较短的侧基，聚合物的降阻性能反而下降，并且他还指出交联的线形聚合物也会提高聚合物的降阻性能。因此，分子链的形状、长度，侧基的长短及交联程度会直接影响聚合物的降阻性能。

4. 聚合物耐剪切性能

许多研究发现，降阻剂会随着聚合物剪切会发生降解，从而降低降阻性能，并且这种剪切是难恢复、不可逆的降解，通过对降解的研究，还发现降解与聚合物本身的空间结构、流动状态、浓度以及溶剂的性质有关。

聚合物的耐剪切性能与其本身的结构有关，涉及聚合物的主链和侧链。主链是决定聚合物本身耐剪切性能的主要因素。主链刚性越强，聚合物分子的耐剪切性能越优越；侧链若是刚性大分子，在某种程度上会提高聚合物耐剪切性能，但是若主链刚性很弱，即使侧链的基团再大再刚性，也不能从根本上提高聚合物的耐剪切性能，因为主链会随着剪切断裂，降阻效果明显下降。

Patterson 等（1966）研究发现降阻剂在不同的溶剂中剪切后，降阻性能下降不同，因此溶剂的性质在一定程度上对降阻性能有所影响。Nakano（1975）研究发现，聚合物降阻剂在低浓度、良溶剂的环境下，剪切速率大于不良溶剂。Yu（1979）研究发现高分子聚合物的分子链的伸展和缠绕同样会影响聚合物的降解，进而影响聚合物的降阻性能。

Kim（2000）利用旋转圆盘装置评价不同降阻剂的降阻性能。通过测定聚合物溶液和纯溶剂的扭转力计算降阻率：

$$r = \frac{T_s - T_p}{T_p} \qquad (2-4)$$

式中 T_s——纯溶剂的扭转力；

　　　 T_p——聚合物溶液的扭转力。

因此研究结果发现，降阻率与溶液的性质有关，并且发现与溶液的溶解参数 δ 有关，δ 越大，降阻性能越差。

Witold 研究了聚合物溶液表观黏度、降阻率和剪切时间的关系：

$$\frac{\lambda}{\lambda_0} = \frac{\eta}{\eta_0} \qquad (2-5)$$

式中 λ ——剪切后降阻率；

　　　 λ_0——初始降阻率；

　　　 η——剪切后聚合物溶液表观黏度；

　　　 η_0——聚合物溶液初始表观黏度。

后推导得到：

$$\frac{\lambda}{\lambda_0} = \frac{1}{1 + W(1 - e^{-t/h_0 + h_1 c + h_2 c^2})} \qquad (2-6)$$

式中 W——相对分子质量易断裂点平均数；

　　　 h_i——不同聚合物、溶剂和雷诺数分别对应的常数；

　　　 c ——聚合物浓度。

5. 聚合物后处理

在现场应用中发现，高分子聚合物粉末在水中溶解性较差，容易结块，大幅降低了降阻效果，因此为了提高聚合物降阻性能，需要对聚合物进行后处理。通常后处理分为粉碎和分散，分散剂一般选取醇类。在分散的同时加入一些表面活性剂，可以大幅提高聚合物的降阻性能。

刘兵等（2005）发现，向油相中加入一部分添加剂，如杀菌剂、分散剂等，加入粉末高分子聚合物降阻剂，用高速乳化剂进行乳化后得到的乳液产品，既可以提高降阻剂的耐温性能，又可以提高降阻剂的降阻性能。

6. 其他影响因素

聚合物合成的溶剂影响也比较大。高分子聚合物在溶液中的降阻性能很大程度上受到聚合物分子在溶液中的形态影响，分子越伸展，其降阻效果越明显，而溶剂分子与高分子聚合物分子之间的作用力会直接影响分子的形态。刘晓玲（2007）通过研究发现，高分子聚合物在聚合反应时不同溶剂对产物的降阻性能不同，认为溶剂的极性会影响聚合物的溶解性、耐剪切性和降阻性，溶剂的极性越大，溶剂分子与高分子聚合物的作用力越大，超过高分子聚合物分子间的内聚力，使高分子聚合物分子在溶液中伸展程度更高，从而提高了高分子聚合物的降阻性能。

除了上述几个影响因素之外，高分子聚合物的溶解性、浓度，雷诺数及泵入方式也会影响高分子聚合物的降阻性能。

7. 降阻剂研究的误区

在理论方面，由于降阻机理涉及学科较多，研究者对这一现象的解释也各不相同，对于降阻剂降阻机理的假说和理论很多，但是没有一个具有说服性的理论可做出合理的解释。

在应用方面，高分子聚合物在浓度很低的情况下就可以起到很好的降阻效果，但是也有其弊端：一是随着剪切速率的增加，高分子聚合物分子链会断裂，从而降低降阻效果；二是大部分的降阻剂耐矿化性能较弱，在高矿化度水中降阻效果明显下降。

第二节　压裂返排液重复利用的影响因素

结合页岩增产改造的工艺主要特点，以及页岩气压裂液及返排液的组成分析，国内的页岩气增产压裂主要采用低黏滑溜水以大排量施工产生复杂网络裂缝，增大改造沟通面积，施工中主体采用滑溜水压裂液体系。考虑到成本及现场使用方便性，当压裂施工中使用清水或者低矿化度返排液配制滑溜水时，体系中主要使用乳液型降阻剂作为主要添加剂，在大幅提高滑溜水降阻性能的同时，且在现场使用中易于泵入，可实现连续混配，确保施工高效、顺利；当施工中滑溜水采用全返排液配制，且返排液矿化度高、成分复杂时，往往需要对返排液进行适当处理，而常规降阻剂对于返排液的处理程度要求较高，导致设备及材料费用过高，加之现场处理设备会占用井场空间，综合运行成本较高，因此在一定条件下选择使用抗盐降阻剂也是页岩压裂施工液体性能保障的常用做法。

同时，结合整个川渝片区页岩气压裂返排液的主要成分中可能影响返排液重复使用的因素主要包括：

（1）砂石、黏土等固体悬浮物；

（2）因返排液长时间存放而滋生的多种细菌，主要为硫酸还原菌（SRB）、铁细菌（IB）和腐生菌（TGB）；

（3）在页岩开发过程中，主要是钻完井过程中引入的盐酸、瓜尔胶、聚丙烯酰胺等化学添加剂和地层水一同混入返出的高浓度盐类及少量石油烃类等物质。

因此，在后续分析研究影响返排液重复利用因素过程中，采用乳液型阴离子聚丙烯酰胺型高效降阻剂和抗盐降阻剂为主要添加剂的滑溜水体系作为研究对象，考察返排液中的离子、细菌及其他组成成分对重复配制滑溜水体系的影响。所用滑溜水的配方：0.1%～0.2%乳液型降阻剂+0.05%～0.2%复合增效剂。

根据对返排液的成分分析结果，选取了返排液中常见的一价、二价及多价的金属离子和硫酸还原菌进行相关实验，有针对性地开展 pH 值、离子、细菌等因素对滑溜水性能的影响。

一、固体悬浮物对返排液回用的影响

抛开返排液中离子成分等化学因素对返排液回用的影响，返排液回用对于水质有以下几项基本要求：

（1）水质稳定，与地层水相混不产生明显沉淀；

（2）水中不能携带大量固体悬浮物；

（3）对施工设施腐蚀性小。

固体悬浮物在返排液中普遍存在浓度、尺寸大小不一，它对返排液回用的影响不容忽视。通常，常规注水水质指标中对悬浮固体含量的确定主要是通过注水区块岩心伤害室内实验确定。在页岩储层由于其岩心极其致密，悬浮物不能随液体渗入基质，不会对页岩基

质渗透率产生影响；但返排液中的悬浮物会进入压裂形成的微细裂缝内部，造成堵塞，也可能在岩石表面或浅表部位附着、桥堵，降低岩石表层渗透率，影响压裂改造效果。水平井压裂裂缝形态十分复杂、裂缝宽度分布广，工程上对压裂微细裂缝宽度也没有定量模拟，因此室内无法模拟悬浮固体对页岩裂缝的伤害实验。

为此，结合《碎屑岩油藏注水水质指标及分析方法》（SY/T 5329—2012）标准中对于固体悬浮物的测定方法，并参照《滑溜水性能指标及评价方法》标准中返排率的测试方法，测定了不同悬浮固体下返排液的返排率，测试结果见表2-4，以此确定悬浮固体含量。

表2-4　悬浮固体对返排率影响测试结果

悬浮固体含量（mg/L）	返排率（%）
0	41
100	43
300	39
500	39
700	38
1000	32
1500	26

从表2-4可以看出，悬浮固体含量在1000mg/L以下时，对返排率影响小于20%；超过1000mg/L，则对返排率的影响加大，因此针对该方面考虑，建议悬浮固体含量小于1000mg/L。

根据以上分析以及页岩储层改造实际，建议返排液中固体悬浮物含量应不超过1000mg/L。如果固体悬浮物含量偏高可考虑采用过滤设备去除或者加入对应絮凝剂，将之去除以达到适用标准。

二、pH 值对常规降阻剂滑溜水黏度的影响

在页岩增产压裂工艺设计中，酸碱等常常作为辅助手段加入，因此，返排液中难免会引入酸、碱离子，使得返排液呈现一定的酸碱性，实验中通过改变溶液的酸碱性来考察pH 值对滑溜水黏度的影响。结果如图2-3所示。

从图2-3中可看出，当水质为中性条件时，降阻剂分子在水中充分分散舒展，滑溜水体系的黏度达到最高，当水质pH值适当偏酸或偏碱时，滑溜水黏度有一定程度的降低，但降低的幅度不大，黏度基本维持在2mPa·s左右，对滑溜水的降阻性能影响较小，而当水质达到酸度pH值小于5.5、碱度pH值大于8时，滑溜水的黏度显著下降，几乎接近清水的黏度，滑溜水降阻率大幅降低。因此得出可重复配制滑溜水返排液的pH值需控制在5.5~8之间。

三、钾离子浓度对滑溜水黏度的影响

返排液水质分析结果表明，返排液中钾离子（K^+）普遍存在，浓度相比清水有明显提高。因此，在清水中加入一定质量的KCl，得到K^+浓度分别为0、50mg/L、100mg/L、200mg/L、300mg/L、500mg/L、1000mg/L、2000mg/L、5000mg/L、10000mg/L 的溶液，

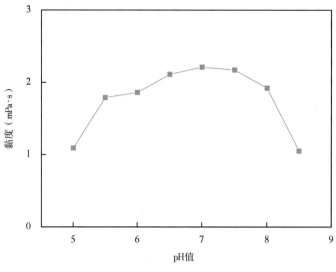

图 2-3 pH 值对滑溜水黏度的影响

然后再按照常规滑溜水体系配方加入降阻剂及其他添加剂，测定其黏度，考察 K^+ 浓度对于滑溜水性能的影响，结果如图 2-4 所示。

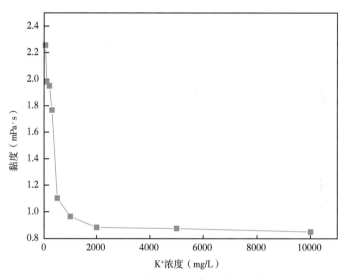

图 2-4 K^+ 浓度对滑溜水黏度的影响

从图 2-4 可以看出，K^+ 浓度对滑溜水黏度影响显著，当 K^+ 浓度从 0 增加到 500mg/L 时，滑溜水黏度显著下降，从 2.25mPa·s 下降到 1.10mPa·s，滑溜水性能几乎失效；再继续增加 K^+ 浓度，黏度持续下降，接近清水黏度值，当 K^+ 浓度在 300mg/L 以内时，滑溜水黏度小幅下降，但对滑溜水性能影响甚微。综上，就单离子因素分析得出，K^+ 浓度控制在 300mg/L 以内不会对降阻剂性能产生显著影响。

四、钠离子浓度对滑溜水黏度的影响

返排液水质分析结果表明，返排液中，钠离子（Na^+）普遍存在，且其成分占比较大，浓度值可达数万毫克每升。因此，分析 Na⁺ 对滑溜水起黏及对应降阻性能的影响十分必要，实验中，在清水中加入一定质量的 NaCl，得到 Na⁺ 浓度分别为 0、1000mg/L、2000mg/L、4000mg/L、6000mg/L、8000mg/L、10000mg/L 的溶液，然后在按照常规滑溜水体系配方加入降阻剂及其他添加剂，测定其黏度并分析其对滑溜水降阻性能的影响，结果如图 2-5 所示。

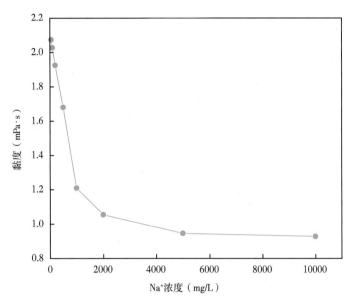

图 2-5　Na⁺ 浓度对滑溜水黏度的影响

从图 2-5 可以看出，Na⁺ 浓度同样对滑溜水黏度影响较大，当 Na⁺ 浓度从 0 增加到 1000mg/L 时，滑溜水黏度显著下降，从 2.25mPa·s 降到 1.20mPa·s 左右，此时滑溜水性能几乎失效，再继续增加 Na⁺ 浓度，黏度持续下降，接近清水黏度值；当 Na⁺ 浓度在 500mg/L 以内时，滑溜水黏度小幅下降，但对滑溜水性能影响甚微。综上，就单离子因素分析得出，Na⁺ 浓度控制在 500mg/L 以内不会对降阻剂性能产生显著影响。

从钠、钾两类一价离子的影响分析来看，当盐水中含盐成分为 1:1 结构（一价盐）时，盐分产生的离子强度也会对聚合物的发挥造成不利影响。但一价氯化盐所造成的影响不是永久的，即用某种办法稀释一价氯化盐的盐水，可以使聚合物重新获得其性能。

五、钙离子浓度对滑溜水黏度的影响

钙离子（Ca²⁺）作为返排液中以二价金属盐的形式广泛存在，实验中在清水中加入一定质量的氯化钙，考察 Ca²⁺ 浓度对常规降阻剂配制滑溜水黏度及降阻性能的影响，实验结果如图 2-6 所示。

从图 2-6 中很容易看出，相比一价盐，Ca²⁺ 对降阻剂降黏影响更加严重，一旦水中引入 Ca²⁺ 浓度达到 100mg/L，滑溜水黏度大幅下降，由最初的 2mPa·s 左右降到 1.30mPa·s 左右，此时滑溜水降阻性能得到制约，难以发挥；当 Ca²⁺ 浓度进一步增加，滑溜水黏度持续下降直至清水黏度值。综上，返排液中正常使用常规降阻剂配制滑溜水建议控制 Ca²⁺ 浓度在 100mg/L 以内。

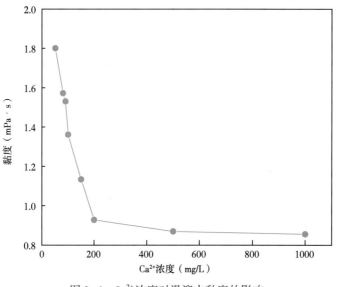

图 2-6 Ca²⁺浓度对滑溜水黏度的影响

六、镁离子对滑溜水黏度的影响

镁离子（Mg^{2+}）也是返排液中普遍存在的一类二价金属离子，它对降阻剂在水中的黏度影响也不容小觑。实验中通过在清水中加入一定质量的氯化镁，考察 Mg^{2+} 对常规降阻剂配制滑溜水黏度及降阻性能的影响，实验结果如图 2-7 所示。

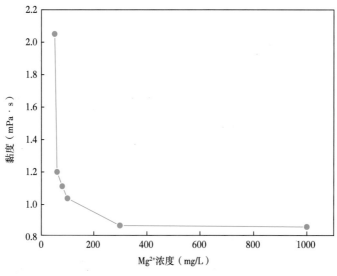

图 2-7 Mg²⁺浓度对滑溜水黏度的影响

从图 2-7 可看出，Mg^{2+} 对滑溜水黏度的影响跟 Ca^{2+} 类似，同样当 Mg^{2+} 浓度达到 60mg/L 时，滑溜水黏度下降明显，从 2.06mPa·s 降到 1.20mPa·s 左右；当 Mg^{2+} 浓度进一步增加，滑溜水黏度持续下降直至清水黏度值。综上，返排液中正常使用常规降阻剂配制滑溜水建议控制 Mg^{2+} 浓度在 60mg/L 以内。

七、钡离子、锶离子对滑溜水黏度的影响

钡离子（Ba^{2+}）与锶离子（Sr^{2+}）会少量存在于返排液中，水样分析中得出两种离子在返排液中的浓度都不会超过 100mg/L，因此实验中仅分析了 Ba^{2+}、Sr^{2+} 在浓度为 100mg/L时，滑溜水黏度的变化，结果见表 2-5。

表 2-5　Ba^{2+} 与 Sr^{2+} 对滑溜水黏度的影响

离子种类	浓度（mg/L）	滑溜水黏度（mPa·s）
Ba^{2+}	100	2.12
Sr^{2+}	100	2.07

从表 2-5 可看出，当水中 Ba^{2+}、Sr^{2+} 浓度为 100mg/L 时，配制出的滑溜水黏度基本未受影响，因此，在一般返排液水质条件下，可不考虑 Ba^{2+}、Sr^{2+} 对滑溜水的负面影响。

八、三价铁离子对滑溜水黏度的影响

三价铁离子（Fe^{3+}）作为三价重金属离子的代表，在页岩压裂返排液中也较为常见，它与阴离子聚合物分子的络合能力极强，常规降阻剂作为一类阴离子聚合物也不例外，因此，特低浓度的 Fe^{3+} 就能极大程度降低降阻剂的降阻性能，甚至使降阻剂失效，在实验中表现为 Fe^{3+} 浓度大于 50mg/L 时配制滑溜水过程中出现絮凝现象，滑溜水无法均匀分散起黏，降阻性能受到极大影响。表 2-6 反映了 Fe^{3+} 的加入对于滑溜水的配制及影响情况。

表 2-6　不同 Fe^{3+} 浓度下滑溜水黏度及状态

Fe^{3+} 浓度（mg/L）	滑溜水黏度（mPa·s）	滑溜水状态
20	2.09	未出现絮凝现象
30	2.04	未出现絮凝现象
50	1.03	分层，部分絮凝
60	0	完全絮凝

九、总硬度对滑溜水黏度的影响

返排液的总硬度指其中含 Ca^{2+}、Mg^{2+} 的总浓度，包括碳酸盐硬度（即通过加热能以碳酸盐形式沉淀下来的 Ca^{2+}、Mg^{2+}，又称暂时硬度）和非碳酸盐硬度（即加热后不能沉淀下来的那部分 Ca^{2+}、Mg^{2+}，又称永久硬度）。硬度作为水质分析的一个常用指标，考察水中硬度大小对于滑溜水性能的影响十分必要。实验结果如图 2-8 所示。

从图 2-8 可以看出，随着硬度的增加，配制滑溜水黏度总体呈下降趋势，值得一提的是，当硬度大于 800mg/L 时，黏度出现陡降，从 1.70mPa·s 降到 1.20mPa·s 左右，液体性能发生急剧变化，可初步断定硬度 800mg/L 是返排液可重复利用的一个临界点。

十、总矿化度对滑溜水黏度的影响

返排液中的盐含量可直观通过矿化度的大小来判断，同样，评价矿化度的大小对于常规降阻剂配制滑溜水的影响情况十分重要。实验中按返排液中常见的 K^+、Na^+、Ca^{2+}、

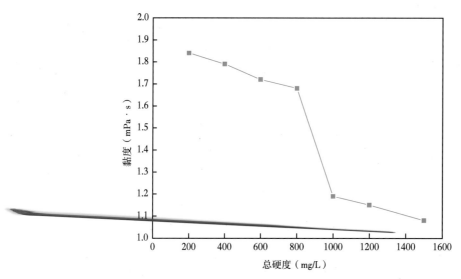

图 2-8　总硬度对滑溜水黏度的影响

Mg^{2+} 按一定比例配制溶液，使溶液矿化度分别达到 2000mg/L、5000mg/L、10000mg/L、15000mg/L、20000mg/L 和 25000mg/L，然后分别测定在各矿化度下配制滑溜水的黏度变化情况，测试结果如图 2-9 所示。

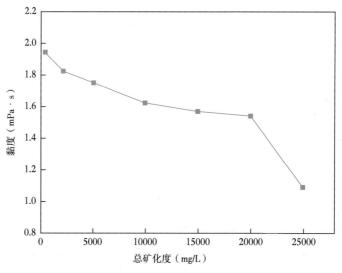

图 2-9　总矿化度对滑溜水黏度的影响

从图 2-9 可以看出，水中总矿化度越高，对滑溜水黏度影响越大，黏度总体呈下降趋势，当总矿化度超过 20000mg/L 时，滑溜水黏度急剧下降，对滑溜水性能生成巨大威胁。结合整体对于滑溜水性能的把控，对于常规降阻剂配制滑溜水时，总矿化度需控制在 20000mg/L 以内。

为进一步分析返排液的矿化度对配制滑溜水的性能影响，还选取了其他 3 个厂家常规降阻剂产品来实验，评价产品在不同返排液矿化度条件下的性能发挥状况，具体测试结果见表 2-7，从而得出具有普遍适应性的控制返排液矿化度的指标。

表 2-7　矿化度对降阻剂降阻效果影响的测试结果

降阻剂类型	总矿化度 （mg/L）	初始降阻率 （%）	连续循环 5min 后降阻率 （%）
1#	清水	71.7	71.5
	15000	71.6	70.0
	20000	70.3	69.6
	23000	61.0	49.0
2#	清水	69.4	69.5
	10000	69.1	69.0
	20000	68.5	66.0
	23000	67.0	65.0
3#	清水	71.9	71.9
	10000	71.1	71.0
	20000	67.2	63.6
	23000	56.0	46.0
4#	清水	70.0	73.0
	10000	73.0	71.0
	20000	67.0	63.0
	23000	56.0	50.3

从表 2-7 可以看出，除 2#降阻剂样品在 0~23000mg/L 矿化度范围内降阻率变化较小外，其余降阻剂样品在矿化度超过 20000mg/L，矿化度达到 23000mg/L 后初始降阻率及循环 5 分钟后的降阻率都显著下降，同时结合第一家产品的分析结果，推荐回用返排液的矿化度低于 20000mg/L 是合理且具有广泛适应性的。

十一、细菌对滑溜水黏度的影响

在页岩增产改造整个流程中，返排液从井内返排到回注或回用过程中，必然涉及在管线中运输和在临时返排液盛装池中过渡，而管线和盛装池内因环境因素复杂，难免导致细菌滋生，所以各类细菌在返排液中普遍存在。下面就着重介绍下返排液中最易存在的几类细菌。

硫酸盐还原菌（SRB）会产生 H_2S，S^{2-} 与聚丙烯酰胺分子链发生自由基反应，导致高分子断链，降低聚合物黏度，影响降阻效果。

铁细菌（IB）在水中能使亚铁化合物氧化，并生成三价的氢氧化铁沉淀。沉淀物聚集在细菌周围产生大量的棕色黏泥，导致设备和管道的点蚀和形成"锈瘤"。铁细菌喜欢生活在含氧量少和含有 CO_2 的弱酸环境中，在碱性条件下不易生长。冷却水有铁细菌繁殖时，水质浑浊、色泽变暗，pH 值也相应变化，并伴有异臭。

腐生菌菌群（TGB）极其普遍地存在于石油、化工等工业领域的水循环系统中，其繁殖时产生的黏液极易因产生氧浓差而引起电化学腐蚀，并会促进硫酸盐还原菌（SRB）等厌氧微生物的生长和繁殖，有恶化水质、增加水体黏度、破坏油层和腐蚀设备等多重负效反应。

十二、常规滑溜水体系在返排液中的应用情况

为提高滑溜水压裂液在页岩气储层体积压裂的适应性，获得满足页岩气返排液重复利用配制滑溜水压裂液体系的要求，对常规滑溜水体系在返排液中的适应性进行了实验研究，对比了体系采用清水和在返排液中配制滑溜水的综合性能，并结合现场具体应用中滑溜水的表现进行了对比分析，实验结果见表2-8。

表2-8　常规降阻剂在清水和返排液下配制滑溜水性能对比

项目	pH值	表观黏度 （mPa·s，511s^{-1}）	防膨率 （%）	表面张力 （mN/m）	降阻率 （%）
清水配制	7.0	2.04	84.6	27.5	71.5
返排液配制	7.0	1.38	84.1	28.1	30.8

由于返排液成分的复杂性，当采用返排液配制常规滑溜水体系时，往往会出现不适应的情况，常规降阻剂产品在含金属离子及高矿化度盐水条件下，分子伸展程度低，降阻功能结构发挥受到制约，在返排液中黏度大幅下降，滑溜水体系的降阻率显著降低，常规滑溜水体系在返排液中不能实现重复回收利用的要求。

W204H6平台6井10段页岩气储层改造压裂施工中，滑溜水采用返排液与清水的混合配制，降阻剂采用常规降阻剂，具体的施工曲线如图2-10所示。

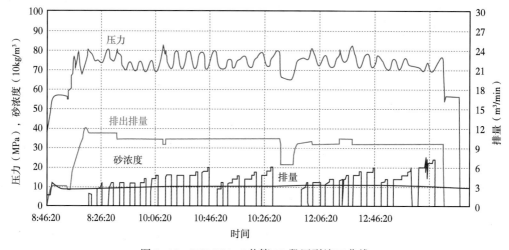

图2-10　W204H6-6井第10段压裂施工曲线

从现场应用情况来看，使用普通降阻剂在返排液中配制常规滑溜水压裂液体系，施工压力高而且波动，同时使用降阻剂加量也大（最高可达0.3%）；返排液的矿化度越高，常规降阻剂在返排液中的黏度越低，对降阻性能的影响越大。

综上分析可知，随着页岩气压裂改造的大规模开发与应用、滑溜水用量的不断增加、返排液量的不断累积，对于返排液重复利用的需求会越来越高。由于返排液成分的复杂性，以及对其成分中各项具体因素对于返排液回用的影响分析，常规滑溜水体系与页岩储层压裂工艺改造需求已很难适应，研发一种低成本、高效率、低储层伤害及可采用返排液回用的高耐盐降阻滑溜水体系的需求将变得非常迫切。

第三节　低吸附耐盐降阻剂的研发

一、低吸附耐盐降阻剂设计原理

目前，国内外应用最普遍的水基降阻剂是聚丙烯酰胺类降阻剂，通过加入有一定黏度的聚合物，使其在管道流体中伸展，吸收薄层间的能量，扰乱管道流体近壁湍流产生、发展、再生的各环节，阻止其形成紊流或减弱紊流程度，使之达到降阻的目的。页岩水力压裂作业规模的扩大使得施工用淡水的需求不断增加，目前常重复利用减少环境污染和水资源浪费，但产出水成分复杂，矿化度高，某些油田产出水的矿化度甚至高达 200000～300000mg/L。在高矿化度条件下，降阻剂分子受到金属阳离子的官能团屏蔽效应易发生卷曲，产生沉淀，使其降阻性能大幅降低甚至完全消失。大量研究结果表明，引入磺酸离子等强电解质基团的单体可以有效提升降阻剂分子的耐盐性能，但聚丙烯酰胺类降阻剂，特别是阴离子聚丙烯酰胺上的极性基团易与页岩中的含氧基团形成氢键，进而在岩石裂缝壁面和基质孔隙中发生吸附滞留，从而导致油气流动通道减小甚至堵塞，严重制约压裂改造效果。前期研究发现，加入氢键破坏剂可以大幅降低聚合物在页岩表面的吸附量。由此可见，破坏聚合物分子与页岩表面的氢键作用，可以有效降低降阻剂在页岩表面的吸附。然而通过在体系中加入氢键破坏剂，不仅削弱了聚合物分子与页岩表面的相互作用，还在一定程度上减弱了降阻剂分子链间、链内相互作用力，使其降阻、携砂等性能无法保持。

因此，通过引入极性阳离子片段，增加链段间的相互作用，赋予降阻剂更加稳定有序的网络结构，并在最大限度上减少链段上自由极性位点，以降低聚合物与页岩储层极性位点作用形成氢键的可能，进而降低聚合物分子在页岩表面的吸附；同时，利用极性阳离子结构减弱金属阳离子的官能团屏蔽效应，使得降阻剂分子在高矿化度条件下仍能维持链段舒展的状态，使其能够保持降阻等性能，兼具耐盐和低吸附的特性。

二、低吸附耐盐降阻剂结构分析

1. 红外光谱分析

将溴化钾（KBr）固体颗粒烘干，研磨成细粉末并压片，用傅里叶变换红外光谱仪扫描 KBr 空白压片的红外光谱图；将降阻剂样品与 KBr 固体粉末按照质量比 1:100 的比例进行混合，将混合均匀的固体粉末装入压片模具进行压片，最后将样品置于光路中进行扫描得到降阻剂样品的红外光谱图。

分别在清水、100000mg/L 和 300000mg/L 矿化度条件下，降阻剂进行红外光谱表征，测试结果如图 2-11 所示。由（a）可知，3323.79cm^{-1}、1544.39cm^{-1} 分别出现了酰胺基团中氨基—NH、—NH$_2$ 伸缩振动特征吸收峰，1670.24cm^{-1} 处出现酰胺基团中羰基 C＝O 伸缩振动峰；1200.87cm^{-1} 处为 DAC 单体上酯基 C—O 的特征吸收峰；1457.44cm^{-1} 处为 DMC 中—C—N 的振动吸收峰，632.17cm^{-1} 处为伯酰胺的特征吸收峰；同时，在 2922.61cm^{-1} 处有 C—H 的吸收峰，表明了碳链的存在。所得的降阻剂分子中含有 AM、DAC 及 DMC 的链节。

随着矿化度的增加，溶液中离子强度增加，降阻剂聚合物分子链上电荷被屏蔽，分子链间的静电排斥作用减弱，使得部分基团吸附峰发生蓝移：酰胺基中—NH（3323.79～3546.42cm^{-1}、3547.77cm^{-1}），碳链—CH（2922.61～3411.31cm^{-1}、3414.02cm^{-1}），DMC

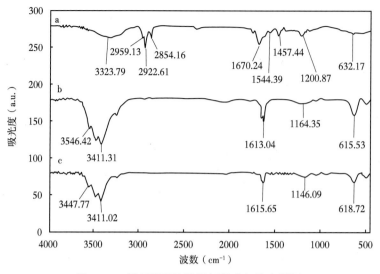

图 2-11　低吸附耐盐降阻剂部分红外光谱图
a 为清水；b 为 100000mg/L 下；c 为 300000mg/L 下

伯酰胺 615.53cm^{-1}（100000mg/L）到 618.72cm^{-1}（300000mg/L）；但阳离子片段上酯基 C—O（1200.87～1164.35cm^{-1}、1146.09cm^{-1}）、DMC 伯酰胺（632.17～615.53cm^{-1}、618.72cm^{-1}）、酰胺基团中羰基 C═O（1670.24～1613.04cm^{-1}、1615.65cm^{-1}）吸收峰出现明显红移，且酰胺基团更宽更强的吸收峰，表明阳离子片段的引入一定程度上减弱了金属阳离子对官能团屏蔽作用，而同离子间的排斥力作用使得阳离子片段处于平衡状态中，链段间的相互作用增强，使得降阻剂分子在高矿化度下依然具有稳定的分子结构，保证其在高矿化度下降阻等性能的稳定。

2. 粒度分析

配制不同质量浓度及不同配液水矿化度的降阻剂溶液，利用激光粒度分析仪对样品的比表面积、粒径及一致性等进行测试，测试结果见表 2-9。

由图 2-12 可见，降阻剂乳液粒子分散均匀，粒子间没有明显的黏聚现象，不同浓度下降阻剂颗粒体积平均粒径基本保持不变。在高矿化度条件下，随着水相中离子含量增加，盐离子的附着使得降阻剂粒径明显增大，比表面积减小；但降阻剂粒子依然保持良好的一致性，表明在高矿化度条件下，降阻剂分子结构依然稳定，未出现明显的卷曲与坍塌。

表 2-9　矿化度对降阻剂乳液粒子粒径影响

序号	降阻剂浓度	配液水矿化度（mg/L）	比表面积（m²/g）	体积平均粒径（μm）
1	0.1%	0	3.360	18.030
2	0.1%	100000	0.814	25.087
3	0.2%	0	4.440	10.790
4	0.2%	200000	0.370	29.332

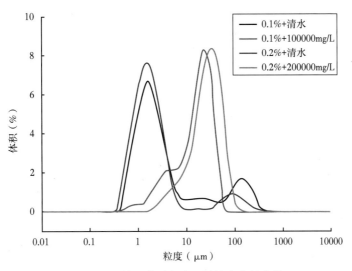

图 2-12　低吸附耐盐降阻剂粒度分析曲线

3. 低吸附耐盐降阻剂性能

配制不同质量浓度及不同配液水矿化度的降阻剂溶液，利用乌氏黏度计对样品的黏度进行测试加量0.1%低吸附耐盐降阻剂溶液分别在不同金属阳离子及不同配液水矿化度下的黏度和起黏时间，测试结果如图2-13所示。

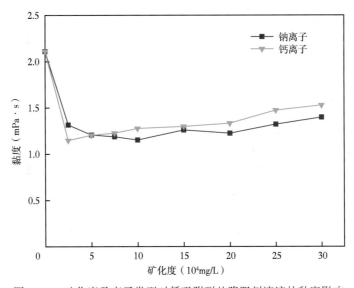

图 2-13　矿化度及离子类型对低吸附耐盐降阻剂溶液的黏度影响

反相乳液降阻剂分子随着配液水矿化度的增加，溶液中离子强度增加，聚合物分子链上电荷被屏蔽，分子链间的静电排斥作用减弱，分子链发生卷曲，分子结构遭到破坏，对盐离子的耐受性差，在2000mg/L钠离子盐水中其黏度下降至1.06mPa·s，在200mg/L钙离子盐水中黏度仅为0.92mPa·s，结构黏度几乎完全丧失。相比于反相乳液降阻剂，阳离子片段的引入使得低吸附耐盐降阻剂对盐离子的耐受性显著提升，在300000mg/L的矿化度下，其黏度仍能保持在1.65mPa·s。当矿化度高于150000mg/L后，低吸附耐盐降阻剂溶液的黏度出现小幅上升,结合红外测试结果表明随着离子强度和溶液极性增强,聚合物分子链上的阳离子基团离子排斥作用加强,链段间作用力进一步增强,体系黏度增加。阳离子片段的引入确实一定程度上减弱了离子屏蔽作用对结构黏度的破坏,并且在高矿化度(≥150000mg/L)条件下,离子强度和溶液极性的增加链段间的相互作用增强抵消了部分屏蔽效应带来的降黏作用,显著提升了降阻剂分子的耐盐性能。

压裂液施工配制现场与实验室相比存在显著区别,为达到连续混配、减少配液循环次数和配液时间目的,要求降阻剂能够快速增黏、均匀分散。测试不同浓度降阻剂在不同矿化度下起黏时间及表观黏度见表2-10。不同浓度下,低吸附耐盐降阻剂在清水和高矿化度下起黏时间均小于60秒,能够迅速增黏,可满足压裂现场快速配液要求。

表2-10 不同矿化度下低吸附耐盐降阻剂起黏时间

序号	矿化度 (mg/L)	浓度 (%)	起黏时间 (s)	表观黏度 (mPa·s)
1	0	0.10	14	1.39
2	100000	0.10	40	1.12
3	200000	0.15	52	1.27
4	300000	0.20	60	1.65

4. 低吸附耐盐降阻剂静态吸附伤害试验

用去离子水配制质量浓度为0.04%~0.1%的降阻剂溶液共25组,用紫外线分光仪测试溶液在特征峰值的吸光度,绘制吸光度随浓度的变化曲线,得到标准曲线。将页岩粉末浸泡在降阻剂溶液中,每隔一定时间测试溶液吸光度,待吸光度达到稳定后可认为此时已达到吸附平衡。取达到吸附平衡后的降阻剂溶液测试其吸光度,根据吸光度计算降阻剂溶液吸附后的浓度:

$$\Delta C = \frac{A - A_0}{K} \tag{2-7}$$

式中 ΔC——吸附量变化量,%;

A_0——初始吸光值,Abs;

A——待测样品吸光值,Abs;

K——标准曲线斜率,Abs·%$^{-1}$。

$$\Gamma = \frac{x}{m} = \frac{\Delta CV}{m} \tag{2-8}$$

式中 Γ——吸附量,mg/g;

x——溶质损失质量,mg;

m——吸附剂质量,g;

V——吸附质溶液体积。

将降阻剂加入不同矿化度的配液水中,用上述方法测试不同矿化度配液水下的降阻剂溶液的吸附量。市售聚丙烯酰胺类降阻剂在清水中的吸附量一般为9~20mg/g,在高矿化度下的吸附量则更大,降阻剂分子的大量吸附会导致压裂形成的油气流动通道变窄甚至堵塞，严重制约压裂改造效果。利用紫外线分光仪，在清水中配制浓度为0.1%的低吸附耐盐降阻剂溶液，测试其吸附前后的浓度变化。

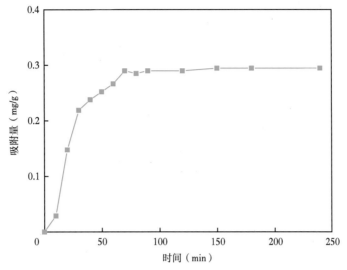

图2-14　低吸附耐盐降阻剂吸附平衡曲线（降阻剂浓度0.1%）

由图2-14可见，随着时间推移吸附量不断上升。配液水矿化度为0、降阻剂溶液在浓度为0.1%时其吸附平衡时间为120分钟，即在120分钟后达到饱和吸附，其吸附变化规律符合Langmuir等温吸附模型。改变配液水矿化度，其吸附平衡时间变化不大，表明矿化度的增加对其吸附平衡时间影响不大。

将一定质量的岩粉浸泡在不同矿化度降阻剂溶液中（降阻剂浓度均为0.1%），测定150分钟后浓度变化，计算不同矿化度下的吸附量，结果如图2-15所示。随着配液水矿化度的增加，高耐盐低吸附滑溜水体系的吸附量增加，但变化不大，在清水中吸附量仅为0.29mg/g，在300000mg/L的矿化度下吸附量达到最大的3.66mg/g，与反向乳液降阻剂（清水条件下19.5mg/g）相比，吸附量降低了81.2%，表现出低吸附的特性。

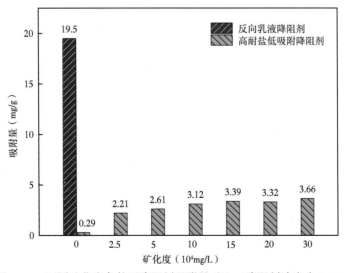

图2-15　不同矿化度条件下降阻剂吸附量对比（降阻剂浓度为0.1%）

35

5. 低吸附耐盐降阻剂动态吸附滞留试验

取龙马溪层页岩岩心剖缝处理后，用标准盐水（或氮气）反向挤入岩心进行驱替，测试伤害前渗透率 K_1，将降阻剂溶液正向注入岩心，在岩心中停留 2 小时以模拟降阻剂溶液对地层的伤害；最后再用标准盐水（或氮气）反向驱替，测试伤害后的渗透率 K_2。气测渗透率时，岩心应进行烘干处理。

渗透率计算公式为：

$$K = 10^{-1} \frac{Q\mu L}{\Delta p A} \tag{2-9}$$

式中　K——岩心渗透率，D；

　　　Q——流动介质的体积流量，cm^3/s；

　　　μ——流动介质的黏度，$mPa \cdot s$；

　　　L——岩心的长度，cm；

　　　Δp——岩心进出口的压差，MPa；

　　　A——岩心横截面积，cm^2。

岩心渗透率伤害率按式（2-10）计算：

$$\eta = \frac{K_1 - K_2}{K_1} \times 100\% \tag{2-10}$$

式中　η——伤害率，%；

　　　K_1——伤害前用盐水或氮气测得渗透率，D；

　　　K_2——伤害后用盐水或氮气测得渗透率，D。

研究表明，降阻剂聚合物分子在页岩表面的吸附和残余聚合物分子的聚集缠绕会导致页岩流动通道孔径变小甚至堵塞，最终表现为渗透率伤害率。利用龙马溪层页岩剖缝岩心驱替实验测试驱替降阻剂溶液前后渗透率变化，根据渗透率的变化评价降阻剂对页岩储层的伤害，实验结果见表2-11。反相乳液降阻剂对页岩裂缝基质渗透率影响很大，无论是低浓度还是高浓度，反相乳液降阻剂对剖缝岩心的伤害率均高于60%。浓度为0.1%的低吸附耐盐降阻剂，其对岩心渗透率伤害率仅为0.35%。随着矿化度增加，降阻剂浓度提高，离子屏蔽效应使得聚合物分子网络结构被破坏，分子链段聚集缠结形成页岩孔径尺度范围内的分子团，对流动通道的堵塞更为严重，对储层伤害更大。然而吸附量的降低使得低吸附耐盐降阻剂对岩心渗透率伤害率大幅下降，在矿化度高达 300000mg/L 时，浓度为0.2%的低吸附耐盐降阻剂对岩心渗透率的平均伤害率仅为7.63%。

表2-11　高耐盐低吸附降阻剂与反相乳液降阻剂对页岩岩心渗透率伤害测试

岩心序号	降阻剂名称	降阻剂浓度（%）	渗透率（mD）		伤害率（%）
			伤害前	伤害后	
1	反相乳液降阻剂	0.1	1.18	0.40	66.1
2	高耐盐低吸附降阻剂	0.1	5.87	5.85	0.34
3	反相乳液降阻剂	0.2	7.15	2.32	66.61
4	高耐盐低吸附降阻剂	0.2	5.41	5.03	7.02
5	高耐盐低吸附降阻剂	0.2	1.82	1.67	8.24

三、低吸附耐盐滑溜水体系优化与性能评价

1. 黏度及表面张力性能

黏度是评价压裂液性能的主要指标之一，黏度越大，压裂液的携砂性能越好。表面张力是其基础性能之一，表面张力越小，对储层的伤害越小，越易返排。在常温条件下测试低吸附高耐盐滑溜水体系在用矿化度为0、100000mg/L、200000mg/L、300000mg/L矿化度水配制时的溶液增黏时间、表观黏度和表面张力，结果见表2-12。在高矿化度水质条件下配制的滑溜水体系各项性能接近清水配制的性能，溶液起黏时间均小于60秒，表观黏度为1~2mPa·s，表面张力均小于30mN/m，各项性能指标均达到行业标准规定的指标要求，具备良好的耐盐性能。

表 2-12　黏度及表面张力测试结果

矿化度 （mg/L）	起黏时间 （s）	表观黏度 （mPa·s）	表面张力 （mN/m）
0	14	1.39	27.8
100000	40	1.12	27.7
200000	52	1.27	27.2
300000	60	1.42	27.9

2. 页岩吸附量性能

滑溜水体系中的降阻剂易在岩石裂缝壁面和基质孔隙中发生吸附滞留，导致压裂形成的油气流动通道变窄甚至堵塞，严重制约压裂改造效果。常规滑溜水体系在清水中的吸附量一般为9~13mg/g，在高矿化度下的吸附量则更大。通过引入极性链段增强聚合物链间作用力，减少链段上自由极性位点，进而降低聚合物与页岩储层极性位点作用形成氢键的可能。用紫外线分光仪对低吸附高耐盐滑溜水体系进行页岩吸附量测试，测试时采用清水和矿化度为100000mg/L、200000mg/L、300000mg/L的矿化度水配制成待测溶液，测试结果如图2-16所示。低吸附耐盐滑溜水体系的吸附量随着配液水矿化度的增加而增加，但变化不大，在清水中吸附量仅为0.31mg/g，在300000mg/L的矿

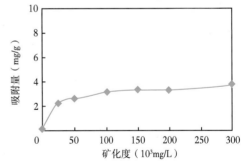

图 2-16　不同矿化度水配制滑溜水体系的吸附量

化度下吸附量达到最大为3.72mg/g，与常规滑溜水相比，该体系表现出低吸附性及对储层的低伤害性。

3. 滑溜水携砂性能

采用VSSPT可视化压裂支撑剂裂缝剖面大型物模，对比研究了不同携砂液的携砂模式，研究了不同压裂液携砂规律，完善了滑溜水、线性胶冻胶携砂的压裂液选择思路。

VSSPT可视化压裂支撑剂裂缝剖面大型物模（图2-17）利用螺杆泵将携砂压裂液泵入剪切回路，然后进入加热系统加热，接着进入管式流变仪测量携砂液的流变性能，最后进入缝式流变仪，直观观察压裂液携砂状态及沉砂情况。数据采集系统在线采集压裂液黏

度、流量、温度、压力、压差、剪切应力及剪切速率，在线计算 n 值、k 值和摩阻值（k—压裂液稠度系数；mPa·s^n；n—流动行为指数，无量纲）。利用 VSSPT 可视化压裂支撑剂裂缝剖面大型物模，可进行滑溜水、线性胶、交联冻胶的不同压裂液体系在不同压裂阶段的流变性能和携砂机理研究，直观观察携砂压裂液在地层裂缝中的流动状态，并表征压裂液管路流变性能和裂缝流变性能，观察与表征支撑剂在裂缝中的铺置形态。

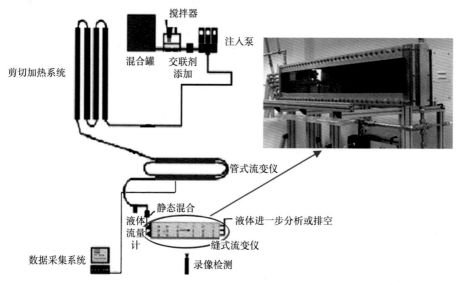

图 2-17　VSSPT 可视化压裂支撑剂裂缝剖面大型物模

1）滑溜水携砂模式研究

实验采用的滑溜水降阻剂浓度为 0.1%，黏度为 1.88mPa·s；支撑剂为 100 目粉砂，密度 1.48g/cm^3，排量为 13.5L/min，支撑剂浓度 100kg/m^3（砂比 5%），实验过程如图 2-18 所示。

2）线性胶携砂模式研究

实验采用的线性胶为纤维素压裂液，浓度为 0.3%，黏度为 30mPa·s；支撑剂为 70~100 目石英砂，密度 1.48g/cm^3；排量 11.79L/min，支撑剂浓度 240kg/m^3（砂比 14%），实验过程如图 2-19 所示。

3）冻胶压裂液携砂模式研究

实验采用的冻胶压裂液为纤维素冻胶压裂液，浓度为 0.3%，交联比例为 100:0.4，黏度为 276mPa·s；支撑剂为 20~40 目覆膜砂，密度 1.58g/cm^3，排量为 11.79L/min，支撑剂浓度 360kg/m^3（砂比 21%），实验过程如图 2-20 所示。

支撑剂在液体携带下进入裂缝中后，受到水平方向的液体携带力、垂直向下的重力及向上的浮力，当支撑剂有限对于携带液体有沉降时，还会受到黏滞阻力的作用。在这些力的作用下，支撑剂在裂缝的垂直剖面上可以分为四个区：沉降下来的支撑剂形成区域Ⅰ沉降沙堤；区域Ⅱ是沙堤上面的颗粒滚流区；区域Ⅲ是支撑剂悬浮区，此区域支撑剂呈悬浮状态；区域Ⅳ是无砂区。沙堤在水平方向上向前推进的方式是波浪式前进的。随着更多的支撑剂进入地层，滚流区的支撑剂不断运移到沙堤前缘，形成新的沉降沙堤，沉降沙堤不断增高形成新的颗粒滚流区，这样支撑剂就在液体的携带和自身的沉降作用下不断呈波浪

（a）滑溜水携带低浓度小粒径支撑剂进入裂缝，支撑剂沉降，分为下部的沉降区域和上部的悬浮区域

（b）随着支撑剂注入并逐渐沉降，沙堤逐渐形成

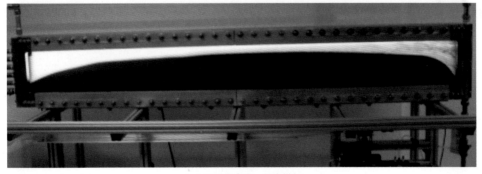

（c）沙堤的高度、长度增加

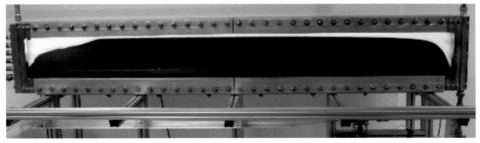

（d）滑溜水携砂的沙堤最终形态

图2-18　滑溜水携砂模式

（a）线性胶携带中等浓度小粒径支撑剂，支撑剂以悬浮状态为主，少量沉降

（b）支撑剂在整个裂缝中均匀悬浮形态输送

（c）支撑剂在裂缝远端有部分沉降

（d）线性胶携砂沙堤形态，裂缝远端形成沙堤

图 2-19　线性胶携砂模式

式向前推进。

　　滑溜水携带低浓度小粒径支撑剂时，由于滑溜水黏度较低，支撑剂进入裂缝可以看到明显的支撑剂沉降，形成沙堤，支撑剂向前推进过程中不断沉降，沙堤的高度和长度不断增加；线性胶携带中等浓度小粒径支撑剂时，支撑剂充满整个裂缝，支撑剂处于全悬浮状

（a）冻胶携带高浓度大粒径支撑剂，支撑剂以悬浮状态为主，基本无沉降

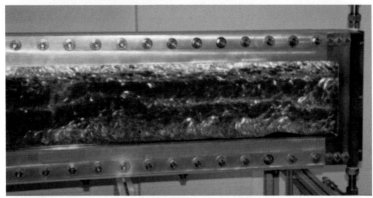

（b）铺满整个裂缝，无明显沉砂

（c）驱替液将携砂液推至裂缝远端

（d）冻胶携砂沙堤形态，基本无沙堤

图 2-20　冻胶携砂模式

态，只在裂缝远端有沉降，形成长度和高度均较短的沙堤；冻胶携带高浓度大粒径支撑剂时，支撑剂全悬浮状态向前运移，最终无沙堤形成。滑溜水由于其黏度较低，携砂主要依靠排量，低排量下即使低浓度小粒径支撑剂都会产生大量的沉降；线性胶黏度中等，依靠黏度可以携带一定浓度的支撑剂；冻胶黏度最高，依靠黏度可以携带高浓度大粒径支撑

剂。不同液体的携砂机理不同，现场应用情况也不同，滑溜水大排量携带小粒径支撑剂造复杂缝并充填微细裂缝，线性胶和冻胶用于处理井下复杂和清洁井筒。

四、现场页岩压裂用低吸附抗盐降阻滑溜水压裂液体系的性能评价

现场页岩气体积压裂用低吸附抗盐降阻滑溜水压裂液体系主剂选用低吸附抗盐降阻剂产品，结合该产品在清水、盐水的溶解增黏、降阻率水平及不同加量下吸附量的数据，确定体系中低吸附抗盐降阻剂产品加量为 0.1%，同时考虑现场用滑溜水可能有低表张力、易返排或黏土防膨的需求，考察在体系中引入黏稳和起泡助排剂后，滑溜水的整体性能变化及降阻剂产品与这些添加剂产品的配伍性情况。

1. 低吸附抗盐降阻剂与黏土稳定剂的配伍性

分别在清水中加入 0.1% 的低吸附抗盐降阻剂和不同加量的黏稳剂配制出滑溜水，实验中考察加入黏土稳定剂后滑溜水的降阻率及防膨率变化情况，结果见表 2-13。

表 2-13　低吸附抗盐降阻剂与黏土稳定剂配伍使用情况

分散溶解性	滑溜水防膨率及降阻率情况		
分散溶解性好，未见分成、沉淀、悬浮物	0.1%低吸附抗盐降阻剂+0.05%KCl+清水	防膨率 75.8%	降阻率 73.86%
	0.1%低吸附抗盐降阻剂+0.05%TDC-15+清水	防膨率 76.2%	降阻率 75.32%
	0.1%低吸附抗盐降阻剂+0.05%KCl +0.05%TDC-15+清水	防膨率 81.6%	降阻率 76.2%

以上实验数据表明，复合使用黏土稳定剂 0.05%KCl+0.05%TDC-15，对低吸附抗盐降阻剂的降阻性能无明显影响，同时滑溜水体系的黏土防膨率可达到 80% 以上。

2. 低吸附抗盐降阻剂与起泡助排剂的配伍性

分别在清水中加入 0.1% 的低吸附抗盐降阻剂和不同加量的起泡助排剂配制出滑溜水，实验中考察加入助排剂后滑溜水的降阻率变化及表面张力情况，结果见表 2-14、表 2-15。可看出滑溜水中加入起泡助排剂后对滑溜水的降阻性能无明显影响。同时 SD2-10 加量在 0.1%~0.5% 的表面张力值很接近，均满足行业标准要求。

表 2-14　不同助排剂加量下滑溜水的表面张力

SD2-10 加量	0.1%	0.2%	0.25%	0.3%	0.35%	0.4%	0.45%	0.5%
表面张力（mN/m）	27.34	26.50	26.69	26.66	26.68	26.71	26.65	26.70

表 2-15　低吸附抗盐降阻剂与助排剂配伍使用情况

分散溶解性	对降阻性能的影响	
分散溶解性好，未见分成、沉淀、悬浮物	0.1%低吸附降阻剂 +0.1%SD2-10	降阻率 75.86%

分别采用清水、威远区块返排液、长宁区块返排液、昭通区块返排液，通过以上对低吸附抗盐降阻剂加量调节及产品与现场常用添加剂配伍性研究，最终形成了满足页岩气体积压裂的（返排液矿化度小于 10^4 mg/L）低吸附抗盐降阻滑溜水体系配方为：0.1% 低吸附抗盐降阻剂产品+0.1%SD2-10+（0.05%KCl+0.05%TDC-15）+不同水质。

3. 体系综合性能评价

采用页岩气体积压裂用低吸附抗盐降阻滑溜水体系配方在不同区块水质条件下配制滑

溜水体系，并测试评价体系的各项性能，实验结果见表2-16。

从表2-16中可以看出，在高矿化度水质条件下（低于100000mg/L）配制的抗盐降阻滑溜水体系各项性能接近清水配制性能，各项性能指标均达到行业标准，具备良好的抗盐降阻能力，可实现对页岩压裂返排液的重复利用，而且添加剂速溶，满足页岩压裂施工连续混配工艺的要求。

表2-16　体系综合性能

水样来源	增黏时间（s）	表观黏度（mPa·s）	降阻率（%）	表面张力（mN/m）	防膨率（%）	吸附量（mg/g）
清水	15	2.46	76.24	26.5	81.6	0.125
威远返排液	34	1.92	72.32	26.9	80.9	2.530
长宁返排液	39	1.84	72.41	26.5	80.7	2.640
昭通返排液	36	1.87	72.40	26.7	80.4	2.490

4. 耐300000mg/L盐低吸附抗盐降阻滑溜水压裂液体系的形成

从实验结果（表2-17）发现当矿化度大于200000mg/L后，抗盐降阻剂在盐水中溶解分散性能依然良好，轻微搅拌便能迅速溶解分散，未出现肉眼可观测到的絮状物，但滑溜水起黏受到严重影响，甚至滑溜水几乎接近清水黏度，且随着时间的延长，也没有明显增长的趋势，反而是滑溜水受到连续搅拌带来的剪切后，低吸附抗盐降阻剂因在盐水中分子结构未舒展、结构黏度未起来而受到较大程度破坏，最终导致滑溜水的降阻率不高，降阻性能受到制约。

表2-17　矿化度大于100000mg/L时滑溜水降阻率测试结果

矿化度（mg/L）	100000	120000	150000	200000	250000	300000
加量<0.15%时的降阻率（%）	75.9	73.1	70.4	70.1	35.8	28.3

结合以上情况，实验中在进一步提高低吸附抗盐降阻剂加量的同时，考虑到前期针对相对较低矿化度盐水配制滑溜水时，更多关注的是乳液型抗盐降阻剂产品的放置稳定性及流动性大小，所以对乳液型抗盐降阻剂中溶解增黏时间及初始黏度有所控制，而此时针对较为极限矿化度盐水情况，可考虑进一步提高产品的破乳率，从而在不影响现场抽吸使用、适当提高产品初始黏度的情况下，加快产品的溶解增黏速度，以克服高矿化度盐对产品性能发挥的不利影响。

实验中适当提高了低吸附抗盐降阻剂的加量，加入少量的渗透剂和增效剂改善降阻剂产品的初始黏度及在高矿化度盐水中的分散溶解速度，然后测试滑溜水的运动黏度及降阻率。实验结果见表2-18。

表2-18　采用300000mg/L NaCl盐水配制滑溜水性能

配　方	起黏时间（s）	最终黏度（mPa·s）	降阻率（%）
0.2%低吸附抗盐降阻剂+0.05%增效剂Z+300000mg/L矿化度盐水	39	1.37	67.7
0.2%低吸附抗盐降阻剂+0.05%渗透剂S+300000mg/L矿化度盐水	42	1.42	69.3
0.2%低吸附抗盐降阻剂+0.05%渗透剂S+0.05%增效剂Z+300000mg/L矿化度盐水	28	1.64	75.2

实验结果表明，当低吸附抗盐降阻剂的加量加 0.2%，少量的渗透剂和增效剂加入后的协同作用，滑溜水的耐盐水平进一步提升，在 300000mg/L 矿化度 NaCl 盐水中滑溜水降阻率达 75% 以上，该配方下的耐盐降阻滑溜水体系耐盐水平达 300000mg/L。

第四节　耐盐可回收滑溜水压裂液体系现场应用

一、YS108H13 平台现场应用情况

1. YS108H13 平台压裂概况

新体系首口井的现场应用试验选在 YS108H13 平台井，该井位于四川省宜宾市珙县上罗镇团胜村 3 组，构造位置为四川台坳川南低陡褶带南缘罗场复向斜南缘。平台共计有 4 口水平井，从东到西分别为：YS108H13‑1 井、YS108H13‑2 井、YS108H13‑3 井、YS108H13‑4 井。

YS108H13 平台 4 口井共计设计压裂段 43 段：YS108H13‑1 井有效水平段长度（A 点至人工井底）1320m，设计压裂 12 段；YS108H13‑2 井有效水平段长度 1060m，设计压裂 13 段；YS108H13‑3 井有效水平段长度 1140m，设计压裂 8 段；YS108H13‑4 井有效水平段长度 1280m，设计压裂 10 段。

压裂液体系以滑溜水为主，主体采用现场应用试验用低吸附抗盐降阻滑溜水压裂液，现场准备线性胶、弱凝胶和盐酸作为施工复杂情况处理备用；支撑剂为 100 目粉砂+40/70 目陶粒；设计施工排量 10~14m³/min，施工压力不超过 90MPa，采用段塞式加砂模式；单段设计注入液量以 2200m³ 压裂液、140t 支撑剂为主体规模。

2. 现场应用试验前准备工作

1）现场体系用各添加剂产品出厂检验

对现场体系用低吸附抗盐降阻剂产品和起泡助排剂产品进行了出厂检验，检验结果合格，产品均满足现场使用标准。

2）现场用水、添加剂产品配制体系性能

试验现场用水全部采用清水，因此未对水质进行分析检测，选用现场到位添加剂产品，采用现场蓄水池水样配制低吸附抗盐降阻滑溜水体系，配方如下：0.1% 低吸附抗盐降阻剂+0.1% 起泡助排剂+现场水样，测试结果见表 2-19。

表 2-19　现场配制体系性能测试结果

样品名称	pH 值	运动黏度（mm²/s）	降阻率（%）	表面张力（mN/m）	界面张力（mN/m）	静态吸附量（mg/g）	90℃下的配伍性
低吸附抗盐降阻滑溜水体系	7	1.6036	70.91	24.60	1.69	1.83	未见分层，无絮凝，无沉淀

3. 现场应用试验开展

现场施工中，体系采用连续混配，用于泵注设计中滑溜水及段塞加砂阶段，体系中低吸附抗盐降阻剂产品直接采用混砂车抽吸泵抽吸，试验前在混砂车面板准确输入加量 0.1%，抽吸的降阻剂直接进入混砂车掺化罐，搅拌后进入排出口到主压裂管线（图 2-21）；体系中的起泡助排剂直接由混砂车抽吸泵抽吸进入排出口后汇入主压裂管线。

图 2-21 低吸附抗盐降阻剂产品的加入

开始施工后，首先在前置液造缝阶段，混砂车吸入常规降阻剂，连续混配常规滑溜水体系，施工逐步提排量，当排量提至设计排量 12m³/min 且泵压稳定 3 分钟后，切换至应用低吸附抗盐降阻滑溜水压裂液体系试验流程，直至该段施工结束，施工曲线如图 2-22 所示。

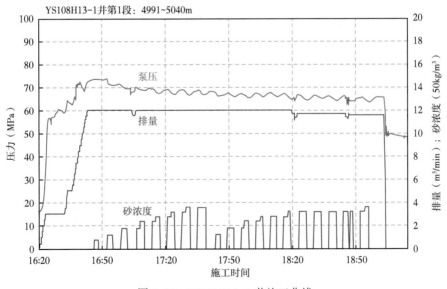

图 2-22 YS108H13-1 井施工曲线

低吸附抗盐降阻剂产品及低吸附抗盐降阻滑溜水体系在清水中使用性能总体正常，乳液降阻剂产品连续混配过程中抽吸总体正常，仅出现短暂抽入混砂车产品抽空现象，现场低吸附抗盐降阻剂产品加量为 0.05%，清水混配滑溜水降阻率不小于 70%，同阶段跟常规降阻剂产品加量0.1%时泵送压力相当，说明产品在加量减半条件下在清水中降阻性能达到常规降阻剂性能水平。在4口井的应用试验中，共计使用低吸附抗盐降阻滑溜水75170m³，平均降阻率达75%以上，很好地满足了现场体积系压裂对滑溜水工作液的性能要求，具体应用统计见表2-20。

表2-20　现场应用统计

井号	压裂段数	体系应用量（m³）	总加砂量（t）	施工排量（m³/min）	施工泵压（MPa）	平均降阻率（%）
1井	12	23383	1588.0	11.0~13.0	63~72	76.2
2井	13	15910	1477.4	11.0~13.0	70~76	75.7
3井	8	16245	977.5	9.0~12.6	61~74	75.4
4井	10	19632	1242.6	11.0~13.0	66~74	76.1

二、W202H16平台现场应用情况

1. W202H16平台压裂概况

W202H16平台位于威远构造中奥陶统顶构造南翼，龙马溪组地层构造平缓，埋深适中，断层不发育，利于页岩气保存。

W202H16平台主体参照W202井区高产井施工工艺，以提高压裂液的波及范围和波及强度，实现压裂液在平台面积内全覆盖，大幅提高采收率为主要目的；同时尽量实现压裂液波范围内的有效导流能力；裂缝发育、套变风险及狗腿度较大段，适当控制规模，以减少施工复杂，保证加砂成功；H16-1井井间压窜风险高的井段，采用段内复合暂堵，实际压裂过程中出现井间明显连通特征时也考虑复合暂堵。

W202H16平台上半支1井设计压裂24段，现场试验11段，2井设计压裂24段，现场试验14段，3井设计压裂23段，现场试验23段，4井设计压裂23段，现场试验23段；下半支5井设计压裂32段，现场试验32段，6井设计压裂38段，现场试验38段。本平台压裂设计主要依据实钻储层特征及天然裂缝特征，同时结合前期页岩气改造认识，力争在获得较好单井产量的同时探索出适用于威远地区深层页岩气压裂改造的模式与工艺。借鉴邻井较成熟经验，增大有效改造体积，兼顾近井导流能力获取较好的改造效果，实现平台产能建设。采用可溶桥塞作为分段工具、滑溜水+线性胶+弱凝胶体系、100目石英砂+40/70目陶粒、设计施工排量10~14m³/min。

2. 返排液重复应用

对该井将要使用的返排液进行了取送样分析，分析测试结果见表2-21，采用现场返排液配制新体系，并对体系的综合性能进行了评估。

从表2-21可以看出，W202H16平台返排液矿化度超30000mg/L，总硬度也大于1000mg/L，对于使用该返排液配制的低吸附抗盐降阻滑溜水体系制造了不小的困难。

在现场应用之前，采用此返排液和现场试验用添加剂产品对新体系进行配制，体系测试性能结果见表2-22。

表 2-21　W202H16 平台返排液分析测试结果

样品编号（井号）	检测项目	检测结果
W202H16 平台	铁	6.6
	钙	584
	镁	40.2
	钾	119
	钠	10600
	锰	未检出
	硼	22.8
	钡	29.8
	铜	0.26
	锌	0.27
	溶解性总固体	31872
	悬浮物	545
	总硬度	1025
	pH 值	8.14
	色度	16
	氨氮	17.4
	化学需氧量	1120
	石油类	11.17
	硫化物	0.005
	阴离子表面活性剂	0.898
	氯化物	14800
	硫酸盐	48.8

表 2-22　体系性能测试结果

低吸附抗盐降阻剂加量（％）	170s^{-1} 下表观黏度（mPa·s）	防膨率（％）	表面张力（mN/m）	降阻率（％）	静态吸附量（mg/g）
0.1	1.69	80.5	26.2	71.4	2.33

从以上实验的结果分析，新体系采用该平台返排液配制，降阻率达 70％以上，其他各项指标也达到滑溜水技术指标标准，能够满足现场返排液重复配制滑溜水及体积压裂施工作业需求。

3. 现场试验情况

W202H16 平台现场应用试验重点考察新体系对于返排液中金属离子的适应性问题，从使用的返排液成分来看，返排液的总硬度超 1000mg/L，同时含有不同浓度的铁、硼、钡等高价金属离子。

在现场施工中密切关注滑溜水的性能，多次对滑溜水进行取样检测，特别是当使用全返排液时重点取样并时刻关注泵压变化。表 2-23 中列出了某次施工使用全返排液时体系的取样性能测试结果，该段施工曲线如图 2-23 所示。

表 2-23 W202H16 平台 4 井 8 段滑溜水取样性能

取样阶段 （全返排液）	外观	运动黏度 （mm/s）	滑溜水降阻率 （%）	排量 （m³/mim）	泵压 （MPa）
前置液	乳白色透明液体	1.59	75.2	12	67.4
携砂液	与支撑剂分散均匀	1.57		12	68.3

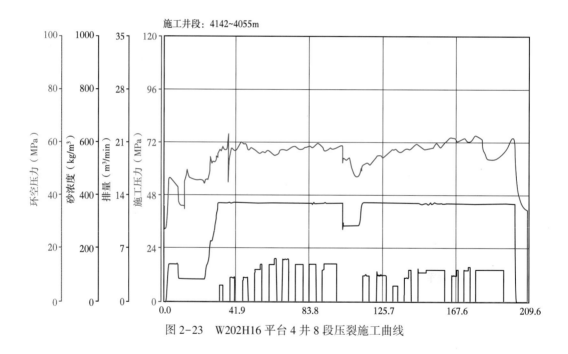

图 2-23 W202H16 平台 4 井 8 段压裂施工曲线

三、低吸附抗盐降阻剂现场应用总结

现场用低吸附抗盐降阻滑溜水压裂液体系均以低吸附抗盐降阻剂乳液产品为主剂采用连续混配作业方式配制，主体通过混砂车自带液添泵对低吸附抗盐降阻剂产品进行计量抽吸。

低吸附抗盐降阻剂产品从现场使用的 8 个平台情况分析来看，产品现场应用时温度最高为 35℃，最低为-3℃，产品在这个温度范围内，现场放置 7 天内，均未出现明显油水分层及不均质现象，产品表现出了较好的放置稳定性。产品初始黏度对应产品流动性是保证体系连续混配作业成功非常重要的一个环节，从 8 个平台测试的产品平均初始黏度来看，产品放置在不同温度环境下，对应的初始黏度稍有不同，温度越低，对应的黏度便会越高，8个平台中最高产品初始黏度为93mPa·s，产品在抽吸过程中没有出现抽空现象，在混砂车中正常吸入，也具备良好的流动性，体系整个连续混配施工作业过程顺利，施工液体摩阻稳定；结合8个平台的低吸附抗盐降阻剂产品的使用量分析，产品无论是在清水中使用还是在返排液中配制，平均加量控制在0.1%左右，均表现出了良好的分散溶解和增黏性能，在混砂车掺化罐中无须快速搅拌便能实现快速均匀分散，无肉眼可见的鱼眼产生，从现场滑溜水取样结果分析来看，降阻剂从加入到分散到达最终的黏度时间受到水温及水样矿化度的影响，水样温度高，降阻剂分散起黏时间较快；在清水中使用时的分散起黏时间稍快于在返排液中使用的时候，但总体分散起黏时间均控制在30秒以内，完全能够满足现场对于滑溜水快速分散降阻的需求。

低吸附抗盐降阻滑溜水压裂液体系在8个平台使用过程中，除YS108H13平台全部采用清水配制以外，其他平台均使用了返排液进行配液，配液返排液最高矿化度达40449mg/L，Fe^{3+}最高浓度达268mg/L、总硬度最高达1025mg/L，在此使用条件下，返排液高矿化度及高浓度金属离子未对体系的各项性能产生负面影响，体系总体性能平稳，平均降阻率维持在75%左右，每个平台现场返排液全部得到回收利用。

低吸附抗盐降阻滑溜水压裂液体系相比抗盐降阻滑溜水压裂液体系，它的优势主要体现在低吸附性能上，由于其在注入页岩储层后，由于其低吸附特性，仅有少量聚合物分子吸附在狭缝或储层表面，将会极大减小页岩储层压后的堵塞伤害，提高页岩储层改造效果。

参 考 文 献

岑康，江鑫，朱远星，等，2014. 美国页岩气地面集输工艺技术现状及启示 [J]. 天然气工业，34（6）：102-110.

陈馥，何雪梅，卜涛，2018. 耐盐减阻剂的制备及性能评价 [J]. 精细石油化工，35（1）：51-54.

陈鹏飞，刘友权，邓素芬，等，2013. 页岩气体积压裂滑溜水的研究及应用 [J]. 石油与天然气化工，42（3）：270-273.

陈作，薛乘瑾，蒋廷学，等，2010. 页岩气井体积压裂技术在我国的应用建议 [J]. 天然气工业，30（10）：30-32.

冯玉军，吕永利，李晓军，2009. 聚丙烯酰胺"水包水"乳液：一类环境友好的水溶性聚合物新材料 [J]. 应用科技，17（6）：11-15.

关中原，李国平，2001. 国外减阻剂研究新进展 [J]. 油气储运，20（6）：1-3.

黄玉洪，2005. 聚丙烯酰胺反相乳液聚合研究进展 [J]. 当代化工，34（1）：56-59.

梁光川，佘雨航，彭星煜，2016. 页岩气地面工程标准化设计 [J]. 天然气工业，36（1）：115-122.

廖子涵，陈馥，卜涛，2019. 水包水乳液减阻剂的减阻机理研究 [J]. 石油化工，48（7）：724-730.

刘兵，鲍旭晨，高艳清，等，2015. 减阻聚合物油基分散方法. 中国：CN 1891736A [P]. 2005-07-01.

刘通义，向静，赵众从，等，2013. 滑溜水压裂液中减阻剂的制备及特性研究 [J]. 应用化工，42（3）：484-487.

刘晓玲，李惠萍，薄文，等，2007. 溶液聚合法制备油溶性减阻剂 [J]. 精细化工，24（5）：512-516.

马国光，李晓婷，李楚，等，2016. 我国页岩气集输系统的设计 [J]. 石油工程建设. 42（3）：69-72.

邵雪明，林建忠，2001. 高聚物减阻机理的研究综述 [J]. 浙江工程学院学报，18（1）：15-19.

王立，封麟先，毛庆革，等，1991. 自旋探针法对原油减阻剂的研究 [J]. 高等学校化学学报，12（10）：1390-1392.

西南石油大学，2013. 一种页岩气压裂用减阻剂及其制备方法. 中国：102977877 A [P]，2013-03-20.

熊颖，刘友权，梅志宏，等，2019. 四川页岩气开发用耐高矿化度滑溜水技术研究［J］. 石油与天然气化
工，（03）：62-71.

郑文，1989. 高分子聚合物和流体的减阻［J］. 高分子通报，4（4）：21-24.

中国石油化工股份有限公司河南油田分公司石油工程技术研究院，2013. 一种降阻剂及其制备方法和使
用该降阻剂的滑溜水压裂液及其制备方法：CN 103045226 A［P］. 2013-04-17.

朱勤勤，郑文，等，1989. 油品输送减阻剂的组成和合成方法：CN 87107617.9［P］. 1989-09-13.

Aften C W, Watson W P, 2009. Improved Friction Reducer for Hydraulic［A］. In：SPE Hydraulic Fracturing
Technology Conference［C］. USA：Society of Petroleum Engineers：26-32.

Al-Sarkhi A, 2010. Drag Reduction with Polymers in Gas-Liquid Liquid-Liquid Flows in Pipes：A Literature
Review［J］. J Nat Gas Sci Eng, 2（1）：41-48.

Baker Hughes Incorporated, 2008. A Method of Slickwater Fracturing：WO, 2013019308 A1［P］. 2008-02-
21.

Bewersdorff H W, Berman N S, 1988. The influence of flow-induced non-Newtonian fluid properties on turbulent
drag reduction［J］. Rheol Acta, 27（2）：130 - 136.

Britt L K, Smith M B, Haddad Z, et al, 2006. Water-fracs：we do need proppant after all［A］. In：SPE An-
nual Technical Conference and Exhibition［C］. USA：Society of Petroleum Engineers：1-15.

Daniel Arthui J, Brian Bohm, Bobbi Jo Coughlin, et al, 2009. Evaluating implications of hydraulic fracturing in
shale gas reservoirs［A］. In：SPE Americas E&P Environmental and Safety Conference, 2009［C］. USA：So-
ciety of Petroleum Engineers：1-15.

Deshmukh S R, Singh R P, 1987. Drag Reduction Effectiveness, Shear Stability and Biodegradation Resistance of
Guargum-Based Graft Copolymers［J］. J Appl Polym Sci, 33（6）：1963-1975.

Dodge D W, Metzner A B, 2010. Turbulent flow of non-newtonian systems［J］. AIChE J, 5（2）：189-204.

Gadd G E, 1965. Turbulence damping and drag reduction produced by certain additives in water［J］. Nature,
206（4983）：463 - 467.

Gerald R Coulter, Edward G Benton, Clifford L Thomson, et al, 2004. Water fracs and sand quantity：a Barnett
shale example［A］. In：SPE Annual Technical Conference and Exhibition［C］. USA：Society of Petroleum
Engineers：1-8.

Gramain P H, Borreill J, 1978. Influence of Molecular Weight and Molecular Struct. of Polystyrenes on Turbulent
Drag Reduction［J］. Rheologica Acta, 17（3）：303-311.

Hong C H, Zhang K, Choi H J, et al, 2010. Mechanical Degradation of Polysaccharide Guar Gum Under Turbu-
lent Flow［J］. J Ind Eng Chem, 16（2）：178-180.

Hong Sun, Dick Stevens, 2011. A nondamaging fraction reducer for slick water frac applications［A］. In：North
American Unconventional Gas Conference and Exhibition［C］. USA：Society of Petroleum Engineers：18-24.

Hoyt J W, 1971. Drag-reduction effectiveness of polymer solutions in the turbulent-flow rheometer：A catalog［J］.
J Polym Sci, Part B：Polym Lett, 9（11）：851-862.

Hunston D L, 1976. Effects of Molecular Weight Distribution in Drag Reduction and Shear Degradation［J］. Jour-
nal of Polymer Science, 14（3）：713-727.

Hunston D W, 1976. Drag Reduction Characteristic of Polymer Additives［J］. Journal of Polymer Science, 14：
713-716.

Javad Paktinat, et al, 2011. High brine tolerant polymer improves the performance of slickwater frac in shale res-
ervoirs［A］. In：North American Unconventional Gas Conference and Exhibition［C］. USA：Society of Petro-
leum Engineers：1-18.

Kim C A, Kim J T, Lee K, et al, 2000. Mechanical Degradation of Dilute Polymer Solutions Under Turbulent
Flow［J］. Polymer, 41（21）：7611-7615.

Kolla H S, Watson P, Wu Yongfu, et al, 2012. Next-Generation Winterized Emulsion Polymers for Enhanced Oil Recovery, Stimulation, and Production [A]. In: SPE Heavy Oil Conference Canada [C]. USA: Society of Petroleum Engineers: 9-13.

Kot E, Bismarck A, 2010. Polyacrylamide Containing Weak Temperature Labile Azo Links in the Polymer Backbone [J]. Macromolecules. 43 (15): 6469 - 6475.

Kot E, Saini R, Norman L R, et al, 2012. Novel Drag-Reducing Agents for Fracturing Treatments Based on Polyacrylamide Containing Weak Labile Links in the Polymer Backbone [J]. SPE J, 17 (3): 924 - 930.

Mayerhofer M J, Rechardson M F, Walker R N, et al, 1998. Proppants? we do not need no proppants [J]. Oil Field: 457-464.

Nakano A, Minoura Y, 1975. Effects of Solvent and Characterization on Scission of Polymers with High-speed Stirring [J]. Journal of Applied Polymer Science, 19 (8): 2119-2130.

Paktinat J, O'Neil B, Aften C, et al, 2011. High brine tolerant polymer improves the performance of slick water frac in shale reservoirs [A]. In: North American Unconventional Gas Conference and Exhibition [C]. USA: Society of Petroleum Engineers: 1-10.

Paktinat J, O'neil B, Yulissi M, 2011. Case Studies: Impact of high Salt Tolerant-Friction Reducers on Fresh Water Conservation in Canadian Shale Fracturing Treatments [A]. In: Canadian Unconventional Resources Conference [C]. USA: Society of Petroleum Engineers: 14-18.

Patterson G K, Hershey H C, Green C D, et al, 1966. Effect of Degradation by Pumping on Normal Stresses in Polyisobutylene Solution [J]. Trans Soc Rheol, 10 (2): 489-500.

Risica D, Dentini M, Crescenzi V, 2005. Guar Gum Methyl Ethers: I. Synthesis and Macromolecular Characterization [J]. Polymer, 46 (26): 12247-12255.

Savins J G, 1964. The relation for evaluating the drag reduetion [J]. Soeiety of Petroleum Engineers Joumal, 4: 20-205.

Schein G, 2005. The Application and technology of slickwater fracturing [J]. Society of Petroleum Engineers: 1-10.

Shaffer D L, Arias Chavez L H, Ben-Sasson M, et al, 2013. Desalination and Reuse of High-Salinity Shale Gas Produced Water: Drivers, Technologies, and Future Directions [J]. Environ Sci Technol, 47 (17): 9569-9583.

Singh R P, Pal S, Krishnamoorthy S, et al, 2009. High-Technology Materials Based on Modified Polysaccharides [J]. Pure Appl Chem, 81 (3): 525-547.

Sun Hong, Wood B, Stevens D, et al, 2011. A Nodamaging Friction Reducer for Slickwater Frac Application [A]. In: SPE Hydraulic Fracturing Technology Conference [C]. USA: Society of Petroleum Engineers: 11-18.

Sun Yongpeng, Wu Qihua, Wei Mingzhen, et al, 2014. Experimental study of friction reducer flows in microfracture [J]. Fuel, 131 (17): 28 - 35.

Toms B A, 1948. Some observation on the flow of linear polymer solution through straight tubes at large reynolds numbers [A]. In: Proceedings of the 1st International Congress on Rheology [C]. Holland: Scheve ningen, 2: 135-141.

Tucker K M, Mcelfreshp M, 2014. Could Emulsified Friction Reducer Prevent Robust Friction Reduction [A]. In: /SPE International Symposium and Exhibition on Formation Damage Control [C]. USA: Society of Petroleum Engineers: 6-10.

Virk P S, 1971. An elastic sublayer model for drag reduction by dilute solutions of linear macromolecules [J]. J Fluid Mech, 45 (3): 417-440.

Virk P S, 1975. Drag Reduction Fundamentals [J]. AIChE J, 21 (4): 625-656.

Wade R H, 1975. A Study of Molecular Parameters Influencing Polymer Drag Reduction [R]. CA (USA): Naval Undersea Research and Development Center, San Diego.

Wade R H, 1975. A study of molecular parameters influencing polymer drag reduction [Z]. San Diego: Report Naval Undersea Lenter: 39.

Wyatt N B, Gunther C M, Liberatore M W, 2011. Drag Reduction Effectiveness of Dilute and Entangled Xanthan in Turbulent Pipe Flow [J]. J Non-Newton Fluid, 16 (1/2): 25-31.

Yu J F S, Zakin J L, Patterson G K, 1979. Mechanical Degradation of High Molecular Weight Polymer in Dilute Solution [J]. Journal of Applied Polymer Science, 23 (8): 2493-2512.

Zelenev A S, Gilzow G A, 2009. Fast-Inverting, Brine and Additive tolerant Friction Reducer for Well Stimulation [A]. In: SPE Hydraulic Fracturing Technology Conference [C]. USA: Society of Petroleum Engineers: 11-16.

第三章　低浓度瓜尔胶压裂液体系

第一节　国内外低浓度瓜尔胶压裂液技术现状与发展趋势

一、国外低浓度瓜尔胶压裂液技术

1. 美国 BJ 石油服务公司低浓度压裂液技术

美国 BJ 石油服务公司是最早对低浓度瓜尔胶技术进行研究的企业。无论是瓜尔胶的改性，还是在机理研究上，都处于领先地位。低浓度瓜尔胶衍生物最早应用的报道是 BJ 公司，西犹他州 Wasatch 地层是低孔隙度、低渗透率的气藏。一种使用低聚合物浓度的新型压裂液被成功应用于该地层。这种压裂液的高分子用量范围是 0.147%~0.306%（12~25ng/L），25ng/L 的使用温度范围可达 93~121℃。93℃以下大多数压裂液使用 15ng/L（0.183%）的聚合物，使用金属交联剂来强化凝胶黏度。这种压裂液非常适合于低孔隙度、低渗透率气藏，因为黏度被限制在 $100s^{-1}$ 时，一般小于 400mPa·s。有限的黏度使得压裂产生长而且窄的裂缝，而不是像硼交联那样产生短而宽的裂缝。尽管黏度很低，压裂液的悬砂性能是理想的，足以输送较大量的支撑剂。大多数压裂施工可以携带 6~8lb/gal，甚至高达 12lb/gal 的支撑剂。

新型压裂液由四个关键部分组成：高分子聚合物、缓冲剂、交联剂和破胶剂，其他的添加剂随井况而定。所用的聚合物是称为高收率羧甲基瓜尔胶（HY-CMG）。HY-CMG 既可以是粉状，也可以是用于连续混配用的柴油悬浮液形式。在连续搅拌情况下，在 1 分钟之内聚合物能够达到 90% 水解，3 分钟内完全水解。一旦水解，基液加入高 pH 值或低 pH 值缓冲液和其他添加剂。在碱性条件下使用，pH 值一般为 9.5~10.5。酸性条件下使用时的 pH 值为 4.5~5.5。pH 值调整完毕后，加入锆交联剂，然后加入支撑剂和破胶剂。这种低浓度聚合物部分依赖于 HY-CMG。这种聚合物具有高的相对分子量，分子结构也得到了一些改进以便水解后分子链更好的扩张。与其他聚合物相比，HY-CMG 的用量大幅降低；有些情况下甚至只需要一半的 HY-CMG 用量。

其机理在于，聚合物链的扩张程度受羧甲基基团的严重影响。这些连接在高分子链上的羧甲基基团在水解过程中变成阴离子。这种阴离子特性非常重要，导致高分子链之间相互排斥，这种排斥功能引起了分子链的扩张，高分子链扩张影响临界浓度 C^*，C^* 就是在溶液中高分子链之间刚刚发生接触时的浓度。低于 C^* 浓度的高分子溶液是不能交联的，这些高分子在水溶液中是相互分离的。这个时候，如果使用交联剂只能引起分子之间的交联或者同一分子不同段之间发生交联。这样，降低了高分子链的扩张，反而降低了基液的黏度。

除了引起高分子链的扩张外，HY-CMG 上的羧甲基基团也提供了适当的交联点。瓜尔胶因为甘露糖和半乳糖上存在的顺邻位羟基，使得硼酸盐、钛基和锆基交联剂的交联很容易发生。当高分子羧甲基化后，凝胶的黏度和稳定性得到了进一步强化。这些高分子包括羧甲基羟丙基瓜尔胶（CMHPG）和羧甲基瓜尔胶（CMG），这就意味着羧基基团参与了交联过程，特别是在低 pH 值下强化了交联连接。

不同聚合物的 C^* 见表 3-1，HY-CMG 的 C^* 是约 5ng/L（0.061%）。这远远地低于瓜尔胶、HPG 和 CMHPG。但是值得注意的是当有盐存在时会影响临界浓度，盐浓度低至 0.1% 或 0.7%KCl 情况下，也将极大地增加 C^* 浓度。盐的阳离子效应将中和高分子链上的阴离子电荷，造成高分子链的萎缩。

表 3-1　不同聚合物的 C^*

聚合物	C^*（g/mL）	C^*（lb/1000gal）
瓜尔胶	0.00190	16
HPG	0.00176	15
CMHPG	0.00155	13
HY-CMG	0.00058	5

该压裂液还在墨西哥 Burgos 盆地温度 350°F 的地层中使用，这种新型压裂液在 Burgos 盆地使用低至 20ng/L 的聚合物就能得到令人满意的泵注效果。并且新型压裂液的黏度比常规压裂液小，裂缝的几何形状表明可以得到更长的裂缝，可以更好地控制裂缝的高度。

2. 哈里伯顿公司低浓度压裂液技术

哈里伯顿（Halliburton）公司有四套压裂液体系涉及低浓度使用的瓜尔胶。高温下使用的 SilverStim® 和低温下使用的 SilverStim® LT；SilverStim® LT 的使用温度为 80～180°F，SilverStim® 的使用温度为 175～400°F。第三套压裂液（Delta Frac® Service）开发的时间比较早，是以硼交联的低浓度使用瓜尔胶压裂液体系。瓜尔胶用量比常规压裂液少用 30%。使用的温度范围为 80～200°F。第四套压裂液就是 Sirocco® Service，这套压裂液低用量下就可以在高温条件下使用，与盐也配伍，使用温度为 275～400°F；它比常规的 CMHPG 压裂液具有更好的支撑剂输送能力，但 CMHPG 的用量更低。

3. 斯伦贝谢和其他一些公司低浓度压裂液技术

斯伦贝谢（Schlumberger）公司也拥有性能优异的低浓度下使用的瓜尔胶压裂液体系—PrimeFRAC。与常规耐高温聚合物相比，PrimeFRAC 压裂液能够减少至少 35% 的聚合物用量。裂缝导流能力与滞留在裂缝中的聚合物量有显著关系，因此导流能力得以提高。PrimeF-RAC 的压裂液中的聚合物量可低至 20ng/L。275°F 温度条件下，和 CMG 或者瓜尔胶相比，得到同样的流变性可少用 40% 的聚合物。

位于得克萨斯州休斯敦的威德福（Weatherford）公司拥有高温下使用的 MagnumFracH 压裂液。它可在高 pH 值下使用的、锆交联的水基压裂液体系，使用极其低残渣的 CMHPG 聚合物。这个体系特别适合高温条件下使用，使用的温度范围 121～204℃。可以批量配制，也可以连续混配，交联时间也可以随着管路和地层条件而调整；可以用清水、KCl 或低浓度盐水配制。

二、国内低浓度瓜尔胶压裂液技术

近年来，多家单位相继开展了低浓度瓜尔胶压裂技术研究，但大多是针对常规普通压裂液的配方进行优化的结果。

长庆油田在 2011 年申请了低浓度压裂液及其制备方法专利，发明的压裂液体系稠化剂羟丙基瓜尔胶浓度为 0.25%~0.35%，采用无机硼交联，交联剂的使用浓度为 1%~2%。低浓度瓜尔胶压裂液体系突破了长庆油田 3000m 以上井深、温度 90℃以上、施工压裂液稠化剂浓度不低于 0.5% 的界线，大幅减少了进入油层的固相含量，压裂液更易破胶和返排，可有效降低压裂液对油层造成的伤害。

中国石油大学（北京）石油天然气工程学院和中原石油勘探局井下特种作业处的工作也是通过优化现有配方达到浓度降低，他们针对中原油田研发了 90~140℃ 中高温下的低浓度 HPG 硼交联压裂液。在压裂液设计中采用浓度优化和泵注浓度由高到低变化的办法，得到了基本配方中稠化剂 HPG 用于 90~120℃ 的前置液中浓度为 0.35%，携砂液中浓度为 0.25%~0.30%；而用于 120~140℃ 的前置液浓度为 0.40%，用于携砂液为浓度 0.30%~0.35% 的配方。在中原油田应用超过 40 井次。

大庆油田采油工程研究院报道了低浓度压裂液技术在海拉尔油田的应用，优选了羧甲基稠化剂和乳酸锆交联剂的压裂液体系，但没有具体报道稠化剂的使用浓度。

江苏油田石油工程技术研究院曾经应用了所谓的低聚压裂液。实际上是用一定分子量低浓度聚合物，配以少量羟丙基瓜尔胶及各种添加剂交联而成的。它除了有常规瓜基压裂液的各种优良性能之外，还因它的瓜尔胶用量少（仅为原用量的 1/10~1/7），而聚合物又较易溶解，所以破胶后的残渣仅为常规配方的 1/2 左右，减少了压裂液对油藏的伤害，提高了压裂效果。因为所使用的"一定分子量的聚合物"的用量和性质未公开，这种压裂液的本质仍然是高浓度的使用聚合物，只不过把瓜尔胶换成了另外一种聚合物。

由此可见，国内的大部分研究单位开发的低浓度瓜尔胶压裂液并未从根本上来研究低用量聚合物的机理，也没有认识到压裂液残胶残渣伤害才是伤害导流能力主要因素，仅仅局限在降低压裂液（例如选择低水不溶物瓜尔胶或尽可能降低瓜尔胶用量）的水不溶物方面。对原有瓜尔胶压裂液的配方优选和原有压裂工艺参数的改进，在某种程度上确实降低了瓜尔胶用量，并且对生产产生了积极效果，但一些压裂工艺参数的所谓优化是在挑战已经制订的瓜尔胶水基压裂液的技术标准，这种挑战的结果很容易出现过早脱砂的安全事故和导致地面泵注压力的显著增大。应该从改变交联剂分子结构的研究入手，降低瓜尔胶的使用浓度。

第二节　瓜尔胶交联机理

一、瓜尔胶聚合物分子结构

目前，大部分聚合物基压裂液使用的都是生物聚合物，瓜尔胶及其衍生物用量可以达到所有冻胶压裂液的 90% 以上，虽然羧甲基瓜尔胶使用浓度较低，但是它对水质要求较高。所以羟丙基瓜尔胶仍然是应用最多的瓜尔胶，其适应性强，对水质要求低。

瓜尔胶是一种提取于瓜尔豆的天然的半乳甘露聚糖。原产于印度和巴基斯坦，在美国等一些地方也有少量种植。典型的瓜尔胶相对分子量约为 200 万。瓜尔胶的分子结构式如图 3-1 所示。主链中含有 D-甘露糖单元，支链中含有 D-半乳糖单元。平均来说，每隔一个甘露糖单元就有一个半乳糖。半乳糖与甘露糖之比随着季节变化而变化。瓜尔胶能够高度分散在不同类型和矿化度的冷水和热水之中。

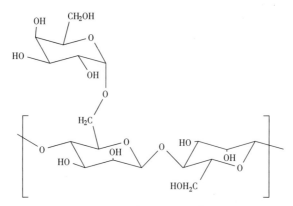

图 3-1　瓜尔胶的分子结构

为了改进在水溶液中的透明度、醇的溶解性及改善热稳定性，通常需要将瓜尔胶进行化学改性，形成系列的瓜尔胶衍生物。一般来说，瓜尔胶分子中的甘露糖单元或半乳糖单元理论上有 3 个羟基可供改性利用（最大的理论取代度是 3）。用羟丙基取代瓜尔胶侧链的羟基，可以使侧链张开，改变瓜尔胶的溶解性和其他性能。最常使用的衍生物见表 3-2。包括羧甲基瓜尔胶（CMG）、羟丙基瓜尔胶（HPG）和羧甲基羟丙基瓜尔胶（CMHPG）。

表 3-2　常使用瓜尔胶的衍生物

名称	取代基	离子性
羧甲基瓜尔胶（CMG）	—CH$_2$—COO-Na$^+$	阴离子
羟丙基瓜尔胶（HPG）	—CH$_2$—CH（OH）CH$_3$	非离子
羧甲基羟丙基瓜尔胶（CMHPG）	—CH$_2$—COO-Na$^+$，—CH$_2$—CH（OH）CH$_3$	阴离子
羟丁基瓜尔胶（HBG）	—CH$_2$—CH（OH）CH$_2$CH$_3$	非离子

最近瓜尔胶衍生物的研究进展就是把适当的亲油基团引进到瓜尔胶分子中，以防止非离子瓜尔胶的自聚集，改性之后的瓜尔胶性能类似于表面活性剂。相比于天然瓜尔胶、HPG、HBG、亲油基改性之后的羟丁基瓜尔胶在流变性上有了明显提高，还在孔隙中具有低的聚集性，有利于液体的返排和渗透率的恢复。

二、常用交联剂以及瓜尔胶交联机理

无机硼在 20 世纪 60 年代后期成为植物胶类水基压裂液的主要交联剂，主要以硼酸盐为主，有硼砂、硼酸和四硼酸钠等，应用最多的为硼砂。20 世纪 90 年代初期，国外学者应用核磁共振能谱技术对无机硼交联机理进行了分析。大多认为硼交联过程包括无机硼水解成硼酸根离子和硼酸根离子与植物胶中邻位顺式羟基形成稳定络合物。

硼酸盐交联剂作用机理描述如下。

1. 硼酸盐水解反应

$$Na_2B_4O_7+7H_2O \longrightarrow 2Na^++4B（OH）_3+2OH^-$$

$$B（OH）_3+2H_2O \rightleftharpoons B（OH）_4^-+H_3^+O$$

2. 硼酸离子与植物胶中邻位顺式羟基结合

$$\begin{matrix} H-C-OH \\ \quad \\ H-C-OH \end{matrix} + \begin{bmatrix} HO \quad OH \\ B \\ HO \quad OH \end{bmatrix}^- + H_3^+O$$

（1）植物胶量多，硼酸盐量少，生产单二醇络合物（1:1结构）：

$$\rightleftharpoons \begin{bmatrix} -C-O \quad OH \\ B \\ -C-O \quad OH \end{bmatrix} H^+ + 3H_2O$$

（2）植物胶量与硼酸盐量相等，单二醇络合物进一步反应生成双二醇络合物（2:1结构）：

$$\rightleftharpoons \begin{bmatrix} -C-O \quad O-C- \\ B \\ -C-O \quad O-C- \end{bmatrix}^- H^+ + 5H_2O$$

以上反应中，硼酸盐的水解反应慢，硼酸离子与邻位顺式羟基反应快。因此，无机硼与植物胶交联时间由硼酸盐的水解反应决定。从水解反应可知，当 pH 值增加时，平衡向生成硼酸离子的方向移动。因此在溶液中加入碱性物质，才能与植物胶中所含邻位顺式羟基充分反应，溶液黏度增加，交联形成可调挂的压裂液冻胶，其冻胶结构如图 3-2 所示。

从以上分析可知，溶液酸碱度和硼酸离子浓度是无机硼交联植物胶反应的主要影响因素，决定了反应速率。同时，无机硼交联冻胶结构中，每个交联点上只有一个硼，交联强度较差，故耐温性能差，且易受剪切作用而发生破坏，剪切速率降低则重新形成和恢复原有的交联结构。当 pH 值增加到 8.5 以上时，交联键迅速形成，瞬时交联将产生高黏弹性胶体及很高的摩阻。

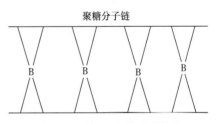

图 3-2　无机硼交联冻胶结构

随着交联剂技术的进步，出现了多种有机交联剂技术，解决了无机硼交联剂瞬时交联产生高摩阻的问题，通过添加一种或多种配位体，有机硼发生多级电离，控制硼酸离子的释放速度和溶液的酸碱度，延缓交联时间，提高冻胶强度和耐温能力。最常用的就是通过硼酸盐和有机配位体形成有机络合硼酸盐交联体系，常用的有机配位体有乙二醛、戊二醛、葡萄糖酸、木糖醇、甘露醇和葡萄糖酸钠等。有机硼交联剂作用机理可能是：首先是有机硼络合物多级电离，缓慢产生硼酸根离子 $B(OH)_4^-$；然后硼酸离子 $B(OH)_4^-$ 与植物胶聚糖分子链上的顺式邻位羟基作用，形成三维网状冻胶，其结构如图 3-3 所示。

从机理分析可知，有机硼交联剂同植物胶交联起作用的是硼酸离子，同无机硼交联剂相同。由于过量配位体包裹在有机硼交联剂周围，对硼酸离子产生屏蔽，从而延缓其与聚

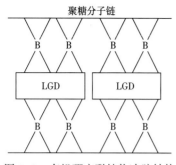

聚糖分子链

图 3-3 有机硼交联植物冻胶结构

糖分子的交联时间。另外，植物胶聚糖分子链上的邻位顺式羟基和有机硼交联剂中的有机配位体对硼酸离子对产生竞争争夺，而有机配位体同硼酸离子的亲和力取决于溶液的 pH 值，pH 值越高，这种亲和力就越强。故可通过调节溶液的 pH 值控制溶液中硼酸离子浓度，从而控制交联时间。

有机硼交联剂是目前应用最广泛的交联剂，且具有廉价、清洁、无毒等优点。除此之外，有机钛、有机锆等交联剂耐温性能也较好，但大多有毒，对储层有不同程度的伤害，且剪切性能较差。

第三节　低浓度压裂液技术添加剂与体系

低浓度压裂液体系添加剂主要通过交联剂和调理剂的研发，结合普通的羟丙基瓜尔胶作为稠化剂，配套根据储层需求所添加的其他添加剂，如助排剂、起泡剂、破乳剂、破胶剂等，共同形成了性能优良的低浓度压裂液体系。

一、稠化剂选择

稠化剂是压裂液体系中主要的添加剂之一，随着压裂增产技术的提高，对稠化剂的要求也越来越高，既要增黏性能好、交联能力强，又要稠化剂水不溶物含量低、残渣少、价格便宜等。水不溶物和残渣含量高将严重影响裂缝的导流能力，在裂缝壁上形成厚而致密的滤饼，阻碍地层流体的产出，影响产能。

原粉由于其水不溶物及残渣的含量较大，应用较少；羧甲基瓜尔胶曾经用作低浓度瓜尔胶的稠化剂，并进行了现场实验，但最终由于其对水质要求较高，没有大规模应用；其他离子型瓜尔胶也只处在实验室研究阶段，现场应用较少。相比之下，羟丙基瓜尔胶是应用最多的改性瓜尔胶，性能稳定，价格相对较低。经过大量实验表明，昆山公司生产的羟丙基瓜尔胶无论在价格还是性能上都是较好的选择，其产品的综合性能（表 3-3）都符合要求，可以在低浓度下形成有效交联，形成有效黏度的浓度可低至 0.15%。

表 3-3　羟丙基瓜尔胶性能

外观	无结块的淡黄色粉末
细度	99.95%过 120 目，96.24%过 200 目
表观黏度（mPa·s）	90.60
含水率（%）	6.96
水不溶物（%）	5.18
pH 值	7.00
交联性能	交联好，能用玻璃棒挑挂

二、交联剂研发

交联剂是低浓度压裂液体系的关键，影响整个体系的性能。

由于 HPG 临界交联浓度较低，与之配套的交联剂，必须能够使聚合物分子之间产生较强的三维空间网络结构，即液体的弹性大幅增加，但摩擦阻力增加不大。本研究研制了长链螯合多极性交联剂 FAL-120，结合稠化剂分子结构，增加了交联剂长度和交联点，使较低浓度的羟丙基瓜尔胶形成有效交联冻胶，交联时间可控。

长链螯合多极性交联剂的合成过程如图 3-4 所示。

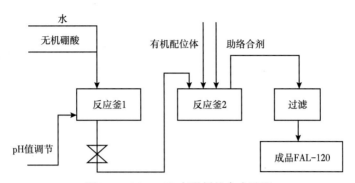

图 3-4　FAL-120 交联剂的合成过程

研发的 FAL-120 交联剂与羟丙基瓜尔胶具有很好的配伍性，交联时间可控，能够交联低浓度瓜尔胶，与 0.15%HPG 可交联，其交联结构如图 3-5（a）所示，常规有机硼交

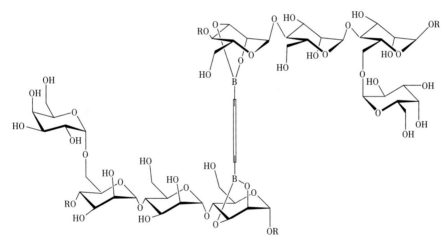

（a）FAL-120交联剂

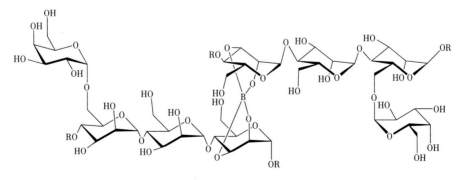

（b）常规交联剂

图 3-5　瓜尔胶交联结构图

联瓜尔胶结构如图 3-5（b）所示。由交联结构图可知，新型交联剂分子链更长，因此能够连接距离相对更远的瓜尔胶分子，提供更多交联概率，即可交联浓度更低的瓜尔胶，形成低浓度交联冻胶。

FAL-120 交联剂为淡黄色液体，pH 值为 6~8，可调交联时间 30~300s，使 0.15% HPG 耐温能力达到 50℃，使 0.3% HPG 耐温能力达到 130℃，是低浓度瓜尔胶的高效交联剂，与羟丙基瓜尔胶形成交联冻胶体系，具有良好的耐温耐剪切和携砂性能。FAL-120 交联剂的技术指标见表 3-4。

表 3-4 低浓度压裂液用 FAL-120 交联剂技术指标

项目	技术指标
外观	无色到浅黄色液体
密度（g/cm³）	1.2~1.3
pH 值	5~7
水溶性	与水混溶
交联性能	可与羟丙基瓜尔胶交联，形成冻胶
交联时间（s）	≥20
耐温能力（℃）	≥120

三、调理剂研发

交联剂和稠化剂需要在适宜的条件下才能发生交联作用，形成网络冻胶。由于低浓度压裂液瓜尔胶浓度低，要求交联剂具有更好的交联性能，因此研制了该体系专用的交联调理剂 FAL-121。该调理剂主要是为了控制特定交联剂和交联时间所要求的 pH 值，提高冻胶的耐温能力，并有利于交联剂 FAL-120 的分散，使交联反应均匀进行，形成更高、更稳定的黏弹性网络结构，改善压裂液的耐温耐剪切性和温度稳定性；另一方面，调理剂还可有效地控制交联反应速度，达到高温延迟交联的效果，产生较高的井下最终黏度和更好的施工效率，可满足储层和压裂液工艺技术对压裂液性能的要求。

FAL-121 调理剂为无色液体，与羟丙基瓜尔胶及其交联剂形成交联冻胶体系，具有很好的配伍性。调理剂 FAL-121 的技术指标见表 3-5。

表 3-5 低浓度压裂液用 FAL-121 调理剂技术指标

项目	技术指标
外观	无色到浅黄色液体
密度（g/cm³）	1.1~1.2
pH 值	>11
水溶性	与水混溶
耐温能力增加值（℃）	≥5

四、破胶剂

破胶剂对于压裂液的使用寿命来说非常重要。在泵注砂液过程中，要求破胶剂尽可能小地影响压裂液体系的流变性能。施工结束后，破胶剂能够把压裂液破胶降解变成水一样的黏度。泵注过程中在破胶剂存在的情况下，压裂液的理想黏度剖面应是常数。但在大多数实际情况下，黏度曲线是逐渐下降的，直至压裂液完全破胶。破胶剂分为氧化型破胶剂和酶破胶剂两类。氧化型破胶剂，例如过硫酸铵在120~175℉温度条件下有效，更高温度时，这些物质反应活性太大，引起不可控的破胶和过早的凝胶降解。过早的凝胶降解会带来支撑剂的输送麻烦和其他的过程问题。破胶剂的包裹可以有效地控制破胶剂的释放，改善低中温（90℃以下）的破胶剖面。但这种方法在高温条件下的效果有限。另外，酶破胶剂一般在低温（150℉以下）和pH值为5~8的条件下效果明显。最近的研究使得酶破胶剂的使用温度和pH值使用范围有所扩大；包裹可以稍微改善破胶剂的稳定性。

五、其他添加剂优选

1. 助排剂优选

助排剂是通过降低表面张力或油水界面张力，改善油气藏储层的润湿性，并增大接触角而减少毛细管力，消除水锁效应和油水乳化的贾敏效应，达到助排效果。在压裂液中加入助排剂，可明显改善破胶液的返排能力。

依据《表面及界面张力测定方法》（SY/T 5370—2018），采用挂片法评价助排剂的表面张力。表3-6是常用助排剂的试验评价结果，可见DL-12和CF-5E是专用气井助排剂，表面张力值较低，DL-8为油井用助排剂，都是性能优良的表面活性剂，能有效改善入井流体对储层岩心的润湿吸附特性，降低毛细管阻力，实现压裂液返排，减少储层伤害。

由于低浓度压裂液体系对助排剂无特殊要求，助排剂与其他添加剂配伍性好，不影响压裂液体系性能，因此也可以选择其他助排剂。

表3-6　常用助排剂性能对比

助排剂名称	浓度（%）	表面张力（mN/m）	界面张力（mN/m）
DL-8	0.3	22.38	1.21
DL-12	0.3	21.83	<1.00
CF-5E	0.3	20.35	4.61

2. 黏土稳定剂优选

黏土稳定剂的选择以地层黏土矿物类型和含量多少、水敏性强弱而定。水基压裂液中常用的黏土稳定剂主要有无机盐类（如氯化钾（KCl）、氯化铵（NH_4Cl）等）和有机阳离子型表面活性剂（如聚季铵盐类）。研究中发现，在不同的盐类（阳离子）中，NH_4^+和K^+使黏土保持稳定比Na^+等更有效。因此KCl作为有效的黏土稳定剂得到广泛使用，其主要作用机理在于：（1）K^+具有合适的未水化半径，能嵌入硅酸盐薄片四面体的六元环中，以牢固的库伦力结合防止水化膨胀；（2）K^+的水化能低，使黏土颗粒间吸附力增大；（3）K^+在黏土表面的吸附能力强，可中和黏土表面的部分负电荷，压缩双电层，抑制水化膨胀。同时KCl不仅具有良好的稳定黏土的作用，还具有抑制或消除高pH值对储层碱敏性的影响。而有机阳离子型聚合物可以提供多个联结点的阳离子位（主链和侧链上都有产生阳离子特性的季氮原子—季铵结构），具有较好的永久黏土稳定性。

低浓度压裂液体系对黏土稳定剂无特殊要求，与其他添加剂配伍性好，不影响压裂液体系性能，具有良好的防膨性能，都可以选择使用。

低 HPG 浓度压裂液配方体系中除稠化剂、交联剂、破胶剂、调理剂、防膨剂和助排剂等主要添加剂外，还要根据不同的压裂储层情况，选择其他添加剂（如降滤剂、破乳剂等）。低浓度瓜尔胶交联形成的冻胶类似于黏弹性表面活性剂压裂液，弹性特征大于黏性特征，不易在裂缝壁面形成滤失阻挡层，压裂液造壁性滤失系数较低，造缝效率低于常规压裂液；大量的压裂流体进入地层，尤其是在高温地层可能会引起原油乳化，不利于开采及传输。原油破乳的关键是改变油水界面的性质，降低界面张力和膜的强度。界面活性越高、降低油水界面张力和膜强度越高的破乳剂，其破乳效果越好。

另外，pH 值调节剂、杀菌剂也是水基压裂液中重要的添加剂。

六、低浓度压裂液配方体系及性能

根据储层地质特征，可初步确定压裂液类型，在压裂液类型的基础上，依据储层评价，优选压裂液添加剂，最终依据储层温度确定稠化剂和交联剂的浓度（表 3-7）。低浓度压裂液配方体系由于其瓜尔胶浓度低，配制后的基液黏度也较低，交联后形成以弹性为主的网状结构，所以冻胶挑挂困难，增稠时间不少于 20 秒。

表 3-7　低浓度压裂液配方体系在不同储层温度下的稠化剂浓度范围

储层温度（℃）	HPG 浓度（%）	基液黏度（mPa·s）
≤70	0.15~0.18	9~13.5
70~90	0.18~0.20	13.5~16.5
90~110	0.20~0.25	16.5~21
110~130	0.25~0.35	21~36

1. 影响基液配置因素分析

通常，配制基液的添加剂配液顺序可以参考按照《水基压裂液性能评价方法》（SY/T 5107—2016）执行，首先加入一定量水，按照比例加入稠化剂，然后加入防膨剂、助排剂、破乳剂、杀菌剂，10 分钟后加入交联促进剂及碳酸钠等。

新型压裂液体系应用于现场时，要充分考察水质对压裂液的影响，不同储层水矿化度差别较大，有可能会对压裂液耐温耐剪切性能产生较大影响，因此本研究对多个油田水样进行分析，并进行耐温耐剪切实验。不同地区水质分析结果见表 3-8，基液黏度值见表 3-9。图 3-6 为廊坊分院自来水和冀东现场混合水压裂液耐温耐剪切性能曲线，液体配方均为 0.3%HPG+0.1% 杀菌剂+0.3% 调理剂+0.7% 交联剂。

由于稠化剂带有一定的电荷，因此不同的水质特别是其矿化度的含量方面，可能会对压裂液的性能有所影响。根据对不同地区的水质进行检测，以及配成压裂液后的性能比较看，0.2%HPG 基液黏度在 12~13.5mPa·s 之间，0.3%HPG 基液黏度在 22.5~24mPa·s 之间，在 120℃、170s^{-1} 剪切速率条件下剪切 2 小时后黏度均在 100mPa·s 左右，可见不同水质配制基液对黏度和冻胶性能影响不大，说明该体系对水质要求不高，具有很好的适应性和推广价值。

表 3-8　不同地区水质分析结果

不同地区水	阳离子			阴离子				矿化度 (mg/L)
	Na+、K+ (mg/L)	Ca2+ (mg/L)	Mg2+ (mg/L)	Cl− (mg/L)	SO4 2− (mg/L)	HCO3 − (mg/L)	CO3 2− (mg/L)	
廊坊分院	376.46	62.02	29.30	386.99	431.39	120.51	0	938.89
冀东 NP403X1	1914	47	18	245	106	4421	164	6915
冀东 NP403X1	1962	15	3	167	47	4588	164	6946
冀东 NP403X1	1907	15	13	535	0	3920	164	6554
冀东 NP4-31	3191	35	24	2821	24	3604	101	9800
冀东 NP403X2	2446	62	120	3480	124	1133	0	7365
吉林长岭水	337.50	94.19	11.43	132.41	586.93	372.04	0	1575
吉林红岗水	177.48	37.68	25.15	132.41	54.18	414.97	0	842

表 3-9　不同地区水质基液黏度对比

不同地区水	0.2%HPG 基液表观黏度（mPa·s）	0.3%HPG 基液表观黏度（mPa·s）
廊坊分院	13.5	24.0
冀东 NP403X1	12.0	22.5
冀东 NP403X1	12.0	22.5
冀东 NP403X1	13.5	22.5
冀东 NP4-31	12.0	22.5
冀东 NP403X2	12.0	22.5
吉林长岭水	12.0	22.5
吉林红岗水	13.5	24.0

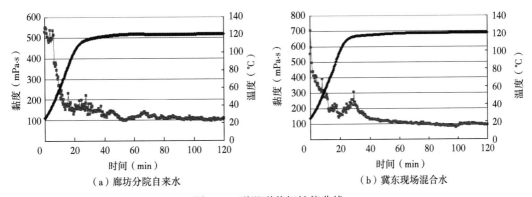

图 3-6　耐温耐剪切性能曲线

2. 压裂液交联时间及其影响因素

低浓度压裂液的交联时间是可控的，交联时间可从 20 秒到几分钟。

影响交联时间的主要因素为稠化剂浓度、交联剂浓度、pH 值及温度。稠化剂浓度大，在同样的条件下有利于交联，交联时间会缩短，但变化范围小。交联剂浓度也会影响交联时间，如果交联剂浓度太低、交联速度较慢，黏度增长比预期的慢，交联时间长。如果交

63

联剂浓度过高、交联速度较快、交联时间短，冻胶较脆甚至出现脱水现象。所以对一定浓度的稠化剂，都存在交联剂的最佳浓度。一旦浓度稠化剂的浓度确定，交联剂浓度也是一定的。相对来讲，pH 值对成胶速度和强度的影响较大，调节 pH 值可控制成胶时间和强度。为了保证有足够的交联时间可以调整调理剂的用量，用量大时，交联时间短，反之，交联时间长。对于高温高压裂液配方还要加入碳酸钠做缓冲，让交联时间变长。交联时的温度和使用不同 pH 值调节剂都会影响交联时间，一般情况下，温度越高，交联越快。

以基液：0.25%HPG+0.2%FAL-121+0.3%DL-8+0.5%BFC-3+0.1%HCHO；交联比：100∶0.5 FAL-120 为例，温度对交联时间的影响见表 3-10。

表 3-10　温度对交联时间的影响

温度（℃）	增稠时间（s）	最佳交联时间（s）
10	21	120
20	18	90
30	10	60
40	8	50

3. 压裂液耐温耐剪切能力和流变性能

压裂液耐温耐剪切性能是压裂液的重要性能指标，直接影响压裂液的造缝和携砂性能。根据《水基压裂液性能试验方法》（SY/T 5107—2016），使用德国哈克（HAAKE）公司的 RS-600 旋转黏度计，评价了低浓度压裂液配方体系的流变性能（表 3-11、图 3-7），经过一定时间剪切后，黏度均在 50mPa·s 以上，可见低浓度压裂液配方具有良好的流变性能，能够满足压裂施工工艺性能要求。

在 120℃温度条件下，压裂液配方对破胶剂浓度比较敏感，0.3%HPG 配方压裂液中加入 0.005‰破胶剂，黏度下降较快，在 30 分钟时黏度就降到 50mPa·s；60 分钟时，黏度低于 5mPa·s。说明该液体体系对温度和破胶剂浓度较为敏感，在现场实施时要使用微胶囊破胶剂，并适时采用破胶剂尾追技术，保证压裂液良好的流变性能。

表 3-11　低浓度压裂液配方体系的流变性能

黏度　　　时间（min）　　配方	初始	10	20	30	40	50	60	70	80	90
0.15%HPG（50℃）	240	73	66	82	78	85	73	75	85	81
0.18%HPG（70℃）	383	129	111	110	118	94	101	99	96	99
0.20%HPG（90℃）	321	95	79	82	76	76	71	71	70	68
0.25%HPG（110℃）	343	140	131	97	89	83	80	78	85	80
0.30%HPG（120℃）	354	153	163	116	129	134	118	114	116	108
0.30%HPG+0.5%柴油（120℃）	426	119	136	107	109	98	103	109	109	106
0.30%HPG+0.005‰ APS	499	318	93	52	23	14	1.2			

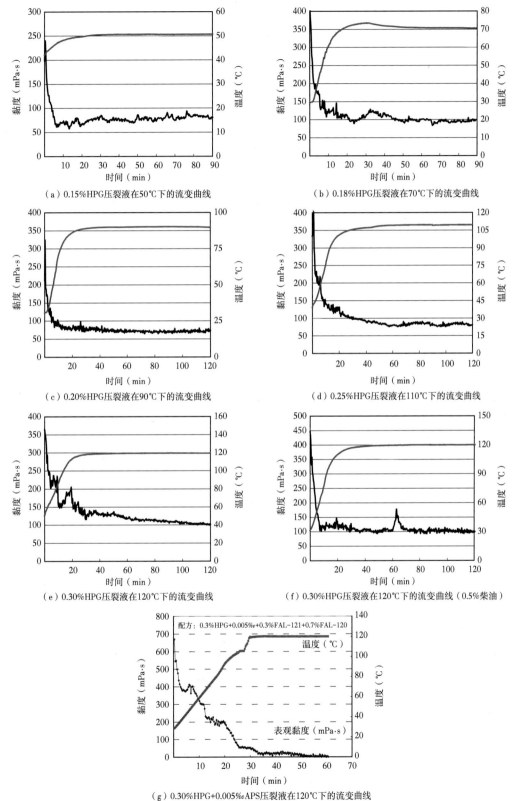

（a）0.15%HPG压裂液在50℃下的流变曲线

（b）0.18%HPG压裂液在70℃下的流变曲线

（c）0.20%HPG压裂液在90℃下的流变曲线

（d）0.25%HPG压裂液在110℃下的流变曲线

（e）0.30%HPG压裂液在120℃下的流变曲线

（f）0.30%HPG压裂液在120℃下的流变曲线（0.5%柴油）

（g）0.30%HPG+0.005‰APS压裂液在120℃下的流变曲线

图3-7 低浓度压裂液配方体系的流变性能

4. 压裂液黏弹性及支撑剂悬浮能力

水力压裂施工中，压裂液起着两个十分重要的作用：一是造缝，另一个是输送支撑剂。低浓度压裂液体系是以弹性为主的交联网状结构，即代表弹性的储能模量 G' 大于代表黏性的耗能模量 G''。储能模量 G' 的大小取决于压裂液体系的交联结构，耗能模量 G'' 的大小取决于植物胶的基本性能。使用 RS-600 流变仪测量了低浓度压裂液配方体系的储能模量 G' 和耗能模量 G''（表 3-12）。

支撑剂的输送能力直接关系着填砂裂缝的几何尺寸与导流能力，因此，支撑剂在压裂液中的沉降速率是衡量压裂液性能的一个重要指标。支撑剂颗粒的沉降速率除了受自身重力影响之外，还将受到来自流体物理学特性的作用，其中颗粒周围流体的流变性对单颗粒支撑剂沉降速率有着决定性的影响。

压裂工程上一般将支撑剂单颗粒的沉降速率分为三个区域：（1）不可接受的沉降速率 $V>5cm/min$；（2）较好的沉降速率 $0.5cm/min<V<5cm/min$；（3）接近完美的沉降速率 $V<0.5cm/min$。压裂设计通常采用幂律模型来表征压裂液对支撑剂的特征，但是，幂律流体模型不适合研究低剪切速率或零剪切速率范围内的交联流体的流变行为，也不能描述交联流体的弹性问题。理论上，一方面寻找一种包含所有影响因素的压裂流体的本构方程，再利用本构方程来研究压裂过程中不同时间的支撑剂输送情况，这种方法至今还没有得到令人满意的结果；另一方面利用实验仪器测出压裂液的黏弹性，再结合支撑剂颗粒的沉降速率，可以对交联压裂液和支撑剂的输送能力进行定量的评价。单颗粒支撑剂在低浓度压裂液配方体系的沉降试验结果见表 3-12。可见，低浓度压裂液配方黏度较低，其挑挂性能比常规瓜尔胶压裂液要差，但因其具有较好的黏弹性，其单颗粒支撑剂的沉降速率仍在较好的沉降速率范围之内。

表 3-12　不同浓度低浓度压裂液在不同温度下的黏弹性

不同温度压裂液配方	储能模量 G'（Pa）	耗能模量 G''（Pa）	单颗粒支撑剂沉降	
			实验温度（℃）	沉降速率（mm/s）
50℃	1.22	0.16	50	2.82
70℃	2.25	0.22	70	3.00
90℃	3.10	0.26	90	2.94
110℃	4.10	0.30	90	2.28
120℃	5.90	2.70	90	1.80

5. 破胶性能及残渣伤害

随着低—特低渗透油气藏改造的不断深入，压裂液对储层的伤害问题日益受到重视，减少压裂液对储层和导流能力的伤害，是提高低渗透油藏单井产能的重要技术之一。

以往普通压裂液的低伤害表征是黏度变低，一般认为压裂液黏度低于 $5\sim10mPa\cdot s$ 就是彻底破胶了。重要的是，这种破胶剂通常可能破坏的只是切割了分子链间的交联，而没有清除这些分子碎片。也就是当使用浓度为 40ng/L 瓜尔胶大约含有 0.49% 瓜尔胶的压裂液通过降解后，仍然有 40ng/L 的高分子。据报道，瓜尔胶相对分子量高达 200 万，这些高分子碎片仍然能阻碍压裂液的返排。这种结果可以通过滤饼得到放大证实。据报道，滤饼中高分子浓度为 $150\sim300ng/L$（$1.83\%\sim3.66\%$），是普通压裂液的数倍到数十倍，也就是普通压裂液即使破胶，其滤饼和降解后的残胶中也会含有浓缩了的高分子。

低浓度压裂液的优点就在于其稠化剂本身使用的瓜尔胶分子量低于瓜尔胶母体，同时又使用了浓度仅是普通瓜尔胶一半的聚合物。因而与一般压裂液相比，残胶中的聚合物量也低至一半。因此低伤害压裂液是国内外压裂液的发展方向和研究热点，该压裂液除具有良好的耐温耐剪切性能和低成本优势之外，植物胶聚合物的残渣及在地层中形成的滤饼会堵塞地层和裂缝内支撑剂的孔隙空间，降低储层的渗透率和裂缝的导流能力，在一定程度上影响油气田的产量。

低浓度压裂液配方体系具有易破胶和低残渣性能，有利于降低对储层和支撑带的伤害。利用环境扫描电子显微镜就瓜尔胶压裂液破胶后的残渣和残胶对支撑剂缝隙堵塞的扫描结果如图3-8所示。利用电子显微镜对不同浓度的瓜尔胶压裂液残渣对支撑缝伤害进行了观察（图3-9）。可见残胶和残渣对支撑带有一定的伤害，降低稠化剂浓度能够大幅度减少残渣，破胶彻底，能有效降低对支撑缝的伤害。不同HPG瓜尔胶浓度残渣量如图3-10所示，可见，随着浓度的降低，残渣含量是明显降低的，同样是120℃下的储层，使用低HPG浓度压裂液体系比常规体系降低残渣含量45%，可有效降低伤害。

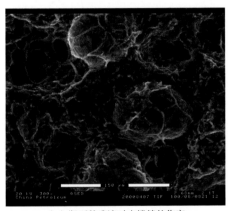

（a）羟丙基残渣对支撑缝的伤害　　　　　　　（b）羟丙基残胶对支撑缝的伤害

图3-8　羟丙基瓜尔胶残渣和残胶对支撑剂缝隙的堵塞

（a）0.55%HPG压裂液破胶后的残渣对支撑缝的伤害　　（b）0.2%HPG压裂液破胶后的残渣对支撑缝的伤害

图3-9　不同浓度羟丙基瓜尔胶残渣对支撑剂缝隙的伤害

低浓度压裂液配方体系的破胶性能见表3-13至表3-17，可知：低浓度压裂液在不同温度下都能彻底破胶，破胶剂用量少，破胶液清亮、透明。

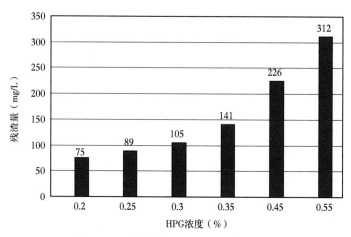

图 3-10　不同浓度羟丙基瓜尔胶残渣量

压裂液对储层伤害的因素中，植物胶残渣含量是导致压裂效果降低的重要因素。人们希望把压裂液残渣的伤害降低到最低和得到更高的裂缝导流能力。大多数情况下，导流能力的提高依赖于不断改善的破胶剂，因为破胶剂可以有效降低高分子的分子量，从而降低压裂液的黏度，但是，裂缝中仍然存在着大量的破胶后的高分子碎片，这些碎片同样对导流能力和返排造成伤害。低浓度瓜尔胶压裂液具有使用浓度低、残渣含量少、热稳定性好、耐剪切、摩阻低且水溶性好等许多优点，将逐渐得到大规模的推广应用。

表 3-13　0.15%HPG 压裂液配方的破胶性能

温度	破胶剂	不同时间下的破胶液黏度（mPa·s）					
（℃）	（%）	0.5h	1h	2h	4h	6h	8h
60	0.0005	冻胶	变稀	变稀	稀胶	拉丝	2.46
	0.0010	拉丝	拉丝	1.27			
	0.0020	1.54					
	0.0030	1.48					
	0.0050	1.17					
	0.0100	0.86					

表 3-14　0.20%HPG 压裂液配方的破胶性能

温度	破胶剂	不同时间下的破胶液黏度（mPa·s）				
（℃）	（%）	1h	2h	4h	6h	8h
90	0.001	冻胶	冻胶	稀胶	拉丝	3.25
	0.002	冻胶	稀胶	1.82		
	0.003	变稀	2.36			
	0.005	变稀	1.45			
	0.010	变稀	1.78			

表 3-15　0.25%HPG 压裂液配方的破胶性能

温度 (℃)	破胶剂 (%)	不同时间下的破胶液黏度（mPa·s）				
		1h	2h	4h	6h	8h
110	0.001	冻胶	变稀	1.53		
	0.002	冻胶	2.69	1.39		
	0.003	冻胶	3.46	1.21		
	0.005	冻胶	2.73	0.96		
	0.010	变稀	2.38			

表 3-16　0.3%HPG 压裂液配方的破胶性能

温度 (℃)	破胶剂 (%)	不同时间下的破胶液黏度（mPa·s）				
		1h	2h	4h	6h	8h
90	0.002	冻胶	冻胶	冻胶	稀胶液	稀胶液
	0.003	稀胶液	稀胶液	稀胶液	稀液	稀液
	0.005	稀液	稀液	稀液	4.3	
	0.007	4.8				
	0.010	2.6				
	0.020	1.8				
120	0.002	冻胶	冻胶	冻胶	冻胶	稀胶液
	0.003	冻胶	冻胶	冻胶	冻胶	稀胶液
	0.005	冻胶	冻胶	冻胶	冻胶	稀液
	0.007	冻胶	冻胶	稀胶液	稀胶液	5.4
	0.010	稀胶	稀胶	稀胶液	4.1	
	0.030	破胶，不可测	4.6			

表 3-17　0.35%HPG 压裂液配方的破胶性能

温度 (℃)	破胶剂 (%)	不同时间下的破胶液黏度（mPa·s）				
		1h	2h	4h	6h	8h
90	0.0005	冻胶	稀胶	拉丝	少量拉丝	破胶
	0.0010	稀胶	拉丝	破胶		
	0.0030	拉丝	破胶			
	0.0050	少量拉丝	破胶			
	0.0100	破胶				
130	0.0010	冻胶	冻胶	破胶		
	0.0050	冻胶	少量胶丝	破胶		
	0.0100	拉丝	破胶			
	0.0300	破胶				

6. 压裂液滤失性能

压裂液滤失是指在裂缝与储层的压差作用下压裂液在储层中的滤失，是影响压裂液造缝能力的重要因素，压裂液滤失受三种机理的控制：压裂液的黏度、油藏岩石和流体的压缩性、压裂液的造壁性。不同的流体具有不同的降滤失机制，常规的水基压裂液主要以黏弹性流体形成滤饼降低压裂液滤失性能，主要以造壁滤失系数 C_{III} 表示。综合滤失系数是压裂设计中的重要参数，也是评价压裂液性能的重要指标。

在压裂施工过程中压裂液泵入地层，滤失量越大，压裂液的效率就越低，增大了压裂施工的难度，相应对储层伤害也越大。因此，在压裂施工过程中控制压裂液的滤失是极其重要的。使用美国巴列奥德（Bariod）公司生产的高温高压静态滤失仪，在不同温度、3.5MPa压差下测试了该压裂液配方体系的静态滤失性能（表3-18至表3-21）。

1）60℃下静态滤失

配方：0.15%HPG+0.2%FAL-121+2%防膨剂+1%KCl+0.5%助排剂+0.1%甲醛+0.4%FAL-120。

表3-18　60℃下静态滤失试验结果

时间（min）	0	1	4	9	16	25	36
累计滤失量（mL）	8.4	10.6	14.4	18.0	23.6	2845	34.6
滤失系数 $C_{\mathrm{III}}=9.62\times10^{-4}\mathrm{m}/\sqrt{\mathrm{min}}$							
静态初滤失量 $=2.95\times10^{-1}\mathrm{m}^3/\mathrm{m}^2$							
滤失速率 $=1.62\times10^{-4}\mathrm{m}/\mathrm{min}$							

2）90℃下静态滤失

配方：0.2%HPG+0.3%FAL-121+2%防膨剂+1%KCl+0.5%助排剂+0.1%甲醛+0.5%FAL-120。

表3-19　90℃下静态滤失试验结果

时间（min）	0	1	4	9	16	25	36
累计滤失量（mL）	12	16	22.5	30	40	48	56
滤失系数 $C_{\mathrm{III}}=1.69\times10^{-3}\mathrm{m}/\sqrt{\mathrm{min}}$							
静态初滤失量 $=4.07\times10^{-1}\mathrm{m}^3/\mathrm{m}^2$							
滤失速率 $=2.81\times10^{-4}\mathrm{m}/\mathrm{min}$							

3）120℃下配方体系的静态滤失

配方：0.3%HPG+0.2%FAL-121+2%防膨剂+1%KCl+0.5%助排剂+0.1%甲醛+0.7%FAL-120。

表3-20　120℃下静态滤失试验结果

时间（min）	0	1	4	9	16	25	36
累计滤失量（mL）	20.0	21.0	27.0	32.0	39.0	44.0	46.0
滤失系数 $C_{\mathrm{III}}=1.07\times10^{-3}\mathrm{m}/\sqrt{\mathrm{min}}$							
静态初滤失量 $=8.03\times10^{-1}\mathrm{m}^3/\mathrm{m}^2$							
滤失速率 $=1.79\times10^{-4}\mathrm{m}/\mathrm{min}$							

4）常规压裂液配方静态滤失

配方：0.4%GRJ+1%KCl+0.1%S-100+0.5%DL-8+0.15%Na$_2$CO$_3$+0.3%BCL-61。

表 3-21　80℃下静态滤失

时间（min）	0	1	4	9	16	25	36
累计滤失量（mL）	5.5	6.7	9.0	14	17.6	22.5	27.0
滤失系数：$C_{\mathrm{III}} = 8.27 \times 10^{-4}\,\mathrm{m}/\sqrt{\mathrm{min}}$							
静态初滤失量 = $1.50 \times 10^{-3}\,\mathrm{m^3/m^2}$							
滤失速率 = $1.38 \times 10^{-4}\,\mathrm{m/min}$							

由表 3-18 至表 3-21 的数据可以得出：低浓度压裂液的静态滤失并没有因减少稠化剂的用量而增大较多，而是与常用的 HPG 静态滤失大致相同。也就不会增大对地层的伤害。

7. 压裂液对支撑缝导流能力的伤害

1）常规羟丙基瓜尔胶压裂液对导流能力的影响

（1）常规配方 70℃下羟丙基瓜尔胶压裂液破胶液导流能力测试结果见表 3-22，测试过程及相关情况如图 3-11 至图 3-14 所示。

基液：0.4%CJ2-6（HPG）+0.5%CF-5E+0.1%CJSJ-2+0.5%YFP-2+1.0%KCl+0.3%COP-1+0.03%CJ-3；

交联液：50%JLJ-2；

交联比：100:0.4。

表 3-22　70℃下羟丙基瓜尔胶压裂液破胶液导流能力测试结果

铺置浓度（kg/m^2）	5			
支撑剂类型	中密度陶粒			
样品规格	850~425μm			
实验温度	室温	70℃	70℃	70℃
液体类型	无压裂液	无压裂液	0.2‰APS 破胶 1h	0.5‰APS 破胶 1h
闭合压力（MPa）	导流能力（D·cm）	导流能力（D·cm）	导流能力（D·cm）	导流能力（D·cm）
10	163.56	156.39	95.41	142.83
20	147.83	143.76	71.85	112.22
30	123.32	127.57	52.23	41.61
40	94.65	92.97	34.31	29.29
50	78.24	67.43	14.30	22.90
60	64.48	54.87	12.70	19.80
70	52.68	45.19	8.872	14.85

（2）常规配方 80℃羟丙基瓜尔胶压裂液破胶液导流能力测试结果，见表 3-23，测试过程及相关情况如图 3-15 至图 3-17 所示。

基液：0.45%CJ2-6（HPG）+0.5%CF-5E+0.1%CJSJ-2+0.5%YFP-2+1.0%KCL+0.3%COP-1+0.03%CJ-3；

交联液：50%JLJ-2；

交联比：100:0.4。

图 3-11　无压裂液室温测导流能力后　　　　图 3-12　0.2‰ APS 破胶液测导流能力
支撑剂铺置　　　　　　　　　　　　后支撑剂铺置

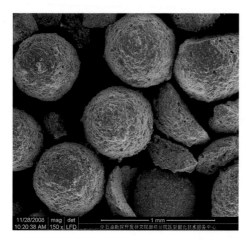

图 3-13　支撑剂电子显微镜扫描局部放大观察

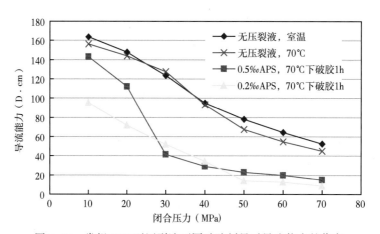

图 3-14　常规 70℃下压裂液不同破胶剂量对导流能力的伤害

表 3-23　80℃下羟丙基瓜尔胶压裂液破胶液导流能力测试结果

铺置浓度（kg/m²）	5			
支撑剂类型	中密度陶粒			
样品规格	850~425μm			
实验温度	室温	80℃	80℃	80℃
液体类型	无压裂液	无压裂液	0.1‰APS 破胶 1h	0.5‰APS 破胶 1h

闭合压力（MPa）	导流能力（D·cm）	导流能力（D·cm）	导流能力（D·cm）	导流能力（D·cm）
10	163.56	148.16	91.85	83.72
20	147.83	127.95	42.17	47.34
30	123.32	105.68	27.95	26.93
40	94.65	84.99	18.70	17.13
50	78.24	62.13	11.07	12.35
60	64.48	55.68	7.14	8.71
70	52.68	43.66	4.53	6.72

图 3-15　0.1‰APS 破胶液测导流　　　　图 3-16　0.5‰APS 破胶液测导流
　　能力后支撑剂铺置　　　　　　　　　　　能力后支撑剂铺置

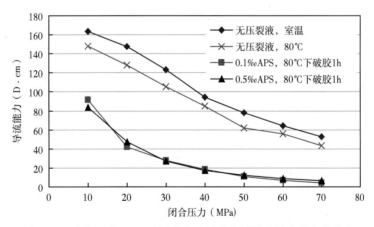

图 3-17　常规配方 80℃下压裂液不同破胶剂量对导流能力的伤害

　　（3）常规配方 100℃下羟丙基瓜尔胶压裂液破胶液导流能力测试结果见表 3-24，测试过程及相关情况如图 3-18 至图 3-21 所示。

　　基液：0.55%CJ2-6（HPG）+0.5%CF-5E+0.1%CJSJ-2+0.5%YFP-2+1.0%KCl+0.3%COP-1+0.03%CJ-3+0.12%Na$_2$CO$_3$；

　　交联液：50%JLJ-2［JL-1（A）：JL-B=100:10 混合，再用清水稀释一半］；

　　交联比：100:0.4。

表 3-24　100℃下羟丙基瓜尔胶压裂液破胶液导流能力测试结果

铺置浓度（kg/m²）	5			
支撑剂类型	中密度陶粒			
样品规格	850～425μm			
实验温度	室温	99℃	99℃	99℃
液体类型	无压裂液	无压裂液	0.1‰APS 破胶 1h	0.7‰APS 破胶 1h
闭合压力（MPa）	导流能力（D·cm）	导流能力（D·cm）	导流能力（D·cm）	导流能力（D·cm）
10	163.56	152.35	74.93	79.45
20	147.83	130.97	37.31	65.41
30	123.32	94.86	22.53	36.94
40	94.65	78.64	10.72	16.30
50	78.24	65.82	6.18	6.03
60	64.48	46.33	2.39	5.15
70	52.68	38.32	1.29	2.39

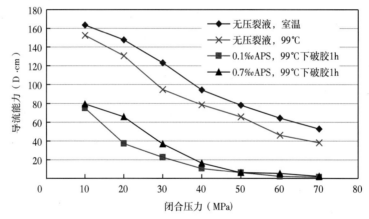

图 3-18　100℃压裂液不同破胶剂量对导流能力的伤害

图 3-19　0.1‰APS 破胶液测导流
能力后支撑剂铺置

图 3-20　0.7‰APS 破胶液测导流
能力后支撑剂铺置

　　由导流能力试验可知无压裂液和压裂液破胶液测导流后支撑剂在钢片上的铺置形态来看，无压裂液测导流后，支撑剂铺置平整、均匀，支撑剂颗粒表面比较干净、清爽，颗粒之间无粘连，而破胶液测导流后，支撑剂铺置不均匀，表面看起来混浊不清，颗粒之间有

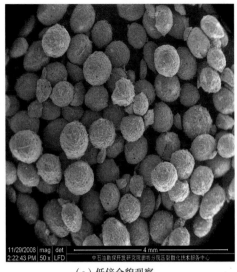
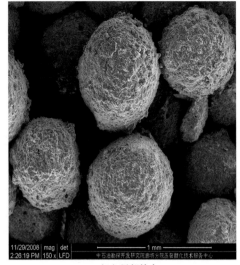

（a）低倍全貌观察 （b）局部放大

图 3-21 支撑剂电子显微镜扫描图

明显的黏结现象，电子显微镜扫描局部放大观察，因为闭合压力较大，导致部分支撑剂颗粒破碎，充填在颗粒之间的碎屑使残渣难以观察得到，而且压裂液破胶相对彻底后，也观察不到支撑剂颗粒之间有残胶，但从试验结果来看，压裂液对裂缝导流能力基线值的影响是显而易见的，这对于压裂优化设计裂缝导流能力取值有着非常重要的指导作用。50MPa闭合压力下，70℃下羟丙基瓜尔胶压裂液加 0.2‰和 0.5‰破胶剂分别比基础试验的导流能力下降了 78.79%、66.04%；80℃下羟丙基瓜尔胶压裂液加 0.1‰和 0.5‰破胶剂分别比基础试验的导流能力下降了 82.18%、80.12%；100℃下羟丙基瓜尔胶压裂液加 0.1‰和0.7‰破胶剂分别比基础试验的导流能力下降了 90.61%、90.83%。由以上试验结果可知，在天然植物胶使用浓度一定、破胶相对彻底的情况下，残渣是造成压裂液对支撑剂充填层伤害的重要原因。

2）低浓度羟丙基瓜尔胶压裂液对导流能力的影响

（1）70℃下低浓度羟丙基瓜尔胶压裂液导流能力测试结果见表 3-25。

70℃下低浓度瓜尔胶压裂液配方：

基液：0.18%HPG+0.3% DL-8+0.5%BFC-3+0.25%FAL-121；

基液黏度：12mPa·s；

交联剂：FA-120；

交联比：100:0.4。

（2）90℃下低浓度羟丙基瓜尔胶压裂液导流能力测试结果见表 3-25。

90℃下低浓度瓜尔胶压裂液配方：

基液：0.25% HPG+0.3% DL-8+0.5%BFC-3+0.25%FAL-121；

基液黏度：16.5mPa·s；

交联剂：FA-120；

交联比：100:0.5。

表 3-25　低浓度瓜尔胶压裂液导流能力测试结果

铺置浓度（kg/m²）	5			
支撑剂类型	中密度陶粒			
样品规格	850~425μm			
实验温度	70℃	90℃	70℃	90℃
液体类型	无压裂液	无压裂液	0.18% HPG 0.1‰APS，70℃下破胶 1h	0.25% HPG 0.1‰ APS，90℃下破胶 1h
闭合压力（MPa）	导流能力（D·cm）	导流能力（D·cm）	导流能力（D·cm）	导流能力（D·cm）
10	156.39	148.16	125.62	128.62
20	143.76	127.95	99.86	102.69
30	127.57	105.68	76.50	72.88
40	92.97	84.99	55.12	47.97
50	67.43	62.13	45.46	45.02
60	54.87	55.68	35.97	33.53
70	45.19	43.66	29.21	27.65

　　如图 3-22、图 3-23 分别为 0.18% 和 0.25% 的羟丙基瓜尔胶压裂液破胶液测导流后支撑剂在钢片上的铺置形态，从表面看支撑剂铺置较为平整、均匀，支撑剂颗粒表面比较干净清爽，颗粒之间无粘连。如图 3-24 所示，通道之间连通较好，颗粒之间没有残渣堵塞。50MPa 闭合压力下，0.18% 和 0.25% 的瓜尔胶压裂液破胶液分别比基础试验的导流能力下降了 32.58% 和 27.54%。低浓度瓜尔胶压裂液体系的交联状态类似于黏弹性表面活性剂压裂液，这种压裂液本身残渣少，且使用浓度低、破胶彻底，在使用浓度相近的情况下，由于试验本身存在着误差，测得 0.18% 和 0.25% 的瓜尔胶压裂液破胶液的导流能力相差不明显。但使用低浓度瓜尔胶压裂液却能大大降低对支撑裂缝的导流能力。这种压裂液体系，把表面活性剂压裂液的低伤害性和聚合物基压裂液的低滤失性结合起来，则是压裂液技术的发展方向。

图 3-22　0.18%HPG 测导流后支撑剂铺置　　　　图 3-23　0.25%HPG 测导流后支撑剂铺置

8. 压裂液在返排中的"黏度指进"效应对导流能力的影响

　　将常规浓度 70℃下羟丙基瓜尔胶压裂液配方体系作为试验液体，根据破胶试验结果选取不能破胶但液体又变得较稀的破胶剂加量，首先在恒温水浴锅中进行破胶试验，当观察到液体变稀但又没有破胶时，按 25% 砂比将压裂液与 32.26g 陶粒支撑剂混合，放入导流室内，测室温条件下混砂液的导流能力（表 3-26），并对测导流后的支撑剂进行环境电子显微镜扫描（图 3-25 至图 3-27）。

 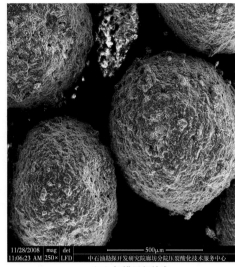

（a）局部放大观察　　　　　　　　　　　（b）扫描局部放大

图 3-24　支撑剂电子显微镜扫描图

基液：0.4%CJ2-6（HPG）+0.5%CF-5E+0.1%CJSJ-2 +0.5%YFP-2+1.0%氯化钾+0.3%COP-1+0.03%CJ-3；

交联液：50%JLJ-2；

交联比：100:0.4。

表 3-26　"黏度指进"效应对导流能力的影响测试结果

铺置浓度（kg/m²）	5	
支撑剂类型	中密度陶粒	
样品规格	850~425μm	
实验温度	室温	室温
液体类型	无压裂液	0.1‰APS，70℃下破胶 40min
闭合压力（MPa）	导流能力（D·cm）	导流能力（D·cm）
10	163.56	9.22
20	147.83	10.54
30	123.32	10.36
40	94.65	13.37
50	78.24	16.63

图 3-25　不完全破胶的"黏度指进"测导流后支撑剂铺置

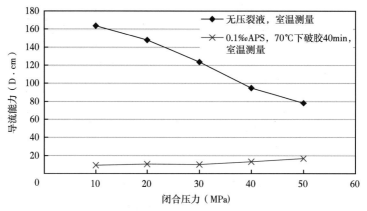

图 3-26　不完全破胶的"黏度指进"导流能力测试

由于不完全破胶导致支撑剂颗粒之间有残胶粘连，当把样品从导流室内取出时（图 3-25），钢片上支撑剂铺置呈粗糙不平的状态。通过对测导流后的支撑剂进行不同放大倍数的环境电子显微镜扫描，可以很明显地看到颗粒间有残胶堵塞孔道（图 3-27）。尽管由于低黏液体驱替的"黏度指进"效应会使导流能力缓慢升高，但要克服残胶堵塞通道的力，还需要很长的时间。在 50MPa 闭合压力下，残胶堵塞后的导流能力比基线导流能力下降了78.4%。因此，压裂液对裂缝导流能力造成很大伤害的主要原因是压裂液破胶剂加量不够，或者是一定时间不破胶而造成压裂液破胶不彻底，在高闭合应力下，其残余冻胶对裂缝孔隙形成堵塞，导致裂缝渗透率和导流能力下降。

9. 压裂液残渣对支撑缝导流能力的影响

单从量的角度考虑压裂液残渣对支撑缝导流能力的影响，可以将一定温度、一定配方的压裂液在恒温水浴中彻底破胶，然后将破胶液进行离心，称量出不同的残渣量，再将称量好的残渣倒入支撑剂中混合均匀，放入导流室中铺置平整，测量残渣含量对导流能力的影响。

试验液体选择常规浓度 70℃ 下配方的羟丙基瓜尔胶压裂液，配制 1500mL 基液，加入0.2‰APS 破胶剂，按给定交联比交联，然后放入 70℃ 恒温水浴锅中破胶 5 小时，然后将破胶液离心，称得总的残渣重量为 40.54g（湿重），分别称取 6g、12g、18g 残渣，进行室温导流能力测试（表 3-27）。

表 3-27　羟丙基瓜尔胶压裂液不同残渣含量导流能力测试结果

铺置浓度（kg/m²）	5			
支撑剂类型	中密度陶粒			
样品规格	850~425μm			
实验温度	室温	室温	室温	室温
液体类型	无压裂液	0.4%HPG 残渣 6g	0.4%HPG 残渣 12g	0.4%HPG 残渣 18g
闭合压力	导流能力	导流能力	导流能力	导流能力
（MPa）	（D·cm）	（D·cm）	（D·cm）	（D·cm）
10	163.56	70.56	59.36	30.89
20	147.83	66.72	45.57	25.51
30	123.32	53.31	36.44	18.36
40	94.65	38.64	27.59	10.86
50	78.24	27.31	15.45	5.73

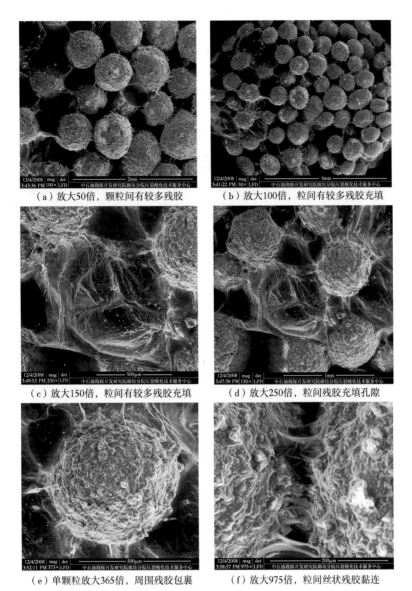

（a）放大50倍，颗粒间有较多残胶　　　（b）放大100倍，粒间有较多残胶充填

（c）放大150倍，粒间有较多残胶充填　　（d）放大250倍，粒间残胶充填孔隙

（e）单颗粒放大365倍，周围残胶包裹　　（f）放大975倍，粒间丝状残胶黏连

图 3-27　"黏度指进"试验环境电子显微镜扫描组图

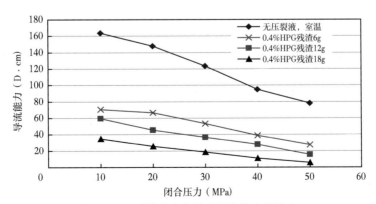

图 3-28　不同残渣含量对导流能力的影响

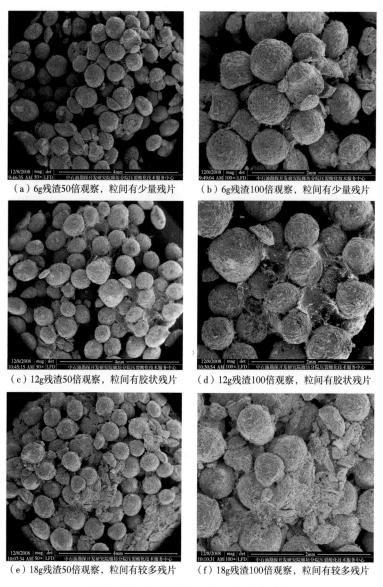

（a）6g残渣50倍观察，粒间有少量残片   （b）6g残渣100倍观察，粒间有少量残片

（c）12g残渣50倍观察，粒间有胶状残片   （d）12g残渣100倍观察，粒间有胶状残片

（e）18g残渣50倍观察，粒间有较多残片   （f）18g残渣100倍观察，粒间有较多残片

图 3-29　残渣电子显微镜下观察组图

　　直接将离心后的残渣加入支撑剂中测导流的试验方法，和将压裂液与支撑剂一起放入导流室内破胶然后测导流的试验方法，试验结果会有一定的差别。因为破胶液本身具有一定的黏度，除了残渣堵塞孔隙外，一定程度上的"黏度指进"会带来驱替阻力，而后一种实验方法只是考察残渣堵塞通道而引起的导流能力下降，两者没有可比性。从表 3-27 的试验结果来看，支撑剂颗粒之间有较多的残片时，会导致低闭合应力下的导流能力下降较多，随着闭合压力的增加，导流能力下降较缓慢。50MPa 闭合压力下，湿重为 6g、12g 和 18g 羟丙基瓜尔胶压裂液残渣的导流能力分别比基线导流能力下降了 65.09%、80.25% 和 92.68%，可见残渣对导流能力的伤害之大。

10. 压裂液岩心伤害评价

　　压裂液对储层的伤害是多因素作用的结果，其中包括：（1）压裂液滤饼、浓缩胶、残渣引起的支撑裂缝导流能力的伤害（固相伤害）；（2）压裂液滤液对储层基质渗透率的伤害及外来流体与储层黏土矿物作用，产生水化膨胀、分散运移，堵塞储层孔隙喉道，导致储层渗透率伤害。

使用特低渗透率动态岩心伤害仪评价了低浓度瓜尔胶压裂液配方对冀东 NP43-x4830 井岩心的伤害试验（图 3-30），试验方法如下：

（1）模拟地层水饱和岩心（恢复岩心地层状态）；

（2）120℃用脱水煤油正向以 1mL/min 的流量测初始渗透率；

（3）120℃反向驱替破胶液，以 1mL/min 的流量驱替出液 40mL 左右，停泵静置 2 小时；

（4）120℃用脱水煤油正向以 1mL/min 的流量测伤害后渗透率。

由图 3-30 可知，两次伤害实验，伤害率均在 10% 以下，可见压裂液配方体系对储层岩心伤害较小。

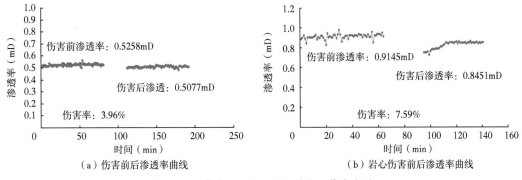

（a）伤害前后渗透率曲线　　　（b）岩心伤害前后渗透率曲线

图 3-30　冀东 NP43-x4830 井岩心伤害实验

第四节　低浓度瓜尔胶压裂液技术现场应用

通过低浓度瓜尔胶压裂液体系的研发和室内实验，同时针对各油田储层特点，选用配套添加剂，形成了相应的液体配方，该技术在长庆油田、冀东油田、华北油田、浙江油田等试验和推广应用了近 1600 井次。

从投产情况来看，试验井的产量分别为对比井的 2.5~5.3 倍，对比井产量为该井所在作业区的目前平均产量，展示出良好的应用前景。

一、低浓度瓜尔胶压裂液技术在长庆油田的应用

长庆低渗透油藏储层埋藏深度 2600~2800m，储层温度约为 80℃，原始地层压力约为 19.0MPa；油层主体带渗透率以 0.2mD 为主，平均渗透率为 0.5mD；孔隙度集中分布在 6.5%~11.0% 之间，平均孔隙度为 9.64%；平均可动流体饱和度为 25.76%；总体上属于低孔隙度、低渗透储层，并且在平面上表现出一定的非均质性。长庆气田也属于典型的低孔隙度、低渗透储层，孔喉半径小、排驱压力大，储层较易受压裂液伤害。以上低—特低渗透储层，对压裂液性能提出了更高要求：低成本、低伤害、各添加剂之间的配伍性好、具有良好的黏弹性等。

低浓度压裂液体系于 2012 年在长庆油田进行了上千井次的应用，全面覆盖了长庆油

田各区块三叠系储层，取得了稳定的改造效果，部分区块应用情况见表3-28。由表3-28可知，低浓度压裂液体系虽然稠化剂用量降低，性能却没有降低，平均砂比在30%左右，略高于常规体系，液体返排率和试排产量也较常规体系高。

表3-28　低浓度瓜尔胶体系在油田部分区块的应用情况统计

区块	体系	井数	层位	有效厚度（m）	物性参数			压裂参数			试排产量		
					孔隙度（%）	渗透率（mD）	含油饱和度（%）	砂量（m³）	砂比（%）	排量（m³/min）	日产油量（m³）	日产水量（m³）	返排率（%）
西峰—合水	低浓度	89	长8段	20.3	10.5	1.3	55.6	50.4	32.5	2.1	18.3	4.4	79.9
	常规体系	176		18.9	11.0	1.2	53.6	50.2	31.0	1.6	15.1	2.9	78.1
环江	低浓度	73	长8段	19.1	9.8	1.1	55.3	55.5	29.4	2.2	11.3	1.5	60.8
	常规体系	131		17.2	10.6	1.6	55.4	48.1	29.6	2.1	11.8	1.5	65.6
姬塬	低浓度	196	长8段	18.8	11.5	1.6	51.0	43.7	30.1	2.0	7.2	15.8	62.3
	常规体系	349		18.2	11.6	1.8	51.0	44.3	30.0	2.0	7.7	15.1	56.3
	低浓度	143	长6段	19.2	12.5	3.6	45.5	44.5	32.3	2.1	8.7	19.4	63.4
	常规体系	195		18.6	11.9	3.7	34.5	58.0	30.9	2.1	12.0	11.4	54.7
安塞	低浓度	162	长6段	19.0	14.0	2.1	48.8	26.9	28.3	1.6	12.8	12.5	58.3
	常规体系	266		18.2	13.5	2.4	50.1	24.6	25.3	1.2	10.8	12.0	52.5

低浓度压裂液体系于2012年在长庆气田累计应用改造直井318口，水平井74口，并全面推进连续混配作业，成为上古生界气层改造主体压裂液。

通过在长庆油气田的规模化应用，显著降低压裂改造作业成本，低浓度瓜尔胶在各区块的应用情况统计见表3-29，共节省瓜尔胶456t，节约成本千万元以上。在主力产建区块和储层实现了低浓度压裂液体系的更新换代，油田储层改造进入低成本模式。

表3-29　低浓度瓜尔胶在各区块的应用情况统计

重点区块	试验井数	层位	渗透率（mD）	瓜尔胶浓度（%）	节省瓜尔胶（t）
华庆	14	长6段	0.5	0.22~0.25	2.1
姬塬	777	长8段	0.71	0.25	116.55
西峰—合水	110	长8段	1.58	0.25	16.5
吴起	8	长6段	0.5	0.25	1.2
靖安	23	长6段	1.1	0.25	3.45
安塞	264	长4+5段/长6段	1.0	0.25	39.6
黄陵	10	长6段	0.2	0.20	1.5
马岭	93	长8段	0.5	0.22~0.25	13.95
镇北	14	长8段	1.01	0.22~0.25	2.1
环江	1	长8段	0.4	0.25	0.15
探评井	36	长6段、长7段、长8段		0.20~0.25	5.4
水平井	169	长6段、长7段、长8段		0.25~0.30	253.5

二、低浓度瓜尔胶压裂液技术在冀东油田的应用

冀东油田南堡403X1断块是2012年产能建设的重点区块，也是国家"十二五"科技重大专项"渤海湾盆地黄骅坳陷开发技术示范工程"大斜度低渗透改造任务的重点示范区。已落实地质储量320×10⁴t，储层孔隙度16.3%，渗透率2.8mD，小孔细喉、非均质性强，是典型的低孔隙度、低渗透油藏，油井自然产能较低。为了提高单井产能，实现该断块经济有效开发，决定在该断块东部开展大斜度丛式井组开发压裂先导性试验，为其他大斜度丛式井组开发压裂的部署与实施起到试验和示范作用。

南堡403X1断块为位于4号构造与2号构造转折带的一个宽缓的断鼻构造，砂层组储层埋深3286.0～3379.5m，斜深3591.6～4190.0m，最大井斜40.5°（NP43-X4888井）、35.1°（NP4-31井），储层压力系数1.03，储层温度梯度3.47℃/100m。

通过添加剂优选实验，最终形成的液体配方为：0.3%HPG（现场水）+0.12%Na_2CO_3+0.3%FA-121+0.5%N-助排剂 2.0%JD-防膨剂+0.1%杀菌剂+0.7%交联剂；

交联比：100:0.7；

交联时间：20～60秒；

耐温性：120℃，2小时，黏度80mPa·s。

低浓度瓜尔胶压裂液首次应用井为NP43-X4817井、NP43-X4830井、NP4-31井、NP43-X4822井、NP43-X4832井，五口井均为开发井，除NP43-X4817井为注水井外，其他四口为采油井。初次使用五口井及后续在南堡403X1断块压裂井施工参数统计见表3-30。其中五口井的施工曲线如图3-31至图3-35所示。这批井在同一井组，井温比较接近，因此液体采取同一配方，施工排量范围2.5～3m³/min，施工压力31～57MPa，平均砂比在20%左右。

表3-30　NP403X1断块压裂井施工参数统计表

井号	压裂层号	压裂液用量（m³）	支撑剂用量	施工排量（m³/min）	平均砂比（%）	最高砂比（%）
NP4-31	137-142	48+212	21	2.5～4	19.3	30
NP43-X4817	52-53	83.4	7	2.5～3	19.3	30
	47	82.5	7	2.5～3	21.0	30
NP43-X4830	43	208	20	2.5～3	19.4	30
	40-42	107	10	3～3.5	20.2	30
NP43-X4822	59-64	240	25	3～3.5	20.1	30
NP43-X4832	43-44	247	25	2.5～4	20.8	30
NP43-X4811	65-75	160	20	3～3.5	23.7	30
NP43-X4810	37-40	100	10	3.5～4	24.3	35
NP43-X4828	25-34	215	19.2	3.5～4	26.9	40

截至2012年11月12日，低浓度瓜尔胶压裂在高深南G94区块也应用于3口井，总体开发油井压裂增产措施实施效果见表3-31。开发压裂实施油井11口，投产11口，可比井8口，增油井7口，增油有效率87.5%，平均单井日增油8t，累计增油2864t。由于低浓度瓜尔胶压裂液体系应用增产效果显著，继续采用该体系进行储层改造。

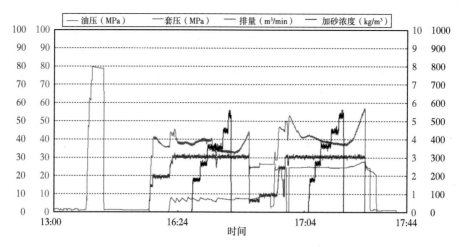

图 3-31　NP43-X4817 井施工曲线

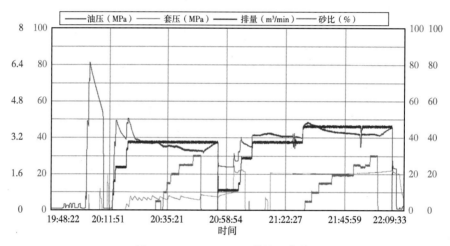

图 3-32　NP43-X4830 井施工曲线

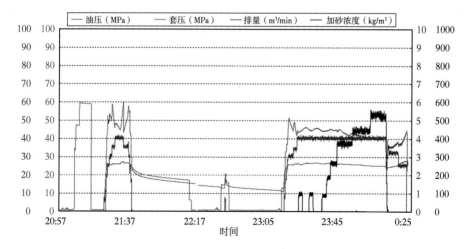

图 3-33　NP4-31 井施工曲线

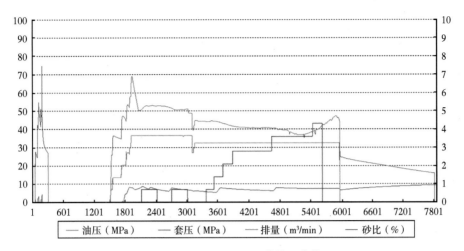

图 3-34　NP43-X4822 井施工曲线

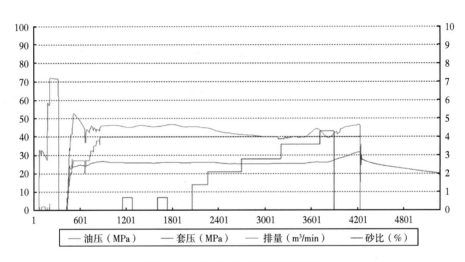

图 3-35　NP43-X4832 井施工曲线

表 3-31　2012 年开发油井压裂增产措施实施效果统计

井号	压前日排液情况				压后日排液情况				单井日增油量（t）	井累计增油量（t）
	液（m³）	油（t）	气（m³）	液面高度（m）	液（m³）	油（t）	气（m³）	液面高度（m）		
南堡 4 号构造 403X1 断块压裂效果统计										
NP4-31	3.4	3.40	1230	2290	11.5	7.64	1782	1045	4.24	212
NP43-X4822	2.6	2.29	899	2100	25.6	25.47	4236	抽带喷	23.18	1200
NP43-X4817	未投产				10.6	6.96	742	1828	9.96	147
NP43-X4832	未投产				13.1	10.80	2109	663	10.80	964
NP43-X4830	未投产				11.9	10.40	1668	1305	10.40	105
NP43-X4810	7.5	7.23	911	1876	12.2	10.67	807	352	3.40	14
NP43-X4811	4.8	4.57	735	1872	10.5	8.35	635	1537	1.80	22
NP43-X4828	4.8	4.25	0	2049	25.5	16.80	3885	166	12.50	36

井号	压前日排液情况				压后日排液情况				单井日增油量（t）	井累计增油量（t）
	液（m³）	油（t）	气（m³）	液面高度（m）	液（m³）	油（t）	气（m³）	液面高度（m）		
高深南 G94 区块油井压裂效果统计										
G94-21	0.83	0.82	50	2131	11.7	11.10	1388	142	10.28	144
G94-8	3.1	0.02	161	2153	18.6	0	257	473	0	
G94-13	12.1	0.01	392	1055	15.8	5.23	618	952	5.22	56

注：数据截至 2012 年 11 月 12 日。

三、低浓度瓜尔胶压裂液技术在华北油田的应用

针对华北油田二连盆地及华北区块储层特征，为具体施工井调试了相应低浓度瓜尔胶压裂液体系配方，温度涵盖 65~150℃，瓜尔胶用量为 0.25%~0.45%，较常规瓜尔胶降低 30%~50%，液体具有很好的黏度和弹性，保证现场施工成功率 100%，并具有显著的增产效果。经过上百井次的现场实验，该技术得到了现场验证，具有良好的现场可操作性。下面以 L5 井和 J71x 井为例，介绍该技术的现场应用特点。

1. L5 井现场应用情况

L5 井位于二连盆地新区乌兰花凹陷赛乌苏鼻状构造兰 1 西断块，改造井段 1744.0~1764.2m，层厚度 8.6m/3 层，跨度为 20.2m，分布不集中，层间也有一定距离，不利于集中改造。储层低孔隙度、低渗透率特征明显且较致密，储层物性接近致密油的特征，含油饱和度较低，改造与增产难度很大。

考虑到现场配液水可能对低浓度瓜尔胶体系性能产生影响，采用现场配液水进行实验，通过室内试验研究，最终确定压裂液配方：

基液：0.30% 超级瓜尔胶+0.12%Na_2CO_3+0.2%FAL-121 调理剂+0.5%KCl+0.5%JD-60 破乳剂 + 0.3%JD-50 助排剂 +0.5%RSN-07 黏土稳定剂+ 0.05%JA-1；

交联剂：FAL-120；

交联比：100∶0.4；

基液黏度控制在 21mPa·s 以上；

交联状态：15 秒增稠，30 秒成团，不可挑挂；

延迟时间：30 秒。

2012 年 8 月 25 日开始施工，施工曲线如图 3-36 所示。采用低浓度压裂液体系，通过实验研究将以往 0.45% 的瓜尔胶浓度降低到 0.3%，提高交联冻胶耐温耐剪切性能，同时通过降低瓜尔胶用量来降低压裂液残渣，残及伤害降低了 10%~30%，大幅降低了作业成本，在液体上实现了低浓度、低伤害高效改造的目标。压后抽吸日产油达到 30.68m³，日产压裂液 6.5m³。

2. J71x 井现场应用情况

冀中坳陷廊固凹陷河西务构造带东储构造，预探井完钻井深 4250m，目的层石炭—二叠系。储层岩性为灰色角砾岩储层，其中射孔井段 14.0m，地层塑性特征较强为低孔隙度、低渗透储层。分析认为突出难点是井深、储层复杂，地层压力较高，因此储层改造主

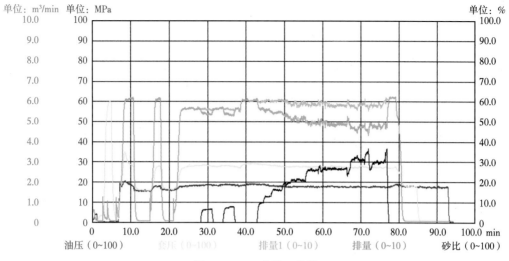

单位：m³/min 单位：MPa   单位：%
10.0 100   100.0
9.0   90   90.0
8.0   80   80.0
7.0   70   70.0
6.0   60   60.0
5.0   50   50.0
4.0   40   40.0
3.0   30   30.0
2.0   20   20.0
1.0   10   10.0
0   0   0
      0   10.0   20.0   30.0   40.0   50.0   60.0   70.0   80.0   90.0   100.0 min

油压（0~100）   套压（0~100）   排量1（0~10）   排量（0~10）   砂比（0~100）

图 3-36 L5 井施工曲线

要思路是既要有一定的改造规模又要保证施工成功，压裂设计应考虑以规模适度、低伤
害、大排量为主，严格控制缝高的延伸，提高裂缝在目的层的距离及纵向上动用程度，确
保施工与效率勘探成功。

考虑到现场配液水可能对低浓度瓜尔胶体系性能产生影响，采用现场配液水进行实
验，通过室内试验研究，最终确定压裂液配方：

基液：0.40% JK-101 瓜尔胶 +0.3% KCl +0.3% JD-06 +0.5% RSN-07 +0.3% D-50 +
0.05%LHX +0.05%JA-1+0.5%FAL-121 调理剂；

交联剂：FAL-120；

交联比：100:0.6~0.7；

基液黏度控制在 33mPa·s 以上；

交联状态：30 秒增稠，60 秒可挑挂；

延迟时间：60 秒。

施工采用低浓度压裂液体系，通过实验研究将以往 0.55% 的瓜尔胶浓度降低到 0.4%，
不但交联冻胶耐温耐剪切性能满足现场施工，而且压裂液残渣和伤害能够降低 10%~30%，
作业成本降低。施工数据及相关对比见表 3-32，施工曲线如图 3-37 所示，压后抽吸日产
油 8.9m³，日产气 10000m³。

表 3-32 华北油田部分井试油情况表

井号	井温（℃）	射孔井段（m）	前置液（m³）	携砂液（m³）	顶替液（m³）	排量（m³/min）	加砂量（m³）	平均砂比（%）	施工压力（MPa）	压后产量（m³/d）
L5	71	1744.0~1764.2	152.37	174.05	18.10	4.5~6.0	50	28.7	27.2~33	30.2（油）
	65	1308.0~1316.0	120						12~18	4.61（油）
AM1H（1）	75	2080.0~2179.0	890	850	22	8.5~11.5	134	25	29~35	10.32（油）
J71X	135	3747.8~3761.8	240	84	27.5	5.0~6.5	16	25	45~55	8.9（油）/10000（气）
L2	65	1320.6~1348.0	125	165	6.5	3.0~5.5	40	24.2		1.9（油）

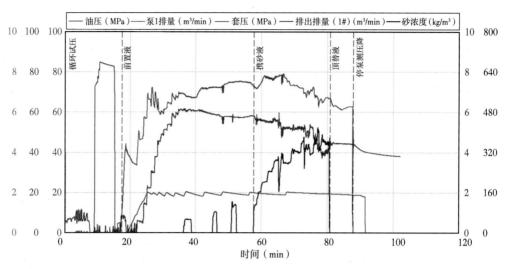

图 3-37　J71x 井施工曲线

参 考 文 献

常永梅，2018. 超低浓度瓜胶强交联压裂液体系在东胜气田的应用研究 [J]. 内蒙古石油化工，44（7）：14-17.

程武刚，李婵，2015. 低浓度瓜胶压裂液在延长油田的应用 [J]. 绿色科技，（4）：290-291+294.

董景锋，汪志臣，怡宝安，等，2017. 低浓度胍胶压裂液体系的研究与应用 [J]. 油田化学，34（1）：43-47.

杜海军，曲世元，刘政帅，等，2015. 超低浓度瓜胶压裂液研究及在延长油田的应用 [J]. 石油地质与工程，29（4）：139-140+143.

杜静，2018. 胍胶压裂液交联剂的制备及其应用研究 [D]. 郑州：河南大学.

高阳，2016. 纤维压裂液流变及脉冲携砂性能研究 [D]. 成都：西南石油大学.

管保山，2016. 煤层气用超低浓度瓜胶压裂液体系研究及现场应用 [C]. 中国煤炭学会煤层气专业委员会、中国石油学会石油地质专业委员会、煤层气产业技术创新战略联盟，2016 年煤层气学术研讨会论文集：69-75.

胡丽娜，2015. 新型压裂液体系在吐哈油田的研究与应用 [D]. 西安：西安石油大学.

胡子见，2012. 苏里格气田东区储层低伤害改造技术试验与研究 [D]. 西安：西北大学.

贾云鹏，2018. 低浓度低伤害压裂液体系研究与应用 [J]. 辽宁化工，47（10）：1056-1058+1061.

李国栋，2016. CMHEC/CTAB 协同增稠压裂液流变动力学研究 [D]. 上海：华东理工大学.

李良峰，刘方元，周宝义，等，2014. 耐高温超低浓度瓜胶压裂液体系研究与应用 [J]. 录井工程，25（3）：19-22+26+100.

李伟，马洪芬，郝鹏涛，等，2017. 一种低浓度瓜胶压裂液用 pH 值调节剂 [J]. 钻井液与完井液，34（5）：117-122.

李政，2017. 低浓度胍胶压裂液对延长气田储层伤害实验及其优化研究 [D]. 延安：延安大学.

刘萍，管保山，王丽伟，等，2017. 超低浓度羟丙基瓜尔胶压裂液体系 [J]. 石油科技论坛，36（S1）：134-137+200.

刘玉婷，管保山，梁利，等，2015. 低浓度香豆胶压裂液室内研究 [J]. 科学技术与工程，15（3）：75-78.

卢红杰，郭建设，周波，等，2012. 巴喀致密砂岩气藏醇基压裂液研究及效果评价 [J]. 天然气勘探与开发，35（2）：70-73+90.

罗立锦，王帅，贺华，等，2016. 低浓度胍胶压裂液在延安气田本溪组的应用 [J]. 化学工程师，30（12）：44-46+49.

罗攀登，张俊江，鄢宇杰，等，2015. 耐高温低浓度瓜胶压裂液研究与应用 [J]. 钻井液与完井液，32（5）：86-88+107.

雒晶鑫，蒋林宏，2016. 一种低浓度瓜胶裂液体系优选与评价 [J]. 内江科技，37（8）：91-92+81.

吕乃欣，高燕，尹成先，等，2013. 超低浓度胍胶压裂液在姬塬油田的应用 [J]. 特种油气藏，20（6）：133-136+148.

马锐，2018. X 区块低浓度压裂液体系研究与应用 [J]. 化学工程师，32（8）：48-50.

彭继，张成娟，周平，等，2014. 青海油田低浓度胍胶压裂液的性能研究与现场应用 [J]. 天然气勘探与开发，37（1）：79-82+101.

尚立涛，2011. 超级胍胶压裂液技术研究与应用 [D]. 大庆：东北石油大学.

沈燕宾，成城，李俊华，等，2015. 低浓度瓜胶交联剂（HK-8）在延长油田的应用 [J]. 化学工程师，29（1）：44-46.

王晨，2016. 磺酸基羟丙基胍胶疏水化分子设计、缔合作用及凝胶性能研究 [D]. 西安：陕西科技大学.

王春鹏，杨艳丽，崔伟香，等，2013. 羧甲基羟丙基压裂液体系在长庆华庆油田的应用 [J]. 石油钻采工艺，35（1）：105-107.

王坤，武月荣，2016. 超低浓度瓜胶压裂液在致密砂岩气藏的应用 [J]. 化学工程与装备，41（11）：81-83+91.

王丽伟，2014. 超低浓度羟丙基瓜胶压裂液技术及其流变性研究 [C]//中国化学会、中国力学学会流变学专业委员会. 第十二届全国流变学学术会议论文集：409-414.

王帅，谢元，张明，等，2016. 低浓度羟丙基胍胶压裂液体系研究 [J]. 化学工程师，30（11）：15-19.

王贤君，等，2012. 超低浓度压裂液技术在海拉尔油田的应用 [J]. 石油地质与工程，26（6），111-113.

吴红军，伊向艺，林笑，等，2013. 含纤维的低摩阻压裂液试验研究 [J]. 油气藏评价与开发，3（1）：55-58+78.

吴磊，2018. 高温低浓度瓜胶压裂体系研究 [J]. 精细石油化工进展，19（6）：7-10.

向德良，蒋文学，李楷，2015. 超低浓度线性胶压裂液研究与应用 [J]. 化工管理，（6）：155-157.

谢元，崔国涛，刘鑫，等，2016. 低浓度羟丙基瓜尔胶压裂液体系的研究 [J]. 石油化工应用，35（7）：9-13.

徐兵威，2018. 低浓度瓜胶压裂液体系评价及在大牛地气田的应用 [J]. 石油地质与工程，32（4）：112-115.

徐坤，王玲，郭丽梅，等，2016. 超低浓度羟丙基瓜胶压裂液在煤层气储层改造中的应用 [J]. 钻采工艺，39（1）：111-114.

杨发，卢震，张海峰，2018. 低浓度胍胶压裂液体系在致密砂岩气藏的研究与应用 [J]. 石油化工应用，37（9）：55-58.

杨同玉，何青，付娜，等，2017. 超低浓度胍胶压裂液体系在大牛地致密气田的现场试验 [J]. 石油与天然气化工，46（3）：61-66.

杨向同，张亚红，刘举，等，2017. 低浓度瓜尔胶压裂液在塔中志留系的研究与应用 [J]. 石化技术，24（5）：81-83.

杨珍，秦文龙，杨江，等，2013. 一种阳离子双子表面活性剂压裂液的研究及应用 [J]. 钻井液与完井液，30（6）：64-67+96.

张建成，贺怀军，师晓伟，2017. 甘谷驿油田低浓度瓜尔胶压裂液体系应用 [J]. 石油化工应用，36

（6）：90-92.

章炜，曾庆健，张延平，等，2017. 超低浓度胍胶体系在姬塬区块的运用及性能优化［J］. 科技创新与生
产力，（6）：63-65.

郑立军，2016. 低浓度瓜胶压裂液在压裂施工中的应用［D］. 大庆：东北石油大学.

Jianguo Xu，Yinghao Shen，Hongkui Ge，2017. Wangfu Low-Permeability Volcanic Gas Reservoir Microstructure
and Damage Mechanism［J］. Springer US，53（1）.

第四章　返排液重复利用压裂液体系

第一节　油气田压裂回收液处理现状

压裂作业是油气田开采过程中的一个重要环节，通过压裂来改善油气层的渗透能力。压裂技术在老区油井挖潜、新井试油和单井增产中发挥着非常重要的作用，各大油田通过压裂作业实现油气井增产，压裂技术在油田开发中占据着不可替代的位置。油气井在压裂过程中会不可避免地产生返排液，主要有回收压裂液和施工剩余的压裂液，这些在压裂作业过程中产生的返排液成为油田开采过程中一个不容忽视的污染源。压裂返排液作为当前油气开采的主要水体污染源之一，对周围的生态环境有着极大的危害。

一、压裂返排液污染物组成分析及环境影响

油井压裂作业施工完成后的返排液，组成极为复杂。压裂液体系往往需要杀菌剂、黏土稳定剂、水合缓冲剂、高温稳定剂、表面活性剂和稳定剂等十几种添加剂，还含有原油及压裂液中的无机添加剂、其他有机污染物质、地层深处的岩屑和黏土颗粒，也有各种化合污染物，这些添加剂、污染物和化合物难以用生化降解法和普通化学法进行降解。近些年来，随着石油开采技术的进步，一些新型添加剂也随之出现，这使得返排液的成分也变得更加复杂，返排液的处理难度也进一步加大。同时，新的污水排放标准及"节能减排"战略对返排液处理的要求也不断提高，这给返排液的处理带来新的挑战。这样不但减少污染物排放、节约水资源，而且可以降低压裂施工成本，对于严重缺水、生态脆弱地区油气田开发意义更加重大。但压裂回收液再利用方面的问题复杂、技术进展缓慢，在国内并没有大范围推广，主要存在以下技术难点：

（1）压裂回收液中有大量的金属离子，如果不经处理，将严重影响瓜尔胶增稠剂的黏度释放；

（2）压裂回收液的黏度大，含有原油，乳化程度高；另外，悬浮物是常规含油污水处理中最难达标的；

（3）压裂回收液中有大量的硼酸盐等交联剂，与瓜尔胶增稠剂弱交联增加基液的黏度，冻胶初交快，交联挑挂时间几乎小于 10 秒，地面输送的阻力大；

（4）因压裂回收液中硼离子和地层离子对交联的影响，回收液再利用的冻胶耐温耐剪切能力差，目前报道的耐温能力不高于 90℃；

（5）压裂回收液中的细菌种类多，再利用配制压裂液的黏度下降快。

压裂回收液成分分析结果见表 4-1，它主要含有瓜尔胶、交联剂、表面活性剂、石油类各种添加剂、硫酸盐还原菌、硫化物和总铁等；它具有 COD 值高、稳定高、黏度高、处理成本高等特点。

表 4-1 回收液成分分析

井号		1#	2#	3#
化学分析		离子含量（mg/L）		
阳离子	K^+ 和 Na^+	3893	2131	9358
	Ca^{2+}	2084	3647	10594
	Mg^{2+}	32	980	2108
	Ba^{2+}	0	0	0
	总值	6009	6758	22060
阴离子	Cl^-	9031	12315	34209
	SO_4^{2-}	375	125	6244
	CO_3^{2-}	378	0	0
	HCO_3^-	43	320	847
	OH^-	0	0	0
	总值	9827	12760	41300
总矿化度（mg/L）		15836	19520	63360
颜色		黄色	黄褐色	黄褐色
透明度		半透明	不透明	不透明
气味		无	刺鼻	刺鼻
pH 值		8.0	6.0	6.0

二、回收液处理技术现状

由于压裂液中含有大量的添加剂等物质，造成了压裂废液具有高 COD、高色度、铁含量较高等特点，单一的物理方法或化学方法很难将其去除。目前压裂回收液处理方法主要包括物理方法、化学方法和微生物处理法。

1. 物理方法

1）絮凝沉降法

压裂回收液中残存有大量的胶体粒子、底层携带物等杂质，在处理前首先要使固液充分分离，絮凝沉降法是固液分离过程中最基本的处理手段，絮凝过程中加入的絮凝剂使悬浮在水中的粒子脱稳、相互碰撞、聚结形成较大的絮体，再通过后续的沉淀使其从水中分离出来。絮凝处理是降低废水 COD 的关键步骤，混凝出水的 COD 去除率越高，后续的处理难度越小，最终使出水达到外排要求。

由于压裂液废水 COD 值高，出水水质不能达到国家污水二级排放标准，但可达到油田废水回注标准。但也有很多因素限制了絮凝法的应用，主要有：现场絮凝操作工序复杂；影响混凝效果的因素多；当悬浮物含量较高时，使絮凝剂的消耗量增大，产生的污泥量也随之增大；压裂余液残存的黏度大幅减缓了絮凝剂的扩散速度和絮凝产物的沉淀速度；对水溶性有机物的去除效果差等。

2）膜处理——超滤法

随着国家经济发展转型，以及对环保的重视，很多地方对废水排放要求严格，使用膜分离技术用于生活污水和工业废水处理。膜分离技术是一门新兴的多种学科交叉技术，以高分子分离膜为代表的膜分离技术作为一种新型的流体分离氮源操作技术，经过多年的研究取得了显著的成就。常用于污水处理的膜分离法有微孔膜过滤、超过滤、反渗透和纳滤。众多研究表明，仅使用单一的方法处理酸化和压裂返排液，很难使水质达标。因为酸化废液和压裂返排液都存在"三高"问题，通常采用多种处理技术的组合处理法才能更有效地让返排液处理达标。

3）气浮法

气浮方法主要用于含油废水处理或者用于絮凝之后的固液分离，为了增加废水中悬浮颗粒的可浮性，以提高分离效率，往往需要向废水中投加各种化学药剂，这种化学药剂称为浮选剂。气浮法中以射流气浮最为常用，射流气浮是利用射流泵在射流器前后产生负压，吸气后产生微细泡，微细泡携带油滴、悬浮物上浮至水面，达到净化水的目的。主要设备有射流气浮机、射流泵、过滤器等，是近年来常见的一种污水处理设备。污水从喷嘴高速喷出时，在喷嘴的吸入室内形成负压，气体被吸入；在混合段，污水携带的气体被剪切成微细气泡；在气浮池中，油珠和固体颗粒附着在气泡上上浮。射流气浮装置能耗仅相当于机械搅拌叶轮气浮的二分之一，产生气泡直径小，且制造、安装、维修方便，具有很好的应用前景。

4）活性炭吸附法

活性炭一般是多孔、比表面积巨大、吸附性能高的固体。活性炭吸附是去除水中溶解性有机物的最有效方法之一，可以明显改善自来水的色度、气味和各项有机物指标。在处理压裂液废水实际应用过程中，吸附法通常与其他方法联合处理废液。万里平等同时采用活性炭吸附与过氧化氢氧化的方法处理微电解处理之后的酸化压裂返排液，COD 去除率为90%，有效地降低了水中的污染物含量。但优质活性炭的价格较高，会导致总处理成本增加；且活性炭再生费用也比较高，高温热再生后，炭损失较大（5%～10%），再生后吸附能力下降 10%～15%。

2. 化学方法

1）氧化法

通过化学氧化，可以氧化分解废水中的有机物和无机物，降低 BOD 和 COD 或使废水中有毒物质无害化。臭氧（O_3）、次氯酸钠（$NaClO$）、二氧化氯（ClO_2）和漂白粉等是废水中使用最多的氧化剂，这些氧化剂可在不同的情况下用于各种废水的氧化处理。

高级氧化技术（Advanced Oxidation Process，简称 AOPs）用于处理难降解有机污染物。其中 Fenton 试剂催化氧化法的应用最为广泛，一般的生化法和物化法难以处理的有机污染物，可以用此方法处理。Fenton 试剂的活性成分为氧化剂 H_2O_2 和催化剂 Fe^{2+}。在酸性环境下，通过 Fe^{2+} 来激活，使 H_2O_2 发生 Fenton 反应，分解出水、氧气和羟基自由基。通过产生活性极强的羟基自由基，几乎能将废水中的有机污染物氧化降解成无毒或低毒的小分子物质，从而降低 COD。

2）电解处理法

电解处理法是指应用电解的基本原理，使废水中的有害物质通过电解过程在阴阳两极上分别发生氧化反应和还原反应转化成为无害物质，以实现废水处理净化的目的。电解法是氧化还原、分解、混凝沉淀综合在一起的处理方法。该方法适用于含油、氰、酚、重金属离子等废水及废水的脱色处理目的等。电解处理法的主要影响因素有电极材料、电解槽电压、电流密度、pH 值及搅拌速率等，每种影响因素都不可忽视，电解法在实验室研究阶段的效果较好，但有时现场条件苛刻，还要考虑成本，并不是一种理想的处理方法，在现场较少采用。

3. 微生物处理法

微生物发酵方法是油田压裂回收液处理方法中常用的、较有效的处理方法，同时成本也比较低，主要包括厌氧发酵法和好氧发酵法，现阶段大部分油田均采用微生物法处理压裂回收液，成为处理废水的重要的方法，用微生物处理之后，根据水质情况，进一步选择物理法还是化学法，对于压裂废液这种污染较严重的废水，常常采用发酵、絮凝、氧化、吸附等步骤。

生物法处理废水主要是利用微生物的生命活动过程，以废水中某些底物作为营养源，经过分解和合成代谢作用，使底物降解，从而降低废水 COD，使废水得到净化的处理方法。废水中含有的污染物质复杂多样，同时存在能被微生物降解、不能被微生物降解、有害于微生物生长的物质，因此必须经过废水可生化试验进行判断是否能够使用生化法，废水是否适宜用生物处理法或具有可生化性的判断指标一般包括 BOD 和 COD 的比值，测定废水不同浓度时的耗氧曲线或测定生化线与呼吸线。

其中，返排液的有机物浓度高，一般不能直接生化，须经过预处理才具有可生化性。返排液在生化法处理之前常采用的预处理方法包括混凝法、氧化法、微电解法、活性炭吸附对其压裂废水进行预处理。何红梅等对压裂回收液进行预处理后，压裂回收液的 COD 值由 6500mg/L 降至 2260mg/L，去除率为 65%，然后采用直接投加细菌的方法进行生化处理，生化处理 15 天后，COD 值可降到 100mg/L 以下，其他各项污染指标均达到国家一级排放标准。生物法处理废水是应用最广的方法。以生化处理为主体的有机废水综合处理具有应用范围广、设备简单、处理能力高、较经济等特点；而且微生物具有易培养、繁殖快、来源广、对环境适应性强和易实现变异等特征。但目前生物法在处理石油压裂液废液方面还是一种新尝试，仍然存在着诸多问题，如废水处理时间长（一般需要十几天），菌种培养周期长、对处理环境要求高等。

三、目前问题及发展趋势

压裂回收液的处理主要有两种主流技术措施，一种是进行预处理然后回注，一种则是处理达标后排放。虽然压裂回收液处理技术已经可以保证其处理的有效性，但是面对复杂的实际生产情况还是存在一定的缺陷，如药剂的使用量大、成本偏高、设备投资大、工艺复杂、不易操作等，从而造成其处理的成本与效果参差不齐，每立方米回收液的处理成本从几元到百元不等，远远高于生活污水；废水的处理周期偏长、处理量小，现场作业困难大，且容易形成二次污染；因为地域差异压裂回收液的成分复杂，对于高污染压裂液而言不易形成一套完整而固定的处理流程，从而不能达到国家排放标准。目前现场使用的密闭式存储，要求压裂液流体必须存储在地面上的密闭储罐中，不允许按原来的方式储存在露天矿坑中，后续如何处理，需要综合平衡成本与环保要求考虑。

在实际应用中，压裂回收液的处理应将目光集中在排放达标与降低成本上，进而到达处理效率与节能的平衡。研制出适合非常规储层的回收水压裂液，直接对回收液进行回收利用，解决了回收液的存储、排放和处理问题。在实验室对回收液配制压裂液性能进行研究并进行了现场试验。

第二节　非常规储层用返排液重复应用

2015年1月1日，新的《中华人民共和国环境保护法》颁布实施，严禁以任何方式排放污染物，要求"企业事业单位和其他生产经营者应当防止、减少环境污染和生态破坏，对所造成的损害依法承担责任"。解决压裂酸化的环保问题迫在眉睫，对油田生产提出了更高的环保要求。目前回收液处理方法较多，但达到外排标准或者深度处理再利用，在实际应用中还有一定问题。循环利用作为配制压裂液备用水，不仅可降低压裂成本，还可减少污染、节约水源。

一、可回收瓜尔胶压裂液

压裂回收液不去除离子即可用于回配压裂液的生产需求，攻克了高硬度水不能配瓜尔胶压裂液的技术瓶颈，大幅提高了表面活性剂压裂液的耐温能力，提高了施工效率，降低了环境污染，实现了井场内与井场间回收液的全程回用，满足致密油气储层压裂施工提速与清洁化生产需求。对植物胶进行耐盐改性，优化设计耐盐可回收植物胶压裂液，使其既能利用回收液配置压裂液，又能满足压裂施工的顺利进行，又能达到显著增产、地层伤害低的要求。通过梯次交联、结合缓冲性低碱度及强络合技术，形成的可回收瓜尔胶压裂液，实现了压裂（酸化）合排液、采出水等高硬度水再配瓜尔胶压裂液的良好性能。

1. 交联剂研制与评价

压裂回收液配制瓜尔胶压裂液存在的技术难题，主要是来源于压裂液破胶液中的交联剂、氧化类破胶剂（如过硫酸铵等），如果处理不当，在利用回收液重配压裂液时，一方面会抑制瓜尔胶的溶胀，造成基液增黏差或者破胶；另一方面，会导致已经增黏的瓜尔胶发生局部交联反应而影响压裂液的性能。为此研制了大分子量的硼酸酯聚合物络合交联剂，其具有分段交联、缓冲低pH值体系及强屏蔽络合交联的特性，解决压裂液中交联剂、破胶剂的影响问题，实现回收液配制瓜尔胶压裂液技术。

研发的交联剂为具有较大分子量的硼酸酯聚合物，采用分段交联提高体系的耐温性能：硼酸酯聚合物中的酯键在不同的温度条件下会逐步进行水解反应，低温时，硼酸酯主要依靠长分子链两端的硼水解与瓜尔胶交联，而中间分子结构的硼因为受到排斥作用几乎不参与交联反应，随着温度的缓慢升高，分子链中间的酯键会产生断裂，温度越高，链的断裂就越剧烈，会源源不断地释放出硼离子参与交联反应，从而抵消温度升高导致的原有交联的减弱，提高交联体系的耐温性能。

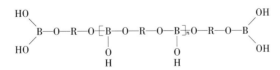

图4-1　硼酸酯聚合物交联剂

R—含有羧基的碳氢化合物

交联剂对体系性能的改善作用：（1）弱碱性的缓冲体系。维持体系pH值条件：随着温度升高、酯键断裂，分解后产生的硼酸与多羟基羧酸盐形成弱碱性的缓冲体系，维持体系较为稳定的pH值，提高体系的耐温能力和抗剪切性能；（2）阻止钙离子、镁离子的沉淀反应，防止钙离子、镁离子对地层产生二次伤害。分解所产生的多羟基羧酸盐通过其中的羧基与钙、镁及其他高价离子形成强有力的络合物，即有效阻止钙离子、镁离子在弱碱性的环境下发生沉淀反应对储层产生二次伤害；同时，利用钙离子、镁离子对黏土膨胀水化的抵制作用，阻止因黏土水化膨胀而堵塞储层孔喉，降低储层渗透率，因此本体系可不使用黏土防膨剂；（3）交联剂重新激活。施工作业的时候，不希望初始交联的压裂液有较高的黏度，所以基液黏度一般不高于 $100mPa \cdot s$。压裂回收液中含硼离子化合物，为了阻止交联的发生，研发屏蔽剂 RT-1，含有低分子量的多元醇，它可以浓缩多倍，使压裂回收液中允许硼离子自由存在，主要是消除交联剂对瓜尔胶溶胀增黏的影响，并保证不与增黏后的瓜尔胶液在施工前产生交联反应。在压裂时，新的交联剂加入后，原有的交联剂也会在新的环境和升温的条件下逐步激活，并加入交联反应中。

2. 压裂回收液配制瓜尔胶压裂液技术

通过使用自主研发的硼酸酯聚合物交联剂在回收水中仍可有效交联瓜尔胶稠化剂，高效杀菌剂 XSJ-3 除去大部分影响压裂液性能的细菌。因为交联剂对钙离子、镁离子的适度络合，不需要使用黏土稳定剂。配合对应浓度的稠化剂形成了适用于常见储层温度条件的压裂回收液配制瓜尔胶压裂液体系：稠化剂+屏蔽剂+交联剂+杀菌剂。压裂回收液配制瓜尔胶压裂液，使用温度与稠化剂、交联剂用量实验结果见表4-2。

表4-2　压裂回收液配制瓜尔胶压裂液主剂用量

储层温度（℃）	稠化剂浓度（%）	交联剂浓度（%）
≤70	0.25~0.30	0.30
70~90	0.30~0.35	0.35
90~110	0.35~0.40	0.40
110~130	0.40-~0.45	0.45

3. 压裂回收液配制瓜尔胶压裂液性能评价

压裂回收液配制的压裂液基液黏度仍保持较好，与新鲜水配制黏度基本相同，实验结果见表4-3。

表4-3　压裂回收液配制的瓜尔胶压裂液基液黏度

序号	稠化剂浓度（%）	交联剂浓度（%）	压裂回收液配制基液黏度（mPa·s）	新鲜水配制基液黏度（mPa·s）
1	0.30	0.40	30.0	33.0
2	0.35	0.45	45.0	45.0
3	0.40	0.45	60.0	61.5
4	0.45	0.50	73.5	75.0

硼酸酯聚合物交联剂，采用分段交联的方式，可改善压裂回收液配制瓜尔胶压裂液的交联问题。在稠化剂与交联剂用量相同的情况下，压裂回收液与清水配制的压裂液基液交联时间相似，压裂回收液因为回收水中残存的交联剂和破胶剂发生作用，交联状态略差，但仍处于可用状态，实验结果见表4-4。

表 4-4　压裂回收液配制的瓜尔胶交联时间

储层温度 (℃)	稠化剂浓度 (%)	交联剂浓度 (%)	压裂回收液配制		清水配制	
			交联时间 (s)	交联状态	交联时间 (s)	交联状态
≤70	0.25~0.30	0.30~0.40	50~60	稀胶成团	50~70	稀胶可挑挂
70~90	0.30~0.35	0.30~0.45	60~90	可挑挂成条	60~100	冻胶可挑挂
90~110	0.35~0.40	0.35~0.45	80~120	可挑挂	90~120	可挑挂
110~130	0.40~0.45	0.45~0.50	100~150	可挑挂	110~150	可挑挂

压裂液的耐温耐剪切性能直接关系到压裂施工造缝和携砂能力，对比不同回收液配制的压裂液的耐温实验，可以反映其基本性能。实验过程参考中石油行业标准《水基压裂液性能评价方法》（SY/T 5107—2016），实验结果见表 4-5。

表 4-5　回收液水样参数分析

序号	1#	2#
来源	苏里格上古生界瓜尔胶压裂返排液	苏里格下古生界酸化与上古生界瓜尔胶压裂合排返排液
总矿化度 (g/L)	15.84	86.42
总硬度 (g/L)	2.12	18.98
钙离子含量 (mg/L)	2084	17715
镁离子含量 (mg/L)	32	1265
重复配液后黏度 (mPa·s)	63	72
最后黏度 (mPa·s)	37.5	207

回收液配方 1#：0.45%稠化剂+0.5%有机硼交联剂+0.3%调节剂+ 0.5%杀菌剂（pH 值为 5.5）；2#：0.45%稠化剂+0.5%聚硼类交联剂+0.3%屏蔽剂 RT-1+ 0.5%杀菌剂（pH 值为 5.5）。

实验温度从 40℃上升到 70℃，1#回收液总矿化度、硬度、钙（镁）离子含量等影响配液的参数远远低于 2#回收液，但其耐温性能却远远低于 2#回收液（图 4-2、图 4-3）。目前现场常用的有机硼交联剂中所用的络合剂对水解后生成的硼离子产生了络合作用，影响了压裂液性能。

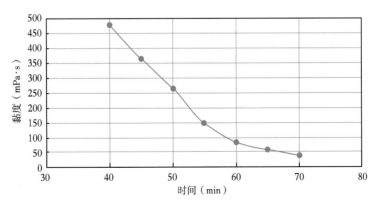

图 4-2　1#回收液配制压裂液耐温性能对比实验结果

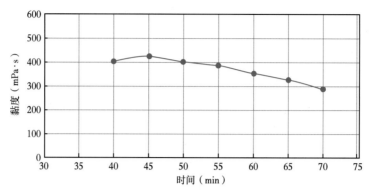

图 4-3　2#回收液配制压裂液耐温性能对比实验结果

参考石油行业标准《水基压裂液性能评价方法》（SY/T 5107—2016），2#配方进行耐温实验。从图 4-4 可以看出，在 129.27℃时体系黏度降到 50mPa·s。可见该体系耐温达到 130℃，有较好的耐温能力。

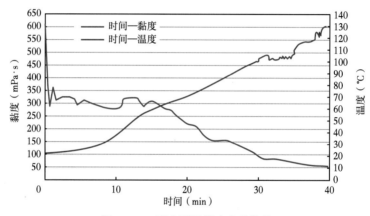

图 4-4　2#配方耐温能力实验结果

参考石油行业标准《水基压裂液性能评价方法》（SY/T 5107—2016），压裂液体系在 100℃下连续剪切 90 分钟的黏度，实验结果如图 4-5 所示。

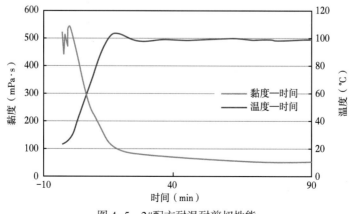

图 4-5　2#配方耐温耐剪切性能

破胶性能将直接影响压裂液的压裂后回收，是反映压裂液对储层造成伤害的重要评价指标。破胶剂的使用，有利于实现压裂液冻胶在短时间内破胶水化，加快回收速度。向回收水压裂液中加入常规用量的破胶剂过硫酸铵，分别测定60℃和90℃时的破胶情况。实验结果见表4-6，可见回收水配制的压裂液的破胶时间可控，破胶较彻底。

表4-6　破胶试验结果

温度（℃）	过硫酸铵（%）	破胶液黏度（mPa·s）				
		1h 后	2h 后	3h 后	4h 后	8h 后
60	0.06	冻胶	稀胶	稀胶	12.5	4.1
	0.07	18.3	10.1	3.8		
	0.08	12.4	2.7			
90	0.03	冻胶	冻胶	稠	稠	稀胶
	0.04	冻胶	稀胶	稀胶	23.3	1.8
	0.05	21.9	3.7			

用回收水配制的压裂液破胶液、清水配制的压裂液破胶液、蒸馏水三种膨胀介质对膨润土进行防膨性能对比实验，实验结果如图4-6所示。结果表明，回收水配制的压裂液破胶液的膨胀量远小于清水配制的压裂液破胶液和蒸馏水的膨胀量，说明其具有良好的防膨效果，在该压裂液体系中无须添加防膨剂是可行的。由于交联剂对钙离子、镁离子的部分络合既可以阻止黏土运移和膨胀引起的储层伤害。

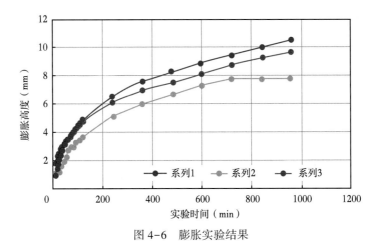

图4-6　膨胀实验结果

系列1—蒸馏水；系列2—清水配制的压裂液破胶液；系列3—回收水配制的压裂液破胶液

压裂液滤失性能影响其造缝能力。压裂液的滤失量越小，越有利于获得较高的造缝压力；滤失量越大，压裂液利用率低，对储层伤害也越大。造壁滤失系数 C_{III} 表示形成滤饼降低压裂液滤失性能的能力。实验结果表明回收水配制的压裂液的 C_{III} 与常规瓜尔胶压裂液相似，说明能够在井筒中形成良好的滤饼，可以减少压裂液向地层中的滤失，保护地层，减少伤害。滤失实验结果见表4-7。

表 4-7　滤失实验结果

滤失实验参数	滤失系数 C_{III}（m/$\sqrt{\min}$）	静态初滤失量（m³/m²）	滤失速率（m/min）
回收水配制的压裂液	$8.86×10^{-4}$	$7.23×10^{-1}$	$1.56×10^{-4}$
常规瓜尔胶压裂液	$1.07×10^{-3}$	$8.03×10^{-1}$	$1.48×10^{-4}$
压裂液通用技术指标	$≤1.0×10^{-3}$	$≤5.0×10^{-2}$	$≤1.5×10^{-4}$

压裂液与岩心的配伍性，也就是对岩心渗透率伤害率结果，是评价压裂液体系是否适合储层使用的重要依据。使用长庆油田盒 8 段岩心，模拟压裂过程，在 90℃下进行岩心流动实验，在 3.5MPa 压差下，压裂液交联冻胶经过岩心端面 1 小时，反向用标准盐水测定伤害前后岩心渗透率，计算得到渗透率损害率，实验结果见表 4-8。回收液配置的压裂液对盒 8 段岩心伤害率小于清水配置的压裂液，从侧面验证了高矿化度的钙离子、镁离子有抑制黏土膨胀，减小损害的作用。

表 4-8　渗透率损害率实验结果

压裂液	气体渗透率（mD）	伤害前液体渗透率（mD）	伤害后液体渗透率（mD）	渗透率伤害率（%）
1#	1.22	0.10	0.036	64.0
2#	1.35	0.12	0.059	50.8

根据回收水的特点，高分子聚硼类交联剂具有分段交联、降低缓冲 pH 值及强络合能力，能够改善残余交联剂和破胶剂对压裂液性能的不利影响。结合高效交联剂形成了回收水压裂液体系。实现了回收液配制压裂液，回收液只需经过简单的沉降和絮凝除去固相杂质，而不需要除去溶解盐等。形成的回收水压裂液具有高温稳定性能，使用矿化度 86420mg/L 的回收液配制的 0.45%羟丙基瓜尔胶压裂液耐温高达 130℃，压裂液在 100℃、$170s^{-1}$ 下剪切 2 小时，黏度大于 50mPa·s。新型压裂液交联和破胶性能良好。

二、可回收表面活性剂压裂液

通过超长疏水碳链分子结构设计形成的仿肽型表面活性剂压裂液，能够在大幅提高清洁压裂液耐温能力的同时，具备实现瓜尔胶及聚合物等多类型压后混合回收液再配压裂液的良好性能。压裂液体系耐温 165℃、耐矿化度 100000mg/L，回收液重复利用 9 次以上，界面张力达 10^{-3}mN/m 级。

1. 双子表面活性剂的合成及性能

阳离子表面活性剂可作为稠化剂用于配制清洁压裂液，Israelchvili 等（2001）给出了描述该聚集体中表面活性剂分子几何形状的定量因子，即分子堆积参数 P。适合形成蠕虫状胶束的表面活性剂应具有 1/3<P<1/2。根据武宁盆地层水特点和煤层压裂性能要求，设计新型季铵盐双子表面活性剂结构如图 4-7 所示，双子表面活性剂具有临界胶束浓度低，形成的蠕虫状胶束黏弹性好，耐温、耐剪切，具有杀菌性能、破胶彻底、无机离子对性能无影响等优点。结构中引入苯环，增强耐温性能。

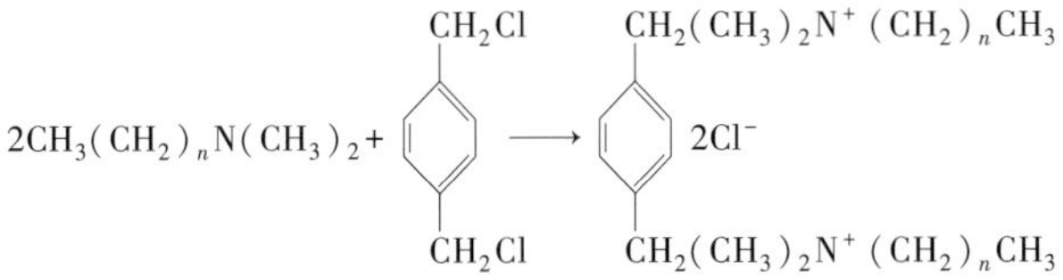

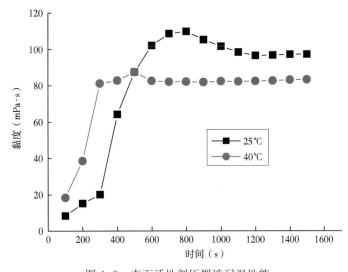

CH2Cl
2CH3(CH2)nN(CH3)2+
CH2Cl
CH2(CH3)2N+(CH2)nCH3
2Cl−
CH2(CH3)2N+(CH2)nCH3

图 4-7　表面活性剂合成原理

通过改变配比、回流时间等因素进行正交试验，确定了较佳的合成反应条件，在三口瓶中加入 48g 二甲基十四胺（0. 2mol），17. 5g 对二苄基氯（0. 1mol），200mL 乙醇，加热回流 24 小时，冷却，减压蒸馏，用乙酸乙酯进行重结晶，得到产品。在温度 25℃、剪切速率 $170s^{-1}$ 的条件下，采用芳香反离子进行交联，试验发现，较低浓度时，黏度随 GM 质量浓度提高而增大，超过 0. 4%后增长趋于稳定 19～20mPa · s。对于交联机理，很多人认为是静电的相互作用结果。但通过紫外分光光度法测定交联剂交联前后最大吸收波长的变化发现了不一样的机理。交联后交联剂的 λ_{max} 由 290nm 红移至 301nm。如果单从微环境极性变化的角度考虑，由于芳环交联剂具有一定的疏水性且与主剂带相反的电荷，会有一部分反离子插入到内核，环境的极性会变小，光谱发生蓝移，这与试验结果刚好相反，说明交联剂与表面活性剂之间存在另一种特殊相互作用，即阳离子-π 相互作用。配制质量分数 0. 4%的 GM 自来水溶液，分别在 25℃和 40℃、$49s^{-1}$ 条件下测定黏度随温度和剪切时间变化，结果如图 4-8 所示。合成产物具有较好的耐温、耐剪切能力，能够满足煤层压裂液的性能要求。

120
100
80
60
40
20
0
黏度（mPa·s）
0
200
400
600
800
1000
1200
1400
1600
时间（s）
25℃
40℃

图 4-8　表面活性剂压裂液耐温性能

阳离子表面活性剂一般都具有杀菌性能，按照文献方法，合成产物对回收水进行杀菌试验，当 GM 浓度分别为 80mg/L、160mg/L、320mg/L、500mg/L、850mg/L 时，杀菌率分别为 72. 64%、86. 65%、97. 32%、98. 12%、98. 26%。当 GM 浓度超过 500mg/L 时，杀菌效果极好。

2. 回收水对双子表面活性剂性能的影响

以宁武盆地某井组回收液为例，根据《油田水分析方法》（SY/T 5523—2006）测定回收液中各离子含量，具体结果见表 4-9。由表 4-9 可知，其水型均为碳酸氢钠型。

表 4-9　回收液水质分析

| 项目 | 各种离子含量（mg/L） | | | | | | | | pH值 | 水型 |
水样	K^+	Ca^{2+}	Mg^{2+}	Cl^-	SO_4^{2-}	CO_3^{2-}	HCO_3^-	总矿化度		
X-1 回收液	836.84	26.37	13.72	335.43	189.62	0	1552.55	2 955	7.0	$NaHCO_3$
X-3 回收液	671.31	60.28	4.57	194.20	18.06	0	1631.25	2 580	7.0	$NaHCO_3$

　　以 X-1 回收液为例，表面活性剂主要是助排剂，采用紫外分光光度发测定不同时间（编号）的回收液中表面活性剂含量，结果如图 4-9 所示。分析图 4-9 可看出，表面活性剂含量较高，但总体趋势在浓度为 200mg/L 时保持平稳。

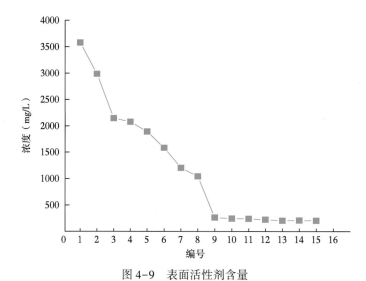

图 4-9　表面活性剂含量

　　采用激光粒度仪测定处理前后回收液悬浮固相粒径分布，结果如图 4-10 所示。由图 4-10可知，悬浮固相粒径主要集中在 8~10μm，需要进行初步处理再进行回收利用。

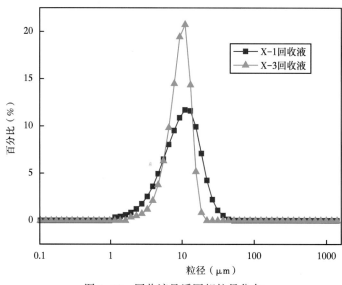

图 4-10　回收液悬浮固相粒径分布

3. 回收液配液对压裂液性能的影响

利用 X-1 回收液，加无机絮凝剂进行絮凝处理，处理后悬浮物粒径约为 1μm，表面活性剂浓度为 395mg/L，双子表面活性剂浓度 0.4%+0.8% 交联剂，按照《水基压裂液性能评价方法》（SY/T 5107—2016）对压裂液进行性能评价，黏度为 19.5mPa·s，合格。

利用 RS6000 流变仪分别测定回收液（X-1）和自来水液配制压裂液的耐温耐剪切性能，剪切时间 60 分钟、温度 25℃，剪切速率 170s^{-1}，结果如图 4-11 所示。

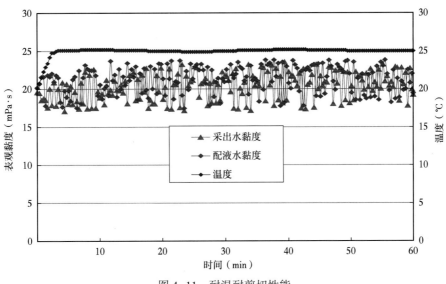

图 4-11　耐温耐剪切性能

由图 4-11 看出，回收液配液在 25℃时、剪切 60 分钟后，黏度可以保持在 19.24mPa·s 左右，与自来水 19.45mPa·s 的黏度基本一致，双子表面活性剂可以利用回收液进行交联配制合格的煤层气压裂液，有效利用回收水，实现回收再利用。

采用合适的破胶剂可以将表面活性剂形成的黏弹压裂液进行破胶，采用静态水浴破胶方法评价分压裂液破胶性能，破胶温度分别为 25℃、30℃、35℃；采用自制破胶剂 SF-C；破胶温度为 25℃时，破胶剂加量为 0.05%、0.07%；破胶温度为 30℃时，破胶剂加量为 0.03%、0.04%、0.06%；破胶温度为 35℃时，破胶剂加量为 0.02%、0.04%、0.05%；破胶时间为 2~4 小时；利用品氏毛细管黏度计测定破胶液黏度，由图 4-12 可知，黏度均小于 5mPa·s，回收液压裂液在不同温度下加入不同的破胶剂量能实现彻底破胶。

利用自来水和回收液分别配制表面活性剂压裂液，分别对山西吉县地区 5 号煤和 9 号煤进行伤害试验，试验结果见表 4-10。

表 4-10　不同煤岩伤害试验评价结果

煤层	体系用水	伤害前渗透率（mD）	伤害后渗透率（mD）	渗透率伤害率（%）
5#	自来水	0.56	0.44	21.42
	回收液	0.47	0.36	23.40
8#	自来水	5.20	4.06	21.92
	回收液	4.75	3.75	21.05

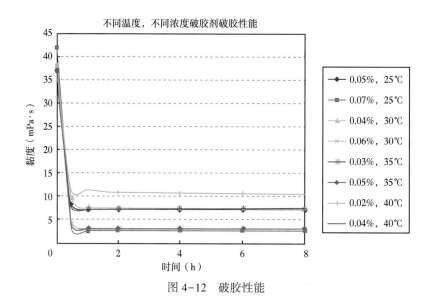

图 4-12　破胶性能

分析表 4-10 可知，2 种水质配成的压裂液对 5# 煤的渗透率伤害率有 2% 的差别，而对 8# 煤的渗透率伤害率仅有 0.87% 的差别。由此可见，利用回收液配制压裂液对储层的伤害相当，没有增加储层伤害。采用添加无机絮凝剂方法简单处理，处理后的水用于再配液，对黏度及耐剪切性能几乎无影响，破胶后黏度均小于 5mPa·s，满足回收条件，实现了回收液的循环利用。

三、香豆胶可回收压裂液

香豆胶作为稠化剂在压裂液领域的应用仍属探索阶段，香豆胶压裂液的可回收利用仍是技术瓶颈。香豆胶是一种性能良好的水基冻胶压裂液稠化剂，20 世纪 90 年代就有相关研究。低分子质量香豆胶结合可控释放的酸性破胶剂实现了香豆胶压裂液的回收利用。

1. 香豆胶可回收压裂液原理

香豆胶中的顺式羟基可以与硼酸离子形成稳定的分子间氢键，交联形成黏度较高且抗剪切能力强的冻胶。含硼交联剂在进行交联反应时都是离解为硼酸离子进行交联，根据化学反应平衡原理，硼酸离子的化学平衡反应式为：

$$B(OH)_3 + OH^- \longleftrightarrow B(OH)_4^-$$

硼酸离子含量的多少决定了交联的程度，即交联冻胶的强度，而交联冻胶的黏弹性与冻胶强度直接相关。硼酸离子总浓度的化学反应平衡方程式如下：

$$\left[CB(OH)_4^-\right] = \gamma\left[B^{3+}\right]$$

式中　$\left[CB(OH)_4^-\right]$——硼酸离子总浓度；

　　　γ——硼酸离子分布系数，受温度的影响；

　　　$\left[B^{3+}\right]$——体系中的总硼量。

根据化学反应平衡移动原理，加入酸性物质提供氢离子，可以使硼酸离子的化学平衡反应式平衡左移，控制体系中硼酸离子的含量，从而控制冻胶黏度，实现压裂液的酸性破胶。因为其中的香豆胶分子链并未断裂，因此这种破胶方式是一种非降解性破胶。

104

非降解性破胶后的压裂液并未发生分子链断裂，在碱性环境下，提供硼酸离子进行交联后，硼酸离子的化学平衡反应式平衡右移，可以实现重复交联，达到压裂液回收的目的。

2. 压裂液添加剂研发和优选

可回收低分子质量香豆胶压裂中的稠化剂分子没有断链，在压裂液回收时可能出现回收效果差的问题。本文采用自主研发的低分子质量香豆胶实现稠化剂低分子量化。即使破胶时分子链不断，在低分子质量的状态下压裂液也能正常回收。采用 Wyatt 凝胶渗透色谱仪测试常见稠化剂和低分子质量香豆胶的分子质量，数据见表 4-11。常见稠化剂（瓜尔胶、黄原胶、香豆胶）为市售，低分子质量香豆胶为自主研发。由表 4-11 数据可知，低分子香豆胶分子量是其他常见稠化剂的 1/4~1/10。

表 4-11　分子质量对比数据表

稠化剂	分子质量（10^6 g/mol）
瓜尔胶	2.92
黄原胶	7.02
香豆胶	2.02
低分子量香豆胶	0.45

自主研发的可控缓释酸性破胶剂包含两部分组分：一部分是起破胶效果的酸性部分，为固体酸，在一定条件下能够释放酸性物质；另一部分是保护酸性物质的组分，包含石油醚、烷烃和液态酯，用喷涂法包裹到酸表面，实现缓慢释放酸性物质，以达到延缓破胶时间的目的。在压裂施工中将破胶剂、交联剂及压裂液助剂一起注入地下进行压裂施工，由于缓释酸受到有机保护剂组分的保护，因此在泵送前置液和携砂液的过程中释放的酸性物质的量不会影响压裂液的交联性能，压裂施工结束后环境压力变化，释放出酸性物质实现破胶。配合低分子质量香豆胶稠化剂研发了配套交联剂和交联促进剂实现压裂液交联，根据储层可配合优选防膨剂、助排剂和杀菌剂等助剂。

3. 压裂液配方和评价

针对不同储层条件，在研发和优选的添加剂基础上，形成了适用于常见储层温度条件的可回收低分子量香豆胶压裂液体系：0.3%~0.5% 香豆胶 +0.15%~0.30% pH 值调节剂 +0.35%~0.60% 交联剂 +0.5%~1.0% 破胶剂。

以储层温度 90℃适用配方为例，根据石油天然气行业标准《水基压裂液性能评价方法》（SY/T 5107—2016）评价可回收低分子量香豆胶压裂液。

香豆胶是一种植物多糖，以聚甘露糖为分子主链，半乳糖则以 α-1，6 糖苷键连接在聚甘露糖主链上。其中甘露糖与半乳糖单元之摩尔比为 1.2:1；而瓜尔胶的甘露糖与半乳糖单元之摩尔比为 2:1，所以香豆胶较之瓜尔胶提供了更多羟基，使之更容易水化，氢键结合活性更大，交联点位更多，更易实现交联。低分子量化后仍保持甘露糖与半乳糖单元的摩尔比，所以交联强度也较好。配套使用的交联剂和交联促进剂适应低分子质量香豆胶。以 90℃配方为例，按照配方配置基液后加入配方比例交联剂后，冻胶在 90 秒左右形成，形成冻胶弹性较好，可以挑挂；交联情况与瓜尔胶配方相同。

为了对比破胶效果，使用不同量过硫酸铵破胶剂在同样破胶时间下破胶，破胶性能数据见表 4-12。表中数据表明酸性破胶剂可实现压裂液的破胶；对比常规的过硫酸铵破胶剂，虽然酸性破胶剂用量大于常规破胶剂且破胶不如常规破胶剂彻底，但是由于破胶机理不同，破胶效果仍属于现场施工可以接受的范围。

表4-12 破胶性能数据表

破胶时间（h）	6	4	2.5
酸性破胶剂加量（%）	0.50	1.00	1.50
破胶液黏度（mPa·s）	5.88	4.78	5.21
过硫酸铵加量（%）	0.01	0.03	0.05
破胶液黏度（mPa·s）	3.41	2.56	4.74

压裂液的耐温抗剪切性能直接关系到压裂施工造缝和携砂能力，可回收低分子量香豆胶压裂液冻胶按标准测试完成时，黏度仍有103.91mPa·s（图4-13）达到标准要求，有较好的耐温、耐剪切性能。可回收低分子质量香豆胶本身的多个氢离子提供了多个交联点位，实现了冻胶的耐温耐剪切性能，有利于压裂液黏度的保持和携砂性能。

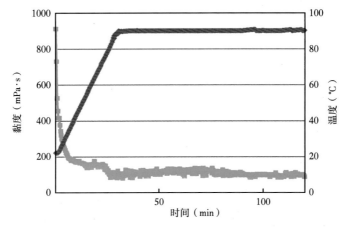

图4-13 90℃可回收低分子质量香豆胶配方的耐温耐剪切曲线

4. 回收后压裂液性能

回收利用后的香豆胶压裂液仍具有完整的分子链，只是体系中硼酸离子的含量减少。加入交联剂和交联促进剂后改变体系的pH值，可以使体系中硼酸离子浓度提高，达到重新交联的目的。以90℃配方为例，按照配方重新加入交联剂和交联促进剂后，冻胶在2分钟左右形成，形成冻胶弹性较好，可以挑挂成条；交联情况与新配置的压裂液相似。由于压裂液经过破胶，稠化剂总量有部分损失，再次交联的冻胶调挂性稍差。

重复交联后的香豆胶耐温耐剪切曲线如图4-14所示，测试完成时黏度仍有82.78mPa·s，达到标准要求，说明重复交联的可回收低分子量压裂液也能适应现场的携砂要求。

以储层温度90℃适用配方为例，加入配套0.5%助排剂和0.5%防膨剂后，根据《水基压裂液性能评价方法》（SY/T 5107—2016）测定90℃可回收低分子量香豆胶压裂液新鲜配制和重复利用的压裂液的其他基本性能（表4-13）。数据说明，重复利用后的压力液基本性能与新配置的压裂相似，在回收能力和降低伤害方面还有微弱优势。其原因为：（1）不完全破胶的压裂液回收时具有更强的携带能力，可排除更多的水不溶物，从而使支撑剂充填层具有更高的导流能力；（2）压裂液中含有的部分水不溶物在回收过程中被支撑充填层滤除，重复利用的压裂液相对更干净，对支撑裂缝导流能力的伤害更低。

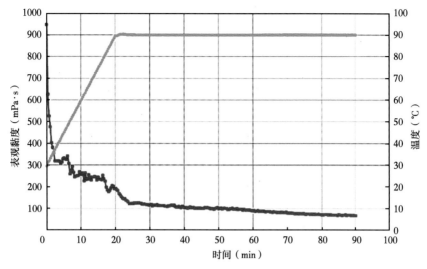

图 4-14　90℃可回收低分子质量香豆胶重复交联后的耐温耐剪切曲线

表 4-13　压裂液性能对比（90℃配方）

指标参数	新配置压裂液	重复利用压裂液
基液表观黏度（mPa·s）	15.00	12.00
破胶液表面张力（mN/m）	28.93	27.55
破胶液防膨率（%）	28.69	21.33
静态滤失系数（10^{-3}m/$\text{min}^{-1/2}$）	1.69	5.96
伤害率（%）	12.56	10.59

低分子质量的香豆胶稠化剂分子质量为 $0.45×10^6$ g/mol，比常见稠化剂低 1/4~1/10，更利于在非降解破胶的前提下回收；可控缓释酸性破胶剂实现酸性破胶剂的可控释放，破胶时间可控制为 2.5~6 小时。可回收低分子质量香豆胶压裂液体系能稳定，能适应现场施工的要求：90 秒左右形成冻胶，可控破胶且破胶较为彻底，耐温、耐剪切性能符合施工要求。重复交联后压裂液的耐温、耐剪切性能仍符合施工要求，达到了回收重复利用的目的。压裂液可多次重复使用，减少现场残液排放，利于保护环境，做到了资源的充分利用，在作业用水缺乏的地区有很好的应用前景。

四、可回收重复利用压裂液

可回收压裂液体系的核心技术是采用小分子稠化剂，此类稠化剂采用通过暂时性链接反应动态地改变化学链结构，实现络合屏蔽与二次交联提高交联液体的黏弹性：首次交联形成较常规瓜尔胶分子链低的结构，不影响携砂和交联；破胶后形成低分子片段存在于回收液中，回收液进行初步除去固含量和悬浮物等处理，可利用低相对分子量聚合物片段作为二次交联的稠化剂，满足携砂需要进行施工。基于上述原理，开发了相对分子量为 40 万的天然改性聚合物，配套系列交联剂，形成适应不同地层温度的低相对分子量可回收压裂液体系。该体系流变性、耐温性好、残渣含量低、填砂裂缝导流能力高，具有造长缝、控底水和对地层伤害小等性能。对于油层物性、射孔段油层厚度相近的井，在加砂量相同或相近的情况下，低分子可回收压裂液体系改造后的日产油量比HPGF体系高，日产水量低，改造效果显著。

压裂回收废液接收至暂储罐中，然后经污水处理装置进行快速固液分离，分离的泥砂等固相物质运离井场进行无害化另行处理。分离的液相如含油，需经气浮处理除油，油相运离井场另行处理，水相作为处理液进入储液罐。检查水相中有无影响配液的成分：如无机离子种类及含量、有机物组成及含量、其他杂质种类及含量、机械杂质的量、粒径分布等。然后针对可能问题加入具有特殊效能的化学药剂进行化学处理，达到降低黏度、去除杂物和降低油度及悬浮物含量的基本目的。

选择合适的压裂液体系压裂，加入新配制压裂液组分。值得注意的是由于回收液中许多成分还可利用，新配制的压裂液的许多组分可以不添加或少添加：如稠化剂、防膨剂等。压裂施工时可根据储层特点将配制压裂液直接使用，或是与新鲜水配制压裂液按比例配合使用。压裂液的用量和回收液及产出液越多，效果越好，放喷出来的压裂液和回收液直接经过简单的处理后重复应用，既节约了压裂费用，又减少了拉运的工作量；减少了安全事故，还有利于降低施工成本。

五、可回收滑溜水压裂液

四川非常规油气资源开发区块多处于丘陵地带，水资源短缺，难以满足大规模体积压裂所需的水源需求。同时，体积压裂后产生了大量回收液（回收率一般为30%）。回收液中COD值、色度和悬浮物含量都很高，使得无害化处理难度大、费用高。将回收液回收再利用，不仅可以缓解体积压裂水资源短缺的问题，同时还可以减少废液排放，实现非常规油气田的环保、节能开发。

针对四川盆地非常规储层特点，体积压裂回收液首先采用物理分离方法除去机械杂质、悬浮固体和油等；其次对回收液水质进行检测（pH值、残余添加剂浓度等），并根据检测结果进行水质调整（pH值）；再次对回收液水质进行检测，并根据 Ca^{2+}、Mg^{2+}、Cl^-、Fe^{3+}浓度来判断是否满足体积压裂用水水质要求。满足水质要求的回收液直接用作压裂用水；不能满足水质要求的回收液与清水混合，通过稀释降低回收液中离子浓度，使其满足体积压裂用水水质要求。处理后的回收液，其降阻性能与新配制的滑溜水降阻性能相当，降阻率达67.3%，可以满足非常规储层体积压裂施工要求。向处理后的回收液中补充一定量的助排剂后，表面张力显著降低，室内回收率提高，与清水配制的滑溜水性能相当（表4-14）。

表4-14 回收液处理后的表面张力及回收率

配方	表面张力（mN/m）	回收率（%）
处理后回收液	38.7	42.40
处理后回收液+0.2%助排剂	29.0	60.87
处理后回收液+0.2%助排剂	27.6	76.45
清水+0.2%助排剂	26.9	78.30

第三节　回收液重复利用工艺技术及应用技术

一、可回收瓜尔胶压裂液现场应用及效果分析

压裂回收液技术在苏里格气田完成 5 口井的现场应用，设计与施工符合率 100%，取得较好的增产效果。S36-x 井放喷排液 300m³；S36-xC4 井达到苏里格地区直井常规压裂平均单井产量的 2.5 倍；其余三口井也按设计完成施工，总共应用清水配液 810m³、压裂回收液 1500m³，交联性能良好，压裂施工顺利进行，增产效果较好。

S36-x 井现场全部清水配液 550m³，交联比 100:0.7，冻胶交联性能良好，压裂施工顺利进行，曲线平稳，放喷排液 60m³ 后气举排液。S36-5-7C4 井使用回收水配液后施工曲线如图 4-15 所示。按实验要求，回收液的处理不使用专用设备，仅是利用沉降罐将泥砂进行分离，应用连续混配压裂技术。现场配制压裂液 560m³，其中使用清水 90m³、应用苏36-x 井回收液 470m³，交联性能良好，最高砂比 40%，压裂施工顺利进行，曲线平稳，放喷排液 300m³。

山 11 层工作压力 62.4～54.0MPa，工作排量 2.8～3.0m³/min，砂比 19.6%，伴注液氮 5.8m³，液氮排量 180L/min，入井液量 228.6m³。盒 8 段下 2 层工作压力 64.9～52.0MPa，工作排量 2.8～3.0m³/min，砂比 20.6%，伴注液氮 6.1m³，液氮排量 180L/min，入井液量 240.5m³。入井总液量 506.6m³。压后 2 小时点火，火焰黄红长 3～4m。压后 S36-xC4 井产量 2.6045×10⁴m³/d，无阻流量高达 10.1186×10⁴m³/d，达到苏里格地区直井常规压裂平均单井产量的 2.5 倍，为该区块重新勘探认识提供了新的技术支持。

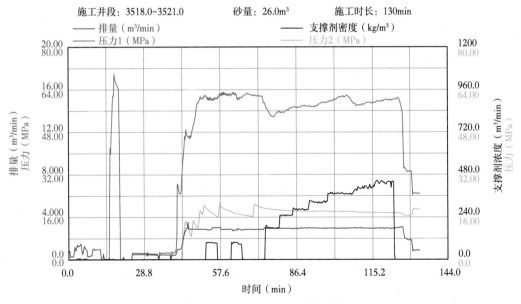

图 4-15　S36-5-7C4 井施工曲线

回收水配制压裂液实现在高矿化度水条件下交联压裂液，既可节约压裂成本，又可节约淡水资源，有效地利用于苏里格气田压裂回收液不落地处理后重新配制压裂液。

二、可回收表面活性剂压裂液现场应用及效果分析

采用合成的双子表面活性剂利用回收液配制压裂液，在宁武盆地应用两口井，设计与施工符合率100%。典型井例如下：W井是宁武盆地南部斜坡带的一口评价井，煤层段为1190.5~1203.5m，煤层厚度13m，发育有裂隙，渗透性较好，该段的石灰含量6.0%，孔隙度6.8%，计算该段煤层的吨煤含气量13.7m³。该压裂体系在煤层气的W井进行了现场应用。本次施工利用水力喷砂射孔，喷点在1199m，水力喷射设计油管注入排量2.0m³/min，6个直径6.3mm喷射器喷口流速为178.22m/s，完全满足喷射要求。地面施工压力为36~51MPa，累计加砂60m³，施工过程如图4-16所示。压裂施工：注入液量703.2m³，油管排量2.5m³/min，套管排量1.5m³/min，最高砂比26%，平均砂比20%。表明该清洁压裂液体系携砂性能优良，压后2小时回收，破胶液黏度仅为3~5mPa·s，表明该体系破胶性能优良。该井现正处排水降压期。

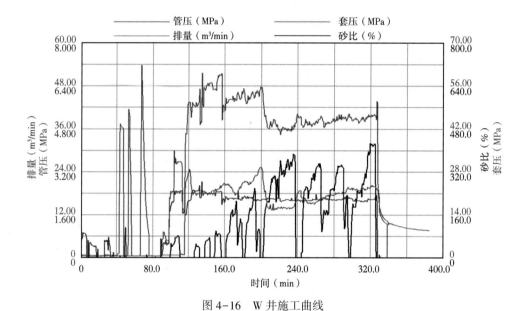

图4-16　W井施工曲线

三、可回收滑溜水压裂液现场应用及效果分析

体积压裂回收液回收再利用技术在四川盆地须家河组致密气储层及侏罗系致密油储层中共应用3井次，回收利用率均大于95%，取得了良好的施工效果。

以G003-H16井为例（表4-15），该井是侏罗系致密油储层的一口水平井，采用体积压裂液施工，设计压裂12段，分两次压裂。第一次压裂前5段，待排液后进行第二次压

表4-15　试验井施工效果

井号	回收液用量（m³）	产气（油）量（m³/d）
G003-H16	1050	油26.9t/d，6000
Y101-77-H1	900	10000
Y101-77-H2	270	230000

裂，为了节能减排，减少废水排放，回收使用第一次排出的回收液。第一次压裂施工后，截至第二次施工，共回收回收液 1050m³，处理后全部用于第二次压裂施工。

从图 4-17、图 4-18 可以看出，清水配制的体积压裂液的施工压力为 60MPa 左右，处理后回收液的施工压力为 59MPa 左右。两施工段为同一井的不同水平层段，储层情况相同，其施工压力接近，进一步表明回收液处理后的摩阻性能与清水配制的体积压裂液性能相当。

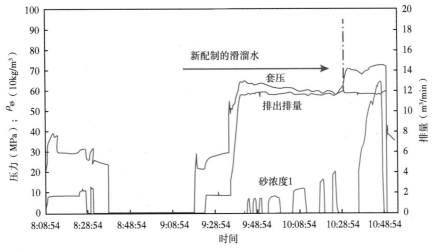

图 4-17　清水配制的体积压裂液施工曲线

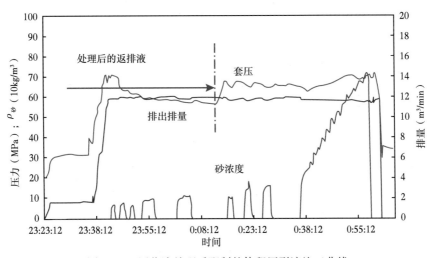

图 4-18　回收液处理后配制的体积压裂液施工曲线

体积压裂回收液中的残余添加剂浓度较低，具有一定的矿化度，采用物理分离—水质检测—水质调整—水质检测—压裂配液或稀释后配液等工艺实现了回收液的回收处理及再利用。室内试验和现场应用均表明，体积压裂回收液处理后配制的液体性能与清水配制的液体性能相当，现场获得了良好的储层改造效果。体积压裂规模大，回收液量大，探索适合四川盆地的回收液回收利用方法，不仅可以缓解四川盆地体积压裂水源缺乏问题，还可以减少废弃物排放，实现四川盆地非常规储层的环保开发。

参 考 文 献

常启新，2017. 涪陵页岩气压裂回收液重复利用指标研究 [J]. 天然气与石油，35（1）：64-69+10.

丁雅勤，石华强，黄静，等，2017. 苏里格气田可回收压裂液体系研制及应用 [J]. 油田化学，34（4）：599-603.

樊庆缘，樊启国，樊炜，等，2018.CQ-RP140 可回收低聚物压裂液在长庆气田的应用 [J]. 钻采工艺，41（4）：117-119.

高峰，程芳，李强，等，2017. 长庆气田胍胶返排液离子处理剂 RXM-1 研究与应用 [J]. 石油化工应用，36（12）：14-17.

管保山，汪义发，何治武，等，2006.CJ2-3 型可回收低分子量瓜尔胶压裂液的开发 [J]. 油田化学，（1）：27-31

郭钢，薛小佳，吴江，等，2017. 新型致密油藏可回收滑溜水压裂液的研发与应用 [J]. 西安石油大学学报（自然科学版），32（2）：98-104.

郭天鹰，2018. 大庆油田 G 区块复合压裂液提高渗吸采收率实验研究 [D]. 大庆：东北石油大学.

何红梅，赵立志，范晓宇，2004. 生物法处理压裂返排液的实验研究 [J]. 天然气工业，07：71-73+138.

李兰，杨旭，杨德敏，2011. 油气田压裂回收液治理技术研究现状 [J]. 环境工程，29（4）：54-56，70.

刘克强，王培峰，贾军喜，2018. 我国工厂化压裂关键地面装备技术现状及应用 [J]. 石油机械，46（4）：101-106.

刘文士，廖仕孟，向启贵，等，2013. 美国页岩气压裂回收液处理技术现状及启示 [J]. 天然气工业，33（12）：158-162.

刘友权，陈鹏飞，吴文刚，等，2013. 加砂压裂用滑溜水回收液重复利用技术 [J]. 石油与天然气化工，5（42）：492-495.

卢拥军，赵忠扬，1995. 香豆胶锆压裂液在超深井应用研究 [J]. 石油与天然气工业，24（2）：4-11.

卢拥军，1996. 香豆胶水基压裂液研究与应用 [J]. 钻井液与完井液，13（1）：13-16.

鲁大丽，陈勇，熊青山，2018.VES 压裂液的性能研究与循环使用 [J]. 石油化工，47（6）：611-615.

吕乃欣，刘开平，高燕，2018. 驱油型可回收清洁压裂液的研制与应用 [J]. 油田化学，35（3）：395-400.

蒲松龄，张贵仪，曹华宝，等，2017. 苏 77、召 51 区块集气站产出水回用压裂液技术研究与应用 [J]. 内江科技，38（12）：22-23.

蒲祖凤，庾文静，李嘉，等，2014. 可重复使用压裂液体系开发与实验 [J]. 钻采工艺，37（1）：91-94.

邵林杰，2017. 塔里木油田压裂液残液回收再利用研究 [D]. 北京：中国石油大学（北京）.

石华强，陈宝春，李宪文，等，2018. 鄂尔多斯盆地致密气压裂液技术发展与认识 [C]//中国石油学会天然气专业委员会.2018 年全国天然气学术年会论文集（03 非常规气藏）：770-774.

万里平，赵立志，陈二丁，等，2002. 车载式橇装油气田废水处理装置 [J]. 石油机械，30（11）：25-27.

万用波，2018. 苏里格气田残酸返排液回收利用研究 [J]. 石油化工应用，37（10）：54-56.

王满学，刘建伟，何静，等，2018. 水基压裂液重复使用技术的现状及发展趋势 [J]. 断块油气田，25（3）：394-397.

王所良，黄永章，樊庆缘，2017. 可回收聚合物压裂液体系及其性能研究 [J]. 油田化学，34（4）：594-598.

王所良，闵琦，董时政，2017.RP120 可回收压裂液体系研究与现场试验 [J]. 钻采工艺，40（5）：95-97+114+7.

王所良，汪小宇，许伟星，2017.RP120 可回收压裂液开发及应用 [J]. 石油科技论坛，36（S1）：141-144+200.

王小香，2018. 压裂液渗吸提高采收率研究 ［D］. 西安：西安石油大学.

王长俊，黄宏惠，管新，2019. 压裂液综合回收利用技术 ［J］. 石油石化节能，9（2）：27-29+33+9.

魏云锦，王世彬，马倩，等，2018. 四川盆地长宁—威远页岩气开发示范区生产废水管理 ［J］. 石油与天然气化工，47（4）：113-119.

吴奇，胥云，张守良，等，2014. 非常规油气藏体积改造技术核心理论与优化设计关键 ［J］. 石油学报，35（4）：706-714.

肖程释，2017. 复合压裂液体系提高致密油藏渗吸采收率实验研究 ［D］. 大庆：东北石油大学.

肖越峰，赵忠杨，1997. 水基冻胶压裂液稠化剂香豆胶的理化性能 ［J］. 油田化学，14（1）：28-31.

杨博丽，2017. 压裂返排液不落地回收处理技术在苏里格气田的应用 ［J］. 石油与天然气化工，46（5）：98-105.

杨迪，吴俊，2018. EM50 废弃压裂液回收处理技术及应用 ［J］. 云南化工，45（10）：156-157.

杨发，许飞，马震，2018. 新型可回收压裂液体系研究与应用 ［J］. 石油化工应用，37（6）：42-47.

杨小江，2018. 耐高温可回收清洁压裂液的研发及性能评价 ［D］. 成都：西南石油大学.

于欣，张猛，贺连啟，等，2019. 清洁压裂液返排液对致密油藏自发渗吸驱油效果的影响 ［J］. 大庆石油地质与开发，38（1）：162-168.

袁长忠，潘永强，杜春安，等，2016. 胜利油田瓜胶压裂液回收液回收利用水质指标 ［J］. 钻井液与完井液，33（5）：109-113.

张菅，2012. 压裂液重复利用技术研究 ［D］. 西安：西安石油大学.

张建国，李艳，于洪江，2011. 油层水配制压裂液性能研究及评价 ［J］. 西安石油大学学报，26（2）：60-63.

张邈，2018. 复合压裂液的优选与同井同层采油实验研究 ［D］. 大庆：东北石油大学.

张明，程刚，2018. 压裂返排液回收再利用技术的应用研究 ［J］. 化工技术与开发，47（7）：18-20.

张涛，李相方，王永辉，等，2017. 页岩储层特殊性质对压裂液返排率和产能的影响 ［J］. 天然气地球科学，28（6）：828-838.

赵剑曦，2014. Gemini 表面活性剂：联接链在自组织中的作用及意义 ［J］. 化学进展，26（8）：1339-1351.

赵以文，1992. 香豆胶性质的研究 ［J］. 油田化学，9（2）：129-133.

周江，张怀文，高燕，等，2017. 压裂液回收再利用技术综述 ［J］. 新疆石油科技，27（4）：35-40.

祝琦，陈宁，张志行，2017. 分子自组装对缔合压裂液黏度"回复"的机理分析 ［J］. 钻井液与完井液，34（3）：111-116.

庄照锋，张士诚，张劲，2006. 硼交联羟丙基瓜尔胶压裂液回收再用可行性研究 ［J］. 油田化学，（2）.

Aleem A. Hasham, Ali Abedini, Arnav Jatukaran, et al, 2018. Visualization of fracturing fluid dynamics in a nanofluidic chip ［J］. Elsevier B. V, 2018. 165.

Anna L. Harrison, Adam D. Jew, Megan K, et al, 2017. Element release and reaction-induced porosity alteration during shale-hydraulic fracturing fluid interactions ［J］. Elsevier Ltd, 82.

Ce W, Cao X L, Guo L L, et al, 2016. Effect of Molecular Structure of Catanionic Surfactant Mixtures on Their Interfacial Properties ［J］. Colloids and Surfaces A：Physicochemical and Engineering Aspects, 509：601-612.

Ian M. Childers, Mackenzie Endres, Carolyne Burns, et al, 2017. Novel highly dispersible, thermally stable core/shell proppants for geothermal applications ［J］. Elsevier Ltd, 70.

Israelachvili J, Gourdon D, 2001. Putting liquids under molecular-scale confinement ［J］. Science, 292：867-871.

Jizhao Xu, Cheng Zhai, Shimin Liu, et al, 2017. Feasibility investigation of cryogenic effect from liquid carbon dioxide multi cycle fracturing technology in coalbed methane recovery ［J］. Elsevier Ltd, 206.

Minnich Keith, 2013. Decision tree & guidance manual- frac-turing fluid flowback reuse project ［M］. Houston

Texas: M-I SWACO. 6-24.

Patel U, Parekh P, Sastry N V, et al, 2017. Surface Activity, Micellization and Solubilization of Cationic Gemini Surfactant-Conventional Surfactants Mixed Systems [J]. Journal of Molecular Liquids, 225: 888-896.

Qian Sang, Ping Chen, Mingzhe Dong, et al, 2018. The effect of viscosity ratio on the dispersal of fracturing fluids into groundwater system [J]. Springer Berlin Heidelberg, 77 (8).

Qing You, Huan Wang, Yan Zhang, et al, 2018. Experimental study on spontaneous imbibition of recycled fracturing flow-back fluid to enhance oil recovery in low permeability sandstone reservoirs [J]. Elsevier B V, 166.

Rimassa S M, Howard P R, Blow K A, et al, 2009. Optimizing fracturing fluids from flowback water [R]. SPE125336.

Sarah M. Dischinger, James Rosenblum, Richard D. Noble, et al, 2017. Application of a Lyotropic Liquid Crystal Nanofiltration Membrane for Hydraulic Fracturing Flowback Water: Selectivity and Implications for Treatment [J]. Elsevier B. V.

Tadesse Weldu Teklu, Xiaopeng Li, Zhou Zhou, et al, 2018. Low-salinity water and surfactants for hydraulic fracturing and EOR of shales [J]. Elsevier B. V, 162.

Tahereh F M, Saeid A, Shawn W, 2017. Effect of Spacer Length on the Interfacial Behavior of N, N′-bis (dimethylalkyl) -α, ω-alkanediammonium Dibromide Gemini Surfactants in the Absence and Presence of ZnO Nanoparticles [J]. Journal of Colloid And Interface Science, 486 (15): 204-210.

Tehrani-Bagha A R, 2016. Cationic Gemini Surfactant with Cleavable Spacer: Emulsion Stability [J]. Colloids and Surfaces A: Physicochemical and Engineering Aspects, 508, 79-84.

Xiao-ting Gou, Fun-chun Tian, Gui-xian Hao, et al, 2017. Improve Fracturing Fluid Recovery to Reduce Environmental Contamination [C]. Advanced Science and Industry Research Center. Proceedings of 2017 3rd International Conference on Green Materials and Environmental Engineering (GMEE 2017). Advanced Science and Industry Research Center: Science and Engineering Research Center, 78-82.

Yang Zhang, Jincheng Mao, Jinzhou Zhao, et al, 2018. Preparation of a Novel Ultra-High Temperature Low-Damage Fracturing Fluid System Using Dynamic Crosslinking Strategy [J]. Elsevier B. V.

Zhao Jianxi, 2014. Gemini Surfactant: Join Chain Role in Self-organizing and Significance [J]. Progress in chemistry, 26 (8): 1339-1351.

Zhao W W, Wang Y L, 2017. Coacervation with Surfactants: From Single-chain Surfactants to Gemini Surfactants [J]. Advances in Colloid and Interface Science, 239: 199-212.

Zhaojie Song, Jirui Hou, Liya Zhang, et al, 2018. Experimental study on disproportionate permeability reduction caused by non-recovered fracturing fluids in tight oil reservoirs [J]. Elsevier Ltd, 226.

第五章 黏弹性表面活性剂压裂液体系

第一节 黏弹性表面活性剂的研究进展

黏弹性表面活性剂是表面活性剂压裂液的主要组成部分，对黏弹性表面活性剂性质的研究是表面活性剂压裂液的重要基础。

表面活性剂溶液在浓度不大时，溶液中表面活性剂以单个分子或球形胶束存在，溶液黏度接近溶剂（水）的黏度，为牛顿流体。当表面活性剂的浓度增大到一定值或溶液中加入特定的助剂后，球型胶束可转化成蠕虫状（worm-like）或棒状（rod-like）胶束。胶束之间相互缠绕可形成三维空间网状结构并表现出复杂的流变性，如黏弹性、剪切变稀特性、触变性等，该种体系称为黏弹性胶束体系。黏弹性胶束体系因其独特的结构和流变性，而具有广泛的用途；不仅可用于压裂，还可用于钻井、完井、固井、管输减阻、酸化、黏弹性驱油提高采收率等领域，具有良好的应用前景。

一、黏弹性表面活性剂种类

1. 离子型表面活性剂溶液

由于带电头基间的强烈排斥作用，大多数单尾离子型表面活性剂在溶液中只能形成球形胶束，溶液黏度近似溶剂（水）的黏度。当这些表面活性剂胶束（水）界面的电荷被屏蔽后，便可形成棒状胶束，该过程可以通过加入适当的反离子来实现。研究证明，长链烷基季铵盐和长链烷基卤化吡啶与水杨酸钠以一定比例混合形成的溶液，在相当低的浓度下就具有很高的黏度和显著的黏弹性。例如，在很低的浓度下（约 1mmol/L），十六烷基三甲基溴化铵（CTAB）和水杨酸钠可形成一定长度的棒状胶束，甚至形成网络结构，使体系呈冻胶状态。十六烷基三甲基水杨酸胺（C_{16}TMaSaL）在 0.42% 的浓度下，零剪切黏度达到 104mPa·s，且具有一定的弹性；十六烷基氯化吡啶（0.03mol）和水杨酸钠（0.03mol）混合水溶液也有很高的黏度（103mPa·s）和显著的弹性。

一些两性离子表面活性剂即使不加其他组分也能形成黏弹性溶液，如 1% 的十四烷基二甲基氧化胺水溶液的黏度达到 103mPa·s。两性离子表面活性剂与助表面活性剂（如直链醇类）复配的混合体系也是黏弹性体系，如十四烷基二甲基氧化胺（100mmol）和十二醇（20mmol）混合溶液的黏度达到 100mPa·s。两性离子表面活性剂也能与阴或者阳离子表面活性剂混合形成黏弹性溶液，如十八烯二甲基氧化胺（50mmol）和十二烷基硫酸钠（5mmol）混合液的黏度达到 107mPa·s，十八烯二甲基氧化胺（5mmol）和十四烷基三甲基溴化铵（2.5mmol）混合溶液的黏度也达到 104mPa·s；报道的还有烷基甜菜碱—氯化钾体系及烷基甜菜碱—水杨酸钠体系等。

另外，Gemini 型表面活性剂具有很强的胶束生成能力，在较低浓度下自身即可形成黏弹性棒状胶束溶液。

2. 非离子表面活性剂溶液

对于非离子表面活性剂所形成的黏弹性溶液的报道较少，2，2-二羟乙基十二烷基胺（LDEA）与阴离子表面活性剂十二烷基硫酸钠（SDS）混合能形成黏弹性溶液（总表面活性剂的浓度在10%以上）；三甲基硅烷表面活性剂在40%～50%浓度范围内能形成具有较高零剪切黏度和高黏弹性的体系。在加入其他助剂的情况下聚氧烷基酚与一定的阴离子表面活性剂也能形成黏弹性胶束体系。

二、影响黏弹性胶束体系的主要因素

黏弹性胶束体系主要由表面活性剂和盐组成。胶束形成是一个具有多个行为的动态过程，如胶束数目与长度的增加，胶束的破胶、再生及体系网状结构的解体与重组等。其影响因素主要有表面活性剂的种类、浓度，盐的种类、浓度及体系温度，极性有机物和辅助表面活性剂等，另外酸碱度对某些体系也有一定的影响。

1. 表面活性剂浓度对胶束平均长度的影响

表面活性剂的浓度对胶束长度有着显著影响。Hoffmann 等对烷基吡啶—水杨酸体系进行了较详细的研究，认为一些阳离子表面活性剂和盐混合，在表面活性剂很低时（略超过 cmc）就能形成蠕虫状胶束，并且胶束长度随表面活性剂的浓度增加而快速增长；且提出胶束的增长和盐度有关。Toshiyuki 等对十六烷基三甲基溴化铵—水杨酸钠体系（CTAB-NaSal）进行了研究，结果与上述吻合。对 CTAB-NaSal 体系的相关研究结果见表 5-1。

表 5-1　CTAB-NaSal 体系的胶束平均长度 L

NaCl（mol/L）	CTAB（mol/L）	L（μm）
0.1	0.15	0.51
	0.25	0.92
0.25	0.07	3.10
	0.10	2.25
	0.25	1.74

注：NaSal/CTAB=0.6 时，T=303K。

由表 5-1 可看出，低盐浓度时，胶束平均长度 L 随 CTAB 浓度的增大而增大，而在高盐浓度时，L 随 CTAB 浓度的增大而减小，L 随盐度变化有一个最大值。

2. 盐的种类及浓度对胶束平均长度的影响

盐的性质和盐的浓度对胶束的增长和特性都有强烈的影响。Lu 等通过 2-氯甲酸盐、3-氯甲酸盐和 4-氯甲酸盐对阳离子表面活性剂 Arqual16-50 胶束的影响，得出结论为：4-氯苯甲酸盐能使其形成蠕虫状胶束，3-氯苯甲酸盐能使其形成蠕虫状胶束和囊泡的混合体系，而 2-氯苯甲酸盐只能使其形成球状胶束。同时对各种反离子对某种胶束的影响力的研究发现，反离子促进胶束增长的能力是：

$IO_3^- < F^- < Cl^-$，$BrO_3^- \ll Br$，$NO_3^- < ClO_3^- \ll SCN^-$，$ClO_4^-$，$I^-$。

研究表明，在一定温度下，随盐浓度增大，L 有一最大值，可归因于胶束的交联。在一定盐浓度的增下，随温度的升高，胶束体长度变短，主要是由于升高温度降低了胶束的交联程度。

116

3. 温度对胶束平均长度的影响

由表 5-2 可见，随温度升高，胶束的长度明显随之下降。主要由于温度升高后，分子热运动加剧，胶束分子的疏水基之间的作用力无法继续束缚表面活性剂分子按一定规律排列而导致了胶束的解体，胶束长度减少，在宏观上表现出它的黏弹性及黏度下降，甚至在较高温度时几乎完全消失，接近于溶剂的黏度。

表 5-2 CTAB=0.35mol/L 时，KBr 浓度对胶束体系的影响

T (℃)	KBr (mol/L)	L (μm)
31	1.0	0.42
	1.5	1.00
	2.0	0.71
35	1.0	0.32
	1.5	0.67
	2.0	0.49

4. 添加剂对胶束体系的影响

一些研究表明小分子醇类对黏弹性胶束体系有一定影响。它们的加入能使胶束体系的黏弹性产生一个极大值。在盐溶液中，戊醇对 CTAB/KBr 胶束体系流变性的影响较强。有研究表明，在 $0.01mol/dm^3$ CTAB（十六烷基三甲基溴化铵）溶液中，正戊醇促使 CTAB/KBr 胶束体系的黏度增大至一个最大值，然后降低；在 $0.08mol/dm^3$ CTAB/$0.8mol/dm^3$KBr 溶液中，正戊醇能促使该胶束体系呈现黏弹性；而在无盐溶液中，正戊醇对 CTAB 胶束体系的黏度没有明显的影响。

表面活性剂已广泛用于日常生活、工农业及高新技术领域。表面活性剂是当今最重要的工业助剂，其应用已渗透到几乎所有的工业领域，被誉为"工业味精"。在许多行业中，表面活性剂起到画龙点睛的作用，作为最重要的助剂，常能极大地改进生产工艺和产品性能。

近 30 年来，特别是 20 世纪 90 年代以来，一些具有特殊结构的新型表面活性剂被相继开发。它们有的是在普通的表面活性剂的基础上进行修饰（如引入一些特殊基团），有的是对本来不具有表面活性的物质进行改进，有一些是从天然产物中发现的具有两亲性结构的物质，还有一些是合成具有全新结构的表面活性剂。这些表面活性剂不仅为表面活性结构与性能的研究提供了合适的对象，还具有传统的表面活性剂所不具备的性质，特别是具有针对某些特殊需要的功能。

探索具有高表面活性的新型表面活性剂一直是热门课题，但迄今为止，真正从概念意义上突破的探索并不多，双子表面活性剂是其中突出一例。这类新型表面活性剂的出现，开辟了表面活性剂科学研究领域的新途径，其独特的分子结构决定了优异的表面性能，它们都具有很低的 Kraft 点和很好的水溶性，这是传统的单链表面活性剂难以比拟的。双子表面活性剂的这一显著特性，决定了它在表面活性剂家族的特殊地位，因而被称作"20世纪 90 年代的新型表面活性剂"。

与传统的表面活性剂相比，双子表面活性剂具有很高的表面活性（cmc 和 C_{20}），其水溶液具有特殊的相行为和流变性，而且其形成的分子有序组合体具有一些特殊的性质和功能，已引起学术界和工业界的广泛兴趣和关注。双子表面活性剂一诞生就引起了人们极大的兴趣，发展至今已经有了一个较成熟的理论体系。

第二节　双子表面活性剂概述

双子表面活性剂的研究开始于 1971 年，Buton 等对 α，ω-双烷基双甲基烷基溴化铵的表面活性和临界胶束浓度进行了研究。1974 年，Deinega 等合成了一族双子表面活性剂；1988 年，日本 Oska 大学的 Okahara 等合成并研究了柔性基团联接离子头基的若干双烷烃链表面活性剂；1991 年，美国 Emery 大学的 Menger 等较系统地合成了几种 Gemini 型表面活性剂，并确定了它们的基本性质，他们把这类活性剂命名为 Gemini（Gemini 是天文学用语，意思是双子星座，像"连体婴儿"，形象地表达了这类化合物在结构上的特征，也包含有深远的意义）。1993 年，Rosen 小组采纳了"Gemini"的命名，并系统地合成和研究了氧乙烯或氧丙烯柔性基团联接的 Gemini 表面活性剂。1993 年，美国的 Rosen 称 Gemini 为"新一代或第二代表面活性剂"。1994 年 Q‑Huo 等对联接基团连接的离子头基和烷基链不同的双子表面活性剂进行的研究，并考察了它们的应用价值。双子表面活性剂现在倍受表面活性剂、胶体和表（界）面化学、工业界的关注，是最有可能成为 21 世纪广泛应用的一类表面活性剂。

迄今为止，研究较多的是 α，ω-双（季铵盐的溴化物）基烷烃（或称为双季铵盐的溴化物），它一般简写为 m-s-m，2Br-1，s 和 m 分别是联接基团和疏水基团的碳原子数。另外一些研究也涉及了三联的表面活性剂，它是由三个双亲结构的分子在极性基团处或附近由联接基团连接，是 Gemini 表面活性剂的延伸。此外，从几何对称的 Gemini 表面活性剂可联想到低聚体（m-s-m-s-m，3Br-1）和非对称的二聚体（m-s-m'，2Br-1）的表面活性剂。

一、双子表面活性剂的结构类型

双子表面活性剂（Gemini Surfactant，Geminis）是一类带有两个疏水碳链、两个亲水基团和一个基的化合物。类似于两个普通表面活性剂分子通过一个桥梁连接在一起，分子形状如同"连体的孪生婴儿"（图 5-1）；一般将其译作双子表面活性剂，意为"孪生连体"。

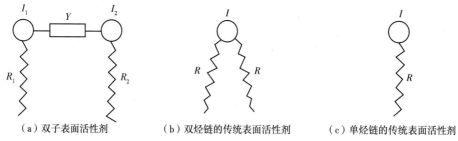

（a）双子表面活性剂　　　　（b）双烃链的传统表面活性剂　　　　（c）单烃链的传统表面活性剂

图 5-1　双子表面活性剂和传统表面活性剂的分子结构比较简图

图 5-1 中，（a）为双子表面活性剂分子结构示意图；而（b）和（c）是具有双烃链和单烃链的传统表面活性剂分子结构示意图。其中，R_1、R_2 为疏水链；I 为亲水基团；Y 为联接基团。从已合成的双子表面活性剂的分子结构来看，R、I 均可多于 2 个，Y 亦可多于 1 个。双子表面活性剂分子的整体结构也可以是不对称的，即 $I_1 \neq I_2$，$R_1 \neq R_2$。以 m-s-m 表示 Gemini 表面活性剂分子（m 为疏水链中碳原子数，s 为连接基碳原子数）。

迄今为止，以亲水基团划分，阳离子型双子表面活性剂有季铵盐型、吡啶盐类、胍基型、酰胺类、胺类；阴离子型双子表面活性剂有磷酸盐、硫酸盐、磺酸盐型及羧酸盐型；非离子型双子表面活性剂出现了聚氧乙烯型、多元醇型和糖苷型。此外同一分子中的两个亲水基团还可以是不同类型的。

阳离子双子表面活性剂的联接基团的变化最为丰富，从疏水链来看，由最初等长的饱和碳氢链型，出现了碳氟链部分取代碳氢链型、不饱和碳氢链型、醚基型、酯基型、芳香型及两个碳链不等的不对称型。

联接基团的变化导致了双子表面活性剂性质的丰富变化。它可以是疏水的，也可以是亲水的；可以很长，也可以很短；可以是柔性的，也可以是刚性的，前者包括较短的碳氢链、亚二甲苯基、对二苯乙烯基等，后者包括较长的碳氢链、聚氧乙烯链、杂原子等。

从反离子来说，多数双子表面活性剂以溴离子为反离子，也有以氯离子为反离子的，也有以手性基团（酒石酸根、糖基）为反离子的。

近年来也出现了多头多尾型双子表面活性剂，也合成了单个表面活性剂分子的高阶底聚物，也就是三分子表面活性剂、四分子表面活性剂等类型。但目前对其性能及应用所知甚少。

双子表面活性剂正引起工业界和学术界相当大的关注度。某些双胞表面活性剂，特别是对称阳离子型表面活性剂可以从获得的原料直接合成。

二、双子表面活性剂的性质

研究表明，在保持每个亲水基团联接的碳原子数相等条件下，与传统单链表面活性剂相比，双子表面活性剂具有如下特征性质：

（1）更易吸附在气液表面，从而更有效地降低水溶液表面张力。

双子表面活性剂分子含有两条疏水链，疏水性更强，且双子表面活性剂分子中的连接基通过化学键将两个亲水基连接起来，削弱了亲水基间的静电斥力及其水化层间的斥力，促进了双子表面活性剂分子在水溶液表面的吸附和在水溶液中的自聚，从而导致其具有很高的表面吸附能力和聚集体形成能力。

（2）更易聚集生成胶团。

双子表面活性剂比单链表面活性剂更易在水溶液中自聚，且倾向于形成更低曲率的聚集体。双子表面活性剂在水溶液中能形成一系列的聚集体：球状胶团、椭球状胶团、棒状胶团、枝条状胶团、线状胶团、双层结构、液晶、囊泡等。对于某种双子表面活性剂，特定形状聚集体的形成取决于两亲水基间的平衡距离、连接基的疏水程度及弹性度，同时还受疏水链对称程度的影响。

（3）具有很低的 Kraft 点。

表面活性剂的亲水性随其分子总亲水程度的增大而增大。由于双子表面活性剂分子中含有两个亲水基，具有足够的亲水性，而且其分子含有两三条疏水长链，疏水性更强，更易在水溶液表面吸附和在水溶液中形成胶团。因此，与相应的单链表面活性剂相比较，具有更好的水溶性。

（4）具有良好的增溶能力。

因为增溶作用只发生在 cmc 以上，而双子表面活性剂的 cmc 比单体表面活性剂更低，即双子表面活性剂在水溶液中更易形成胶团，所以双子表面活性剂对有机物的增溶能力更强。

有些表面活性剂由于在水中的溶解度较低从而限制了其用途，增溶作用有助于提高这类表面活性剂的表面活性。难溶于水的表面活性剂在浓度高于其溶解度时，即使将水的表面张力降低到很低的值，它们也还是差的润湿剂。然而，加入一种能对不溶于水的表面活性剂起增溶作用的表面活性剂，却能在润湿力方面收到更好的相互促进效果。离子型双子表面活性剂在这方面要优于相应的传统的表面活性剂。

（5）独特的流变性能。

表面活性剂水溶液的流变性与其在水溶液中的聚集状态密切相关。双子表面活性剂的水溶液在低浓度时具有高的黏度，尤其是一些短连接基的双子表面活性剂的水溶液具有流变性。Zana 等研究了双子表面活性剂的流变性，发现当双子表面活性剂体系浓度超过 2%时，产生缠结的类螺旋胶束，并表现出黏弹性。双子表面活性剂的这一独特性能可用于化妆品配方中的黏度控制，以及油田开采中的压裂液的配制。

第三节　双子表面活性剂合成及结构表征

室内研究数据表明，从压裂处理后的岩心返排率来看，黏弹性表面活性剂（VES）压裂液比植物胶压裂液快。关于对被处理油井产能影响最大的支撑剂充填层导流能力，VES压裂液携砂填充的支撑剂层的渗透率保留率一般在 90%以上，远高于使用交联瓜尔胶压裂液的相应值。

VES 压裂液配置容易，施工简单，用量少，摩阻小，携砂能力强，处理后油井增产显著。国内实验室研究的 VES 压裂液多为单链表面活性剂。

合成一种新型的阳离子季铵盐表面活性剂，它具有两个疏水基和两到三个亲水基团，具有比单链表面活性剂更低的 cmc 值，形成的胶束结构更紧密，更适于作为压裂液。

有关双生阳离子表面活性剂的合成、性能、应用方面研究的文献报道最多，几乎占了三分之二，主要是双季铵盐型，也有少数几种其他类型。双生阳离子表面活性剂结构简单，易分离提纯，且产品性能优良，只是由于价格太高，用户难以接受，大多数还只是实验阶段产品或仅供科研使用，真正离大规模工业化还有一段距离。解决的途径是从合成角度，应用廉价原料，采用环境友好型的工艺路线，优化现有的合成方法使其能够工业化生产。

一、合成条件的优化

主要考虑到双生阳离子表面活性剂的联接基和疏水链的影响较为突出，合成了三种联接基为亚甲基的阳离子孪联表面活性剂，分别为 $C_{12}-4-C_{12}$，$2Br^{-1}$、$C_{16}-4-C_{16}$，$2Br^{-1}$ 和 $C_{16}-2-C_{16}$，$2Br^{-1}$。合成了联接基中含羟基的双子表面活性剂 $C_{16}-2-OH-2-C_{16}$，$2Br^{-1}$，它们的合成过程类似，现介绍 $C_{16}-4-C_{16}$，$2Br^{-1}$ 的合成工艺。

1. 合成方法

双生阳离子型表面活性剂的合成反应式如下：

$$C_m H_{2m-1} \overset{\overset{\displaystyle CH_3}{|}}{\underset{\underset{\displaystyle CH_3}{|}}{N}} + BrC_n H_{2n} Br \longrightarrow [C_m H_{2m+1} \overset{\overset{\displaystyle CH_3}{|}}{\underset{\underset{\displaystyle CH_3}{|}}{N^+}} - C_n H_{2n} - \overset{\overset{\displaystyle CH_3}{|}}{\underset{\underset{\displaystyle CH_3}{|}}{N C_m H_{2m+1}}}] 2Br^-$$

取 N，N-二甲基十六烷基叔胺 0.0625mol 和 1，4-二溴丁烷 0.03125mol，置于干燥的反应器中，加入 35mL 有机溶剂（乙醇），加热升温至回流温度。维持反应时间数小时，得到淡黄色混合物。用乙醇溶解混合物后，向溶液中滴加乙酸乙酯，直至混浊，降温静置 12 小时。抽去溶剂后，如此重结晶 3 次后，得到白色固体微粒，于 60℃温度条件下真空干燥，得到产物双季铵盐。

2. 合成反应条件优化

分别考察原料配比、容积用量、反应时间和催化剂用量对合成反应产率的影响。

1）原料配比对产率的影响

固定 1，4-二溴丁烷 0.03125mol 和溶剂用量 35mL，以 N，N-二甲基十六烷基叔胺的用量为变量，考察反应配比的影响。分别以配比 2.0:1、2.1:1、2.2:1、2.3:1 和 2.4:1 进行反应 24 小时，减压抽滤得到淡黄色膏状物。以粗品:乙醇:乙酸乙酯 = 1.0g :0.5mL :5.0mL）的比例进行重结晶三次，其数据如图 5-2 所示，可知在 2.1:1 的比例下得到的产物比例最高。

2）溶剂用量对产率的影响

固定 N，N-二甲基十六烷基叔胺用量 0.0656mol 和 1，4-二溴丁烷的用量 0.03125mol，以溶剂用量为变量，考察溶剂量影响。分别以溶剂量为 10mL、25mL、35mL、50mL、70mL 进行反应 24 小时，减压抽滤得到淡黄色膏状物。同样以粗品：乙醇：乙酸乙酯 = 1g :0.5mL :5.0mL）的比例进行重结晶三次。得到粉末状白色颗粒。实验数据如图 5-3 所示，可见溶剂用量在 20~30mL 之间得到的产物最高。

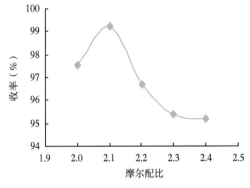

图 5-2　原料配比对产率的影响

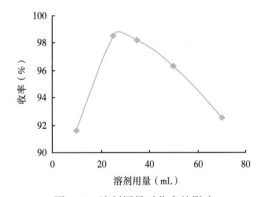

图 5-3　溶剂用量对收率的影响

3）反应时间对产率的影响

固定 N，N-二甲基十六烷基叔胺用量 0.0656mol、1，4-二溴丁烷的用量 0.03125mol 和溶剂用量 50mL，考察反应时间的影响。分别反应 12 小时、18 小时、24 小时、36 小时、48 小时后，减压抽滤得到淡黄色膏状物。同样以粗品:乙醇:乙酸乙酯 = 1g :0.5mL :5mL 的比例进行重结晶三次，得到粉末状白色颗粒；实验数据如图 5-4 所示。

随着反应时间的延长，产率不断增

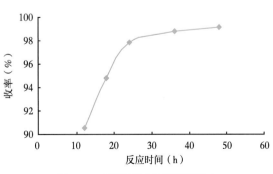

图 5-4　反应时间对产率的影响

加，在 24 小时之后，基本达到了平衡，所以反应时间确定在 24 小时。

4）催化剂对产率的影响

分别以盐酸、BF_3-乙醚、无水 $AlCl_3$ 为催化剂，用量均为反应物总质量的 1%，固定 N，N-二甲基十六烷基叔胺用量 0.0625mol、1，4-二溴丁烷的用量 0.03125mol 和溶剂用量 35mL，反应 24 小时。考察了三种催化剂对产率的影响。实验数据见表 5-3。

表 5-3　催化剂对产率的影响

催化剂	HCl	BF_3-乙醚	无水 $AlCl_3$	NaOH	无催化剂
产率（%）	98.31	97.65	97.01	94.10	98.50

催化剂对产率的影响不明显，氢氧化钠稍差，其他几种的产率都在 97% 以上。

5）正交实验

为进一步考察影响产物产率的因素，确定最优化的合成工艺，根据单因素实验结果，选择了三个重要因素：反应配比（A）、反应时间（B）、溶剂用量（C）进行三因素三水平的 L_9（4^3）正交实验。而每个因素取三种水平（表 5-4），正交实验数据见表 5-5。

表 5-4　正交试验设计表

因素 水平	A 反应配比（mol）	B 反应时间（h）	C 溶剂用量（mL）
1	2.0∶1	12	25
2	2.1∶1	24	35
3	2.2∶1	36	50

根据正交表信息和正交实验数据分析可以看出，溶剂用量是影响反应的主要因子，反应时间和反应配比次之，反应配比影响最小。根据正交实验的结果，确定最佳的反应条件为 $A_2B_3C_1$。即在反应配比 2.1∶1，反应时间为 36 小时，溶剂用量为 25mL 时，反应产率最高。

表 5-5　正交实验结果与分析

实验号	A	B	C	收率（%）
1	2.0∶1	18	25	95.21
2	2.0∶1	24	35	96.16
3	2.0∶1	36	50	94.78
4	2.1∶1	18	35	95.67
5	2.1∶1	24	50	96.12
6	2.1∶1	36	25	97.82
7	2.2∶1	18	50	94.25
8	2.2∶1	24	25	96.54
9	2.2∶1	36	35	96.24
M1	M11 = 286.17	M12 = 285.12	M13 = 286.56	
M2	M21 = 289.62	M22 = 288.81	M23 = 288.06	
M3	M31 = 287.04	M32 = 288.84	M33 = 285.15	

实验号	A	B	C	收率（%）
m1	m11 = 95. 39	m12 = 95. 04	m13 = 95. 52	
m2	m21 = 96. 54	m22 = 96. 27	m23 = 96. 02	
m3	m31 = 95. 68	m32 = 96. 28	m33 = 95. 05	
极差	R1 = 1. 154	R2 = 1. 237	R3 = 1. 47	

按照正交实验筛选出的条件进行平行实验三次，考察反应的收率的可靠性试验数据见表5-6。

表5-6 最佳工艺条件下反应结果

实验次数	1	2	3
收率（%）	97. 2	98. 1	98. 7

由表5-6可知，在最优工艺条件下，产物的产率增加，且反应具有较好的重复性，证明最优工艺条件是可靠的。

3. 产品提纯

根据常见溶剂的极性排序：石油醚<环己烷<四氯化碳<三氯乙烯<三硫化碳<苯<1，2-二氯乙烷<二氯甲烷<氯仿<乙醚<乙酸乙酯<丙酮<乙醇<甲醇<水<乙酸，按照溶剂选择方法，选择重结晶溶剂。若很难选择一种合适的溶剂，考虑选择混合溶剂。

产物较易溶于水，又由产物的分子结构不难判断该物质属弱极性，因此选择最为常见的溶剂乙醇为良性溶剂。丙酮和乙醚的沸点较低（56.2℃、34.51℃），挥发性强，不利于操作，该产物在乙酸乙酯中溶解性不好，选择乙酸乙酯为不良溶剂。

将安装好的冷凝管和搅拌器的三口烧瓶中加入减压蒸馏后的粗品（5g）和一定量的乙醇，放入50℃水浴中加热，乙醇用量以恰好能溶解粗品为准。待全溶后逐滴加入乙酸乙酯，直至滴加一滴乙酸乙酯后混浊不再消失，此时即为终点。置于室温中，缓慢搅拌1小时，可以看见逐渐有白色结晶析出，放入冷藏室静置12小时。抽滤得到白色的晶体干燥后即得到所需产品。

依次考察重结晶溶剂的配比、溶剂与粗品比例及重结晶次数对产品性状的影响。

1）乙醇和乙酸乙酯配比的确定

因为乙酸乙酯是不良溶剂，可以预见，混合溶剂中乙酸乙酯比例越大，含量会越高，而得率会越低，因此，恰当的配比是关键的影响因素。经逐滴加入乙酸乙酯的实验确定乙醇和乙酸乙酯的最佳摩尔配比是1:16。经此配比得到的产物性状很好，颜色洁白、颗粒松散，抽滤速度较快。

但考虑到消耗的溶剂量太大，为选取既经济又高效的溶剂，分别以乙醇/乙酸乙酯混合溶剂配比为1:5、1:8、1:10、1:12、1:16、1:18、1:20的混合溶剂40mL对5g反应粗品（含量81.7%）进行重结晶，考察得率和结晶中活性物质的含量，选择重结晶溶剂的最佳配比。不同配比的溶剂对粗产品的重结晶效果见表5-7及图5-5。

表 5-7　溶剂配比对重结晶的影响

乙醇:乙酸乙酯（mL:mL）	1:5	1:8	1:10	1:12	1:16	1:18	1:20
得率（%）	80.09	82.10	83.12	83.86	84.23	92.36	95.70
含量（%）	98.82	98.14	97.68	94.89	92.94	87.01	83.51
总量（g）	3.96	4.03	4.06	3.98	3.91	4.01	3.99

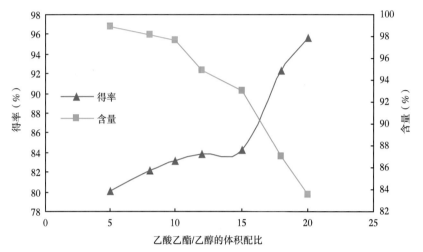

图 5-5　比同溶剂配比对重结晶产物含量与得率曲线

可见，随乙酸乙酯比例的增大，得率呈上升趋势，而含量则显著下降。配比为 1:5 时，结晶物收率低，但是产物洁白；配比为 1:20 时，结晶产品色略黄且易结块，而且这样耗费的乙酸乙酯的量过大，考虑到乙醇和乙酸乙酯的混合溶剂为沸点在 78.2℃ 的共沸物，不易分离和重新利用，且综合考虑到活性物总量（5×得率×含量），因此选择总量最大的配比 1:10。同时，1:10 配比得到的产物性状很好，颜色洁白、颗粒松散，且抽滤速度较快，同时溶剂的使用量也适中。因此确定溶剂的配比为 1:10 为最佳。

2）粗品和混合溶剂的配比的确定

固定混合溶剂中乙醇和乙酸乙酯的体积配比为 1:10，以粗品质量和混合溶剂的体积用量比为变量，分别以配比为 5:10、5:20、5:30、5:40、5:50、5:70（单位：g:mL）考察重结晶产品得率和活性物含量，选择最佳配比。

考虑到乙醇和乙酸乙酯的混合溶剂为沸点在 78.2℃ 的共沸物，很不易分离和重新利用，而且如果耗费的混合溶剂的量过大，还会增大成本，综合考虑活性物总量（5×得率×含量），考察混合溶剂的用量也是必不可少的。

按配比 1:10 配制混合溶剂，取 5g 粗品（含量 81.70%）考察粗品和混合溶剂的配比，具体数据见表 5-8。

表 5-8　溶剂用量与粗品配比的影响

粗品:溶剂（g:mL）	5:10	5:20	5:30	5:40	5:50	5:70
得率（%）	96.12	93.11	90.32	83.12	80.63	72.83
含量（%）	87.67	92.71	97.02	97.68	97.40	99.31
活性物含量（g）	4.21	4.32	4.38	4.06	3.93	3.62

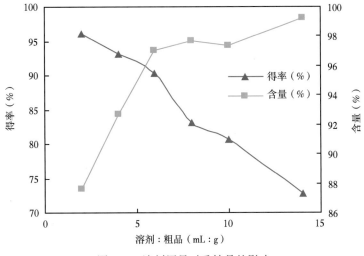

图 5-6　溶剂用量对重结晶的影响

很明显，随溶剂用量增大，含量一直呈增大趋势，但得率却呈下降趋势。这是因为，容积量过大不仅会增大杂质的溶解，还会增加目标产物的溶解。随着过滤，产物会有更多的损失。但配比大于 5:30 后含量增加趋势有限，而得率却一直是在下降，综合考虑活性物含量（5×得率×含量），因此，选择最佳配比 5:20 或 5:30，同时考虑到重结晶需要多次进行，因此选择 5:30 为最佳配比。

3）重结晶次数

以重结晶溶剂配比为乙醇：乙酸乙酯 = 0.5mL : 5.0mL，粗品 M：混合溶剂 = 1g : 6mL，对粗品进行一次、两次、三次结晶，每次测定活性物含量和收率，直至含量无太大的变化时，不用再进行下次重结晶。

选择粗品和容积量配比为 5:20 和 5:30 考察重结晶次数，以含量（%）为目标，具体数据如图 5-7 所示。

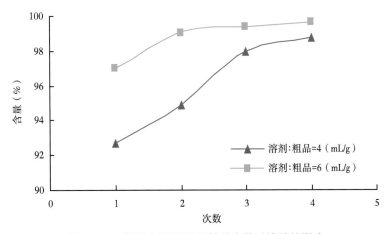

图 5-7　不同溶剂用量的重结晶次数对效果的影响

结晶次数越多含量越高，溶剂用量越大，所得产品的含量越好，达到最高含量需要的次数越少，综合考虑选择5:30为最佳配比，重结晶三次。

二、产品结构表征

产品结构决定产品的性能，利用红外光谱分析，结合核磁共振来确定产品分子结构。红外光属于分子吸收光谱，是四大波谱之一。红外吸收光谱分析法主要是依据分子内部原子间的相对振动和分子转动等信息进行测定的，具有测定方法简便、迅速、所需样品量少、得到的信息量大等优点。红外光谱可以根据光谱中吸收峰的位置和形状来推动未知结构。由于每一个化合物都具有特异的红外吸收光谱，其谱带的数目、位置、形状和强度均随化合物及其凝聚态的不同而不同，因此根据化合物的红外光谱，就可以像辨别人的指纹一样，确定该化合物或其官能团的存在。根据化合物的红外光谱的特征基团频率来鉴定物质含有哪些基团，从而确定化合物的类别。

双生阳离子表面活性剂（以 C_{16}-4-C_{16}，$2Br^{-1}$为例）的 IR（KBr）如图5-8所示。由图5-8中的 C_{16}-4-C_{16}，$2Br^{-1}$可知，在2850~2980cm^{-1}处为—CH$_3$ 和>CH$_2$ 的伸缩振动吸收峰；1380~1500cm^{-1}，720~730cm^{-1}处分别为—CH$_3$ 和>CH$_2$ 的弯曲变形振动吸收峰；950cm^{-1}附近是 C-N 的振动吸收峰。此外，由图5-19中和单季铵盐1631和 C_{16}-4-C_{16}，$2Br^{-1}$的对比谱图也可看出，红外谱图并不能表征出区别于单季铵盐的吸收峰。由图5-10可以区分出图5-9中所没有的1150~1060cm^{-1}处 C—O—C 伸缩振动。同时，系列产品的谱图大致相同，出峰位置和强度相差不大。可见红外光谱可以确定产物中的官能团和目的产物相符，但不能表征产物的双子结构。下一步通过核磁共振图（图5-11）进一步确认该物质。

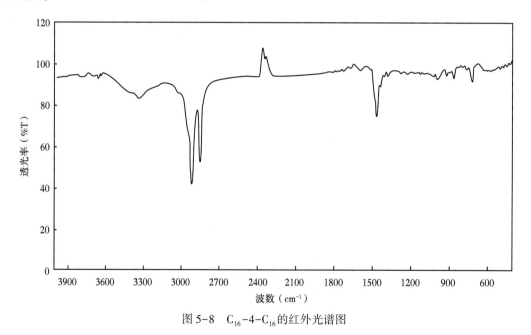

图5-8 C_{16}-4-C_{16}的红外光谱图

如核磁共振图5-11所见，具体描述和解析图中自右向左的峰见表5-9。

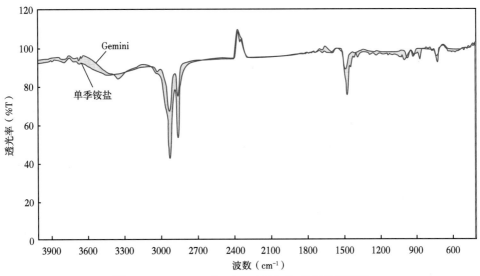

图 5-9 C_{16}-4-C_{16} 和 1631（CTAB）的红外光谱图

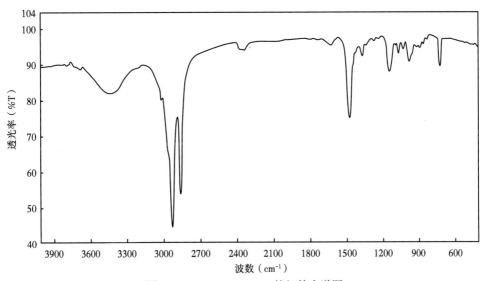

图 5-10 C_{16}-2-0-2-C_{16} 的红外光谱图

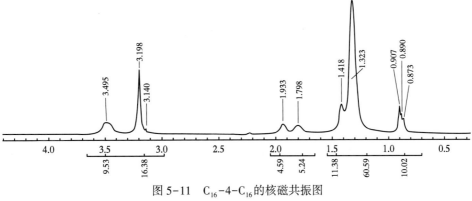

图 5-11 C_{16}-4-C_{16} 的核磁共振图

表 5-9 核磁共振分析表

序号	所在位置	位移	大小	氢数
1	碳链 CH₃	0.907	10.02	6
2	碳链—CH₂—	1.323	60.59	52
		1.418	11.38	
3	碳链 N—C—CH₂	1.798	5.24	4
4	联接基 N—C—CH₂	1.933	4.59	4
5	联接基上 N—CH₃	3.198	16.38	12
6	N—CH₂ 包括碳链和联接基	3.495	9.53	8
7	合计	14.072	117.73	86

从表 5-9 中氢数的增加数可以确定所合成的产物正是目的产物，即双生阳离子表面活性剂。

根据上述实验结果，可以确定反应条件为原料配比为 N，N，N-二甲基十六烷基叔胺:1,4-二溴丁烷（摩尔比）= 2.1:1，反应溶剂用量:1,4-二溴丁烷（g）= 3.7:1，反应时间为 24 小时，不选用催化剂。

根据正交实验的结果，确定最佳的反应条件为反应配比 2.1:1，反应时间为 36 小时，溶剂用量为 25mL，反应产率最高。

重结晶溶剂配比为粗品（g）:乙醇:乙酸乙酯 = 1g:0.5mL:5.0mL，粗品:混合溶剂 = 1g：6mL。选择 5:30 为最佳配比，重结晶三次。

通过对红外谱图和核磁共振图的分析，合成产物为目的产物。

三、产品物理性能

表面活性剂的溶解性高低，特别是其水溶性的好坏往往直接影响表面活性剂的应用。此外，考察溶解性可为更好地选取重结晶用溶剂提供依据，也可进一步验证了重结晶所选用的溶剂的合理性。因此，首先应该定性地考察产品在水和常见有机溶剂中的溶解情况。

表面活性剂溶液表面张力的降低可作为表面活性剂表面活性大小的量度。一般地，以降低 20mN/m 表面张力所需表面活性剂的浓度 C_{20} 作为表面张力降低效率的量度；以 cmc 时的表面张力值 γ_{cmc} 作为表面张力降低能力的量度。因此 cmc、C_{20} 和临界胶束浓度时的表面张力 γ_{cmc}，是衡量表面活性剂溶液界面活性的主要参数。

1. 溶解性及发泡能力测定

以蒸馏水、5%HCl、1%NaOH、丙酮、乙醇、乙酸乙酯及石油醚为溶剂，考查其溶解性。将约 0.1g 表面活性剂产物置于试管中，然后加入 5mL 溶剂，在 20℃ 左右的水浴中加热，用玻璃棒搅拌并记录观察到的结果，结果见表 5-10。

表 5-10 表面活性剂溶解性实验结果

	溶剂	水	5%HCl	1%NaOH	丙酮	乙醇	乙酸乙酯	石油醚
溶解性	$C_{12}-4-C_{12}$	++	++	++	+	+++	+	−
	$C_{16}-4-C_{16}$	++	++	++	+	+++	+	−
	$C_{16}-2-O-2-C_{16}$	++	++	++	+	+++	+	−
	$C_{12}-2-C_{12}$	++	++	++	+	+++	+	−
	$C_{16}-2-C_{16}$	++	++	++	+	+++	+	−

注：试验温度为 20±0.2℃；++表示溶解性好，+表示可溶，−表示微溶或不溶。

表面活性剂产物在各种溶剂中的溶解性得出结论：不同碳链长的双生阳离子表面活性剂在乙醇中的溶解度很大，在水（包括稀酸、碱）中较大，在丙酮中有一定的溶解性，在乙酸乙酯和石油醚中微溶或不溶。该产品在水中有良好的溶解性，为其在现实中的应用提供了有力的物质基础保证。

表面活性剂的亲水性随其分子总亲水程度的增大而增大。由于双子表面活性剂分子中含有两个亲水基，具有足够的亲水性，而且其分子含有两三条疏水长链，疏水性更强，更易在水溶液表面吸附和在水溶液中形成胶团。因此，与相应的单链表面活性剂相比较，具有更好的水溶性。

传统单链表面活性剂随着链长的增加，其在水中溶解度逐渐下降，且溶解度对温度非常敏感，一般在10℃以下的水中溶解度非常小，影响其交联成胶性能。

从实验结果5-11可以看到，由于合成的双子表面活性剂具有很低的Kraft点，可以在冷水中有较高的溶解度，并在低温条件下保持胶束形状。而传统单链表面活性剂随着水温的下降，溶解度迅速下降，当水温低于10℃时，溶解度降为0，不能使用。由于在实际现场应用过程中，传统单链表面活性剂很难在冬季完成施工，合成的双子表面活性剂这一特性使得其应用受到关注，以保证在寒冷时节可以完成施工任务。

表5-11 不同温度下的溶解度实验结果

温度 （℃）	溶解度（%）					
	25	20	15	10	5	0
SF-A	2.4	2.0	1.4	0.8	0.4	0.1
传统单链	2.8	1.6	0.8	0.05		

该表面活性剂具有很强的发泡能力。在不添加任何起泡剂、稳泡剂的条件下，具有高效的起泡能力，泡沫质量高达65%，半衰期60分钟，形成的泡沫细腻稳定（图5-12），直接用于氮气泡沫压裂，可以实现表面活性剂压裂液与泡沫压裂的有机结合。

图5-12 泡沫稳定性

2. 临界胶束浓度的测定

当表面活性剂浓度较低时，大部分以单分子或离子形式存在。当浓度逐渐升高时，不但溶液表面聚集的表面活性剂分子增多而形成单分子层，而且溶液相内表面活性剂分子以疏水基相互靠拢，聚集成胶束。这是由于疏水作用导致水溶液中的疏水基团力图脱离水作用而造成的。形成胶束的最低浓度值为临界胶束浓度（cmc）。这时表面已充满表面活性剂分子，再升高浓度，只能增大溶液中胶束数量，故表面张力不再下降。形成胶束后，疏水基团在胶束中的亲水基朝外，与水几乎没有相斥作用，使胶束能呈热力学稳定状态存在于水中。原则上，表面活性剂溶液物理化学性质的突变皆可用来测定临界胶团浓度。然而不同性质随浓度变化的机理有所不同，随浓度变化的改变率也不同，因而利用不同性质和方法测出的临界胶团浓度值也会有一定的差异。应用表面张力法测定临界胶束浓度，是较方便的方法，此外还有电导率法、染料法、浊度法和光散射法等。

　　表面活性剂水溶液的表面张力在浓度很低的时候随浓度增加而急剧下降，到达一定浓度（即 cmc）后则变化缓慢或不再改变。通常测定一系列不同浓度溶液的表面张力 γ，做出 γ—C 曲线，用表面张力—浓度图的转折点来确定 cmc。

　　此法简单方便，对各类表面活性剂普遍使用，灵敏度不受表面活性剂类型、活性高低、存在无机盐及浓度高低等因素的影响。此外，γ—C 曲线是研究表面活性剂性质的基础数据，可以同时求出表面活性剂的临界胶团浓度和表面吸附等温线。因此，一般认为表面张力法是测定表面活性剂溶液临界胶团浓度的标准方法。

　　合成的 3 种双生阳离子表面活性剂的表面张力随浓度的变化如图 5-13 所示。3 种表面活性剂的 cmc、C_{20}、γ_{cmc} 列于表 5-12 中。表面活性剂的性质受到疏水性的碳链和亲水性的联接基的制约。

表 5-12　表面活性剂的临界胶束浓度 cmc、表面张力 γ 和 C_{20}

表面活性剂	cmc（mmol/L）	γ_{cmc}（mN/m）	C_{20}（mmol/L）	cmc/C_{20}
C_{16}-2-C_{16}	0.3	41.3	0.1	3.0
C_{12}-4-C_{12}	0.885	30.4	0.09	9.8
C_{16}-4-C_{16}	0.5115	61.2		

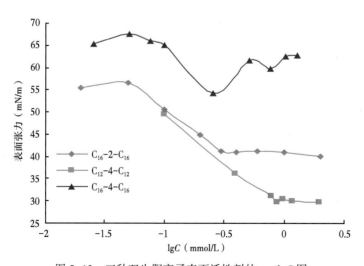

图 5-13　三种双生阳离子表面活性剂的 γ—lg$C$ 图

　　在实验中发现 C_{16}-4-C_{16} 的表面张力随着浓度变化呈不规则变化，即使最低表面张力达到了 54.4mN/m，直至浓度至 0.5115mmol/L 后表面张力趋于稳定，因此认为

0.5115mmol/L 是 C_{16}-4-C_{16} 的 cmc。这可能与表面活性剂的高黏弹性有关。测定过程中发现 C_{16}-4-C_{16}，$2Br^{-1}$ 在较小的浓度（0.2558mmol/L）时表现出黏性，此后随浓度增加，黏度急剧上升，1% 的 C_{16}-4-C_{16}，$2Br^{-1}$ 溶液的黏度达到了 130mPa·s。表面张力随浓度的不规则变化很可能是因为溶液内部囊泡的形成造成的黏性使溶液张力有很大的不稳定性，此外可能与胶束形成时间较长有关。

由表 5-12 数据可知：具有相同尾链的偶联表面活性剂（16-n-16，$2Br^{-1}$ 系列 n=2，4）的 γ_{cmc} 与联接基团碳数相关，随 n 增加而增大，cmc 值也有相同的趋势；具有相同联接基的表面活性剂（C_{12}-4-C_{12}，C_{16}-4-C_{16}）的 γ_{cmc} 随着碳链的长度增加而增加。

普通阳离子表面活性剂溶液的 cmc/C_{20} 值大都小于 3。一般比值越大，表面活性剂在表面上的吸附比生成胶束更容易。因此，与普通的表面活性剂相比，C_{16}-2-C_{16} 和 C_{12}-4-C_{12} 表面活性剂更易吸附于溶液表面。这是由于非极性基团间的疏水作用使其更易于逃离水介质。显然，C_{16}-4-C_{16} 由于它的特殊性质表现出更易于形成胶束的特性。

第四节　黏弹性表面活性剂压裂液体系筛选及性能评价

一、双生阳离子表面活性剂复配体系的筛选

向一定浓度的表面活性剂溶液中滴加定量的反离子盐，搅拌，直至溶液面涡流闭合，溶液变成高黏度凝胶体系。通过测定黏度筛选并分析双生阳离子表面活性剂与反离子盐复配体系的特性，主要通过对黏度值的分析，研究温度、组成、浓度、酸碱环境对体系的影响。

表面活性剂与某些反离子相遇后会表现出远高出本身的黏弹性，本文考察 1% 的双生表面活性剂 C_{16}-4-C_{16} 和 C_{12}-4-C_{12} 与无机盐 K、L、无机铵，有机钠、有机酸复配的情况（表 5-13、表 5-14）。图 5-14 是室温下、剪切速率 $170s^{-1}$ 时，1% 的双生阳离子表面活性剂 C_{16}-4-C_{16} 复配体系的黏度。

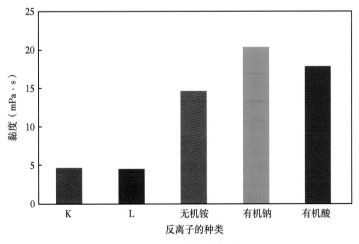

图 5-14　复配体系效果图

表 5-13　双子表面活性剂 C_{16}-4-C_{16} 的复配筛选表

体系	双16季铵盐 (mL)	5%有机酸 (mL)	2%有机钠 (mL)	5%无机铵 (mL)	5%无机K (mL)	现象 30℃，60℃	
1	10	2			8	+	＊ ＝
2	10	4			6	+	＊ ＝
3	10	6			4	++	＊ ＝
4	10		2		8	++	+
5	10		4		6	+++	++
6	10		6		4	+++	++
7	10			2	8	++	＊
8	10			4	6	++	+
9	10			6	4	++	+

注：+表示黏度较小；++表示黏度较大；+++表示黏度很大；＊表示无黏度；＝表示浑浊；双季铵盐含量为1%。

表 5-14　双子表面活性剂 C_{12}-4-C_{12} 的复配筛选表

体系	双12季铵盐 (mL)	5%有机酸 (mL)	2%有机钠 (mL)	5%无机铵 (mL)	5%无机K (mL)	现象 30℃，60℃	
1	10	2			8	+	＊ ＝
2	10	4			6	+	＊ ＝
3	10	6			4	++	＊ ＝
4	10		2		8	＊	＊
5	10		4		6	+	＊
6	10		6		4	+	+
7	10			2	8	＊	＊
8	10			4	6	+	＊
9	10			6	4	+	＊

注：+表示黏度较小；++表示黏度较大；+++表示黏度很大；＊表示无黏度；＝表示浑浊；双季铵盐含量为1%。

由多种复配实验中获得的较好的组合有：双生 16/ 无机铵、双生 16/有机酸、双生 16/有机钠，室温情况下含 2%表面活性剂的胶凝溶液与不同盐类复配后的流变性较好。

1. 表面活性剂的浓度的影响

表面活性剂的浓度是影响流体黏度的直接因素，由图 5-15 可见，在某一温度下较高的表面活性剂浓度趋向于产生较高的黏度值，这一点在温度较低时尤为突出。但较高的表面活性剂的浓度对使用温度的提高是无效的。使用温度的升高可通过添加反离子来实现，从图 5-16 中不难看出，对于 1%、2%的 VES 溶液中反离子的浓度相同时，最大使用温度相差不会太大（65~70℃之间），明显高于不加反离子时 4%的黏弹体系的最高黏度的温度45℃左右。也就是说，当反离子浓度相同时，表面活性剂的浓度不会影响使用温度的最大值，即使表面活性剂的浓度有一定的优势，但没有反离子的参与，使用温度的最大值不会提高。

黏弹性表面活性剂复配体系在常温下，形成很稳定的胶束结构，它们相互缠绕甚至形成凝胶，从而使得体系显现出与众不同的高黏弹性，但这种结构随温度的升高会遭到破

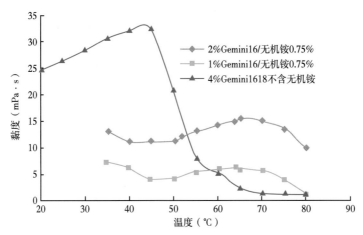

图 5-15　不同浓度的 C_{16}-4-C_{16}/无机铵体系的黏—温曲线

坏，温度越高，黏度会越低，黏度随温度变化幅度要大得多。如图 5-16 所示，随温度的升高，黏度总体呈下降趋势，但中间有波动，这是因为随剪切时间的增加，凝胶体系剪切变稠。

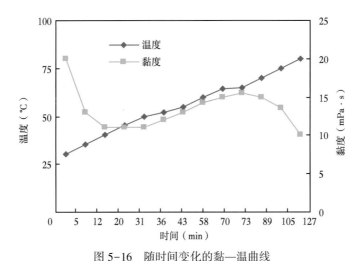

图 5-16　随时间变化的黏—温曲线

2. 反离子浓度的影响

当向双生阳离子表面活性剂中加入反离子时，黏弹性会显著上升，但这并不是无限制的，加反离子到一定程度时，迅速变稀，表观黏度迅速下降，同时出现白色絮状物。为考察复配体系中配比的影响，配制 4% 的 C_{16}-4-C_{16} 溶液和 5.6mol/L 的无机铵溶液，依次稀释无机铵溶液到适当的倍数，配制不同配比的复合黏弹性表面活性剂体系。设定剪切速率为 $50s^{-1}$ 绘制曲线图 5-17。

在季铵盐类表面活性剂胶束中，带正电荷的阳离子基团之间的相互排斥作用会使胶束呈球形，而不易增加溶液的黏度，更不易使溶液变成凝胶。引入平衡阴离子，可以抵消阳离子基团之间的排斥力。使用无机阴离子和有机阴离子，使溶液黏度提高并具有弹性，形成凝胶。

从图 5-17 中明显可以看出，加入反离子盐量较少时，黏度随着加入量的增加而显著上升，当无机铵：C_{16}-4-C_{16} 的摩尔比达到 2:1 以后黏度达到最大值，此后黏度会逐渐降低但趋势较为平缓，直到配比超过 14:1 时。黏度会突然消失，同时，溶液中有白色絮状物析出。

反离子的超量加入对体系的黏度造成如此剧烈的变化，主要与双子表面活性剂在溶液中形成的胶团结构有关，在溶液中它们自发形成双电子层结构，在一定电解质浓度的条件下这种结构是很稳定的，但加入的反离子过量时，最外层的反离子浓度太大，压缩双电层侵入内层，破坏双电层结构。

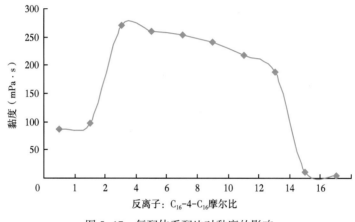

图 5-17 复配体系配比对黏度的影响

使用上述范围内的某一浓度的阴离子盐（无机铵）与 2% 的 C_{16}-4-C_{16} 表面活性剂溶液复配的 VES 流体（图 5-18）。考察反离子浓度对流变性及对体系的黏温性质的影响。

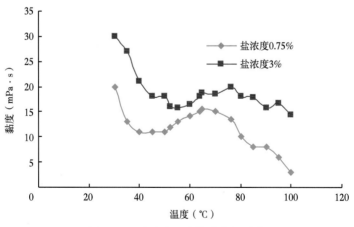

图 5-18 盐浓度对流体黏度的影响

选择无机铵为阴离子盐，对于不同浓度的盐溶液作用于 2% 的表面活性剂溶液，发现虽然曲线趋势相近，随温度升高黏度有下降趋势，但是盐浓度较高的流体黏度下降趋势更小，并且在高温区域的稳定性更优于低盐浓度的复配体系。

3. 体系pH值对体系黏弹性的影响

不同的pH值将影响体系的流变性的，以双生阳离子表面活性剂 C_{16} 与有机反离子（有机钠）复配体系为例，考察不同pH值下的流变性。用有机酸和NaOH自行配制有机钠，这样可以得到不同的酸碱环境，更有利于体系的筛选。

配制2%双生阳离子 C_{16} /有机钠的水溶液，将pH值调至不同值，观察凝胶化现象并在30℃、$170s^{-1}$ 下测定溶液表观黏度，结果如图5-19所示。

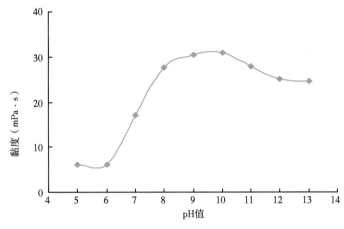

图5-19　溶液酸碱环境对黏弹性的影响

表面活性剂对酸性条件很敏感，按照胶束形成和凝胶化情况可将实验pH值范围划分为3个区域。在强酸性条件下pH值<6时溶液无色均匀，不增黏，不形成胶束凝胶。在 $6 \leqslant pH$ 值 $\leqslant 8$ 时溶液浅黄色透明溶液，增稠快，表观黏度随pH值增大而增大。在 $8 \leqslant pH$ 值 $\leqslant 14$ 时，溶液黄色不透明，增稠速度由快变慢，表观黏度随pH值的增大而趋向平衡。

综合以上实验结果，根据煤层气井特点（埋深较浅，温度大多处于 $20 \sim 60$ ℃），较适宜的配方为 $0.3\% \sim 2.0\%$ 表面活性剂 $+0.5\% \sim 2.0\%$ 反离子，体系黏度在 $15.0 \sim 70.0 mPa \cdot s$ 之间，可以满足不同地质条件的煤层气井施工要求。

二、黏弹性表面活性剂压裂液体系性能

压裂液是压裂过程中使煤层形成足够长度和宽度的裂缝并将支撑剂（细砂）顺利带入其中的介质，它是压裂成败的重要因素。交联冻胶压裂液因其具有较高的造缝效率和携砂能力，一直受到人们的青睐。但由于煤岩本身的吸附特征及割理系统发育等特征，使得储层和割理内部易伤害。低温条件下交联冻胶压裂液在裂缝壁表面形成的滤饼及缝内残留的残胶难以解除，堵塞所形成的导流通道，使煤气井产量降低。清洁压裂液由黏弹性表面活性剂、有机盐等组成。因其增稠剂是表面活性剂，其主要特点是没有造壁性，不形成滤饼和残渣，减小了对储层的伤害。表面活性剂分子量小于500mol/L，分子体积仅为聚合物的1/1000，所以该体系和聚合物压裂液相比更易清除；此外还具有成胶速度可控、实现在线混配、现场应用方便等特点。保证其具有较好的携砂性能。

1. 体系黏弹性结构

双生阳离子表面活性剂与反离子作用成胶机理，成胶后清洁压裂液网状结构，将影响清洁压裂液性能。利用紫外分光光度检测表面活性剂与反离子作用成胶机理及环境扫描电

子显微镜检测清洁压裂液网状结构，验证黏弹性胶束的形成。

1）黏弹性胶束的形成

测定清洁压裂液粒径变化规律，对样品进行检测，验证黏弹性胶束的形成。取一定量表面活性剂加到100g水中，在搅拌下加入一定量反离子，对比双生阳离子表面活性剂与普通表面活性剂形成胶束的粒径分布情况（表5-15、图5-20）。

图5-20（a）~（d）为单纯的表面活性剂，图5-20（d）为双生阳离子表面活性剂，都是表面活性剂分子，在临界胶束浓度下，没有胶束，粒径在测定范围内为零，随着浓度的增加，达到临界胶束浓度，粒径逐渐增大。图5-20（a）为1%表面活性剂，可以看出，在临界胶束浓度左右，粒径较小，为99.7mn；从图5-20（b）看出，0.2%表面活性剂浓度，远小于临界胶束浓度，测不出粒径；图5-20（c）为5%表面活性剂，此时远大于临界胶束浓度，在体系中形成了较多球状胶束，粒径非常大，达到了近40μm；图5-20（d）为1%的双子表面活性剂分子，由于具有较低的临界胶束浓度，在1%浓度时表现出较多的胶束，粒径比同样浓度的单链分子大。

表5-15　粒径测定配方

序号	表面活性剂（g）	有机钠（g）	备注
1	4		
2	1		
3	20		
4	10（双子）		
5	1	0.5	
6	1.5	0.75	
7	2	1	
8			0.5%瓜尔胶
9	1（双子）	0.5	
10	1	0.5	0.05%破胶剂
11	1.5	0.75	0.04%破胶剂
12	1.5	0.75	5g煤油

图5-20（e）~（h）为瓜尔胶浓度逐渐加大（依次为0.2%、0.3%、0.4%、0.5%）的压裂液体系，在此系列体系中，表面活性剂的浓度都远小于临界胶束浓度，单纯的表面活性剂体系无法达到这样的粒径，说明表面活性剂与反离子发生了作用，使较低浓度的表面活性剂产生胶束，体系黏度较大但粒径较小。从图中可以看出，随着压裂液浓度的增大，体系粒径逐渐增加，但幅度不大，说明压裂液体系不是先前的球状胶束，而是线状相互缠绕的胶束，这一点从扫描电子显微镜可以证实。图5-20（h）瓜尔胶浓度为0.5%的瓜尔胶，从图中可以看出，瓜尔胶为大分子化合物，粒径非常大，是单纯的大分子。

图5-20（i）为0.2%的双子表面活性剂与反离子形成的黏弹体系，从图中可以看出，由于双子表面活性剂的特殊性，形成的胶束粒径较大，而且此时体系的黏度非常大，在实际使用中可以远小于该黏度使用。

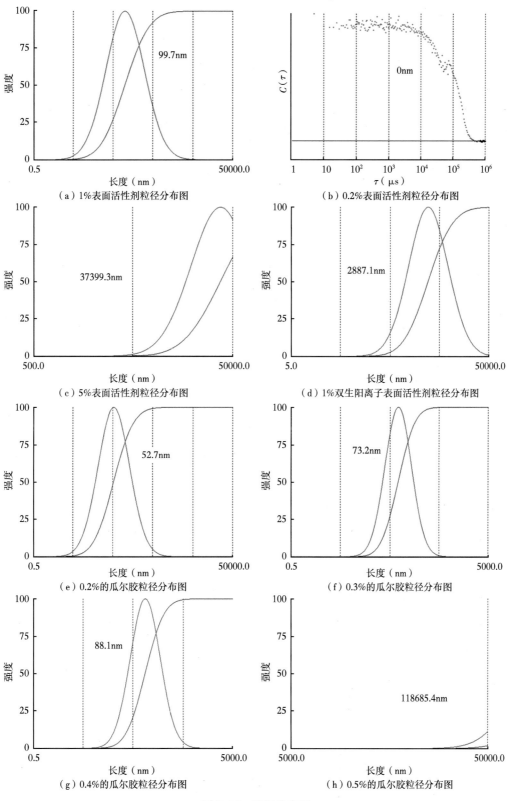

图 5-20　粒径分布图

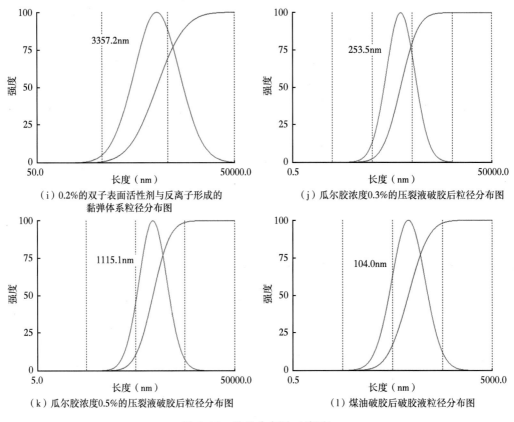

(i) 0.2%的双子表面活性剂与反离子形成的
黏弹体系粒径分布图

(j) 瓜尔胶浓度0.3%的压裂液破胶后粒径分布图

(k) 瓜尔胶浓度0.5%的压裂液破胶后粒径分布图

(l) 煤油破胶后破胶液粒径分布图

图5-20 粒径分布图（续图）

图5-20（j）~（l）为形成黏弹体系后加入破胶剂破胶后的粒径变化，体系顺序为原料（图5-20（b）→形成黏弹体［图5-20（e）→破胶液（图5-20（j）］。粒径变化：原料（0nm）→压裂液（52.7nm）→破胶液（253.5nm），从粒径变化可以看出，形成压裂液时粒径最小，破胶后尽管仍然是线状蠕虫状胶束，但粒径增大，形成网状结构能力大大降低了，表现在体系黏度明显下降，几乎没有网状结构存在。图5-20（j）为瓜尔胶浓度0.3%的压裂液破胶后粒径，图5-20（k）为瓜尔胶浓度0.5%的压裂液破胶后粒径，可见瓜尔胶浓度与破胶液有关，瓜尔胶浓度越大，破胶粒径也越大；图5-20（l）为加入煤油破胶后粒径，尽管这时体系黏度和水相差无几，但粒径显示仍然存在胶束，这一点可以为今后压裂液破胶后循环使用研究提供依据。

2）环境扫描电子显微镜

清洁压裂液的性质与网状结构基本骨架的粗细、疏密程度紧密相关，不同浓度的表面活性剂形成的网状结构有明显的区别。表面活性剂浓度高的压裂液，形成的网状结构比较粗，有更好的携砂性。从某种角度讲，电子显微镜实验可以作为优化配方的一个辅助手段。

取一定量表面活性剂加入100g水中，搅拌下加一定量反离子钠，配制成系列清洁压裂液，在-50℃下迅速冷冻，保持清洁压裂液的网状结构，然后冷冻干燥，去除水分，用扫描电子显微镜观察结构（图5-21）。

表 5-16　扫描电子显微镜样品配方

序号	表面活性剂（g）	反离子（g）	放大倍数	对应图的序号
1	0.5		100	5-21（a）
2	1.0		100	5-21（a）
3-1	0.5	0.25	60	5-21（b）
3-2	0.5	0.25	200	5-21（b）
4-1	0.8	0.4	50	5-21（c）
4-2	0.8	0.4	30	5-21（c）
5	1.0	0.2	200	5-21（d）
6	1.0	0.5	60（破胶后）	5-21（e）
7	1.0	0.5	60	5-21（f）
8	1.0	0.6	60	5-21（g）
9-1	1.2	0.7	30	5-21（h）
9-2	1.2	0.7	100	5-21（i）
10-1	1.4	0.8	50	5-21（j）
10-2	1.4	0.8	200	5-21（k）
11	1.5	0.75	30	5-21（l）
12	1.8	0.9	30	5-21（m）
13	2.0	1	30	5-21（n）
14	2.5	1.25	30	5-21（o）
15	3.0	1.5	30	5-21（p）
16	3.5	1.75	30	5-21（q）

结合表 5-16 及图 5-21（a）看出，阳离子表面活性剂，浓度大小都无法形成网状结构。

图 5-21（b）、（c）显示，对同一配方形成的清洁压裂液进行网状结构扫描，可以看出，浓度小、放大倍数小时，网状结构为平面结构；放大倍数高时显示有立体感，但比较弱。

图 5-21（c）为 A 剂量 0.8g 形成的网状结构扫描图，可以看出，冷冻干燥后，网状结构连接性不佳，但比 A 剂量 0.5g 时好很多，这一点从体系黏度上也可以看出，浓度低，黏度小，弹性也小。

图 5-21（d）~（g）为表面活性剂浓度 1%，改变反离子钠浓度，可以看出，随着反离子的增加，压裂液的网状结构越加明显。随着浓度的增加，网状结构强度加强，立体感好，形成的黏弹体系可以满足压裂液的要求，图 5-21（e）为加入破胶剂破胶后体系，虽然还有网状，但已经不明显。

随着表面活性剂和反离子浓度的增加，形成的网状结构明显变好。

实验中依次增大表面活性剂用量，可以看出，随着药剂量的加大，压裂液的网状结构立体感越加明显，网状结构强度加强，比较粗大，表面比较平滑，说明蠕虫状胶束比较伸展。携砂、耐温耐剪切能力都会增强，但是对煤层气井而言，由于温度较低，要求压裂液的耐温能力不是很高，从成本角度考虑，需要合适的表面活性剂浓度即可。单从骨架结构上看，网状结构比较均匀，粗细适宜即可满足煤层气井中的使用。

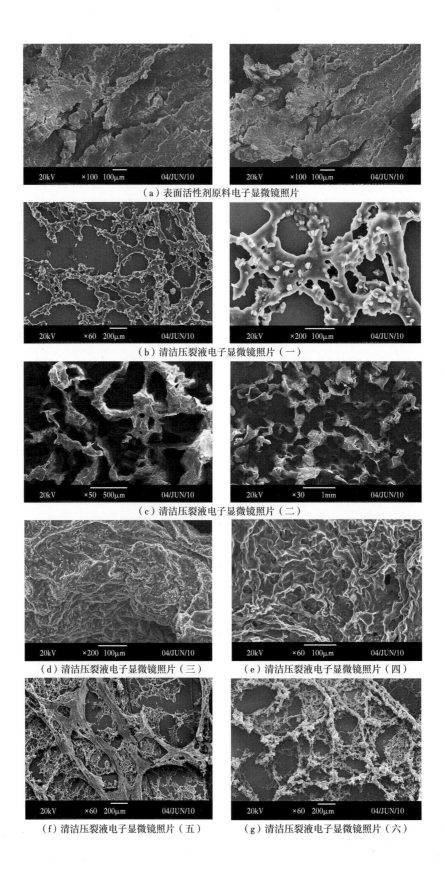

（a）表面活性剂原料电子显微镜照片

（b）清洁压裂液电子显微镜照片（一）

（c）清洁压裂液电子显微镜照片（二）

（d）清洁压裂液电子显微镜照片（三）　　　（e）清洁压裂液电子显微镜照片（四）

（f）清洁压裂液电子显微镜照片（五）　　　（g）清洁压裂液电子显微镜照片（六）

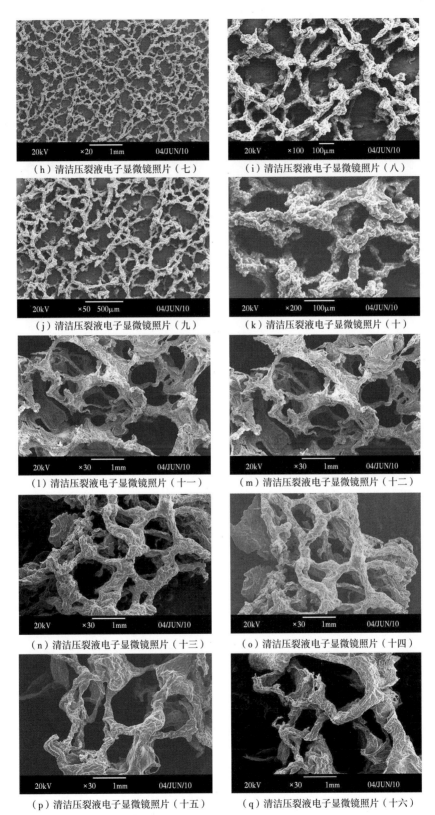

（h）清洁压裂液电子显微镜照片（七）　　（i）清洁压裂液电子显微镜照片（八）

（j）清洁压裂液电子显微镜照片（九）　　（k）清洁压裂液电子显微镜照片（十）

（l）清洁压裂液电子显微镜照片（十一）　　（m）清洁压裂液电子显微镜照片（十二）

（n）清洁压裂液电子显微镜照片（十三）　　（o）清洁压裂液电子显微镜照片（十四）

（p）清洁压裂液电子显微镜照片（十五）　　（q）清洁压裂液电子显微镜照片（十六）

图 5-21　扫描电子显微镜组图

2. 清洁压裂液基本性能测试

通过应变扫描和频率扫描，对各胶束体系进行黏弹性分析，通过研究应力及黏度随剪切速率的变化关系，研究各体系的黏弹性、触变性及流体类型，利用 RS600 型流变仪测试不同配方的清洁压裂液体系流变性能，筛选出适合不同地质条件的煤层气井用清洁压裂液配方。

1）低浓度下交联性能

双子表面活性剂比单链表面活性剂更易在水溶液中自聚，且倾向于形成更低曲率的聚集体，降低使用浓度。双子表面活性剂在水溶液中能形成一系列的聚集体：球状胶团、椭球状胶团、棒状胶团、枝条状胶团、线状胶团、双层结构、液晶、囊泡等。

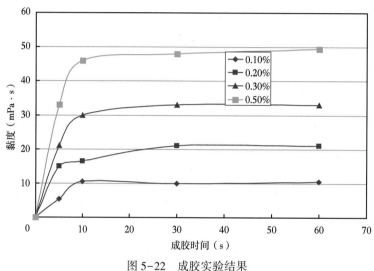

图 5-22　成胶实验结果

对于某种双子表面活性剂，特定形状聚集体的形成取决于两亲水基间的平衡距离、连接基的疏水程度及弹性度，同时还受疏水链对称程度的影响。合成的双子表面活性剂使用浓度低，在 0.1% 浓度下黏度可到 10mPa·s，在 0.3% 浓度时可达到 33mPa·s，在保证携砂性能的同时选择合适的表面活性剂浓度，是降低压裂液成本的重要途径。不加盐即迅速增黏，增黏时间在 1 分钟之内，为实现在线连续混配提供了重要的条件，解决了煤层气井场狭小以致配液受限的困难。

2）低温下的增黏实验

合成的双子表面活性剂低温下不但在水中具有良好的溶解性，而且与反离子也能较快反应，形成具有一定黏度的胶体。在 4℃ 下做了不同浓度的双子表面活性剂增黏实验，选择浓度分别为 0.1%、0.2%、0.3%，实验结果如图 5-23 所示，增黏时间与使用浓度关系不大，基本在 10 秒左右就达到了最高黏度。

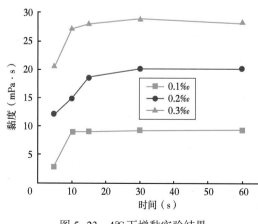

图 5-23　4℃下增黏实验结果

研究了温度对增黏情况的影响。与传统单链表面活性剂相比，双子表面活性剂在低于5℃时黏度基本上能达到最高黏度的80%以上，而单链表面活性剂要在15℃左右才能达到最高黏度。实验结果如图5-24所示。

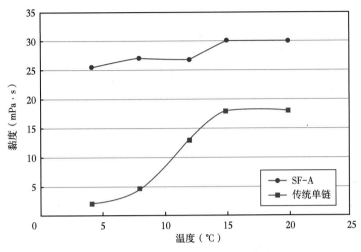

图5-24 温度与增黏效果实验曲线

3）黏弹性能分析

配制50mL的浓度2%的C_{16}-4-C_{16}表面活性剂溶液，加入平衡反离子溶液配制成下列系列的清洁压裂液：

体系1：2%C_{16}-4-C_{16}+1%有机钠；

体系2：2%C_{16}-4-C_{16}+1%无机铵。

测定G'、G''、G^*和黏度，改变剪切速率观察黏度变化，并绘制体系触变性曲线及流体类型曲线。牛顿流体的黏度只与温度有关，其剪切应力与剪切速率成正比。许多表面活性剂体系同时具有两种类型的性质，它们既是弹性体又是黏性体，即黏弹体。

对于弹性流体而言，其剪切应力最大值产生在形变最大处；形变为零时，剪切应力为零；剪切应力随着形变的变化而变化，即相角为零。对于黏性流体而言，其最大剪切应力值发生在剪切速率达最大值处，故而在形变为零时获得最大的剪切应力值。当形变最大的时候，剪切速率为零，剪切应力也就为零。因此剪切应力与形变不同相，相角为90°。

而对于黏弹流体而言，其相角介于1°和90°之间，即0°<δ<90°，它是按照模量同相和异相组分来定义的。

剪切储能模量（弹性模量）：

$$G' = G_0\cos\delta \tag{5-1}$$

剪切损耗模量（黏性模量）：

$$G'' = G_0\sin\delta \tag{5-2}$$

黏弹体系也可以通过其他两个参数来定义，即：

动态剪切模量：

$$G^* = \sqrt{(G')^2 + (G'')^2} \tag{5-3}$$

动态黏度：

$$\eta^* = \frac{G_*}{\omega} = \frac{\sqrt{(G')^2 + (G'')^2}}{\omega} \tag{5-4}$$

非牛顿流体的黏度则与温度、剪切速率和剪切应力有关，它又可分为塑性流体、假塑性流体和膨胀型流体等主要类型，许多流体具有黏弹性。非牛顿流体的黏度则温度、剪切速率和剪切应力有关，它又可分为塑性流体、假塑性流体和膨胀型流体等主要类型，许多流体具有黏弹性。储能模量 G' 表征流体的弹性，损耗模量 G'' 表征黏性，$\tan\delta$ 为 G'' 与 G' 的比值，表征黏弹性的强弱。$\mathrm{Tan}\delta$ 与应变的关系，可以更直观地反映体系的流动性。$\tan\delta \gg 1$ 时体系流动性最强，$\tan\delta \ll 1$ 时，显示出较强的结构性。

弹性凝胶体和牛顿流体是黏弹行为的两个极限情况。对于弹性凝胶体，其弹性组分处于支配地位，因此其 $G' \gg G''$，并且 G' 和频率无关。动态黏度 η^* 和 G^*/ω 接近，与频率成反比。对于牛顿流体来说，黏性组分处于支配地位，其 $G'' \gg G'$，$G'' = \eta^*\omega$ 黏度和频率无关。

分别对以上两种较为理想的黏弹体系进行频率扫描和应力扫描，得到剪切储能模量（弹性模量 G'）、剪切耗能模量（黏性模量 G''）、动态剪切模量（G^*）和黏度值。根据 $\tan\delta$ 可以直观地反映体系的流变性。

黏弹性是评价压裂液体系的重要指标之一，在施工范围内和一定剪切速率下，具有一定的黏度是对压裂液的硬性要求。对于黏弹性清洁胶束压裂液体系，体系的黏度是由黏性和弹性共同作用的结果。

体系 1 的弹性模量 G' 和剪切模量 G^* 近乎重叠，而 $G' \approx G^* \gg G''$，体系的 $\tan\delta \ll 1$ 说明剪切储能模量（弹性模量）明显占优势，显示出极强的结构性，流动性较弱。且 G' 不受剪切频率的影响，受应变的影响也较小，G'' 则对较高的剪切频率不稳定，但总体表现出增高的趋势；应变较高时，黏性模量略升高，弹性模量下降［图 5-25（a）、(b)］。

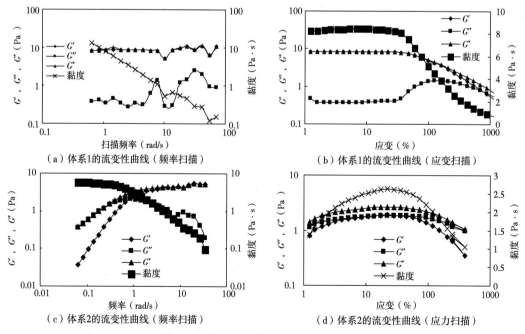

（a）体系1的流变性曲线（频率扫描）　（b）体系1的流变性曲线（应变扫描）

（c）体系2的流变性曲线（频率扫描）　（d）体系2的流变性曲线（应力扫描）

图 5-25　体系 1 和体系 2 的流变性曲线

可见体系受剪切较稳定，没有发生太大的变化，这一点从体系的触变性曲线也可得到证明；同时发现，应变扫描和频率扫描中黏度都随之下降，趋势很明显。

在体系 2 中的应变扫描中黏性模量和弹性模量相差不大，对剪切模量的贡献相当，当应变较小和应变较大时，黏性模量略大于弹性模量，总之，tanδ 接近于 1，弹性模量没有明显占优势；此外，G' 和 G'' 都没有因应变的变化有太大波动，说明体系稳定性较好；动态黏度值先增高后减小。从频率扫描图中，随剪切速率变大，弹性模量上升，黏性模量下降，扫描频率较小（小于 1rad/s）时，黏性模量占优势；扫描频率较大（大于 1rad/s）时，弹性模量占优势，黏度一直呈下降趋势［图 5-25（c）、（d）］。

对比两体系的流变图，得出结论，首先对比 tanδ 值，体系 1 更趋向于弹性凝胶体，弹性模量占绝对优势（$G'\gg G''$）且不随频率变化。体系 2 有弹性但弹性凝胶体的性质不明显（G' 和 G'' 很接近）。

此外，通过应变扫描考察了体系组成对体系黏弹性的影响及各体系的力学响应。由图 5-25（b）、（d）可见，体系 1、体系 2 在应变小于 100% 时，弹性模量（G'）和黏性模量（G''）变化都很小，各体系的线性黏弹性区域较长，说明体系的黏弹性和抗应变能力较强，也反映出体系的结构强度较强。但体系 2 在应力接近 100% 时弹性模量下降趋势明显一些，说明体系 2 的结构不如体系 1 紧密。

另外，在一定的应变下，进行频率扫描，可以获得动态流变性与振荡频率 ω 的关系。由图 5-25（a）、（c）可见，受到振荡后，各体系的在结构上均发生变化。体系 2 的弹性模量上升，黏性模量下降，弹性增强，流动性下降，有明显的诱导形成黏弹性过程，说明振荡所提供的能量使得更多的双生表面活性剂参与到胶束形成，胶束结构得到加强。而对于体系 1，弹性模量稳定而黏性模量略有上升，说明体系在保持弹性不变同时，流动性增强。对双生阳离子表面活性剂体系而言，有机钠是优于有机铵的反离子交联剂。

4）流变及黏弹性实验

利用 RS600 型流变仪测试不同配比、不同温度的黏弹性表面活性剂压裂液流变性能，筛选出适合的配方。

（1）0.4% 表面活性剂 SF-A+0.4% 反离子钠 SF-B 体系在不同温度下的流变实验曲线如图 5-26 所示。

在该浓度下，温度在 25~35℃时，压裂液黏度在 35~55mPa·s，能满足携砂要求。清洁压裂液不同于植物胶压裂液，用 50mPa·s 的最低携砂黏度来要求清洁压裂液有待商榷。因为清洁压裂液的弹性远大于黏性，携砂主要依靠弹性而不是黏性，所以，可适当降低其黏度，也就是降低表面活性剂的使用量，也能满足压裂施工的需要。

（2）不同配比的表面活性剂压裂液在 25℃下流变实验曲线如图 5-27 所示。表面活性剂浓度为 0.2% 时，其黏度可达到 20mPa·s，能满足携砂要求，相比上一个配方，成本降低了 4 倍，符合煤层气地层本开发指导思想。

实验中发现，当表面活性剂的浓度一定时，增加反离子的浓度，黏度变化不大（图 5-28）。0.4% 的表面活性剂浓度，反离子钠的浓度分别为 0.5%、0.6%、0.8%、0.9%，黏度均在 25mPa·s 左右，没有随着反离子钠的浓度的增加而增加。但是储能模量和耗能模量的值却有很大的变化，表面活性剂浓度一定时，随着反离子浓度的增加，储能模量在逐渐增大，耗能模量变化不大，说明体系的弹性性能在增强，所以，对清洁压裂液而言，由于携砂机理与植物胶压裂液不同，弹性应该是衡量清洁压裂液携砂性能的主要指标（图 5-29）。

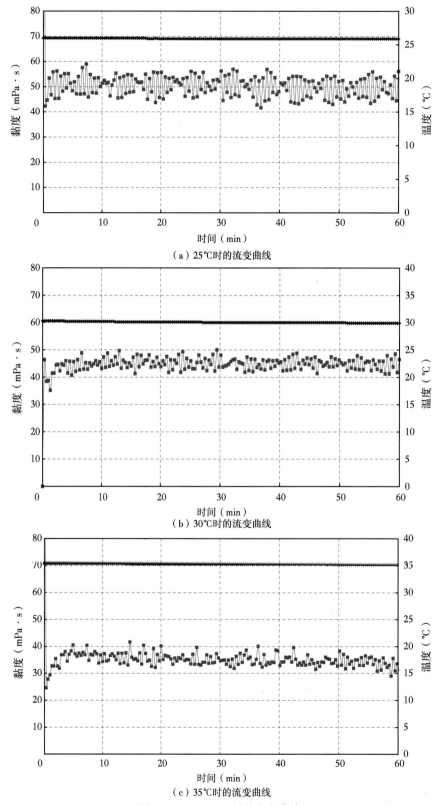

（a）25℃时的流变曲线

（b）30℃时的流变曲线

（c）35℃时的流变曲线

图 5-26　25~35℃时的流变曲线

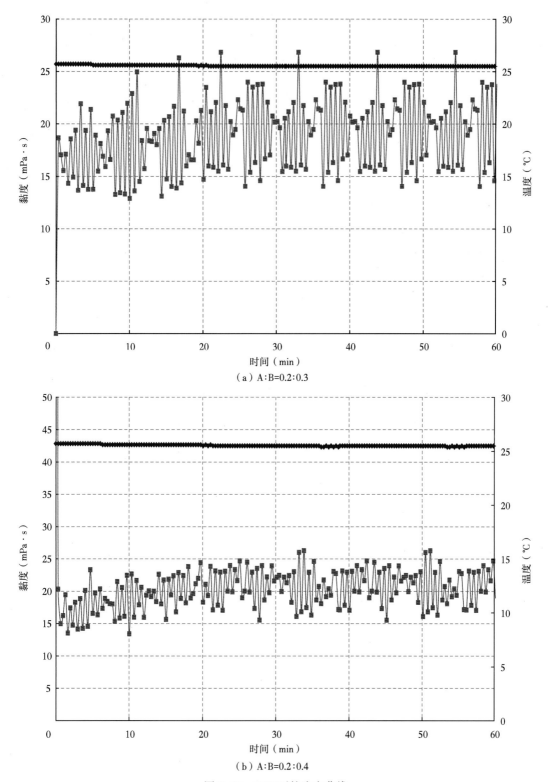

（a）A∶B=0.2∶0.3

（b）A∶B=0.2∶0.4

图 5-27　25℃下的流变曲线

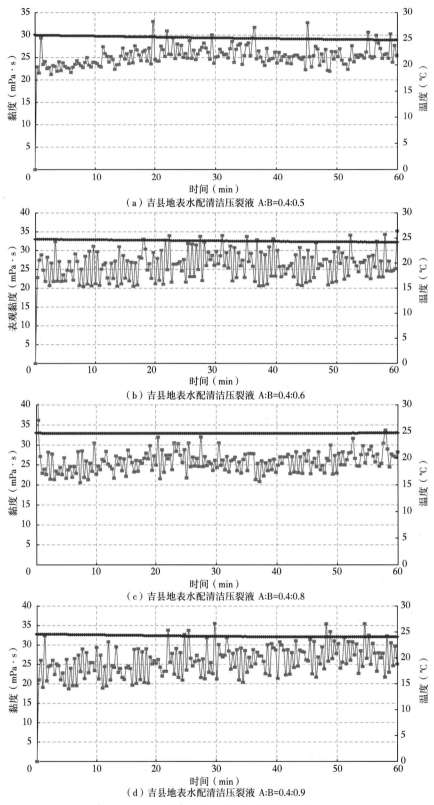

（a）吉县地表水配清洁压裂液 A:B=0.4:0.5

（b）吉县地表水配清洁压裂液 A:B=0.4:0.6

（c）吉县地表水配清洁压裂液 A:B=0.4:0.8

（d）吉县地表水配清洁压裂液 A:B=0.4:0.9

图 5-28　增加反离子浓度时黏度的变化

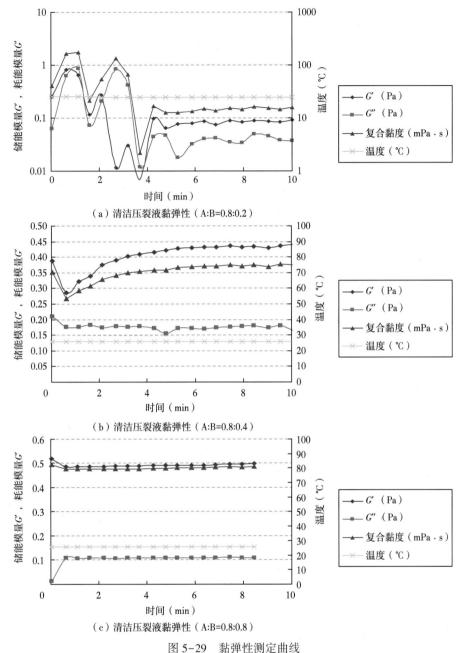

（a）清洁压裂液黏弹性（A:B=0.8:0.2）

（b）清洁压裂液黏弹性（A:B=0.8:0.4）

（c）清洁压裂液黏弹性（A:B=0.8:0.8）

图 5-29　黏弹性测定曲线

5）线性动态膨胀实验

将表面活化剂压裂液中加入 0.02%的 OP-10，彻底破胶制得破胶液，破胶液黏度为 3.26mPa·s。用 150-80 动态线性膨胀仪测试晋城 3#煤与不同实验液体的动态线性膨胀率见表 5-17。

从实验数据可知，清洁压裂液破胶液对可很好地防止煤粉膨胀。由于清洁压裂液破胶液中主要成分为小阳离子表面活性剂，本身具有较好的稳定黏土作用，在压裂施工过程中能有效防止黏土的膨胀，减小黏弹压裂液对煤层的伤害。

表 5-17 实验液体与晋城 3#煤粉膨胀实验数据

实验液体	膨胀量（mm）									膨胀率（%）
	10min	20min	30min	40min	50min	60min	70min	90min	120min	
蒸馏水	0.61	1.12	1.42	1.62	1.79	1.91	1.99	2.08	2.09	
2%KCl	0.78	1.03	1.18	1.29	1.29	1.31	1.32	1.33	1.33	36.89
清洁压裂液破胶液	0.37	0.49	0.58	0.69	0.73	0.80	0.85	0.94	0.99	53.39
煤油	0.01	0.01	0.01	0.02	0.02	0.02	0.02	0.03	0.03	

6）破胶性能评价

在煤层气开发中，由于其对储层伤害低、携砂性好、易返排等特点，越来越受到人们的青睐。通常认为清洁压裂液在地层中遇烃类或被地层水稀释时即可完全破胶且破胶后无任何残渣（表5-18），然而研究表明：液体烃类如原油、某些类型的破乳剂如 OP-10 可以使清洁压裂液破胶，但存在破胶时间不可控制的难题。主要存在的问题是：（1）当破胶剂的浓度不能达到使清洁压裂液破胶的浓度时，压裂液的黏度很快降低，之后基本不再变化，但不能完全破胶，所以对储层造成一定程度的伤害；（2）当破胶剂的浓度达到一定浓度时，清洁压裂液很快破胶，不能很好完成携砂任务，易砂堵；地层水稀释清洁压裂液可以缓慢破胶，但与地层水的量有很大关系，在一定时间内不能保证充分破胶。

表 5-18 清洁压裂液与地层水（韩城）接触破胶实验

压裂液与地层水体积比	破胶液表观黏度（mPa·s）
1:1	26
1:1.5	19
1:2	14
1:2.5	10
1:3	7

注：配方为 0.5%SF-A+0.8%SF-B，搅拌 1 分钟后放置恒温 30℃。

最近国内一些专家学者研究了用低碳醇和高分子物质作为破胶剂，结果表明：甲醇和乙醇无破胶作用，丙醇和庚醇效果较差，戊醇和己醇效果最好，表面活性剂 OP-10 也具有很好的效果，但也存在破胶时间不可控制的问题。在对煤层气清洁压裂液常用的氧化破胶剂过硫酸铵和表面活性剂磺酸盐类的实验研究的基础上，研制了反应型破胶剂 SF-C，在压裂施工中加入非表面活性添加剂，施工后添加剂发生化学反应，逐渐形成具有破胶功能的物质，实现破胶时间可控技术，有效地控制了清洁压裂液破胶时间。

（1）首先对不同温度、不同浓度下的 OP-10 对清洁压裂液体系的破胶性能进行了实验研究，结果如图 5-30 所示。由于目前所进行勘探开发煤层气的煤层深度一般在 500~1100m，原始地层温度在 25~40℃，所以实验温度分别为 25℃、30℃、35℃、40℃。

可以看出，OP-10 能够使表面活化剂压裂液破胶，但破胶作用迅速，30 分钟之内就能使清洁压裂液的黏度降低至固定值，之后几乎不再变化。在 25℃、30℃、35℃、40℃温度下，完全破胶所需用量分别为 0.07%、0.06%、0.05%、0.04%。

（2）对 SF-C 的破胶性进行了研究，实验温度选择 30℃和 35℃。实验结果及加破胶剂的流变曲线如图 5-31 所示。

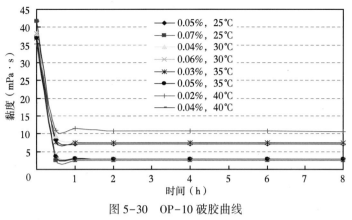

图 5-30　OP-10 破胶曲线

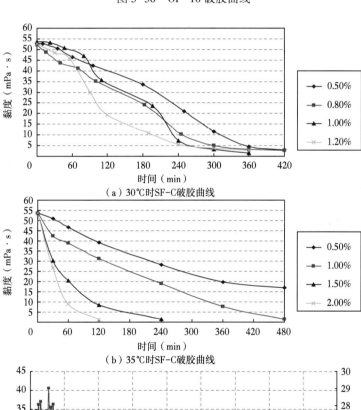

（a）30℃时SF-C破胶曲线

（b）35℃时SF-C破胶曲线

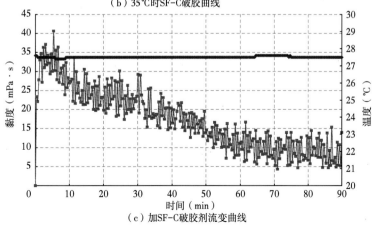

（c）加SF-C破胶剂流变曲线

图 5-31　SF-C 破胶曲线及流变曲线

可以看出，破胶剂 SF-C 可有效控制清洁压裂液的破胶时间。破胶剂用量越大，破胶时间越短。煤层气井温为 30℃左右时，SF-C 用量为 0.03%左右即可达到破胶要求。

7）悬砂性能评价

压裂液的悬浮性能是指压裂液对于支撑剂的悬浮能力。压裂液的悬浮能力目前不存在标准的表征方法，传统上采用支撑剂在压裂液中的自由沉降速度表示。压裂液的悬浮性能好，就能将支撑剂全部均匀地带入裂缝中，并能提高混砂比和携带较大直径的支撑剂，压裂液的悬浮性能差，支撑剂在压裂液中会很快地下沉，以至于不能全部加入裂缝而沉聚于井间或井底，造成砂堵、砂卡等事故，使施工不能顺利进行。传统上认为：压裂液的悬浮性能主要取决于液体的黏度、相对密度及在管线或裂缝中的流速，液体黏度高，悬浮性好；液体相对密度大，悬浮能力强；压裂液在管线或裂缝中流速大，携带支撑剂能力强。

（1）压裂液中砂粒沉降规律。

根据斯托克斯定律，颗粒的阻力来自附着在颗粒表面的液层与其相邻液层之间的内摩擦力，即黏滞力。砂粒所受到的浮力 $F_{浮}$ 和阻力 $F_{阻}$ 分别为：

$$F_{浮} = \frac{\pi d_p^3}{6}(\rho_p - \rho_f)g \qquad (5-5)$$

$$F_{阻} = 3C_D \pi \eta u d_p \qquad (5-6)$$

式中　下标 p——颗粒；

　　　下标 f——流体；

　　　下标 t——终速度；

　　　d——直径；

　　　g——重力加速度；

　　　u——沉降速度；

　　　ρ——密度。

η 为流体的黏弹性，它由黏度 μ 和弹性 ε 共同组成，可以表示为：

$$\eta = (A\mu^2 + B\varepsilon^2)^{\frac{1}{2}} \qquad (5-7)$$

砂粒在非牛顿流体的阻力计算需要进行修正。C_D 为斯托克斯阻力系数。

$$C_D = (1 + 2.4\frac{d}{D})(1 + 3.3\frac{d}{2h}) \qquad (5-8)$$

式中　D——管道内径；

　　　h——管道内液体高度。

砂粒的沉降速度（终速度）u_t 可以定义为颗粒所受浮力与阻力达到平衡时的速度，即此时的浮力与阻力相等。

$$\frac{\pi d_p^3}{6}(\rho_p - \rho_f)_g = 3C_D \pi \eta u_t d_p \qquad (5-9)$$

由式（5-5）至式（5-9）可得流体中的沉降速度为：

$$u_t = \frac{d_p^2(\rho_p - \rho_f)g}{18(1 + 2.4\frac{d}{D})(1 + 3.3\frac{d}{2h})(A\mu^2 + B\varepsilon^2)^{\frac{1}{2}}} \qquad (5-10)$$

（2）静止压裂液中砂粒沉降规律。

流体根据流变曲线形状不同，可分为牛顿流体和非牛顿流体两类。牛顿流体的黏度 μ 只与温度有关，不随剪切应力而变化。由表观黏度随剪切应力变化可界定瓜尔胶和清洁压裂液为非牛顿流体。根据表观黏度定义为：

$$\mu = \frac{\tau}{\gamma} \tag{5-11}$$

式中　τ——剪切应力；

　　　γ——剪切速率

压裂液符合幂率定律，根据 Ostwald—de Wael 公式，有：

$$\tau = K\gamma^n \tag{5-12}$$

式中　n——流变指数，$n \leqslant 1$；

　　　K——稠度系数。

由式（5-11）、式（5-12）得：

$$\mu = K\gamma^{n-1} \tag{5-13}$$

在弹性形变范围内，当剪切速率增大，黏度变小，但弹性形变增大，ε 也随之增大，即 ε 可写为：

$$\varepsilon = H\gamma^m \tag{5-14}$$

式中　m——流变指数，$m \geqslant 0$；

　　　H——弹性系数。

砂粒在静止压裂液的沉降过程中，由于自由降落的剪切速率 γ_0 很小，弹性可以忽略不计，式（5-10）可改写成：

$$u_t = \frac{d_p^2(\rho_p - \rho_f)g}{18\sqrt{A}\left(1 + 2.4\dfrac{d}{D}\right)\left(1 + 3.3\dfrac{d}{2h}\right)\mu} \tag{5-15}$$

$$u_t = \frac{d_p^2(\rho_p - \rho_f)g}{18\sqrt{A}\left(1 + 2.4\dfrac{d}{D}\right)\left(1 + 3.3\dfrac{d}{2h}\right)K}\gamma_0^{1-n} \tag{5-16}$$

式（5-15）和式（5-16）为静止压裂液中砂粒的沉降速度，即颗粒的沉降速度随黏度增大而减小，随剪切速率增大而增大。

（3）动态低黏度压裂液中砂粒沉降规律。

砂粒在管道中的流动沉降，不同于在静止液体中的沉降，此时压裂液中有两种剪切效应，即自由降落降剪切速率 γ_0 和流体转动剪切速率 γ_f。因此，动态压裂液中总剪切速率 γ 为：

$$\gamma = \sqrt{\gamma_D^2 + \gamma_f^2} \tag{5-17}$$

砂粒在动态低黏度压裂液的沉降过程中，总剪切速率 γ_0 很大，黏度与弹性相比可以忽略，因此式（5-17）可改写成：

$$\eta = \sqrt{B}\varepsilon^2 \qquad (5-18)$$

将式（5-17），式（5-18）代入式（5-15）

$$u_t = \frac{d_p^2(\rho_p - \rho_f)g}{18\sqrt{B}(1 + 2.4\dfrac{d}{D})(1 + 3.3\dfrac{d}{2h})\varepsilon} \qquad (5-19)$$

或

$$u_t = \frac{d_p^2(\rho_p - \rho_f)g}{18\sqrt{B}(1 + 2.4\dfrac{d}{D})(1 + 3.3\dfrac{d}{2h})H}(\gamma_0^2 + \gamma_f^2)^{\frac{m}{2}} \qquad (5-20)$$

式（5-20）为动态压裂液中砂粒的沉降速度，动态沉降速度不仅随弹性增大而减小，还随剪切速率的增大而减小。

尽管长期以来一直将表观黏度作为黏量悬浮能力的标准，但近年的研究表明，悬浮能力与表观黏度之间并不存在必然的联系。本章初步考察体系静态和动态两种悬浮性。将清洁压裂液装入 200mL 量筒中，加入 60g 兰州石英砂，测得静态沉降速度结果表 5-19。图 5-32 是静态沉降速度测定实验装置。

表 5-19　不同流体在相同表观黏度体系下的静态沉降速度

样品	甘油	HPAM	$2\%C_{16}$/无机铵	$2\%C_{16}$/有机钠
沉降速度（cm/min）	50	10.5	0.39	0.094

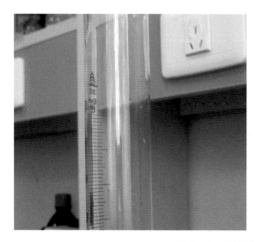

图 5-32　静态悬浮性能实验

由表 5-19 中数据可知，砂砾在相同表观黏度的四种流体中的静态沉降速度相差很大，纯黏性流体甘油的悬浮能力很差，由分子链间的缠结形成一定结构的 HPAM 溶液具有一定的悬浮能力，而形成充分缔合结构的 $2\%C_{16}$/无机铵和 $2\%C_{16}$/有机钠的悬浮能力相当好。四种流体的表观黏度相同，而弹性却相差很大，这初步说明悬浮能力与表观黏度之间并不

154

存在必然的联系，而弹性对悬浮性的贡献起关键作用，弹性（储能模量）大的流体，其悬浮性能好。因此，在压裂液的研究与开发时，应从增加其弹性入手。

利用磁力悬浮搅拌器在一定转速下测定清洁压裂液的动态悬砂性能（图5-33）。只要体系以一定速度转动（砂比30%，20r/min），砂就呈悬浮状态，不会沉到底部，这就给现场作业一定的指导意义，清洁压裂液现场施工排量在 $3\sim6m^3/min$，在这样的排量下，压裂液都会对砂有很好的悬浮性能。

（a）20r/min   （b）70r/min

图5-33　动态悬浮性能实验图

8）压裂液对煤层的伤害实验

破胶后的清洁压裂液由于黏度大幅度的下降，流变性会改善，对岩心的损害率也会随之降低，伤害结果如图5-34、图5-36所示。由图可知，清洁压裂液伤害率通常低于30%，在减少储层伤害及提高煤层气产量方面有很大潜力。

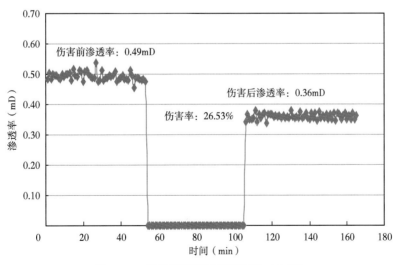

图5-34　清洁液破胶液伤害实验（5#煤）

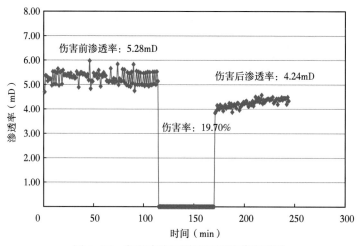

图 5-35　交联冻胶压裂液破胶液伤害实验

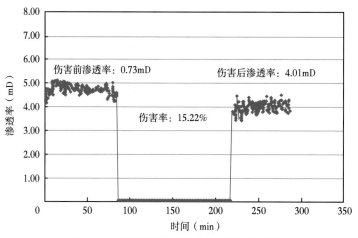

图 5-36　清洁液破胶液伤害实验（8#煤）

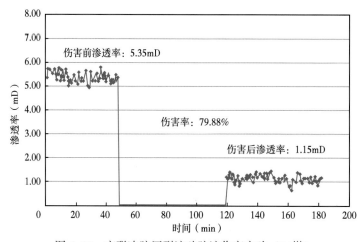

图 5-37　交联冻胶压裂液破胶液伤害实验（8#煤）

第五节　压裂液流变及动态携砂性能测试

一、实验系统

1. 实验系统简介

本实验系统实物图和系统总图如图 5-38 和图 5-39 所示，进行流变与摩阻实验时，氮气气瓶内的高压气体经过氮气增压泵进行加压，二氧化碳以一定的剪切速率通过实验测试段。当需要做混合体系时，二氧化碳与经柱塞泵泵出的压裂液在三通处的泡沫发生器充分混合发泡，形成泡沫压裂液。混合发泡好的泡沫压裂液进入系统回路经电加热段升温到指定温度后，再进入水平流变特性测量段，特定长度实验段上的摩擦压降通过日本横河 EJA 差压变送器实时采集，并送入计算机显示及存储，以便进行流变特性的实验数据处理。随后，泡沫压裂液进入垂直向下的换热特性实验段进行换热特性测试后排出。

图 5-38　泡沫压裂液实验系统实物图

流变系统的实验能力：

温度变化范围：0~300℃；

压力范围：0.5~50MPa；

剪切速率范围：80~17700s^{-1}。

2. 实验流程

1）清洁压裂液和滑溜水的配制和泵送过程

清洁压裂液的配制：首先向溶液池中泵入一定量的清水，然后按比例依次加入 SF-A 剂和 SF-B 剂，期间不断进行搅拌，并打开图 5-40 中的齿轮泵，确保表面活性剂与水充分混合。

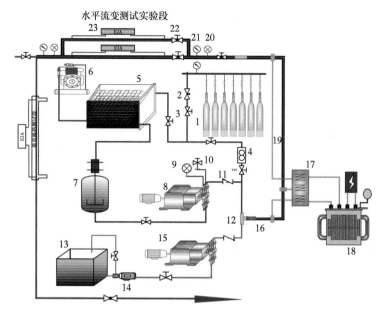

水平流变测试实验段

图 5-39 泡沫压裂液实验系统总图

1—N$_2$ 气瓶；2—高压针阀；3—减压阀；4— 靶式流量计；5—冷却水槽；6—制冷机；7—高压储气罐；
8—氮气增压泵；9—电接点压力表；10—安全阀；11—止回阀；12—三通管；13—溶液池；14—齿轮泵；
15—压裂液柱塞泵；16— 紫铜电极；17—调压器；18— 电流变压器；19—保温材料；20— 压力表；
21—热电偶；22—高压阀门；23—差压变送器

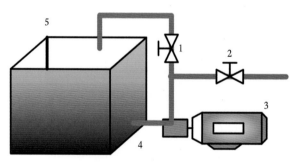

图 5-40 清洁压裂液和滑溜水的
配制及输送系统

1、2—阀门；3—齿轮泵；4—滤网；5—溶液池

活性水的配制：首先向溶液池中泵入一定量的清水，然后按比例依次加入 2% 的氯化钾和 0.5% 起泡剂。

压裂液的泵送：关闭阀门 1，停止对溶液的搅拌，同时打开旁路阀门 2，让齿轮泵工作，依靠齿轮泵的输出压头将压裂液输送到柱塞泵的吸入口，以维持柱塞泵入口压力，确保系统压力的稳定。

2）泡沫压裂液的混合过程

氮气从气瓶出来经过氮气增压泵加压后与柱塞泵增压的清洁压裂液或活性水在三通处混合（图 5-41），为确保二者能够混合得更加均匀充分，在三通处安装了泡沫发生器。

3）电加热过程

在三通管混合均匀后的清洁泡沫压裂液进入电加热系统。如图 5-42 所示，整个电加热系统由调压器、变压器、紫铜电极板、保温材料及测温热电偶组成。通过调压器上的手轮调节电加热的输出功率，将压裂液加热到实验所需的温度，并由测温热电偶测量并采集。

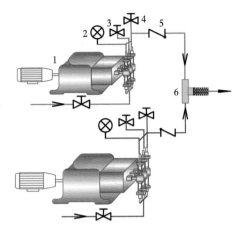

图 5-41 泵送和混合系统图

1—柱塞泵；2—电接点压力表；3—弹簧式安全阀；
4—泄压阀；5—止回阀；6—三通混合器

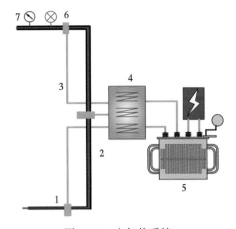

图 5-42 电加热系统

1—紫铜电极；2—保温材料；3—电加热铜棒；
4—调压器；5—电流变压器；6—压力表；7—热电偶

4）水平流变测试段

被加热到实验温度的压裂液随后进入流变实验段进行压差测试。如图 5-43 所示，水平流变实验段由内径分别为 4mm、6mm 和 8mm 三段不锈钢管组成，以便适应不同剪切速率下管内压降的测量。它们分别由单独的阀门进行控制，钢管外表面覆盖有保温材料，以确保实验段中的流体温度在每一工况下尽量均匀和恒定。实验段流体定性温度用对称布置在其两侧的两个铠装热电偶的平均值来确定。特定长度（1m）上的摩擦压降通过日本横河公司的 EJA 差压变送器与 IMP 数据采集系统进行实时地显示和采集。

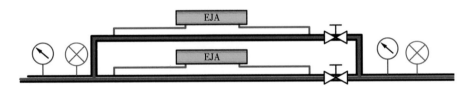

图 5-43 水平流变实验段

5）携砂实验台

如图 5-44 所示，进行压裂液携砂性能测试时，压裂液在混合罐中与支撑剂混合，然后通过砂浆泵将混合流体以一定的流速泵入实验测试段。当需要进行泡沫携砂实验时，通过安装在实验管路上的泡沫发生器，气体与液态的压裂液混合，进入实验测试段，在水平透明 PC 管中观测支撑剂的运移和沉降规律。

6）数据采集系统

本实验系统中采用的是英国强力仪器公司生产的 IMP 数据采集板，整个采集程序是由本实验室自主编程开发而完成，其界面如图 5-45 所示。实验中主要采集的数据包括各测试段流体的温度及压差。计算机数据采用的是集中监测、集中显示、集中管理及数据集中保存的一套系统，每测完一组数据即可统一保存为所需格式以作后期处理。实验中主要用到的传感器有 K 型简装热电偶、K 型铠装热电偶、EJA 差压变送器、Rosemount 压力传感器。

159

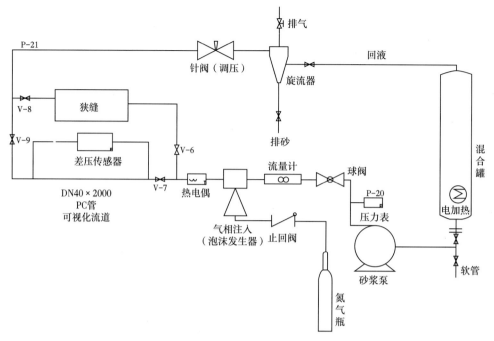

图 5-44　携砂实验台流程图

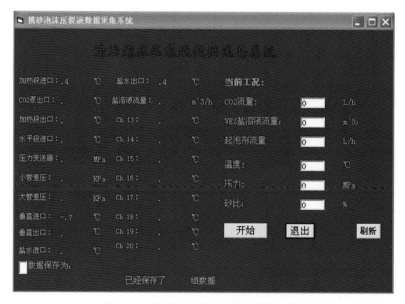

图 5-45　清洁泡沫压裂液数据采集系统

二、实验原理

流变特性实验原理

一般不可压缩流体的本构方程可写为：

$$\bar{\bar{\tau}} = \eta(\bar{\bar{D}},\ t)\ \bar{\bar{D}}$$

（5-21）

式中 τ——剪切应力张量；

　　$\overline{\overline{D}}$——变形速度张量；

　　r——变形速度张量$\overline{\overline{D}}$和时间t的函数。

$\overline{\overline{D}}$的定义为：

$$\overline{\overline{D}} = \left(\frac{\partial u_j}{\partial x_i} + \frac{\partial u_i}{\partial x_j} \right) \tag{5-22}$$

　　根据r和变形速度张量$\overline{\overline{D}}$、时间t之间的关系，可以将不可压缩流体分成三类：当r为常数，和变形速度张量$\overline{\overline{D}}$及时间没有关系时，r即为牛顿流体的黏度μ；当r只和变形速度张量$\overline{\overline{D}}$有关系时，r为非时变性非牛顿流体；当r和变形速度张量$\overline{\overline{D}}$及时间t都有关系时，r为时变性非牛顿流体。对压裂液的研究大多是按照非时变性非牛顿流体进行的，后面讲到的非牛顿流体也仅指非时变性非牛顿流体。

　　方程（5-25）是涉及二阶张量的复杂函数，实际应用的时候比较麻烦。因此，对于非牛顿流体，一般将r看成是剪切速率γ的简单函数，即：

$$\eta = \eta(\gamma) \tag{5-23}$$

　　其中，剪切速率γ为：

$$\gamma = \sqrt{\overline{\overline{D}} : \overline{\overline{D}}} \tag{5-24}$$

　　根据r和剪切速率γ之间的关系，可以将非牛顿流体分成剪切稀化流体、剪切稠化流体、宾汉流体和屈服假塑性流体。

　　其中，剪切稀化流体也称假塑性流体，剪切稠化流体被称为胀塑性流体，两者可以用统一的幂律模型表示，即：

$$\eta = k\gamma^{\eta-1} \tag{5-25}$$

式中　k——稠度系数；

　　η——流变指数。

　　剪切稀化流体的η小于1，剪切稠化流体的η大于1。η偏离1的程度反映非牛顿性质的强弱，当$\eta=1$时，方程（5-25）表示的是牛顿流体的黏度。

　　宾汉流体也称塑性流体，对宾汉流体施加的切应力只有超过屈服应力时，流体才会流动，流动后的流体表现为牛顿流体的性质。屈服假塑性流体和宾汉流体相类似，但是流动后的流体表现为幂律非牛顿流体的性质。宾汉流体和屈服假塑性流体可以用统一的 H—B 模型描述：

$$\eta = \frac{\tau_0 + k\left[\gamma^n - (\tau_0/\eta_0)^n \right]}{\gamma} \tag{5-26}$$

式中　τ_0——屈服应力；

　　η_0——屈服黏度。

　　屈服应力由流体自身的内部结构所决定。如果单相流体中存在由高分子链形成的网状结构，那么就会出现屈服应力现象。多相流中分散在连续相中的颗粒，如果它们之间存在强烈的相互作用，也会形成屈服应力现象。

油田所用的各种压裂液具有不同的流变特性，有些流体表现为牛顿流体，有些则为非牛顿流体。对于泡沫压裂液，在实用的剪切速率范围内，它们具有充分接近幂律流体的特性，可以用一组 n、k 值来表征泡沫压裂液的流变特性。

非牛顿流体流变性能的测量可以采用各种仪器进行，如毛细管式流变仪、旋转圆筒黏度计、锥板黏度计、控制应力流变仪等，它们各有特点。毛细管式流变仪适用于低剪切速率、高剪切速率区域，特别适用于高剪切速率范围，并且能在升压、升温时进行测量，因此成为本项目研究实际压裂条件下泡沫压裂液流变特性的首选方法（注：在 78mm 的油管中采用 2.5m³/min 的泵注流量进行压裂时，剪切速率约为 $894s^{-1}$）。

细管式流变仪通过流体在管内的实测压降和流量来计算剪切应力与剪切速率之间的关系，以确定流体的流变特性。设流体在细管内的流动满足以下条件：

黏性层流、恒定流动、均匀流、沿管壁无滑移。

则黏性流体圆管层流的基本方程为：

$$\overline{U} = \frac{D}{2\tau_\text{w}^3}\int_0^{\tau_\text{w}} f(\tau)\tau^2 d\tau \tag{5-27}$$

式中　$\overline{U}$——流体在管中的平均流速；

　　　D——管道直径；

　　　τ_w——壁面切应力。

将式（5-27）变换得：

$$\frac{1}{4}\frac{8\overline{U}}{D}\tau_\text{w}^3 = \int_0^{\tau_\text{w}} f(t)\tau^2 d\tau \tag{5-28}$$

式（5-28）就是管式流变仪的基本公式。

对于幂律流体其本构方程为：

$$f(\tau) = \left(\frac{\tau}{k}\right)^{\frac{1}{n}} \tag{5-29}$$

将式（5-29）代入管式流变仪的基本公式得：

$$\frac{1}{4}\frac{8\overline{U}}{D}\tau_\text{w}^3 = \int_0^{\tau_\text{w}} \left(\frac{\tau}{K}\right)^{\frac{1}{n}}\tau^2 d\tau \tag{5-30}$$

对式（5-30）积分：

$$\tau_\text{w} = k\left(\frac{8\overline{U}}{D}\right)^n\left(\frac{3n+1}{4n}\right)^n \tag{5-31}$$

对式（5-31）两边取对数：

$$\lg\tau_\text{w} = \lg k\left(\frac{3n+1}{4n}\right)^n + n\lg\left(\frac{8\overline{U}}{D}\right) \tag{5-32}$$

壁面切应力 τ_w 为

$$\tau_{\mathrm{w}} = \frac{\Delta p D}{4L} \tag{5-33}$$

测得压降 Δp、流量 Q 后，整理成 lg（$\Delta p D/4L$）-lg（$8\overline{U}/D$）的关系曲线，见图 5-46，由直线斜率 $\tan\theta$ 和截距 B 即可确定幂律流体的流变特性参数 n 和 k。其中，$n=\tan\theta$。

三、清洁压裂液流变特性测试

主要测试 0.25%SF-A+0.5%SF-B 和 0.5%SF-A+1.0%SF-B 两种不同浓度的清洁压裂液流变特性。实验中压裂液的配制为：先配制一定浓度的 SF-A 剂，搅拌均匀后，加入 SF-B 剂，最后搅拌均匀；放置一段时间泡沫消失之后进行实验测试。

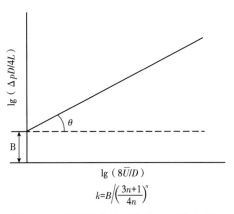

图 5-46　幂律流体流动曲线（对数坐标）

实验分别测试了 10MPa、15MPa 和 20MPa 下纯液态清洁压裂液的黏度随剪切速率的变化。图 5-47 为不同压力下浓度为 0.25%A+0.5%B 的清洁压裂液黏度曲线，从不同曲线对应点的黏度变化来看：压力的增大对清洁压裂液的影响很小，有效黏度只有极小程度的增大。这是由于纯液态的清洁压裂液压缩性很小，在有限的压力范围内，黏度不随压力发生变化。因此，压力的增大对于实际施工中清洁压裂液黏度的改变并没有实质的影响。压力升高引起黏度增加的原因在于增压会引起压裂液的体积收缩，密度变大，内部分子间距变小，摩擦力增加，从而使得有效黏度增加。但由于清洁压裂液是水基压裂液，水的密度相对较大，可压缩性很小，因此升高压力对溶液内部分子间距的影响很小，对黏度没有造成明显改变。

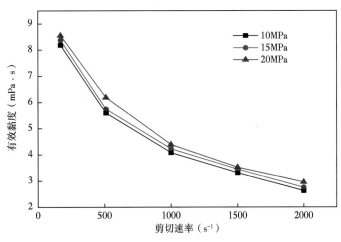

图 5-47　剪切速率和压力对有效黏度的影响

图 5-48 为所测两种不同浓度清洁压裂液黏度随剪切速率的变化曲线，可以看出：

（1）随着剪切速率增加，两种不同浓度的清洁压裂液有效黏度逐渐减小，呈现出剪切稀化的特性，因此可用幂律模型来描述。这是因为清洁压裂液分子本来呈杂乱无章的分布，受剪切作用时，这些分子趋于排成一线，故而其间的作用力逐渐减小。

（2）随着清洁压裂液浓度增加，有效黏度显著增加。这是由于清洁压裂液浓度的增加使清洁压裂液分子之间形成的网状结构更加致密，这种网状结构之间的作用力增强，破坏这种结构所需的外力增加，因此，有效黏度增加。

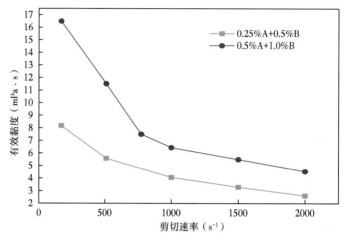

图 5-48　两种不同浓度清洁压裂液黏度随剪切速率变化（25℃，10MPa）

图 5-49 为两种不同浓度的清洁压裂液剪切应力随剪切速率的变化曲线，可以看出：随着剪切速率增加，剪切应力增加，但增加幅度减小。由图 5-49 拟合出其对应的流变特性参数见表 5-20。

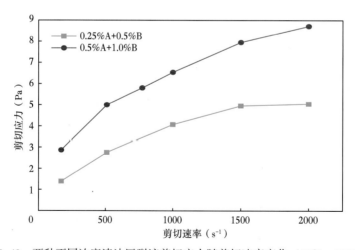

图 5-49　两种不同浓度清洁压裂液剪切应力随剪切速率变化（25℃，10MPa）

表 5-20　两种不同浓度清洁压裂液流变参数

组成	流动指数 n	稠度系数 $k/(Pa/s^n)$
0.25%SF-A+0.5%SF-B	0.486	0.120
0.5%SF-A+1.0%SF-B	0.438	0.282

四、清洁压裂液摩阻特性测试

本节主要测试 0.25%SF-A+0.5%SF-B 和 0.5%SF-A+1.0%SF-B 两种不同浓度的清洁压裂液和活性水的摩阻特性。在实验的低流速条件下，可以忽略加速压降和重位压降。根据达西公式可得摩擦阻力系数：

$$\lambda = \frac{(\Delta p_f / L) D}{\rho_f u^2 / 2} \tag{5-34}$$

实验中采用内径 8mm 的圆管，压差变送器两端取压点相距长度为 1m。实验测试压裂液以不同流速流过 1m 长度管道的压降值 Δp，然后由公式（5-34）计算出不同流速下的摩擦阻力系数。

图 5-50 为两种不同浓度清洁压裂液的摩擦阻力系数随平均流速的变化，可以看出摩擦阻力系数随平均流速的增加而减小，并且浓度较高的清洁压裂液摩擦阻力系数较大。

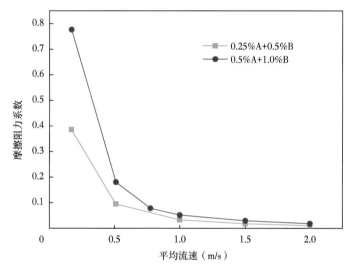

图 5-50　两种不同浓度清洁压裂液摩阻系数随平均流速变化（25℃，10MPa）

压裂液体系中各物理参数和动力参数对摩擦阻力系数的影响可表示为：

$$\lambda = f(p, \ T, \ \rho, \ u, \ D, \ L) \tag{5-35}$$

由于动力参数之间相互影响，具体考虑各因素的影响很困难，因此把各因素的影响无量纲化成广义雷诺数，并写成布拉休斯公式的形式：

$$\lambda = f(Re') = \frac{a}{Re'^b} \tag{5-36}$$

其中，广义雷诺数：

$$Re' = \frac{\rho_f uD}{\eta_e} = \frac{\rho_f uD}{K' \left(\dfrac{8u}{D} \right)^{n'-1}} = \frac{\rho_f D^{n'} u^{2-n'}}{k' 8^{n'-1}} \tag{5-37}$$

165

根据实验数据可得摩擦阻力系数与广义雷诺数之间的计算关联式：

（1）0.25%SF-A+0.5%SF-B 浓度清洁压裂液：

$$\lambda = 40.7137Re'^{-0.9197}$$

图 5-51 为浓度 0.25%SF-A+0.5%SF-B 的清洁压裂液摩擦阻力系数与广义雷诺数的关系图，关联式平均相关系数为 0.998，平均误差为 0.114%。该式的适用范围为：$0 \leqslant Re' \leqslant 6632$。

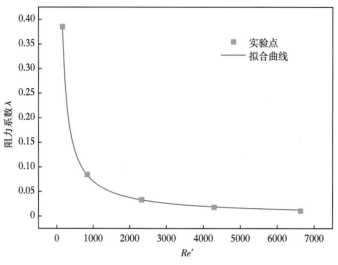

图 5-51　摩擦阻力系数与广义雷诺数的关系

（2）0.5%SF-A+1.0%SF-B 浓度清洁压裂液：

$$\lambda = 45.7767Re'^{-0.9145}$$

图 5-52 为浓度 0.5%SF-A+1.0%SF-B 清洁压裂液的摩擦阻力系数与广义雷诺数的关系图，关联式平均相关系数为 0.998，平均误差为 0.24%。该式的适用范围为：$0 \leqslant Re' \leqslant 4000$。

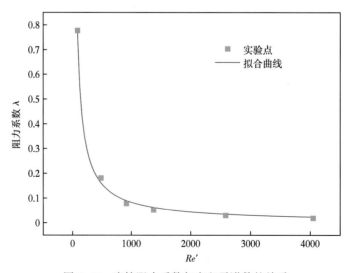

图 5-52　摩擦阻力系数与广义雷诺数的关系

五、清洁压裂液动态携砂性能测试

本部分主要对清洁压裂液携砂特性进行测试，在砂比为20%的条件下，分别测试不同粒径支撑剂（20/40目、50/60目的石英砂）和不同主剂浓度（0.25%SF-A+0.5%SF-B和0.5%SF-A+1.0%SF-B）条件下清洁压裂液对支撑剂的携带能力。

1. 20/40目、砂比为20%、主剂浓度0.25%SF-A+0.5%SF-B携砂实验

图5-53为流速为2.62m/s时携砂压裂液的流动状态，实验中采用的支撑剂为20/40目石英砂，砂比为20%，可视化PC实验管路管径为20mm。图5-53中测点1为可视化管路入口处的流动状态，图5-53中测点2为可视化管路出口处的流动状态。可以看出，在流速为2.62m/s时，支撑剂已开始发生沉降。随着流速的增加，悬浮支撑剂数量增多并且后端沉降砂粒比例减少，此时可定义流速2.62m/s为20%砂比的20/40目石英砂的清洁压裂液携砂临界流速。

图5-53　20/40目、砂比为20%、主剂浓度0.25%SF-A+0.5%SF-B携砂照片（流速为2.62m/s）

2. 50/60目、砂比为20%、主剂浓度0.25%SF-A+0.5%SF-B携砂实验

图5-54为流速为2.51m/s时携砂压裂液的流动状态，实验中采用的支撑剂为50/60目石英砂，砂比为20%，可视化PC实验管路管径为20mm。可以看出，在此流动速率下，随着移动距离的增加，支撑剂开始发生沉降，当流速低于2.51m/s时，实验中发现大量的支撑剂沉降。此时可定义流速2.51m/s为20%砂比的50/60目石英砂的清洁压裂液携砂临界流速。

图5-54　50/60目、砂比为20%、主剂浓度0.25%SF-A+0.5%SF-B携砂照片（流速为2.51m/s）

3. 20/40 目、砂比为 20%、主剂浓度 0.5%SF-A+1.0%SF-B 携砂实验

图 5-55 为流速为 2.35m/s 下携砂压裂液的流动状态，实验中采用的支撑剂为 20/40 目石英砂，砂比为 20%，可视化 PC 实验管路管径为 20mm。可以看出，在流速为 2.35m/s 时，管路出口端支撑剂已开始发生沉降，当流速低于 2.35m/s 时，发现有大量砂粒沉降，此时可定义流速 2.35m/s 为 20% 砂比的 20/40 目石英砂的清洁压裂液携砂临界流速。

图 5-55 20/40 目、砂比为 20%、主剂浓度 0.5%SF-A+1.0%SF-B 携砂照片（流速为 2.35m/s）

4. 50/60 目砂粒、砂比为 20%、主剂浓度 0.5%SF-A+1.0%SF-B 携砂实验

图 5-56 为流速为 2.23m/s 时携砂压裂液的流动状态，实验中采用的支撑剂为 50/60 目石英砂，砂比为 20%，可视化 PC 实验管路管径为 20mm。可以看出，在流速为 2.23m/s 时，管路出口端支撑剂已开始发生沉降，当流速低于 2.23m/s 时，发现有大量砂粒沉降，此时可定义流速 2.23m/s 为 20% 砂比的 50/60 目石英砂的清洁压裂液携砂临界流速。

图 5-56 50/60 目、砂比为 20%、主剂浓度 0.5%SF-A+1.0%SF-B 携砂照片

第六节 清洁压裂液现场应用

黏弹性表面活性剂压裂液技术在山西韩城、晋城、宁武盆地和大庆海拉尔地区共应用 15 口井 17 个层的现场试验。如大宁—吉县区块武试井组的宫 1-5 井、郑庄区块的 ZC128 井和 ZC129 井、陕西省吴堡县 WS3 井、沁水煤层气田樊庄区块 FZP15-1V 水平井和大庆海拉尔的 HM2 井、WS15-3 井、WS15-4 井、WS9-3 井、WS9-4 井、BD1-01 井及 X4 井等。井型为直井单层多层、水平井等，设计与施工符合率 100%，为表面活性剂压裂液的推广应用奠定了一定的基础。由于国内煤层气开发尚属起步阶段，项目实施期间现场试验

井数较少。

该体系在韩城、晋城、长庆和大庆海拉尔地区完成现场试验均取得成功，增产效果明显。已见产的多口井产量均远高于所在区块平均水平，勘探井方面，以 ZC128 井和 ZC129 井为例，该井采用清洁压裂液体系，综合降滤控制、多裂缝控制技术、大排量高砂比、小幅多级加砂等多项工艺措施，施工最高砂比 42%，两口井均加砂 41m^3。压后排采 40 天见气，70 天后产量 1800m^3/d，比同区块平均见气时间缩短 60%，压后产量提高 2.5 倍左右，比同区块压后平均产量提高 120%，为晋城区块增储上产提供了坚实的技术保障。2008—2011 年累计增加产量 240×10^{4}m^3，净增产值 259.2 万元。如能在鄂东地区开发井推广应用，预计增加产量 1000×10^{4}m^3/a，净增产值 1080 万元/a。

一、大宁—吉县区块

大宁—吉县地区位于鄂尔多斯盆地东部，处在陕西省大宁县、蒲县、吉县和乡宁县境内，构造上划属晋西挠褶带的南延部分。煤层气资源登记面积 6905km^2，煤层埋深小于 1500m 的有利勘探面积约 3800km^2。该区以煤层厚度大、面积分布稳定、埋深相对较浅、煤岩煤质特征良好、热演化程度适中、煤层气含量和含气饱和度较高，是中国煤层气勘探开发的热点地区。

大宁—吉县区块主要开采的煤层为 5#煤和 8#煤，山西组 5#煤埋深 904～1201m，平均 1038m，由两层构成，单层厚度 3～7m，煤岩解吸含气量 10.94m^3/t，含气饱和度约为 61.3%；本溪组 8#煤埋深 965～1267m，平均 1082.2m，煤由单层构成，煤层厚度 5～6m，煤岩解吸含气量 8.9m^3/t，含气饱和度 59.5%。

本区 5#煤岩孔隙度 1.91%～4.01%，平均 2.82%；8#煤层孔隙度 1.64%～4.81%，平均 2.49%，属于低孔隙度地层。这些煤层如不实施水力压裂等增产措施，就不能形成经济可采的煤层气能源。

G 字号井组位于山西省吉县屯里镇小回宫村，属于大宁—吉县煤层气开发区。大宁—吉县探区煤层气发育 5#、8#两层煤层气，为实现对该地区煤层气产能的进一步评价认识，最大限度地挖潜产能。2008 年 8 月 5 日至 9 月 21 日，对 G1 井组煤层气井 5 口井的 10 个层进行压裂改造。

G1-5 井 5 号煤层厚度 5.7m^3/层，测井孔隙度 0.09%～3.94%，预测煤层温度 30～35℃，测井吨煤含气量为 11.76m^3/t（平均值）。8 号煤层厚度 6.1m，测井孔隙度 1.08%～3.96%，煤层温度 34～38℃，测井吨煤含气量为 12.89m^3/t（平均值）。煤岩杨氏模量在 3000～5000MPa。

区块延伸压力梯度变化很大，5#煤层延伸压力梯度为 0.0158～0.024MPa/m，8#煤层延伸压力梯度为 0.012～0.026MPa/m，反映了该区块煤层裂缝复杂，非均质性强，裂缝延伸困难。

清洁压裂液抗剪切能力强，携砂能力强，易于彻底破胶，破胶后没有任何固相残存物，而且压裂过程中沿程摩阻较小，这些特点使清洁压裂液应用于煤层压裂成为可能，宫 1-5 井使用清洁压裂液施工。

2010 年 9 月 19 日长庆钻探长庆井下作业公司压裂六队在中石油煤层气有限责任公司山西大宁—吉县项目部 G1-5 井进行压裂施工（图 5-57），该井实际加砂 22.0m^3，平均砂比 29.5%；实际液量：前置液 56.0m^3、携砂液 74.5m^3、顶替液 3.6 m^3，累计 134.1m^3。

该井破裂压力 41.1MPa，前置液排量 3.0~3.5m³/min，将 22m³ 砂全部加入地层，该层完成设计砂量的 100%，平均砂比 29.5%。当顶替 3.6m³ 时，投 42mm 钢球一个打掉滑套后进行 5#煤层施工，该层实际加砂 38.0m³，平均砂比 27.1%；实际液量：前置液 63m³、携砂液 142.2m³、顶替液 3.6m³，累计 208.8m³。该层破裂压力不明显。前置液排量 4.0m³/min；最终加砂 38.0m³，停泵压力为 20.8MPa，测压降 30min，压力下降到 219.4MPa。该层完成设计砂量的 152%。施工与设计符合率 100%。从排采曲线（图 5-58）可知该井一直处于排水降压中。

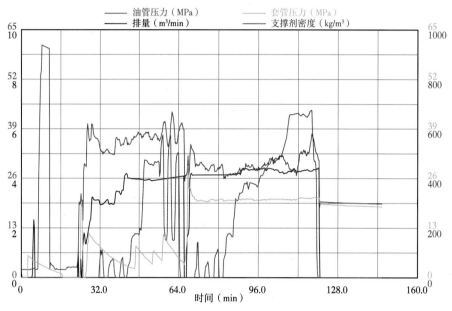

图 5-57　G1-5 井 8#煤层+5#煤层压裂施工曲线

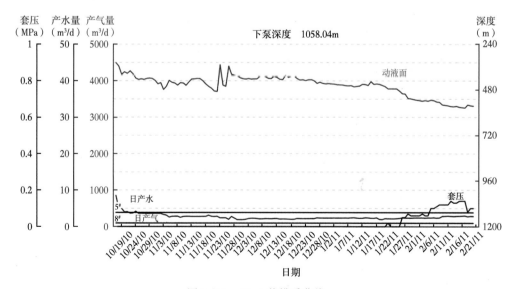

图 5-58　G1-5 井排采曲线

170

二、郑庄区块

ZC128 井、ZC129 井为中国石油煤层气有限责任公司在山西省沁水地区部署的开发井，地理位置在山西省沁水县郑村镇侯节村西南方向 500m。该区钻井资料较少，煤层含气量只能根据计算进行控制。中国矿业大学研究团队根据煤岩挥发分与煤阶计算结果：郑庄以北 3#煤含气量可达 10m³/t 以上。3#煤层厚度较大（5.8m），且煤质较好，顶底板均为弱含水层，均为泥岩。

2010 年 11 月 12 日，在中国石油华北油田煤层气公司煤层气井 ZC129 井 3#煤层进行了清洁压裂液体系的现场试验（图 5-59）。清洁压裂液由廊坊分院提供，配方：0.45%SF-A+1.0%SF-B+0.04%SF-C。煤层射孔段：503.0~507.5m，前置液量 68.77m³，排量 3.3~5.4m³/min，平均排量 5.3m³/min，地面施工压力 10.78~22.16MPa，地面破裂压力 19.31MPa，前置液 3 级段塞共加砂 1.32m³；携砂液量 164.52m³，排量 5.8~6.7m³/min，平均排量 6.26m³/min，地面施工压力 16.62~22.89MPa，砂比 7.7%~41.4%，平均砂比 24.2%，携砂液共加砂 39.75m³；顶替液 6.1m³。施工共用液 239.4m³，加砂 41.07m³，平均施工压力 18.43MPa，瞬停压力 14.14MPa，施工与设计符合率 100%。

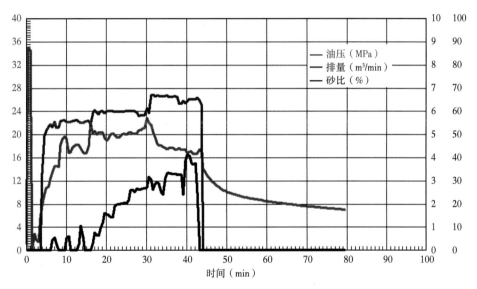

图 5-59　ZC129 井压力流量砂比综合曲线

2010 年 11 月 13 日上午 10 时装压力表，压力 3.5MPa，放压，用 5mm 油嘴放压，放至 13 时，压降为 2MPa，放液 8m³，装 8mm 油嘴，放压，放至 18 时，压降为 0MPa，有轻微溢流，放液 15m³（图 5-60）。

ZC129 井施工曲线显示每次提升排量总会伴随有微裂缝的开启，压后拟合也证明郑村区块滤失系数较大，所以在施工过程中应注意采取压裂液降滤失措施。

三、樊庄区块

水平井 FZP15-1 井位于樊庄区块东部向斜翼部，目的层为山西组 3#煤层，煤层埋深 800m 左右，含气量 18m³/t。

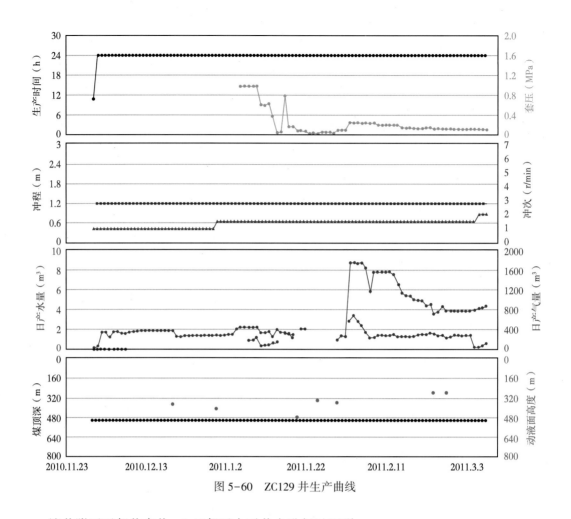

图 5-60　ZC129 井生产曲线

　　该井附近无邻井直井，3 口邻近水平井未进行过压裂。

　　水平井 FZP15-1H 三开钻井过程中，前期采用清水钻进，不断发生卡钻事故。

　　FZP15-1H 井煤层进尺 4601.0m，完钻 2 个主支，7 个分支，上倾幅度较小，最大上倾 30m，最小上倾 11m；该井位于向斜的中部位，构造简单，钻遇少量断层，煤层产状平缓，注气实施欠平衡钻井。钻井过程中钻进分支 L1（M1）时钻达井深 1448.0m 时出现托压现象，上提钻具后下放遇阻，返砂出现掉块，该分支提前结束；钻进 L5（M1）支 1424.45m 处卡钻。钻井液密度 1.03g/cm³，黏度 33mPa·s。分析认为钻井液密度和黏度均较高，对煤储层有一定伤害。

　　2011 年 7 月 21 日，在 FZP15-1V 井进行压裂施工（图 5-61、图 5-62），施工共分 3 个阶段，分别为小型压裂测试；交替挤注清洁压裂液+酸液和主压裂施工。

　　为了测试该煤层滤失、垮塌及裂缝发育程度，在主压裂之前进行了 105m³ 活性水的小型压裂测试，其中阶梯升排量注入活性水 41.66m³，施工排量 4.01 ~ 10.08m³/min，施工泵压 8.56 ~ 9.53MPa。支撑剂段塞测试注入活性水 50.24m³，加入 30/50 目石英砂 2.08m³，施工排量 10.03 ~ 10.08m³/min，施工泵压 9.55 ~ 13.93MPa。阶梯降排量注入活性水 13.10m³，施工排量 2.01 ~ 10.05m³/min，施工泵压 6.36 ~ 9.80MPa。停泵压力 6.38MPa。

　　为了解除裸眼段近井筒钻井水泥浆伤害，主压裂之前进行三级段塞挤注酸液+清洁压裂

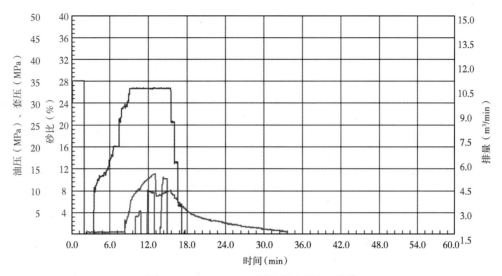

图 5-61　FZP15-1V 井测试压裂施工曲线

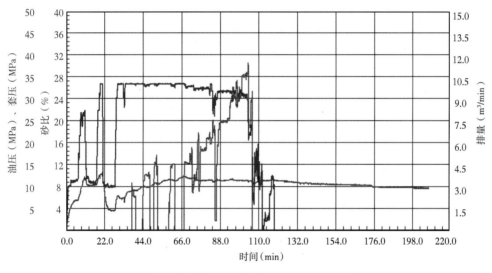

图 5-62　FZP15-1V 井主压裂施工曲线

液。第一段挤注酸液 20m³，排量 3.06～3.45m³/min，施工泵压 4.43～7.01MPa。第一段清洁压裂液 30m³，施工排量 3.44～8.08m³/min，施工泵压 7.01～12.18MPa。第二段挤注酸液 20m³，排量 3.20～5.13m³/min，施工泵压 10.32～12.06MPa。第二段清洁压裂液 30m³，排量 3.21～10.06m³/min，施工泵压 10.40～12.79MPa。第三段挤注酸液 22.65m³，排量 2.94～10.05m³/min，施工泵压 4.51～12.88MPa。第三段清洁压裂液 20m³，排量 3.08～10.09 m³/min,施工泵压 4.55～7.99MPa。共计挤注酸液 62.65m³，清洁压裂液 90.84m³。

主压裂前置液前置液采用活性水体系，施工排量 7.58～10.09m³/min，施工泵压 7.26～12.27MPa。共注入前置液 363.01m³，三级段塞加砂 15.0m³。

携砂液采用清洁压裂液体系（0.5%SF-A+0.8%SF-B），施工排量 4.08～10.06 m³/min,施工泵压 10.90～12.32MPa，共注入携砂液 373.84m³，砂比 12%～36%，平均砂比 14.5%，加砂 54.2m³。

顶替液采用煤粉悬浮活性水体系，由于现场条件及设备所限，顶替排量 2.65~4.55m³/min，泵压 11.16~11.68MPa。共注入顶替液 20.29m³。停泵压力 11.43MPa。FZP15-1 井经一年排采，现产气量 800m³/d，邻井产量 600m³/d。

FZP15-1V 井压前套压 0.05MPa，流压 0.5MPa，液面已降至煤层附近，日产气量 200m³；之后套压为 0.08MPa，流压为 1.98MPa，说明该井压裂后具有一定的潜力。

四、宁武盆地

1. W15-3 井

宁武盆地位于山西省西北部，西侧为吕梁山隆起和芦芽山复背斜，东侧为五台山隆起带，是晚古生代成煤期后受构造运动挤压抬升形成的小型山间构造盆地。南北长约 130km，宽 20~30km，面积约 3120km²。盆地由南往北略呈平缓抬起；向斜东西两翼边部产状较陡，向内则产状平缓，倾角小于 10°，尤以中段表现明显；向斜南、北二端开阔平缓，是煤层气富集的有利地区。

其中 9#煤岩是主要勘探对象，其储层特征：（1）煤演化程度中等偏低，表现为中煤阶，属于肥煤—焦煤；（2）分布稳定，厚度大，最厚 20 余米，一般厚度可达 12m；（3）煤层含气量较高，一般为 11.7~20.3m³/t；（4）煤层气资源可靠，煤层埋深 300~1500m。

宁武盆地南部煤层孔隙以微孔为主，发育了少量的中孔和大孔，孔隙度为 3.97%~5.2%，孔隙中值半径为 0.1~63μm，镜质组反射率为 0.85%~1.12%。根据 W01、W03、W04 及 W05 注入/压降法测试结果，压裂前煤层渗透率一般为 0.01~0.86mD。该区煤层割理发育，割理密度为 3~5 条/cm，缝宽 4~7μm。构造裂缝多垂直煤层发育，呈不规则分布。

W15-3 井位于宁武盆地南部斜坡带，地理位置为山西省静乐县丰润镇南河村，为了获取该地区煤层气评价参数，进一步开展宁武盆地南部地区煤层气资源勘探，实现对该地区煤层气产能的进一步评价认识，最大限度地挖潜产能，决定对该井进行加砂压裂改造。

活性水及射孔液配方：清水+2%KCl，2 罐，共 80m³，pH 值为 6.5~7。

表活剂压裂液配方：0.4%SF-A+0.8%SF-B+0.05%SF-C，用量 800m³，采用连续混配，SF-A 剂稀释 3.8 倍，SF-B 不稀释。

配液水质透明，pH 值为 6.5~7。

测试压裂：活性水进行泵注，排量 2~7m³/min，最大压力 34.86MPa，净液量 59.77m³。

主压裂施工：9#煤层累计注入总液量 757.80m³，总砂量 61.09m³，净液量 721.15m³，排量 5.2~6.58m³/min，最高压力 34.62MPa，最高砂比 22%，平均砂比 15%，地层破裂后压力下降较大，加砂阶段压裂低，最终以 13~14MPa 左右的延伸压力裂缝延展。

W15-3 井施工现场采用连续混配技术，液体起黏迅速，能够满足现场需要，顺利完成施工。并按设计加入破胶剂。

2. W9-3 井

W9-3 井是宁武盆地南部斜坡带的一口评价井，该井太原组 9#煤层厚度大，裂隙发育，电阻率明显有正差异，煤岩杨氏模量较小，塑性较大，支撑剂易嵌入地层，同时由于该地层渗透性较好，压裂液滤失严重，该段的灰分含量 6.0%；计算该段煤层的吨煤含气量 13.7m³，孔隙度 6.8%。井径曲线有明显的扩大，对压裂改造提出了挑战。为对该地区煤层气产能做进一步认识评价，最大限度挖潜产能，决定对该井进行水力喷射压裂改造。

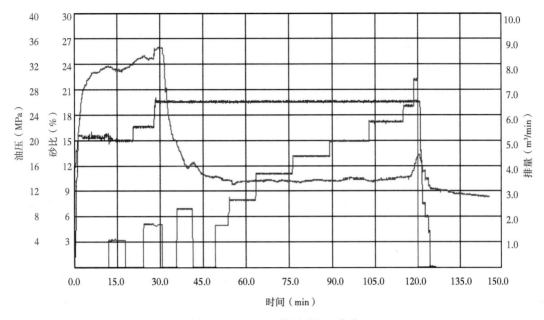

图 5-63　W15-3 井压裂施工曲线

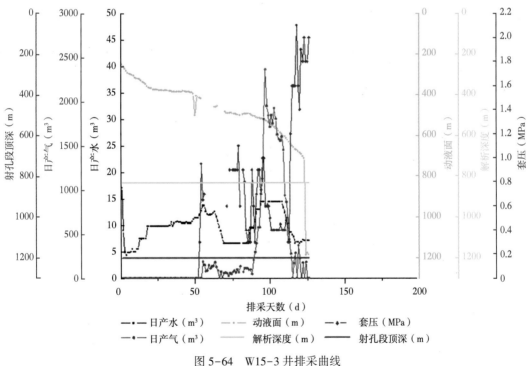

图 5-64　W15-3 井排采曲线

由于 W9-3 井附近有其他煤层气井正在生产，有大量排采水，基于经济环保和节约成本角度考虑，决定采用 W1-1 井排采水配制清洁压裂液，不足部分用地下水补足。

对返排水质进行了分析，并与 W9-3 地下水进行了对比，水型均为碳酸氢钠型，煤层水和地层水都能够满足配液要求，不影响压裂液的性能。水质结果见表 5-21、表 5-22。

表 5-21　W1-1 井排采水水质分析

项目	含量		项目	含量	
	（mmol/L）	（mg/L）		（mmol/L）	（mg/L）
钾钠离子	36.40	836.83	氯离子	9.46	335.43
钙离子	1.32	26.37	硫酸离子	3.95	189.62
镁离子	1.13	13.72	重碳酸离子	25.44	1552.55
阳离子总值	38.85	876.93	阴离子总值	33.85	2077.60
总矿化度		2955	水型	重碳酸钠	
备注			总硬度		69
			总碱度		2547

表 5-22　水质分析结果对比

水样　　　　项目	W1-1 井地层水含量 （mg/L）	W9-3 井地层水含量 （mg/L）	配液水含量 （mg/L）
钾钠离子	836.84	671.31	126.78
钙离子	26.37	60.28	29.98
镁离子	13.72	4.57	11.67
氯离子	335.43	194.20	52.38
硫酸离子	189.62	18.06	119.11
碳酸离子	0	0	6.11
碳酸氢离子	1552.55	1631.25	0
pH 值	7	7	7
总矿化度	2955	2583	578.40
水型	碳酸氢钠	碳酸氢钠	碳酸氢钠

在保证携砂的前提下，降低压裂液用量，这样既经济，又可以降低对地层的伤害，现场压裂液配制采用 0.3%SF-A+0.6%SF-B、0.35%SF-A+0.7%SF-B、0.4%SF-A+0.8%SF-B 三种浓度差的压裂液配比。

现场共配活性水 150m^3，清洁压裂液 900m^3，活性水及射孔液配方：清水+1%KCL，3 罐，共 150m^3，pH 值为 6.5~7。

清洁压裂液：

0.3%SF-A+0.6%SF-B，5 罐，共 250m^3，水质为淡黄色透明状，pH 值为 6.5~7.0，黏度为 7.5~9.0mPa·s；

0.35%SF-A+0.7%SF-B，4 罐，共 200m^3，水质为淡黄色透明状，pH 值为 6.5~7.0，黏度为 7.5~10.5mPa·s；

0.4%SF-A+0.7%SF-B，9 罐，共 450m^3，水质为淡黄色透明状，pH 值为 6.5~7.0，黏度为 9.0~10.5mPa·s。

煤层水配制压裂液呈淡黄色透明状（表 5-23），黏度 7.5~10.5mPa·s；地下水配制压裂液呈透明或淡黄色透明状，黏度 7.5~10.5mPa·s；压裂液的黏度基本与实验室的结果一致（表 5-24）。

表 5-23　煤层水配制清洁压裂液检测结果

序号	煤层水	水质外观	pH 值	SF-A:SF-B	黏度（mPa·s）
1	W9-3 井	淡黄色透明	6.5	0.3%:0.6%	7.5~9.0
2			6.5	0.35%:0.70%	7.5~10.5
3			6.5	0.4%:0.8%	9.0~10.5
4	W1-1 井		7.0	0.3%:0.6%	7.5~10.5
5			7.0	0.4%:0.8%	9.0~10.5

表 5-24　W9-3 井配液水配制清洁压裂液检测结果

序号	配液水灌号	水质外观	pH 值	配方 SF-A:SF-B	黏度（mPa·s）
1	5 上	清澈透明	7.0	0.3%:0.6%	7.5~9.0
2	5 下	清澈透明	7.0	0.3%:0.6%	7.5~9.0
3	6 上	淡黄色透明	6.5	0.3%:0.6%	7.5~9.0
4	6 下	淡黄色透明	6.5	0.3%:0.6%	7.5~9.0
5	11 上	清澈透明	7.0	0.3%:0.6%	7.5~9.0
6	11 下	清澈透明	7.0	0.3%:0.6%	7.5~9.0
7	19 上	清澈透明	7.0	0.3%:0.6%	7.5
8	19 下	清澈透明	7.0	0.4%:0.8%	9.0~10.5
9	上层 1 上	淡黄色透明	6.5	0.4%:0.8%	9.0~10.5
10	上层 1 下	淡黄色透明	6.5	0.3%:0.6%	7.5~9.0
11	混合水	淡黄色透明	6.5	0.3%:0.6%	7.5~9.0

喷砂射孔点为 1199.0m，射孔压力 38.0~40.0MPa，油管排量 1.0~2.0m³/min，累计加砂 2.1m³，射孔时间 28.8 分钟（图 5-65）。

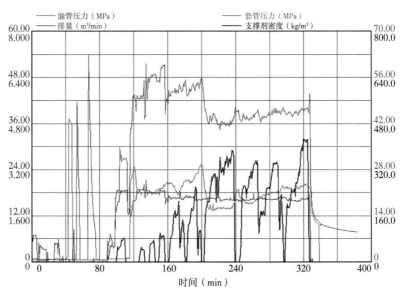

图 5-65　W9-3 井压裂施工曲线

主压裂施工：9#煤层累计注入液量 703.2m³，油管排量 2.5m³/min，套管排量 1.5m³/min，油管注入液量 422.8m³，套管注入液量 280.3m³，累计加砂 60m³，平均砂比 20%。当压力达到 51MPa 时，地层破裂，但由于该层塑性较大，在压开裂缝后压裂仍有一个上升的阶段，最终以 39MPa 左右的延伸压力裂缝延展。

压裂过程加入破胶剂 SF-C 共 11 袋（总重 275kg），过硫酸铵 1 袋（25kg）。

参 考 文 献

陈馥，王安培，等，2002. 国外清洁压裂液的研究进展 [J]. 西南石油学院学报，24（5）：65-67.

陈馥，王安培，等，2002. 无聚合物清洁压裂液的实验室研究 [J]. 精细化工，19（8）：54-56.

陈荣杰，魏世举，韩文学，等，2005. 清洁压裂液在低渗油藏压裂改造中的应用 [J]. 内蒙古石油化工，31（10）：108-110.

陈学，2018. 低分子清洁压裂液合成研究 [D]. 成都：西南石油大学，2018.

党民芳，李臣生，等，2001. 无聚合物水力压裂液 [J]. 断块油气田，8（3）：54-58.

杜传亮，2009. 新型双子表面活性剂型清洁压裂液增稠剂的合成及性能 [J]. 精细与专用化学品，27（1）：20-22.

郭天鹰，2018. 大庆油田 G 区块复合压裂液提高渗吸采收率实验研究 [D]. 大庆：东北石油大学.

郭兴，2017. 低粘压裂液体系及低粘压裂液用疏水缔合聚合物的制备与性能研究 [D]. 西安：陕西科技大学.

贺承祖，华明琪，2003. 压裂液对储层的损害及其抑制方法 [J]. 钻井液与完井液，20（1）：49-54.

赫泽，2001. 无聚合物压裂液 [J]. 国外油田工程，17（1）.

黄志宇，李忠蔷，敬显武，等，2017. CO_2/N_2 开关型清洁压裂液的制备及其性能评价 [J]. 应用化工. 46（1）：33-36.

贾帅，崔伟香，杨江，等，2016. 新型超分子压裂液的流变性能研究及应用 [J]. 油气地质与采收率，23（5）：83-87.

蒋建勋，刘宇聪，罗斐，等，2018. 一种清洁压裂液的制备与性能评价 [J]. 应用化工，47（5）：872-874+878.

乐雷，2017. 纳米材料对蠕虫状胶束溶液流变性改性机理研究 [D]. 西安：西安石油大学.

李小刚，陈雨松，杨兆中，等，2017. 粘弹性表面活性剂在油气藏增产改造领域的研究进展 [J]. 世界科技研究与发展，39（3）：264-269.

刘澈，2017. 耐高温低伤害清洁压裂液的合成及性能评价 [D]. 北京：中国石油大学（北京）.

刘恒，2017. 黏弹性表面活性剂的性质及在油田的应用探究 [J]. 当代化工研究，（8）：118-119.

刘俊，郭拥军，等，2003. 粘弹性表面活性剂研究进展 [J]. 钻井液与完井液，20（3）：48-51.

刘新全，易明新，等，2001. 粘弹性表面活性剂（VES）压裂液 [J]. 油田化学，18（3）：273-277.

卢拥军，方波，房鼎业，等，2003. 粘弹性表面活性剂胶束体系及其流变特性 [J]. 油田化学，20（3）：291-294.

潘一，王瞳煜，杨双春，等，2018. 黏弹性表面活性剂压裂液的研究与应用进展 [J]. 化工进展，37（4）：1566-1574.

唐瑭，2018. 一种高悬砂比低伤害压裂液研究 [D]. 成都：西南石油大学.

唐文峰，代文，2016. 一类清洁压裂液的实验室合成及性能评价 [J]. 化工管理，（26）：267.

王北福，2003. 无伤害压裂液的研究 [D]. 大庆：大庆石油学院.

王豪，宋波，2018. 阴离子型 VES 压裂液在裂缝性油藏中的研究应用 [J]. 当代化工. 47（3）：639-641+645.

王嘉欣，唐善法，2018. 清洁压裂液的研究现状与展望 [J]. 当代化工，47（2）：334-337.

肖博，蒋廷学，张正道，等，2018. 纳米复合纤维基表面活性剂压裂液性能评价 [J]. 科学技术与工程，18（29）：59-64.

徐光，2017. 压裂液流变特征及其对悬砂能力的影响 [D]. 大庆：东北石油大学.

徐志国，方波，等，2003. 清洁胶束压裂液延缓形成的性能 [J]. 华东理工大学学报（自然科学版），29（4）：332-335.

严玉忠，舒玉华，等，2003. 粘弹性表面活性剂胶束体系及其流变特性 [J]. 油田化学，20（3）：291-294.

杨枫，2017. 清洁压裂液强化煤层瓦斯解吸渗流特性研究 [D]. 重庆：重庆大学.

杨兆中，朱静怡，李小刚，等，2018. 含纳米颗粒的黏弹性表面活性剂泡沫压裂液性能 [J]. 科学技术与工程，18（10）：42-47.

张国红，李曙光，等，2001. 一种新型压裂液的现场应用及分析 [J]. 新疆石油科技，11（2）：15-18.

张鹏翼，2018. 纳米清洁压裂液配方研究及性能评价 [D]. 北京：中国石油大学（北京）.

张鹏翼，2017. 一种添加二氧化硅纳米颗粒的阳离子型清洁纳米压裂液性能研究 [A]. 中国化学会. 中国化学会第十六届胶体与界面化学会议论文摘要集——第六分会：应用胶体与界面化学 [C]. 中国化学会：中国化学会：24-25.

张素新，肖红艳，2000. 煤储层中微孔隙和微裂隙的扫描电镜研究 [J]. 电子显微学报，19（4）：531-532.

张兴，王超，欧阳坚，等，2016. 一种新型交联缔合清洁压裂液体系的研究及评价 [J]. 钻采工艺，39（4）：72-75+6.

张雨，2017. 基于温敏稳泡体系的微泡沫压裂液制备与稳定机理研究 [D]. 东营：中国石油大学（华东）.

赵迪，2017. 低渗透储层压裂液评价标准及现场快速检测技术 [D]. 大庆：东北石油大学.

郑国超，2017. CO_2 敏感型清洁压裂液体系的构筑及循环再利用机制研究 [D]. 东营：中国石油大学（华东）.

周琼，2017. 一种耐温抗剪切纳米清洁压裂液研制与性能评价 [A]. 中国化学会. 中国化学会第十六届胶体与界面化学会议论文摘要集——第六分会：应用胶体与界面化学 [C]. 中国化学会：中国化学会：260-264.

周天元，2017. 耐温性阴离子双子表面活性剂清洁压裂液构筑及性能评价 [D]. 武汉：长江大学.

Atrayee Baruah, Akhilendra K. Pathak, Keka Ojha, 2016. Study on rheology and thermal stability of mixed（nonionic-anionic）surfactant based fracturing fluids [J]. AIChE Journal, 62（6）.

Atrayee Baruah, Dushyant S. Shekhawat, Akhilendra K. et al, 2016. Experimental investigation of rheological properties in zwitterionic-anionic mixed-surfactant based fracturing fluids [J]. Journal of Petroleum Science and Engineering, 146.

David Dogon, Michael Golombok, 2016. Flow-induced proppant carrying capacity [J]. Journal of Petroleum Science and Engineering, 146.

David Dogon, Michael Golombok, 2016. Wellbore to fracture proppant-placement-fluid rheology [J]. Journal of Unconventional Oil and Gas Resources, 14.

Elbel J, Gulbis J, King M T, et al, 1991. Increased Breaker Concentration in Fracturing Fluids Results in Improved Gas Well Performance [R]. paper SPE 21716 presented at the 1991 Production Operations Symposium, Oklahoma City, OK, April 7-9.

Energy - Oil and Gas Research, 2018. New Findings from Southwest Jiaotong University Describe Advances in Oil and Gas Research（Viscoelastic surfactant fracturing fluid for underground hydraulic fracturing in soft coal seams）[J]. Energy Weekly News.

Hairong Wu, Qiong Zhou, Derong Xu, et al, 2018. SiO_2 nanoparticle-assisted low-concentration viscoelastic cationic surfactant fracturing fluid [J]. Journal of Molecular Liquids. 266.

Jincheng Mao, Heng Zhang, Wenlong Zhang, et al, 2018. Dissymmetric beauty: A novel design of heterogemini viscoelastic surfactant for the clean fracturing fluid [J]. Journal of Industrial and Engineering Chemistry, 60.

Jincheng Mao, Xiaojiang Yang, Yanan Chen, et al, 2018. Viscosity reduction mechanism in high temperature of a Gemini viscoelastic surfactant (VES) fracturing fluid and effect of counter-ion salt (KCl) on its heat resistance [J]. Journal of Petroleum Science and Engineering, 164.

Liewei Qiu, Yiding Shen, Chen Wang, 2018. pH- and KCl-induced formation of worm-like micelle viscoelastic fluids based on a simple tertiary amine surfactant [J]. Journal of Petroleum Science and Engineering, 162.

Nurudeen Yekeen, Eswaran Padmanabhan, Ahmad Kamal Idris, 2018. A review of recent advances in foam-based fracturing fluid application in unconventional reservoirs [J]. Journal of Industrial and Engineering Chemistry, PTTC Newsletter, Vol. 10, No. 1, 1st Quarter 2004. 8.

Puri R, King G E, Palmer I D, 1991. Damage to Coal Permeability During Hydraulic Fracturing. Paper SPE 21813 presented at the Low Permeability Reservoirs Symposium, April 15-17, 1991, Denver, Colorado.

Samuel M M, Card R J, Jelson E B, et al, 1999. Polymer-free Fluid for Fracturing Applications [J]. SPEDC, 14: 240-246.

Shedid A. Shedid, 2009. "Experimental Investigations of Stress-Dependent Petrophysical Properties of Coalbed Methane (CBM) [R]. SPE 119998, the SPE Middle East Oil&Gas Show and Conference, the Bahrain International Exhibition Centre, Kingdom of Bahrain, 15-18 March.

Sullivan P F, Gadiyar B R, Morales H, et al, 2006. Optimization of a Visco-Elastic Surfactant (VES) Fracturing Fluid for Application in High-Permeability Formations. Paper SPE 98338 presented at the International Symposium and Exhibition on Formation Damage Control, 15-17 February, Lafayette, Louisiana U. S. A.

Wan-fen Pu, Dai-jun Du, Rui Liu, 2018. Preparation and evaluation of supramolecular fracturing fluid of hydrophobically associative polymer and viscoelastic surfactant [J]. Journal of Petroleum Science and Engineering, 167.

Xiaojiang Yang, Jincheng Mao, Heng Zhang, et al, 2019. Reutilization of thickener from fracturing flowback fluid based on Gemini cationic surfactant [J]. Fuel, 235.

Xiping Ma, Zhongxiang Zhu, Leiyang Dai, et al, 2016. Introducing hydroxyl into cationic surfactants as viscoelastic surfactant fracturing fluid with high temperature resistance [J]. Russian Journal of Applied Chemistry, 89 (12).

Xuepeng Wu, Yue Zhang, Xin Sun, et al, 2018. A novel CO_2 and pressure responsive viscoelastic surfactant fluid for fracturing [J]. Fuel, 229.

Yang Feng, Ge Zhaolong, Zheng Jinlong, et al, 2018. Viscoelastic surfactant fracturing fluid for underground hydraulic fracturing in soft coal seams [J]. Journal of Petroleum Science and Engineering, 2018, 169.

Yiyu Lu, Feng Yang, Zhaolong Ge, et al, 2017. Influence of viscoelastic surfactant fracturing fluid on permeability of coal seams [J]. Fuel, 194.

Yiyu Lu, Mengmeng Yang, Zhaolong Ge, et al, 2019. Influence of viscoelastic surfactant fracturing fluid on coal pore structure under different geothermal gradients [J]. Journal of the Taiwan Institute of Chemical Engineers, 97.

Zhihu Yan, Caili Dai, Mingwei Zhao, et al, 2016. Development, formation mechanism and performance evaluation of a reusable viscoelastic surfactant fracturing fluid [J]. Journal of Industrial and Engineering Chemistry, 37.

180

第六章　高温聚合物压裂液体系

　　随着石油勘探技术的进步，油气资源的开发不断向纵深方向发展，勘探开发的深井越来越多，这些深井的井底温度甚至可超过200℃。然而在超深井异常高温高压环境下，现有的压裂液体系并不能适用于此类地层的压裂条件。市场上常用的植物胶压裂液，其稠化剂高分子量长链在温度达到177℃时就会迅速降解，且植物胶压裂液在体系pH值较低时，交联结构发生水解，尤其在高温下水解更为严重。传统的有机硼交联压裂液仅适合在温度150℃下使用，很难在180℃以上的超高温井中保持良好的压裂液性能。近年来国内外广泛开展了基于改性聚丙烯酰胺的聚合物稠化剂的研究，并主要侧重于引进新的单体与丙烯酰胺共聚方面的研究，其耐温一般集中在200℃，并且存在耐盐、耐剪切性能不稳定，交联时间不可控，破胶不彻底等问题。为此，研发性能良好的耐温超过200℃的聚合物冻胶压裂液，满足超高温井的井下压裂施工对压裂液体系的需求，对超高温深井的储层改造、增产、增注都具有非常重要的意义。

第一节　高温聚合物压裂液体系国内外技术现状

一、高温聚合物压裂液国内外技术现状

1. 高温聚合物压裂液国内外技术现状

　　20世纪90年代，日本科研人员对高温压裂液进行了大量的研究，研制出了耐温能力达162℃的高温冻胶压裂液体系，并在Minami-Nagaoka气田采用有机硼交联羟丙基瓜尔胶冻胶压裂液进行了压裂施工，但因为交联剂的耐温能力差导致施工砂堵，压裂失败。2002年，日本科研人员研制成功有机锆（Zr）交联羧甲基羟丙基瓜尔胶（CMHPG）高温冻胶压裂液，并成功对该井进行重复压裂改造。东北石油大学的刘庆旺等使用超级改性瓜尔胶（GHPG）作为稠化剂，在加大基液浓度至0.8%时，采用有机硼锆复配交联剂，耐温可达200℃，且破胶容易、彻底，但是仅限于室内研究，未进行现场应用。

　　哈里伯顿公司（Halliburton）是最早进行高温人工合成聚合物压裂液研究的国外公司，早在2003年哈里伯顿公司的高温合成聚合物压裂液温度稳定性可达232℃（450 ℉），已成功在得克萨斯州南部的油田进行了现场测试。哈里伯顿公司的高温压裂液稠化剂分子是由丙烯酰胺、丙烯酸和2-丙烯酸酰胺-2甲基丙磺酸（AMPS）三种单体无规共聚而成

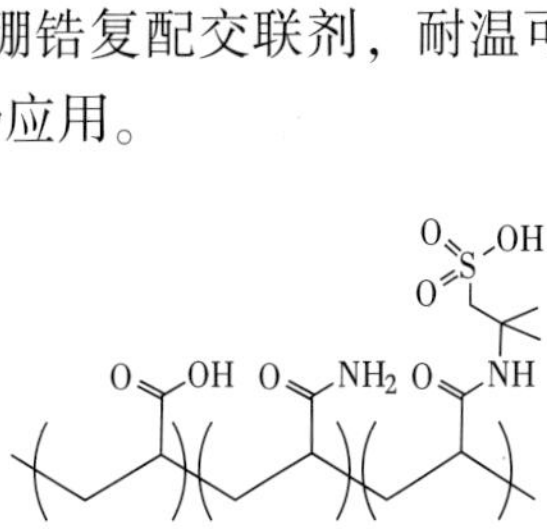

图6-1　哈里伯顿公司高温压裂液所用聚合物的分子结构式

（图6-1），其中，丙烯酸可以提供用于交联的官能团，而2-丙烯酸酰胺-2甲基丙磺酸（AMPS）则可以抗热降解和抗二价盐，进一步提高热稳定性及耐盐性。

　　贝克休斯公司（Baker Hughes）在2011年研发的高温压裂液也是由聚合物组成，聚合

物稠化剂分子由丙烯酰胺，2-丙烯酸酰胺-2甲基丙磺酸（AMPS）和乙烯基膦酸盐3种单体共聚而成，利用乙烯基膦酸盐提供可交联的官能团。该体系为酸性交联，采用pH值为5的醋酸和醋酸钠混合水溶液作为pH值缓冲剂，交联速度可通过温度控制。该体系稠化剂用量小，耐温232℃（450℉），但是并没有现场应用的相关报道。

斯伦贝谢公司（Schlumberger）在2014年推出了适用于储层温度高达232℃的合成聚合物高温压裂液SAPPHIRE XF，同样是用丙烯酰胺共聚物作为稠化剂，聚合物上引入羧酸根用于交联，交联pH值6~9，该液体成功地在印度浅海的油田进行了现场测试。

2016年，Liang Feng等利用纳米材料与压裂液杂化，形成高温无残渣压裂液。通过加入0.02%的纳米材料，压裂液可以耐温150~230℃。流体在温度为350℉、剪切速率为40s^{-1}条件下剪切3小时黏度保持在500mPa·s以上，该压裂液体系具有良好的支撑剂携带和输送能力。并且通过导流能力测试表明，纳米杂化压裂液残渣含量较少，渗透率恢复率达到82%。

Carman、Paul等在其2014年公布的专利中介绍了一种新型耐高温压裂液稳定剂吩噻嗪的制备方法，与硫代硫酸钠复配应用于特定聚合物压裂液体系，其耐受地层温度可达500℉（260℃）且泵送时间达2小时，在425℉（218.3℃）下可泵送4小时，在400℉（204.4℃）下可泵送6小时。该聚合物稠化剂由丙烯酰胺或其衍生物、磷酸乙烯酯和2-丙烯酰胺-2-甲基丙磺酸或其他丙烯酰氨基磺酸盐共聚合成，交联剂为有机锆钛铝的复配交联剂，pH值缓冲剂由乙酸—乙酸钠或甲酸配制，保证基液pH值在4.5~5.25之间。

Prakash Chetan等在第19届SPE中东石油和天然气展览会中提出了一种以聚丙烯酰胺类为稠化剂，有机锆化合物为交联剂的压裂液，耐温超过227℃。

Song等以2-丙烯酰胺（AM）、2-丙烯酰胺基-2-甲基丙磺酸（AMPS）及乙烯基磷酸酯为原料合成了一种三元聚合物压裂液稠化剂，该稠化剂可与有机锆交联剂交联，同时加入反相表面活性剂及抗坏血酸稳定剂，制得的凝胶在230℃、100s^{-1}下连续剪切120分钟后，保留黏度大于100mPa·s。

2. 国内中高温聚合物压裂液技术现状

中国耐高温压裂液按稠化剂来分主要有三类：植物胶压裂液、植物胶/聚合物混合压裂液和合成聚合物压裂液。植物胶压裂液因为其自身的性能，耐温不超过178℃。为了得到能高温压裂液，研究人员重点开展了瓜尔胶改性研究和高温的交联技术研究及压裂液配方的优化。徐敏杰等用改性羧甲基羟丙基瓜尔胶（CMHPG）配制了耐温180℃的压裂液。CMHPG与交联剂（氨基酸锆螯合物）形成的冻胶耐温达190℃。2009年，邓敦夏等用瓜尔胶原粉和阳离子醚化剂对瓜尔胶进行改性制得超级瓜尔胶GHPG，与有机硼锆复合交联剂复配形成耐温190℃的压裂液配方体系。郭建春等将一定量的羟丙基瓜尔胶加入醇溶液中，在氮气环境及碱催化条件下，加入乙酸丙酯和吡咯烷酮，将刚性的乙酸丙酯基和吡咯烷酮基接枝到普通瓜尔胶的甘露糖主链上，得到能耐超高温的改性瓜尔胶GHPG。使用0.55% GHPG稠化剂在180℃、170s^{-1}条件下剪切40分钟后，黏度为150mPa·s左右，2小时后黏度在80mPa·s左右。这说明此种高温改性瓜尔胶的加入提高了瓜尔胶的耐高温性能和抗高剪切性能。朱军剑等用普通HPG作为稠化剂、有机硼为交联剂制备超高温有机硼交联压裂液，其与固体有机硼交联剂形成的交联冻胶可耐温175℃。

采用改性植物胶能一定程度提高压裂液性能。但是由于植物胶自身结构的限制，植物胶改性对压裂液体系性能的提高有局限性。为进一步满足超高温井对压裂液技术的需求，

2015 年，张浩等制备了主要组成为 0.60% CMHPG、0.35% PAM（相对分子量小于 1000 万）稠化剂和 0.33% 有机金属交联剂的可耐温 200℃的超高温压裂液；袁青等将 CMHPG、PAM 和聚乙烯醇混合制得超高温压裂液，该压裂液与有机硼锆交联剂形成的冻胶耐温可达 200℃。与瓜尔胶压裂液相比，这种植物胶/聚合物混合的压裂液基液黏度降低，但压裂液交联冻胶耐温性能得到一定的提高。

植物胶/聚合物作为压裂液稠化剂，室内试验可以满足耐温 200℃，但未见该类技术在实际压裂中的成功应用案例。合成聚合物压裂液具有较强的耐温、耐剪切性能，悬砂性能好，对储层的伤害小，该类压裂液体系目前成为高温储层改造关键技术之一，该领域的研究已经成为国内研究热点。2011 年，杨振周等研究了新型合成聚合物超高温压裂液体系，0.8% 聚合物的交联冻胶在 180℃、170s^{-1} 下剪切 120 分钟后的黏度大于 100mPa·s。该压裂液具有高剪切下的黏度恢复能力，易破胶，破胶液黏度低，残渣含量少。王超等以 AM/AMPS 共聚物作为稠化剂，通过与非金属交联剂形成的交联冻胶耐温可达 190～200℃。2012 年，翟文等制备的超高温聚合物压裂液体系 0.6% 聚合物耐温 200℃，在 200℃、170s^{-1} 下剪切 120 分钟后的黏度大于 100mPa·s；2014 年，该稠化剂（N，N-二甲基丙烯酰胺、AMPS、N-乙烯基吡咯烷酮组成的三元共聚物）与长链螯合交联剂制得的交联冻胶耐温达 240℃。该压裂液在中国石油华北油田牛东 101 井（地层温度 205℃）的酸压施工中成功应用。刘萍、管保山、徐敏杰等在 2018 年制备了一种耐 220℃高温的聚合物压裂液体系，该体系中聚合物稠化剂由丙烯酰胺（AM）、2-丙烯酰胺-2-甲基丙磺酸（AMPS）、甲基丙烯酸（MAA）和乙烯基膦酸（VPA）单体共聚而成，稠化剂基液的表观黏度为 46.5mPa·s。交联剂为含有锆、铝元素的复合交联剂，该交联剂为热致交联剂，常温下 15～60s 基液增稠，升温至 50℃以上后冻胶强度增加可以挑挂，具有良好的延迟交联作用，利于泵送；文献中针对高温压裂液初始黏度高、破胶时间长和对储层伤害大等难题提出了解决的思路与方法，优化了破胶剂的加量实现了聚合物压裂液彻底破胶，有效减小了对储层的伤害。该压裂液体系在 220℃、100s^{-1} 下剪切两小时，保留黏度在 100mPa·s 以上。杨振周、刘付臣、宋璐璐等在 2018 年研制了一种耐温 230℃的新型超高温压裂液体系，其体系中包含一种新制得的超高温稠化剂 GAHT、耐高温的锆交联剂 XL2、高温稳定剂 TS 和有效的破胶剂溴酸钠，形成了一种耐温 200～230℃的超高温压裂液体系，具有十分优异的耐温、耐剪切性能。其稠化剂合成采用了反相乳液聚合方式进行聚合，其聚合所用单体为丙烯酰胺（AM）、2-丙烯酰胺-2-甲基丙磺酸（AMPS）与乙烯基磷酸盐（VPA），其中单体乙烯基磷酸盐（VPA）可以提供形成交联的膦酸基团。压裂液组分中含有聚合所需的白油与表面活性剂，使用时需在水中加入反转表面活性剂进行破乳工序。其乳液聚合工艺保证了稠化剂聚合物具有较高的相对分子量（800 万～1000 万），因此压裂液具有良好的流变性能。其交联剂采用三乙醇胺锆络合物作为超高温交联剂。该压裂液体系在 230℃、100s^{-1} 下剪切 90 分钟，保留黏度在 200mPa·s 以上；剪切 120 分钟，保留黏度在 130mPa·s 以上。

二、高温交联剂技术现状

交联剂是决定压裂液黏度性质的主要因素之一。交联剂通过化学键或配位键与稠化剂发生交联反应，使体系中稠化剂各分子连结成网状体型结构，进一步增稠形成典型的黏弹冻胶交联剂对体系的成胶速度，耐温、耐剪切稳定性及对地层和填砂裂缝的渗透率都有较大的影响。交联剂的选用是由稠化剂可交联的官能团和水溶液的决定。对于高温压裂液，有机金属交联剂（铝、铬、钛、锆等）多用来交联多糖或聚合物，常用于高温压裂液中。这是由于这些过渡金属阳离子有空轨道，可以和其他能提供孤对电子的配位原子（如羟基上的 O，氨基上的 N 形成配位键，从而和稠化剂高分子链上的邻位顺式羟基发生络合作用，生成具有环状结构的多核络合物以达到交联效果。由于引进了有机配位体，有机过渡金属交联剂的稳定性很好，另外形成了多核络合物而使交联强度增强，因此交联冻胶的耐温性很好。常用的高温交联剂有锆、钛、铝或者多种金属离子复配形成的交联剂等。

严芳芳、方波等在 2014 年以乳酸、丙三醇、氧氯化锆为有机锆为交联剂，交联三元聚合物（AM_DMAM_AMPS）获得耐高温聚合物凝胶。经测试在 180℃、170s⁻¹ 下剪切 120 分钟后，保留黏度达 176.8mPa·s，获得了耐温达 180℃ 的凝胶。王博在 2017 年介绍其通过对中心原子、配体、催化剂等的筛选，以硼砂、氧氯化锆、柠檬酸、三乙醇胺等为原料合成了高温复合有机硼锆交联剂 OBZC-6，且交联时间可调，其配制的高温瓜尔胶压裂液在 150℃、170s⁻¹ 剪切 1 小时，保留黏度为 65.4mPa·s。刘庆旺等在 2014 年公布的专利中介绍其发明了一种有机锆交联剂及耐温 220℃ 的羟丙基瓜尔胶压裂液。该新型有机锆交联剂以有机酸、链烷醇胺、锆化合物等原料合成，由该交联剂制备的高温羟丙基瓜尔胶压裂液耐温性能可达 200℃，具有良好的耐温剪切性能。王超、欧阳坚等在 2014 年公布的专利中提供使用了一种超高温压裂液用非金属交联剂，其中使用了有机醛、有机醇、有机酚、有机酸等，有机酚优选为间苯二酚，有机醛优选为六亚甲基四胺，有机醇优选为异丙醇，有机酸优选为氨基磺酸。许可、徐敏杰等开发了多种耐高温热致交联剂，根据不同聚合物所含交联基团开发的热致交联剂可在高温条件下多次引发交联，不同聚合物体系在高温下具有十分优异的耐温性能。热致交联剂的优异性能在于既保证了基液黏度的适宜性与良好的悬砂性能，又克服度交联所导致的压裂液冻胶黏度过高、摩阻过大、能效低的局限性，提升了在高温剪切工作环境下的黏度保留能力，适用于在高温储层作业。

Al-Muntasheri Ghaithan、Liang Feng、Ow Hooisweng 等在 2018 年公布的专利中提出发明了一种水基高温聚合物压裂液体系，其配方使用了含胺的新型纳米级交联剂和常规含羧基丙烯酰胺聚合物。该金属交联剂含有粒径为 0.1~500nm 的金属氧化物纳米粒子，可与含羧基的合成聚合物交联以形成凝胶，金属氧化物纳米颗粒分散在交联的凝胶内。采用纳米级交联剂对聚合物稠化剂进行交联，可以降低稠化剂的使用浓度。

三、温度稳定剂技术现状

高温压裂液一般由高温稠化剂、高温交联剂、温度稳定剂三大组分组成。温度稳定剂可以显著增强压裂液的耐温稳定性，对于提升压裂液在高温剪切下的黏度保留能力起到至关重要的作用。高温下压裂液黏度下降是多种机理引起的，比较常见的机理是氧的存在加剧压裂液降解的速度，因此高温稳定剂往往和除氧有关，除氧剂是高温压裂液中最常用的温度稳定剂。在作业过程中，随着储层温度的升高，压裂液中溶解的氧或因高温产生的自由基会与稠化剂分子反应，使稠化剂分子从长链的大分子降解为短链的小分子，或是破坏稠化剂分子上的水溶性支链使其不溶于水，从而降低稠化剂水溶液的黏度与悬砂能力。除了除氧剂还含有络合剂等，常用的有甲醇、脲、硫脲、硫代硫酸盐、亚硫酸盐、醇类、EDTA 等。

在高温压裂液中，最早使用的温度稳定剂是甲醇，其后又发展为硫代硫酸盐等还原性的无机物。硫代硫酸钠是最常见的作为高温合成聚合物压裂液的高温稳定剂。亚硫酸钠是比硫代硫酸钠更有效的除氧剂，亚硫酸钠达到一定浓度时，对氧的消耗速率更快。但是亚硫酸盐与氧分子相互作用产生的产物或中间基团可能造成液体黏度有一定的损失。另一种常见的稳定剂成分是异抗坏血酸钠，可以快速、有效地除氧。实验表明在水溶液中，异抗坏血酸根离子和氧反应生成酸，在作用 2 小时后，体系 pH 值从 10 降到 7.5，使压裂液冻胶体系发生酸降解。

亦有文献报道有公司在 200℃ 压裂液研制过程中将苯胺、三乙醇胺作为实验材料展开了具体的实验操作，最终也获取到了高效的温度稳定剂。李宾元、唐愉拉等在 1990 年的论文中提到一种名为 CEL-STA 的高温冻胶稳定剂，介绍其为无味白色粉末，与国产硫代硫酸钠类似，相较于甲醇更具经济性，不与氧化剂配伍，但并未介绍其具体成分。

刘建权在 2009 年中对温度稳定剂进行了研究，其介绍常用除氧剂即温度稳定剂有三乙醇胺、甲醇、聚氧乙烯山梨糖醇酐单月桂酸酯等，根据压裂工艺与交联剂的性能制备了 DJ-5 复合除氧剂，对温度稳定剂的使用量进行了对比研究，得到在一定浓度范围内温度稳定剂的使用量越高、压裂液的耐温性能越好的结论。

娄燕敏在 2013 年介绍了一种耐温超过 200℃ 新型胺类化合物高温稳定剂，该高温稳定剂在国内耐温压裂液领域中使用较少。郭建春等在 2011 年介绍其开发了一种新型超高温瓜尔胶压裂液体系，该压裂液体系由耐高温改性瓜尔胶、有机硼锆交联剂和温度稳定剂等构成。该超高温压裂液体系在 180℃、170s^{-1} 下剪切 2 小时后，黏度仍保持在 150mPa·s 以上。

赵俊桥、李继勇、张云芝等在 2018 年提出在压裂液配方中要选择合适的温度稳定剂并控制其加入量，否则会降低破胶速度，影响施工效果，提出温度稳定剂的加入会在测试耐温、耐剪切性能过程中出现二次交联，使黏度增加。

宋璐璐、杨振周在其 2017 年公布的专利中提出其发明了一种耐高温压裂液体系，该压裂液体系可在温度 150~260℃ 之间压裂岩层。压裂液体系中含有由抗坏血酸制成的高温稳定剂，抗坏血酸可稳定胶凝剂的黏度、调节 pH 值，并延迟交联。其稠化剂是以丙烯酰胺（AM）、2-丙烯酰胺-2-甲基丙磺酸（AMPS）及乙烯基磷酸酯为单体合成的三元聚合物。该聚合物压裂液交联后在 230℃、100s^{-1} 下连续剪切 120 分钟后，保留黏度大于 100mPa·s。

贝克休斯公司的 Carman、Paul S 等在 2014 年公布的专利中介绍制备了高温压裂液稳定剂吩噻嗪，吩噻嗪在压裂液体系中能给出电子从而阻止自由基分解，同时因为分子尺寸大还可以阻止链反应的进一步发生，与硫代硫酸钠复配应用于特定聚合物压裂液体系，其耐受地层温度可达 500℉（260℃）且泵送时间达 2 小时，在 425℉（218.3℃）下可泵送 4 小时，在 400℉（204.4℃）下可泵送 6 小时。其配伍的聚合物稠化剂由丙烯酰胺或其衍生物、磷酸乙烯酯和 2-丙烯酰胺-2-甲基丙磺酸或其他丙烯酰氨基磺酸盐共聚合成，交联剂为有机锆钛铝的复配交联剂，吩噻嗪可合并加入稠化剂乳液中，作业时无须额外添加。

肖兵、范明福、王延平等在 2018 年研制了一种温度稳定剂 WD180，并与常用的 4 种温度稳定剂海波、三乙醇胺、硫脲、吩噻嗪进行了对比，该压裂液体系交联时间可控，可在不同温度点下交联，质量分数 0.60% 的稠化剂 195℃、170s^{-1} 下剪切 95 分钟后，保留黏度保持在 50mPa·s 以上。

第二节　200℃高温聚合物压裂液体系

高温聚合物压裂液体系不同于一般的聚合物压裂液体系。稠化剂使用浓度低，稠化剂和交联剂之间可形成的交联点少，形成交联强度较弱的凝胶，耐温性能及抗剪切性能也受到一定的影响。稠化剂使用浓度高，现场配制稠化剂基液黏度过大，影响配液。同时由于聚合物稠化剂合成工艺不同，基液性能不稳定，交联时间不容易控制。因此聚合物稠化剂的合成是高温聚合物压裂液首先要解决的关键问题。其次，交联剂的种类及其作用机理对高温聚合物压裂液的性能影响较大，掌握各种添加剂的作用原理，保证每种添加剂之间的配伍性，是研发性能优良的高温聚合物压裂液体系的关键。研发的200℃高温压裂液体系从稠化剂的分子设计，合成工艺入手，解决了合成稠化剂分子量高、配液困难、交联不可控等难题，是一种耐温超过200℃、无残渣低伤害的压裂液体系。

一、高温聚合物稠化剂的制备与性能特征

1. 高温稠化剂分子设计

为了能够满足高温聚合物稠化剂相对分子量低、交联点多的要求，根据分子结构设计理论，设计高温聚合物稠化剂原理如下。

1）主链结构：采用 C—C 单键结构

提高主链的热稳定性是增强聚合物稠化剂抗温能力的关键。设计的多元聚合物稠化剂是设计主链由 C—C 链构成的聚合物。因为 C—C 单键的平均键能很大，为 347.3kJ/mol，故破坏 C—C 单键需要很高的热能。所以，以 C—C 链为主链的聚合物稠化剂具有抗高温的内在结构，在高温下不易降解。

2）侧链结构：采用 C—C、C—S 和 C—N 等结构

设计聚合物的侧链接枝时，主要选择水化基团，可交联基团，耐温、耐剪切基团作为侧链，而失去侧链将引起稠化剂水化和耐温交联性能的降低或完全丧失。为此，设计的处理剂的接枝侧链采用 C—C、C—S 及 C—N 等结构。它们热能很高，具有很高的抗温能力，高温下不易断裂，且对增强聚合物稠化剂的耐剪切性能起到决定作用。

3）交联基团：采用数量足够的酰胺基团

分子链上的酰胺基团水解成—COOH，其与交联剂羟桥作用，交联形成交联冻胶，使聚合物达到增稠的效果。

4）水化基团：采用数量足够的—SO_3^- 基和—COO^- 基

分子中引入亲水能力强的—SO_3^- 基和—COO^- 基，特别是—COO^-，在高温下仍然具有很强的水化能力，高温去水化作用弱，特别是耐盐性能，即使在饱和盐水中仍然具有良好的溶解性。

5）耐温耐盐耐剪切基团：引入—SO_3^- 和其他支链

在分子中引入适量的—SO_3^- 基团，除了能增加水溶性之外，还可以增加稠化剂的耐温性能和耐压性能，同时由于各种支链的存在，在交联时相互交叉，大幅增加了体系的耐剪切性能。

6）控制相对分子量

聚合物稠化剂相对分子量对其性能起到很大的影响，相对分子量太小，可交联基团过少，交联性能差，耐剪切性能不好；相对分子量过大，基液黏度高，压裂液配制和泵送困

难。因此相对分子量设计在 400 万~800 万之间。

2. 高温聚合物稠化剂合成工艺

聚合方法的选择主要取决于聚合单体和聚合产物的性质和形态、相对分子质量及其分布等。溶液聚合具有反应体系黏度低、混合传热比较容易、不易产生局部过热、温度较易控制、引发剂容易扩散、引发效率较高、方法简单、成本低等优点，因此采用多元溶液聚合的方法合成聚合物稠化剂。

对比不同反应条件下所合成的高温聚合物稠化剂性能及配制成耐高温冻胶压裂中的性能评比结果，确定出最佳的聚合物合成工艺条件：反应温度为 10℃，反应时间为 4 小时，pH 值为 7，引发剂含量为 0.2%，且两种引发剂配比为过硫酸铵：亚硫酸氢钠 = 1∶1（质量比），单体浓度为 30%，单体配比单体①:单体②:单体③ = 20%:60%:20%（质量比），链转移剂甲酸钠含量为 0.2%，合成过程中通氮气保护。

3. 合成高温聚合物稠化剂的性能表征

1）红外光谱分析

对合成的高温聚合物稠化剂进行红外光谱分析，其红外光谱图如图 6-2 所示。

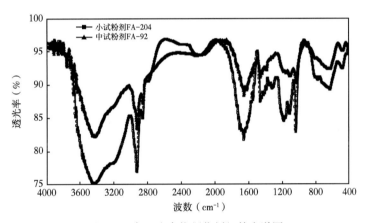

图 6-2　高温聚合物稠化剂红外光谱图

分析图中的红外光谱吸收峰可得：3450cm^{-1} 为 -NH$_2$ 的伸缩振动吸收峰，3207cm^{-1} 为 —NH 的伸缩振动吸收峰；2920cm^{-1} 为 -CH$_3$ 不对称伸缩振动吸收峰；2900cm^{-1} 为 —CH$_2$—伸缩振动吸收峰；1660~1540cm^{-1} 为 —CONH 的特征吸收峰，其中 1650cm^{-1} 为 —C=O 伸缩振动吸收峰；1520cm^{-1} 为 —NH 变形振动吸收峰；1460cm^{-1} 为 —CH$_2$ 弯曲振动吸收峰；1300cm^{-1} 为 —CN 伸缩振动吸收峰；1190cm^{-1} 和 1040cm^{-1} 为 —SO$_3$ 的对称和不对称特征吸收峰，627cm^{-1} 为 C—S 伸缩振动吸收峰。红外光谱显示出现了三种单体的特征吸收峰，表明该聚合物是这三种单体聚合而成的，而非各自单体的均聚物的共混物，得到了所设计的目的产物——共聚物。

2）XRD 分析

通过对材料进行 X 射线衍射，获得材料的成分、材料内部原子或分子的结构或形态等信息的研究手段。对所合成的聚合物稠化剂，进行 XRD（X 射线衍射）分析（图 6-3）。

从图 6-3 中可以看出，只有一个衍射峰，表明只有一种物质，说明聚合转化率高，未反应的单体基本没有；还可以看出，衍射峰宽而弥散，产品的晶化程度较低，基本为非晶

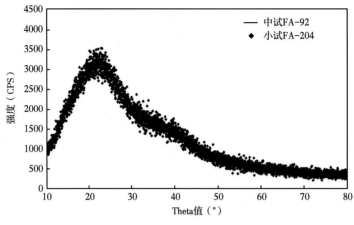

图 6-3　高温聚合物稠化剂 XRD 图

态物质，表明聚合产物基本没有晶化。

3）DSC 分析

为了考察高温聚合物稠化剂的耐温性，采用差示扫描量热法（DSC）对所合成的聚合物稠化剂进行差示扫描量热分析。在氮气保护、10℃/min 升温速度、25℃到 300℃（峰温）再到 25℃的温度范围条件下，进行热处理并冷却循环分析，得到了聚合物稠化剂的差示扫描量热分析曲线，表征了聚合物稠化剂各官能团及主链的热分解情况，根据这些热分解在热失重曲线上所体现的特征可以判断共聚物的耐温性能。

通过 DSC 表征发现，所合成的高温聚合物稠化剂都会出现一个玻璃化转化温度 T_g 和一个熔点 T_m，表明所合成的聚合物是带有结晶链段（即高分子主链上有支链的分布）的聚合物。通过图 6-4 可以看出，中试 FA-92 所合成的高温聚合物稠化剂的玻璃化温度 T_g 在区间 130~140℃之间，其熔点 T_m 在区间 290~310℃之间，表明中试合成的聚合物稠化剂具有较好的热性能，并且从熔融峰的高度上来分析，大致可以看出高分子长链上支链分布较为宽泛。

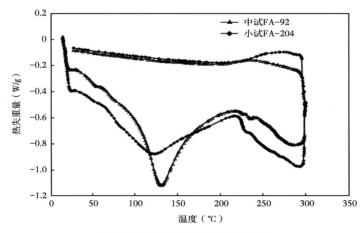

图 6-4　高温聚合物稠化剂 DSC 图

从图 6-3 中小试 FA-204 的 DSC 中可以得出，其整体趋势与中试 FA-92 类似，所合成的高温聚合物稠化剂的玻璃化温度 T_g 在 100~120℃，其熔点 T_m 在 280~300℃，表明中试合成的高温聚合物稠化剂具有较好的热性能，并且从熔融峰的高度上来分析，相比于中试合成聚合物稠化剂 FA-92，其高分子长链上支链分布相对较窄。总体来说，所合成的高温聚合物稠化剂具有较好的热性能，并且高分子长链上的支链分布较为宽泛。

二、高温交联剂的制备

1. 高温交联剂（有机锆交联剂）的合成

将一定量的水和三乙醇胺加入带有冷凝管、搅拌器的三口烧瓶中搅拌，搅拌混合均匀后加热升温到 50~60℃，缓慢加入八水合氧氯化锆反应 3~4 小时，在搅拌条件下加入有机酸，在 50~60℃搅拌条件下反应 2~3 小时，反应后结束，得到橙红色透明黏稠液体，即为有机锆交联剂。

2. 影响有机锆交联性能的因素

常用的有机配位体一般为氨基醇、二酮、乳酸等。在实验过程中，分别选择二乙醇胺、三乙醇胺、丙三醇和有机酸为配体合成了有机锆交联剂。实验发现由不同配体形成的有机锆交联剂性能差别较大，其延缓交联与耐温能力各不相同。配体有机酸和三乙醇胺用量不同，所形成的有机锆在组成、结构和性能方面必定不同。

在氧氯化锆、有机酸、三乙醇胺的比例为最佳配比和其他实验条件不变的情况下，温度对合成有机锆交联剂的合成影响也比较大。在反应温度较低时，氧氯化锆与有机配位体的络合程度较低，交联剂以锆离子为主，与聚糖的交联速度快，形成的冻胶耐温性较差。当反应温度较高时，氧氯化锆与有机配位体可形成稳定的有机锆络合物，因此，随着反应温度升高，有机锆与羧甲基羟丙基瓜尔胶形成冻胶的时间增长、耐温性提高，故合成有机锆的反应温度确定在 50~60℃。

在氧氯化锆、有机酸、三乙醇胺的比例为最佳配比和其他实验条件不变的情况下，反应时间对合成有机锆交联剂交联性能的影响。反应时间较短时生成的反应产物交联性能较差；随着反应时间的延长，络合反应趋于完全，交联剂对聚合物稠化剂的交联性能变好。可见，将制备有机锆的反应时间控制在 2~3 小时，有机锆与聚合物稠化剂溶液形成的冻胶凝胶状态良好，挑挂性能好。

三、高温聚合物压裂液体系的性能优化

1. 高温稠化剂基液性质对交联冻胶性能的影响

1）高温稠化剂基液浓度对交联冻胶状态和黏度的影响

基液浓度分别选定 0.2%、0.3%、0.4%、0.5%、0.6%、0.8%，交联剂选择有机锆交联剂 FAG-18，交联比选择 100:0.6，研究交联冻胶的状态和冻胶黏度。

从图 6-5 中可以看出，随着基液浓度的增加，交联冻胶的黏度呈现增大的趋势，当基液浓度达到 0.6% 后，冻胶黏度的增大趋势变缓，并且在基液浓度 0.6% 时，交联冻胶的状态最佳，耐温性能也是最好的，而当基液浓度为 0.8% 时，由于基液的黏度过大，导致交联冻胶状态变差，冻胶易碎。综合考虑冻胶性能和现场应用成本，基液浓度 0.6% 为最佳。

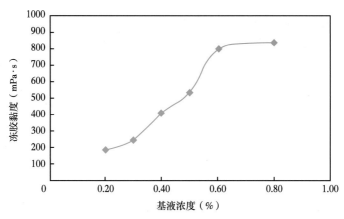

图6-5　冻胶黏度随基液浓度变化图

2）基液 pH 值对交联冻胶黏度的影响

基液浓度选择 0.6%，交联剂选择有机锆交联剂 FAG-18，交联比选择 100∶0.6，改变基液的 pH 值来研究冻胶黏度的变化，其中 pH 值分别选择 2、3、3.5、4、4.5、5、6、7，以观察 pH 值分别对交联冻胶黏度的影响。

从图 6-6 中可看出，当 pH 值在 4~5 之间时，冻胶的黏度最大，交联状态最佳，当 pH 值低于 4 时，体系可以交联，但是状态差，冻胶稀，不能完全挑挂，而当 pH 值高于 5 时，交联不均匀，交联状态差，当 pH 值高于 6 时，体系不交联。分析其原因是，当 pH 值在 4~5 时，聚合冻胶的锆离子水解彻底，pH 值较小时多核羟桥络离子中的核数 n 减小络离子变小交联位阻变大，而在 pH 值大于 5 时络离子数减少；这两者都使冻胶的黏度下降。故此压裂液的 pH 值确定在 4~5。

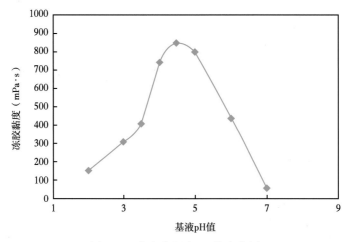

图6-6　冻胶黏度随 pH 值变化图

2. 高温交联剂对交联冻胶性能的影响

1）高温交联剂种类对交联冻胶性能的影响

和聚合物交联的交联剂种类很多，如硼交联剂硼砂、铝交联剂、锆交联剂等。通过研究发现硼砂可以弱交联，铝交联剂交联较好，可完全挑挂，但是不能耐高温，而锆交联剂交联状态很好，耐温性能优异。

190

2）交联比对交联冻胶黏度的影响

基液浓度选择 0.6%，交联剂选择有机锆交联剂 FAG-18，pH 值选择 5，改变基液与交联剂的体积比（即交联比），其对冻胶黏度的影响如图 6-7 所示。

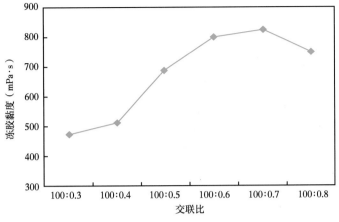

图 6-7　冻胶黏度随交联比变化图

从图 6-7 中可以看出，当交联比为 100:0.7 时为冻胶黏度最大，交联比 100:0.6 时交联冻胶的黏度与之接近，而当交联比低于或高于 100:0.7 的时候，冻胶黏度都下降。当交联比低时，体系中可交联的基团少，从而导致交联的冻胶状态差，冻胶黏度低；而当交联比高时，交联冻胶易碎，交联黏度反而会下降。考虑到交联比 100:0.7 和交联比 100:0.6 的冻胶黏度接近，冻胶状态均较好，可完全挑挂，在哈克 RS-600 型流变仪上进行耐温实验，其耐温性能接近，综合考虑油田压裂开采的成本问题，选择交联比 100:0.6 为最佳交联比。

3. 其他助剂对高温交联冻胶性能的影响

1）延迟交联对交联冻胶性能的影响

通过前面的分析，筛选出最佳的交联条件后，加入不同量的延迟调节剂来调节体系的交联时间，延迟交联后仍可形成完全挑挂的黏弹性冻胶，交联时间随延迟调节剂加量的变化如图 6-8 所示。

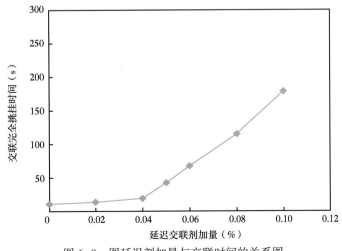

图 6-8　图延迟剂加量与交联时间的关系图

从图 6-8 中可以看出，当延迟交联剂加量低于 0.04% 的时候，交联时间基本没有延迟；当延迟交联剂加量在 0.04%～0.1% 之间时，延迟交联时间稳步增长。其中加量为 0.08% 时，延迟 2 分钟；当延迟交联剂加量大于 0.1% 时，延迟交联时间急剧增长；当加入量为 0.12% 时，延迟交联时间为 900 秒左右，延迟时间过长；而加量再加大时，出现不交联的状况。故根据现场施工需求，可以在 0.04%～0.1% 之间适当选择加量，调制出合适的延迟交联时间。

2）助排剂对交联冻胶性能的影响

针对高温压裂液体系，筛选了三种与体系相配伍的助排剂 FACM-41、DL-12、JD-50，其中前两种助排剂为压裂中心制备，第三种为华北油田提供，当这三种助排剂加入同样的配方体系中之后，交联所得的冻胶压裂液状态变化不大，可以完全挑挂，其对整个体系的耐温性能影响不大，整个冻胶压裂液体系耐高温性能基本不变化。

四、高温压裂液体系技术配方与性能表征

1. 高温压裂液体系技术配方与优化

合成聚合物稠化剂的基液浓度为 0.6%，交联剂交联比为 100:0.6，延迟交联调节剂用量为 0.04%～0.06%，助排剂用量为 0.2%，在 pH 值为 5 的条件下交联，可以得到适用于 200℃ 下的储层及不同温度（低于 200℃）储层压裂用的一系列冻胶压裂液，延迟交联调节剂的加入可使交联延迟 2 分钟。该交联冻胶无色透明，可完全挑挂，且弹性优异。

2. 高温聚合物压裂液体系基本性能评价

1）高温聚合型压裂液体系的基本性能评价

合成聚合物稠化剂 FA-303 在水溶液中完全溶解后为无色透明黏稠液体，目测无固体颗粒，离心分离检测没有固态物质，不含水不溶物，其水溶液呈中性。其基液（用量 0.4%～0.7%）和 Zr 交联剂（用量 0.4%～0.8%）及延迟交联调节剂（用量 0.04%～0.06%）在酸性条件下交联，可以得到适用于 200℃ 下的储层及不同温度（低于 200℃）储层压裂用的一系列冻胶压裂液，延迟交联调节剂的加入可使交联延迟 2 分钟。该交联冻胶无色透明，可完全挑挂，且弹性优异。

2）高温压裂液体系中聚合物稠化剂基液黏度和交联时间表征

当 FA-303 加量分别为 0.6%、0.7%、0.8% 时，用六速旋转黏度计测得基液的表观黏度分别为 60mPa·s、75mPa·s 和 81mPa·s，溶液 pH 值均为 7。从耐温、耐剪切原理上来说，提高耐温性能的一个有效途径是提高聚合物的用量，但是增加用量会导致液体黏度升高，影响压裂泵的泵效，因此 FA-303 的低黏度特性有利于提高泵效。

高温压裂液体系交联剂的 pH 值为 7，交联环境的 pH 值为 3～4，加入不同量的延迟调节剂后可以调节交联时间，延迟交联后仍可形成完全挑挂的黏弹性冻胶，交联时间随延迟调节剂加量的变化如图 6-9 所示，从图 6-9 中可以看出，当延迟交联剂加量低于 0.04% 的时候，交联时间基本没有延迟；当延迟交联剂加量在 0.04%～0.1% 之间时，延迟交联时间稳步增长，其中加量为 0.08% 时，可延迟 2 分钟；当延迟交联剂加量大于 0.1% 时，延迟交联时间急剧增长，当加入量为 0.12% 时，延迟交联时间为 900 秒左右，加量再加大时，出现不交联的状况。故根据现场施工需求，可以在 0.04%～0.1% 之间适当选择加量，调制出合适的延迟交联时间。

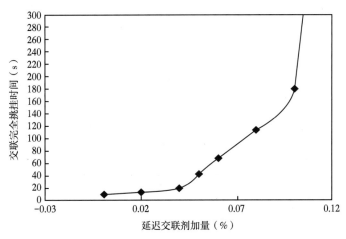

图 6-9　延迟剂加量与交联时间的关系

3）高温压裂液体系中聚合物稠化剂黏度随溶解时间的变化

图 6-10 是实验中测得的 0.6% 聚合物稠化剂溶解黏度随时间的变化规律，从实验中可以观察到，常温下 0.6% 的聚合物干粉遇水后能迅速溶解成为均匀的溶液，溶解 30 秒开始起黏，溶解搅拌的过程中没有观察到鱼眼的产生。从图 6-10 中可以看出，溶液黏度在 3 分钟后即能达到稳定黏度的 81%，5 分钟黏度达到温度黏度的 90%，10 分钟后黏度基本没有变化，黏度稳定在 60~63mPa·s，可见，本产品溶解速度快，增稠性能优异。

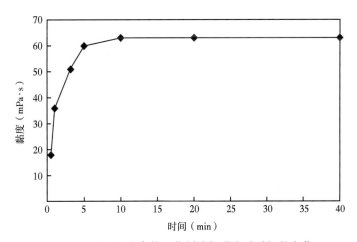

图 6-10　0.6% 聚合物稠化剂溶解黏度随时间的变化

4）高温压裂液体系耐温耐剪切性能表征

通过对交联剂、稠化剂、温度稳定剂和 pH 值调节剂等关键添加剂和最佳浓度的正交优化，有效地提升了压裂液体系的耐温耐剪切性能，并最终得到了超高温压裂液体系的配方：

200℃ 时的配方：0.6% 超高温聚合物稠化剂 FA-303+0.2% 黏土稳定剂+ 0.2% FACM-41 助排剂+0.4% HCl（20%）+0.08% 延迟交联调节剂+0.6% FA-18 交联剂。

采用以上研制的 200℃ 超高温聚合物型压裂液体系配方所配置的压裂液体系，其交联冻胶挑挂状态如图 6-11 所示，该交联冻胶无色透明，可完全挑挂，且黏弹性优异。

图6-11 交联冻胶挑挂状态

高温压裂液配方体系耐高温耐剪性能如图6-12所示，在温度200℃、剪切速率170s⁻¹条件下将冻胶压裂液连续剪切120分钟，压裂液黏度保持在176mPa·s，从结果可以看出，高温压裂液体系具有非常优异的耐温、耐剪切性能，完全可以满足现场压裂施工的需求。

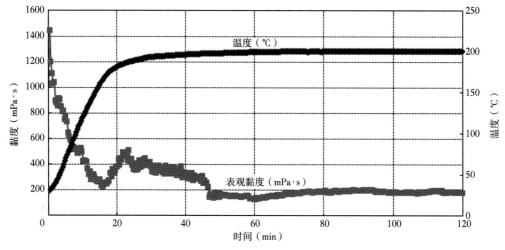

图6-12 高温压裂液耐温耐剪切性能

5）高剪切速率下高温聚合物型压裂液体系的黏度恢复性能表征

在现场压裂施工过程中，压裂液体系通过大排量注入管柱，压裂液体系在高剪切速率下低黏度流过管柱，进入裂缝后呈现低剪切速率状态进入地层，在地层裂缝中恢复黏度携带支撑剂。因此室内实验考察了200℃时，剪切速率由170s⁻¹增加至500s⁻¹、1000s⁻¹再降至170s⁻¹的变化过程中压裂液黏度的变化，模拟压裂液体系在泵注过程中在管路里的高剪切和在裂缝里的低剪切实际工况，分析高温聚合物型压裂液体系的黏度恢复性能。

图 6-13 是实验中测得的高温压裂液体系在不同剪切速率下黏度恢复性能，在 185℃的温度条件下，该超高温聚合物型压裂液体系冻胶黏度在 170s^{-1}剪切 50 分钟后，黏度保持在 300~350mPa·s；当剪切速率提高至 500s^{-1}后，黏度小幅下降至 210mPa·s，当剪切速率继续提高至 1000s^{-1}剪切 5 分钟后黏度仍能保持在 80mPa·s 以上，随着剪切速率降低至 170s^{-1}，黏度上升为 200mPa·s 左右；剪切 40 分钟后，黏度保持在 210mPa·s。从图 6-13 中可以看出，冻胶保留黏度随剪切速率变大而减小，但在剪切速率变小后，黏度能很好恢复，说明该冻胶压裂液体系能在经过高剪切速率后其黏弹性能有较好的恢复，进入裂缝后有足够的黏度使支撑剂悬浮，在施工过程中能很好地满足现场的实际需求。

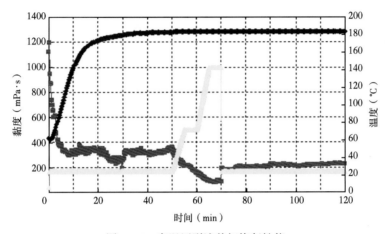

图 6-13　高温压裂液剪切恢复性能

6）高温聚合物型压裂液体系的滤失性能表征

滤失性能是关系到压裂液造缝、携砂性能的一个重要指标。依据压裂液滤失性的检测标准，测得在 120℃下该压裂液体系的滤失斜率和滤失系数，结果见表 6-1，从表中可以看出，高温聚合物型压裂液体系与同温度下基液黏度相当的瓜尔胶压裂液相比，高温聚合物型压裂液体系的滤失量低。

表 6-1　高温压裂液滤失性能

时间（min）	0	1	4	9	16	25	36
累计滤失量（mL）	22.6	23.4	26.2	30.4	35.2	40.4	46.0
滤失系数 $C_{\mathrm{III}}=8.94\times10^{-4}\mathrm{m}/\sqrt{\mathrm{min}}$							
静态初滤失量 $Q_{\mathrm{sp}}=8.80\times10^{-3}\mathrm{m}^3/\mathrm{m}^2$							
滤失速率 $v=1.49\times10^{-4}\mathrm{m/min}$							

7）高温压裂液体系的破胶性能表征

压裂液体系在施工结束后须彻底破胶，从而有利于最大限度地返排，减少对地层和裂缝的伤害。表 6-2 是高温压裂液体系破胶性能实验结果，从表 6-2 中可以看到，高温压裂液在中高温条件下都能彻底破胶，黏度降至 5mPa·s 以下，能达到彻底返排的目的；同时还可发现，当增加破胶剂的用量时，破胶速度加快；当温度升高时，破胶剂的用量更少，而且破胶更彻底。

表 6-2　高温压裂液破胶性能实验结果

温度 （℃）	破胶剂加量 （％）	液体变化及黏度（mPa·s）			
		0.5h	1h	2h	4h
95	0.03	冻胶变稀	6.15	4.366	
	0.05	稀胶	4.385	3.05	
160	0.01				稀胶
	0.03				2.469
	0.05				2.12
	0.07				1.7935

8）高温聚合物型压裂液体系的残渣表征

压裂液体系对地层的伤害主要的因素之一为破胶液中含有残渣，而由于残渣不易排出，从而导致裂缝的导流能力大幅降低，造成永久性伤害，最终降低压裂效果。采用0.4%聚合物稠化剂 FA-303+0.6%交联剂的高温聚合物型压裂液体系，使用过硫酸盐破胶后的残渣测量为 41mg/L，而植物胶压裂液的残渣一般在 300mg/L 以上。因此与植物胶相比，该体系残渣含量大幅降低，这是该耐超高温聚合物型压裂液破体系的又一大优点。

9）高温聚合物型压裂液体系破胶液的表界面张力表征

实验测得该体系破胶液的表面张力为 27.31mN/m，界面张力为 7.81mN/m，这表明该破胶液具有较低的表（界）面张力，有利于压后返排。

3. 高温压裂液体系流变性研究

黏弹性，即指材料既具有黏性、又具有弹性的性质。它是冻胶压裂液流变性质的重要性质之一，它的力学行为介于纯弹性固体和纯黏性液体之间。黏弹性是材料重要的依时特性，体现出材料的记忆性，能够记住过去的受力历史。

黏弹性材料因为具有弹性而具有储存能量的特点，同时又因为其具有黏性而体现出消耗能量的特点。材料的弹性通常用弹性模量（G'）来表征，其黏性通常用黏性模量（G''）来表征。G' 可以用来表征材料存储弹性变形能量的能力，故又称为储能模量，是材料变形后回弹的指标，是复模量 G^* 的实部，表示黏弹性材料在形变过程中弹性对复模量的贡献。G'' 可以用来表征材料消耗弹性变形能量的能力，故又可称为耗能模量，是复模量 G^* 的虚部，表示黏弹性材料在形变过程中黏性对复模量的贡献。在流变学中，选用一参数 δ 来反映流体消耗能量的特征，称为损耗角，并且 $\tan\delta = G''/G'$，当 $\tan\delta > 1$ 时，说明黏性模量 G'' 大于弹性模量 G'，黏性成分占优势，体系表现为流体的特征；当 $\tan\delta < 1$ 时，说明弹性模量 G' 大于黏性模量 G''，弹性成分占优势，体系表现为固体的特征，如凝胶状态；当 $\tan\delta = 1$ 时，弹性模量 G' 等于黏性模量 G''，材料处于即将流动的临界状态。

在温度为 30℃、频率为 1Hz 的情况下，在 0.1%~100% 的应变范围内，对浓度分别为 0.3%、0.4%、0.5%、0.6% 的 FA-92 稠化剂水溶液进行应变扫描，然后在应变为 1Pa、$\omega = 0.01~100$rad/s 的条件下对体系进行频率扫描，找到所需的频率为 1Hz，应变为 1Pa，最后在此条件下，测定体系的弹性模量 G' 和黏性模量 G'' 随时间的变化关系。

触变性，指当物体受到剪切时，黏度变小，停止剪切时，黏度又增加或受到剪切时，黏度变大，停止剪切时，黏度又变小的性质，即一触即变的性质。触变性是含结构材料重要而复杂的依时特性，它反映出材料受力后结构随时间变化的过程，是非牛顿流体特有的流变行为。对于牛顿流体材料，其受到剪切后，材料受到剪切后，其黏度不会发生变化；而对于非牛顿流体材料，其受到剪切后，内部结构遭到逐渐破坏，当去除剪切后，材料的结构逐渐恢复，由于材料内部结构破坏速率和形成速率不一样，不能及时恢复，才会导致出现结构恢复滞后，产生滞后环，即触变性。

触变性揭示的是材料的黏度随时间的变化关系。通过对体系触变性的研究，可以了解其结构在受到剪切后的变化。若对材料施加恒定的剪切速率，剪切应力或黏度随时间的增加而减小，则该流体被称之为触变性流体，材料体现正触变性；若对材料施加恒定的剪切速率，剪切应力或黏度随时间的增加而增大，则该流体被称之为反触变性流体，材料体现反触变性。测量所得触变环的面积大小表征了体系由冻胶变为溶胶时的能量损失大小，也表征了体系结构重组所需的时间长短。触变环面积越大，破坏体系结构所需的能量越大，结构恢复所需的时间越长，则体系结构强度越稳定。

触变性和黏弹性具有紧密的联系，二者都是依赖于时间的现象，都与流体结果变化密切相关。同一种材料可同时体现出黏弹性和触变性，由于所受剪切条件不同，表现出不同的性质。一般在低剪切速率范围内表现黏弹性，而在中等剪切速率以上表现触变性。

1）高温聚合物稠化剂基液流变性测量方法

采用 HAKKE 高级旋转流变仪 Mars II 平板（Lower platte TMP35）测试系统（转子型号 PZ35TiL；直径 = 35.00mm；锥角 = 0°）在 30℃下测定一定浓度的稠化剂基液的流变性。对所配基液进行应变扫描（频率 f = 1Hz，应变为 0.01% ~ 100%）和黏度随剪切速率变化性能（剪切速度为 0.1 ~ 100s^{-1}）研究，并进一步考察体系的触变性（设定剪切速率变化先由 0 升至 500s^{-1}，时间为 60 秒，再由 500s^{-1} 降至 0，时间为 60 秒）。

2）高温聚合物压裂液冻胶体系流变性测量方法

使用汉克高级旋转流变仪 Mars II 平板（Lower platte TMP35）测试系统在 30℃测试聚合物高温压裂冻胶体系应变扫描（频率 f = 1Hz，应变为 0.01% ~ 100%）和剪切变稀（剪切速度为 0.1 ~ 100s^{-1}）性质的研究。

配制浓度为 0.5%聚合物基液，在温度为 30℃，频率为 1Hz，应变为 10Pa 的条件下，对上述体系弹性模量 G' 和黏性模量 G'' 随应变变化进行测定图 6-14。

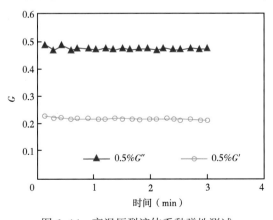

图 6-14 高温压裂液体系黏弹性测试

从图 6-15 中可以看出，当聚合物稠化剂浓度为 0.5% 时，弹性模量和黏性模量基本处于恒定的值，其黏性模量 G'' 大于其弹性模量 G'，此时 $\tan\delta > 1$，黏性大于弹性，黏性占主导地位。

将上述聚合物基液在温度为 30℃，频率为 1Hz，应变为 1Pa 的条件下进行触变性测试，剪切速率 γ 先由 0 升至 500s^{-1}，时间为 60 秒，再由 500s^{-1} 降至 0，时间为 60 秒。

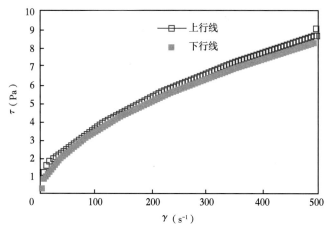

图 6-15　浓度为 0.5% 基液的触变性

稠化剂基液的触变环面积很小，说明稠化剂基液中，高分子的网络状结构很稳定，空间结构恢复能力强，从而从理论层次间接证明了聚合物交联冻胶体系具有优异耐剪切性能。

<h1 style="text-align:center">第三节　240℃ 高温聚合物压裂液体系</h1>

一、高温压裂液体系中稠化剂研究

与天然聚合物相比，多元聚合类稠化剂具有增稠能力强、破胶性能好、残渣少等特点。通过合成不同分子结构的聚合物稠化剂来满足对油田超高温工况环境下压裂施工的性能要求，就成为超高温工况环境下压裂液开发的一个重要手段。采用具有耐高温、耐盐、耐剪切等功能基团的单体，通过溶液聚合或者反相乳液聚合等方法，得到多元共聚物，是所制备的聚合物稠化剂在具有较强增稠能力的同时，还具有优异的耐温耐盐耐剪切性能。

1. 单体的选择

为获得高温性能良好的聚合物稠化剂，以甲基丙烯酸（MAA）、2-丙烯酰胺基-2-甲基丙磺酸（AMPS）、N，N-二甲基丙烯酰胺（DMAM）为主要单体，引入新的耐高温单体 N-乙烯基己内酰胺（NVCL），合成四元（MAA/AMPS/DMAM/NVCL）聚合物稠化剂。

2. 聚合方式选择

根据高温聚合物稠化剂的环保要求、原料单体的理化特性、聚合物稠化剂的分子量要求和操作难度等，本实验选用的四种单体均可溶于水，选用成本较低、操作简单的溶液聚合方式。

3. 引发体系选择

选用亚硫酸氢钠和过硫酸铵二元复配氧化还原体系引发，过硫酸铵和亚硫酸氢钠二元复配氧化还原体系是最常用的引发体系，具有成本低、毒性小、易操作等优点。

新型四元聚合物 MAA/AMPS/DMAM/NVCL：

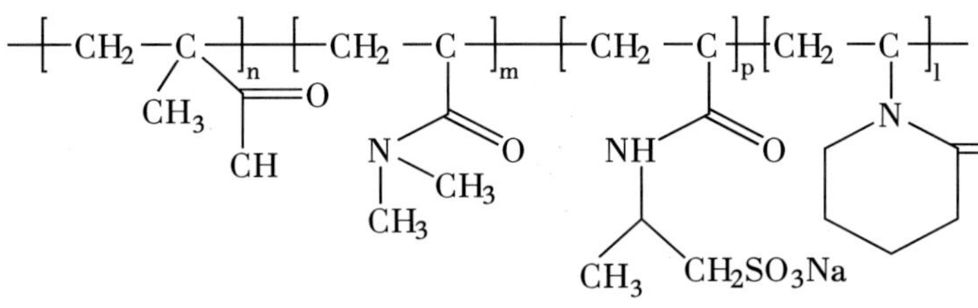

合成的四元稠化剂相对分子质量 600 万~800 万，基液黏度低，方便现场配制。通过溶液聚合方式引入磺酸基和膦酸基耐温基团，提高稠化剂的耐温能力。稠化剂的基本性能见表 6-3。

表 6-3　高温稠化剂基本性能

外观		白色或淡黄色粉末
筛余量	$\phi0.425mm$（40 目）C_1	≤20
	$\phi0.109mm$（140 目）C_2	≥70
含水率（%）		≤10
溶解时间（min）		≤12
$170s^{-1}$，0.6%F 表观黏度 μ（mPa·s）		≥42
溶液 pH 值		6.0~7.0
相对分子质量		≤700 万
耐温性能（℃）		≥130
交联性能		与配套交联剂交联，冻胶可调挂

二、高温压裂液体系中交联剂

在对交联剂体系进行筛选的过程，主要考察各交联剂作用后的压裂液凝胶的耐超高温、耐剪切性能，即观测升温过程中的压裂液黏度变化及稳定剪切后的保留黏度大小。针对四元（MAA/AMPS/DMAM/NVCL）聚合物稠化剂，通过复配温控交联基团设计了耐温交联剂 FAC-24，该交联剂具有良好延迟交联时间的性能，交联初期黏度适中，利于降低泵送降低摩阻，随着温度升高至 50℃以上，体系二次交联，即在环境升温过程中梯次释放交联活性基团与聚合物稠化剂发生交联反应，既有助于降低混液前期的送液摩阻，又能拉升高温与持续剪切环境下的保留黏度。

高温交联剂 FAC-24 在加入稠化剂基液中后，首先会发生轻微弱交联反应，形成软凝胶不易挑挂，黏度低既能保证悬砂又有利于降低摩阻。若常温下，FAC-24的交联活性基团在基液中的完全释放时间一般在4小时，压裂液基液形成稳固凝胶，冻胶完全挑挂，质地均匀，其状态如图6-16所示。

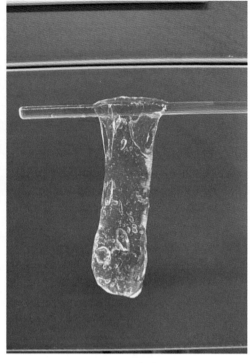

（a）FAC-24交联5min　　　　　　　　　　　（b）FAC-24交联4h

图6-16　高温聚合物稠化剂与交联剂FAC-24交联后的压裂液挑挂性能

交联剂FAC-24配方中锆离子的释放速率与温度密切相关，在环境升温后（50℃以上）能够快速激发释放交联基团，起到热致交联效应进而引发多次交联，最终形成稳固凝胶，其热致交联触发点约在50℃和130℃。

三、高温压裂液体系性能表征

从压裂液本体性质方面来说，在压裂施工过程中，要求压裂液体系具有良好的耐温、耐剪切性能，可延迟交联性能，有摩阻小、携砂能力强、破胶速度快、残渣少、返排彻底等特性。压裂液在施工过程中始终处于动态流变状态，压裂液的流变性能与携砂、输送、降阻及最终的压裂增产效果密切相关，流变数据对于改进和优化压裂液配方，针对储层特点选择适合的压裂液意义重大。通过优化得到240℃高温压裂液体系（表6-4）。配方0.6%稠+1.0%调节剂+1.0%稳定剂+0.5%助排剂+0.45%~0.5%交联剂，体系基液黏度为72mPa·s，基液pH值为4.5，交联时间1~5分钟可调实现彻底破胶。温度从240℃降低到160℃（图6-17），破胶剂加量从0.1%增加到0.2%和0.5%（图6-18），残渣含量32mg/L较瓜尔胶压裂液的残渣含量（500mg/L）大幅降低。

表 6-4　高温压裂液破胶性能测试结果

温度 （℃）	加量 （%）	破胶液黏度（mPa·s）			
		1.0h	2.0h	4.0h	8.0h
160	0.2	冻胶	冻胶	冻胶	碎胶
	0.3	冻胶	冻胶	冻胶	碎胶
	0.4	冻胶	冻胶	冻胶	稀胶
	0.5	稀胶	4.19	1.34	
200	0.1	冻胶	冻胶	冻胶	有可挑胶体
	0.15	冻胶	冻胶	有胶体	有少量未破
	0.2	冻胶	冻胶	1.00	
	0.3	冻胶	冻胶	1.14	
240	0.1	冻胶	冻胶	冻胶	0.63
	0.15	冻胶	0.80		
	0.2	冻胶	0.89		
	0.3	稀胶	0.64		

（a）160℃　　　　　　　　（b）200℃　　　　　　　　（c）240℃

图 6-17　不同温度下破胶后液体状态

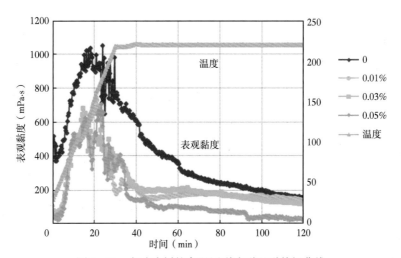

图 6-18　含破胶剂的高温压裂液耐温耐剪切曲线

第四节　高温压裂液体系工业放大与生产工艺优化

研究出的高温压裂液体系只有经过成果的工业放大和工业化生产，才能够实现工业化规模应用，所研究出的高温压裂液系统经过成功的小试、放大实验、中试和工业化生产是相互关联必不可少的，只有成功实现了工业化生产才能保障所研制的高温压裂液体系能够走向现场工业化应用。从小试、放大实验、中试和工业化生产，尽管它们的反应原理是一致的，但是工业化生产与实验室研究的生产技术工艺具有很大的差异性，需要优化工业化放大与工业化生产过程中的技术工艺。很多反应稍微一经放大就容易出现问题。聚合物稠化剂实验室合成的产品性能评价良好，但是实验室产品并不能直接用于现场，因此对聚合物稠化剂进行产品中试是产品应用的必要过程。中试的目的为进一步生产提供可靠的实验数据，并在过程中对工艺进行进一步的修正，进而开发出适合生产的工艺。中试生产工艺对实验室研制成功的耐超高温聚合物压裂液进行中试放大及工厂生产，并依据石油天然气行业标准对中试生产所得的聚合物稠化剂及形成的耐高温压裂液进行室内评价。

一、高温压裂液体系工业化放大差异

在中试生产中，由于合成规模的放大及反应器的改变，使得从实验室的小试聚合到工厂中试生产之间存在着质量传递、热量传递等方面的巨大差异，其主要差异见表6-5。

表6-5　实验室小试与工厂中试差异表

	实验室小试	工厂中试及生产
溶液聚合水质	去离子水（电导率为57.7μs/cm）	去离子水（电导率为1.8μs/cm）
聚合规模	150g、300g、1000g、4000g、15kg	2t、3t、3.75t、5t
聚合反应釜	250mL、500mL、2000mL、5000mL 广口瓶、20L聚酯类塑料桶（密封性相对较差）	6m³ 带夹套的大型反应釜（密封性好，绝热）
传热性能	反应器容积小，传热性能好，散热量大，散热快	反应器带夹套，且密封性好，传热性能差，散热量小，散热慢
传质性能（均采用吹氮气作为搅拌动力）	反应器容积小，传质性能好，引发剂能较快地在反应器中分散均匀	反应器容积大，传质性能相对较差，引发剂需要较长的时间才能在反应器中分散均匀
氮气保护	实验室采用的是普氮，氮气纯度相对较低，且吹氮气量相对较小，除氧相对不够完全	工厂采用的是自制的高纯度氮，氮气纯度相对高（99.99%），吹氮气量较大，除氧完全

二、高温压裂液体系工业化生产技术工艺优化

实验室使用的聚合容器与中试生产工厂使用的大型反应釜之间存在的差异，是导致了实验室小试与工厂中试生产结果差异的主要原因。由于工厂的大型聚合反应釜带夹套，且上加料口和下出料口的密封性非常好，导致整个反应釜基本处于绝热状态，从而使反应中的聚合热不能及时传递出去，在聚合体系中积累，使体系温度升高，聚合产物出现碳—碳二次交联，导致不溶，甚至当体系温度高于100℃时，产生"冲釜"的现象。并且由于反应釜容积过大，引发剂在其中的分散均匀需要较长的时间，若引发时间不够长，则使得引

发剂分散不均匀，从而导致局部引发，聚合不均匀的结果。故针对工厂中试的条件，将实验室小试工艺进行调整，获得最优的中试及生产的聚合物合成工艺，工艺调整见表6-6。

表6-6　中试工艺调整表

调整工艺	调整手段
水质	采用工厂聚合用去离子水代替实验室的聚合用去离子水
引发温度	降低引发温度至10℃，以避免峰温过高，出现二次交联现象
单体加入	改变单体的加入顺序，使体系混合均匀
引发体系	降低引发剂的含量和调整配比，简化引发条件，延长引发时间，使体系聚合完全
链转移剂	调整链转移剂的量，避免二次交联的现象出现
烘干实验	在实验室搭置简易的流化干燥床，模拟工厂流化干燥床，提高烘干温度至100℃，停留时间4h
造粒实验	在实验室进行造粒实验，使用中试工厂的分散剂

根据实验室获得的聚合物最优的合成条件，中试时主要是对部分合成条件调整，并且对工厂的中试及生产，有针对性地进行了一些工艺条件调整。以获得最佳的合成工艺，其具体合成工艺流程图如图6-19所示。

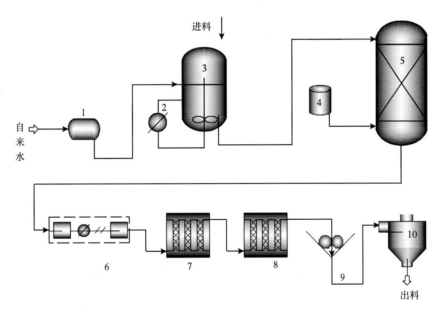

图6-19　中试工艺流程图

1—去离子水生产仪；2—冷凝装置；3—配液罐；4—PSA制氮机；5—聚合釜；6—造粒机（两级）；
7——级干燥床；8—二级干燥床；9—粉碎机；10—产品储罐

其具体合成步骤如下（以生产5t产品为例）：

（1）输送3450L的去离子水至配液釜中，向其中加入56kg的氢氧化钠（理论值需加入57.9kg，先加适量，以避免pH值超过7），搅拌使其完全溶解，此时开始降温。

（2）向调制釜中加入300kg的单体A，搅拌使其完全溶解。

（3）待单体A溶解完全后，测定pH值（一般为1左右），向其中加入少量氢氧化钠，精准调节pH值为4左右。

（4）向调制釜中加入900kg的单体B，搅拌使其完全溶解。

203

（5）向调制釜中加入 300kg 的单体 C，搅拌使其完全溶解。向其中加入 5.95kg 链转移剂（用 10L 的去离子水溶解，pH 值 10~11），加完后，pH 值约为 6。

（6）用氢氧化钠准确调节 pH 值 7。（每次加入少量氢氧化钠，准确调节）

（7）将调制釜中的液体降温至 10℃后打入聚合釜中，在聚合釜中开始通氮气（持续约 30 分钟，通氮气量为 45m³/h）。在此期间，分别称取 1.125kg 的引发剂 a 和 2.8125kg 的引发剂 c，分别用 10L 的去离子水溶解。

（8）当聚合釜中通氮气 15 分钟之后，向其中加入引发剂 c，此时将氮气量加大为 50 m³/h，再通氮气 5 分钟后，向其中加入引发剂 a，大约 8~10 分钟左右，体系引发，停氮气。

（9）观察釜温，当反应聚合温度达峰温之后，开始计时，2.5 小时之后，出料。反应结束，出料冷却。

（10）将产物凝胶运送至造粒机造粒，分散剂采用 SPAN-20 和煤油的混合溶剂（在能造粒的情况下，SPAN-20 所占比例越小越好），经两级造粒后，产物凝胶被分散成直径约为 2mm 的小胶粒。

（11）将胶粒输送至干燥床，一级床 120℃，二级床 100℃，停留时间约 2 小时。

（12）烘干后，将烘干胶粒粉碎至约 30 目，装袋编号封口，每袋 25kg。

三、高温压裂液体系工业化成品性能表征

中试产品耐温耐剪切性能评价如图 6-20 所示。从图中可以看出，交联冻胶在温度 200℃、剪切速率 170s⁻¹ 条件下将冻胶压裂液连续剪切 120 分钟，交联冻胶保留黏度为 168.4mPa·s，并且耐温、耐剪切实验残液冻胶，携砂性能良好。从结果可以看出，高温压裂液体系具有非常优异的耐温、耐剪切性能，完全可以满足现场压裂施工的需求。

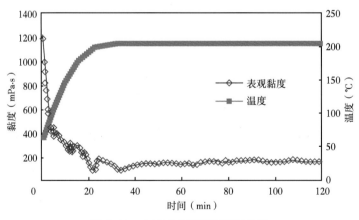

图 6-20　中试产品耐温耐剪切性能

值得注意的是当中试聚合产品从凝胶烘干粉碎为粉末之后，其耐温性能有一定的下降，分析其原因，主要有两方面：一是聚合产品烘干粉碎之后，高分子量的长链遭到破坏，导致可交联耐温耐剪切等功能基团相对数量降低，交联性状下降，从而使得各方面性能下降；二是烘干造粒时，向其中加入一定量的分散剂，由于分散剂多为油溶性表面活性剂，不易挥发，包裹在稠化剂的表面上，阻碍了其与交联剂的交联，从而导致了耐温、耐剪切性能的下降。因此中试生产对于产品从实验室到现场应用有至关重要的作用。

第五节　高温压裂液体系的现场应用

油田 ND101 井储层全岩分析表明，储层岩性主要以白云岩为主，岩性纯，黏土矿物成分低。总体特点：ND101 井属于白云岩储层，厚度较大，油气显示活跃，通过深度体积酸压，可获得高导流酸蚀长缝，从而深度沟通远井更多的好储层，提高油气产量。并且牛东 101 井储层深度近 6000m，温度在 200℃左右，需要可耐温达 200℃的冻胶压裂液进行压裂增产。测井和录井解释主要以二类裂缝、三类裂缝为主，其中，Ⅰ级裂缝：18.4m/5 层，Ⅱ级缝：112.6m/19 层，Ⅲ级裂缝：119.8m/25 层。

现场施工中所使用的耐超高温聚合物压裂液配方见表 6-7。

表 6-7　ND101 井高温压裂液配方表

液体名称	液体配方	配制量（m³）
基液	0.6%稠化剂+0.2%助排剂+0.05%延迟剂	240
交联剂	延迟剂比 100：0.04~0.06，交联比 100：0.6~0.8	4
活性水	0.2%JD-50	80
互溶剂	0.15%	30
基液的黏度控制在 60mPa·s 左右		

本次压裂施工采用高温压裂冻胶液与酸液交替压裂酸压，无须携砂，主要是采用酸液清理已经被堵塞的裂缝通道，再用高温冻胶压裂液造缝，以达到压裂增产的目的。本次压裂施工顺利，破胶液返排成功，ND101 井在此次压裂前日产油 12.2m³，日产气 1.3×10⁴m³；压裂后，日产油 63.0m³，日产气 10.2×10⁴m³。通过数据可以看出，压裂后油气产量有较大的增长，油产量上升 5.16 倍，气产量上升 7.85 倍，取得了较好的压裂增产效果（图 6-21）。

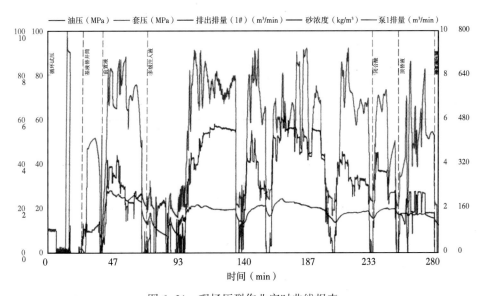

图 6-21　现场压裂作业实时曲线报表

参 考 文 献

曹宝格，罗平亚，等，2016. 疏水缔合聚合物溶液黏弹性及流变性研究［J］. 石油学报，27（1）：85-88.

邓敦夏，2009. 深层超高温储层压裂改造关键技术研究［D］. 成都：西南石油大学.

管保山，薛小佳，何治武，等，2006. 低分子量合成聚合物压裂液研究［J］. 油田化学，23（1）：36-38.

郭建春，王世彬，伍林，2011. 超高温改性瓜尔胶压裂液性能研究与应用［J］. 油田化学，28（2）：201-205.

韩玉贵，曹绪龙，等，2011. 驱油用聚合物溶液的拉伸流变性能［J］. 大庆石油学院学报，35（2）：41-45.

何良好，2013. 聚合物稠化剂制备及超高温压裂液体系流变性能研究［D］. 上海：华东理工大学.

李宾元，唐愉拉，等，1990. 压裂、酸化液添加剂性能及效果分析. 石油钻采工艺［J］.（6）：12-13.

刘合，朱怀江，等，2010. 聚丙烯酰胺及其共聚物水溶液拉伸流变行为研究［J］. 石油学报，31（5）：806-809.

刘萍，管保山，徐敏杰，等，2018. 220℃超高温聚合物压裂液性能研究.［J］. 石油化工应用，14（1）：32-33.

刘庆旺，刘治，2011. 新型200℃超高温压裂液体系的室内研究［J］. 科学技术与工程，11（29）：7256-7259.

娄燕敏，2013. 低伤害耐高温压裂液的研制与应用［D］. 大庆：东北石油大学.

欧阳坚，孙广华，王贵江，等，2004. 耐温抗盐聚合物 TS-45 流变性及驱油效率研究［J］. 油田化学，21（4）：330-333.

宋璐璐，杨振周，刘付臣，等，2016. 一种高温压裂液及储层改造方法：CN201611020126.0［P］. 2016-11-17.

滕洪样，史效，金熹高，2002. 热分级—示差扫描量热方法表征聚合物支化结构［J］. 现代仪器，8（6）：11-13.

王博，2017. 高温压裂液体系研究及应用性能评价［D］. 西安：西安石油大学.

王超，欧阳坚，朱卓岩，等，2014. 一种超高温压裂液用非金属交联剂及压裂液、制备和应用：CN201410441457.6［P］. 2014-09-01.

王超，欧阳坚，等，2014. 一种基于非金属离子交联剂的压裂液及其制备方法与应用：CN104073234A［P］. 2014-10-01.

肖兵，范明福，王延平，等，2018. 低摩阻超高温压裂液研究及应用［J］. 断块油气田，25（4）：533-536.

徐敏杰，胥云，崔明月，等，2008. 超低浓度羧甲基瓜尔胶压裂液技术研究与应用［A］//2008 年低渗透油气藏压裂酸化技术新进展［C］. 北京：石油工业出版社，234-242.

许可，徐敏杰，等，2018. 一种高温清洁压裂液及其制备方法和应用：CN2018101591.4［P］. 2018-08-31.

杨兵，黄贵存，李尚贵，2009. 川西高温压裂液室内研究［J］. 石油钻采工艺，31（1）：117-120.

杨振周，陈勉，胥云，等，2011. 新型合成聚合物超高温压裂液体系［J］. 钻井液与完井液.28（1）：49-51.

袁青，牛增前，谭锐，等，2016. 超高温压裂液体系：CN201610727131.9［P］. 2016-08-25.

翟文，邱晓慧，何良好，等，2012. 一种耐200℃超高温聚合物型压裂液体系［A］.//第十一届全国流变学学术会议论文集［C］. 北京：石油工业出版社，286-290.

翟文，王丽伟，邱晓慧，等，2014.240℃聚合物超高温压裂液耐温机理及流变性研究［A］.//第十二届全国流变学学术会议论文集［C］. 北京：石油工业出版社，585-590.

张浩，王炎，2015. 适合超深气井用的超高温复合型压裂液研究［J］. 内蒙古石油化工，25（6）：130-132.

张浩，张玉广，王贤君，等，2012. 深层致密气藏超高温压裂液复合稠化剂［J］. 大庆石油学院学报，36

（1）：59-62.

张汝生，卢拥军，舒玉华，等，2005. 一种新型低伤害合成聚合物冻胶压裂液体系［J］. 油田化学，22（1）：44-47.

赵俊桥，李继勇，张云芝，等，2018. 瓜尔胶类压裂液耐温耐剪切性能影响因素研究［J］. 石油工业技术监督，（2）14-16.

朱军剑，胡娅娅，陈爱云，等，2013. 超高温有机硼交联压裂液在濮深 21 井的应用［J］. 内蒙古石油化工，23（21）：152-154.

Al-Muntasheri Ghaithan, Liang Feng, Ow Hooisweng, 2018. High temperature fracturing fluids with nano-crosslinkers［P］. United States Patent 9862878, 2018-09-01.

Barbucci R, Pasqui D, Favaloro R, et al, 2008. A thixotropic hydrogel from chemically cross-linked guar gum: synthesis, characterization and rheological behavior［J］. Carbohydrate Research, 343（18）：3058-3065.

Brannon H D, 1991. New Delayed Borate-Crosslinked Fluid Provides Improved Fracture Conductivity in High-Temperature Applications［R］. SPE22838.

D V SatyaGupta, Paul Carman, 2011. FracturingFluidfor Extreme Temperature Conditions is Just as Easy astheRest［R］. SPE 140176.

Feng Liang, Ghaithan Al-Muntasheri, Leiming Li, 2016. Maximizing Performance of Residue-Free Fracturing Fluids Using Nanomaterials at High Temperatures［R］. SPE180402.

Feng Liang, Ghaithan Al-Muntasheri, Hooisweng Ow, et al, 2015. Reduced Polymer Loading, High Temperature Fracturing Fluids Using Nanocrosslinkers［R］. SPE 177469.

Gary P. Funkhouser, Jeremy Holtsclaw, 2010. Hydraulic Fracturing Under Extreme HPHT Conditions: SuccessfulApplication of a New Synthetic Fluid in South TexasGas Well［R］. SPE 132173.

Jeremy Holtsclaw, Gary P. Funkhouser, 2010. A C rosslinkable Synthetic-Polymer System for High-Temperature Hydraulic-Fracturing Applications［R］. SPE 125250.

W Lee, S M Makarychev-Mikhailov, M J Lastre Buelvas, et al, 2014. Fast Hydrating Fracturing Fluid for Ultra-high Temperature Reservoirs［R］. SPE172018.

第七章　氮气泡沫压裂液

煤层气是煤层在地质史漫长的煤化过程中所生成的以甲烷为主的天然气，煤层气是一种非常规的天然气资源，也是一种后备战略资源。煤层气井通常进行压裂开采，在国外使用的压裂液体系包括水、交联冻胶和泡沫压裂液等。压裂液侵入煤层储层将造成伤害，导致储层渗透率下降，其原因包括压裂液的吸附作用引起煤基质膨胀和堵塞割理，而堵塞割理系统会限制煤层气的解吸。泡沫压裂液因其地层伤害小、滤失低、返排迅速及携砂能力强等优点在低渗透—致密油气层和水敏性地层中得到广泛的应用。其中氮气泡沫压裂液含液量少，有利于返排，可有效减少对煤层气井储层的伤害。

第一节　高效起泡剂的合成及性能表征

一、高效起泡剂结构的设计

对于泡沫压裂液体系中的起泡剂，首先要求其起泡能力好，一旦与气体接触可立即产生大量的泡沫，即泡沫膨胀倍数高，其次要求泡沫稳定性强，所产生的泡沫性能稳定、寿命长，且在起泡剂应用过程中性能要好，例如与地层岩石流体配伍性要好，即使和原油、盐水、碳酸盐及各种化学添加剂接触时，也可保持其稳定性；最后要求其价廉易得、货源充足，便于就地取材。基于以上煤层对泡沫压裂液的特殊要求，综合考虑选择氟碳类型表面活性剂作为主要合成对象，这是因为氟碳表面活性剂是表面活性最高的一类表面活性剂，高表面活性一方面能使水（或有机溶剂）的表面张力降低至很低，另一方面表现在用量很少即可发挥显著的作用，在通常情况下的用量仅为碳氢表面活性剂用量的 $1/10 \sim 1/100$。在相同条件下的发泡体积是碳氢表面活性剂的 $1.2 \sim 1.5$ 倍，且泡沫半衰期长，与碳氢表面活性剂复配性能好，当驱动气体为惰性气体如 CO_2、N_2、CH_4 等时，氟碳表面活性剂与碳氢表面活性剂复配所形成的泡沫比单独使用碳氢表面活性剂的泡沫稳定。此外，具有高热稳定性、耐酸（碱）和抗氧化性能强的特性，且疏水、疏油及环境相容性好等优势。

考虑到煤分子骨架为疏水性很强的有机物质，分子上既有酸性基团（阴离子，如羧基），又有碱性（阳离子基团如氨基），它们既可同阳离子表面活性剂结合，又可同阴离子表面活性剂结合，同时煤还带有这些基团解聚的煤焦油。不宜用阳离子或阴离子型表面活性剂。同时煤层地层一般带负电荷，非离子的表面活性剂相对来说吸附量较小，所以选用在水溶液中不离解为离子态，而是以分子或胶束状态存在于溶液中的非离子型氟碳表面活性剂，它的亲油基一般是烃链或聚氧丙烯链，亲水基大部分是聚氧乙烯链、酰胺基或醚键等。其结构式如下：

$$Rf—\overset{\overset{\displaystyle O}{\|}}{C}—\overset{\overset{\displaystyle H}{|}}{N}—R—OH$$

其中，Rf 代表氟碳链，R 代表烷基醇上的烷基链。

二、高效起泡剂结构的合成与表征

1. 酰胺类氟碳表面活性剂合成方法

酰胺类非离子型氟碳表面活性剂主要以氟碳化合物为基础原料，目前合成主要有两种方法：一种是"一步法"，另一种是"两步法"。

1）"一步法"

"一步法"用脂肪酸与烷醇胺反应，条件是在常压、150℃下反应，同时有酰胺单酯、酰胺双酯和氨基单酯、氨基双酯的生成。

一步法反应合成条件是反应温度为150℃，反应时间为5小时，反应物配比为1:1.8，催化剂用量为0.5%。与十二烷基硫酸钠的起泡性能相比，优化合成反应条件后生成产物的起泡性能依旧效果不理想，由此可知，"一步法"虽然生产工艺简单、方便，但因采用"一步法"工艺生产的产品中产率较低，所得产品效果较差，没法达到预期的目的。所以，对采用"两步法"工艺对酰胺类氟碳型表面活性剂的合成做进一步研究。

2）"两步法"

"两步法"主要有以下两种方法：一种是脂肪酸法，另一种是酯交换法（甲酯法）。

（1）脂肪酸法。

由于"一步法"反应的副产物进行处理可转化为烷基醇酰胺。就是在碱催化剂存在的情况下，酰胺单酯和双酯在较低温度下能与过量的二乙醇胺发生氨基分解反应，并较快地转化为烷基醇酰胺。而对氨基单酯和双酯转化较慢，由此而产生了"两步法"：由此可以看出，在用脂肪酸合成烷醇酰胺时要尽量减少氨基单（双）酯的生成，增加酰胺单（双）酯的生成。

因此反应必须分两步进行。第一步脂肪酸和烷醇胺等反应生成酰胺单（双）酯。第二步在烷醇胺过量下促使酰胺单（双）酯转化为烷基醇酰胺。具体步骤如下：

①N，N-二羟乙基全氟烷基酰胺的合成：

将全氟辛酸与二乙醇胺按照一定的比例置于四口烧瓶中，并在四口烧瓶的四个口上分别连接分水器、温度计、搅拌器和N_2，在分水器上连接冷凝管。将此装置置于油浴中加热至120~170℃反应数小时。降温至80℃，加入催化剂NaOH，在该温度下继续反应数小时。在反应的过程中需持续通入氮气并不断搅拌。

②N-（2-羟丙基）全氟辛酰胺：

将全氟辛酸与异丙醇胺按照一定的比例置于四口烧瓶中，并在四口烧瓶的四个口上分别连接分水器、温度计、搅拌器和N_2，在分水器上连接冷凝管。将此装置置于油浴中加热至80~170℃反应数小时。降温至80℃，加入催化剂NaOH，在该温度下继续反应数小时。在反应的过程中需持续通入氮气并不断搅拌。

③N，N-二（2-羟乙基）全氟辛酰胺：

将全氟辛酸与二异丙醇胺按照一定的比例置于四口烧瓶中，并在四口烧瓶的四个口上分别连接分水器、温度计、搅拌器和N_2，在分水器上连接冷凝管。将此装置置于油浴中加热至120~170℃反应数小时。降温至80℃，加入催化剂NaOH，在该温度下继续反应数小时。在反应的过程中需持续通入氮气并不断搅拌。

④N-2-［O-乙基（2-羟乙基）］全氟辛酰胺：

将全氟辛酸与二甘醇胺按照一定的比例置于四口烧瓶中，并在四口烧瓶的四个口上分别连接分水器、温度计、搅拌器和 N_2，在分水器上连接冷凝管。将此装置置于油浴中加热至 120~170℃反应数小时。降温至 80℃，加入催化剂 NaOH，在该温度下继续反应数小时。在反应的过程中需持续通入氮气并不断搅拌。

（2）酯交换法。

酯交换法是比较常用的合成烷醇酰胺的方法，同样属于"两步法"合成。这种方法是先用脂肪酸与甲醇（或乙醇）酯化反应。所制得的脂肪酸甲酯（或乙酯）与烷醇胺在催化剂的存在下，加热至 100~110℃减压反应 4 小时而制得"高活性"烷基醇酰胺。这种方法具体的反应路线如图 7-1 所示。

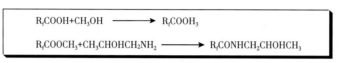

图 7-1　酯交换法反应路线

此法制得的烷基醇酰胺含量可达 90%以上。酯交换法的优点是产物的纯度高、反应温度较低、反应时间短、易于生产控制，同时可以避免脂肪酸对设备腐蚀，因而可用碳钢设备以减少投资。其缺点是工艺流程相对繁杂，合成的成本较高。

通过酯交换法将全氟辛酸分别与二乙醇胺、二甘醇胺、异丙醇胺、二异丙醇胺反应合成酰胺类非离子氟碳表面活性剂。步骤如下：

①N，N-二羟乙基全氟烷基酰胺的合成：

将全氟辛酸与甲醇按照一定的比例置于四口烧瓶中，并在其中添加适量的醋酸作为催化剂，在四口烧瓶的四个口上分别连接分水器、温度计、搅拌器和 N_2，在分水器上连接冷凝管。将此装置置于油浴中加热至 40~60℃反应数小时。升温至 80℃，加入适量的二乙醇胺和催化剂甲醇钠，在该温度下继续反应数小时。在反应的过程中需持续通入氮气并不断搅拌。

②N-（2-羟丙基）全氟辛酰胺：

将全氟辛酸与甲醇按照一定的比例置于四口烧瓶中，并在其中添加适量的醋酸作为催化剂，在四口烧瓶的四个口上分别连接分水器、温度计、搅拌器和 N_2，在分水器上连接冷凝管。将此装置置于油浴中加热至 40~60℃反应数小时。升温至 80℃，加入适量的异丙醇胺与催化剂甲醇钠，在该温度下继续反应数小时。在反应的过程中需持续通入氮气并不断搅拌。

③N，N-二（2-羟乙基）全氟辛酰胺：

将全氟辛酸与甲醇按照一定的比例置于四口烧瓶中，并在其中添加适量的醋酸作为催化剂，在四口烧瓶的四个口上分别连接分水器、温度计、搅拌器和 N_2，在分水器上连接冷凝管。将此装置置于油浴中加热至 40~60℃反应数小时。升温至 80℃，加入适量的二异丙醇胺与催化剂甲醇钠，在该温度下继续反应数小时。在反应的过程中需持续通入氮气并不断搅拌。

④N-2-［O-乙基（2-羟乙基）］全氟辛酰胺：

将全氟辛酸与甲醇按照一定的比例置于四口烧瓶中，并在其中添加适量的醋酸作为催化剂，在四口烧瓶的四个口上分别连接分水器、温度计、搅拌器和 N_2，在分水器上连接冷凝管。将此装置置于油浴中加热至 40~60℃反应数小时。升温至 80℃，加入适量的二甘醇胺与催化剂甲醇钠,在该温度下继续反应数小时。在反应的过程中需持续通入氮气并不断搅拌。

2. 酰胺类氟碳表面活性剂的红外谱图表征

1) 脂肪酸法产物的表征

通过傅里叶红外光谱仪测定了脂肪酸法产物的红外光谱,实验结果如图7-2所示。

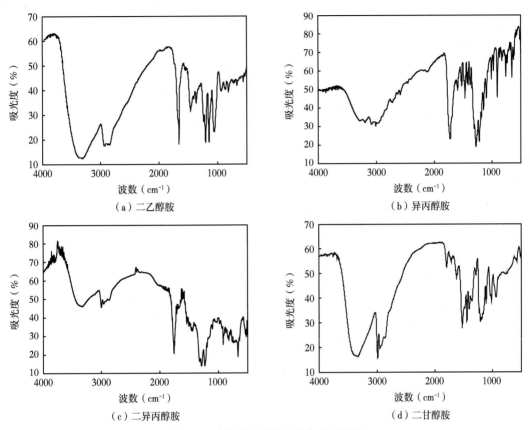

图7-2 脂肪酸法所得产物红外光谱图

从合成产物的红外光谱图分析可知,由于极性基团使产物缔合现象非常显著,所以NH基团和OH基伸缩振动吸收峰向低波数方向位移,在2800~3500cm^{-1}区域内出现两个宽而强的振动峰,波数从高到低分别为N—H键和O—H键的伸缩振动峰;1660~1550cm^{-1}区域内的振动峰为N—H键的弯曲振动峰;1980~1630cm^{-1}区域内的振动峰为酰胺键中C≡O双键的伸缩振动峰;1420~1400cm^{-1}区域内的振动峰为C—N键的伸缩振动峰;1250~1200cm^{-1}区域内的振动峰为C—F键的不对称伸缩振动谱带,500cm^{-1}是附近的振动峰是C—F键的对称伸缩振动谱带;2800 cm^{-1}附近的振动峰是C—H键的伸缩振动谱带;1450cm^{-1}附近的振动峰是C—H键的弯曲振动谱带。由以上分析可知,产物中含有酰胺键的尖锐特征峰,以及氟碳键的特征振动峰,由此可以判定产物为目的产物,且副产物的含量较少。

2) 酯交换法产物的表征

(1) 红外光谱图。

通过傅里叶红外光谱仪测定了酯交换法产物的红外光谱,实验结果如图7-3所示。

211

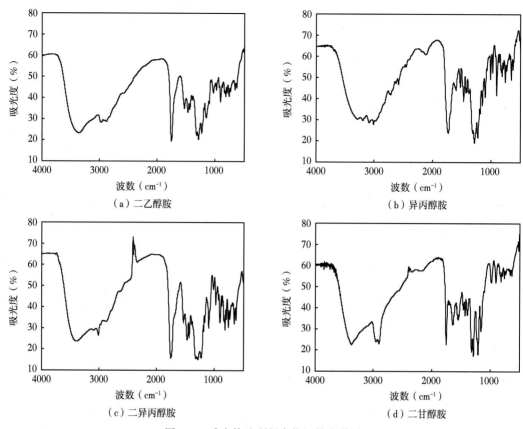

图 7-3　酯交换法所得产物红外光谱图

产物的红外分析光谱图由于极性基团使产物缔合现象非常显著，所以 NH 基团和 OH 基伸缩振动吸收峰向低波数方向位移，在 2800～3500cm⁻¹ 区域内出现两个宽而强的振动峰，波数从高到低分别为 N—H 键和 O—H 键的伸缩振动峰；1660～1550cm⁻¹ 区域内的振动峰为 N—H 键的弯曲振动峰；1980～1630cm⁻¹ 区域内的振动峰为酰胺键中 C ═O 双键的伸缩振动峰；1420～1400cm⁻¹ 区域内的振动峰为 C—N 键的伸缩振动峰；1250～1200cm⁻¹ 区域内的振动峰为 C—F 键的不对称伸缩振动谱带，500cm⁻¹ 附近的振动峰是 C—F 键的对称伸缩振动谱带；2800cm⁻¹ 附近的振动峰是 C—H 键的伸缩振动谱带；1450cm⁻¹ 附近的振动峰是 C—H 键的弯曲振动谱带。由以上分析可知，产物中含有酰胺键的尖锐特征峰及氟碳键的特征振动峰，由此可以判定产物为目的产物，且副产物的含量较少。

（2）表面张力。

在室温下，采用表面张力仪测定不同浓度的不同氟碳起泡剂及十二烷基硫酸钠水溶液的表面张力，实验结果如图 7-4 所示。

从图 7-4 中曲线可知，随着氟碳起泡剂浓度的逐渐增加，氟碳起泡剂的表面张力显著降低，当浓度继续增加到一定值时，表面张力逐渐趋于平缓，基本保持不变，其中 N-2-羟丙基全氟辛酰胺水溶液的表面张力最低可达到 15.11mN/m。在相同条件下二甘醇胺做溶剂时最低界面张力约 16mN/m 左右，二乙醇胺和二异丙醇胺反应得到的产物的最低表面张力都超过 20mN/m，而十二烷基硫酸钠的最低表面张力仅为 26.5mN/m，显然相对于碳氢类表面活性剂氟碳起泡剂降低水溶液表面张力的能力较强。

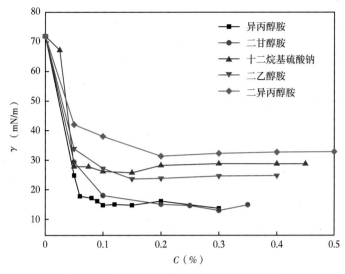

图 7-4 酯交换法两种醇胺时产物表面张力

3. 合成条件优化

1) 实验药品与仪器

实验所用主要药品与仪器见表 7-1、表 7-2。

表 7-1 主要药品与试剂

名称	规格	生产厂家
全氟烷基酸	纯度 > 99.8%	淄博试剂公司
二乙醇胺	分析纯	上海阿拉丁公司
异丙醇胺	分析纯	上海阿拉丁公司
二异丙醇胺	分析纯	上海阿拉丁公司
二甘醇胺	分析纯	上海阿拉丁公司
无水乙醇	分析纯	上海国药集团化学试剂有限公司
氢氧化钠	分析纯	上海国药集团化学试剂有限公司
盐酸	分析纯	上海国药集团化学试剂有限公司
普氮		青岛天源气体制造有限公司
甲醇	分析纯	上海国药集团化学试剂有限公司

表 7-2 主要仪器与设备

名称	规格	生产厂家
表面张力仪	JK99B	上海中晨数字技术设备有限公司
红外光谱仪	NEXUS	Nicolet 公司
真空烘箱	DZF	上海博讯实业有限公司
电子天平	PL203	上海梅特勒—特特里多有限公司
恒速搅拌器	S212-60	上海申顺科技有限公司
数显恒温油浴锅	HH-S	金坛市医疗器械厂
高速搅拌器	04241	美国仪器

2）实验装置

反应装置主要有回流冷凝管、分水器、搅拌器、温度计、通氮气装置、四口烧瓶，数显恒温油浴。

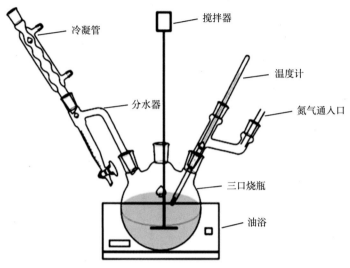

图 7-5　合成反应实验装置图

由以上分析可知，采用全氟辛酸和异丙醇胺为原料合成全氟烷基酰胺时，产物的起泡性能最好，因此，重点对合成 N-（2-羟丙基）全氟辛酰胺的反应条件进行优化。

（1）第一步合成反应温度。

全氟烷基酸与异丙醇胺在摩尔比 1:1.8、催化剂含量为 0.5% 时，降温加催化剂后反应温度为 80℃、第一步反应时间为 4 小时、第二步反应时间为 4 小时的条件下，改变第一步时的反应温度分别为 80℃、100℃、120℃、140℃、160℃，评价产物的起泡性能，从中确定最佳的合成温度，实验结果见表 7-3。

表 7-3　第一步合成反应温度对产物性能的影响

反应温度 （℃）	泡沫体积 （mL）	半衰期 （s）	泡沫质量	泡沫黏度 （mPa·s）	收率 （%）
160	520	500	0.808	10.08	68.97
140	650	640	0.846	12.75	70.25
120	680	570	0.853	13.36	71.56
100	640	280	0.844	12.54	70.18
80	630	320	0.841	12.34	70.41

从表 7-3 可以看出，以全氟辛酸和异丙醇胺为反应物时，温度对产物性能的影响较为明显。合成温度过高或过低都不利于产物性能的提高。当合成温度在 120℃ 和 140℃ 合成时，产物的性能相差不大，基本都在误差范围以内，从而可以判断出产物的最适宜合成温度在 120~140℃。

红外光谱分析：由图 7-6 可以看出，在 140℃ 时，位于 1690cm⁻¹ 处和 2800~3400cm⁻¹ 的振动峰与其他几组相比明显较强，在 1690cm⁻¹ 处的振动峰为酰胺基中C═O双键的振动

214

峰，2800~3400cm⁻¹的振动峰宽而强，从高频到低频依次为 O—H 键 N—H 键的振动峰，且在 2060cm⁻¹处有一较小的 R—CN 键的振动峰，充分说明在第一步反应温度为 140℃时生成的目标产物较多。在 160℃时，由于合成反应的温度过高与异丙醇胺的沸点接近，因而在反应的过程中异丙醇胺的挥发较为严重，在红外光谱图上最直接的反应便是 2800~3400 cm⁻¹处的振动峰减弱，尤其是频率较低的 N—H 键的振动峰。在合成反应的温度处于 100~120℃时，最大的特点便是处于 1130~1270cm⁻¹处的 C—F 键的振动峰强度明显高于 1690cm⁻¹处 C＝O 键的强度，这说明合成反应中的全氟辛酸的转化率较低，产物中目标产物的含量也较低。而在 80℃时，C＝O 键和 C—F 键的振动峰强度相当，但总体强度与 140℃时相比仍较小，而处于 820cm⁻¹处的 C—H 链的振动峰与其他温度时相比较却未见明显的减小，这说明在产物中异丙醇胺的含量较高，反应物的转化仍然并不完全，酰胺类目标产物的含量较低。

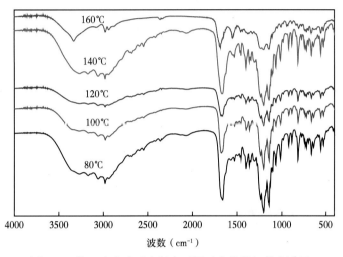

图 7-6　第一步合成反应温度不同时产物的红外光谱图

（2）第一步合成反应时间。

取第一步条件优选中最佳的反应温度 140℃为反应温度，反应物配比为 1:1.8，催化剂的含量为 0.5%时，观察不同的反应时间对产物性能的影响。其中，主要观察的是反应第一步的反应时间对产物性能的影响。由于反应的第一步为酯化反应和酰胺化反应的竞争反应，因此，第一步反应的时间对产物的性能影响较大，而通过大量的文献显示，第二步反应的反应时间基本在 4 小时即可，实验结果见表 7-4。

表 7-4　第一步合成反应时间对产物性能的影响

反应时间（h）（第一步+第二步）	泡沫体积（mL）	半衰期（s）	泡沫质量	泡沫黏度（mPa·s）	收率（%）
2+4	610	470	0.836	11.93	69.49
3+4	640	560	0.844	12.54	70.61
4+4	650	640	0.846	12.75	70.67

反应时间（h） （第一步+第二步）	泡沫体积 （mL）	半衰期 （s）	泡沫质量	泡沫黏度 （mPa·s）	收率 （%）
5+4	600	510	0.833	11.72	69.58
6+4	520	410	0.808	10.08	69.15
8+4	400	310	0.750	7.62	68.14

脂肪酸法合成烷醇酰胺的方法是酰胺化和酯化反应的竞争反应，在高温时，酯化反应占据主导地位，当温度降低时，前一步生成的烷基酯会进一步氨解生成烷醇酰胺。但是，当第一步的反应时间过长时，生成的不能被氨解的氨基酯的量会增加，从而使产物中烷醇酰胺的量降低，所以产物的发泡性逐步减弱。由以上实验可以看出反应第一步的反应时间为 4 小时时产物性能最好。

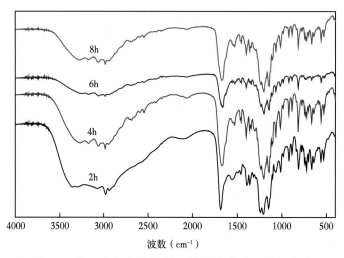

图 7-7　第一步合成反应时间不同时产物的红外光谱图

红外分析：由图 7-7 可以看出，处于 2060cm^{-1} 处的 R—CN 键振动峰出现一个先增强后减弱的过程，这主要是由于酰胺化反应和酯化反应都是可逆反应，反应时间过长，不仅降低了第一步目标产物酰胺酯和烷醇酰胺的含量，还会使在第二步中不能水解的氨基酯的含量增加。在这一组的三个红外光谱图中，虽然都有较为明显的 1690cm^{-1} 处的 C＝O 键振动峰，但在反应时间分别为 2 小时和 8 小时的光谱图中 C＝O 键的振动峰都低于同一光谱图中 C—F 键的振动峰，着说明产物中酰胺类物质的含量较低。当反应时间为 8 小时，产物光谱图中 2800～3400cm^{-1} 处的 O—H 键和 N—H 键的混合振动峰减弱，这可能是由于反应时间过长，异丙醇胺的挥发较为严重。而在 2 小时时，2800～3400cm^{-1} 处的 O—H 键和 N—H 键的混合振动峰与 4 小时时相比较依然较小，这可能是由于发生反应的时间较短，产物的交联较轻造成的。

（3）反应物配比。

取前两步优化的最佳温度为 140℃和第一步反应时间为 4 小时，第二步反应温度为 80℃，反应时间为 4 小时，催化剂用量为 0.5%，考察全氟辛酸与异丙醇胺的不同反应配比条件下合成产物的起泡性能见表 7-5。

表 7-5 反应物配比的影响

反应物配比	泡沫体积 （mL）	半衰期 （s）	泡沫质量	泡沫黏度 （mPa·s）	收率 （%）
1:1.2	320	350	0.688	5.97	65.14
1:1.4	550	510	0.818	10.70	69.14
1:1.6	640	590	0.844	12.54	70.89
1:1.8	650	640	0.846	12.75	71.56
1:2.0	450	370	0.778	8.65	68.97

由表 7-5 的实验数据可以看出，当全氟辛酸和异丙醇胺的摩尔比为 1:1.8 时，产物的性能最好。理论上来讲，全氟辛酸与异丙醇胺在摩尔比为 1:1 时，即可全部反应完成，但由于酰胺化反应和酯化反应均为可逆反应，在摩尔比为 1:1 时，全氟辛酸的转化率较低。且随着异丙醇胺投量的增加，产物的水溶性也会增加。但在实际的实验中异丙醇胺是过量的，这主要是由于异丙醇胺的挥发性。相较于全氟辛酸来说，异丙醇胺的沸点较低，在 160℃左右，而反应温度为 140℃且反应时间较长为 4 小时，所以说在反应的过程中异丙醇胺的挥发较为严重，所以说异丙醇胺应当适当过量，但过量的异丙醇胺存在对烷醇酰胺的性能有影响，导致其合成的产物起泡性能变差。所以投料比过高或过低都对反应不利。由此可知，全氟辛酸与异丙醇胺的配比为 1:1.8 时，产物的起泡性能最好。

红外分析：从图 7-8 看出，当反应物的比例为 1:1 时，在 1680 cm⁻¹ 处有明显的酰胺基振动峰，但是其强度还是略低于 C—F 键的振动峰，这说明反应物中的全氟辛酸的转化率较低，这从经济上考虑是较为不利的，且由于异丙醇胺的含量较少，高频率处的 O—H 键和 N—H 键的混合振动峰也相对较弱，尤其是 N—H 键的振动峰减小较为明显。当反应物的比例为 1:1.4 和 1:1.8 时，未能形成较强的酰胺基振动峰，因而产物的性能也较差。

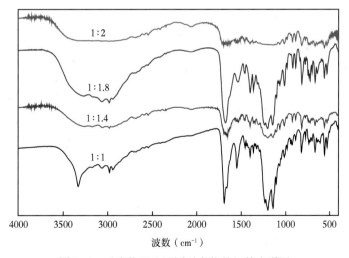

图 7-8 反应物配比不同时产物的红外光谱图

（4）催化剂含量。

取前三步优化的最佳温度为 140℃和第一步反应时间为 4 小时，全氟辛酸和异丙醇胺的配比为 1:1.8，且第二步反应温度为 80℃，反应时间为 4 小时，考察不同催化剂含量条件下合成产物的起泡性能见表 7-6。

表7-6 催化剂含量对产物性能的影响

催化剂含量 （%）	泡沫体积 （mL）	半衰期 （s）	泡沫质量	泡沫黏度 （mPa·s）	收率 （%）
0.1	660	580	0.848	12.95	71.59
0.3	650	590	0.846	12.75	71.26
0.5	650	640	0.846	12.75	71.48
0.7	670	530	0.851	13.16	72.53

从表 7-6 中数据可以看出，改变催化剂的含量对产物的泡沫体积影响不大，但是，对泡沫的稳定性影响较大。首先，在全氟辛酸与异丙醇胺反应的过程中，需要在第二步时加入强碱性催化剂提高反应的速度，当催化剂的量较低时，反应的速度较慢，当催化剂的含量过高时，反应的速率提高得并不明显。相反，由于氢氧化钠较难从产物中分离，必然会对产物的起泡能力和泡沫稳定性产生一定的影响。从总体上来看，当催化剂的含量为 0.5% 时，合成产物的发泡性能最好。

红外光谱分析：从图 7-9 可以看出，当催化剂的含量为 0.3% 和 0.5% 时，皆能形成较强的酰胺基特征峰，但是在催化剂含量为 0.3% 时，产物的 C—F 键的振动峰较酰胺键的特征峰强，而催化剂的含量为 0.5% 时，C—F 键的振动峰只是略强于酰胺键特征峰，因而可以判断催化剂含量为 0.5% 时，产物的纯度较高，从这两种产物的发泡性也可以看出，两者的发泡性相差不大，结合两者的红外谱图分析，这两种产物的差别较小。酰胺键的特征峰和 C—F 键的特征峰均较低，与这两个特征峰相比，指纹区中 C—H 链段的振动峰却相对较高，这说明产物中酰胺类物质的相对含量较低。催化剂含量为 0.7% 时，酰胺基和 C—F 键的特征振动峰与催化剂含量为 0.5% 时相比较弱，但 C—F 键与酰胺键相比高出的强度却大于催化剂含量为 0.5% 时，这说明产物中酰胺类物质的含量下降，催化剂的含量较高时水解反应的速度加快，不仅促进了酯基的水解也加速了酰胺基的水解。

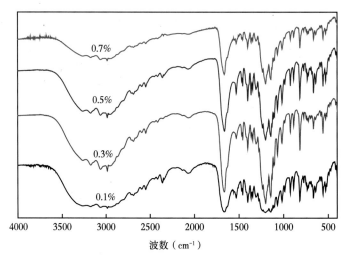

图7-9 催化剂含量不同时产物的红外光谱图

（5）第二步合成反应时间。

取前四步优化的最佳温度为140℃和第一步反应时间为4小时，全氟辛酸和异丙醇胺的配比为1:1.8，催化剂含量为0.5%，且第二步反应温度为80℃，考察第二步反应时间不同时合成产物的起泡性能见表7-7。

表7-7　第二步合成反应时间对产物性能的影响

第二步反应时间 （h）	泡沫体积 （mL）	半衰期 （s）	泡沫质量	泡沫黏度 （mPa·s）	收率 （%）
1	610	570	0.836	11.93	71.29
2	660	480	0.848	12.95	71.89
3	650	630	0.846	12.75	72.19
4	650	640	0.846	12.75	72.58

在第一步反应温度为140℃、反应时间为4小时，第二步反应温度为80℃、催化剂含量为0.5%的条件下，改变第二步反应时间，由以上数据可以得出第二步反应时间为3小时时产物的性能即变得稳定，反应已经达到动态平衡，继续延长反应时间，产物的性能变化不大，而当反应时间小于3小时，第二步反应尚未能进行完全，因而产物的性质不稳定。

红外分析：从图7-10红外光谱图中可以明显看出，随着第二步反应时间的增加，位于1680cm^{-1}处的C＝O振动峰、位于2800~3400cm^{-1}处的O—H键和N—H键混合振动峰及2060cm^{-1}处R—CN键的振动峰强度均逐渐增强，这说明随着反应时间的增加，产物中目标产物的含量逐步增多。

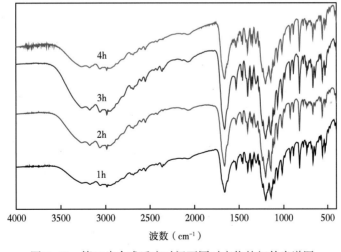

图7-10　第二步合成反应时间不同时产物的红外光谱图

（6）第二步合成反应温度。

取前五步优化的最佳温度为140℃和第一步反应时间为4小时，全氟辛酸和异丙醇胺的配比为1:1.8，催化剂含量为0.5%，且第二步反应时间为3小时，考察不同第二步反应温度的条件下合成产物的起泡性能见表7-8。

表 7-8   第二步合成反应温度对产物性能的影响

第二步反应温度 （℃）	泡沫体积 （mL）	半衰期 （s）	泡沫质量	泡沫黏度 （mPa·s）	收率 （%）
60	600	470	0.833	11.72	72.15
70	680	490	0.853	13.36	73.14
80	650	630	0.846	12.75	73.56
90	640	550	0.844	12.54	72.47
100	670	480	0.851	13.16	72.97

在第一步反应温度为 140℃、反应时间为 4 小时，第二步反应温度为时间为 3 小时、催化剂含量为 0.5% 的条件下，改变第二步反应的温度，对产物的发泡体积影响并不是很明显，而对生成泡沫的稳定性影响较大。从泡沫的综合性能上来讲，当第二步反应温度为 80℃时，泡沫的综合性能最好。

红外分析：从图 7-11 中可以看出，当第二步反应温度为 60℃时，产物在 2800～3400cm⁻¹ 处的 O—H 和 N—H 键混合振动峰较弱，说明在较低温度下产物的交联较差。当第二步反应温度为 100℃时，C—F 键的振动峰与温度为 80℃时相比强度较弱，而指纹区中 C—H 键的振动强度却较高，说明反应中水解反应较为剧烈，酰胺类物质也发生了水解，目标产物的含量降低。

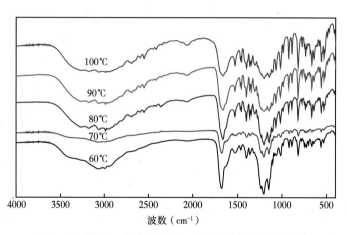

图 7-11   第二步合成反应温度同时产物的红外光谱图

（7）产物提纯分析。

真空干燥分析：将产物真空干燥 24 小时，产物的性能并未得到明显的提高，相反，其泡沫稳定性略有下降（表 7-9）。从红外光谱图（图 7-12）中也可看出真空干燥前后产物的官能团并未发生明显改变。

表 7-9   真空干燥对产物性能的影响

操作	泡沫体积 （mL）	半衰期 （s）	泡沫质量	泡沫黏度 （mPa·s）
未干燥	650	630	0.846	12.75
干燥	650	520	0.846	12.75

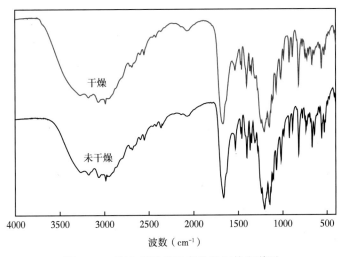

图 7-12 真空干燥前后产物的红外光谱图

（8）脂肪酸法正交试验。

通过正交试验（表 7-10）可以确定，第一步反应时间 4 小时，第二步反应时间 4 小时，第一步反应温度 130℃，第二步反应温度 80℃ 时为最佳合成反应条件。

表 7-10　脂肪酸法正交试验

序号	反应时间（h）（第一步+第二步）	反应温度（℃）（第一步+第二步）	泡沫体积（mL）	半衰期（s）	泡沫质量	泡沫黏度（mPa·s）	收率（%）
1	3+2	130+70	630	530	0.841	12.33	72.35
2	3+3	140+80	650	580	0.846	12.75	72.15
3	3+4	150+90	680	530	0.853	13.36	71.98
4	4+2	140+90	620	530	0.843	12.13	72.65
5	4+3	150+70	640	540	0.844	12.54	72.36
6	4+4	130+80	640	690	0.844	12.54	73.18
7	5+2	150+80	680	590	0.853	13.36	72.65
8	5+3	130+90	610	570	0.836	11.93	70.97
9	5+4	140+70	620	520	0.839	12.13	71.54
均值1	357100.00	354566.67	374400.00	333966.67			
均值2	371933.33	356766.67	342666.67	406600.00			
均值3	357100.00	374800.00	369066.67	345566.67			
极差	14833.33	20233.33	31733.33	72633.33			

3）酯交换法条件优化

采用全氟辛酸和异丙醇胺为原料合成全氟烷基酰胺时，产物的起泡性能最好，因此，重点对合成 N-（2-羟丙基）全氟辛酰胺的反应条件进行优化。

（1）第一步反应时间不同对产物性能的影响。

从表 7-11 中的数据可以看出，第一步反应合成的时间对产物的性能影响较大，随着反应时间的逐步延长，产物的发泡性能逐步增加，但泡沫的稳定性能在反应时间为 2 小时时达到最大值，之后随着反应时间的延长泡沫稳定性能下降，从泡沫的综合性能考虑，第一步的反应时间为2小时时产物的性能最为理想。合成反应的第一步为全氟辛酸与甲醇在催化剂的作用下发生酯化反应，由于有机合成反应通常会有许多的副反应的发生，而且酯化反应本身也是一种较为复杂的可逆反应，因而随着反应时间的延长产物的性能会有较大的不同。当反应时间为2小时时，第一步反应的目标产物全氟辛酸甲酯的含量较高，因而第二步反应的反应物的含量升高，在相同的条件下，目标产物烷醇酰胺的含量也会升高。当第一步反应时间继续延长，生成的全氟辛酸甲酯的含量基本保持不变，而副产物的含量却会继续增长，因而最终目标产物的含量会降低，所以泡沫的稳定性能下降。

表7-11　第一步合成反应时间对产物性能的影响

第一步反应时间 （h）	泡沫体积 （mL）	半衰期 （s）	泡沫质量	泡沫黏度 （mPa·s）	收率 （%）
1	560	600	0.821	10.90	81.26
2	610	630	0.836	11.93	81.93
3	630	500	0.841	12.33	82.16
4	640	490	0.844	12.54	82.68
5	660	470	0.848	12.95	83.01

（2）第一步反应温度不同对产物性能的影响。

第一步反应温度对产物性能有一定的影响，从表7-12看出，当第一步合成反应温度为40℃时，产物的性能最好。前面已经提到过，第一步的反应以全氟辛酸和甲醇的酯化反应为主，当反应温度较低时，合成反应的速率较低，达到化学反应平衡时所需的时间延长。而当合成反应的温度较高时，虽然酯化反应的速率加快，其他副反应的反应速率也会随之增加，副产物的含量也会增加，因而虽然随着温度的增加全氟辛酸向全氟辛酸甲酯的理论转化率增加，但事实上第一步目标产物的含量并没有增加。综合以上来看，第一步反应温度为40℃时对目标产物的合成更为有利。

表7-12　第一步合成反应温度对产物性能的影响

第一步反应温度 （℃）	泡沫体积 （mL）	半衰期 （s）	泡沫质量	泡沫黏度 （mPa·s）	收率 （%）
30	610	680	0.836	11.93	82.15
40	630	780	0.841	12.33	83.59
50	610	630	0.836	11.93	81.87
60	510	570	0.804	9.88	81.95

（3）第二步反应时间不同对产物性能的影响。

从表7-13可以看出，随着第二步反应的不断进行，合成产物的起泡能力及泡沫稳定性能都会不断提高。当第二步的反应时间为4小时时，产物的性能最好，其起泡能力和泡沫稳定性能都达到最大值。这主要是由于有机反应的复杂性所引起的。酯交换法的第二步反应主要是全氟辛酸甲酯与异丙醇胺缩合生成目标产物。当合成反应的时间较短时，反应进行的并不彻底，目标产物的含量较少，而当反应时间过长时，副产物的含量会逐步增加而目标产物的含量会随之减少。

表 7-13 第二步合成反应时间对产物性能的影响

第二步反应时间 （h）	泡沫体积 （mL）	半衰期 （s）	泡沫质量	泡沫黏度 （mPa·s）	收率 （%）
2	520	550	0.808	10.08	83.25
3	590	740	0.831	11.52	83.95
4	630	780	0.841	12.33	84.15
5	560	620	0.821	10.90	83.67

（4）第二步反应温度不同对产物性能的影响。

从表 7-14 可以看出，当第二步合成反应的温度为 80℃，产物的性能最好。当温度较低时，反应的速率较慢，因而目标产物的含量也较少；当温度过高时，虽然反应速率较高，但副反应的速率也同样会提高，而且从理论上讲温度太高并不利于全氟辛酸甲酯与异丙醇胺的缩合反应，因而会使目标产物的含量降低，产物的性能下降。

表 7-14 第二步合成反应温度对产物性能的影响

第二步反应温度 （℃）	泡沫体积 （mL）	半衰期 （s）	泡沫质量	泡沫黏度 （mPa·s）	收率 （%）
60	530	680	0.811	10.29	82.69
70	540	690	0.815	10.49	83.01
80	630	780	0.841	12.33	84.29
90	510	570	0.804	9.88	83.47

（5）第一步反应催化剂醋酸含量对产物的性能影响。

从表 7-15 中的数据可以看出，当第一步催化剂醋酸的含量为 0.5% 时，合成产物的性能最好，当催化剂的含量较低时，在一定时间下第一步反应不够完全，全氟辛酸转化成全氟辛酸甲酯的量较少，因而目标产物的含量较低，当第一步催化剂醋酸的含量较高时，醋酸与甲醇可发生酯化反应生成醋酸甲酯，因而反应物的转化率也会降低。

表 7-15 醋酸含量对产物性能的影响

醋酸含量 （%）	泡沫体积 （mL）	半衰期 （s）	泡沫质量	泡沫黏度 （mPa·s）	收率 （%）
0.1	460	540	0.783	8.85	83.58
0.3	560	640	0.821	10.90	84.69
0.5	630	780	0.841	12.33	84.86
0.7	400	390	0.750	7.62	83.56

（6）第二步反应催化剂甲醇钠含量对产物的性能影响。

从表 7-16 可以看出，当第二步催化剂甲醇钠的含量较低时，第二步反应所得到的产物的目标产物的含量较少，这与前面所说的原因相同，催化剂的含量较低时发生反应的速率较低，因而目标产物的转化率较低，当催化剂的含量较高时，一是会与反应物发生一些复杂的副反应，二是由于甲醇钠属于碱性物质且较难分离，因而会在一定程度上影响产物的发泡性能。

表 7-16　甲醇钠含量对产物性能的影响

甲醇钠含量（%）	泡沫体积（mL）	半衰期（s）	泡沫质量	泡沫黏度（mPa·s）	收率（%）
0.1	500	600	0.800	9.67	83.97
0.3	630	710	0.841	12.33	84.59
0.5	630	780	0.841	12.33	85.96
0.7	530	670	0.811	10.29	83.67

（7）反应物配比对产物的性能影响。

从表 7-17 的数据可以看出，当反应中全氟辛酸与异丙醇胺的配比为 1:1.6 时，合成产物的性能最好，当异丙醇胺的含量较低时，由于此反应是一个复杂可逆的有机反应，而在反应物中又属全氟辛酸的价格较为昂贵，因而拟使异丙醇胺的含量较高以提高全氟辛酸的转化率。当异丙醇胺的含量较低是，全氟辛酸的转化率较低，因而合成产物的性能较不理想，但是当异丙醇胺的含量过高时，会使副产物的含量提高，从而降低产物中目标产物的含量。

表 7-17　反应物配比对产物性能的影响

配比	泡沫体积（mL）	半衰期（s）	泡沫质量	泡沫黏度（mPa·s）	收率（%）
1:1	560	630	0.821	10.90	84.15
1:1.3	590	750	0.831	11.52	84.91
1:1.6	630	780	0.841	12.33	86.87
1:1.9	540	550	0.815	10.49	83.68

（8）甲醇含量对产物的性能影响。

甲醇既是第一步反应的反应物也是第一步反应中的溶剂，当甲醇的含量较低的时候，第一步反应时全氟辛酸的反应较为不充分，转化为全氟辛酸甲酯的量较少，从而使得目标产物的含量较低，当甲醇的含量过高时，会增加副产物的种类和数量，因而也会使产物的性能下降（表 7-18）。

表 7-18　全氟辛酸：甲醇比例对产物性能的影响

甲醇含量（%）	泡沫体积（mL）	半衰期（s）	泡沫质量	泡沫黏度（mPa·s）	收率（%）
1:1	450	530	0.778	8.65	84.11
1:2	600	690	0.833	11.72	85.16
1:3	630	780	0.841	12.33	88.97
1:4	580	600	0.828	11.31	85.17

4) 酯交换法正交试验

表 7-19 中，对于正交条件，第一步反应时间 A、B、C、D 分别对应于 1 小时、2 小时、3 小时、4 小时；第二步反应时间 A、B、C、D 分别对应于 2 小时、3 小时、4 小时、5 小时；第一步反应温度 A、B、C、D 分别对应于 30℃、40℃、50℃、60℃；第二步反应温度 A、B、C、D 分别对应于 60℃、70℃、80℃、90℃；醋酸量 A、B、C、D 分别对应于 0.1%、0.3%、0.5%、0.7%；甲醇钠量 A、B、C、D 分别对应于 0.1%、0.3%、0.5%、0.7%；反应物配比 A、B、C、D 分别对应于 1:1、1:1.3、1:1.6、1:1.9；全氟辛酸与甲醇比例 A、B、C、D 分别对应于1:1、1:2、1:3、1:4。

表 7-19　酯交换法各种合成条件的正交试验表

因素	第一步时间	第二步时间	第一步温度	第二步温度	醋酸	甲醇钠	配比	甲醇	体积（mL）	半衰期（s）	泡沫质量	泡沫黏度（mPa·s）	收率（%）
实验 1	A	A	A	A	A	A	A	A	450	470	0.78	8.65	82.5
实验 2	A	B	B	B	B	B	B	B	580	600	0.83	11.3	83.2
实验 3	A	C	C	C	C	C	C	C	630	610	0.84	12.3	83.3
实验 4	A	D	D	D	D	D	D	D	490	570	0.8	9.47	84.2
实验 5	B	A	A	B	A	C	C	D	630	610	0.84	12.3	85.3
实验 6	B	B	A	A	A	D	D	C	490	620	0.8	9.47	81.6
实验 7	B	C	C	D	D	A	A	B	510	560	0.8	9.88	82.6
实验 8	B	D	D	C	C	B	B	A	610	620	0.84	11.9	83.1
实验 9	C	A	B	C	D	A	B	C	550	620	0.82	10.7	84.6
实验 10	C	B	A	D	C	B	A	D	540	530	0.82	10.5	87.2
实验 11	C	C	D	A	B	C	D	A	490	490	0.8	9.47	86.2
实验 12	C	D	C	B	A	D	C	B	530	550	0.81	10.3	86.2
实验 13	D	A	D	B	D	C	D	B	510	630	0.8	9.88	84.7
实验 14	D	B	A	C	D	D	C	A	620	600	0.84	12.1	83.8
实验 15	D	C	D	B	A	A	B	D	520	530	0.81	10.1	85.8
实验 16	D	D	C	A	B	B	A	C	530	570	0.81	10.3	87.0
实验 17	A	A	D	C	B	C	D	B	470	590	0.79	9.06	88.6
实验 18	A	B	C	B	C	A	D	A	600	490	0.83	11.7	87.3
实验 19	A	C	B	D	D	A	D	D	660	670	0.85	13	86.3
实验 20	A	D	A	D	A	C	B	C	570	650	0.83	11.1	82.1
实验 21	B	A	D	B	C	D	A	C	590	550	0.83	11.5	83.7
实验 22	B	B	C	A	D	C	B	D	490	550	0.8	9.47	86.3
实验 23	B	C	B	D	A	B	C	A	530	570	0.81	10.3	83.5
实验 24	B	D	A	C	B	A	D	B	590	580	0.83	11.5	82.7
实验 25	C	A	C	C	A	B	B	D	500	570	0.8	9.67	83.3
实验 26	C	B	D	D	B	A	C	C	530	580	0.81	10.3	83.9
实验 27	C	C	A	A	C	D	B	B	540	670	0.82	10.5	84.7
实验 28	C	D	B	B	D	C	A	A	660	570	0.85	13	82.7

因素	第一步时间	第二步时间	第一步温度	第二步温度	醋酸	甲醇钠	配比	甲醇	体积（mL）	半衰期（s）	泡沫质量	泡沫黏度（mPa·s）	收率（%）
实验29	D	A	C	D	B	D	B	A	470	550	0.79	9.06	53.5
实验30	D	B	D	C	A	C	A	B	440	550	0.77	8.44	82.5
实验31	D	C	A	B	D	B	D	C	540	580	0.82	10.5	83.7
实验32	D	D	B	A	C	A	C	D	540	550	0.82	10.5	84.6
均值1	325888	300425	330212	282888	285250	294288	308788	304075					
均值2	323775	302863	341450	325913	328100	311513	325388	308713					
均值3	311150	325613	296312	348363	330913	323525	326988	330850					
均值4	297713	329625	290550	301363	314263	329200	297363	314888					
价差	28175	29200	50900	65475	45663	34913	29625	26755					

通过正交试验可以确定，第一步反应时间2小时，第二步反应时间4小时，第一步反应温度40℃，第二步反应温度80℃，第一步催化剂醋酸含量为0.5%，第二步催化剂甲醇钠含量为0.5%，反应物配比为1:1.6，和全氟辛酸与甲醇的比例为1:3时为最佳合成反应条件。

通过比较"一步法"、脂肪酸法和酯交换法合成的氟碳表面活性剂的起泡性能，可以发现，酯交换法合成的氟碳表面活性剂的起泡性能最好。

从谱图图7-13可以看出，谱图中出现了很多峰，这说明在产物中有氟原子的存在，通过对氟核磁共振谱图的峰的积分，氟的个数约为15.5，而合成的N-（2-羟丙基）全氟辛酰胺中氟原子的个数为15，考虑到实验误差，所以通过氟核磁共振谱图，可更进一步确定制备的氟碳表面活性剂产品就是N-（2-羟丙基）全氟辛酰胺。

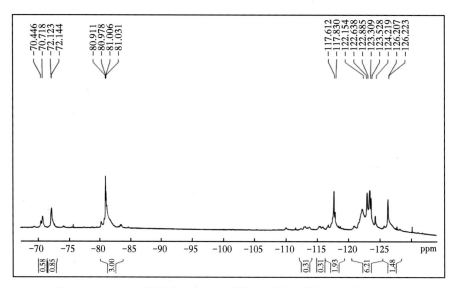

图7-13　N-（2-羟丙基）全氟辛酰胺表面活性剂的氟核磁共振谱图

第二节　氮气泡沫压裂液起泡剂体系优化研究

一、常规碳氢表面活性剂优选

泡沫是一种气体分散于液体中的分散体系，其中液相为分散介质，气相为分散相。由于煤储层具有低温、低矿化度和水敏性等特点，要求泡沫压裂用的起泡剂在较低温度下具有良好的起泡能力，且形成一种稳定的液包气的乳状液。泡沫性能的研究涉及很多因素，如溶液的起泡能力、稳定性、泡沫的大小分布等，但评价起泡性能主要从两方面入手：一方面是起泡能力，另一方面是稳定性。溶液起泡能力和泡沫的稳定性不但与溶液中溶质的性质和气泡的物理化学条件有关，而且外界环境对其也有较大影响。起泡能力主要从起泡体积考察，稳定性主要从泡沫半衰期入手。此外，泡沫质量和泡沫黏度也是评价泡沫性能的重要指标。

常用的起泡剂即为表面活性剂。参照国际上对表面活性剂的分类法，可以将起泡剂分为阴离子起泡剂、阳离子起泡剂、非离子起泡剂、两性离子起泡剂、聚合物起泡剂、复合型起泡剂。作为泡沫压裂用的起泡剂主要有阴离子型、非离子型和复合型起泡剂。各种起泡剂的基本起泡性能有很大区别，因此在对起泡剂起泡能力进行详细评价之前，有必要对不同类型的起泡剂进行初选。考察的常规碳氢表面活性剂的起泡性能，起泡剂主要包括SS-233阴离子型表面活性剂、阴离子型表面活性剂十二烷基硫酸钠（SDS）、阴离子型表面活性剂十二烷基磺酸钠（SAS）、阴离子型表面活性剂十二烷基苯磺酸钠（SDBS）、非离子型表面活性剂（OP-10）、两性表面活性剂椰油酰胺丙基甜菜碱（CAB）。

由于实际应用中的起泡作用复杂多样，影响因素非常多且不易控制，迄今为止还没有一个统一的普遍适用的检测方法。已有的方法按照起泡方式可以分为气流法和搅拌法两大类。

首先用气流法进行了摸底试验，实验过程如下：在1000mL烧杯中加入100mL表面活性剂溶液，将一定流量的气流通入溶液中，起泡时间为产生一定体积泡沫所需的时间，作为衡量起泡剂的标准，半衰期为析液50mL所需的时间或泡沫体积衰减至一半所需要的时间，作为衡量泡沫稳定性的标准，起泡时间越短，半衰期越长，说明起泡剂的泡沫稳定性越好。但是，用这种方法产生的单个气泡很大，且很快破裂，无法形成细密的泡沫，因此，很难衡量其起泡时间和半衰期，这个方法在测量起泡剂的起泡性能时很少使用。

此外，又利用高速搅拌法进行了摸底试验，实验过程如下：在搅拌杯中加入100mL起泡剂溶液，高速（1000r/min）搅拌1分钟后，关闭搅拌开关，读取泡沫体积V_0，作为起泡剂的起泡性的评价指标，记录从泡沫中析出50mL液体所需要的时间，作为泡沫的半衰期$t_{1/2}$，以衡量泡沫的稳定性，在搅拌过程中可以控制器搅拌速度不变。这种方法所得到的结果具有较好的重复性，且这种方法产生的泡沫细密。与气流法相比，这种方法操作方便、重现性好，能够较准确地反映发泡剂的起泡能力和泡沫稳定性，是用于评价泡沫性能优劣的常用方法。因此，选用高速搅拌法进行对上述表面活性剂进行了泡沫性能的研究。

在室温下（20℃），对上述各种类型的起泡剂进行了泡沫性能的考察，实验结果如图7-14、图7-15所示，由图可知，十二烷基硫酸钠（SDS）较其他类型的起泡剂，有着较好的综合起泡性能，表现在较低的起泡浓度下，有较高的起泡体积和较长时间的半衰期，而泡沫综合值要优于相同浓度其他类型的起泡剂。SDS 达到较高泡沫综合值的情况下，使用浓度为 0.2%~0.4%，较其他类型的起泡剂，SDS 的最优浓度较低。

同时考察了温度、矿化度、pH 值等对 SDS 起泡性能的影响。

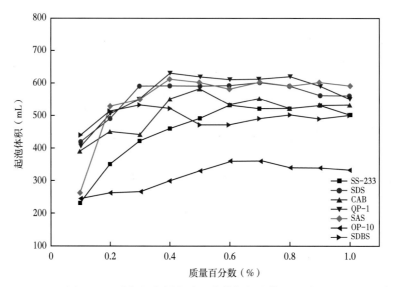

图 7-14　碳氢起泡剂的质量分数与起泡体积的关系

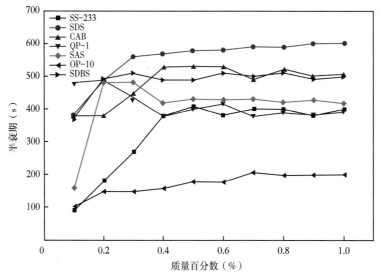

图 7-15　碳氢起泡剂的质量分数与半衰期的关系

1. 温度

由于以上起泡剂的浓度在 0.4% 时，已经表现出良好的泡沫性能，室内试验选定在室温下（20℃），起泡剂浓度为 0.4% 时，在 20~45℃ 的温度条件下，考察起泡剂 SDS 的泡沫性能结果见表 7-20。

表 7-20 不同温度下的 SDS 的泡沫性能

温度 （℃）	起泡体积 （mL）	半衰期 （s）	泡沫质量	泡沫黏度 （mPa·s）
20	610	590	0.836	11.93
25	600	580	0.833	11.72
30	600	580	0.833	11.72
35	590	570	0.831	11.52
40	580	570	0.827	11.31
45	580	565	0.827	11.31

随着温度的升高，各类起泡剂泡沫质量有下降的趋势。这是因为，随着温度的升高，虽然起泡剂的起泡体积有一定程度的增加，但半衰期呈整体下降的趋势。这是因为泡沫是热力学不稳定体系，需要外界对体系做一定的功才能生成，从能量的角度考虑，温度升高，分子运动加快，更多的表面活性剂分子摆脱水分子的束缚逃逸到水溶液表面，导致表面吸附的起泡剂分子增加，表面张力下降，单位时间内生成泡沫的总体积会增加；同时，由于泡沫有一定的稳定性，表现为起泡能力会有所增强；温度升高，液膜的水分蒸发也会加剧，液膜的排液速度加快，同时表面活性剂分子亲水基的水化作用下降，液膜之间的排斥力随之减弱，造成液膜强度降低，泡沫稳定性下降。同时，温度的增加会导致吸附量会减小，溶液表面的黏度会降低，Marangoni 效应作用减弱，表面弹性降低，导致泡沫稳定性降低，表现为泡沫体系的半衰期减小。

2. 矿化度

考察了不同矿化度对十二烷基硫酸钠起泡性能的影响，由图 7-16 至图 7-21 可以看出，SDS 随着矿化度的增加，其起泡能力和半衰期都随之减小，当 NaCl 浓度超过 1.0% 后，起泡性能急剧下降。因为矿化度能显著影响离子型表面活性剂的聚集行为，从而改变体系的性能，这种影响不仅依赖于表面活性剂的结构、性质和浓度，还与无机盐的本性和浓度有关系。这是由于随着矿化度的增加，压缩了起泡剂分子的双电层结构，导致液膜的电排斥作用显著减弱，排液速度加快。无机盐对泡沫稳定性的影响有两方面：一是减弱电

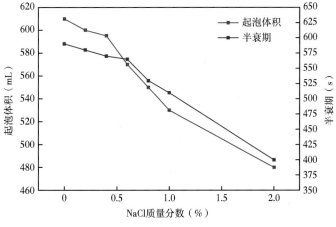

图 7-16　Na$^+$ 对 SDS 起泡体积和泡沫半衰期的影响

斥力作用，促使液膜薄化，泡沫破裂；二是使吸附表面活性剂分子间的排斥力减弱，分子排列更为紧密，泡沫液膜增强，稳定性增加。

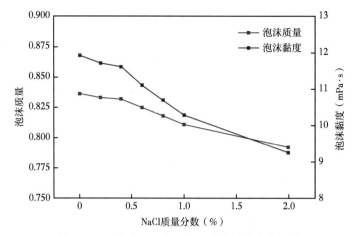

图 7-17　Na⁺对 SDS 泡沫质量和泡沫黏度的影响

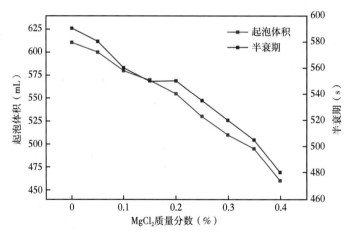

图 7-18　Mg²⁺对 SDS 起泡体积和泡沫半衰期的影响

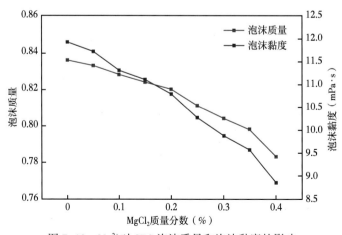

图 7-19　Mg²⁺对 SDS 泡沫质量和泡沫黏度的影响

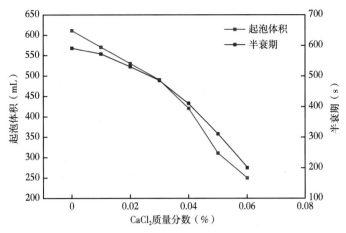

图 7-20　Ca²⁺对 SDS 起泡体积和泡沫半衰期的影响

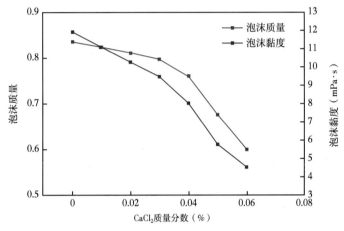

图 7-21　Ca²⁺对 SDS 泡沫质量和泡沫黏度的影响

实验结果表明，二价金属离子比一价金属离子更易接近表面活性剂的表面，相应地可降低带电胶束之间的排斥作用。所以在相同浓度下，钙离子、镁离子显著影响了起泡剂的泡沫性能。

3. pH 值

在室温下，测定浓度为 0.4%SDS 在不同 pH 值条件下的起泡性能（0.4%SDS 的 pH 值为 6.68），实验结果如图 7-22、7-23 所示；从图可知，在弱酸性或弱碱性环境下均表现了良好的起泡能力；pH 值接近中性且偏酸性时，SDS 的起泡性能最好。

二、合成起泡剂与其他氟碳表面活性剂的起泡性能对比

收集市场上工业化的各种类型的氟碳表面活性剂，分为非离子型、阴离子型、阳离子型和两性型氟碳表面活性剂。在室温（20℃）下，采用搅拌法考察实验室合成的酰胺类氟碳表面活性剂 FCS-11 的起泡性能，并与市场上工业化的氟碳表面活性剂的起泡性能进行比较，实验结果如表 7-21 及图 7-24、图 7-25 所示。

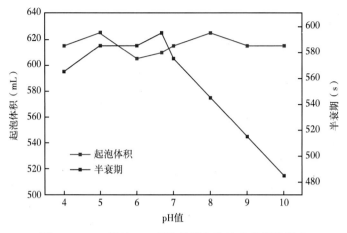

图 7-22　pH 值对 SDS 起泡体积和泡沫半衰期的影响

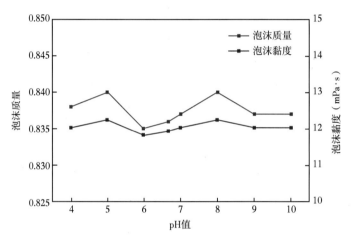

图 7-23　pH 值对 SDS 泡沫质量和泡沫黏度的影响

表 7-21　各种类型的氟碳表面活性剂

表面活性剂类型	氟碳表面活性剂名称	主要成分	生产厂家
非离子型	AF-4018-Y		上海亚孚化工
非离子型	LG-370		上海来果化工
非离子型	EE-606		上海久士城化学
非离子型	YF-001	全氟环氧烷基类	湖北优世达科技
非离子型	HG-614	全氟辛基磺酰基季胺氧化物	四川华高化工
非离子型	FC-102	N-乙基，N-羟乙基全氟辛酸磺酰胺	武汉海德化工
非离子型	TF-3721		上海来果化工
非离子聚合物型	FC-4430	氟代脂肪族聚合物脂	上海向岚化工
阴离子型	YF-248	全氟辛基磺酸四乙基胺（C_2H_5）4NC8F17SO3	湖北优世达科技
阴离子型	YF-95		湖北优世达科技

表面活性剂类型	氟碳表面活性剂名称	主要成分	生产厂家
两性离子型	EE-607	甜菜碱型	上海久士城化学
阳离子型	YF-111		湖北优世达科技
阳离子型	YF-134	全氟辛基季铵碘化物	湖北优世达科技
阳离子型	AF-4018-SJ		上海来果化工

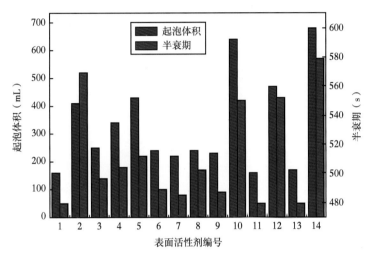

图 7-24　不同氟碳表面活性剂的起泡体积及泡沫半衰期柱状图

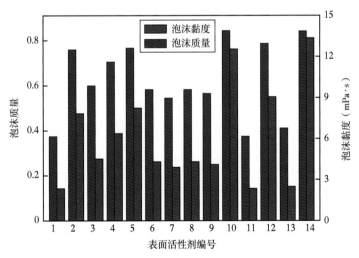

图 7-25　不同氟碳表面活性剂的泡沫质量和泡沫黏度柱状图

从上述实验结果可以看出，只有工业产品 YF-001、YF-248 和 FCS-11 有较好的起泡性能，且 FCS-11 的起泡性能要优于以上工业化的氟碳表面活性剂。且与常规碳氢起泡剂（SDS）相比，使用氟碳表面活性剂作为起泡剂，在一定程度上提高了起泡能力，主要表现为起泡性能增强，在较低浓度下比碳氢起泡剂生成的泡沫更多。这是因为氟碳表面活性剂的表面张力要低于碳氢表面活性剂，使得泡沫形成更容易。

三、起泡剂体系优化

1. 起泡剂体系组成

尽管合成的 FCS-11 氟碳表面活性剂的起泡性能好，但是其成本较高，限制了其规模化应用，文献研究表明氟碳表面活性剂与常规碳氢表面活性剂复配时，在一定程度上会提高复配体系的起泡性能；并且阴离子表面活性剂与非离子表面活性剂的相互作用强于阳离子表面活性剂与非离子表面活性剂。

因此本研究考虑用合成的 FCS-11 氟碳表面活性剂与优选的规碳氢表面活性剂 SDS 进行复配使用，考察复配体系的起泡性能，并与工业产品 YF-001、YF-248 的实验结果进行对比，实验结果如表 7-22 至表 7-24 及图 7-26、图 7-27 所示。

表 7-22　YF-248 与 SDS 复配体系的泡沫性能

表面活性剂浓度 （%）	起泡体积 （mL）	半衰期 （s）	泡沫质量	泡沫黏度 （mPa·s）
0.4% SDS	590	570	0.831	11.52
0.05% YF-248 + 0.4% SDS	590	570	0.831	11.52
0.1% YF-248 + 0.4% SDS	600	570	0.833	11.72
0.2% YF-248 + 0.4% SDS	600	600	0.833	11.72

表 7-23　YF-001 与 SDS 复配体系的泡沫性能

表面活性剂浓度 （%）	起泡体积 （mL）	半衰期 （s）	泡沫质量	泡沫黏度 （mPa·s）
0.4% SDS	590	570	0.831	11.52
0.05% YF-001 + 0.4% SDS	600	570	0.833	11.72
0.1% YF-001 + 0.4% SDS	610	570	0.836	11.93
0.2% YF-001 + 0.4% SDS	640	610	0.844	12.54

表 7-24　FCS-11 与 SDS 复配体系的泡沫性

表面活性剂浓度 （%）	起泡体积 （mL）	半衰期 （s）	泡沫质量	泡沫黏度 （mPa·s）
0.4% SDS	590	570	0.831	11.52
0.05% FCS-11+0.4% SDS	640	580	0.844	12.54
0.1% FCS-11+0.4% SDS	660	595	0.848	12.95
0.2% FCS-11+0.4% SDS	670	610	0.851	13.16

由表 7-22 至表 7-24 和图 7-27、图 7-28 可知，与单纯起泡剂相比，氟碳表面活性剂与 SDS 的复配体系的起泡性能有了一定程度的提高，且合成的 FCS-11 与 SDS 的复配体系的起泡性能最好。

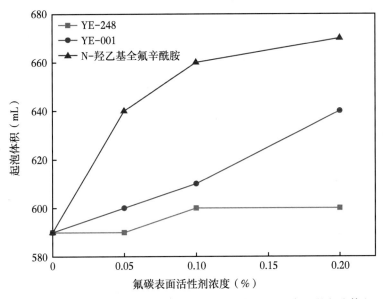

图 7-26　不同质量分数的氟碳表面活性剂与 0.4%SDS 复配的起泡体积

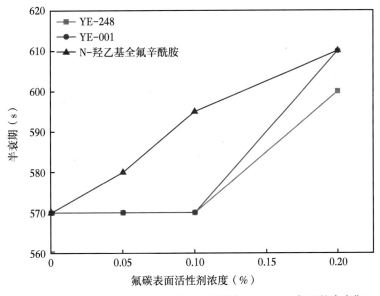

图 7-27　不同质量分数的氟碳表面活性剂与 0.4%SDS 复配的半衰期

氟碳表面活性剂与 SDS 复配后，复配体系较单一氟碳表面活性剂体系或 SDS 体系泡沫性能有了提高。复配体系起泡性能的提高主要有以下原因：

（1）氟碳表面活性剂与 SDS 后，与单纯氟碳表面活性剂体系相比，混合体系的 cmc 大幅降低。因而通过加入普通碳氢表面活性剂可大幅减少氟碳表面活性剂的用量，降低使用成本。

（2）由于体系中氟碳表面活性剂与 SDS 共存，可使复配体系降低表面张力的能力大幅增加（表 7-25、图 7-28）。

表 7-25 起泡剂体系的表面张力

表面活性剂质量分数（%）	表面张力（mN/m）
0.4% SDS	31.04
0.05%YF-001	21.23
0.4%SDS+ 0.05%YF-001	19.93
0.05%YF-248	23.63
0.4%SDS+ 0.05%YF-248	21.68
0.05% FCS-11	17.03
0.05% FCS-11+ 0.4%SDS	16.67

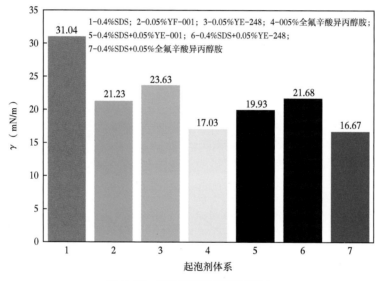

图 7-28　起泡剂体系的表面张力

同时从能量的观点来看，低表面张力对于泡沫的形成较为有利；因为生成一定表面积的泡沫，低表面张力可以减少做功，但是不能保证生成的泡沫具有良好的稳定性。只有当液体表面能形成有一定强度的表面膜时，低表面张力才有助于泡沫的稳定。因为根据液体压力与曲率关系的拉普拉斯公式，泡沫液膜的 Plateau 交界处与平面膜间的压差与表面张力成正比，表面张力低则压差小，从而排液速度较慢，液膜变薄也较慢，有利于泡沫的稳定。

2. 起泡剂体系性能影响因素

考虑到国内煤层特点，埋藏深度一般比较浅（800m 以下的煤层气藏较多），且地层温度不高（30~40℃），矿化度较低（一般小于 10000mg/L），针对上述优化的起泡剂体系，考察了 FCS-11 与 SDS 的复配比例、矿化度、温度对起泡剂体系的性能影响。

针对前期优选的常规碳氢表面活性剂 SDS，将不同浓度的氟碳表面活性剂 FCS-11 与 SDS 进行复配，考察复配起泡剂体系的起泡性能，实验结果如表 7-26 和图 7-29、图 7-30 所示。

表 7-26 不同浓度的 FCS-11 的复配泡沫性能

表面活性剂浓度 （%）	起泡体积 （mL）	半衰期 （s）	泡沫质量	泡沫黏度 （mPa·s）
0.4%SDS	590	570	0.831	11.52
0.03% FCS-11 + 0.4%SDS	610	570	0.836	11.93
0.05% FCS-11 + 0.4%SDS	640	580	0.844	12.54
0.07% FCS-11 + 0.4%SDS	645	585	0.845	12.65
0.09% FCS-11 + 0.4%SDS	650	590	0.846	12.75
0.10% FCS-11 + 0.4%SDS	660	595	0.848	12.95
0.20% FCS-11 + 0.4%SDS	670	610	0.851	13.16

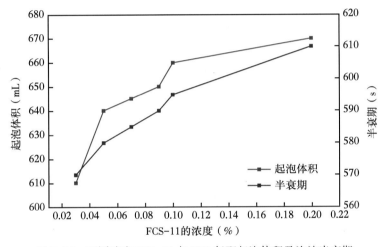

图 7-29 不同浓度 FCS-11 与 SDS 复配起泡体积及泡沫半衰期

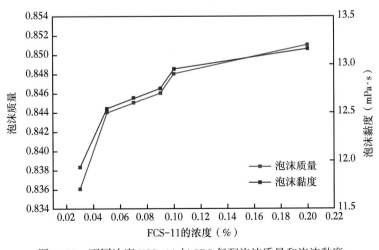

图 7-30 不同浓度 FCS-11 与 SDS 复配泡沫质量和泡沫黏度

从表 7-26、图 7-29、图 7-30 可以看出，起泡剂体系的起泡性能随着 FCS-11 浓度的增加而增加后趋于平稳。当 FCS-11 的浓度低于 0.03% 时，起泡剂体系的泡沫综合值与

SDS 单一体系相差不大，但可以较大程度地降低体系表面张力。考虑到起泡剂体系的性能及体系的价格，因此建议起泡剂体系中 FCS-11 使用浓度为 0.01%~0.10%。

3. 矿化度

将 0.05% FCS-11 和 0.4%SDS 作为煤层气泡沫压裂的起泡剂体系，考察不同浓度的 Na$^+$、Ca^{2+} 和 Mg^{2+} 对其起泡性能的影响，实验结果如表 7-27 至表 7-29 与图 7-31~7-36 所示。

表 7-27　Na$^+$对复配体系泡沫性能的影响

NaCl 质量分数（%）	起泡体积（mL）	半衰期（s）	泡沫质量	泡沫黏度（mPa·s）
0	640	580	0.844	12.54
0.2	650	570	0.846	12.75
0.4	680	530	0.853	13.36
0.6	680	500	0.853	13.36
0.8	630	430	0.841	12.33
1.0	600	380	0.833	11.72
2.0	510	300	0.804	9.88

表 7-28　Ca^{2+}对复配体系泡沫性能的影响

CaCl$_2$ 质量分数（%）	起泡体积（mL）	半衰期（s）	泡沫质量	泡沫黏度（mPa·s）
0	640	580	0.844	12.54
0.01	600	500	0.833	11.72
0.02	580	500	0.828	11.31
0.03	560	480	0.821	10.90
0.04	560	470	0.821	10.90
0.05	540	430	0.815	10.49
0.06	480	400	0.792	9.26
0.07	200	60	0.500	2.81

表 7-29　Mg^{2+}对复配体系泡沫性能的影响

MgCl$_2$ 质量分数（%）	起泡体积（mL）	半衰期（s）	泡沫质量	泡沫黏度（mPa·s）
0	640	580	0.844	12.54
0.05	620	580	0.839	12.13
0.10	600	570	0.833	11.72
0.15	590	560	0.831	11.52
0.20	580	550	0.828	11.31
0.25	570	530	0.825	11.11
0.30	560	520	0.821	10.90
0.35	560	500	0.821	10.90
0.40	560	500	0.821	10.90

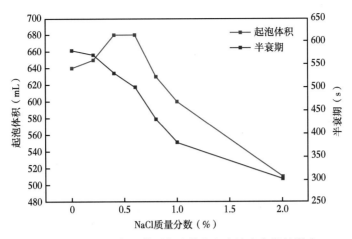

图 7-31 Na⁺对复配体系起泡体积和泡沫半衰期的影响

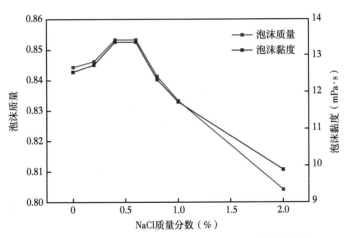

图 7-32 Na⁺对复配体系泡沫质量和泡沫黏度的影响

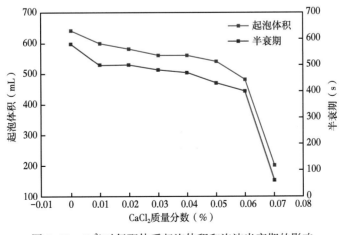

图 7-33 Ca²⁺对复配体系起泡体积和泡沫半衰期的影响

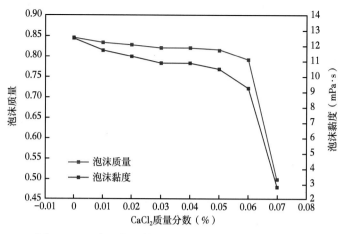

图 7-34　Ca^{2+}对复配体系泡沫质量和泡沫黏度的影响

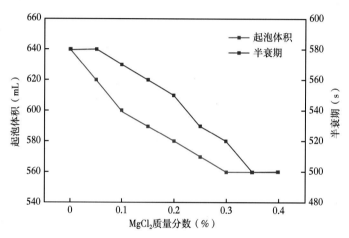

图 7-35　Mg^{2+}对复配体系起泡体积和泡沫半衰期的影响

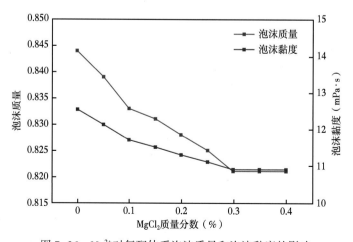

图 7-36　Mg^{2+}对复配体系泡沫质量和泡沫黏度的影响

通过实验结果可知，矿化度能显著影响氟碳表面活性剂与碳氢表面活性剂的复配体系的起泡性能。这种影响不仅依赖于表面活性剂的结构、性质和浓度，还与无机盐的电性和浓度有关系。这是因为随着矿化度的增加，加入的无机盐压缩了起泡剂分子的双电层结构，导致液膜的电排斥作用显著减弱，排液速度加快。

当加入 Na^+ 质量浓度不大于 4000mg/L 时，复配体系的起泡性能有小幅度的增加，当加入 Na^+ 质量浓度大于 4000mg/L 时，起泡性能开始下降；但当 Na^+ 质量浓度不大于 6000mg/L，泡沫起泡性仍比较好。这可能是因为在强电解质溶液中，离子型表面活性剂更容易吸附至溶液表面，因此在加入强电解质 NaCl 的溶液表面上，表面活性剂分子的排列将会更加紧密，提高了其降低表面张力的能力，而溶液的表面张力越低，则体系越易起泡，因此泡沫也越稳定。另外，从动表面张力角度考虑，Na^+ 质量浓度不同，动表面张力的时间效应不同，动表面张力的时间效应越小，越容易起泡。从低浓度到高浓度，时间效应先下降后上升，并在最佳含盐度时存在最小值。这是因为体系中电解质的阳离子主要是 Na^+，由于阴离子对界面张力没有多大影响，NaCl 加入表面活性剂的复配溶液中，屏蔽了离子头基的电荷，压缩了表面活性剂的离子氛厚度，并破坏了亲水基周围的水化膜结构，这两种作用都使复配的表面活性剂易于在界面上吸附。

二价金属离子比一价金属离子带有更多的电荷，更容易接近表面活性剂的表面，降低带电胶束之间的排斥作用的效果更佳明显。所以在矿化度相同的情况下，钙镁离子显著影响了起泡剂体系的起泡性能。由于在该起泡剂体系中存在 SDS，遇到钙离子可能会生成沉淀从而影响起泡剂的起泡性能，所以表现为当溶液体系钙离子含量大于 600mg/L 后，体系的起泡性能急剧下降，但是相同质量分数的镁离子对泡沫性能的影响不大。

4. 温度

将 0.05% FCS-11+0.4%SDS 作为煤层气泡沫压裂的起泡剂体系，考察了不同温度对起泡剂体系的起泡性能影响，实验结果如表 7-30 和图 7-37、图 7-38 所示。

表 7-30　温度对起泡剂体系的起泡性能影响

温度 （℃）	起泡体积 （mL）	半衰期 （s）	泡沫质量	泡沫黏度 （mPa·s）
20	640	580	0.844	12.54
25	640	580	0.844	12.54
30	650	560	0.846	12.75
35	670	530	0.851	13.16
40	680	520	0.853	13.36

从表 7-30、图 7-36、图 7-37 可以看出，FCS-11 与 SDS 的起泡性能随着温度的升高，起泡体积有一定程度的增加，但半衰期呈现整体下降的趋势，因而总的泡沫质量是随着温度的升高而下降的。这是因为泡沫是热力学不稳定体系，由于破泡之后体系的液体总表面积大为减少，从而导致体系能量（自由能）降低。因此要形成较为稳定的泡沫，需要外界对体系做一定的功才能生成，从能量的角度考虑，温度升高，分子运动加快，更多的表面活性剂分子摆脱水分子的束缚逃逸到水面，导致表面吸附的起泡剂分子增加，表面张力下降，单位时间内生成泡沫的总体积会增加，从而导致复配体系的起泡体积随着温度的

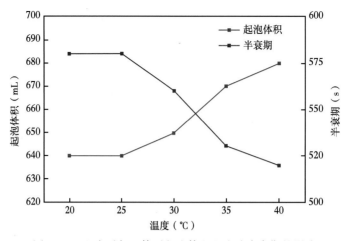

图 7-37 温度对复配体系起泡体积和泡沫半衰期的影响

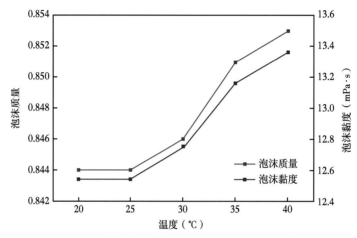

图 7-38 温度对复配体系泡沫质量和泡沫黏度的影响

升高而增加；同时，由于泡沫有一定的稳定性，表现为起泡能力有所增强；温度升高，液膜的水分蒸发也会加剧，液膜的排液速度加快，同时表面活性剂分子亲水基的水化作用下降，液膜之间的排斥力随之减弱，造成液膜强度降低，泡沫稳定性下降。温度的增加同时会导致吸附量会减小，溶液表面的黏度会降低，Marangoni 效应作用减弱，表面弹性降低，导致泡沫稳定性降低，表现为泡沫体系的半衰期减小。

5. pH 值

将 0.05% FCS-11+0.4%SDS 作为煤层气泡沫压裂的起泡剂体系，考察了不同 pH 值条件下对起泡剂体系的起泡性能影响，实验结果如图 7-39、图 7-40 所示。

从图 7-39、图 7-40 可以看出，起泡剂体系的起泡能力随溶液 pH 值的增加而先增加后减小，在弱酸性或弱碱性环境下均表现出良好的起泡能力；而在酸性较强（pH 值小于 5）和碱性较强（pH 值大于 8）的条件下，起泡剂体系的泡沫稳定性较差。当溶液接近于中性时，起泡体系的起泡性能较好，这是由于泡沫液膜的内外表面带有更多相同电荷，由于表面的排斥作用防止液膜排液变薄，从而增加了泡沫的稳定性。

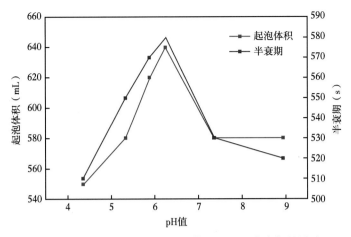

图 7-39   pH 值对复配体系起泡体积和泡沫半衰期的影响

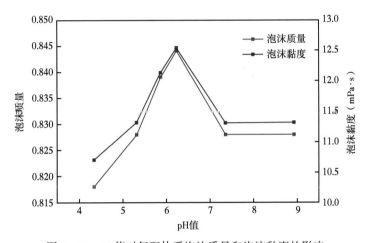

图 7-40   pH 值对复配体系泡沫质量和泡沫黏度的影响

6. 气液比

将 0.02% FCS-11+0.2% SDS 作为煤层气泡沫压裂的起泡剂体系，使用泡沫发生器，以产生 50mL 产出物所需的时间与产生泡沫的半衰期为评价指标，在 30℃下考察了起泡体系的起泡性能。实验结果如图 7-41 和图 7-42 所示。

由图 7-40 和图 7-41 可知，随着气液比的增加，产生 50mL 产出物所需的时间减少，泡沫的半衰期呈现先增加后减少的趋势，这是由于当气液比低的时候，泡沫产生缓慢而且量少，因此半衰期较短。当气液比为 2:1 时，半衰期达到最优值；当气液比高于 2:1 时，泡沫的半衰期有缓慢下降的趋势。这是由于气液比过大，产生的泡沫大且稀疏，容易破裂，所以半衰期较短。

四、起泡剂体系对煤粉的悬浮性能

在煤层气开采及煤层增产改造过程中，造成煤层压力激动，煤粉迁移和沉积，裂缝和井筒很容易被煤粉堵塞，导致煤层渗透率的永久性伤害，使得气（水）产量难以达到理想状态。常规的活性水压裂液和交联冻胶压裂液均存在压裂后产生的煤粉不分散且堆积的现

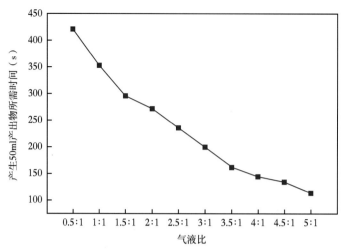

图 7-41　气液比对起泡体系起泡速度的影响

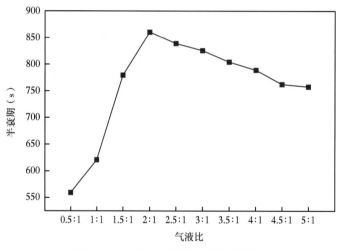

图 7-42　气液比对泡沫半衰期的影响

象，易堵塞压裂产生的裂缝及孔道。在煤层中选用适当的表面活性剂，同样会改变煤层及脱落的煤粉的润湿性，促进煤粉在水中更好的分散，随着压后返排，将部分煤粉携带至地面，减少煤粉对裂缝及井筒的堵塞，提高煤层气的产量。

实验中采用 20 目和 95 目的煤粉，考察表面活性剂对煤粉的悬浮性能（图 7-42）。从左往右分别标记为 a、b、c、d、e、f、g、h；其中，a 为清水，b 为 0.4%SDS 溶液，c 为 0.05% FCS-11 溶液，d 为 0.4%SDS+0.05% FCS-11 溶液；往 a、b、c、d 各加入 1g 20 目的煤粉；e 为清水，f 为 0.4% 的 SDS 溶液，g 为 0.05% FCS-11 溶液，h 为 0.4%SDS+0.05% FCS-11 溶液，往 e、f、g、h 分别加入 1g 的 95 目的煤粉（图 7-43）。

观察 a、b、c、d、e、f、g、h 溶液 4 小时后的煤粉悬浮情况的照片如图 7-43 所示，未加表面活性剂的 a 和 e 溶液中，煤粉悬浮在溶液的表面。但加入一定质量分数的表面活性剂溶液，由于溶液的表面张力降低，煤表面与水溶液的接触角减小，使得煤粉发生了运移，表现为小颗粒的（95 目）的煤粉较均匀的悬浮于 f、g、h 中。但这种悬浮能力有限，

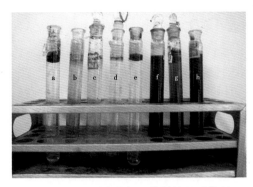

图 7-43　不同溶液加入煤粉的悬浮情况　　　　　　图 7-44　4 小时后煤粉悬浮情况

颗粒较大的煤粉（20 目）由于重力沉降的作用，沉降于溶液底部。这说明起泡剂体系是良好的煤粉悬浮剂，能将压裂产生的煤粉均匀分散于压裂流体中，易于返排，防止煤粉堵塞压裂产生的微裂缝通道。

对于起泡剂体系对煤粉具有很好的分散悬浮能力，这主要是由于表面活性剂在水溶液中具有良好的表面活性所导致的。由于煤的疏水性，在水溶液中一般呈现沉淀在底部或团聚在溶液顶部的状态，不能在水中很好地分散悬浮，可以在溶液中加入表面活性剂组分，改变煤表面的疏水性，达到分散悬浮的目的。当在溶液中加入表面活性剂时，表面活性剂分子会吸附在煤（水）界面上，极大地降低了煤（水）界面张力，改变了煤表面的疏水性，因而能够使煤粉能够很好地悬浮于溶液中。因此在本研究中，起泡剂体系优良的表面活性使得煤粉能够很好地分散悬浮于其水溶液中。

五、起泡剂在煤表面吸附性能的研究

煤是由许多结构相似的单元构成的高分子化合物，结构单元为一些缩聚芳环。氢化芳环或含氧、氮、硫的各种杂环。分子上既有酸性（阴离子）基团（如羧基）又有碱性（阳离子）基团（如氨基），还有极性基团（如羟基），它们既可同阳离子表面活性剂结合，又可同阴离子表面活性剂结合，还可以通过极性基团同非离子表面活性剂结合，上述作用使得煤对外来流体的敏感性有别于砂岩。一种原煤电子显微镜扫描如图 7-45 和图 7-46 所示。

图 7-45　原煤电子显微镜扫描照片　　　　　　图 7-46　伊利石电子显微镜扫描照片

由于煤表面具有如此复杂的结构，考察了复配体系的起泡剂在原煤表面的吸附性能。首先考察 SDS 在煤表面的吸附性能。试验用原煤取自中国石油勘探开发研究院廊坊分院提供的样品，研磨后过 100 目标准筛子作为实验样品。

1. 亚甲基蓝分光光度法研究 SDS 在煤表面吸附性能

国内外煤层气藏的开采，越来越多地采用水力压裂的方式。其中适用于煤层气藏的压裂液主要是活性水压裂液，活性水压裂液包含多种表面活性剂，由于煤是多孔物质，其表面积包括颗粒外表面积和内部孔隙两部分，对于具有微孔结构的物质来说，表面积与孔隙体积之比率很大，能够吸附大量物质，所以，煤能吸附大量气体，同样也能吸附表面活性剂。各种类型的表面活性剂的检测方法不同，主要有紫外吸收光谱法、干涉仪法、表面张力法、两相滴定法。

实验中发现，利用阴离子表面活性剂与碱性染料进行直接缔合，同样也可以生成有色缔合物。碱性品红属于三苯甲烷碱性染料中的一类，具有 R^+ 结构，因此能与阴离子表面活性剂（AS）生成离子缔合物。发现在 pH 值为 9.5 的 NH_3-NH_4Cl 缓冲溶液中，该试剂与阴离子表面活性剂能生成配合比为 1:1 的深红色离子缔合物，并使有机碱性染料的最大吸收波长移到 520nm，且吸光度值的变化量与阴离子表面活性剂的量成正比。但由于碱性品红与 SDS 形成的络合物并不稳定，因此试验采用传统方法——亚甲基蓝分光光度法进行研究。其方法原理是：用三氯甲烷萃取阴离子表面活性剂与亚甲基蓝所形成的复合物，然后用分光光度法定量阴离子表面活性剂。

1）测量波长的选择

用亚甲基蓝测吸光度，在波长为 650nm 处有最大吸收峰，根据"最大吸收原则"，选定该实验的测量波长为 650nm。

2）标准曲线的绘制

用于定量分析的工作曲线最好是线性的，且具有较大的斜率，以保证足够的灵敏性。取一系列含有 0~150μg 阴离子表面活性剂 SDS 的标准溶液作为实验溶液，于 250mL 分液漏斗中加水至总量 100mL，然后进行萃取和测定吸光度，绘制阴离子表面活性剂含量（单位：mg/L）与吸光度的标准曲线。

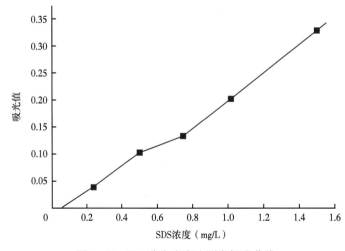

图 7-47　SDS 分光光度法测定标准曲线

如图 7-47 所示，在 SDS 的浓度为 0~1.5mg/L 时，显示出了良好的线性关系。其对应的线性回归方程为：$y = 0.2172\,x - 0.012$，$R^2 = 0.9941$。从图中可以看出，阴离子表面活性剂 SDS 在浓度为 0~1.5mg/L 之间时，标准工作曲线呈很好的线性关系。当 SDS 溶液浓度大于 1.5mg/L 时，应将其稀释至线性范围内进行测量。

3）SDS 吸附量的测定

在 100mL 的三角磨口锥形瓶中分别加入 0.5g 煤粉，50mL 的一系列已知浓度的 SDS 溶液，塞紧瓶塞；在 30℃ 温度条件下，放置于 HY-4 调速振荡器上振荡 16h，吸附液倒入 10mL 离心管中，离心分离 30 分钟；移取一定量的上清液（3mL）于 50mL 比色管中，加显色剂，定容到刻度后用分光光度计测其吸光度，在标准曲线上读取 SDS 浓度，并计算 SDS 在煤表面上的吸附量。

由图 7-48 可以看出，随着 SDS 浓度的增加，在煤表面的吸附量是逐渐增加的，当 SDS 浓度达到 2000mg/L 时，其吸附量几乎保持不变。SDS 在低阶煤表面的饱和吸附量约为 19.0mg/g，在中高阶煤表面的饱和吸附量约为 21.0mg/g。由于煤粉的粒径不同，其表面积也不一样，试验采用的是 100 目的煤粉，随着煤粉粒径的减小，其表面积更大，可能饱和吸附值也会更大。

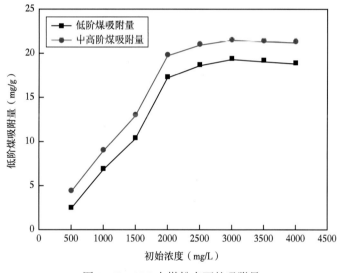

图 7-48　SDS 在煤粉表面的吸附量

从图 7-47 可以看到，吸附曲线符合 Langmuir 吸附规律，吸附量随质量浓度的增加迅速上升，到某浓度后吸附达到平衡。因吸附剂的物性不同，达到平衡时的溶液浓度也不同，平衡吸附量也有很大差别。对于阴离子表面活性剂 SDS 来说，在浓度达到 3000mg/L 时，不管是在较高温度还是在较低温度下都基本能达到吸附平衡，此后吸附量的增加趋于平缓。

2. 紫外光分光光度法研究 FCS-11 在煤表面吸附性能

根据不同浓度的氟碳表面活性剂的吸光光度值的不同，实验采用紫外光分光光度法进行吸附特性研究。

1）测量波长的选择

针对不同浓度的 FCS-11 进行波长扫描，其分光光度值与波长的关系如图 7-49 所示。

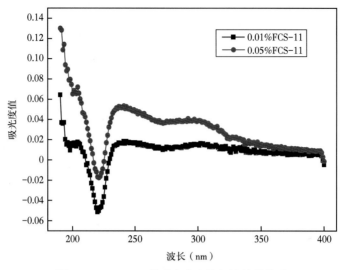

图 7-49 FCS-11 的吸光光度值与波长的关系

由图 7-49 可知,在测量波长在 241nm 的时候,吸光光度值达到峰值,因此选择测量波长为 241nm 进行后续试验。

2) 标准曲线的绘制

用于定量分析的工作曲线最好是线性的,并且具有较大的斜率,以保证足够的灵敏性。取一系列浓度(0.01%~0.10%)的 FCS-11 的标准溶液作为实验溶液,测定吸光度,绘制氟碳表面活性剂 FCS-11 浓度与吸光度的标准曲线(图 7-50)。

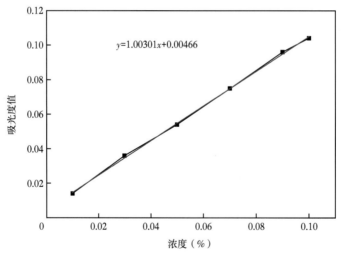

$y=1.00301x+0.00466$

图 7-50 FCS-11 浓度与吸光度标准曲线

3) FCS-11 吸附量的测定

在 100mL 的三角磨口锥形瓶中分别加入 0.5g 煤粉,50mL 的一系列已知浓度的 FCS-11 溶液,塞紧瓶塞;在 30℃的温度条件下,放置于 HY-4 调速振荡器上振荡 24 小时,吸附液倒入 10mL 离心管中,离心分离 30 分钟;移取一定量的上清液并稀释 2 倍于比色管中用分光光度计测其吸光度,根据标准曲线反求 FCS-11 浓度,并计算 FCS-11 在煤粉上的

248

吸附量如图 7-51 所示。

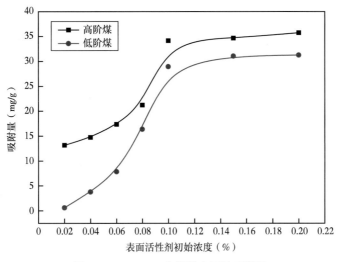

图 7-51　FCS-11 在煤粉表面的吸附量

　　由图 7-51 可以看出，随着 FCS-11 浓度的增加，在煤表面的吸附量是逐渐增加的，当 FCS-11 浓度达到 0.1% 时，其吸附量几乎保持不变。FCS-11 在低阶煤表面的饱和吸附量约为 30mg/g，在中高阶煤粉表面的饱和吸附量约为 35mg/g。由于煤粉的粒径不同，其表面积也不一样，试验采用的是 100 目的煤粉，随着煤粉粒径的减小，其表面积更大，可能饱和吸附值会更大。在氮气泡沫压裂液体系使用的浓度下，FCS-11 的吸附量很小，吸附量约为 0.6~5.0mg/g。吸附曲线符合 Langmuir 吸附规律，吸附量随质量浓度的增加迅速上升，到一定浓度后吸附达到平衡。

　　由图 7-48 与图 7-51 可知，表面活性剂 SDS 与 FCS-11 在中高阶煤表面的吸附量明显高于在低阶煤表面的吸附量。这是由于煤在由低阶煤往高阶煤发育的过程中，微孔隙逐渐增加，大中孔隙减小，煤的比表面积增加，因此中高阶煤的吸附能力优于低阶煤，从而导致表面活性剂在中高阶煤表面的吸附量大。

第三节　氮气泡沫压裂液的稳泡体系研究

一、稳泡剂的种类

　　要想获得稳定性能良好的泡沫，除了在起泡剂体系中加入起泡性能良好的表面活性剂体系外，还必须加入一定量的辅助表面活性剂和稳泡剂等物质。如果使用单一的表面活性剂溶液，虽然它的起泡性能很好，但是半衰期一般都很短，不能满足现场应用的需要。为了提高泡沫的稳定性，延长泡沫的寿命，可加入稳泡剂。稳泡剂的加入会使泡沫的稳定性有较大程度的提高。

　　目前稳泡剂有大分子物质、硅树脂聚醚乳液类、合成表面活性剂、脂肪醇和脂肪酸类等。由于一些具有增稠能力的体系如羟丙基瓜尔胶、冻胶等也具有良好的稳泡能力，通常也把它们归为稳泡剂类。

一般来说，体系稳泡剂加量越多，稳泡效果越好，但是同时又会影响起泡体积，所以从泡沫整体性能考虑，稳泡剂的浓度也不是越高越好；且加量越高，成本越高。所以，在泡沫稳定性满足要求的前提下，应尽量少加稳泡剂。这就需要进行稳泡剂加量的优化试验，以获得最适宜的浓度。

二、稳泡剂优选

主要考察了羟丙基瓜尔胶、聚丙烯酰胺、黏弹性表面活性剂和醇4种作为稳泡剂对起泡剂体系的稳泡性能；其中，前两类物质属于高分子类，后两类物质属于小分子类。

1. 聚丙烯酰胺稳泡剂

表 7-31 为 YF 聚丙烯酰胺作为稳泡剂对起泡剂体系的泡沫性能影响，由表 7-31 可知，YF 聚丙烯酰胺能一定程度上提高泡沫的稳定性，表现为在起泡体积减小的前提下，泡沫的稳定性得到了有效提高，从而泡沫质量较不加稳泡剂出现了增大的趋势。起泡剂体系起泡体积的减小是因为黏度的增加，起泡需要克服的黏滞阻力增加；同时表面黏度增加，相同条件下液膜的排液速度减小，表面膜的强度增大，泡沫的寿命变长，表现为泡沫的半衰期增大。聚丙烯酰胺不仅在增大溶液黏度方面发挥作用，还吸附在液膜上，增加了液膜的黏弹性，降低了液膜的透气性，从而使泡沫体系更加稳定。

表 7-31 YF 聚丙烯酰胺用作稳泡剂的泡沫性能

YF 聚丙烯酰胺浓度（%）	泡沫体积（mL）	半衰期（s）	泡沫质量	泡沫黏度（mPa·s）
0	640	580	0.844	12.54
0.05	590	640	0.831	97.72
0.10	560	700	0.821	282.95
0.15	540	770	0.815	848.36
0.20	500	840	0.800	1626.85

2. 羟丙基瓜尔胶稳泡剂

表 7-32 为羟丙基瓜尔胶作为稳泡剂对起泡剂体系的泡沫性能影响。

表 7-32 羟丙基瓜尔胶用作稳泡剂的泡沫性能

羟丙基瓜尔胶质量分数（%）	泡沫体积（mL）	半衰期（s）	泡沫质量	泡沫黏度（mPa·s）
0	640	580	0.844	12.54
0.2	350	1060	0.714	128.29
0.3	310	1800	0.677	402.92
0.4	260	10800	0.615	656.54
0.5	230	14400	0.565	1250.57

3. 醇类稳泡剂

表 7-33 为醇类稳泡剂作为稳泡剂对起泡剂体系的泡沫性能影响。

表 7-33　醇类稳泡剂用作稳泡剂的泡沫性能

醇类的质量分数（%）	泡沫体积（mL）	半衰期（s）	泡沫质量	泡沫黏度（mPa·s）
0	640	580	0.844	25.04
0.1	570	660	0.825	22.17
0.2	540	720	0.815	20.95
0.5	520	780	0.808	20.13
1.0	500	900	0.800	19.31
2.0	480	1060	0.792	18.49

4. 黏弹性表面活性剂稳泡剂

表 7-34 为黏弹性表面活性剂作为稳泡剂对起泡剂体系的泡沫性能影响。图 7-52、图 7-53为加入黏弹性表面活性剂的效果图。

表 7-34　黏弹性表面活性剂用作稳泡剂的泡沫性能

黏弹性表面活性剂质量分数（%）	泡沫体积（mL）	半衰期（s）	泡沫质量	泡沫黏度（mPa·s）
0	640	580	0.844	18.20
0.2	570	690	0.824	399.14
0.4	520	2100	0.808	714.56
0.8	500	2400	0.800	1187.55
1.0	430	6000	0.767	2466.28
2.0	410	7200	0.756	3905.43

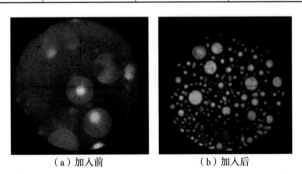

（a）加入前　　　　　　（b）加入后

图 7-52　加入黏弹性表面活性剂前后的泡沫微观形态

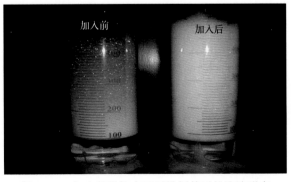

图 7-53　加入黏弹性表面活性剂前后的泡沫形态

表 7-35 为稳泡剂的稳泡能力比较结果。

表 7-35　各类稳泡剂的稳泡能力的比较

稳泡剂	较优使用浓度（%）	使用特点
聚丙烯酰胺	0.10~0.15	高分子，来源广泛，价格较低，基液黏度低，摩阻低，但稳泡能力一般，对煤层产生伤害，不易返排
羟丙基瓜尔胶	0.4~0.5	高分子，应用广泛，现场已作为泡沫压裂液的基液和稳泡剂，破胶较复杂，破胶后残渣较多
醇类	0.5~1.0	分子量较小，且配液简单，但稳泡效果一般，成本很高
黏弹性表面活性剂	0.4~1.0	小分子，稳泡效果良好，形成的泡沫均匀细腻，不用额外添加破胶剂

针对煤表面的特点，为减少对煤层的伤害，选择小分子物质作为稳泡体系，与醇类稳泡剂相比，黏弹性表面活性剂的稳泡能力更好，故优选黏弹性表面活性剂作为氮气泡沫压裂液的稳泡体系，其使用浓度为 0.4%~1.0%。

三、黏弹性表面活性剂配伍性研究

已知合成出 FCS-11 和复配使用的 SDS 起泡剂的类型，用作稳泡剂的黏弹性表面活性剂的类型却未知。对实验室未知的作为稳泡剂的黏弹性表面活性剂进行了表面活性剂类型的检测。

虽然实验室已筛选出用作稳泡剂的黏弹性表面活性剂，但其表面活性剂的类型仍不清楚，经查阅相关文献，首先采用显色法鉴别黏弹性表面活性剂的类型。

鉴别表面活性剂类型的原理是：（1）表面活性剂与某些指示剂染料作用时，生成不溶于溶剂的带色的盐配合物；（2）表面活性剂胶束有吸附于指示剂上以降低胶束表面能地强烈趋势，而吸附的结果将引起指示剂染料平衡的变化，因此，由这种变化产生的"表现 pH 值变化"使指示剂染料的颜色发生变化。通过溶液颜色变化情况，就可以鉴别出表面活性剂的类型。

试验方法：如图 7-54 所示，取 4 支试管，分别加入 2mL 的 0.005mol/L 的 HCl 和 1~2 滴百里酚蓝，再将待鉴定的 4 种表面活性剂各取 2mL 加入试管，从左到右分别是 SF-B、黏弹性表面活性剂 SF-A、黏弹性表面活性剂 VES-A 和用作对比的 SDS，摇匀，颜色由带

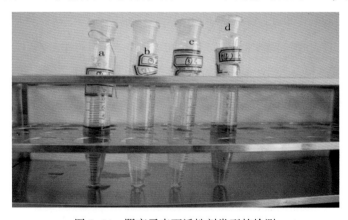

图 7-54　阴离子表面活性剂类型的检测

浅红的黄色变为紫红色为阴离子表面活性剂。

取 3 支试管，分别加入 2mL 醋酸缓冲溶液，1~2 滴溴酚蓝，从左到右将 SF-B、SF-A、VES-A3 种待检溶液各取 2mL 分别加到 3 支试管中，摇匀，颜色由紫色变为纯蓝色为阳离子表面活性剂（图 7-55）。

图 7-55　阳离子表面活性剂类型的检测

由于上述过程已经鉴别出 SF-A 和 VES-A 的类型，取 1 支试管，加入 5mL 左右的 SF-B，用 0.1 mol/L 的 NaOH 或 HCl 调节 pH 值至 5~6，将 5 滴指示剂和 5mL 石油醚分别加入样品中，放置使之分层。水相呈绿色，界面为乳白色乳化层，则为非离子表面活性剂。

经检测发现，廊坊分院提供的黏弹性表面活性剂 SF-A 是一种阳离子型表面活性剂，SF-B 的类型仅通过显色剂颜色不好判断，而前期试验稳泡效果良好的黏弹性表面活性剂 VES-A 也是一种阳离子型表面活性剂。

长期以来，在表面活性剂复配应用过程中，一般不把阳离子型表面活性剂与阴离子型表面活性剂复配，因为阳离子表面活性剂和阴离子表面活性剂在水溶液中会相互作用产生沉淀或絮状络合物，从而产生负效应甚至使表面活性剂混合失去表面活性。但仍有研究发现，由于阴表面活性离子、阳表面活性离子间强烈的静电作用，在一定条件下，阴阳离子表面活性剂复配体系具有很高的表面活性，显示出极大的增效作用，混合体系具有许多突出的性质。

然而阴阳离子表面活性剂混合体系的一个主要缺点是由于强电性作用易于形成沉淀或絮凝悬浮，混合体系的水溶液不太稳定。一旦浓度超过 cmc，溶液就容易发生层析或凝聚等现象，甚至出现沉淀（特别是等摩尔混合体系），从而产生负效应甚至使表面活性剂失去表面活性，给实际应用带来不利影响。在试验中发现，廊坊分院提供的黏弹性表面活性剂与阴离子表面活性剂 SDS 溶液反应，生成图 7-56 中间的一种类似乳状液的沉淀；实验室提供的黏弹性表面活性剂 VES-A 与 SDS 混合后如图 7-56 中右边烧杯所示，溶液体系相对比较澄清。

实验发现，同属阳离子型的黏弹性表面活性剂，VES-A 和 SF-A 与阴离子表面活性剂 SDS 混合表现出如此大的差异性：SF-A 与阴离子表面活性剂 SDS 生成沉淀而起不到稳泡的作用；但 VES-A 对起泡剂体系有良好的稳泡作用。这是因为，液滴、气泡寿命取决于

图 7-56　SF 黏弹性表面活性剂和 VES-A 与 SDS 的配伍性

液膜"排液"速度和膜强度,"排液"慢,膜强度大,则寿命长。而"排液"速度与体相黏度及表(界)面黏度有关,两种黏度大,则"排液"慢。由于 SDS 与阳离子表面活性剂 VES-A 在混合溶液中有强烈的相互作用,此种作用的本质主要是电性相反的表面活性剂离子间的静电吸引作用和碳氢键间的"疏水作用";与单一表面活性剂相比,除疏水作用外,不但没有同电荷之间的斥力,反而增加了正电荷、负电荷间的引力,这就大大促进了两种表面活性离子间的缔合。于是,在溶液中胶团更易形成,在表面或界面上更易吸附,从而表现为泡沫体系的黏度较大、生成的泡沫体系较稳定。但对于绝大多数阴阳离子表面活性剂混合体系来说,在很低浓度(通常在其 cmc 附近)即生成沉淀,人们难以得到均相胶团溶液,这也是 SDS 与 SF-A 黏弹性表面活性剂生成沉淀的原因。

第四节　氮气泡沫压裂液的配方优化及性能评价

一、氮气泡沫压裂液的配方优化和确定

国内泡沫压裂液体系主要分为二氧化碳泡沫压裂液和氮气泡沫压裂液,其主要区别是气源的不同。

泡沫压裂液研究虽然取得了长足进展,但如何进一步提高泡沫压裂液耐温、抗剪切性能和内相气泡的稳定性,以及进一步提高泡沫压裂液的携砂能力是泡沫压裂液研究发展的主要方向,另外,进一步降低泡沫压裂液对储层的伤害是需要研究的一个问题。本文经过筛选,抛弃了传统氮气泡沫压裂液体系采用植物胶或聚合物冻胶的方法,采用一种稳泡效果较好的黏弹性表面活性剂 VES-A 作为稳泡剂,由于其本身无须额外添加交联剂,且没有植物胶,无须额外添加杀菌剂,因而其配方要比传统的泡沫压裂液要简单得多。由于体系未发生交联,后续施工也不需要氧化还原破胶体系,其主要配方是:0.01% ~ 0.10% FCS-11 表面活性剂+ 0.1% ~ 0.4%十二烷基硫酸钠+0.4% ~ 1.0%黏弹性表面活性剂 VES-A+氮气。与植物胶的泡沫压裂液相比,该配方不再需要使用交联剂、杀菌剂和破胶剂,减少了施工工序,同时降低了压裂液的使用成本。

二、氮气泡沫压裂液的稳定性研究

1. 表面黏度

表面黏度是指液体表面单分子层内的黏度。这种黏度主要是表面活性剂分子在表面单分子层内的亲水基间相互作用及水化作用而产生的。与三维体系相似，表面黏度也有两种类型，即膨胀型和切边型。膜可有牛顿流体和非牛顿流体，也有黏弹效应。表面黏度主要影响液膜的强度，一般表面黏度较大的溶液所生成的泡沫的寿命也较长。但是表面黏度过低（气膜）或过高（固膜）都不可能形成稳定的泡沫。前者是由于形成液膜不牢固，后者主要是膜弹性太低，膜流动困难，难以修复局部膜的薄化。

试验考察了 SDS 体系、FCS-11 体系与 SDS、FSC-11 复配体系的表面黏度，实验结果如图 7-57 至图 7-59 所示。

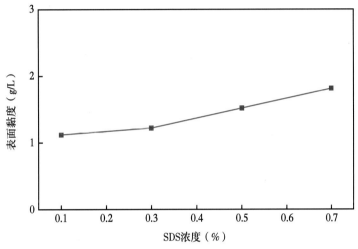

图 7-57　SDS 表面黏度与浓度关系曲线

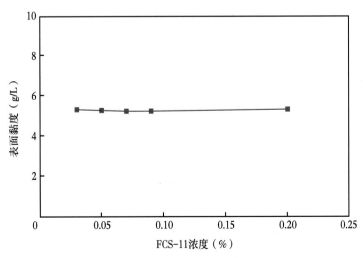

图 7-58　FCS-11 表面黏度与浓度关系曲线

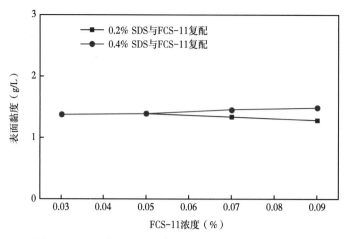

图 7-59　SDS 与 FCS-11 复配表面黏度与浓度关系曲线

由图 7-58、图 7-59 可知，SDS 体系、FCS-11 体系与 SDS、FSC-11 复配体系的表面黏度在试验考察的浓度范围内都无明显变化，但是 FCS-11 体系的表面黏度与 SDS 体系相比大得多，而 SDS 与 FCS-11 的复配体系的表面黏度与 SDS 体系的表面黏度接近，并没有因为高表面黏度的 FCS-11 加入而增加。表明决定体系稳定性的关键因素不是 FCS-11 加入，而是由于黏弹性表面活性剂 VES-A 的加入，因为溶液的黏度也是影响泡沫稳定性的重要原因之一。较黏稠的液膜有助于吸收对液膜的冲击，起到缓冲作用，且会减缓排液速度。但应注意，液体内部黏度仅为一辅助因素，若没有表面膜形成，即使内部黏度再大也不一定能形成稳定的泡沫。针对以上分析，对于这个体系而言，稳泡剂的黏度更能影响泡沫体系的稳定性和起泡能力，重点考察了不同浓度的稳泡剂 VES-A 的黏度，如图 7-60 所示。

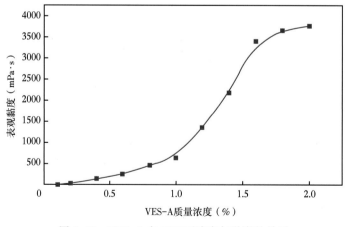

图 7-60　VES-A 在 30℃ 下浓度与黏度的关系

由于稳泡剂体系 VES-A 在其质量分数到达 0.4% 时，其表观黏度为 136mPa·s，具有良好的稳定泡沫的能力，且本身具有较大的黏度，可满足压裂液携砂的需要。

2. 气液比

气液比是氮气泡沫压裂液的一个重要技术指标。气液比过小，起泡剂不能有效发泡，

256

携砂能力有限；气液比过大，一方面不经济，另一方面泡沫稳定性不好。试验采用改进的气流法来测定不同气液比下的泡沫情况。

使用的是配方：0.4% VES - A + 0.05% FCS - 11 + 0.4%SDS。

采用 Ross-Milestone 法，以泡沫的起泡体积、半衰期和泡沫综合值为评价指标，在 30℃ 的温度条件下考察了现场提供的不同起泡剂的起泡性能。

实验步骤：

（1）打开超级恒温水浴锅并加热到 30℃，连接超级恒温水浴锅和 Ross 起泡仪（实验装置如图 7-61 所示）；

（2）按照试验要求，配制不同起泡剂溶液 20mL；

（3）往 Ross 起泡仪注入 20mL 起泡液到下端刻度处；

（4）设定恒定的速度注入一定量氮气，记录起泡体积及半衰期，重复测量 3 次，取其平均值。

实验结果如表 7-36、图 7-62、图 7-63 所示。

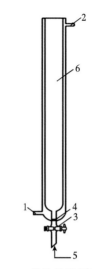

图 7-61　泡沫性能测定装置
1—恒温水浴入口；2—恒温水浴出口；
3—考克；4—砂芯；
5—气体入口；6—体积刻度管

表 7-36　气液比对泡沫性能的影响

气液比	起泡体积（mL）	半衰期（s）	泡沫质量	泡沫黏度（mPa·s）
1:1	40	640	0.500	198.80
2:1	50	820	0.600	320.63
3:1	55	1100	0.636	357.39
4:1	60	1250	0.667	394.04
6:1	70	1210	0.714	467.11
8:1	120	1184	0.833	830.77
9:1	140	1120	0.857	975.92

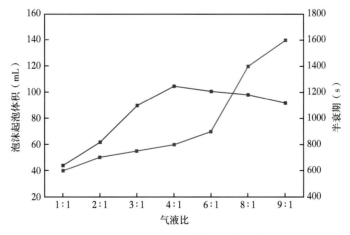

图 7-62　气液比对泡沫起泡体积和半衰期的影响

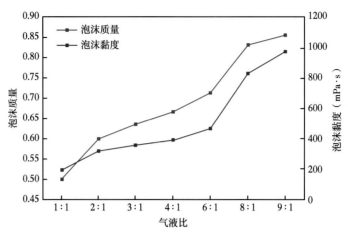

图 7-63　气液比对泡沫质量和泡沫黏度的影响

由表 7-36 可以看出，随着通气量的增加，体系的起泡体积随气液比增加增大，泡沫质量与黏度也随着气液比的增加而增大。由于试验条件的限制，通气的流速不能太大，在低速通气的过程中，由于体系加入了稳泡剂后有一定的黏度，在气液比小于 4:1 的情况下，半衰期随气液比增加而增大；当气液比大于 4:1 以后，随着气液比升高，半衰期反而有所减小。这是由于气液比较低时，产生的泡沫小而致密，因此半衰期长，气液比过大后产生的泡沫大而稀疏，因此半衰期变短。优化的气液比为 4:1，由于现场应用时通气的流速较大，此处测得的气液比仅供参考。

3. 矿化度

无机盐的加入会促进离子型表面活性剂临界胶束浓度的降低，但由于氮气泡沫压裂液体系既含有阳离子的黏弹性表面活性剂 VES-A，又有作为起泡剂的阴离子表面活性剂和非离子表面活性剂，无机盐对离子型表面活性剂和非离子型表面活性剂的作用机理是不同的，对这个复杂体系的影响还需要通过泡沫性能来体现（表 7-37）。

表 7-37　Na$^+$对复配体系的泡沫性能影响

NaCl 浓度（%）	起泡体积（mL）	半衰期（s）	泡沫质量	泡沫黏度（mPa·s）
0	520	2100	0.808	714.56
0.2	550	1980	0.818	758.15
0.4	530	1860	0.811	729.09
0.6	520	1720	0.808	714.56
0.8	520	1630	0.808	714.56
1.0	510	1600	0.804	700.03

考察矿化度的影响是因为黏弹性表面活性剂本身胶束的形成会受矿化度的影响。有文献报道说二价金属离子的存在使黏弹性表面活性剂体系中蠕虫状胶束微观结构发生了线性生长并枝化的过程，两性表面活性剂头基上的正电荷减小了蠕虫状胶束的反离子结合程，使得体系能够在高浓度的二价金属离子存在下黏弹性不发生损失（表 7-38、表 7-39）。但是对于 FCS-11、SDS 和黏弹性表面活性剂 VES-A 而言，矿化度的影响机理是不一样的。综上，表现为随着矿化度的增加，体系的泡沫的稳定性和起泡能力减弱。

表 7-38　Mg²⁺ 对复配体系的泡沫性能的影响

MgCl₂ 浓度（%）	起泡体积（mL）	半衰期（s）	泡沫质量	泡沫黏度（mPa·s）
0	520	2100	0.808	714.56
0.10	500	1870	0.800	685.90
0.20	480	1550	0.792	656.42
0.40	460	1300	0.783	627.33

表 7-39　Ca²⁺ 对复配体系的泡沫性能的影响

CaCl₂ 浓度（%）	起泡体积（mL）	半衰期（s）	泡沫质量	泡沫黏度（mPa·s）
0	520	2100	0.808	714.56
0.01	500	1700	0.800	685.50
0.02	480	1420	0.792	656.42
0.04	440	1100	0.773	598.24
0.06	370	200	0.730	496.29
0.08	290	160	0.655	379.39
0.10	230	120	0.565	291.11

4. pH 值的影响

在前期的试验发现，FCS-11+SDS 的起泡剂体系对 pH 值并不敏感，且煤层中地层水的 pH 值一般接近中性，但是黏弹性表面活性剂 VES-A 由于蠕虫状胶束的形成，需要一个相对苛刻的 pH 值环境。pH 值能压缩黏弹性表面活性剂的双电层，使扩散层变薄，从而改变体系黏弹性胶束的形成。

pH 值对起泡能力的影响如图 7-64、图 7-65 所示，从图中可以看出，在碱性环境中的起泡能力稍稍好于酸性环境中的起泡能力。这是因为在 pH 值为酸性环境中（pH 值小于 5），VES-A 不能形成有效的胶束（图 7-66）。在 pH 值为碱性的条件下，通过调节 pH 值，黏弹性表面活性剂能够得到良好的黏弹性胶束体系（图 7-67）。

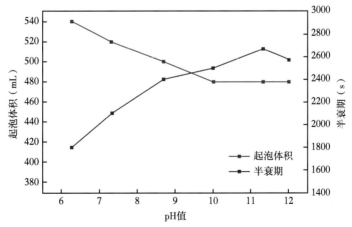

图 7-64　pH 值对复配体系起泡体积和泡沫半衰期的影响

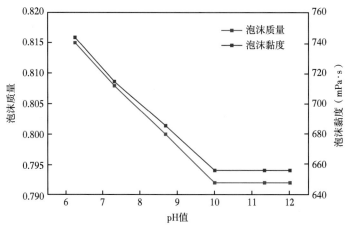

图 7-65　pH 值对复配体系泡沫质量和泡沫黏度的影响

图 7-66　pH 值为 3.96 的 0.4% 的 VES-A 基液

图 7-67　pH 值为 8.68 的 0.4% 的 VES-A 基液

5. 温度的影响

由于黏弹性表面活性剂 VES-A 的黏度随着温度的上升先增大后减小，在 60℃ 时达到最大黏度，而后随温度的上升，黏度又逐渐降低。黏度增大虽不利于起泡剂的起泡，但黏度的增加又有利于生成泡沫的稳定性。测定 25~40℃ 下氮气泡沫压裂液的泡沫性能见表 7-40。

表 7-40　温度对复配起泡体系泡沫性能的影响

温度（℃）	起泡体积（mL）	半衰期（s）	泡沫质量	泡沫黏度（mPa·s）
25	520	2100	0.808	714.56
30	500	2460	0.800	685.50
35	480	2760	0.792	656.42
40	460	3000	0.783	627.33

由表 7-40、图 7-68、图 7-69 可以看出，随着温度的升高，起泡能力先慢慢升高，到达最大值之后迅速下降。这是因为随着温度的升高，稳泡体系的黏度增加，起泡需要克服

的黏滞阻力增加，因此造成起泡体积随着温度的升高越来越小；同时表面黏度增加，相同条件下液膜的排液速度减小，表面膜的强度增大，泡沫的寿命变长，表现为泡沫的半衰期延长。

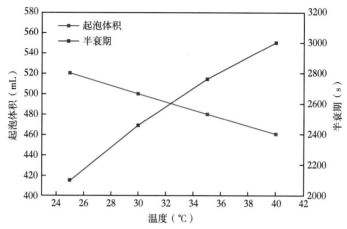

图 7-68　温度对复配体系起泡体积和泡沫半衰期的影响

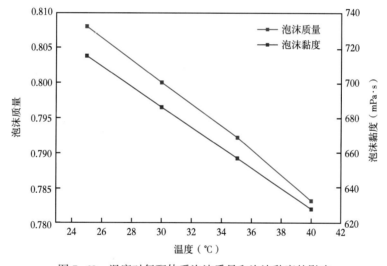

图 7-69　温度对复配体系泡沫质量和泡沫黏度的影响

三、性能评价

1. 压裂液对煤层气吸附—解吸附性能

煤层气的赋存方式与常规天然气藏存在较大差别，煤层气主要以吸附态赋存于煤层中，研究方向及方法也同常规天然气藏有很大差别。通过煤质本身对吸附能力的影响，以及压裂液与煤相互作用因素进行分析，从而确定压裂液影响煤层气吸附—解吸能力机理。

1）等温吸附曲线的意义和作用

（1）煤的吸附特性。

研究表明煤是具有巨大内表面积的多孔介质，像其他的吸附剂（如硅胶、活性炭等）一样，具备吸附气体的能力。煤层气主要以物理方式赋存于煤中，其证据是甲烷的吸附热比汽化热低 2~3 倍，这表明煤对气体的吸附是无选择性的。大量实验证明，在无外界条件改变情况下，煤对气体的吸附—解吸是可逆的。

（2）吸附等温线意义及作用。

气体以吸附形式附存于煤中，其吸附量与多种因素有关，主要测定手段分为三种：①恒压条件下测定不同温度时的吸附量（等压线）；②吸附物质的量或体积一定时，测定不同温度下的压力变化（等容线）；③在恒温条件下测定不同压力时被吸附的物质的量（等温线）。一种类型的曲线可以换算成另一种类型的曲线，所以只要讨论实践中最常用的等温线就足够了，等温线表示在恒定温度下，吸附量是游离气体压力的函数。

2）等温吸附—解吸曲线特征

在自然条件和煤层气开采条件下，煤层气的吸附条件、吸附过程与煤层气开采过程中的煤层气解吸条件、解吸过程存在本质差异（表7-41）。

表7-41　煤层气吸附—解吸主要差异对比

	吸附	解吸
作用过程	煤的热演化生烃、排烃过程（"自发过程"）	是一种人为的排水—降压—解吸过程（"被动过程"）
作用时间	以百万年计	以时、分计
作用类型	物理吸附和化学吸附	物理吸附
作用条件	煤层在演化中逐步脱水、增压	恒定的温度

在实际测试过程中，当有外界因素对煤岩造成伤害便会出现影响煤层气吸附—解吸的不可逆现象，在等温吸附—解吸曲线上的直接反映便是曲线不重合（图7-70至图7-79）；而压裂液污染后的煤层往往会出现解吸曲线在吸附曲线之上（图7-72），这是由于煤层气在降压解吸过程存在滞后性。

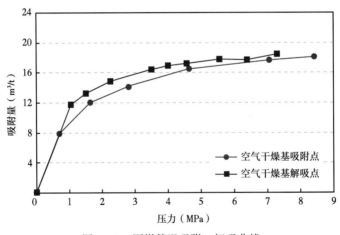

图7-70　原煤等温吸附—解吸曲线

在等温吸附过程完成后，进行等温解吸附过程中，兰氏体积和兰氏压力的增加或减少直接说明了压裂液对煤层甲烷气解吸附起到促进作用还是阻碍作用，如果兰氏体积、兰氏压力增大一般表明压裂液是有助于煤层甲烷气解吸附的，反之则表明产生了阻碍作用。促进与阻碍作用的大小可以通过兰氏压力变化率/兰氏体积变化率和临界解吸压力变化率/兰氏体积变化率来衡量。

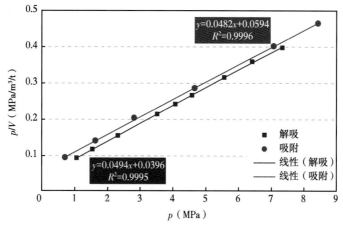

图 7-71　原煤朗格缪尔合曲线

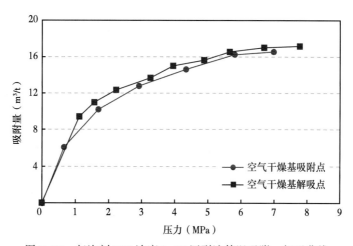

图 7-72　起泡剂 SDS 浓度 0.4% 压裂液等温吸附—解吸曲线

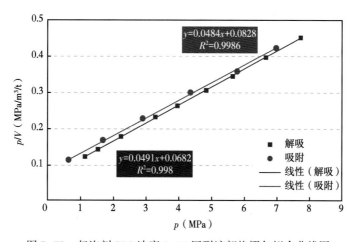

图 7-73　起泡剂 SDS 浓度 0.4% 压裂液朗格缪尔拟合曲线图

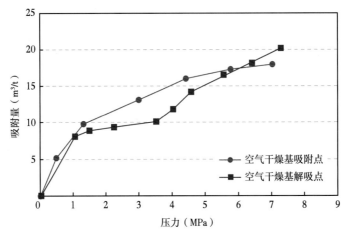

图 7-74   0.4%SDS+0.15%FCS-11 压裂液等温吸附—解吸曲线

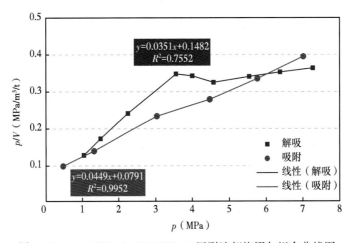

图 7-75   0.4%SDS+0.15%FCS-11 压裂液朗格缪尔拟合曲线图

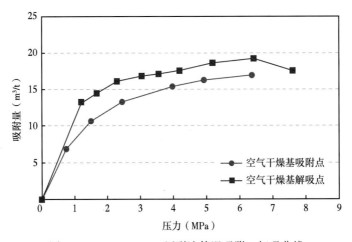

图 7-76   0.4%VES-A 压裂液等温吸附—解吸曲线

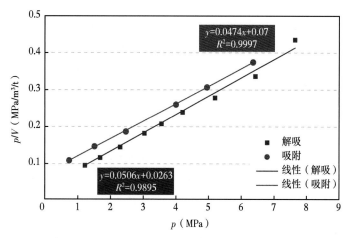

图 7-77　0.4%VES-A 压裂液朗格缪尔拟合曲线图

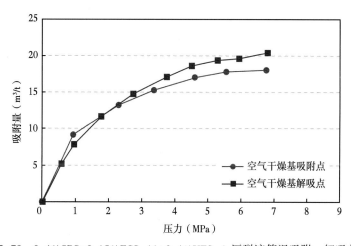

图 7-78　0.4%SPS+0.15%FCS-11+0.4%VES-A 压裂液等温吸附—解吸曲线

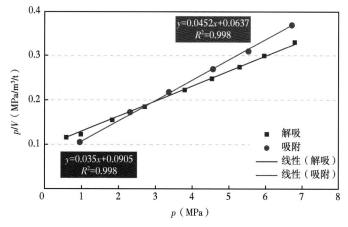

图 7-79　0.4%SPS+0.15%FCS-11+0.4%VES-A 压裂液朗格缪尔拟合曲线图

添加了 0.4%SDS 压裂液和 0.4%VES-A 压裂液的煤样兰氏体积、兰氏压力均有所降低，说明可能阻碍了煤的吸附—解吸附（图 7-74、图 7-78），通过与不加压裂液的煤岩等温吸附—解吸实验对比兰氏压力变化率/兰氏体积变化率和临界解吸压力变化率/兰氏体积变化率，添加了 0.4%SDS 压裂液后与未添加任何压裂液的实验结果更加接近，说明阻碍现象不明显；而添加了 0.4%VES-A 压裂液的煤样与未添加任何压裂液的实验结果相差较大，说明产生了明显的阻碍现象。

添加了 0.4%SDS+0.15%FCS-11 和 0.4%SPS+0.15%FCS-11+0.4%VES-A 压裂液的煤样兰氏体积、兰氏压力均有增加，说明有助于煤的吸附—解吸，在这个动态过程中添加了 0.4%SDS+0.15%FCS-11 压裂液的样品解吸附过程中在高压阶段就开始促进甲烷气解吸附（图 7-77），而添加 0.4%SPS+0.15%FCS-11+0.4%VES-A 压裂液的样品只是在低压阶段才开始加速解吸附（图 7-79），而且添加了 0.4%SDS+0.15FCS-11 压裂液的样品解吸附过程中兰氏压力变化率/兰氏体积变化率（4.98）大于添加 0.4%SPS+0.15FCS-11+0.4%VES-A 压裂液的样品解吸附过程中兰氏压力变化率/兰氏体积变化率（2.87）；同时添加了 0.4%SDS+0.15FCS-11 压裂液的样品解吸附过程中临界解吸压力变化率/兰氏体积变化率（1.18）大于添加 0.4%SPS+0.15FCS-11+0.4%VES-A 压裂液的样品解吸附过程中临界解吸压力变化率/兰氏体积变化率（-0.007）。

综上所述，通过该实验测试分析方法，可以定性定量分析具体压裂液在某一地区中的适用性，对于该地区煤层气解吸附待测压裂液优选顺序应为：0.4%SDS+0.15%FCS-11、0.4%SDS+0.15%FCS-11+0.4%VES-A 压裂液、0.4%SDS 压裂液、0.4%VES-A 压裂液。

针对各种配方的压裂液的吸附解吸附性能的研究，优选出 0.4%SDS+0.15%FCS-11 和 0.4%SPS+0.15%FCS-11+0.4%VES-A 配方的压裂液体系。同时考虑到降低成本，对配方 0.4%VES-A+0.05% FCS-11+0.4%SDS（以下称配方 A）和 0.02% FCS-11+0.20%SDS（以下称配方 B）的其他各项性能指标进行评价。

2. 氮气泡沫压裂液温度稳定性

从 25℃ 开始试验，在 170s^{-1} 的剪切速率下，分别测量配方 A 和配方 B 氮气泡沫压裂液在不同温度下的表观黏度（表观黏度应超过 50mPa·s）。氮气泡沫体系是一种动态变化的两相体系，且黏度计的样品杯容积有限，在如此小的样品杯中加入氮气泡沫压裂液体系，在温度升高的过程中不断消泡，为了较为准确地测定氮气泡沫压裂液的耐温性能，试验控制升温速度为（3.0±0.2）℃/min，限定每个温度下测定的时间为 1 分钟，尽量能够准确测量泡沫压裂液体系的温度稳定性。泡沫体系的表观黏度随温度变化的规律如图 7-80 所示。

由图 7-80 可知，在由 25℃ 上升至 45℃ 的过程中，使用配方 A 和配方 B 的氮气泡沫压裂液体系均能保持较高的黏度，保持较高黏度能保证氮气泡沫压裂液良好的携砂能力，有利于压裂施工的进行。

3. 氮气泡沫压裂液剪切稳定性

控制温度为 25℃，测定氮气泡沫压裂液体系在恒定剪切速率下的黏度变化。泡沫压裂液的体系不同于常规冻胶压裂液，在 170s^{-1} 的剪切速率下，测定不同剪切时间下的配方 A 氮气泡沫压裂液体系与配方 B 氮气泡沫压裂液体系的剪切稳定性如图 7-81 所示。

控制温度为 25℃，试验采用 25s^{-1}、50s^{-1}、75s^{-1}、100s^{-1}、125s^{-1}、150s^{-1}、170s^{-1} 作为剪切阶梯，测定泡沫压裂液配方 A 和配方 B 的剪切速率与黏度的特定关系，如图 7-82 所示，

266

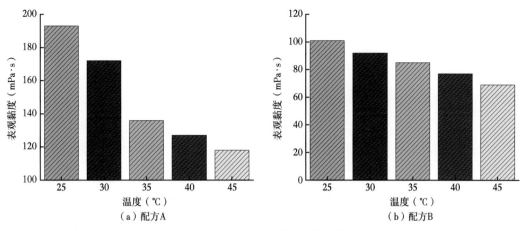

图 7-80 氮气泡沫压裂液的黏度随温度的变化

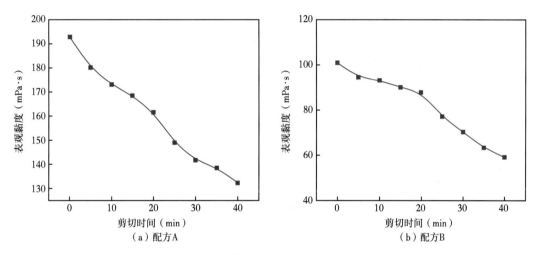

图 7-81 氮气泡沫压裂液表观黏度与剪切时间的关系

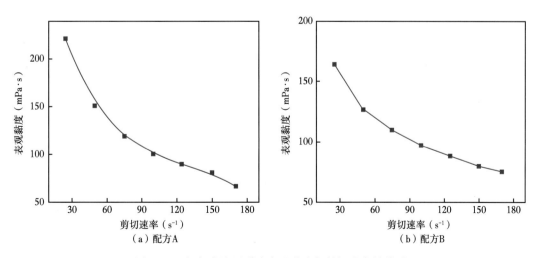

图 7-82 氮气泡沫压裂液表观黏度与剪切速率的关系

可见，氮气泡沫压裂液流体是一种典型的剪切稀释流体。

由试验结果可知，在25℃下，氮气泡沫压裂液体系配方A与配方B在170s⁻¹下剪切40分钟后，仍具有较高的黏度保留率，但相比较之下配方B的黏度保留率更高。配方A与配方B均能较好地满足压裂施工的通用技术标准要求。

四、氮气泡沫压裂液流变参数测试

在建立流变方程时，由于含有黏弹性表面活性剂体系的泡沫流体气液两相流动的复杂性，将这些数据按照不同的流变方程进行回归计算，根据拟合曲线的相关系数确定方程。这些流变模式一般选用 Bingham 模式、幂律模式和 Casson 模式。一般来说，相关系数最高的方程就是氮气泡沫压裂液流变的回归方程，相关系数最高的回归方程是唯一的，即流体的流变模型是应该唯一的；但考虑到氮气泡沫压裂液流体的动态过程，气液两相不断发生动态变化，实际上能反映其流变规律的方程可能不止一个。因此要综合考虑不同的条件，确定整体上最能反映该种流体的回归方程，即流变模型。

控制温度为25℃，采用 $5s^{-1}$、$50s^{-1}$、$75s^{-1}$、$100s^{-1}$、$125s^{-1}$、$150s^{-1}$、$170s^{-1}$ 作为剪切速率阶梯，试验测得的配方A与配方B氮气泡沫压裂液的剪切应力与剪切速率之间的流变曲线，如图7-83所示。

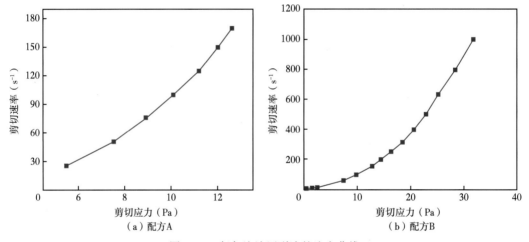

（a）配方A　　　　　　　　　（b）配方B

图 7-83　氮气泡沫压裂液的流变曲线

对上述流变曲线进行拟合，以线性方程、幂律方程、指数方程和双曲线方程四种流变方程进行拟合，测得的相关系数 R 见表7-42。

表 7-42　配方 A、配方 B 不同回归方程的相关系数

拟合方式	线性方程	幂律方程	指数方程	双曲线方程
配方 A 相关系数 R	0.9686	0.9996	0.981	0.9913
配方 B 相关系数 R	0.903	0.9960	0.738	0.4890

由表7-44可知，对于配方A和配方B来说，都是采用幂律方程拟合的相关系数 R 最高。因此选用幂律方程对该试验数据进行了处理。对于配方A，流变曲线可以使用修正的幂律流体模式表示：$\tau = \tau_g + K\gamma$（γ 为剪切速率）。试验测得的屈服值 $\tau_g = 1.375Pa$，稠度系

数 $K=1.235$，流动指数 $n=0.4327$，线性相关系数 $R=0.9996$。用该方程进行拟合，认定的拟合方程为 $\tau=1.375+1.235\gamma^{0.4327}$。对于配方 B，流变曲线可以用幂律流体模式表示：$\tau=K\gamma^{n}$。试验测得稠度系数 $K=0.731$，流动指数 $n=0.554$，线性相关系数 $R=0.996$。用该方程进行拟合，认定的拟合方程为 $\tau=0.731\gamma^{0.554}$。配方 B 氮气泡沫压裂液的流变方程屈服值 $\tau_g=0$，表明其一受剪切马上就能流动，这对于压裂施工来说是十分有利的。与配方 A 氮气泡沫压裂液（屈服值 $\tau_g=1.375\text{Pa}$）相比较，配方 B 体系具有更好的流变性能，更能满足现实压裂施工要求。

凡能影响起泡液性质或者能使泡沫结构发生变化的因素，必然会影响泡沫的流变性质。这些因素包括了起泡剂的浓度、电荷、泡沫质量、气泡尺寸、温度和压力等。

（1）起泡剂浓度。

试验发现，当 SDS 质量浓度小于 0.3% 时（SDS 的临界胶束浓度为 8.5mmol），氮气泡沫的黏度随起泡剂浓度的增加而显著增加，当 SDS 质量百分数大于 0.3% 以后，氮气泡沫的黏度的增加幅度很小。此时液膜的强度和弹性随浓度的增加而达到稳定值。

（2）电荷。

离子型表面活性剂 SDS 分子在泡沫液膜中作定向排列，形成了表面扩散双电层，当两液膜靠近到一定程度时，带有相同电荷的离子就会相互排斥，防止液膜变薄，从而使液膜的强度保持一定的水平。氮气泡沫压裂液的起泡剂体系决定了泡沫的液膜具有一定的强度。

（3）泡沫质量。

当氮气泡沫质量值较低的时，通过显微镜的观察发现，气泡尺寸较小，形状近似为球形，气泡"淹没"于液体之中；但泡沫质量值较高的泡沫，气泡尺寸较大，泡沫为多面体刚性结构，泡沫之间以液膜相连。本体系由于起泡剂具有优良的起泡性能，氮气泡沫压裂液较高的泡沫质量（65%~75%），泡沫具有良好的机械性能。又由于稳泡剂的加入，进一步提高了泡沫的机械性能。

（4）气泡尺寸。

加入了稳泡剂 VES-A 之后的氮气泡沫压裂液体系，生成的泡沫细腻、均匀，且泡沫尺寸较不加入稳泡剂的要小。泡沫尺寸越大，则液膜越薄，液体几乎集中在 Plateau 边界中；泡沫尺寸较小时，气泡的液膜较厚，液体在液膜及 Plateau 边界中均匀分布。因此，气泡尺寸较小时，气泡的强度和弹性较好，受剪切时不易变形。这也是氮气泡沫压裂液体系具有良好泡沫性能的原因。

（5）温度和压力。

温度和压力对泡沫流变性的影响，从本质上说，是通过改变 VES-A 基液和气体的黏度，同时改变泡沫的机械性能而起作用的。一般来说，可在一定程度上提高泡沫体系的压力，有助于泡沫的稳定，且在高压、高剪切下，生成的泡沫更均匀。温度对泡沫体系的影响具有多重复杂的作用，前文已经展开论述。由于煤层一般埋藏较浅，地层温度不高，氮气泡沫压裂液的使用温度不高，对压裂液的泡沫影响不大。

五、氮气泡沫压裂液的黏弹性

测定物质的黏弹性两种最常用的试验方法是振荡剪切流动试验和稳态剪切流动试验。主要内容是定频率变剪切应力测定和定剪切应力变频率测定两方面来评价含有稳泡剂体系的氮气泡沫的黏弹性。

1. 定频率变剪切应力测定

定频率变剪切试验，可测定氮气泡沫体系遭到外界破坏时的最小剪切应力。通过对最小剪切应力的比较，可以对比不同体系产生的泡沫的稳定性大小的差异。控制温度为在25℃，剪切频率为1Hz，测定不同剪切应力下，配方A体系和配方B体系储能模量与耗能模量的值（图7-84）。

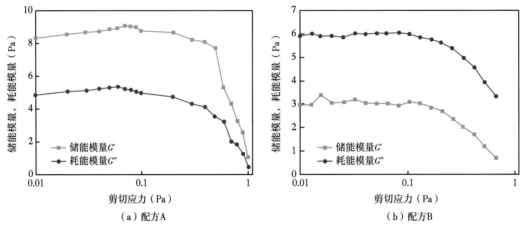

（a）配方A　　　　　　　　　　　　（b）配方B

图7-84　固定频率下压裂液模量值随剪切应力变化曲线

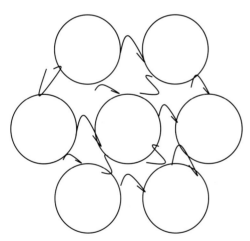

图7-85　氮气泡沫压裂液二维物理模型

一般来说，随着剪切应力的增大，氮气泡沫压裂液可以看作一种类似的具有刚性小球的连接体，小球类似于气泡，小球与小球的连接体类似于气泡与气泡之间的液膜，连接体像一种弹簧结构，具有一定的抵抗变形的能力。一定程度增大的应力能够保持氮气泡沫黏弹性的稳定，类似于弹簧被压缩。但当剪切应力超过一定值以后，刚性小球结构被破坏，泡沫的结构破坏，泡沫的黏弹性也发生较大的变化。在保持振荡频率恒定的情况下，通过改变剪切应力，可以测量氮气泡沫压裂液体系的黏弹性参数。由图7-85可知，当剪切力较小时，氮气泡沫压裂液体系的储能模量和耗能模量保持稳定，此时外界应力较小，不足以破坏泡沫体系的复合结构；当外界剪切应力增大到一定值后，氮气泡沫压裂液体系边界处形成的复合膜结构被打破，泡沫消泡，泡沫的弹性模量和黏性模量都随之降低。图中模量水平段的长短反映氮气泡沫体系的稳定性，水平段越长，说明氮气泡沫体系抗外界剪切能力越强。对于配方A体系，当剪切应力大于0.5Pa时，泡沫体系的弹性模量和黏性模量急剧下降，此时泡沫的复合结构被外界应力所破坏。对于配方B体系，当剪切应力大于0.1Pa时，泡沫的复合结构被破坏。

配方A氮气泡沫压裂液体系能承受的外界剪切应力为0.5Pa，大于配方B氮气泡沫压裂液体系所能承受的外界剪切应力0.1Pa。说明体系缺少VES-A之后，形成的泡沫抗外界剪切能力会有所降低，但是仍然能够满足压裂的需求。

2. 定剪切应力变频率测定

通过定剪切应力变频率试验，可了解形变后氮气泡沫压裂液吸附膜黏弹性恢复的快慢。在保持剪切应力恒定的情况下，改变外力作用的振荡频率，对氮气泡沫压裂液体系的黏弹性参数进行了测量。由上述定频率变剪切应力试验可知，外界剪切应力若超过了泡沫黏弹性参数水平段对应的剪切应力范围值，则测量的值较为不准确。对于配方 A 体系，当应力在 0.01~0.50Pa 之间的时候，配方 B 体系外部剪切应力在 0.01~0.10Pa 范围内时，体系的储能模量与耗能模量基本保持不变，说明泡沫体系较为稳定，此时测量比较合适。试验中控制温度为 25℃，配方 A 固定剪切应力为 0.10Pa，配方 B 确定剪切应力为 0.05Pa，测定两个氮气泡沫压裂液体系的黏弹性（图 7-86）。

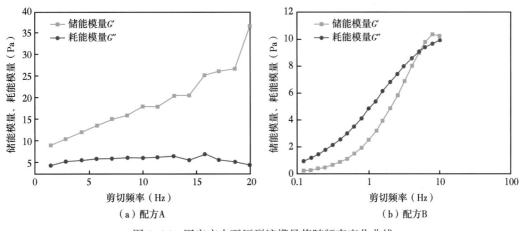

图 7-86　固定应力下压裂液模量值随频率变化曲线

图 7-86 表明，随着频率的升高，氮气泡沫压裂液流体的弹性模量（G'）和黏性模量（G''）都相应增大，即氮气泡沫压裂液流体的黏弹性具有随频率升高而增大的特性，或者可以认为氮气泡沫压裂液在高频剪切下体系具备的能量更多。对于配方 A 体系，无论在低频还是高频段，氮气泡沫压裂液的弹性模量高于其黏性模量，氮气泡沫压裂液体系表现出更大的弹性特征。这是由于氮气泡沫的黏弹性主要表现在泡沫表面液膜的黏弹性，液膜在不同剪切速率下，具备不同的结构稳定性。当施加于溶液的振荡频率较小（力作用时间较长）时，主要是泡沫体系中的弹簧部分发生形变，氮气泡沫压裂液的液膜有充足的时间恢复其液膜的变形，表现为弹性较小。当力作用时间较短时，此时液膜变形的幅度较大，但是液膜本身并未被破坏掉，短时间作用的力表现为液膜较大的弹性变形，所以氮气泡沫的弹性模量变大，但液膜本身的黏度未发生变化，所以黏性模量基本不变，在 1~20Hz 的频率下，并未找到氮气泡沫压裂液体系的弹性模量与黏性模量相等（$G' = G''$）的点，即泡沫体系重要特征量——松弛时间 τ，说明氮气泡沫压裂液体系还是弹性占优势，泡沫体系更像一种弹性体。

而对于配方 B 体系，当频率低于 5Hz 时，耗能模量高于储能模量，体系黏性大于弹性；当频率大于 5Hz 时，体系更多地表现出弹性，耗能模量小于储能模量。5Hz 是 0.2% SDS+0.02%FCS-11 的表面活性剂溶液的特定频率，在此频率下，体系的储能模量和耗能模量是相等的。总体来说，体系还是黏性占优势。

由黏弹性测试的结果可知，体系缺少 VES-A 之后，形成的泡沫体系不是更多地表现出弹性，而是以黏性为主。这是由于没有 VES-A 的存在，所以形成的液膜不具有黏弹性，从而泡沫不再表现出弹性。

配方 A 相对于配方 B 来说具有一定的黏弹性，并且弹性占据优势。在一定的压力作用下，氮气泡沫压裂液体系能够通过自身黏弹性的变化保持稳定性。这也保证了注入地下的氮气泡沫压裂液在高剪切和高的注入压力下性能的稳定，保证了携砂能力、造缝能力和压裂效果。

六、氮气泡沫压裂液的滤失

由于配方 A 及配方 B 中不存在高分子物质，因此在滤失过程中不能形成滤饼，故不能用静态滤失方法测量其滤失性能，根据《水基压裂液性能评价方法》（SY/T 5107—2005），采用动态滤失的方法测量系统的滤失性（图 7-87）。

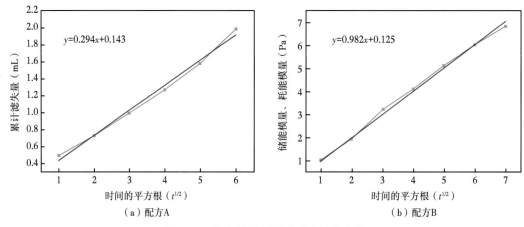

图 7-87　氮气泡沫压裂液动态滤失曲线

通过计算得到配方 A 氮气泡沫压裂液的滤失系数为 $2.99 \times 10^{-4} \, \mathrm{m/min^{\frac{1}{2}}}$，初始滤失量为 $2.91 \times 10^{-2} \, \mathrm{m^3/m^2}$，配方 B 氮气泡沫压裂液的滤失系数为 $1.0 \times 10^{-3} \, \mathrm{m/min^{\frac{1}{2}}}$，初始滤失量为 $2.55 \times 10^{-2} \, \mathrm{m^3/m^2}$，均满足压裂液通用技术条件。氮气的加入有效降低了压裂液的滤失，提高了返排率。现场施工一般都是从前置液就开始加注液氮，负阶梯排量加注最好，也就是说前置液和泵注前期多加液氮，到高砂比少加至停加，确保在缝口处液氮助排剂浓度降至零左右，这样既保证了返排时氮气的连续性，又能保证近井筒附近填砂的有效性。由于混气前置液优先进入高渗透率孔道憋起高压，引导后续流体转向；氮气分散于压裂液中形成气泡，由于贾敏效应的存在，泡沫能有效封堵煤层中的一些孔隙和裂缝，从而降低压裂液的滤失；依靠泡沫中氮气所蓄积的弹性能量在卸压返排时气体体积膨胀，类似气举作用，有效携带破胶液的返排；氮气的注入使井筒中混合流体的密度降低，缩短了压裂液的排液周期。由于国内没有关于泡沫压裂液的滤失性能的评价标准，这种测定泡沫压裂液滤失性的方法的可行性有待进一步探究。

七、破胶性能

配方 B 氮气泡沫压裂液体系不存在 VES-A，消泡后的基液黏度很小，低于 5mPa·s，不存在破胶问题。配方 A 氮气泡沫压裂液体系由于存在黏弹性表面活性剂，形成的胶束遇到适量地层水和油气时，蠕虫状的胶束破坏成球形胶束，从而降低其黏度，进而自动破胶。由于本体系的黏弹性表面活性剂的使用浓度较低，并未形成有效的蠕虫状胶束，但是地层水和原油还是可以将该体系的黏度降低。压裂液的破胶性能是压裂液质量标准的一个重要指标。破胶后水化溶液的黏度是压裂液在地层条件下破胶彻底性的衡量值，它影响到破胶液的返排率和对地层的伤害程度。压裂液破胶后水化液的表面张力和界面张力也是衡量压裂液返排能力的重要指标之一。因此，压裂液破胶后水化液的表观黏度越低，破胶后水化液的表面张力和界面张力越低，将越有利于压裂液的返排。氮气泡沫压裂液体系是一种不含高分子聚合物，无残渣的清洁泡沫压裂液体系。破胶时间指冻胶在破胶温度下动力黏度减少到5mPa·s所需的时间。在恒温水浴中（30℃下），测定破胶液黏度。黏弹性表面活性剂遇到原油能够破胶，但煤层气压裂液中一般采用氧化还原破胶体系。由于泡沫体系是一种气液两相的体系，取配方A消泡后的基液，采用煤油和氧化还原破胶体系，分别按照清洁泡沫压裂液基液与煤油的体积比为4:1、2:1、1:1混合，充分摇匀后，静置不同时间时测定液体的表观黏度。破胶实验结果见表7-43。

表7-43　配方A氮气泡沫压裂液体系用煤油破胶后的表观黏度

时间（min）	10	20	30	40	50	60	70	80
泡沫压裂液基液黏度（mPa·s）	71.0	71.0	68.0	67.5	67.5	67.5	67.5	67.5
泡沫压裂液基液:煤油=4:1	46.0	29.5	23.0	16.5	12.0	7.5	5.0	5.0
泡沫压裂液基液:煤油=2:1	53.0	42.5	36.0	27.5	13.5	6.5	4.5	4.5
泡沫压裂液基液:煤油=1:1	57.0	45.5	37.5	26.5	14.5	7.0	4.5	4.5

由表7-43可以看出，煤油对氮气泡沫压裂液基液体系起到了降黏作用，但煤层气藏不同于常规的油气藏，由于地层并不含有原油，因此，考虑在氮气泡沫压裂液体系加入氧化还原破胶剂使得压裂液基液能够迅速、彻底地降解。

由表7-44可知，氧化还原破胶体系可在较短时间内将氮气泡沫压裂液基液体系彻底破胶，并且破胶后的黏度较低，在25℃时测得破胶液体系的表面张力为20.27mN/m，界面张力为0.34mN/m，满足压裂液破胶液表面张力和界面张力的要求。低表面张力和界面张力的破胶液，有助于防止和解除水锁、水堵现象，克服了贾敏效应，降低了毛细管阻力，大幅提高了压裂施工结束后残液的返排能力。根据裂缝中压裂液温度剖面与施工时间的关系，施工时一般按"楔形原则"追加破胶剂，使压裂液破胶时间和施工时间相匹配，既能保证压裂液的造缝与携砂能力，又能使压裂液在压裂施工结束的快速破胶水化返排，减小对地层的伤害。由于该过氧化物破胶剂破胶时间较快，胶囊破胶剂的成功研制实现了施工期间在不影响压裂液黏度的情况下亦可用高浓度破胶剂的目的。

表7-44　配方A氮气泡沫压裂液用氧化还原破胶剂破胶后的表观黏度

样品编号	破胶温度（℃）	氧化破胶剂浓度（%）	低温活化剂浓度（%）	静置不同时间时破胶水化液表观黏度（mPa·s）		
				0min	10min	20min
1#	25	0.02	0.02	68	4.5	4.5
2#	30	0.02	0.02	71	6.5	4.5
3#	35	0.02	0.02	73	7.5	4.5
4#	40	0.02	0.02	76	8.5	5.5
5#	45	0.02	0.02	76	8.5	6.5

八、残渣含量

将氮气泡沫压裂液的破胶液（或消泡后的基液）全部转移到干净烘干后的离心管中，以 3000r/min 的转速高速离心 30 分钟，然后取离心后的上层清液；再用 50mL 自来水洗涤基液，将洗涤液倒入离心管里，用玻璃棒搅拌洗涤残渣样品，再放入离心机离心 20 分钟，倾倒上层清液，将离心管放入恒温电热干燥箱中烘烤，在温度 105℃ 下烘干至恒重，测得离心前后离心管质量变化。

由于配方 A 和配方 B 是由可溶性的表面活性剂分子组成，所以该压裂液体系破胶后无残渣产生。瓜尔胶压裂液产生的残渣容易进入地层深部堵塞孔隙吼道，降低地层和裂缝的渗透率，氮气泡沫压裂液不含有残渣，因此降低了对地层的伤害。

九、氮气泡沫压裂液的携砂性能

用落球法测定可以测定交联冻胶类压裂液的悬砂性能，试验采用压裂砂和陶粒来测定其的沉降速度，所用的压裂砂和陶粒见表 7-45。

表 7-45　支撑剂基本参数表

支撑剂	视密度（g/cm³）	圆度	体积密度（g/cm³）	直径（mm）
陶粒	3.16	0.90	1.78	0.450~0.900
石英砂	2.64	0.69	1.65	0.425~0.850

由于单个砂粒并不具有可对比性，试验称取 2g 的压裂砂和陶粒，小心缓慢地送至压裂液液面上部，观察压裂砂和陶粒的沉降速度。试验记录泡沫压裂液体系的高度和沉降时间，从而计算出沉降速度。沉降时间是测得第一批砂粒和陶粒沉降到试管底部的时间 t_1，测得最后一批压裂砂和陶粒沉降到试管底部的时间 t_2，两者取平均值计算得出。沉降速度按照式（7-1）计算：

$$v = H/t \tag{7-1}$$

式中　v——沉降速度，cm/s；

　　　H——压裂液在量筒中的高度，cm；

　　　t——沉降时间，s。

测得活性水和该氮气泡沫压裂液的悬砂性能见表 7-46。

表 7-46　压裂砂和陶粒在不同压裂液体系中的沉降速度

悬砂类型	压裂液体系	高度（cm）	沉降时间（s）	沉降速度（cm/s）
压裂砂	活性水压裂液	35.1	6.5	5.307
压裂砂	瓜尔胶压裂液	35.0	1776.6	0.0197
压裂砂	配方 A 泡沫压裂液	35.0	760	0.046
压裂砂	配方 B 泡沫压裂液	34.5	384	0.090
陶粒	活性水压裂液	35.1	7	5.010
陶粒	瓜尔胶压裂液	34.9	1876.3	0.0186
陶粒	配方 A 泡沫压裂液	35.0	921	0.038
陶粒	配方 B 泡沫压裂液	34.5	580	0.059

由表7-46可知，压裂砂和和陶粒在泡沫压裂液中的沉降速度远小于在活性水压裂液中的沉降速度，说明泡沫压裂液具有优秀的携砂性能（配方A比配方B的携砂性能更优）。此外虽然泡沫压裂液的沉砂速度大于瓜尔胶压裂液的沉砂速度，但是仍处于一个数量级，鉴于瓜尔胶压裂液优异的携砂性能，氮气泡沫压裂液的携砂性能仍满足要求。泡沫压裂液相比煤层气活性水压裂液，能够大规模携砂，提高砂比。相比活性水压裂液，支撑剂在氮气泡沫压裂液体系中能够得到有效携带，防止砂堵，使压裂液能够携带支撑剂到深远裂缝中，保证了压裂施工的进行。

十、氮气泡沫压裂液对煤层伤害试验

试样为韩城现场区块钻取的煤心，先用游标卡尺测量了岩心的直径和长度，抽真空饱和地层水，再将岩心装入岩心夹持器并加围压2MPa，接好流程后，先正向驱替地层水，驱替流量为岩心孔隙体积10倍以上，直至流量稳定，算出通过岩心的渗透率K_1，再将破胶液注入岩心2PV，密闭模型2小时，然后反向注入地层水，直至流量稳定，可计算出压裂液损害后岩心的渗透率K_2，测试温度为30℃。

实验测定了配方A与配方B氮气泡沫压裂液的岩心伤害率，并测定了瓜尔胶压裂液的岩心伤害率与之对比，实验结果见表7-47。

表7-47　压裂液体系岩心伤害率对比

压裂液类型	煤心初始渗透率（mD）	煤心伤害后渗透率（mD）	煤心伤害率（%）
瓜尔胶压裂液	0.0523	0.0292	44.16
配方A氮气泡沫压裂液	0.0498	0.0407	18.27
配方B氮气泡沫压裂液	0.0506	0.0436	13.83

由表7-47可知，瓜尔胶压裂液的岩心伤害率较大，为44.16%，相比于瓜尔胶压裂液，配方A对煤心的伤害较小，岩心伤害率为18.27%，而不含VES-A的配方B对煤心的伤害率更小，仅为13.83%。氮气泡沫压裂液体系由于含有起泡剂，起泡剂吸附在煤的割理和裂缝中，因此氮气泡沫压裂液对煤心的伤害要比单纯的VES-A压裂液要高。但是由于国内没有关于泡沫压裂液的伤害性能的评价标准，这种测定泡沫压裂液伤害性的方法值得商榷。

十一、压裂液与地层流体的配伍性

煤层中所含的水、气与氮气泡沫压裂液体系不应产生乳化、沉淀或者絮凝物，否则压裂液就会对地层二次伤害，根据煤层气藏低渗透率、低压产气的产能状况，配制煤层气模拟水，来考察氮气泡沫压裂液与地层水的配伍性。本试验所用到的水样均是自来水，但考虑到实际应用水源的条件，选取了韩城某地层模拟水，在30℃的温度条件下，按照配方0.4%SDS+0.05% FCS-11 + 0.4%VES-A与配方0.20%SDS+0.02% FCS-11和地层水样100mL，将地层水过滤后贮存在洁净干燥的烧杯中备用。

配制配方A和配方B，加入一定量的氧化破胶剂，搅拌压裂液体系，放置于恒温30℃的烘箱中静置4小时，由于体系破胶后黏度较小且体系不含有残渣。观察静置后的溶液是否与模拟水产生沉淀或絮凝现象。由于煤层中地层水的矿化度较低，试验未发现氮气泡沫压裂液并未与地层水产生沉淀或絮凝现象。配方 A 与配方 B 与地层流体的配伍性均良好。

十二、氮气泡沫压裂液的稳定性及携液量测定

当泡沫完全形成以后，可以认为体系的衰败过程为匀速过程，采用泡沫扫描仪记录泡沫的衰败过程，并绘制相应的衰败曲线。设衰败曲线斜率的倒数为泡沫稳定系数，其数值的大小可以很好地反映相应体系的稳定性情况，

衰败部分曲线的斜率的绝对值越小，泡沫越稳定，即泡沫衰败曲线越平缓，泡沫越稳定。测量了配方 A 与配方 B 的泡沫衰败曲线如图 7-88 所示。

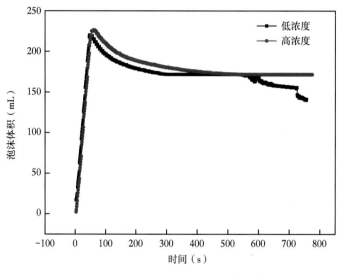

图 7-88　配方 A 与配方 B 的泡沫衰败曲线

根据泡沫衰败曲线可以看出，配方 A 与配方 B 的衰败曲线均很平缓，说明配方 A 与配方 B 均具有良好的稳定性，且配方 A 较配方 B 有更高的起泡体积与更强的稳定性。这是由于配方 A 中加入了黏弹性表面活性剂作为稳泡剂。

关于携液量，泡沫扫描仪在记录泡沫衰败过程的同时，还用电极测量了反应器不同部位的电导率，从而获得泡沫的携液量。其中泡沫扫描仪的电极分布如图 7-89 所示。

实验测量了配方 A 与配方 B 氮气泡沫压裂液在起泡至衰败过程中的含液量的变化，电极 1、2、3、4 部位的携液量分别以液体百分数 1、2、3、4 表示，结果如图 7-90 所示。

由图 7-89 可知，配方 A、配方 B 的携液量随时间先上升后下降，这与泡沫的起泡—衰败过程相对应。且含液量由上到下逐渐增多，这是由于泡沫析液后会因为重力作用而向下流动；配方 A 在最大含液量区域的含液量达到了 30% 以上，而配方 B 则不到 30%，而且在最顶端电极区域，配方 A 的含液量有一个峰值，而配方 B 的则一直处于很低水平，所以在携液量方面，配方 A 优于配方 B；但综合来说，两者的携液性能均良好。

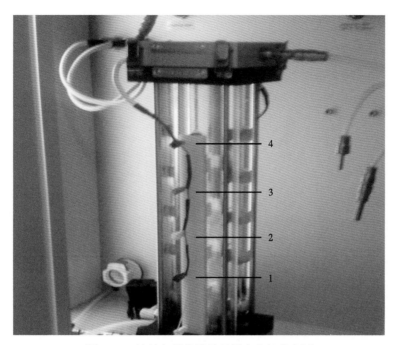

图 7-89　泡沫扫描仪携液量测定电极分布图

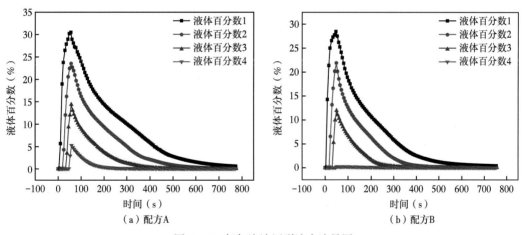

图 7-90　氮气泡沫压裂液含液量图

十三、氮气泡沫压裂液的返排性能

压后返排是压裂后管理的作为关键的环节，低渗透油气藏压裂液的高效返排，是保证压裂效果的关键所在，直接影响压裂改造的效果。一般来说压裂液返排率越高，停留在地层中的压裂液越少，对地层伤害就越小，初期产量就越大。因此参照行业标准《压裂酸化用助排剂性能评价方法》（SY/T 5755—2016），压裂酸化用助排剂性能评价方法考察了配方 A 和配方 B 的返排性能，并考察了瓜尔胶压裂液的性能以做对比，实验结果见表 7-48。

表 7-48 氮气泡沫压裂液与瓜尔胶压裂液返排性能对比

压裂液类型	配方	返排率（%）
氮气泡沫压裂液	配方 A：0.4%VES-A+0.05% FCS-11+0.4%SDS	73.45
	配方 B：0.02% FCS-11+0.20%SDS	72.31
瓜尔胶压裂液	0.55%HPG+0.50%交联剂	35.55

由表 7-48 可知，配方 A 的返排率为 73.45%，配方 B 的返排率为 72.31%，远大于瓜尔胶压裂液的返排率 35.55%。高的返排率能有效降低压裂液残液对于储层的伤害。一方面由于氮气泡沫压裂液属于表面活性剂体系，具有较低的表面张力和界面张力，因而能有效降低水锁、贾敏效应及毛细管力，因此其返排率大于瓜尔胶压裂液的返排率；另一方面，瓜尔胶压裂液存在天然的水不溶性物质，破胶后仍然存在，易堵塞地层孔隙，降低了裂缝的导流能力，所以其返排率很低。

十四、氮气泡沫压裂液经济性分析

虽然新型压裂液层出不穷，但压裂液市场仍然没有动摇瓜尔胶压裂液的主导地位，一方面瓜尔胶压裂液使用的时间相对较长，已形成了相关的配套工艺，并且瓜尔胶压裂液压裂液成本较低、携砂能力强，破胶工艺已成型，滤失也较低，能满足一般的地层压裂需要；另一方面，新型的压裂液虽然各有优势，但也存在尚未解决的各种缺点，如以表面活性剂为代表的清洁压裂液虽然对地层伤害小，但其黏度相对较小，且滤失量大、成本高；合成聚合物类压裂液由于金属交联剂毒性较大，且使用多需要调节 pH 值，现场使用受到限制。油田现场更愿意使用已经成型的技术工艺，新型的压裂液体系要经过不断的完善和现场试验后，才能慢慢成为压裂液的主角。氮气泡沫压裂液作为一种不含聚合物体系的新型清洁压裂液，期望在非常规油气藏的开采中大展身手。

进入 2012 年以来，瓜尔胶由于受产地供应的影响，价格大规模上涨，涨幅已经超过 200%。常规瓜尔胶压裂液的市场价格已经超过了 1000 元/m³ 左右，再加上交联剂、杀菌剂、助排剂等费用，实际瓜尔胶压裂液的成本超过了 1500 元/m³ 以上，国内某些地层温度较高的油田的瓜尔胶压裂液的成本更高。本试验制备的清洁氮气泡沫压裂液体系，由各种表面活性剂组成，生物毒性较小，便于现场操作。其中氟碳表面活性剂的成本约为 110 万元/t，SDS 价格约为 10000 元/t，黏弹性表面活性剂 VES-A 约为为 15000/t，液氮为 500/t。对于低浓度配方 B 氮气泡沫压裂液体系，在压力 $p=11\sim20$ MPa，温度 $T=20\sim50℃$（$293\sim323$K）的地层条件下，1m³ 基液所需的氮气体积为 $199.57\sim400$m³，对应气体质量为 $0.23\sim0.4$t，计算得配方 B 的成本为 $355\sim470$ 元/t 基液，同理计算可得配方 A 的成本为 $880\sim1100$ 元/t 基液。相对于普通瓜尔胶压裂液，其单价较低，氮气泡沫压裂液还有以下优点可以进一步降低工程费用：

（1）由于泡沫压裂液的气相比例较大，这样就减少了压裂液液相的注入，从而整体上减少了压裂液施工的液量，降低了施工成本；

（2）氮气泡沫压裂液作为一种高效的清洁压裂液，由于其提高裂缝的导流能力较强，从而减少了支撑剂的使用，因而降低施工投入；

（3）氮气泡沫压裂液不含类似瓜尔胶的植物胶成分，抗细菌腐蚀能力很强，并且氮气泡沫压裂液是一种良好的助排体系和润湿体系，简化压裂液的添加剂的种类和费用，降低运行成本；

（4）氮气泡沫压裂液作为一种新型的压裂液体系，尽管泡沫压裂液需要液氮泵车等增加了压裂设备的投入，但泡沫压裂使用规模增加后，降价空间进一步存在，经济优势会更加明显。

第五节　氮气泡沫压裂液体系应用

一、施工概况

共 20 口井 23 层，施工成功率 100%。（表 7-49），其中，B1-01X4 井排采 215 天，现平均日产气 910m³，累计产气 134272m³，取得了较好的效果。

表 7-49　氮气泡沫压裂施工统计

井号	层位	煤层厚度（m）	压裂液类型	携砂液平均压力（MPa）	平均排量（m³）	实际总液量（m³）	实际总砂量（m³）	实际平均砂比（%）	停泵压力（MPa）
H10-12 向 1	5#	6.8	活性水+氮气	21.8	5.9	500.4	36.0	12.78	13.3
H10-12 向 1	11#	4.5	活性水+氮气	32.0	6.0	535.2	40.9	11.75	27.8
H10-12 向 2	5#	5.0	活性水+氮气	24.0	6.0	436.6	38.3	13.89	18.0
H10-12 向 2	11#	4.4	活性水+氮气	34.9	5.4	528.4	40.0	12.28	26.0
Y4-16 向 1	11#	4.6	活性水+氮气	19.3	6.0	496.9	38.2	11.23	14.8
J1-05 向 2	5#	12.3	活性水+氮气	24.2	4.0	486.5	42.0	13.00	16.9
H10-12 向 3	5#	4.5	清洁压裂液+氮气	21.5	4.5	358.7	37.0	14.60	15.3
H10-12 向 3	11#	4.7	清洁压裂液+氮气	26.8	4.4	379.7	35.5	13.87	17.1
Y4-16 向 3	11#	8.1	清洁压裂液+氮气	23.0	4.5	394.5	35.7	11.10	15.7
Y4-16 向 4	11#	12.3	清洁压裂液+氮气	28.0	4.5	324.9	41.3	15.60	29.9
Y4-16 向 5	11#	4.6	清洁压裂液+氮气	22.0	4.5	322.6	46.6	19.20	12.9
J1-11 向 2	5#	7.3	清洁压裂液+氮气	27.8	4.0	369.1	38.0	14.80	28.7
J1-11 向 3	5#	7.7	清洁压裂液+氮气	18.1	4.0	360.6	46.0	17.90	14.5
J1-11 向 4	5#	2.8	清洁压裂液+氮气	18.2	4.0	325.3	33.0	14.20	11.7
J1-05	5#	9.0	清洁压裂液+氮气	25.3	4.0	388.0	37.0	13.30	25.6
H10-12	5#	5.4	羧甲基瓜尔胶+氮气	15.4	3.9	350.9	39.1	15.50	7.9
H10-12	11#	5.2	羧甲基瓜尔胶+氮气	19.0	4.4	348.0	43.0	17.10	14.7
Y4-16	11#	10.5	羧甲基瓜尔胶+氮气	23.0	3.5	207.0	25.5	17.90	砂堵
Y4-16 向 2	11#	8.1	羧甲基瓜尔胶+氮气	18.9	3.4	262.0	38.7	19.48	10.0
J1-11 向 1	8#	4.8	羧甲基瓜尔胶+氮气	28.0	4.0	321.6	41.0	17.90	24.3
J1-11	8+9#	7.5	羧甲基瓜尔胶+氮气	35.5	4.0	362.0	37.0	14.60	30.7
J1-05 向 1	5#	4.5	羧甲基瓜尔胶+氮气	23.4	4.0	328.5	42.0	17.80	20.2
J1-05 向 3	5#	4.9	羧甲基瓜尔胶+氮气	17.5	4.0	358.9	42.0	15.90	13.8

二、典型井例

1. H10-12 井 11#煤层

该井破裂压力不明显，前置液施工压力 9.8~18.3MPa，排量 1.2~4.5m³/min；携砂液排量 4.4~4.5m³/min，施工压力 18.3~19.7MPa，停泵压力 14.7MPa；压后测压降 30 分钟，压力降至 10.5MPa。施工共注入压裂液 348.0m³，其中前置液 97.0m³，携砂液 239.0m³，顶替液 12.0m³。共加入石英砂 43.0m³，其中 0.15~0.30mm 石英砂 10.5m³，0.425~0.85mm 石英砂 24.0m³，0.85~1.20mm 石英砂 8.5m³，平均砂比 17.1%，完成设计加砂的 102.0%（图 7-91）。

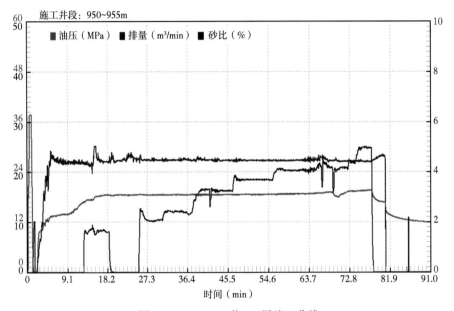

图 7-91　H10-12 井 11#层施工曲线

2. H10-12 井 5#煤层

该井破裂压力 17.4 MPa，前置液施工压力 11.2~16.3MPa，排量 1.0~4.1m³/min；携砂液排量 3.8~4.0m³/min，施工压力 13.6~17.1MPa，停泵压力为 7.9MPa；压后测压降 30min，压力降至 5.0MPa。施工共注入压裂液 350.9m³，其中前置液 100.0m³，携砂液 238.8m³，顶替液 12.1m³。共加入石英砂 39.1m³，其中 0.15~0.30mm 石英砂 8.0m³，0.425~0.85mm 石英砂 22.0m³，0.85~1.20mm 石英砂 9.1m³，平均砂比 15.5%，完成设计加砂的 98.0%。本层施工正常，达到设计要求（图 7-92）。

3. J1-05 向 1 井 5#煤层

该井破裂压力 38.2 MPa，前置液施工压力 26.1~38.2MPa，排量 1.0~4.2m³/min；携砂液排量 3.8~4.1m³/min。施工压力 26~22.5MPa，停泵压力为 20.9MPa；压后测压降 30 分钟，压力降至 18.1MPa。施工共注入压裂液 329m³，其中前置液 90.0m³，携砂液 224.0m³，顶替液 14.0m³。共加入石英砂 42.0m³，其中 0.15~0.30mm 石英砂 6.0m³，0.425~0.85mm 石英砂 24.0m³，0.85~1.20mm 石英砂 12.0m³，平均砂比 18%，完成设计加砂的 100.0%。本层施工正常，达到设计要求（图 7-93）。

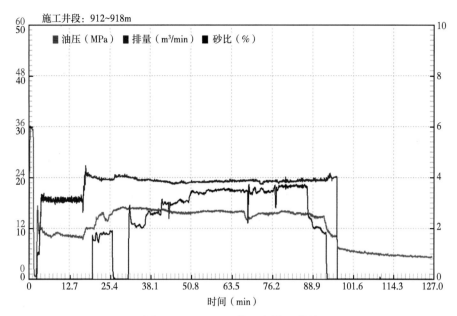

图 7-92　H10-12 井 5#层施工曲线

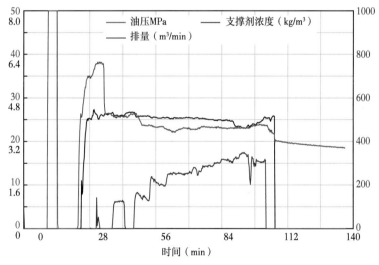

图 9-93　J1-05 向 1 井 5#层施工曲线

4. J1-05 向 3 井 5#煤层

J1-05 向 3 井 5#煤层：该井破裂压力 22.5 MPa，前置液施工压力 22.1~18.1MPa，排量 1.0~4.2m³/min；携砂液排量 3.9~4.1m³/min，施工压力 18.1~16.2MPa。停泵压力为 13.8MPa；压后测压降 30 分钟，压力降至 11.9MPa。施工共注入压裂液 359.0m³，其中前置液 90.0m³，携砂液 254.0m³，顶替液 15.0m³。共加入石英砂 42.0m³，其中 0.15~0.30mm 石英砂 6.0m³，0.425~0.85mm 石英砂 24.0m³，0.85~1.20mm 石英砂 12.0m³，平均砂比 18%，完成设计加砂的 100.0%。本层施工正常，达到设计要求（图 7-94）。

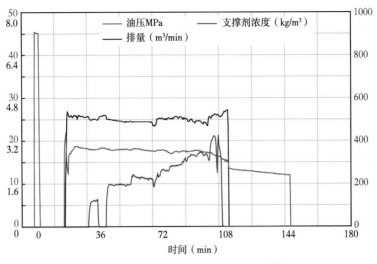

图 7-94　J1-05 向 3 井 5#层施工曲线

5. HM2 井

HM2 井为海拉尔盆地希林构造的一口预探井，煤层以半暗煤为主，煤体结构好。煤层埋深 360~1160m，煤层：67m/29 层，最大单层厚度 9m，HM2 井大二煤层含气量 2.5~2.94m³/t，本次施工层段在 1027.6~1036.4m，因煤层割理发育，滤失大；井眼扩径坍塌，无法对目的层的上下遮挡进行应力分析，不利于对裂缝高度眼延伸进行预测（图 7-95）。采用清洁氮气泡沫压裂，液氮总用量 200m³，压裂液 300m³，泡沫质量 60%~65%，加砂 60m³，施工平均砂比 34%，施工压力保持在 23MPa，压力平稳（图 7-96）。本次施工成功，实现了清洁压裂液与泡沫的有机结合，集成了两种压裂液的优点，降低了滤失与伤害，提高了返

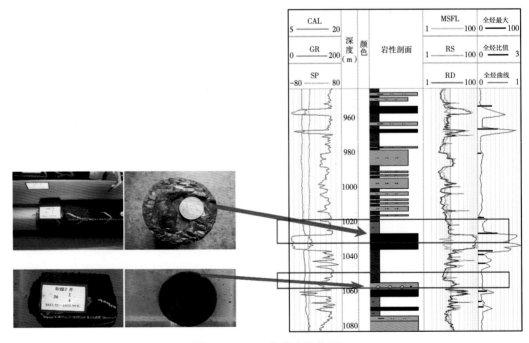

图 7-95　HM2 井综合柱状图

排速率与效率，为快速排采奠定了基础。排采后缓慢降压，产气量较少，表明该层煤层气没有达到工业气流。

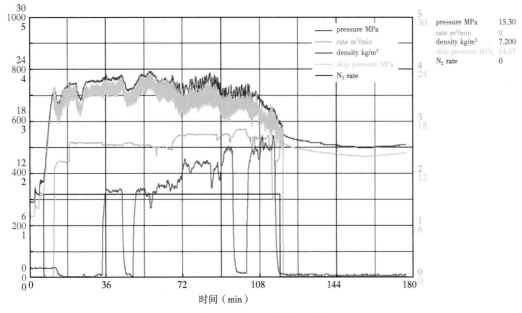

图 7-96 HM2 井施工曲线

初步排采结果表明：氮气泡沫压裂液井见气早；见气时井底压力较高（表 7-50）。

表 7-50 氮气泡沫压裂液与常规活性水压裂液排采效果对比

	氮气泡沫压裂井	常规活性水施工井
见气时间（d）	7	180
见气时井底压力（MPa）	7.46	2.34

参 考 文 献

鲍艳，吴成兰，马建中，2011. 碳氢表面活性剂复配研究进展 [J]. 日用化学工业，41（5）：364-370.

陈涛，陈延林，2008. 氟碳表面活性剂在石油工业中的应用研究 [J]. 广东化工，35（2）：13-15.

陈延林，张永峰，郭振文，2007. 氟碳表面活性剂工业应用研究进展 [J]. 有机氟工业，（2）：38-42.

陈延林，张永辉，郝振文，等，2007. 碳氟—碳氢表面活性剂复配性能研究 [J]. 广东化工，34（167）：24-26.

陈振宇，王一兵，孙平，2009. 煤粉产出对高煤阶煤层气井产能的影响及其控制 [J]. 煤炭学报，34（2）：229-232.

刁素，任山，杜波，等，2007. 高温高盐油藏泡沫驱稳泡剂抗盐性评价 [J]. 石油地质与工程，21（2）：90-93.

刁兆玉，考非非，王仲妮，2012. 不同盐离子对 AOS/AOT 复配体系相互作用的影响 [J]. 山东师范大学学报（自然科学版），27（1）：73-75.

杜碧莹，唐渝，杨骏，2006. 温度对等摩尔 CTAB/SDS 复配体系表面张力及乳化性能的影响 [J]. 精细化工，23（1）：23-25.

范海明，吴晓燕，黄经纬，等，2011. 两性/阴离子表面活性剂形成具有耐盐性能的蠕虫状胶束［J］. 化学学报，(7)：1997-2002.

高维英，2011. 全氟壬烯氧基苯磺酸钠/十二烷基硫酸钠复配体系的溶液性能［J］. 精细化工，28 (9)：852-856.

侯鹏辉，2012. 煤泥浮选起泡剂的优化实验［J］. 洁净煤技术，(4)：13-15.

孔凡栋，王洪恩，王慧云，2010. 碳氟表面活性剂 FN6810 与油酸钠复配体系的基础性能研究［J］. 济宁医学院学报，33 (6)：384-386.

孔梅，2011. 三次采油用起泡剂性能研究［J］. 内蒙古石油化工，(20)：12-15.

冷丰收，孟繁艳，朴凤玉，2007. 全氟辛酸钠复配体系对 1-苯甲氧基乙酸溶液表面张力的影响［J］. 日用化学工业，37 (1)：61-64.

李爱刚，刁素，孙勇，等，2007. 新型泡沫压裂液用抗温抗盐起泡剂的研制［J］. 精细石油化工进展，8 (1)：11-14.

李干佐，郝京诚，1998. 碳氟表面活性剂复配体系的中相微乳液研究［J］. 化学学报，56 (4)：313-319.

李农，蒋华全，曹世昌，2009. 高温对泡沫排水剂性能的影响［J］. 天然气工业，29 (11)：77-79.

李圣涛，陈馥，陈建波，等，2005. 粘弹性表面活性剂溶液流变性及评价方法［J］. 精细石油化工进展，6 (12)：26-28.

李文英，谢克昌，1992. 平朔气煤的煤岩显微组分结构研究［J］. 燃料化学学报，20 (4)：376-383.

李志红，樊民强，梁清阳，等，2002. 起泡剂对沙曲选煤厂煤泥可浮性的影响［J］. 选煤技术，4 (2)：8-9.

刘常旭，钟显，杨旭，2007. 表面活性剂发泡体系的实验室研究［J］. 精细石油化工进展，8 (1)：7-10.

刘德先，陈小榆，周承富，2006. 温度对泡沫稳定性的影响［J］. 钻井液与完井液，23 (4)：10-13.

刘冬梅，2005. 关于表面活性剂增效效应的探讨［J］. 中国科技信息，(16)：87.

刘结平，沈维民，1996. 温度对正负离子表面活性剂及其复配体系表面活性的影响［J］. 淮北煤师院学报（自然科学版），17 (3)：43-45.

刘新玲，周原，龙有前，等，2002. 阴离子表面活性剂的碱性品红分光光度法研究及应用［J］. 湖南工程学院学报，12 (4)：67-69.

刘曰武，苏中良，方虹斌，等，2010. 煤层气的解吸吸附机理研究综述［J］. 油气井测试，19 (6)：37-44.

刘长延，2011. 煤层气井 N_2 泡沫压裂液技术探索［J］. 特种油气藏，18 (5)：114-116.

马清润，韩菊，魏福祥，2009. 氟碳表面活性剂的合成及应用［J］. 河北工业科技，26 (1)：44-49.

钱昱，张思富，吴军政，等，2001. 泡沫复合驱泡沫稳定性及影响因素研究［J］. 大庆石油地质与开发，20 (2)：33-35.

曲彦平，杜鹤桂，葛利俊，2002. 表面粘度对于泡沫稳定性的影响［J］. 沈阳工业大学学报，24 (4)：283-287.

任杰，范晓东，陈营，等，2010. 蠕虫状胶束的形成及其油田应用［J］. 材料导报，24 (12)：60-65.

田秋平，高献平，李中华，2007. 氟碳表面活性剂的应用研究进展［J］. 化工技术与开发，36 (11)：34-37.

王嘉端，木亭亭，王培源，等，2011. 一种氨基酸型氟碳表面活性剂合成方法及应用［P］: CN201110058605. 2011-08-17.

王力，2009. 氮气泡沫稳定性评价［J］. 石油地质与工程，23 (4)：119-122.

王丽伟，管宝山，梁利，等，2011. 煤粉悬浮剂的作用机理及性能［J］. 中国煤层气，8 (1)：23-25.

王莉娟，张高勇，董金凤，等，2005. 泡沫性能的测试与评价方法［J］. 日用化学工业，35 (3)：171-174.

王蒙蒙, 郭东红, 2007. 泡沫剂的发泡性能及其影响因素 [J]. 精细石油化工进展, 8 (12): 40-45.

王旗成, 耿兵, 张炉青, 2011. 十二氟庚磷酸单酯氟碳表面活性剂的复配 [J]. 精细化工, 28 (4): 347-349.

王毅, 张婷, 冯辉霞, 等, 2008. 阴离子改性膨润土对水中亚甲基蓝吸附性能研究 [J]. 非金属矿, 31 (2): 57-61.

王仲勋, 郭永存, 2005. 煤层气开发理论研究进展及展望 [J]. 天然气勘探与开发, 28 (4): 64-66.

魏宣彪, 刘桂敏, 吴兆亮, 等, 2010. pH 对酪蛋白/SDS 体系泡沫性能及泡沫分离酪蛋白的影响 [J]. 高校化学工程学报, 24 (6): 949-953.

吴文祥, 徐景亮, 崔茂蕾, 2008. 起泡剂发泡特性及其影响因素研究 [J]. 西安石油大学学报 (自然科学版), 23 (3): 72-77.

席先锋, 朱洁玉, 顾永红, 等, 2005. 4 种新型氟碳表面活性剂 [J]. 精细化工, 22 (增): 251-254.

谢桂学, 刘江涛, 李军, 等, 2011. 低气液比泡沫驱的室内物理模拟研究 [J]. 石油地质与工程, 25 (5): 115-117.

谢亮, 2009. 几种常见起泡剂的室内实验评价 [J]. 兰州石化职业技术学院学报, 9 (3): 20-22.

谢勇强, 彭文庆, 曾荣, 等, 2010. 煤层气吸附与解吸附可逆性实验研究 [J]. 矿业工程研究, 25 (2): 13-16.

杨宏丽, 樊民强, 王鹏, 等, 2002. 捕收剂对煤泥反浮选效果的影响 [J]. 选煤技术, 10 (5): 4-5.

姚钱君, 陈洪龄, 2006. 一种氟碳 Genimi 表面活性剂的合成与性能 [J]. 现代化工, 26 (增): 251-254.

于振强, 2009. 煤层气井压裂用煤粉分散剂及活性水压裂液 [P]. CN 200910208521. 2009-10-28.

俞雪兴, 吴京峰, 谈龙妹, 等, 2008. 氨基酸型氟碳表面活性剂的合成及应用 [J]. 精细化工, 25 (6): 569-572.

袁东, 付大友, 张新申, 2005. 阴离子表面活性剂的测定方法及研究进展 [J]. 四川理工学院学报 (自然科学版), 18 (4): 27-32.

张高群, 肖兵, 胡娅娅, 2013. 新型活性水压裂液在煤层气井的应用 [J]. 钻井液与完井液, 30: (2): 66-68.

张辉, 刘应书, 贾彦祥, 等, 2010. 气相吸附静态吸附量的测定方法 [J]. 低温与特气, 28 (4): 29-34.

张遂安, 叶建平, 唐书恒, 等, 2005. 煤对甲烷气体吸附解吸机理的可逆性实验研究 [J]. 天然气工业, 25 (1): 44-46.

张艳霞, 吴兆亮, 武增江, 2012. 高温堆高浓度 SDS 水溶液泡沫稳定性及分离的影响 [J]. 高校化学工程学报, 26 (3): 536-540.

张昱, 张永明, 2011. 非离子型氟碳表面活性剂的合成与表面性能 [J]. 现代化工, 31 (4): 49-52.

张跃首, 2003. 起泡剂对浮选效果的影响 [J]. 洁净煤技术, 9 (3): 10-12.

C. Dai, Q. You, H. Zhao, et al, 2011. A Study on Gel Fracturing Fluid for Coalbed Methane at Low Temperatures [J]. Energy Sources, Part A: Recovery, Utilization, and Environmental Effects, 341.

Clark Henry B, Pike Myron T Rengel Gayle L, 1982. Water-Soluble Fluorochemical Surfactant Well Stimulation Additives. Journal of Petroleum Technology, 5.

Harris P C, Reidenbach V G, 1987. High-Temperature Rheological Study of Foam Fracturing Fluids [J]. Journal of Petroleum Technology, 613.

Kuhlman M I, Falls A M, Hara S K, et al, 1992. CO_2 Foam With Surfactants Used Below Their Critical Micelle Concentrations [J]. SPE Reservoir Engineering, 453.

M Yu, Mohamed A Mahmoud, H A Nasr-El-Din, 2009. Department of Petroleum Engineering, Texas A&M University. Quantitative Analysis of Viscoelastic Surfactants [J]. SPE International Symposium on Oilfield Chemistry, 20-22 April 2009, The Woodlands. Texas.

Majewska, Zofia, Majewski, et al, 1994. Acoustic emission and temperature changes in hard coal during carbon dioxide sorption-desorption [C]. Rock Mechanics in Petroleum Engineering, 29-31 August 1994, Delft, Netherlands.

Makoto Ohno, Kunio Esumi, Kenjiro Meguro, 1992. Aqueous solution properties of a silicone surfactant and its mixed surfactant systems [J]. Journal of the American Oil Chemists Society, 691.

Shih-Hsien Chang, R. B. Grigg, 1999. Effects of Foam Quality and Flow Rate on CO_2 Foam Behavior at Reservoir Temperature and Pressure [J]. SPE Reservoir Evaluation & Engineering, 248.

W. Zhou, M. Dong, Q. Liu, et al, 2005. Experimental Investigation of Surfactant Adsorption on Sand and Oil-Water Interface in Heavy Oil/Water/Sand Systems [C]. Canadian International Petroleum Conference, Jun 7-9, Calgary, Alberta.

Wang G C, 1984. A Laboratory Study of CO_2 Foam Properties and Displacement Mechanism [C]. SPE Enhanced Oil Recovery Symposium, 15-18 April, Tulsa, Oklahoma.

Xianmin Zhou, Ming Han, Alhasan B. Fuseni, et al, 2012. Adsorption of an Amphoteric Surfactant onto Permeable Carbonate Rocks [C]. SPE Improved Oil Recovery Symposium, 14-18 April, Tulsa, Oklahoma, USA.

Xiao-hua Peng, Yi-shan Pan, Xiao-chun Xiao, et al, 2008. The experiment study on slippage effect of the coal-bed methane transfusion [J]. Journal of Coal Science and Engineering (China), 44.

Yuehua Sui, Xiaohua Cheng, Qiang Sun, et al, 2000. Exploration Department of Petroleum University; Aizhao Zhou, Yellow River Drilling Corporation of Shengli Oil Field [C]. Research and Application of Recirculating Foam Drilling and Completion Fluid. IADC/SPE Drilling Conference, 23-25 February, New Orleans, Louisiana.

Z Chen, N Khaja, K L Valencia, et al, 2006. The U. of New South Wales. Formation Damage Induced by Fracture Fluids in Coalbed Methane Reservoirs [C]. SPE Asia Pacific Oil & Gas Conference and Exhibition, 11-13 September Adelaide, Australia.

第八章　CO₂ 泡沫压裂液

第一节　CO₂ 泡沫压裂技术发展及现状

一、CO₂ 泡沫压裂液的发展概况

国外 CO_2 压裂技术分为 CO_2 增能压裂、CO_2 泡沫压裂、纯 CO_2 压裂三种。CO_2 增能压裂的泡沫质量分数一般为 30%～52%，优点是施工简便，CO_2 主要用于提高返排能力，使用较大规模的压裂。CO_2 泡沫压裂和 CO_2 增能压裂的区别是 CO_2 比例，即泡沫质量分数的高低，因此可统称为 CO_2 泡沫压裂。CO_2 泡沫压裂的泡沫质量分数一般为 60%～85%，优点是水基压裂液用量少、对地层和裂缝伤害小、泡沫质量分数高、气泡呈连续相、黏度高、携砂性能好、返排率高，但由于水基压裂液用量少，常规压裂施工中提高砂比有一定难度，并且施工压力偏高。纯 CO_2 压裂是采用液态 CO_2 为压裂液，即 100%CO_2 压裂，其优点是对地层无伤害、返排迅速且彻底，但由于液态 CO_2 压裂受施工规模和井深的限制，且需要专门的密闭混砂车，因此不适合中规模、大规模的压裂改造。

泡沫压裂在加拿大和德国得到广泛应用。它主要经历三个阶段：

（1）泡沫压裂技术始于 20 世纪 60 年代的美国，当时压裂液体系采用水+起泡剂+N₂（第一代压裂液），砂液比为 1～2lb/gal，主要适用于低压气井。20 世纪 70 年代随着对泡沫压裂机理和压裂设计理论研究的不断深入，泡沫压裂技术也得到了较快的发展；

（2）20 世纪 80 年代，采用水+起泡剂+聚合物作为压裂液体系（第二代压裂液），采用 N₂ 或 CO_2 增加黏度和稳定性，砂液比达到 4～5lb/gal，主要用于高压气井；

（3）20 世纪 80—90 年代期间，采用的压裂液体系是水+起泡剂+聚合物+交联剂（第三代压裂液），采用 N₂ 或 CO_2 泡沫压裂液体系为主，砂液比达到 5lb/gal，主要用于高温、深井的大型压裂。

20 世纪 90 年代以后，人们采用内相恒定技术，以期提高砂液比，提高压裂效果。

二、CO₂ 泡沫压裂的优点

（1）为压裂后工作液返排提供了气体驱替作用。

（2）气态的 CO_2 能控制液体滤失，可提高压裂液效率。

（3）减少了水基压裂液的用液量。

（4）CO_2 与水反应产生碳酸，有效地降低了压裂液的总 pH 值，降低了压裂液对基质的伤害。

（5）降低了压裂液的表面张力，有助于压裂液的迅速返排等特点。

三、国内外 CO_2 压裂应用情况

1. 国外 CO_2 压裂应用情况

早在 20 世纪 80 年代初期，德国为了保持其天然气产量在国际的领先地位，针对老气田采取了一系列增产措施技术的研究，其中较为重要的一项成果就是 CO_2 泡沫压裂液的大规模应用。1986 年在德国费思道尔夫的石炭系士蒂凡组气藏的压裂改造中成功地使用了 $60\% CO_2$ 泡沫压裂液，使天然气产量增加了近 12 倍。该气藏埋深在 3400~3650m，包括 8 个含气层，单层厚度在 8~43m 之间，有效厚度为 5~17m，孔隙度为 7%~8%，平均渗透率为 0.15mD，平均含水饱和度为 30%。施工所使用的 $60\% CO_2$ 泡沫压裂液（液相中使用了 30% 甲醇和 70% KCl 水）对储层的伤害比以前使用的油基压裂液和简单的水基压裂液都低，并且获得了 3000m³/h 的天然气产能。

与此同时，在美国犹他州东部的犹他盆地的瓦塞兹（Wasatch）地层的压裂改造中，应用了多种压裂液体系，包括油/水乳化压裂液体系、水基交联冻胶体系及泡沫流体，尽管均取得了较好的效果，但采用泡沫压裂液具有更为明显的增产效果。瓦塞兹地层由裂缝性砂岩、石灰岩、白云岩组成，孔隙中含有酸溶性物质及黏土矿物，并且存在的大量钙质胶结物限制了酸化的应用。在施工中，Harris 等采用了液相很低的 CO_2 泡沫压裂液以减少水在低渗透层中的滞留，并用 2% 的 KCl 溶液作为防止基岩内黏土矿物的运移。对比了采用 $5lb/10^3gal$（0.5%）的羟丙基瓜尔胶（HPG）压裂液进行的施工和选用 $75\% CO_2$ 泡沫压裂液的施工数据，以及压后 30 个月的生产情况，发现采用泡沫压裂液施工的井的产量平均比使用常规水基交联压裂液改造的井的产量高 23%。

而 Warnock 等在阿肯色—路易安那—得克萨斯地区将 CO_2 泡沫压裂液成功用于 2900~14000ft（870~4200m）深的地层中。他们经过深入研究，认为 CO_2 泡沫压裂液具有常规水基压裂无可比拟的优点。在 Dorcheat Macedonia 的 Cotton Valley、Haynesville 等砂岩地层中获得了成功，而常规交联冻胶压裂液处理没有获得过成功；在 Vernon、Arkana 等地区使用 $70\% CO_2$ 泡沫压裂液进行的增产处理，均获得了高于常规交联冻胶压裂液处理的天然气产量。

表 8-1 所示为美国 Vernon 气田 Cotton Valley 砂岩使用水基冻胶和 CO_2 泡沫压裂的增产处理结果。显然，CO_2 泡沫压裂的施工规模最大（加高强度支撑剂 136.2t），伤害率最低（伤害率 0.30），压后比采气指数为 $0.0259 \times 10^4 m^3/(d \cdot m \cdot MPa)$，其增产效果明显优于水基冻胶压裂的情况。

表 8-1　水基冻胶和 CO_2 泡沫压裂效果对比（美国 Vernon 气田 Cotton Valley 砂岩）

井　号	Davis A-1 （Lower Poole）	Davis A-1 （Lower Stray）	Davis E-1 （Lower Poole）
井深（m）	3982	3819	3890
温度（℃）	169	162	165
地层压力（MPa）	81.9	78.8	80.2
渗透率（mD）	0.10	0.18	0.18
孔隙度（%）	11	14	16
厚度（m）	11.9	6.7	6.7

井 号	Davis A-1 (Lower Poole)	Davis A-1 (Lower Stray)	Davis E-1 (Lower Poole)
Kh（mD）	1.19	1.21	1.21
Φh（m）	1.31	0.94	0.94
压裂液类型	水基冻胶	水基冻胶	CO_2 泡沫
液量（m³）	227.1	416.4	水量114，其余为 CO_2
支撑剂量（t）	26.6	55.4	136.2
裂缝半长（m）	152.4	365.7	457.2
压后初产（10^4m³/d）	4.25	5.53	4.95
生产压差（MPa）	31.7	58.1	28.5
比采气指数 [10^4m³/（d·m·MPa）]	0.0113	0.0142	0.0259
表皮系数	-4.2	-1.7	-4.1
伤害率（%）	0.38	0.76	0.30

表 8-2 所示为美国 Wilcox 地层 CO_2 泡沫压裂的增产处理结果，从表可知，CO_2 泡沫质量均大于 70%，施工成功的两井次的线性胶浓度均较高。

表 8-2 CO_2 泡沫压裂施工参数统计（美国 Wilcox 地层）

井深（m）	2304	2623	2500
温度（℃）	104	115	110
线性胶浓度（%）	0.48	0.72	0.72
CO_2 泡沫质量分数（%）	70	75	75
排量（m³/min）	1.6	4.0	2.4
液量（m³）	274	395	248
砂量（t）	74	129	68.5
砂浓度（%）	12~72	12~84	12~84
施工情况	后期砂堵	成功	成功

此外，对于黏土含量高，对颗粒运移、铁沉淀及液体滞留造成的地层伤害敏感的砂岩低渗透气层进行压裂改造时，采用了 CO_2 泡沫压裂液作为施工工作液，压裂后产量增加 4~18 倍。

1988—1989 年，Craft 等对 Coner 气田的 Canyon 含气砂岩层实施了 CO_2 泡沫压裂液改造实验，该储层属致密气藏，全岩心实测渗透率仅为 0.012~0.039mD，含有大量不稳定黏土。在七口实验井中应用了 70% CO_2 泡沫压裂液（含 25% 甲醇）进行了施工。有效地防止了压裂液对气藏的伤害，同时压裂液的返排率由采用稠化水压裂液、氮气及 50% CO_2 助压裂对比井的 41.6% 增加至 67.4%，产量也明显高于对比井的产量。

随着 CO_2 泡沫压裂液在致密气藏压裂改造中的广泛应用，相应的工艺技术和实验研究均得到了很大的发展。

1990 年 Juranek 等针对南得克萨斯气藏进行的 25%~70% 的 CO_2 泡沫压裂的现场数据

进行了分析研究，完善了对小型测试压裂数据的分析技术，探讨了在不同条件下 CO_2 泡沫压裂液的应用结果。该地区的井深大多数在 11000~13000ft（3300~3900m），井温在 250~300℉（120~150℃），研究人员在进行小型测试压裂数据分析时，考虑了温度效应对压裂液滤失的影响，并在实际施工中使用 70% CO_2 泡沫压裂液，获得了较好的效果。

Harris 等在 1992 年对泡沫压裂液的流变性能、破胶性能和滤失性能进行了系统研究。他们认为 CO_2 泡沫压裂液之所以能够有效提高压裂后的天然气产能，其主要原因是由于液相含量降低、滤饼较薄且 CO_2 具有助排作用，可以有效地将进入地层的压裂液从地层中返排出来，降低了压裂液对地层渗透率和支撑裂缝导流能力的伤害，但其缺陷在于流变性能相对交联冻胶压裂液的差，携砂能力弱，井口压力高，施工摩阻较大等。

2. 国内 CO_2 压裂应用情况

在国内，四川石油管理局（现中国石油西南油气田公司）于 1985 年开始泡沫酸液的基础研究和泡沫酸酸化施工技术的研究；西南石油学院（现西南石油大学）1986 年开始对泡沫压裂和泡沫酸酸压设计技术进行理论研究，此后国内许多油田都先后开始了泡沫压裂工艺技术的应用研究。首次用于具体实施是在 1988 年 5 月 4 日，辽河油田与加拿大合作进行了全国第一口氮气泡沫压裂井的设计、施工，并获得成功；辽河油田及大庆油田先后进行了氮气压裂施工。由于试验设备、装备和工艺技术还有待进一步完善，国内泡沫压裂技术进展缓慢。吉林油田由于有丰富的二氧化碳资源，于 1997 年引进了美国 SS 公司的 CO_2 泡沫压裂设备，主要进行了油层吞吐和 CO_2 助排增能压裂工艺技术的实施。截至 1998 年，吉林油田共压裂油井 69 口，气井 5 口（合隆气田）；吉林合隆气藏井深 1300~1420m，采用线性胶泡沫压裂，施工压力 30~43MPa，加支撑剂 8~20m³；1999 年吉林 DS2 井进行了 CO_2 泡沫压裂，井深 3026.5~3034.6m，设计排量 2.6m³/min，实际施工排量 2.2m³/min，设计加砂 9.0m³，施工实际加砂量 4.5m³。

中国石油压裂酸化技术服务中心在 1989 年着手设计并与美国 CER 公司合作，成功研究并开发了多功能泡沫流动回路实验装置。该大型实验室可模拟现场施工，进行泡沫压裂液溶胶液配制、动态交联、动态起泡、流体注入井底的高剪切、裂缝内的低剪切、动态滤失与伤害等；同时它还可对泡沫实体进行显微实时观察与摄像，数据全部由微型计算机实时采集、处理与显示。

国内 CO_2 泡沫压裂与国外技术相比还存在较大差距，主要表现在：（1）起步比国外晚 20~30 年，国外始于 20 世纪 60 年代后期，而国内开始现场试验始于 20 世纪 90 年代中期；（2）机理研究相对薄弱，特别是 CO_2 相态转变条件、超临界特性、泡沫流变特性、气液固三相体系及摩阻等有待研究认识；（3）设备装备少，不配套；（4）施工井数少，施工井浅，施工规模小，施工经验不足；（5）泡沫压裂技术有待尽快发展，包括 CO_2 酸性交联泡沫压裂液体系和压裂设计技术等。

四、CO_2 泡沫压裂技术发展特点

由于提高了泡沫的稳定性和携砂性能，所以大幅提高了 CO_2 泡沫压裂的施工砂比和施工规模。其技术发展的特点是：

（1）CO_2 泡沫压裂应用的范围由原来初期的浅井向中—深井方向发展。CO_2 泡沫压裂最大应用井深达 4000m 左右，最大加砂量在 140t 左右。

（2）优化 CO_2 泡沫压裂的泡沫质量，在设计时根据地层条件，优选泡沫质量，泡沫

质量一般控制在 20%~70%。

（3）提高砂液比的主要手段是提高压裂液的携砂性能及含砂浓度。20 世纪 90 年代以来，采用恒定内相技术，提高施工砂液比。

（4）CO_2 泡沫压裂设备配套。据考察报告，国外 CO_2 泡沫压裂装备配套齐全，包括运输配液系统、动力增压泵注系统、仪表计量控制系统和施工质量控制系统。

五、CO_2 泡沫压裂技术最新进展

在北美地区，CO_2 泡沫压裂是提高低渗透、低压油气藏压裂增产效果的有效手段之一。斯伦贝谢公司、哈里伯顿公司和 BJ 公司是北美地区进行 CO_2 泡沫压裂技术研究和现场实施最多的三家公司，三家公司都认为，CO_2 泡沫压裂对低渗透、低压油气藏（特别是低压气藏）开发是一项先进而又成熟的技术，三家公司关于 CO_2 泡沫压裂情况见表 8-3。

表 8-3　三家公司 CO_2 泡沫压裂井数统计

公司	地区	压裂总井数（口/年）	CO_2 泡沫压裂井数（口/年）
斯伦贝谢	美国、加拿大	2344	264
哈里伯顿	全球	3000~4000	500~600
BJ	全球	5000~6000	3000

六、关于 CO_2 泡沫压裂技术若干问题的讨论

针对国内目前在 CO_2 泡沫压裂面临的问题，结合美国、加拿大在 CO_2 泡沫压裂方面的研究成果和现场施工经验，对以下方面的问题进行了广泛的交流和讨论，加深了认识。

1. 关于 CO_2 泡沫压裂的泡沫质量的选择问题

选择 CO_2 泡沫压裂的泡沫质量要综合考虑地质因素、工程因素和经济因素。选择泡沫质量要根据储层的地层特征，充分考虑裂缝几何尺寸、降低压裂过程中的二次伤害、提高裂缝导流能力等地质因素和工程因素，以及少投入、多产出的经济效益原则，不提倡片面追求高泡沫质量、增大施工规模的做法。

2. 关于井口压裂液加温的问题

CO_2 泡沫压裂施工现场一般情况下不对井口压裂液进行加温。由于在压裂施工高压条件下 CO_2 由液态转变为气态时的临界温度为 31℃，当压裂施工中泵入前置液过程中井底射孔炮眼附近地层的温度很快降低到发泡的临界温度以下，所以，在此条件下为了使得压裂液尽可能不在近井地带脱砂并保持一定的黏度，在设计施工中，采用酸性交联压裂液和提高施工排量的措施，使得未发泡的混合液在高速流动的过程中保持一定的携砂能力。同时采用乳化的方法，使压裂液和 CO_2 通过泡沫发生器充分混合，乳化增黏提高未发泡混合液的流动黏度，提高携砂性能。

3. 关于 CO_2 泡沫压裂的泡沫发生器问题

为了保证液体 CO_2 与压裂液充分混合及发泡，地面设备增加泡沫发生器，并在压裂液中添加表面活性剂，以确保混合液入井前充分乳化（液态 CO_2 为内相），乳化后的液体黏度高于压裂液基液黏度，从而保证较好的携砂性能。

4. 关于 CO_2 泡沫压裂的稠化剂问题

采用与 CO_2 相配伍的酸性压裂液体系，pH 值为 4~5，防止水基交联冻胶压裂液与 CO_2 压裂液在混注过程中产生降解；采用锆交联剂（弱酸性），稠化剂一般选用 CMHPG（羧甲基羟丙基瓜尔胶）或 CMPG（羟丙基瓜尔胶）。

5. 关于 CO_2 泡沫压裂的压裂设计问题

压裂设计采用拟三维压裂设计软件。设计软件考虑了井筒温度场和地层温度场随压裂过程中施工时间、施工排量、地面泵入液体温度等多因素的影响，设计和施工过程中大多采用内相恒定技术，提高砂液比，从而提高裂缝导流能力。

6. 关于 CO_2 泡沫压裂含砂浓度的问题

CO_2 泡沫压裂施工过程中从地面混砂车携砂到压裂泵车携砂液仍然是水基压裂液，当携砂液与不携砂的 CO_2 混合后混合液的含砂浓度（砂液比）必然会降低。

据文献调研，提高泡沫压裂砂液比的方法有以下四种：

（1）采用交联泡沫压裂液提高砂液比。

交联泡沫压裂液是用凝胶剂作为泡沫的稳定剂。制成的泡沫不仅性能稳定、携砂性好，还具有低滤失、返排迅速等优点。现场试验表明，采用交联泡沫比常规泡沫的压裂效果好。

（2）采用泡沫和流体混合压裂提高砂液比。

混合压裂是在同一口井上分两步作业，先进行泡沫压裂，然后进行常规水力压裂。这两种压裂连续进行，并在第二阶段水力压裂时提高砂比。采用这种办法可使整个施工的平均砂液比提高 3~4 倍。

（3）使用砂浓缩器提高砂液比。

砂浓缩器的作用是在泵送设备的下游把液体滤出一部分，然后再使高浓度砂浆与氮气或二氧化碳混合形成泡沫。这样可使整个泡沫压裂液中的砂比提高两倍。加拿大压裂有限公司设计的砂浓缩器可把支撑剂浓度提高到 1920~2880kg/m³。

（4）采用内相恒定技术提高砂液比。

Phillip C、Harris 等认为，采用内相恒定技术可以提高砂液比。"恒定内相"的概念是使内相（气体+固体）和外相（液体）保持平衡，以保证压裂液的黏度恒定。其办法是：加支撑剂时，保持液体的排量稳定，但降低气体的排量，其降低值等于固体剂的绝对排量。其优点是既可以适当提高砂液比，又可以更好地控制井口压力；缺点是后来的高砂比段助排的气体量减少了。

据考察结果，斯伦贝谢公司、哈里伯顿公司和 BJ 公司等为了改变此种状况，尽可能提高混合液的含砂浓度，目前使用最多的方法是通过提高水基压裂液的携砂能力和混砂车的输砂能力，从而提高水基压裂液的含砂浓度（砂液比），而达到提高混合液的含砂浓度的目的。斯伦贝谢公司在 CO_2 泡沫压裂中水基压裂液的含砂浓度最高达 154%。

七、关于 CO_2 压裂技术的几点认识

通过文献调研和技术考察，了解了国外在低渗透、低压气藏改造方面的先进压裂工艺技术和压裂液体系，对于开拓国内压裂技术思路和解决油田实际问题很有帮助。结合对美国、加拿大的有关公司的考察和文献调研工作，针对长庆上古生界低渗透、低压气藏的地质特征，提出几点认识与建议：

（1）提高致密气藏压裂改造后天然气产能的关键问题在于有效降低压裂液对储层基质和支撑裂缝渗透率的伤害。根据压裂改造层的改造要求，确定和优选压裂改造方法。美国和加拿大的专家认为，CO_2泡沫压裂主要用在低渗透、低压油气藏，特别是水敏性地层，泡沫压裂的效果比常规水力压裂好。但对于低渗透储层，要保证较好的压裂效果，必须要有一定的压裂规模。

长庆上古生界气藏对于渗透率为大于1mD、有效厚度为10~15m的储层，建议选择CO_2泡沫压裂施工。使用纯CO_2泡沫压裂施工不能满足造长缝的要求。

（2）CO_2泡沫压裂是提高长庆上古生界气藏压裂效果的有效办法之一，选择CO_2泡沫压裂对研究长庆上古生界压裂改造的适应性具有较强的针对性。

（3）长庆上古生界低渗透、低压气藏CO_2泡沫压裂，必须根据储层有效厚度、渗透率、含气饱和度等地质条件，经过水力裂缝模拟和气藏模拟，优选裂缝长度和施工规模。

（4）长庆上古生界低渗透、低压气藏CO_2泡沫压裂，井口不加温，但要适当提高排量等施工参数，确保压裂施工达到设计要求。

（5）优化压裂液性能，从而优化施工。压裂液使用低pH值的酸性交联压裂液体系，可延迟交联，降低摩阻；降低压裂液滤失，提高压裂液效率；提高压裂液流变性，提高压裂液的携砂能力；使用优质高效助排剂，降低地层对压裂液的吸附、表面张力等；使用快速破胶放喷、液氮助排等工艺手段达到高效快排，提高返排率。

（6）泡沫质量可根据地层压力和水敏程度确定。一般在压裂初期，CO_2泡沫质量分数为40%~60%为宜，在具体泵注程序中可以逐步改变泡沫质量分数，以期提高砂液比，并在施工过程和实验井分析中逐步优选最佳的泡沫质量分数。

（7）长庆上古生界低渗透、低压气藏在重点开展CO_2泡沫压裂试验的过程中，要加强CO_2泡沫压裂的配套技术的研究，同时，针对地层条件的变化，重视与其他改造方法的对比和分析，最终实现通过压裂增产措施，提高长庆上古生界低渗透、低压气藏的单井产量和可采储量。

（8）从大量的统计数据分析，长庆上古生界山西组和石盒子组的渗透率大多数在1mD以下，地层压力系为0.92~0.97，为典型的致密、低压气藏。显然，对于此类气藏压裂改造要获得较为理想的经济效益，针对不同的物性和厚度的气藏，采用不同的施工规模，对于有一定厚度的井要适当增加施工规模，对于薄互层要采取分层压裂。

（9）在压裂实施中，如果钻井、测井资料表明低渗透气层已有大量的钻井液、滤液侵入，则应在压裂前进行小型压裂或酸化预处理。但不管是大型压裂或是小型压裂，都应建立在对地层低伤害的基础上，从造缝、携砂、返排三方面入手，通过优化压裂施工泵注程序、压裂液配方体系，加强压裂现场质量管理，针对气井压裂的中心问题是提高裂缝的导流能力，减少对气层的伤害，运用气井压裂工艺先进技术，可以达到提高产量和获得较好经济效益的目的。

综上所述，在地质描述方面，认真做好选井选层工作；研究地应力分布状况，为优化设计提供依据。在模拟方面，利用油藏模拟和裂缝模拟及经济优化等手段，预测压前及压后产量动态特征，做出适合气藏特点的压裂优化设计，指导施工。在压裂液研究方面，优化适合气层的压裂液体系，保证压裂液快速彻底破胶和返排，减少对气层的伤害。在支撑剂方面，优选出适合气层的高强度支撑剂，提高支撑裂缝导流能力。在施工方面，加强压裂液和支撑剂的质量控制，进行实时压力监测及控制施工，保证施工按设计进行，为压裂后评估提供依据。只有这样，才能保证压裂成功及达到较好的增产效果。

第二节　CO_2 泡沫压裂工程实验

本次 CO_2 泡沫压裂试验的压裂工程实验，主要进行岩石力学实验、储层敏感性分析、支撑剂选择等。2000 年和 2001 年，在压裂井的附近位置钻取了包括榆林南的 S214 井、S215 井，乌审旗地区的 S232 井、S234 井和苏里格地区的 S7 井、S14 井、S12 井等岩心进行了岩心 X 衍射、岩石力学、地应力和储层敏感性分析等实验。岩心钻取情况是：苏里格地区和乌审旗地区的岩心层位是盒 8 段（或盒 9 段）岩心；榆林地区的岩心层位是山 2 段。

一、岩心 X 衍射分析

对部分岩心进行了岩心 X 衍射分析。一种是岩心黏土矿物 X 衍射分析，一种是岩心矿物成分 X 衍射分析。

1. 矿物成分

实验进行了 4 口井 12 块岩心的矿物成分 X 衍射分析，实验结果见表 8-4。从表 8-4 可知，主要矿物成分是石英和方解石。4 口井平均石英含量为 72.9%，方解石含量为 2.6%，黏土矿物总量为 25.4%，基本属于岩屑石英砂岩。

表 8-4　岩心矿物成分 X 衍射分析结果

井号	矿物种类和含量（%）		黏土矿物总量（%）
	石英	方解石	
S10	78.0	2.3	19.3
S7	66.7	5.0	28.3
S14	81.3	0.4	21.8
S12	65.6	2.0	32.3
平均	72.9	2.6	25.4

2. 黏土矿物

岩心黏土矿物 X 衍射分析结果见表 8-5。从表 8-5 可知，4 口井平均伊利石含量为 37.1%，高岭石含量为 24.3%，绿泥石含量为 38.6%。而产生水敏性伤害的蒙皂石基本没

表 8-5　岩心黏土矿物 X 衍射分析结果

井号	井段（m）	层位	黏土矿物相对含量（%）		
			伊利石	高岭石	绿泥石
S10	3251.36~3269.85	P_1x_8	53.3	9.3	37.3
S7	3320.50~3324.04	P_1x_9	41.3	29.0	29.7
S14	3453.17~3478.54	P_1x_9	16.0	30.0	54.0
S12	3247.09~3250.79	P_1x_9	37.7	29.0	33.3
平均			37.1	24.3	38.6

有，伊利石对水有一定程度的敏感性，但含量不高，只有 S10 井的岩心伊利石含量超过 50%，S14 井岩心伊利石含量最低（只有 16%）；产生速敏性的高岭石含量最低（平均值 24.3%）；绿利石为酸敏性矿物，平均 38.6%，只有 S14 井的绿泥石含量最高（为 54%），其余均低于 50%。

二、扫描电子显微镜分析

苏里格气田的电子显微镜扫描结果显示出该气田微观结构的复杂性。部分井孔隙较大并存在粒缘缝及溶孔，如 S6 井和 S10 井，这类井往往物性较好（图 8-1、图 8-2）。

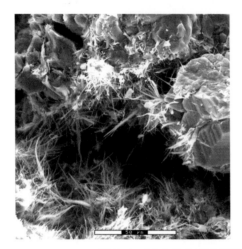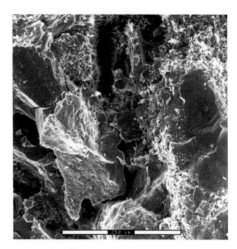

图 8-1　S6 井的电子显微镜扫描（孔隙大并存在粒缘缝）

图 8-2　S10 井电子显微镜扫描结果（存在粒缘缝和微裂缝及溶孔）

部分井石英加大使孔隙缩小，粒间孔被充填，这类井反映出物性较差，如 S7 井（图 8-3）。

另有部分井发育部分残余粒间孔和晶间孔，如 S12 井和 S14 井，此类井物性中等（图 8-4）。

图 8-3　S7 井的电子显微镜扫描结果（石英加大、孔隙缩小）

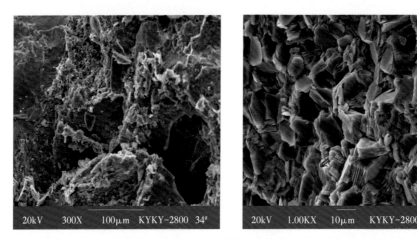

图 8-4　S14 井和 S12 井的电子显微镜扫描结果（残余粒间孔和晶间孔）

三、岩心 CT 扫描分析

S10 井和 S14 井岩心的二维及三维 CT 扫描分析未发现明显裂缝（图 8-5 和图 8-6）。

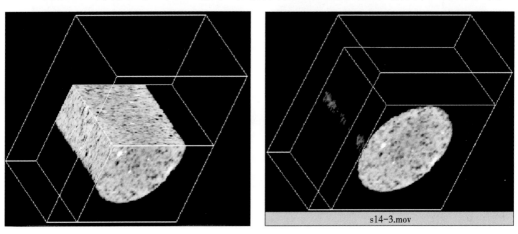

图 8-5　S14 井岩心二维及三维 CT 扫描结果

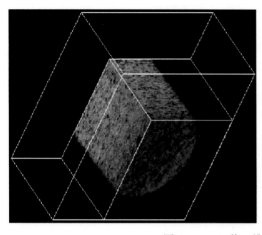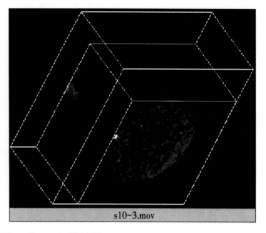

图 8-6　S10 井二维及三维 CT 扫描结果

四、储层敏感性分析

长庆上古生界属致密、低压气藏，非均质性强，孔隙结构特征表现为孔喉结构变化大。压裂改造时储层对压裂液的敏感程度是影响压裂效果的重要因素之一。根据本次 CO_2 压裂实验，结合以往分析结果，研究上古生界气藏的敏感性。

1. 实验分析

榆林南的储层敏感性分析结果见表 8-6，水敏性、盐敏性分析如图 8-7、图 8-8 所示。水敏性实验模拟地层水，盐敏性实验采用标准盐水进行分析，实验结果表明，榆林南山 2 层位中等偏弱水敏性，盐敏性的临界矿化度为 40000mg/L。

表 8-6　榆林南地区敏感性评价综合数据

序号	样号	深度（m）	层位	空气渗透率（mD）	孔隙度（%）	敏感性	评价指标临界值
1	214-49	2889.3~2893.2	P_1s_2	0.752	10.4	水敏	弱水敏性
2	214-50	2889.3~2893.2	P_1s_2	1.080	9.4	水敏	弱水敏性
3	214-54	2889.3~2893.2	P_1s_2	2.157	7.9	水敏	中等偏弱水敏性
4	215-43	2737.5~2739.45	P_1s_2	4.750	10.7	水敏	中等偏弱水敏性
5	215-47	2737.5~2739.45	P_1s_2	1.400	9.1	水敏	中等偏弱水敏性
6	215-45	2737.5~2739.45	P_1s_2	0.916	9.8	盐敏	40000mg/L

评价单位：廊坊分院天然气所储盖层实验室；评价日期：2000 年 5 月 1 日

苏里格地区的储层水敏性分析结果见表 8-7。实验结果表明，苏里格地区盒 8 段（盒 9 段）层位属于弱—无水敏性。

乌审旗地区的储层水敏性分析结果见表 8-8。实验结果表明，乌审旗地区盒 8 段属于弱水敏性。

表 8-7　苏里格地区水敏性评价综合数据

井号	样号	深度（m）	层位	孔隙度（%）	气体渗透率（mD）	水敏指数	水敏程度评价
S14	2-68-22-5-1	3454.74	盒 8 段	11.4	1.05		无水敏性
S14	2-68-38-6-1	3455.64	盒 8 段	16.0	32.7	0.14	弱水敏性
S18	1-113-85-6-1	3568.8	盒 8 段	10.1	1.62		无水敏性

表 8-8　乌审旗地区水敏性评价综合数据

井号	岩心号	层位	气体渗透率（mD）	孔隙度（%）	地层水渗透率（mD）	注入无离子水量（PV）	无离子水渗透率（mD）	水敏指数	水敏程度评价
S232	3-100-5	盒 8 段	2.24	12.9	1.096	20.0	1.020	0.07	弱水敏性
	3-103-6	盒 8 段	0.44	10.6	0.067	22.0	0.055	0.18	弱水敏性

2. 以往敏感性分析

长庆油田研究院对 S211 井 P_1s_2 层，S232 井 P_1x_8 层岩样进行了水敏性、速敏性、酸敏性、盐敏性试验分析。另外，还收集到了 S118 井 P_1s_2 层组水敏性试验分析结果。

储层敏感性分析试验，模拟温度 49℃，地层水矿化度 80g/L，模拟条件与地层实际条件有一定的差异。但试验分析结果对认识储层的敏感特性有一定的参考价值。分析结果如下：

水敏性：P_1s_2 层的水敏程度属中等水敏性和弱水敏性；P_1x_8 层的水敏程度属弱水敏性。由此可知，水基压裂液对储层渗透率的影响属中等偏弱。

速敏性：P_1s_2 层速敏程度为中等偏弱速敏性；P_1x_8 层速敏程度为弱速敏性。这主要是由于上古生界岩石微粒胶结致密，当液体通过岩心流速发生变化时，微粒不易脱落和运移所致。

酸敏性：P_1s_2 层和 P_1x_8 层均为弱酸敏性。

盐敏性：P_1s_2 层和 P_1x_8 层属弱盐敏性和无盐敏性储层，压裂改造若用 KCl 溶液作为压井液或压裂液防膨剂，不会对地层造成新的伤害。

3. 综合分析结果

根据本次敏感性分析结果，结合以往岩心敏感性分析结果，上古生界气藏储层敏感性属中等偏弱（表 8-9）。

表 8-9　敏感性综合分析结果

评价内容	P_1s_2 层	P_1x_8 层
水敏性	中等偏弱	弱
速敏性	中等偏弱	弱
酸敏性	弱	弱
盐敏性	临界矿化度为 40000mg/L	无
综合结论	上古生界气藏储层敏感性属中等偏弱	

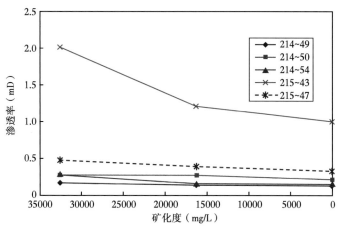

图 8-7　水敏性分析结果

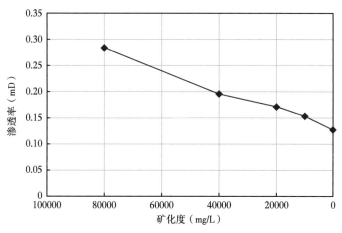

图 8-8　盐敏性分析结果

五、岩石力学参数及地应力大小测试

岩石力学性质如杨氏模量、泊松比等是石油工程设计如压裂、钻井完井和防砂等过程中必不可少的输入参数。这些参数直接影响到施工设计，同时对施工的成功与否起着决定性的作用，所以获得准确可靠的岩石力学参数是施工的基础。

1. 岩石力学实验结果

主要进行模拟油藏条件和有效应力条件下的岩石力学参数测定试验研究。

1）模拟油藏条件下的三轴实验结果

模拟油藏条件的岩石力学参数测定是指在油藏的地应力和油藏压力及温度条件下通过机械方法获得真实、可靠的岩石力学参数。因为作为多孔介质，岩石的力学性质与应力、温度等条件有很大的关系，所以在模拟油藏条件下获得的岩石力学参数才较可靠，杨氏模量和泊松比在压裂设计中直接影响到造缝的几何形状、施工压力、裂缝垂向增长。苏里格气田、榆林地区和乌审旗地区模拟地层岩石力学参数实验结果分别见表 8-10、表 8-11、表 8-12。

表 8-10　榆林地区岩石力学参数实验结果

岩样编号	岩心号	深度(m)	实验条件		实验结果					
			围压(MPa)	孔压(MPa)	杨氏模量(MPa)	泊松比	体积压缩系数(MPa^{-1})	颗粒压缩系数(MPa^{-1})	孔弹系数	抗压强度(MPa)
31	2-107/161	2671.88	44.5	24	19420	0.26	$1.58×10^{-4}$	$3.48×10^{-5}$	0.78	189.5

表 8-11　苏里格气田岩石三轴试验结果

井号	岩心号	实验条件		实验结果					
		围压(MPa)	孔压(MPa)	杨氏模量(MPa)	泊松比	体积压缩系数(1/MPa)	基质压缩系数(1/MPa)	孔隙弹性系数	抗压强度(MPa)
S14	2 (28/108)	59	34	27220	0.22	$3.06×10^{-4}$	$3.24×10^{-5}$	0.89	>85
S12	2 (18/117)	56	32	18980	0.29	$2.72×10^{-4}$	$3.17×10^{-5}$	0.88	>87
S10	2 (86/128)	56	32	23790	0.24	$2.36×10^{-4}$	$3.28×10^{-5}$	0.86	>67
S7	2 (9/140)	57.5	33	12995	0.18	$3.50×10^{-4}$	$3.09×10^{-5}$	0.91	>98.5

表 8-12　乌审旗地区岩石力学参数测试结果

井号	岩心号	岩性	围压(MPa)	孔隙压力(MPa)	杨氏模量(MPa)	泊松比	体积压缩系数(MPa^{-1})	Biot系数
S145	5-25/67-1	砂岩	20		29070	0.18	$4.34×10^{-4}$	
	5-25/67-2	砂岩	54	30	26000	0.23	$2.40×10^{-4}$	0.63
	5-25/67-3	砂岩	28		28850	0.18	$3.68×10^{-4}$	
S148	5-9/62-1	砂岩	28		17630	0.15	$2.86×10^{-4}$	
	5-9/62-2	砂岩	20		17930	0.18	$3.10×10^{-4}$	
	5-9/62-3	砂岩	54	30	15350	0.16	$3.21×10^{-4}$	0.89
G4-5	1-98/116-1	砂岩	50	30	20560	0.29	$1.57×10^{-4}$	0.79
	1-98/116-2	砂岩	50	30	20740	0.26	$2.45×10^{-4}$	0.88
	2-107/110-1	砂岩	50	30	16920	0.23	$3.48×10^{-4}$	0.92
G8-3	1-64/162	泥岩	20		20720	0.23	$1.04×10^{-4}$	
	1-138/162	砂岩	50	30	22480	0.24	$2.58×10^{-4}$	0.90
	1-17/162	砂岩	50	30	13180	0.23	$3.08×10^{-4}$	0.91

2）有效应力条件下的试验

有效应力条件下的岩石力学参数测定是指，在该试验中不加孔隙压力，只加有效应力。围压是用来模拟地层的水平应力，孔隙压力用以模拟油藏压力，轴向压力用于模拟上覆层压力。三轴岩石力学参数实验结果见表 8-13。

表 8-13　三轴岩石力学参数实验结果

井号	岩样编号	岩心号	深度（m）	有效围压（MPa）	实验结果			
					杨氏模量（MPa）	泊松比	体积压缩系数（MPa^{-1}）	抗压强度（MPa）
S215	30	2-93/161	2670.6	20.5	22120	0.21	1.36×10^{-4}	139.5
S234	28-1	2-114/140	3142.6	24	35750	0.12	1.61×10^{-4}	255.0
	28	2（79/140）	3138.5	24	18520	0.24	1.39×10^{-4}	178.0

2. 以往实验测试结果

1998 年对 S156 井（P_1x_8）、S118 井和 S148 井进行了三轴力学动静态参数测试，以及岩层的孔隙弹性系数测定。S156 井岩样三轴力学静态参数测试结果见表 8-14，岩样三轴力学动静态参数测试结果见表 8-15，岩样的孔隙弹性系数测定结果见表 8-16。S118 井和 S148 井的岩石力学参数测定结果见表 8-17。

表 8-14　S156 井岩样三轴力学静态参数测试结果

岩心号	井深（m）	岩性	围压（MPa）	静态杨氏模量（MPa）	静态泊松比	体积压缩系数（MPa^{-1}）	抗压强度（MPa）
2-18/46	3033.84	砂岩	24	65522	0.23	1.25×10^{-4}	>324
2-22/46	3034.37	砂岩	24	28741	0.20	2.08×10^{-4}	243
2-26/46	3034.82	砂岩	24	30146	0.13	2.14×10^{-4}	216
2-27/46	3034.93	砂岩	24	39709	0.12	1.33×10^{-4}	273

表 8-15　S156 井岩样三轴力学动静态参数测试结果

岩心号	围压（MPa）	轴向应力差（MPa）	抗压强度（MPa）	体积压缩系数（MPa^{-1}）	静态		动态	
					杨氏模量（MPa）	泊松比	杨氏模量（MPa）	泊松比
2-33/46	12	0	237	1.56×10^{-4}	30188	0.19	40412	0.17
	24	0					49527	0.08
		45					62805	0.09
		60					66586	0.04
		100					67081	0.03
		150					69626	0.07

表 8-16　S156 井岩样孔隙弹性系数测定结果

岩心号	岩性	围压（MPa）	孔隙压力（MPa）	杨氏模量（MPa）	泊松比	体积压缩系数（MPa^{-1}）	颗粒压缩系数（MPa^{-1}）	Biot 系数	抗压强度（MPa）
1-23/41	泥砂岩	51	27	10812	0.43	5.81×10^{-5}	5.74×10^{-5}	0.01	105
2-7/46	砂岩	51	27	32295	0.18	1.54×10^{-5}	6.06×10^{-5}	0.61	287
2-23/46	砂岩	51	27	44601	0.24	9.45×10^{-5}	2.08×10^{-5}	0.78	373
2-46/46	砂岩	51	27	21409	0.32	3.78×10^{-5}	2.16×10^{-5}	0.94	145

表 8-17　S118 井和 S148 井的岩石力学参数

井名	井深（m）	岩性	Biot 系数	抗张强度（MPa）	静态		动态	
					杨氏模量（MPa）	泊松比	杨氏模量（MPa）	泊松比
S148	3090.82	粗砂岩		2.53	18460	0.15	30251	0.18
S118	2866.27	砂岩		1.40	16330	0.15	43063	0.18
S118	2860.97	泥岩		5.11	18800	0.21	48196	0.24
S148	3172.98	泥岩		4.38	23220	0.15	64833	0.16
S148	3113.08	粗砂岩	0.87	2.27	17200	0.18		
S118	2896.51	砾砂岩	0.86	1.31	21300	0.28		

3. 综合分析

（1）同一层位，由于其深度和位置不同，导致其岩石的杨氏模量变化较大。

例如，S234 井和 S156 井同是石盒子组，其岩石的杨氏模量有很大差异。S234 井位于乌审旗区，产层杨氏模量为 18520MPa，隔层为 35750MPa；S156 井位于横山附近，砂岩的杨氏模量为 30000MPa 左右。说明这两口井位于不同砂体，且不同砂体之间的岩石力学性质差异较大。

S14 井位于苏里格气田中砂带，其杨氏模量为 27220MPa，它高于其余 3 口井的杨氏模量；而 S10 井、S12 井和 S7 井，虽然位于同一砂体，但由于其具体位置不同，所以其杨氏模量也不同。说明这 4 口井位于不同砂体，且砂体与砂体之间的岩石力学性质差异较大。

（2）同井不同深度之间的岩石力学性质差异也较大。

表 8-14 至表 8-16 中的 S156 井 P_1x_8 的 9 块岩心，在 13.67m 取心段岩石的弹性模量变化大。其中，2-18/46 号岩样和 2-23/46 岩样的弹性模量分别为 65522MPa 和 44601MPa，岩石的抗压强度分别为 324MPa 和 373MPa。如此高的弹性模量和抗压强度在以往砂岩的岩石力学参数测试中是不多见的。从岩心表面观察，这两块岩心的砾岩颗粒直径明显增大，是含砾及中粒、粗粒石英砂岩。由于该地层纵向上岩石力学参数的变化非常大，压裂施工过程中必然导致不同井层、压裂施工压力相差较大。

（3）表 8-16 中岩心号为 1-23/41 的岩样为泥砂岩，测前已断裂，采用 502 胶黏接恢复，对岩样物性和结构有一定影响，所测各种力学参数仅供参考。

（4）S118 井、S148 井和 S215 井，属于榆林地区，其岩石力学性质差异不太大。特别是 S148 井和 S215 井，同属于山西组，变化幅度更小。S118 井砂岩的杨氏模量在16000MPa 左右，泊松比 0.15；泥岩的杨氏模量为 18000MPa 左右，泊松比 0.21。S148 井砂岩的杨氏模量在 18000MPa 左右，泊松比 0.15；泥岩的杨氏模量为 23000MPa 左右，泊松比 0.18，变化幅度不大。S215 井砂岩的杨氏模量在 19000MPa 左右；泥岩的杨氏模量在22000 MPa 左右。

4. 地层最小主应力实验结果及分析

实验室确定地层最小主地应力大小目前是在国内是一种全新的方法，它根据岩石力学单轴压缩和有效应力条件下的三轴岩石力学参数，依据如下的摩尔破裂包络方程计算求取：

$$\sigma = \sigma_0 (1 + a_s p_e b_s)\qquad\qquad (8-1)$$

其中 σ——有效应力（围压）条件下的抗压强度，psi；

  σ_0——单轴条件下的抗压强度，psi；

  p_e——围压，psi；

  a_s、b_s——取决于岩性的岩石强度系数。

用摩尔破裂包络理论获得不同岩性就地应力的计算公式如下：

$$\sigma_h = K_0 (\sigma_{0b} - p_p) + p_p\qquad\qquad (8-2)$$

式中 K_0——无构造应力条件下的系数；

  σ_{0b}——上覆层应力，MPa；

  p_p——油藏压力，MPa。

σ_{0b} 可由密度测井或常规经验估算。因此，最小主地应力 σ_h 转化为求取 K_0。

K_0 可通过内摩擦角 β 获得，计算公式如下：

$$K_0 = 1 - \sin\beta \qquad\text{（砂岩）}\qquad\qquad (8-3)$$

$$K_0 = 0.9(1 - \sin\beta) \qquad\text{（页岩）}\qquad\qquad (8-4)$$

式中 β——岩石破坏时的内摩擦角。

用取自同一层位的三块岩心分别在单轴条件和不同围压条件下测取岩石抗压强度，经计算可得摩尔包络线的切线，从而得到 β。乌审旗区采用上述方法得到的最小主地应力结果见表8-18。

表8-18 G4-5等三口井最小主地应力测试结果

井号	岩心号	岩样编号	实验条件	实验结果				
			有效围压（MPa）	杨氏模量（MPa）	泊松比	体积压缩系数（MPa^{-1}）	抗压强度（MPa）	最小主应力（MPa）
S145	5（25/67）	4#	0	12750	0.18	无	50.87	46.0
		2#	20	29070	0.18	4.34×10^{-4}	213	
		3#	28	28850	0.18	3.68×10^{-4}	246	
S148	5（9/62）	4#	0	4110	0.17	无	33.9	53.4
		2#	20	17930	0.18	3.10×10^{-4}	142	
		1#	28	17630	0.15	2.86×10^{-4}	162	
G4-5	1（98/116）	2-3	0	19620	0.27	无	75.6	48.0
		2-5	45	26310	0.24	1.15×10^{-4}	259.6	
		2-4	55	26060	0.25	9.24×10^{-5}	293	
	1（63/116）	3-1	20	22320	0.21	4.82×10^{-5}	146	
		3-2	20	24780	0.25	8.05×10^{-5}	144	

苏里格地区地层最小主应力实验结果见表8-19，从表中可以看出以下几点：

（1）同一层位，由于其砂体和位置不同，导致其地层最小主应力差别较大。

S14井位于中砂带，其地层最小主应力为54.9MPa；而S10井位于东砂带，其地层最小主应力为 45.3MPa，相差近 10MPa。这与实际压裂施工时的压力反应一致。

（2）岩心物性不同，其抗压强度也有较大差别。

S14 井物性较好，对抗压强度敏感程度小，在 60MPa 下抗压强度为 203MPa；而 S10 井物性较差，在 65MPa 下抗压强度为 429MPa。最终导致地层最小主应力差别较大。

表 8-19　S14 井及 S10 井地层最小主应力大小

井号	岩心号	实验条件		实验结果
		有效围压（MPa）	抗压强度（MPa）	地层最小主应力（MPa）
S14 井	2（28/108）	25	85	54.9
	2（49/108）	60	203	
S10 井	2（30/128）	45	321	45.3
	2（30/128）	65	429	

六、CO_2 压裂支撑剂的评价与优选

选择支撑剂的标准是根据地层的最小水平主应力和生产流压，即支撑剂承受的有效闭合压力以满足压裂对导流能力的要求。同时，支撑剂还具备易于输送、货源广、价格便宜等特点。

本次 CO_2 压裂试验，包括长庆靖安油田长 6 段油藏和长庆气区上古生界气藏两种截然不同的地层。上古生界气藏闭合压力在 40MPa 左右，长 6 段油藏闭合压力在 20MPa 左右。

采用 ZS 013503-5 标准试验方法用线性流导流能力试验仪器进行了试验，评价石英砂在不同条件下的线性导流能力，石英砂尾追陶粒（体积比 2:1）在不同条件下的线性导流能力，以 ZS 013503-5、Q/SQ 17125—2020 陶粒在不同条件下的线性导流能力的实验分析。

1. 石英砂在不同条件下的导流能力实验

采用 ZS 013503-5 标准试验方法用线性流导流能力试验仪器进行了试验，评价石英砂在不同条件下的线性导流能力的结果见表 8-20。

表 8-20　石英砂导流能力实验结果

测量介质	蒸馏水	
测量方法	线性流	
铺置浓度（kg/m^2）	5（0.5~0.8mm 石英砂）	
闭合压力（MPa）	导流能力（D·cm）	渗透率（D）
10	87.37	277.36
20	45.51	150.93
30	19.91	69.26
40	8.20	29.75

从试验结果可以看出，石英砂在 20MPa 闭合压力下铺置浓度为 5kg/m^2 时导流能力仅为 45.51D·cm，在 40MPa 闭合压力下铺置浓度为 5kg/m^2 时导流能力仅为 8.20D·cm。

石英砂支撑剂的导流能力显然不能满足长庆气区上古生界气藏压裂的需要，但是对于长6段油藏来说比较适合。

2. 石英砂尾追陶粒在不同条件下的导流能力实验

采用 ZS 013503-5 标准试验方法用线性流导流能力试验仪器进行了石英砂尾追陶粒（体积比2:1）在不同条件下的线性导流能力的实验，结果见表8-21。

表8-21　石英砂尾追陶粒导流能力实验结果（据长庆钻采院）

测量介质	蒸馏水	
测量方法	线性流	
铺置浓度（kg/m²）	5（0.5~0.8mm 石英砂尾追 0.8~1.25mm 陶粒，体积比2:1）	
闭合压力（MPa）	导流能力（D·cm）	渗透率（D）
10	108.98	342.18
20	66.35	218.02
30	32.51	111.79
40	14.51	51.65

从试验结果可以看出，用陶粒作为尾追支撑剂，并未使裂缝导流能力得到明显改善（同样条件下也仅为 14.51D·cm）。因此，对于长庆气区上古生界气藏压裂，建议不采取石英砂尾追陶粒的方式。

3. 陶粒在不同条件下的导流能力实验

陶粒在不同条件下的线性导流能力的结果见表8-22。

表8-22　陶粒导流能力实验结果

陶粒名称	1#陶粒		2#陶粒*	
测量介质	蒸馏水		清水	
测量方法	线性流			
粒径（mm）	0.8~1.25		0.45~0.9	
铺置浓度	5（kg/m²）		12.8（kg/m²）	
闭合压力（MPa）	导流能力（D·cm）	渗透率（D）	导流能力（D·cm）	渗透率（D）
10	267.40	961.62		
20	228.93	854.20		
30	184.97	708.63	133.1	215.6
40	125.44	498.94	106.5	179.0
50	81.72	335.74	91.5	164.9
60	55.89	237.85		
80	25.94	116.41		

注：*数据来源于长庆钻采院。

从试验结果可以看出，采用纯陶粒支撑剂可以获得高的导流能力。如阳泉陶粒在40MPa闭合压力下的导流能力为125.44D·cm，赛玉陶粒在40MPa闭合压力下的导流能力为106.5D·cm。但是，由于两种结果的测试条件不一样，因此，其结果无法具体对比分析。廊坊分院压裂酸化中心进行评价井研究时对腾飞陶粒进行导流能力实验，腾飞陶粒在40MPa闭合压力下的导流能力为74.63D·cm。

评价腾飞陶粒在不同条件下的线性导流能力的实验分析结果见表8-23。

表8-23 腾飞陶粒导流能力实验结果

测量介质	蒸馏水	
测量方法	线性流	
铺置浓度（kg/m²）	5（0.45~0.9mm陶粒）	
闭合压力（MPa）	导流能力（D·cm）	渗透率（D）
10	143.48	432.28
20	116.94	356.36
30	93.96	288.78
40	74.63	232.38
50	53.13	168.52
60	40.27	129.53

从试验结果可以看出，腾飞陶粒在35MPa闭合压力下铺置浓度为5kg/m²时导流能力为84.3D·cm左右。显然，腾飞陶粒可以满足长庆气区上古生界气藏压裂的需要。

4. 支撑剂综合评价结果

综合上述实验分析结果，结合长庆靖安油田长6段油藏和长庆气区上古生界气藏两种截然不同的地层特征，得出本次CO_2压裂试验的支撑剂选择结果：

（1）对长庆靖安地区长6段油藏可考虑使用兰州石英砂作为支撑剂。

（2）对长庆气区上古生界气藏压裂可考虑使用高强度陶粒作为支撑剂，如腾飞陶粒。

七、地应力剖面研究

在压裂设计中，二维压裂设计的缝高假定是一个常数，该值大多数情况下是根据测井曲线综合分析和经验值来确定的。缝高不随施工时间、施工参数、压裂液性质的变化而变化。这种假设显然是与压裂施工中裂缝几何尺寸的扩展规律不相符合的。而应用拟三维裂缝模拟软件和全三维裂缝模拟软件，模拟的裂缝高度、宽度和长度除了受压裂液性能，泵注砂量、液量等施工参数的影响外，更重要的是受储层（产层）及隔层（非产层）的就地应力分布的控制，特别是裂缝在垂直方向的扩展，直接受产层就地应力差的控制。

在1998年上古生界气藏压裂改造中，为了认识上古生界气藏的地应力剖面状况，摸索水力裂缝几何尺寸的变化规律，对S48井、S29井、S84井三口井的长源距声波测井资料进行了处理分析，求取了盒8段、山1段和山2段的平均地应力差，祥见《长庆气田上古生界压裂工艺试验研究方案》，研究结果见表8-24。

由表8-24可知，上古生界气藏盒8段砂岩与上下隔层的平均地应力差为8.8MPa，山1段、山2段平均地应力差分别为7.2MPa、7.6MPa，说明盒8段砂岩与上下隔层的地应力差大于山1段、山2段的地应力差。其原因是山西组和石盒子组的岩性和岩石力学参数的变化范围较大，在测井曲线上表现为纵波时差和横波时差的变化幅度较大，导致泊松比曲线的变化增大。这一现象与实验室测定的岩石力学参数的结果相吻合。

表 8-24　上古生界地应力剖面统计结果

层位	井号	井段（m）	$\sigma_{砂}$（MPa）	$\sigma_{泥}$（MPa）	$\Delta\sigma$（MPa）	平均 $\Delta\sigma$（MPa）
P_1x_8	S29	3129.4~3182.8	46.0	52.0、55.0	6.0、9.0	8.8
	S48	3332.8~3375.0	53.7	62.7、63.9	9.0、10.2	
	S84	2887.4~2933.6	42.6	54.0、50.0	7.4、11.4	
P_1s_1	S29	3182.8~3221.2	45.0 50.0	50.0、56.0 57.0、60.0	5.0、11.0 7.0、10.0	7.2
	S48	3375.0~3416.2	48.6 54.9	53.0、60.0 60.0、59.0	4.4、11.4 4.1、5.1	
	S84	2933.6~2971.6	44.6 43.9	53.7、51.8 47.9、51.8	7.2、9.1 4.0、7.9	
P_1s_2	S28	3221.2~3258.8	47.5 48.0	52.0、54.0 58.0、59.0	4.5、6.5 10.0、11.0	7.6
	S48	3416.2~3459.0	50.75 53.0	59.0、61.7 60.8、61.7	8.25、10.95 7.8、8.7	
	S84	2971.6~3023.8	47.8 49.4	52.7、54.5 55.7、56.0	4.9、6.7 6.3、6.6	

第三节　CO_2 泡沫压裂温度场及发泡条件分析

一、CO_2 的相态特征

压裂低渗透层（尤其是砂岩层），减少压裂残余液伤害地层是压裂工程师所关注的问题。残余液伤害地层的原因是：岩石胶结物吸附液体，岩石胶结物空间黏土脱落或膨胀，从而造成地层伤害。通常用常规的水基压裂液或油基压裂液时，约有 50%~75% 的压裂液因被岩石胶结物吸收而滤失。要返排所有的残余液，可能要持续几个月甚至几年以上，由于液体在残余饱和度下停止流动，一般不可能全部返排出来。在残余饱和度区，进一步排出液体只有靠蒸汽来完成。在支撑剂缝中同样存在与地层中相同的残余饱和度。

要想解决残余液伤害地层的问题，需要寻求一种在地表条件可控的情况下，可作为液体被安全运输，在作业后又能完全恢复为气态的液体。CO_2 的单一相态满足了上述要求。CO_2 的相态特征如图 8-9 所示。

从图 8-9 中可以看出，CO_2 和水一样存在三态。-56.6℃ 和 0.531MPa（绝对压力）的条件下，CO_2 的气态、液态和固态同时存在，即为 CO_2 的三态点。低于 0.531MPa（绝对压力）CO_2 以固体（干冰）或是气体的形态存在；高于 30.6℃ 和 7.5MPa（绝对压力）的条件下，CO_2 以气体的形态存在。

在温度 -30℉、压力 2000psi（-17℃、2.1MPa）条件下，CO_2 可以运输和储存，采用

专用的CO_2密闭运输车运输，将液态CO_2泵入专用设备并与支撑剂混合，就可以完成压裂作业。压裂一旦完成，在油藏条件下（远大于31℃）变为气态，可带动残余压裂液返排出地表。

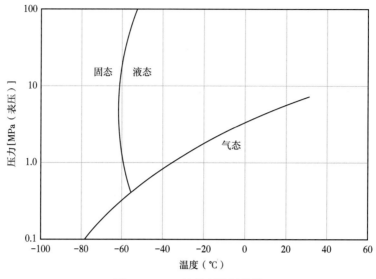

图8-9　CO_2的相态特征曲线

二、CO_2在井筒及地层中发泡条件分析

20世纪60年代初，压裂工艺发展的一个重要方向就是CO_2的应用，CO_2最初是作为地层处理液返排时的助排剂，被用到油气井的增产措施中。把CO_2混合于油基压裂液或水基压裂液并泵入井中，其用量应使得作业后足以举升压裂液返排出井筒。之后进一步发展到压裂液中混入高比例的CO_2，甚至占压裂液系统的50%~70%，从而缩小了压裂液的体积，并保证有充足的能量返排压裂液。

1. CO_2泡沫压裂液的泡沫质量

CO_2与压裂液混合，形成常说的CO_2泡沫压裂液。CO_2泡沫压裂液的流变性主要受泡沫质量、气泡结构、剪切应力和温度等因素的影响（详见本章第四节CO_2泡沫压裂液研究），其中泡沫质量占主要因素。

泡沫质量也称泡沫干度，它表示气相在泡沫中的体积百分数。泡沫质量决定了泡沫压裂液的泡沫黏度、滤失性和携砂能力，是决定泡沫性质的关键因素。

由于气体体积是温度和压力的函数，因此对泡沫质量需要说明其温度和压力条件。在某一温度和压力条件下的泡沫质量可用下式计算：

$$N=\frac{V_g}{V_w+V_g} \tag{8-5}$$

式中　N——泡沫质量，%；

　　　V_g——某一温度和压力条件下的气相体积，m^3；

　　　V_w——液相体积，m^3。

然而，由于液态CO_2在地层中转变为气态，因此，计算泡沫质量应根据气体状态方程

308

求出液态 CO_2 发泡时的体积。根据非理想气体的状态方程，只要求出其压缩系数（或偏差系数），就能求出液态 CO_2 转变为气态的体积。

$$pV = ZnRT \qquad (8-6)$$

式中　p——目的层压力，MPa；

　　　V——气体体积，m^3；

　　　Z——压缩系数（或偏差系数）；

　　　n——气体摩尔数；

　　　R——气体通用常数；

　　　T——目的层温度，K。

根据不同 CO_2 泵注比例，结合油井和气井的不同施工特征，计算了不同 CO_2 泵注比例与缝中产生的泡沫质量的关系（表 8-25）。

表8-25　不同 CO_2 泵注比例与缝中产生的泡沫质量的关系

$V_{(H_2O)}$ (m^3)	$V_{(CO_2)}$ (m^3)	CO_2 体积比 （%）	油井泡沫质量 （%）	气井泡沫质量 （%）
2.4	0.6	20	22	22
1.5	1.5	50	53	52
1.4	1.6	53	57	56
1.3	1.7	57	60	59
1.2	1.8	60	63	62
1.0	2.0	67	70	69

注：实验条件：排量 $3m^3/min$，地面温度 5℃。

从表 8-25 可知，当水与液态 CO_2 的比例为 4:1 时，即液态 CO_2 占 20% 时，泡沫质量为 22%；当水与液态 CO_2 的比例为 1:1 时，即液态 CO_2 占 50% 时，油井的泡沫质量为 53%，气井的泡沫质量为 52%，主要由于压力和温度的影响略有差异；当水与液态 CO_2 的比例为 1:2 时，即液态 CO_2 占 67% 时，泡沫质量为 70%，这时的泡沫呈层流流动，性质比较稳定。

泡沫压裂液的泡沫质量一般要求在 65%~80% 之间，液体呈层流流动，泡沫比较稳定，这样才能保证其黏度和携砂能力。泡沫质量与黏度的变化曲线如图 8-10 所示。

2. CO_2 泡沫压裂液的发泡条件

CO_2 运输和储存的条件下是温度 -17℃ 和压力 2.1MPa（临界温度和临界压力），压裂过程中压力超出临界压力，只是在井筒泵入一定量的低温压裂液后温度较低，无法满足 CO_2 以气体的形态存在，也就是 CO_2 与压裂液混合不具备发泡条件而不能发泡。例如，假如压裂液和 CO_2 混合的比例为 1:1，如果压裂液的温度为 10℃，那么，压裂液和 CO_2 混合后，混合液的温度将大幅降低，显然，CO_2 压裂液在混合处不能发泡。但是由于地层温度远高于地面温度，随着压裂液沿井筒进入地层，温度逐渐上升，CO_2 的温度可能高于 30.6℃，这样 CO_2 以气体的形态存在，也就是 CO_2 压裂液能发泡。

因此，研究水力压裂施工过程中的井筒和裂缝温度场的变化，对于确定压裂液能否发泡，以及确定压裂液的黏度和携砂能力，具有十分重要的意义。

309

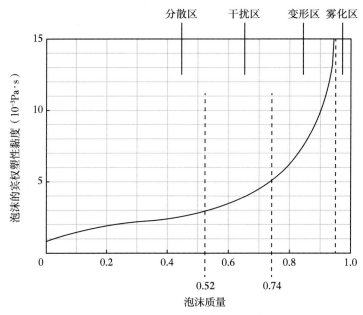

图 8-10　泡沫质量与黏度的变化曲线

三、水力压裂施工过程中井筒温度场的数值模拟计算

在水力压裂过程中，井筒温度场是不断变化的，而井底温度变化必然影响裂缝温度，从而影响压裂液性能。CO_2 压裂的井筒温度场研究更为重要，压裂过程中，井筒温度场变化比较复杂，在模拟计算中一般先做假设。

1. 基本假设

（1）油管、套管管径和水泥环厚度在整个井深方向相等，且其深度达到了作业层中部；

（2）压裂液的地面注入温度和注入速度（即排量）保持恒定；

（3）不考虑压裂液、管材、水泥环及地层岩石的热力学参数；

（4）所有井深方向的导热换热忽略不计；

（5）假设环空内液体静止且充至井口；

（6）压裂前，井筒内原有液体与地层达到热平衡；

（7）忽略摩阻及动能对换热的影响；

（8）地层温度是深度的线性函数。

2. 差分网格系统的划分

由于所研究的换热系统是轴对称的，所以宜采用柱坐标系。网格在径向上由一组同心圆组成，在垂直方向上将深度（压裂层）分为 M 段，纵向上单元体划分如图 8-11 所示。

在径向上，分别将油管空间、油管壁、油套环形空间、套管壁、水泥环作为一个网格系统。再将地层划分为 $n-5$ 个区域，每一个区域的厚度（即步长）是不相同的，离井轴越远，步长越大；在深度方向，离地面越深，步长越小。

最终通过方程及迭代，求出整个油管内液体温度分布及井筒与地层内径向温度分布。

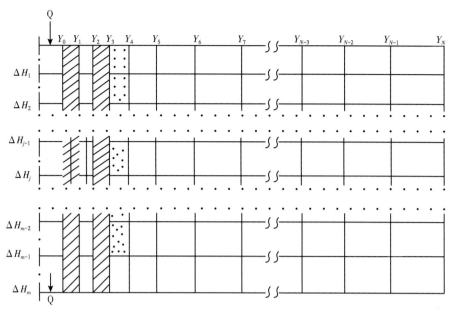

图 8-11　纵向上单元体划分

3. 井筒温度场的计算

由于压裂液不加温，计算井筒温度场时 CO_2 比例为 50%，地面温度分别考虑了 5℃、15℃和 30℃ 的不同情况。其他条件：井深 3000m，地温梯度 0.03℃/m，泵注排量 3.0m³/min。

1）地面温度 5℃，CO_2 比例为 50% 的井筒温度场变化情况

地面温度 5℃，CO_2 比例为 50% 的井筒温度场变化情况如图 8-12 所示。泵注 10 分钟以后，井筒温度低于发泡临界温度（31℃）。即泵注 5 分钟以内，可以发泡，且发泡深度大于 2000m；泵注 5 分钟以后，只是在炮眼附近可以发泡。

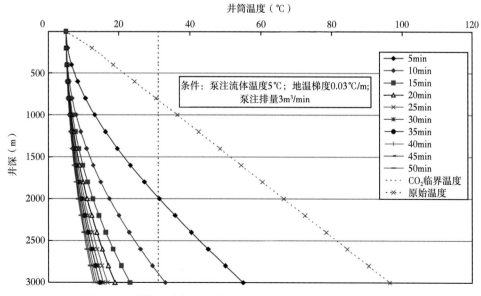

图 8-12　井筒温度场变化情况（地面温度 5℃，CO_2 比例 50%）

2）地面温度15℃，CO_2比例为50%的井筒温度场变化情况

地面温度升高为15℃，CO_2比例为50%的井筒温度场变化情况如图8-13所示。即泵注5分钟以内，可以发泡，且发泡深度增加到1800m；泵注10分钟以内，可以在2600m附近发泡。显然，地面温度升高，利于发泡。

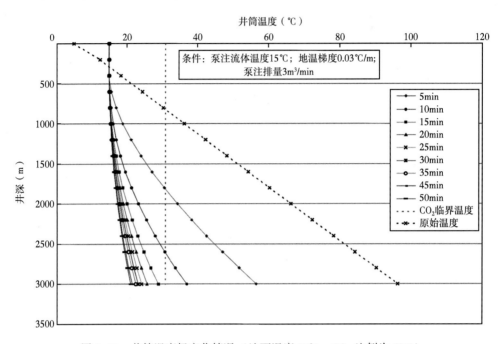

图8-13　井筒温度场变化情况（地面温度15℃，CO_2比例为50%）

3）地面温度30℃，CO_2比例为50%的井筒温度场变化情况

地面温度升高为30℃，CO_2比例为50%的井筒温度场变化情况如图8-14所示。施工

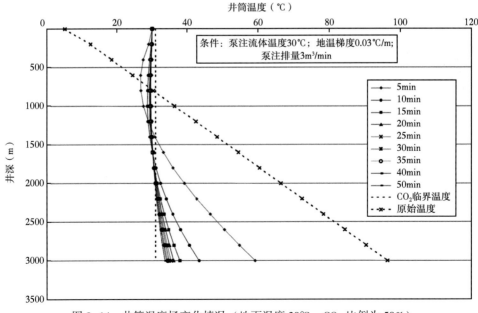

图8-14　井筒温度场变化情况（地面温度30℃，CO_2比例为50%）

50 分钟以内，混合液的温度均高于 31℃，说明在整个施工期间均可以发泡。显然，地面温度升高，利于发泡。可以得出结论，从季节考虑，在夏天施工比冬天更有利于 CO_2 发泡，对施工携砂更有利。

四、水力压裂施工过程中裂缝温度场的计算

了解压裂施工中裂缝中的温度是很重要的，最简单的方法是假设流体在裂缝的整个过程都处于油藏温度下，但这种假设比较保守和不切实际。由于压裂液的冷却，压裂液的实际温度低于油藏温度。一般情况下，往往以油藏温度的 80%～90% 来评价压裂液，这又显得过于简单。实际上压裂液进入裂缝，并在裂缝中流动时会受地层加热，温度逐渐上升。最先进入地层的前置液遇到的是地层静态温度。

裂缝内液体温度是地层和液体的热传导率和比热容、静态井底温度、地表温度及注入液体温度的函数，还与裂缝的几何形状、液体泵入速度、泵入液体量有关。而裂缝的几何形状又和泵入压裂液的流变性参数相关，计算时需要假设迭代。大多数压裂工艺设计软件中含有裂缝内温度场的计算组件，但它们一般仅给出温度随缝长变化的简单平均值。为了进行压裂液优化设计，研究人员对这一计算过程进行了部分改进，采用 Visual Basic 程序重新编写，可以计算分段的压裂液运行时间和遇到的温度场与剪切速率场，为优化和评价压裂液提供了依据。

以长庆上古生界气藏压裂工艺设计计算为例，井深 3000m，地温梯度 0.03℃/m，泵注排量 3.0m³/min，地面液体温度 5℃，CO_2 比例为 50%，动态半缝长 212.6m，动态缝宽 17.3mm。

计算裂缝温度场如图 8-15 所示，从图中可以看出，裂缝中大多数地区温度均大于临界温度 31℃，因此，可以认为，CO_2 在地层中绝大部分具备发泡条件。

泡沫压裂液相态随时间、缝长变化如图 8-16 所示，从图中可以看出，裂缝中绝大多数地区均为泡沫，只有炮眼附近有少量液体存在。

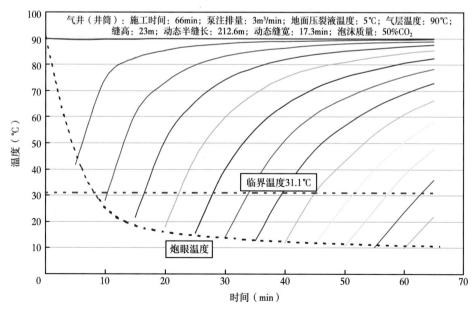

图 8-15　不同施工时间裂缝内部温度的变化

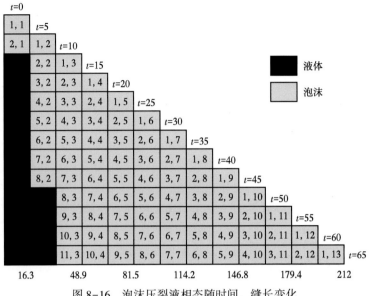

图 8-16　泡沫压裂液相态随时间、缝长变化

施工结束后裂缝内部的温度场如图 8-17 所示。从图中可以看出，施工结束后，裂缝中大多数地区温度均大于临界温度 31℃，有利于液体返排。

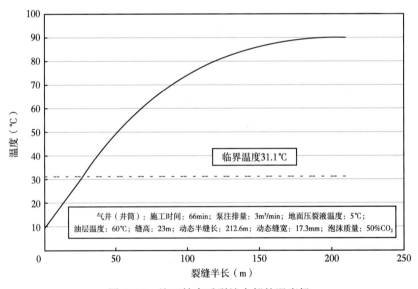

图 8-17　施工结束后裂缝内部的温度场

五、CO_2 井筒温度场及发泡条件综合分析

（1）泡沫压裂液的泡沫质量一般在 65%～80%，液体呈层流流动，泡沫比较稳定，这样就具有较高的黏度和携砂能力。

（2）CO_2 气化的临界温度为 31℃。压裂施工时只有大于其临界温度，泡沫压裂液才能发泡。

（3）根据井筒温度场变化情况可以看出，如果地面温度较高，有利于 CO_2 发泡，从而有利于提高压裂液的携砂能力。

（4）根据裂缝温度场变化情况可以看出，裂缝中大部分地区温度均高于 CO_2 气化的临界温度31℃，因此，CO_2 压裂液在地层中基本具备发泡条件。施工结束后，裂缝中大部分地区温度均高于临界温度，有利于液体返排。

第四节　CO_2 泡沫压裂液研究

在项目的实施过程中，主要开展了国内外资料调研、CO_2 泡沫压裂液的机理研究，研制了起泡剂和酸性交联剂，形成了特有的酸性交联 CO_2 泡沫压裂液体系并优化了体系的性能，进行了国外 CO_2 泡沫压裂液的评价及配方改进。通过大量的室内试验和现场3口油井、19井次气井的实施，酸性交联 CO_2 泡沫压裂液体系得到了进一步完善和提高，同时，明确了下一步研究工作的方向。

CO_2 泡沫压裂液是由液态 CO_2、原胶液和各种化学添加剂组成的液液两相混合体系，在向井下注入过程中，随着温度的升高，达到31℃的临界温度以后，液态 CO_2 开始汽化，形成以 CO_2 为内相、含高分子聚合物的水基压裂液为外相的气液两相分散体系。由于泡沫两相体系的出现，使流体黏度显著增加；同时通过起泡剂和高分子聚合物的作用，大幅增强泡沫流体的稳定性；泡沫结构的产生也形成了泡沫流体低滤失量、低密度和易返排特性。因此，泡沫流体具备了压裂液的必要条件，并拥有了常规水基压裂液不具备的重要特性。通过泡沫压裂设计和现场实施，CO_2 泡沫压裂将可形成一条具有高导流能力的支撑裂缝。

一、CO_2 泡沫压裂的基本原理

1. 泡沫的稳定性

从热力学角度看，泡沫的形成增大了表面积，体系的自由能增加，体系将自发地从自由能较高的状态向自由能低的状态转化；同时，泡沫中的液体由于重力作用及边界吸引作用而不断排液，再加上温度的表面蒸发作用，使液膜不断变薄，最终导致泡沫破灭。因此，泡沫流体是一种不稳定体系。

泡沫稳定性是泡沫压裂液的基本特性。提高泡沫稳定性的主要途径有：

（1）选用合适的起泡剂，降低液相表面张力，有利于泡沫的形成，并增加液膜的强度和弹性；

（2）利用多种表面活性剂的协同效应，添加稳泡助剂；

（3）提高液相黏度，采用交联技术，形成冻胶表层，增加液膜的黏弹特性，降低液膜的排液速率；

（4）提高泡沫质量，以便气泡相互接触而发生干扰，改变泡沫的几何形态，使其由球形变为六边形，边界夹角达到120°，此时压差最小，排液速率减弱，有利于泡沫稳定；

（5）通过高压、高速混合气液两相，形成大小均匀、结构细微的泡沫，减少排液速率，延长半衰期；

（6）随着温度的增加，表面张力升高，液相黏度降低，需要提高液相的耐温性能和起泡剂浓度。

2. 泡沫黏度与流变特性

泡沫的黏度均显著高于两相中任何一相流体的黏度，主要受泡沫质量和液相性能所决定的。泡沫质量越高，气泡越密集，气泡干扰、摩擦阻力越大，黏度就越高；当泡沫质量达到 75%~80% 时，泡沫黏度达到最大。增加液相黏度，不仅可增加泡沫的稳定性，还进一步提高了泡沫流体的黏度。

泡沫流体的黏度随着泡沫质量和液相黏度变化，可表示为：

$$\begin{cases} 当泡沫质量为 0~54\% 时，\mu_f=\mu_l\ (1.0+2.5\Gamma)\% \\ 当泡沫质量为 54\%~74\% 时，\mu_f=\mu_l\ (1.0+4.5\Gamma)\% \\ 当泡沫质量为 74\%~96\% 时，\mu_f=\mu_l\ (1.0-1/3\Gamma)\ -1\% \end{cases} \qquad (8-7)$$

式中　Γ——泡沫质量；

　　　μ_l——液相黏度；

　　　μ_f——泡沫黏度。

3. 泡沫的携砂能力

泡沫流体的携砂机理除常规水基压裂液黏弹性作用，阻止支撑剂固相颗粒的纵向运移外，更重要是由于泡沫的微小颗粒结构，将支撑剂颗粒包裹、承托、夹持，随泡沫流体在压裂过程中运移输送到特定位置。只有当支撑支撑剂的气泡发生严重变形或泡沫稳定性极差时，或在泡沫之间形成一条通道时，支撑剂才会发生下沉。当泡沫流体具有足够的泡沫存在，液相黏弹性保持较高时，支撑剂便不会发生纵向运移（即沉降）。支撑剂在泡沫中的沉降速率仅是常规水基压裂液的 1%~10%。

4. 滤失特性

泡沫流体具有良好的降滤失性能，在相同条件下，滤失系数小于常规水基冻胶压裂液。这是由于泡沫气液两相结构和气液之间的界面张力作用的结果。当泡沫流体进入微细孔隙时，需要大量的能量来克服界面张力和气泡的变形，同时细微结构的泡沫在微细孔隙中，由于毛细管力的叠加效应，进一步阻止了液体的滤失。

表征泡沫流体滤失性能的滤失系数受下列三种因素控制：（1）泡沫流体黏度与地层渗透率；（2）油藏流体的黏度和压缩系数；（3）泡沫流体的造壁系数。在低渗透率的地层中，泡沫流体的滤失系数比常规水基压裂液低两倍，而在高渗透率的地层中，泡沫效率降低，与常规压裂液基本一致。增加泡沫流体液相黏度，可进一步改善泡沫流体的造壁性能，滤失系数将大幅降低。

5. 助排能力

泡沫流体具有很好的助排能力，不必抽吸或气举排液，仅借助泡沫的举升动能，即可快速、彻底排液。其主要原因包括：（1）泡沫流体的静水柱压力低，仅相当于常规水基压裂液的 30%~50%，大幅减少了返排时的能量消耗；（2）在压裂过程中，CO_2 高压压缩存贮能量，施工结束排液时，裂缝或孔隙中的泡沫因压力下降，气体迅速膨胀，产生很大附加能量，驱使压裂液返排；（3）返排期间，泡沫中的气泡充分膨胀，泡沫质量迅速提高，大幅降低井筒水柱压力，增大了地层与井筒之间的压差，净化与疏通地层孔隙及裂缝，大幅提高了地层的导流能力；（4）CO_2 泡沫压裂液具有低的界面张力，相当于清水的 20%~30%，降低了压裂液流体在返排过程中的毛细管力，增强了助排能力。

6. 低伤害特性

CO_2泡沫流体具有低伤害特性，主要表现在：（1）泡沫压裂液体系中，减少了液相成分，仅占30%~50%，大幅减少了液相进入地层引起的水锁和水敏性伤害；（2）CO_2泡沫流体的酸性介质（pH值为4~5），可抑制黏土膨胀，减少颗粒分散运移；（3）CO_2进入低饱和压力的油藏后，可大量溶解于原油中，大幅降低原油黏度，减少渗流阻力，提高产能；（4）快速排液机制，减少了由于大量液体滞留引起的储层伤害。

二、CO_2泡沫压裂液试验

1. 样品及主要仪器

羟丙基瓜尔胶（长庆油田井下化工厂，油田取样）、黏土稳定剂KCl（工业品，油田取样）、杀菌剂SQ-8（长庆油田井下化工厂，油田取样）、起泡剂YFP-1（长庆油田井下化工厂，油田取样）、起泡剂FL-36（北京华兴化学试剂厂，油田取样）、助排剂CF-5A（长庆油田井下化工厂，油田取样）、助排剂DL-10（北京华兴化学试剂厂，油田取样）、酸性交联剂AC-8（北京华兴化学试剂厂，油田取样）、交联剂JLJ-3（国外样品，合力迈公司送样和现场取样）、起泡剂AMPHOAM75（国外样品，合力迈公司送样）、助排剂QPJ-418（国外样品，合力迈公司送样）、稠化剂ZCJ-7（国外样品，合力迈公司送样和现场取样）、稠化剂KH-60（国外样品，现场取样）、多功能泡沫流动回路实验装置（美国，CER公司）、RV20旋转黏度计（德国Haake公司产）、CS-100控制应力流变仪（英国，Carri-med公司产）。

2. 起泡及稳泡性能试验

起泡及稳泡性能试验是筛选起泡剂、稳定剂等添加剂的基础试验。本研究中采用搅拌—静置试验方法。即量取加有起泡剂的水溶液或加有起泡剂、稳定剂的水溶液240mL，置于WARING混调器中，通过调压器，使工作电压为160V，将液体搅拌2分钟，形成泡沫，快速将泡沫倒入带封口的1000mL量筒中，测量泡沫的体积；同时记录从泡沫析出不同液量（水溶液）的时间。以形成泡沫体积的多少表征起泡能力；以析出一半液量（120mL水溶液）的时间表征泡沫的半衰期，即泡沫的稳定性。

3. 压裂液耐温耐剪切性能评价试验

压裂液耐温耐剪切性能试验使用RV20旋转黏度计，按《水基压裂液性能评价方法》（SY/T 5107—2016）中的方法进行。CO_2泡沫压裂液是在改进的RV20旋转黏度计中进行的，在原仪器中增加了CO_2进样系统和计量系统。在试验前，根据试验要求计算所需CO_2量和压裂液量。在试验时首先将制备好的一定压裂液样品装入RV20套筒中，测试压裂液的流变性能；加入一定CO_2泡沫气体，形成泡沫压裂液，对密闭套筒加热，控制升温速度$3.0\pm0.2℃/min$，同时转子以$170s^{-1}$的剪切速率转动，样品在加热条件下连续剪切到设定温度，分别测试在不同条件下的泡沫压裂液的耐温、耐剪切性能和流变性能。

4. 静态与动态滤失试验

使用高温高压静态滤失仪，在一定温度和压力下，测试CO_2酸性介质交联压裂液在不同温度、时间的滤失量，按《水基压裂液性能评价方法》（SY/T 5107—2016）计算压裂液的滤失参数（滤失系数C_{III}、初滤失量和滤失速率）。该静态滤失方法可以表征在现场施工中CO_2以冷却液体与压裂液混合，进入地层而未形成泡沫之前时滤失特性。

使用多功能回路泡沫试验装置，在一定温度和压力下，动态模拟形成CO_2泡沫压裂液，测试在不同时间内流经岩心表面的滤失量，计算泡沫压裂液的滤失性能。

5. 动态模拟试验

利用多功能泡沫流动回路，模拟泡沫压裂液在现场的施工流变过程。该装置包括配液及添加剂加入系统、气源系统（CO_2 或 N_2）、管路循环系统、加热系统、动态滤失系统、回压调节及控制系统、图像采集及数据处理系统。可以研究泡沫压裂液在不同条件下（温度、压力、配方）起泡、稳泡、流变、滤失和泡沫的结构变化。

6. 黏弹性试验

使用 RS-75 控制应力流变仪，在振荡模型下，按《压裂用交联剂性能试验方法》（SY/T 6216—1996）中的黏弹性测定方法测泡沫压裂液的黏弹特性。

7. 支撑剂沉降试验

利用自制的支撑剂沉降仪，测定不同条件下支撑剂的沉降速率。

8. 压裂液破胶与残渣性能试验

取配制好的泡沫压裂液，按《水基压裂液性能评价方法》（SY/T 5107—2016），将密闭容器放置于一定温度下破胶，测试破胶性能和压裂液残渣含量，压裂液残渣含量以形成的泡沫体系为基础进行计算。

9. 压裂液的表面化学特性与吸附特性试验

使用全自动张力仪，采用挂片法或挂环法，分别测试不同流体（助排剂或破胶液）在不同条件下的表面张力；制备标准的岩心片，分别测试不同流体在不同条件下的吸附量，计算吸附速率与接触角。

三、酸性交联 CO_2 泡沫压裂液添加剂优选

1. 起泡剂优选

起泡剂是泡沫压裂液的重要添加剂之一。起泡剂性能的好坏直接影响泡沫压裂液的起泡能力和稳泡能力。借助于表面活性剂使之形成稳定的泡沫，这种作用称为起泡，目前对起泡的作用机理概括起来有以下方面：（1）表面活性剂能降低气液界面张力，使泡沫体系相对稳定；（2）在包围气体的液膜上形成双层吸附，清水基在液膜内形成水化层，液相黏度增高，使液膜稳定；（3）表面活性剂的亲油基相互吸引、拉紧，而使吸附层的强度提高；（4）离子型表面活性剂因电离而使泡沫荷电，它们之间的相互排斥力阻碍了它们的接近和聚集。

能稳定泡沫的物质称为起泡剂，起泡剂多为表面活性剂，但不同的表面活性剂因其结构差异，其起泡能力和稳泡能力不同。具有良好起泡剂的表面活性剂必须具备两个条件，即易于产生泡沫和产生的泡沫有较好的稳定性。易于产生泡沫要求表面活性剂具有良好的降低表面张力能力。从分子结构看，对一定亲水基的表面活性剂，要求亲油基有一个适当长度的烃链，以达到界面的吸附平衡；泡沫稳定性要求表面活性剂的吸附层有足够的强度，以增加其弹性，减少液体的排泄量。

由阴离子、阳离子和非离子组成的起泡剂都具有良好的起泡性能，但不同的起泡剂仍然在起泡与稳泡方面具有一定差异。分别对油田压裂酸化用主要起泡剂 FL-36、B-18 和 YPF-1 进行了起泡和稳泡性能对比试验，试验结果见表 8-26、表 8-27。这些起泡剂都是不同表面活性剂的复配型，性能都较单一组分好，但不同起泡剂之间仍有部分差异。从起泡效率和泡沫稳定性对比看，FL-36 的起泡剂性能最好，B-18 和 YPF-1 的起泡剂性能相当。

表 8-26　不同起泡剂起泡性能对比

起泡剂代号	FL-36	YPF-1	B-18
起泡效率（%）	243.8	210.4	220.8
泡沫质量（%）	70.9	67.8	68.8

表 8-27　不同起泡剂起泡稳定性（半衰期）对比

起泡剂代号	FL-36	YPF-1	B-18
半衰期（min）	21.2	13.7	7.0

图 8-18、图 8-19 分别是不同起泡剂水溶液加热前后和对岩心吸附前后表面张力变化对比结果。从图 8-18 可见，在 80℃的温度条件下，这两种起泡剂均具有良好的温度稳定性，YPF-1 水溶液的表面张力由 26.59mN/m 降低为 26.13 mN/m，降低幅度小；而 FL-36起泡剂由 24.42mN/m 降低为 20.56 mN/m，降低幅度大，低的表面张力更有利于起泡。从图 8-19 看，不同的起泡剂对岩心吸附强弱有较大差异，YPF-1 水溶液表面张力由26.59mN/m 上升为 42.20mN/m，增幅大，吸附强；而 FL-36 起泡剂由 24.93mN/m 降低为 25.03mN/m，保持了对岩心的非吸附特性。图 8-20、图 8-21 分别是不同起泡剂水溶液起泡效率和稳泡特征对比结果。

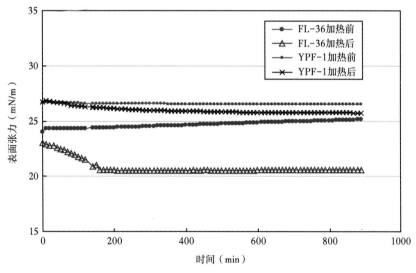

图 8-18　FL-36 与 YPF-1 起泡剂水溶液热稳定性对比（80℃）

可见，无论从起泡效率和泡沫稳定性对比看，FL-36 的起泡剂性能最好，B-18 和YPF-1 的起泡剂性能相当。因此，在本次泡沫压裂液试验中，将 FL-36 起泡剂作为首选添加剂，YPF-1 和 B-18 作为试验可用起泡剂。

在气井压裂施工前，进一步分析检测现场到样压裂液添加剂性能，实验发现 FL-36 起泡剂的起泡性能与稳泡性能较好，与实验室性能一致；但与酸性交联剂 AC-8 存在明显的"盐析"现象，单独混合影响起泡与稳泡性能。进一步红外光谱分析表明，这是由于在这批产品生成过程中，起泡剂中某一种组分的质量不纯所致。因此，在现场压裂施工中，部分井启用了备用的 YPF-1 起泡剂。

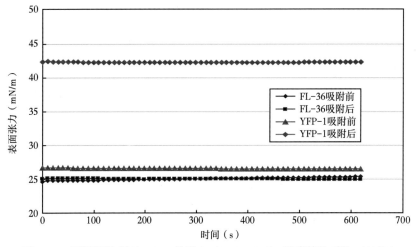

图 8-19　不同起泡剂对 G4-5 井岩心（2-95-110）吸附特性对比（80℃）

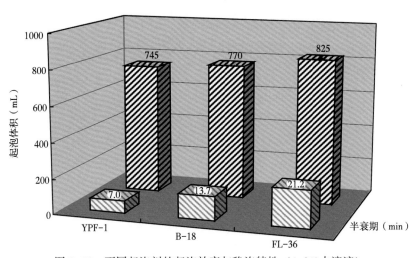

图 8-20　不同起泡剂的起泡效率与稳泡特性（1.0%水溶液）

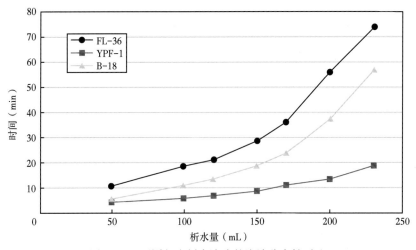

图 8-21　不同起泡剂水溶液的泡沫稳定性对比

2. 稳泡剂的优选

起泡剂在水溶液中稳泡能力较差（半衰期一般小于 15 分钟），不能满足压裂施工要求。因此，泡沫压裂液稳泡技术研究是其主要内容之一。改善流体流变性、增加黏度、增大泡沫之间膜的强度是增强泡沫稳定性的技术关键。对于泡沫压裂液使用的稳泡剂就是水基压裂液中常用的稠化剂。在考察这种稳泡剂时不仅要求具有较低水不溶物，还要求具有强的增稠能力。同时考虑到液态 CO_2 显酸性，CO_2 泡沫压裂液存在酸性交联问题，国外哈里伯顿、BJ 等公司多采用羧甲基瓜尔胶（CMG）或羧甲基羟丙基瓜尔胶（CMHPG）为 CO_2 泡沫压裂液的稳泡剂。但国内没有工业化的羧甲基瓜尔胶（CMG）或羧甲基羟丙基瓜尔胶（CMHPG）压裂液稠化剂，仅有羧甲基瓜尔胶小样，因此只有在现有稠化剂的基础上，进行稳泡剂的优选。不同稳泡剂（稠化剂）的性能对比见表 8-28。由表 8-28 可见，国外改性瓜尔胶增黏效果好且残渣较低；国内改性的羧甲基瓜尔胶和羧甲基皂仁可能是由于改性工艺的差异，综合性能较差，增黏能力弱，水不溶物高，影响了交联性能；从目前国内现有材料、经济和库存情况考虑，暂优选国内羟丙基瓜尔胶 GRJ 为本方案泡沫压裂液的稳泡剂。

表 8-28　不同稳泡剂（稠化剂）性能对比

稠化剂类型	1%溶液黏度（mPa·s）	水不溶物（%）
瓜尔胶	305	24.5
羟丙基瓜尔胶（国外）	298	4~5
羟丙基瓜尔胶（国内）	250~270	10~15
羧甲基瓜尔胶（小样）	124	15.6
羧甲基皂仁（小样）	69	18.4
香豆胶	150~180	10~13
改性田菁胶	120~170	10~19

不同浓度的羟丙基瓜尔胶（HPG）水溶液，对泡沫的起泡与稳泡影响不同，结果如图 8-22 所示。由图 8-22 可知，羟丙基瓜尔胶水溶液浓度越大，形成的泡沫半衰期越长，泡沫越稳定；同样也使得泡沫体积变小，起泡能力变弱。

对于不同类型的压裂液体系，其起泡与稳泡的能力也不同。图 8-22 表示相同浓度的羟丙基瓜尔胶线性胶压裂液和交联冻胶压裂液起泡及稳泡性能。由图 8-22 可见，当羟丙基瓜尔胶水溶液的表观黏度为 48mPa·s 时，加入 1% 的起泡剂 FL-36，线性胶压裂液及冻胶压裂液的黏度、起泡体积和泡沫的半衰期都有较大的提高。线性胶压裂液的起泡体积较半衰期有较大幅度的提高；冻胶压裂液泡沫的半衰期有明显改善。

3. 黏土稳定剂的选择

鄂尔多斯上古气藏属低压、低孔隙度、低渗透率、低产储层，以石英砂岩（山 2 段）和碎屑石英砂岩为主。充填于骨架颗粒之间的细小填隙物（包括杂基和胶结物）为储层敏感性的关键因素。若与不配伍的工作液接触，极可能发生水化膨胀、分散、运移、酸敏、碱敏等现象，造成地层伤害。储层岩心 X 衍射分析表明，石英含量达 80% 以上，同时还含有一定的黏土矿物（平均含量为 5.4%）。

岩心电子显微镜扫描分析也进一步证实了储层中含有易水化膨胀的伊/蒙混层、易分

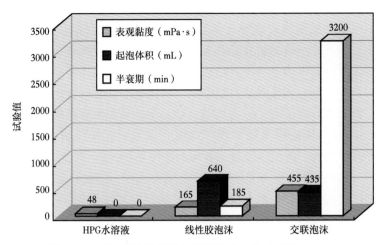

图 8-22　不同流体的起泡与稳泡特性对比（30℃，1atm）

散运移的丝状伊利石和易发生酸敏的少量绿泥石的存在。大量岩心试验表明，储层具有强水锁、低水敏、低速敏和低盐敏（表 8-29）等特性。注入地层的压裂液不仅要求具有一定的黏土稳定能力（表 8-30），还应与地层水矿化度相匹配，才能有效地降低压裂液对储层的损害。阳离子聚合物具有较好的长效稳定黏土作用，但由于属长链大分子，在低渗透地层会造成一定的孔隙堵塞现象，矿化度匹配较差。因此，选用氯化钾作为 CO_2 泡沫压裂液的黏土稳定剂，使用浓度根据储层黏土矿物相对含量确定，一般推荐浓度为 1%~2%。

表 8-29　上古生界储层岩心敏感性试验结果

伤害类型	水敏	速敏	酸敏	盐敏	水锁
伤害系数	0.59~0.95	0.38~0.59	0.23	0~0.2	72~80
伤害程度	中—弱	中等	弱	弱—无	强

表 8-30　黏土稳定剂的防膨作用

时间 （min）	膨胀量（mm）			
	清水	2%KCl	0.2%COP-1	破胶液
15	0.1732	0.1179	0.0911	0.0519
30	0.1750	0.1214	0.0928	0.0661
60	0.1804	0.1268	0.1018	0.0964
90	0.1804	0.1321	0.1018	0.1018
120	0.1804	0.1321	0.1054	0.1054
150	0.1821	0.1339	0.1071	0.1071
180	0.1821	0.1339	0.1071	0.1071

备注：破胶液中含 0.5%KCl，其 pH 值为 4.0，黏度为 2.2mPa·s。

4. 破胶剂的选择

破胶剂是压裂施工结束后，实现压裂液冻胶快速降解为低分子低黏度水溶液的关键添加剂。压裂液破胶剂经历了常规酶（α 淀粉酶等）、常规过氧化物（过硫酸铵、过硫酸钾等）、胶囊破胶剂到现在的特效专用瓜尔胶酶（国外专利产品）的发展；国内使用较多的仍是过硫酸铵和氧化型胶囊破胶剂。压裂液在满足施工对流变性能（高黏度）的同时，为了达到快速彻底破胶，加快返排，要求加大破胶剂用量。为避免高浓度破胶剂对压裂液流变性能的影响，压裂液破胶体系选用过硫酸盐与胶囊破胶剂配套技术。破胶剂的用量根据压裂施工过程中温度场的变化进行优化加入。

5. 酸性交联剂的选择

交联是将压裂液高分子长链中的活性基团通过交联离子连接起来，形成具有三维网状的黏弹性冻胶。由于交联环境（pH 值）不同，交联剂可分为酸性交联剂和碱性交联剂。目前，国内外压裂液多为碱性交联，pH 值为 7.5~13；而酸通常作为破胶剂，因此，酸性交联成为人们攻关的难点。CO_2 泡沫压裂液是将液体 CO_2 与水基压裂液混合注入，在地层温度作用下，液体 CO_2 汽化并形成泡沫。该压裂液体系 pH 值为 3~4。常规碱性交联压裂液不能使 CO_2 高分子溶液交联。为了进一步增强泡沫压裂液流变性能，克服由于大量液体 CO_2 加入对压裂液的稀释作用，酸性交联是泡沫压裂的关键环节。压裂中心通过大量室内研究，首次在国内成功研究了 AC-8 酸性交联剂。该交联剂为液态，与水混溶，可与多种植物胶稠化剂交联。因此，在本次泡沫压裂液体系研究中，选用 AC-8 酸性交联剂。

6. 助排剂的选择

对于低压、致密砂岩储层，改善入井流体对储层岩心的润湿吸附特性，降低毛细管阻力，对实现压裂液返排，减少储层伤害极其重要。选择表面活性剂时，不仅要考察其表面（界面）化学特性，还应考虑压裂液的防乳与破乳问题。在气藏，应重点考察压裂液的表面张力和接触角。因此，对油藏、气藏应有不同的助排剂与之相适应。

表 8-31 是国内外不同助排剂的性能对比。可见，不同的助排剂由于组成和适应特点的差异，助排性能大有不同。在靖安油藏泡沫压裂中选用优质 DL-8 破乳助排剂；在鄂尔多斯上古生界气藏压裂中首选 DL-10 高效助排剂及 CQ-A1 助排剂。

表 8-31　不同类型助排剂性能对比

助排剂 （样品来源）	表面/界面张力 （mN/m）	接触角 （°）	备注
DL-8（油井）	24.51/0.22	61.6	华兴化学试剂厂
DL-10（气井）	19.30/0.81	79.8/64.5	
CF-5A（气井）	19.81（上部 26.2）	62.2/26.3	样品上下分层
CF-5B（油井）	27.52/0.65	45.3	长庆井下化工厂
CQ-A1（气井）	21.76/1.23		
D-50	26.56/0.41	46.7	山东东营
ZA-3	27.91/3.24		中原油田
MAN	27.22/2.95		胜利油田

7. 杀菌剂的优选

杀菌剂是植物胶水基压裂液的重要添加剂之一，用以防止压裂液在配制后的放置过程中腐败变质。根据在长庆油田的长期使用情况和性能对比，选用长庆油田井下化工厂生产的 SQ-8 杀菌剂为该压裂液体系的杀菌剂。

四、酸性交联 CO_2 泡沫压裂液配方及性能

1. 射孔液及泡沫压裂液配方

在起下油管修井作业和射孔完井过程中，保护油气藏是压裂配套工艺技术的重要环节。根据室内试验，建议射孔液配方为：1.0%KCl 黏土稳定剂 + 0.2%DL-10 或 CF-5A。

通过大量室内试验，筛选出了 CO_2 泡沫压裂液的典型配方。

1）油井压裂液配方

0.5%~0.6%GRJ 改性瓜尔胶+1.0%FL-36 起泡剂+0.05%SQ-8 杀菌剂+1.0%KCl 黏土稳定剂+0.2%DL-8 破乳助排剂+0.002%~0.02%过硫酸铵破胶剂（NBA-101 胶囊破胶剂）+1.5%AC-8 酸性交联剂。

2）气井压裂液配方

0.65%~0.70%GRJ 改性瓜尔胶+1.0%YPF-1 起泡剂+0.05%SQ-8 杀菌剂+1.0%KCl 黏土稳定剂+0.3%DL-10 助排剂+0.003%~0.06%过硫酸铵破胶剂+1.5%AC-8 酸性交联剂。

针对具体不同油气藏特征和压裂工艺要求，该配方要做进一步的优化调整。

2. 基液性能及泡沫压裂液半衰期

使用 FAAN35 黏度计在温度25℃、$170s^{-1}$的剪切速率下，测得未形成泡沫之前油井和气井配方的基液黏度分别为 75mPa·s 和 120mPa·s；pH 值均为 7。形成泡沫压裂液后，在 25℃、1atm 下测得油井和气井配方的泡沫流体的半衰期分别为 279 分钟和 300 分钟，其具有良好的泡沫稳定性，pH 值均为 4。

3. 耐温耐剪切性能

使用 RV20 旋转黏度计，在 $170s^{-1}$ 的剪切速率和不同温度条件下，分别测试了不同泡沫质量的交联泡沫压裂液耐温耐剪切性能。试验结果见表 8-32。在变剪切速率下，测得该泡沫压裂液的流变参数见表 8-33。

表 8-32　泡沫压裂液（65%）耐温耐剪切性能

配方	t（min）	0.5	10	20	30	40	60	80	100
油井	T（℃）	15.1	46.7	61.2	58.9	60.1	60.1	60.3	60.0
	η（mPa·s）	249	221	184	159	121	98.7	65.9	47.9
气井	T（℃）	16.9	48.2	69.6	80.7	79.7	80.9	80.7	80.1
	η（mPa·s）	238	211	309	242	256	135.6	62.2	40.7

表 8-33　不同泡沫质量交联 CO_2 泡沫压裂液的流变参数

配方	泡沫质量（%）	温度（℃）	流动行为指数 n'	稠度系数 k'（Pa·s$^{n'}$）
油井	50	50	0.4245	1.867
	65	60	0.4867	1.658
气井	50	60	0.4215	2.045
	65	80	0.5039	1.519

图 8-23 表示随着剪切速率的提高，压裂液的表观黏度降低；对于不同温度的储层，相同的泡沫质量下，温度较高，其表观黏度也较低。

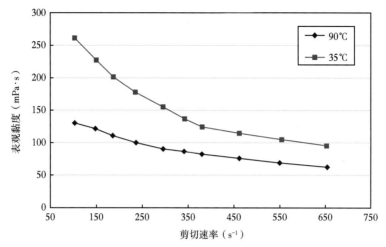

图 8-23　温度对 CO_2 泡沫流体流变性能的影响（6MPa、70%泡沫质量、0.5%GRJ-11+1.0%FL-36）

图 8-24 是在相同温度下，不同泡沫质量的泡沫压裂液表观黏度随剪切速率变化的曲线。对于泡沫质量高的泡沫压裂液，其表观黏度也相对较大。

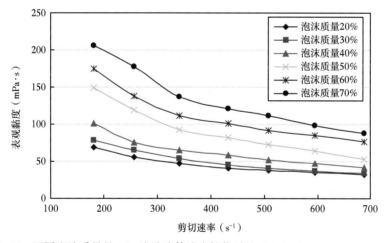

图 8-24　不同泡沫质量的 CO_2 泡沫流体流变性能对比（0.5%GRJ-11+1.0%FL-36）

4. 动态模拟试验

使用多功能泡沫流动回路装置，在不同温度（50℃、70℃和90℃）下分别研究了泡沫质量为60%、40%和20%的 CO_2 泡沫压裂液的流变性能和泡沫结构。试验结果分别如图 8-25、图 8-26、图 8-27 所示。

由图 8-25 可见，在0.7%稠化剂浓度下，未起泡基液黏度为105mPa·s，在动态模拟现场注入过程中的高剪切作用下（剪切速率1600～2000s^{-1}），CO_2混入后流体黏度仅为30～40mPa·s，当 CO_2 混合液完全形成稳定泡沫后泡沫压裂液的黏度达到248mPa·s；当温度由28℃升高到90℃，泡沫压裂液黏度由210mPa·s降低至160mPa·s，可见泡沫压

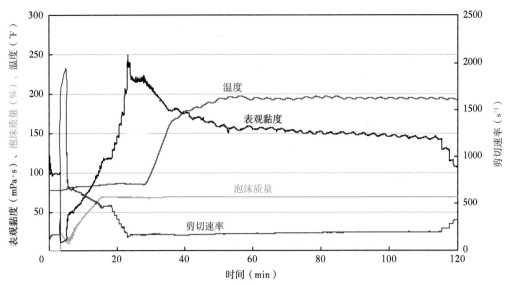

图 8-25　0.7%GRJ 瓜尔胶 CO_2 泡沫压裂液动态试验结果（70%、90℃、750psi）

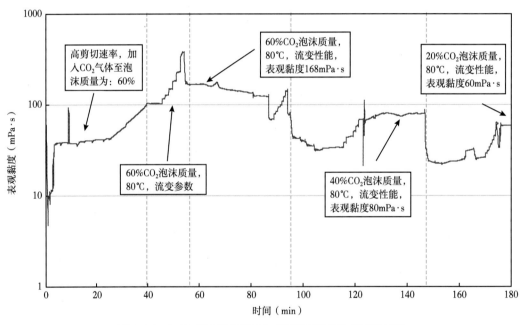

图 8-26　0.7%GRJ 瓜尔胶 CO_2 泡沫压裂液动态试验结果

（90℃、750psi、变泡沫质量 60%→40%→20%）

裂液具有较好的热稳定性。同时泡沫压裂液还具有良好的剪切稳定性，在 90℃下连续剪切 60 分钟，泡沫压裂液表观黏度仅有 160mPa·s 降低为 148mPa·s，保持了较高的黏度。

变泡沫质量 CO_2 泡沫压裂液体系动态试验结果如图 8-26 所示。在 80℃的试验条件下，泡沫质量为 60%的泡沫压裂液黏度为 168mPa·s，当泡沫质量降低到 40%和 20%时，泡沫压裂液的黏度分别为 80.3mPa·s 和 61.2mPa·s，泡沫压裂液的黏度仍保持大于 50mPa·s。由此可见，为了满足现有压裂设备，降低施工摩阻，以达到较大施工规模的要求，进行变泡沫质量的压裂施工是可行的。

图 8-27 是 AC-8 酸性交联剂交联羟丙基瓜尔胶 CO_2 泡沫压裂液在 52% 的泡沫质量、80℃、170s^{-1} 剪切速率下的试验结果。试验表明，酸性交联压裂液的黏度能达到 240 ~ 350mPa·s，液态 CO_2 的加入对压裂液具有稀释和降黏的作用，但一旦形成泡沫，压裂液的黏度将显著增加，达 210 ~ 310mPa·s，连续剪切 70 分钟后黏度仍然保持在 50mPa·s 以上。

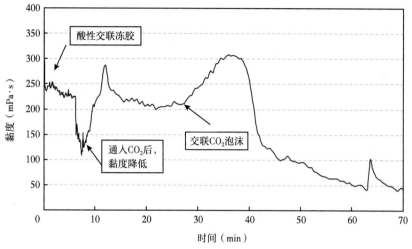

图 8-27 AC-8 酸性交联 CO_2 泡沫压裂液耐温耐剪切性能
（泡沫质量 52%、170s^{-1}、85℃、0.7%HPG）

5. 黏弹特性

压裂液是一种黏弹性流体，不仅具有黏性，还具有一定的弹性。近期研究表明，压裂液的弹性对支撑剂沉降速率有一定影响。但目前对泡沫压裂液的黏弹性研究未见报道。使用 RS-75 型控制应力流变仪，测试了由多功能泡沫用配制形成的不同泡沫质量的 CO_2 泡沫压裂液。可见，该 CO_2 泡沫压裂液体系是以黏性为主的黏弹性流体（$G'' > G'$），且随着泡沫质量的增加，黏弹性也增大。对不同泡沫质量的 CO_2 泡沫压裂液黏弹性测试结果见表 8-34。

表 8-34 不同泡沫质量的黏弹特性（25℃）

配方	泡沫质量（%）	0	50	70
油井	储能模量 G'（Pa）	0.8732	3.4960	7.3410
	损耗模量 G''（Pa）	1.2730	5.6870	10.1200
气井	储能模量 G'（Pa）	0.9944	5.4640	9.8550
	损耗模量 G''（Pa）	1.6070	8.7230	12.5100

6. 支撑剂沉降试验

利用支撑剂沉降仪，测试了 20 目（0.9cm）宜兴陶粒（支撑剂）在不同温度和泡沫质量下的沉降速率。试验结果见表 8-35。国外有文献报道，在压裂工程应用中允许的支撑剂沉降速率范围为 0.008 ~ 0.08cm/s。可见，使用常用的 20 ~ 40 目支撑剂的最大颗粒直径（0.9cm）时，在泡沫压裂液中的支撑剂沉降速率也小于 0.06cm/s，达到支撑剂沉降速率允许的较好范围。因此，该泡沫压裂液体系能够满足压裂施工中的支撑剂的悬浮能力。

表8-35 支撑剂（0.9cm）在泡沫压裂液中的沉降速率

配方	泡沫质量（%）	50		70	
条件	试验温度（℃）	45	70	45	70
油井	沉降速率（cm/s）	0.045		0.036	
气井	沉降速率（cm/s）	0.028	0.059	0.022	0.046

7. 滤失特性

在压裂过程中，由于压差作用使压裂液发生滤失渗流，滤液进入储层岩石孔隙介质，在裂缝的表面形成具有一定厚度的致密滤饼，进一步减少滤失量。不同的流体具有不同的降滤失机制，常规的水基压裂液主要以黏弹性流体形成滤饼降低压裂液滤失；而泡沫压裂液体系除形成部分滤饼降低滤失外，还具有气液两相泡沫降滤失机制。压裂液滤失性能主要以造壁滤失系数 $C_{\text{Ⅲ}}$ 表征。

使用泡沫压裂液实验装置，开展了泡沫压裂液与常规水基压裂液滤失性能对比试验。试验结果见表8-36。可见，由于泡沫的气液两相体系，泡沫流体较水基压裂液具有显著的降滤失作用，而交联泡沫压裂液具有更低的滤失量。

表8-36 泡沫压裂液滤失性能对比

配方	试验温度（℃）	试验压差（MPa）	滤失系数 $C_{\text{Ⅲ}}$（$10^{-4}\text{m/min}^{1/2}$）
线性泡沫	80	3.5	5.875
油井交联泡沫	60	3.5	3.032
气井交联泡沫	80	3.5	3.821
	100	3.5	4.703
水基冻胶	80	3.5	7.562

备注：泡沫压裂液泡沫质量为60%。

8. 助排性能

使用 K12 型全自动张力仪，对压裂液破胶液的表面（界面）张力进行试验。测试结果为，油井配方的表面张力为 25.05mN/m，界面张力为 1.21mN/m；气井配方的表面张力为 23.05 mN/m，界面张力为 0.98mN/m。

9. 破胶性能

将交联的 CO_2 泡沫压裂液置于密闭容器内，将密闭容器放于恒温水浴中，使用毛细管黏度计，分别测试 CO_2 泡沫压裂液在不同时间内的破胶液黏度，试验结果见表8-37。

表8-37 不同泡沫质量 CO_2 泡沫压裂液的破胶性能

配方	泡沫质量（%）	55			70		
	破胶时间（h）	3	4	8	3	4	8
油井	破胶液黏度（mPa·s）	4.23	3.47	2.12	4.72	3.58	1.86
气井		5.76	4.18	2.33	5.28	4.27	2.13

水基压裂液通常用的破胶剂为过氧化物、酶和酸。对于 CO_2 泡沫压裂液由于加入了液体 CO_2，本身就具有一定的酸性（pH 值为 3~4），再加上液体 CO_2 的吸热制冷作用，使得在施工过程中追加的大量固体过硫酸铵基本不活化，而在压裂后关井不久，由于储层温度的上升而快速破胶。通过在长庆油田 CO_2 泡沫压裂的现场实施，进一步证实了这一点。

10. 防膨试验

岩心 X 衍射结果表明，储层黏土矿物总量达 10%~23%，其中伊/蒙混层为 0~60%，混层比为 10%~30%，潜在一定的水化膨胀量。通过膨胀实验进一步说明了这一观点。将岩心粉碎成 100 目以上的粉末，用高温高压膨胀仪分别测试自来水、KCl 水溶液和破胶液对岩心粉的膨胀量，测试结果如图 8-28 所示。

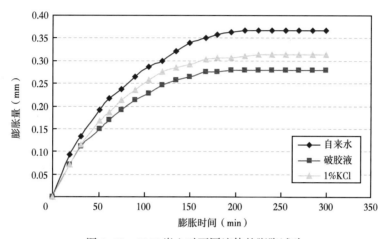

图 8-28　S145 岩心对不同流体的膨胀试验

可见，岩心具有一定的水化膨胀特性，初期由于岩心的亲水作用和毛细管力作用，吸附水，润湿岩心，膨胀缓慢；经过 180~200 分钟的水化膨胀，岩心粉柱膨胀达到膨胀平衡。黏土稳定剂 KCl 的加入能起到一定的防膨作用，使清水膨胀量有较大幅度的降低。同时，CO_2 泡沫压裂液的滤液对岩心的防膨作用较 KCl 更为明显，这主要是由于 CO_2 泡沫压裂液的滤液具有较低的 pH 值，在酸性条件下，酸性介质本身对岩心就具有较好的防膨效果。因此，从这方面讲，具有酸性作用的 CO_2 泡沫压裂液对岩心的伤害较低。

11. 残渣

通过对压裂液破胶液的离心烘干，测得油井和气井配方的压裂液残渣分别为 520mg/L 和 570mg/L。

12. 岩心伤害试验

使用岩心伤害试验装置，分别测试了清水和泡沫压裂液对不同岩心的伤害特性（表 8-38）。可见，由于储层岩心亲水性强，孔隙与喉道较小，毛细管阻力强，清水对岩心伤害严重，伤害率 80% 以上；由于泡沫压裂液具有两相流作用，减少了压裂液水相的相对含量和进入岩心的水量。因此，泡沫压裂液伤害较低，仅为 40%~61%。

由以上 CO_2 泡沫压裂液性能测试结果可知，本项目所优选的压裂液配方不仅能与储层的物性配伍，满足压裂工艺设计的要求，还具有很好的操作性、实用性；为 CO_2 泡沫压裂在长庆上古生界气藏的顺利实施提供了保证。

表 8-38　CO_2 泡沫压裂液对岩心的伤害

岩心编号	流体类型	伤害前气测渗透率（mD）	伤害后气测渗透率（mD）	伤害率（%）
215-33	清水	0.279	0.052	81.36
215-34	泡沫压裂液	0.258	0.148	42.64
215-36	泡沫压裂液	0.296	0.158	46.96
215-40	泡沫压裂液	0.320	0.189	40.94
234-22	泡沫压裂液	0.362	0.178	50.82
234-16	泡沫压裂液	0.280	0.109	61.07

备注：（1）注液压差为 7.0MPa；（2）液体饱和时间为 3 小时；（3）泡沫质量为 50%。

五、国外 CO_2 泡沫压裂液

为了进一步开发苏里格气田，完善压裂工作液，2001 年对长庆油田引进的美国 CO_2 泡沫压裂液添加剂进行性能评价，并完善形成了酸性交联羧甲基瓜尔胶的 CO_2 泡沫压裂液配方体系。

国外压裂液添加剂样品由合力迈公司提供，通过压裂酸化技术服务中心室内评价，建议引进 Clear Water 公司的稠化剂和交联剂两种添加剂；试验评价方法采用中国石油天然气集团公司的有关行业标准。

1. 国外 CO_2 泡沫压裂液性能评价

1）添加剂性能评价

（1）稠化剂的性能。

按照行业标准《植物胶及其改性产品性能测定方法》（SY/T 6074—2020），对稠化剂 ZCJ-7 及 HK-60 进行了七项性能评价，包括外观、水分、水不溶物、水溶液 pH 值、水溶液表观黏度、粒度和交联性能，该试验结果见表 8-39。可见，该稠化剂性能较好，水不溶物含量低、黏度高；但现场取样样品与送样样品在溶液黏度上有所降低。

表 8-39　植物胶稠化剂性能试验结果

样品	水分（%）	水不溶物（%）	pH 值	1%溶液黏度（mPa·s）	粒度%		
					120 目	160 目	200 目
ZCJ-7 送样	7.72	1.49	7	327	99.62	99.39	98.29
ZCJ-7 现场取样	7.49	0.84	7	264	99.34	98.54	95.36
HK-60 现场取样	11.11	1.12	7	246	99.54	98.85	97.48

稠化剂外观：淡黄色粉末；交联性能：良好

（2）助排剂的性能。

按照行业标准《压裂酸化用助排剂性能评价方法》（SY/T 5755—2016），对 QPJ-418 助排剂进行了不同浓度下的表面张力测定。该试验结果见表 8-40。可见，国外 QPJ-418 助排剂性能较国内主要助排剂性能差，表面张力较高。

表 8-40 QPJ-418 助排剂性能评价结果

代号	外观	密度 （g/cm³）	pH 值	表面张力（mN/m）	
				0.2%	0.5%
QPJ-418	棕色液体	1.108	6.0	29.2	28.2
DL-10	无色液体	1.050	6.5	20.12	19.30
CQ-A1	无色液体	1.008	7.0	21.76	—

（3）起泡剂性能评价。

使用 Warring 混调器在 220V 电压下，测试了 0.5% 浓度的起泡剂水溶液的起泡性能及其泡沫的半衰期，并与其他起泡剂性能进行了对比，试验结果见表 8-41。可见，国外 AMPHOAM75 起泡剂的起泡性能与稳泡性能与国内优质起泡剂性能相当，具有良好的起泡效率与稳定性。

表 8-41 AMPHOAM75 起泡剂与其他起泡剂性能对比

名称	外观	密度（g/cm³）	泡沫高度（mL）	半衰期（s）	配伍性
AMPHOAM75	淡黄色透明液体	1.048	860	508	清亮，配伍
FL-48	无色透明液体	0.995	860	510	清亮，配伍
YPF-1	无色透明液体	0.969	770	226	清亮，配伍

（4）交联剂性能评价。

按照行业标准《压裂用交联剂性能试验方法》（SY/T 6216—1996），对 JLJ-3 交联剂进行了性能评价。试验结果见表 8-42。

表 8-42 JLJ-3 交联剂基本性能试验结果

样品来源	外观	密度 （g/cm³）	交联描述		
			pH 值为 4	pH 值为 7	pH 值为 9
送样	淡黄色透明液体	1.051	6s 开始增稠210s 挑挂	20s 增稠，难挑挂	4s 开始增稠，交联挑挂
现场取样	淡黄色透明液体	1.047	30s 交联挑挂	难挑挂	20s 交联挑挂

2）压裂液添加剂配伍性试验

根据长庆油田提供的泡沫压裂液配方：0.48%ZCJ-7 稠化剂 + 0.5% 起泡剂 AM-PHOAM75+0.5%QPJ-418 助排剂 + 0.19% 交联剂 JLJ-3。

由于油田提供的国外配方中，缺少了压裂液黏土稳定剂、杀菌剂和破胶剂等添加剂。因此，在配伍性测试中，配套了其他必须的压裂液添加剂，考察了它们之间的相互影响（表 8-43）。

由表 8-43 可见，国外送样的三种添加剂之间配伍性好，而与之配套的长庆油田常用杀菌剂和黏土稳定剂不配伍，而国内生产的 FL-48（北京华兴化学试剂厂生产）、YFP-1（长庆油田井下化工厂生产）与它们之间的配伍性好。

表 8-43 压裂液添加剂配伍性试验结果

添加剂代号	AMP75	QPJ418	JLJ-3	KCl	SQ-8	COG	FL-48	YFP-1
AMP75	√	√	√	√	×	×	×	×
QPJ-418	√	√	√	√	×	×	×	×
JLJ-3	√	√	√	√	√	√	√	√
KCl	√	√	√	√	√	√	×	√
SQ-8	×	×	√	√	√	√	√	√
COG	×	×	√	√	√	√	√	√
FL-48	×	×	√	×	√	√	√	√
YFP-1	×	×	√	√	√	√	√	√

注："√"代表配伍，"×"代表不配伍。

3）国外压裂液配方基液性能及其交联性能

（1）压裂液配方与 pH 值。

由于该交联压裂液体系交联性能受溶液 pH 值影响变化很大，分别测试了油田提供的压裂液配方和不同 pH 调节剂调节所得的 pH 值。

配方 A：0.48%ZCJ-7+0.5% AMPHOAM75+0.5% QPJ-418，pH 值≤6.5~7.0；

配方 B：0.48%ZCJ-7+0.5%AMPHOAM75+0.5% QPJ-418+0.3%20%HC，pH 值≤5；

配方 C：0.48%ZCJ-7+0.5%AMPHOAM75+0.5%QPJ-418+0.8%20%HCl，pH 值≤2；

配方 D：0.48%ZCJ-7+2%KCl+ 0.5%60%乙酸，pH 值≤4；

配方 E：0.48%ZCJ-7+2%KCl+0.5%AMPHOAM75+0.5%60%乙酸，pH 值≤4；

配方 F：0.48%ZCJ-7+2%KCl+0.5% QPJ-418+0.5%60%乙酸，pH 值≤4；

配方 G：0.48%ZCJ-7+2%KCl+0.5% AMPHOAM75+0.5% QPJ-418+0.5%60%乙酸，pH 值≥4；

配方 H：0.55%ZCJ-7+2%KCl+0.5% AMPHOAM75+0.5%QPJ-418+0.5%60%乙酸，pH 值≥4；

配方 I：0.48%ZCJ-7+2% KCl+0.5% AMPHOAM75+0.5% QPJ-418+0.8%60%乙酸，pH 值=4；

配方 J：0.6%ZCJ-7+2%KCl+0.5%AMPHOAM75+0.5%QPJ-418+0.5%60%乙酸，pH 值≥4。

（2）基液黏度。

0.48%ZCJ-7 水溶液表观黏度为 72mPa·s，0.55%ZCJ-7 水溶液表观黏度为 90mPa·s，0.6%ZCJ-7 水溶液表观黏度为 102mPa·s。

（3）压裂液交联性能。

不同压裂液配方体系的交联特性见表 8-44。

（4）压裂液耐温耐剪切。

使用 RV20 型流变仪，分别测试了不同条件下酸性交联压裂液流变性能。其试验结果分别见表 8-45 至表 8-50。

表 8-44　不同 pH 值的压裂液体系的交联特性

配方	pH 值	温度（℃）	交联剂（%）	交联情况描述
A	≤7	16	0.2	不交联
A	≤7	16	0.5	不交联
A	≤7	40	0.2	不交联
B	≤5	16	0.2	弱交联
B	≤5	16	0.5	弱交联
B	≤5	40	0.2	弱交联
C	≤2	16	0.2	快速增稠，弹性弱，难以挑挂，放置 15 分钟后能基本挑挂
C	≤2	16	0.5	快速增稠，弹性弱，10 分钟后能勉强挑挂，放置自动析水
D	≤4	15	0.2	快速增稠，弹性弱，难以挑挂，放置 15 分钟后能勉强挑挂
D	≤4	30	0.2	瞬间部分交联不均匀，难以挑挂，放置 15 分钟能勉强挑挂
D	≤4	15	0.2	30 秒后加入 0.5%AMPHOAM75 和 0.5%QPJ-418，结果同上
E	≤4	15	0.2	快速增稠，弹性弱，难以挑挂，放置 15 分钟后能勉强挑挂
F	≤4	15	0.2	快速增稠，弹性弱，难以挑挂，放置 15 分钟能勉强挑挂
F	≤4	30	0.2	瞬间部分交联不均匀，难以挑挂，放置 15 分钟能勉强挑挂
G	≥4	15	0.2	快速增稠，弹性弱，380 秒部分挑挂，放置 15 分钟后挑挂
G	≥4	30	0.2	瞬间部分交联不均匀，难以挑挂，放置 15 分钟
G	≥4	15	1.2	快速交联，30 秒能勉强挑挂，搅拌变碎
H	≥4	15	0.3	6 秒初交联，90 秒部分挑挂，放置 5 分钟后挑挂
I	=4	15	0.2	快速交联，1 分钟挑挂较好，弹性较好
J	≥4	15	0.3	5 秒初交联，100 秒可挑挂，弹性较好

表 8-45　配方 G+0.2%JLJ-3 的耐温耐剪切试验（110℃）

时间（min）	0	10	20	30	40	50	60	70	80	90
温度（℃）	20	43	70	99	118	114	112	112	112	112
黏度（mPa·s）	104	127	155	137	78	22	16	11	8	7

表 8-46　配方 G+0.2%JLJ-3 的耐温耐剪切试验（90℃）

时间（min）	0	10	20	30	40	50	60	70	80	90
温度（℃）	33	81	89	90	90	90	90	90	90	90
黏度（mPa·s）	229	167	160	140	116	81	57	44	32	28

表 8-47　配方 H+0.3%JLJ-3 的耐温耐剪切试验（90℃）

时间（min）	0	10	20	30	40	50	60	70	80	90
温度（℃）	31	58	86	89	90	90	90	90	90	90
黏度（mPa·s）	379	610	233	62	50	49	48	44	41	40

表 8-48　配方 I+0.2%JLJ-3 的耐温耐剪切试验（90℃）

时间（min）	0	5	10	20	30	40	50
温度（℃）	17	30	43	70	86	89	90
黏度（mPa·s）	318	325	239	75	40	39	36

表 8-49　配方 G+0.5%JLJ-3 的耐温耐剪切试验（90℃）

时间（min）	0	10	20	30	40	50	60	70	80	90
温度（℃）	20	57	85	88	89	90	90	90	90	90
黏度（mPa·s）	336	261	116	76.6	71	66	61	58	58	57

表 8-50　配方 J+0.3%JLJ-3 的耐温耐剪切试验（90℃）

时间（min）	1	10	20	30	40	50	60	70	80	90
温度（℃）	20	60	86	88	90	90	90	90	90	90
黏度（mPa·s）	527	354	499	258	185	102	67	59	54	53

（4）压裂液破胶性能。

配方 G+0.2%JLJ-3 作 110℃ 的破胶试验，恒温 8 小时，使用 ϕ1.0mm 毛细管黏度计测得破胶液黏度为 4.705mPa·s。

（5）动态模拟试验。

使用多功能泡沫回路试验装置，分别测试了不同条件下（条件 1：90℃、170s^{-1}、1000psi 和泡沫质量为 50%；条件 2：80℃、170s^{-1}、1000psi 和泡沫质量为 70%）国外泡沫压裂液配方的泡沫流变性能。泡沫压裂液配方为：0.48%ZCJ-7 稠化剂+0.5%AMP75 起泡剂+0.5%QPJ-418 助排剂+0.2%JLJ-3。在试验过程中，常温下该压裂液不交联，首先注入密闭泡沫回路，随后泵入 CO_2 形成泡沫流体，测试泡沫流体流变性能。实验结果表明，随着温度的增加，初期泡沫流体表观黏度增加，随后稳态剪切黏度降低，50% 泡沫质量时，最高黏度为 185mPa·s，剪切 1 小时后黏度为 60mPa·s，1.5 小时后黏度降低为 50mPa·s 以下；70% 泡沫质量时，最高黏度为 485mPa·s，随后快速降低至 220mPa·s，剪切 1 小时后黏度为 90mPa·s，1.5 小时后黏度仍保持在 80mPa·s 以上。

通过室内试验对国外泡沫压裂液添加剂送样样品性能测试和基本配方体系综合性能评价，分析认为：提供的压裂液基础配方延迟交联时间长，流变性能较差，与国内配套的压裂液添加剂存在不配伍等问题。应根据储层特征和现场压裂工艺的需要，开展改进和完善 CO_2 泡沫压裂液体系室内试验工作。

2. 改进的国外泡沫压裂液体系

1）压裂液添加剂优选

（1）稠化剂。

起泡剂在水溶液中稳泡能力较差（半衰期一般小于 15 分钟），不能满足压裂施工要求。改善流体流变性、增加黏度、增大泡沫之间膜的强度是增强泡沫稳定性的技术关键。对于泡沫压裂液使用的稳泡剂就是水基压裂液中常用的稠化剂。在考察这种稳泡剂时不仅要求具有较低含量的水不溶物，还要求具有强的增黏能力。同时 CO_2 考虑到酸性介质的交联问题，国外哈里伯顿、BJ 等大公司多采用羧甲基瓜尔胶（CMG）或羧甲基羟丙基瓜尔胶（CMHPG）为CO_2泡沫压裂液的稳泡剂。但国内没有工业化的羧甲基瓜尔胶（CMG）或羧甲基羟丙基瓜尔胶（CMHPG）压裂液稠化剂，仅有羧甲基瓜尔胶小样。不同稳泡剂（稠化剂）的性能对比见表8-51。可见，国外改性瓜尔胶稠化剂性能最好，特别是国外送样的ZCJ-7及现场取样的HK-60羧甲基羟丙基瓜尔胶增黏能力很强，而水不溶物却很低。国内稠化剂由于结构和加工工艺的差异，与国外同类产品相比，单项性能指标存在较大差异。因此，引进并选用ZCJ-7或HK-60羧甲基羟丙基瓜尔胶作为国外泡沫压裂液的稠化剂。

表8-51 不同稳泡剂（稠化剂）性能对比

稠化剂类型	1%溶液黏度（mPa·s）	水不溶物含量（%）
瓜尔胶	305	24.5
羟丙基瓜尔胶（国外）	298	4~5
羧甲基羟丙基瓜尔胶（ZCJ-7，国外）	327	1.49
羧甲基羟丙基瓜尔胶（HK-60，国外）	246	1.12
羟丙基瓜尔胶（国内）	250~270	10~15
羧甲基瓜尔胶（小样）	124	15.6
羧甲基皂仁（小样）	69	18.4
香豆胶	150~180	10~13
改性田菁胶	120~170	10~19

（2）交联剂。

交联剂是将压裂液高分子长链中的活性基团通过交联离子连接起来，形成具有三维网状的黏弹性冻胶。由于交联pH值不同，交联剂可分为酸性交联剂和碱性交联剂。目前，国内外压裂液多为碱性交联，pH值为7.5~13；而酸性介质常作为压裂液氧化剂、酶和酸三类破胶剂之一，酸性交联成为攻关的难点。CO_2泡沫压裂是将CO_2先以液态形式与水基压裂液混合加入，在地层温度作用下，CO_2汽化并形成泡沫。该压裂液体系pH值为3~4。常规碱性交联压裂液不能使CO_2高分子溶液交联。为了进一步增强泡沫压裂液流变性能，克服由于大量CO_2加入对压裂液的稀释作用，酸性交联是CO_2泡沫压裂的关键环节。

针对国内大量使用的羟丙基瓜尔胶稠化剂结构特点，通过大量室内研究，首次研究成功了AC-8酸性交联剂，并应用于油田且获得了成功。国外引进的羧甲基羟丙基瓜尔胶具有大量羧甲基官能团，国外与之配套的是JLJ-3交联剂。如前所述，该交联剂具有明显pH值选择性的交联特性，在碱性和酸性条件下，交联特性较好，而在中性和弱酸性条件下交联性能较差；同时该交联剂对国产的羟丙基瓜尔胶交联能力弱，交联性能差。因此，针对这次引进的羧甲基羟丙基瓜尔胶稠化剂，选用国外配套的JLJ-3交联剂。

（3）起泡剂。

起泡剂是泡沫压裂液的关键添加剂之一。其性能的好坏直接影响泡沫压裂液的起泡能力和稳泡能力。起泡剂多为表面活性剂，但不同的表面活性剂因其结构差异，其起泡能力和稳泡能力不同。具有良好起泡剂的表面活性剂必须具备两个条件，即易于产生泡沫和产生的泡沫有较好的稳定性。易于产生泡沫要求表面活性剂具有良好的降低表面张力能力。从分子结构看，对一定亲水基的表面活性剂，要求亲油基有一个适当长度的烃链，以达到界面的吸附平衡；泡沫稳定性要求表面活性剂的吸附层有足够的强度，以增加其弹性，减少液体的排泄量。

由于不同类型和表面活性的差异，不同起泡剂的起泡能力和半衰期不同。如前所述，国外配套的AMPHOAM75起泡剂与国内的FL-48和YPF-1性能相当。由于表面活性剂的极性基团的多样性，大幅增加了起泡剂对无机盐（不同电荷离子）、有机阴阳离子及其他极性基团的配伍复杂性。近期进一步研究表明，阳离子起泡剂FL-48和YPF-1与其他添加剂配伍性良好，但这类起泡剂与常用破胶剂过硫酸盐配伍性较差，当过硫酸盐量超过0.02%时，对压裂液的起泡和稳泡影响明显（试验结果见表8-52）。而对阴离子表面活性剂起泡剂（如FL-36）配伍性良好。如何避免在压裂液配方中大量过硫酸盐破胶剂与起泡剂的接触是阳离子起泡剂选用的关键。可见，该起泡剂在低浓度下，对过硫酸铵（APS）破胶剂敏感性较小，而在较高浓度下，对过硫酸铵（APS）破胶剂敏感性增大，配伍性较差。通过使用胶囊破胶剂将过硫酸盐包裹起来，可大幅降低过硫酸盐对起泡剂的不利影响，并使提高破胶剂使用浓度成为可能，实现快速破胶。

考虑压裂液起泡剂与常用黏土稳定剂和杀菌剂的配伍性，同时考虑油田要求，此次泡沫压裂液体系的起泡剂选用长庆油田生产的YFP-1起泡剂或北京华兴化学试剂厂生产的FL-48起泡剂。同时使用胶囊破胶剂避免在施工中大量过硫酸盐与起泡剂的直接接触，保持良好的起泡性能和稳泡性能。

表8-52 不同起泡剂类型与过硫酸铵（APS）的配伍性试验结果对比

序号	组成配比	起泡体积（mL）	半衰期（s）	析出水描述
1	1%YFP-1+0.005%APS	970	460	清澈
2	1%YFP-1+0.02%APS	930	436	浑浊
3	1%YFP-1+0.04%APS	620	245	浑浊
4	1%FL-48+0.005%APS	970	505	清澈
5	1%FL-48+0.04%APS	680	370	浑浊
6	1%FL-48+0.04%NBA	980	460	清澈
7	1%FL-36+0.04%APS	990	555	清澈

（4）助排剂。

对于低压致密砂岩储层，改善入井流体对储层岩心的润湿吸附特性，降低毛细管阻力，对实现压裂液返排，减少储层伤害极其重要。对于气藏压裂改造，应重点考察压裂液的表面张力和接触角。

表8-53是国内外不同助排剂的性能对比。可见，不同的助排剂由于组成和适应特点的差异，助排性能大有不同。在鄂尔多斯上古生界气藏压裂中首选DL-10高效助排剂，并可CF-5A助排剂为替代品。

（5）破胶剂。

破胶剂是压裂施工结束后实现压裂液冻胶快速降解为低分子低黏度水溶液的关键添加剂。目前，国内外大量使用的仍是过硫酸盐和氧化型胶囊破胶剂。如美国安然公司和道威尔公司在四川八角场气田压裂施工中，单井胶囊破胶剂使用量达到120kg，明显改善了压裂液流变与破胶性能。压裂液在满足施工对流变性能（高黏度）的同时，为了达到快速彻底破胶，加快返排，要求加大破胶剂用量。为避免高浓度破胶剂对压裂液流变性能和起泡剂起泡性能及稳泡性能的不利影响，在本压裂液配方体系中选用过硫酸盐与胶囊破胶剂配套技术。破胶剂的用量根据压裂施工过程中，温度场的变化进行优化加入。

表 8-53 不同类型助排剂主要性能对比

助排剂代号	表面张力（mN/m）	接触角（°）	备注
QPJ-418	28.20		国外样品
DL-10	20.12	79.8/64.5	北京华兴厂
CF-5A	19.81（上部26.2）	62.2/26.3	长庆油田
CQ-A1	21.76/1.23		长庆油田
D-50	26.56/0.41	46.7	山东东营
ZA-3	27.91/3.24		中原油田
MAN	27.22/2.95		胜利油田

2）改进压裂液配方体系与综合性能试验

根据国内外 CO_2 泡沫压裂液添加剂的优选，确定该 CO_2 泡沫压裂液所选添加剂如下：稠化剂为 HK-60，黏土稳定剂为 KCl，助排剂为 CF-5A，起泡剂为 YFP-1，杀菌剂为 SQ-8，酸性交联剂为 JLJ-3，破胶剂为过硫酸盐与胶囊破胶剂。

（1）改进的 CO_2 泡沫压裂液配方。

基液：0.6%HK-60 稠化剂+1%KCl 黏土稳定剂+0.10%SQ-8 杀菌剂+0.3%CF-5A 助排剂+1.0%YFP-1 起泡剂+0.4%醋酸；

交联液：30%JLJ-3+0.5%NH；

交联比：100:1（0.8~1.2）；

在现场施工过程中，追加胶囊破胶剂 NBA-101，浓度为 0.01%~0.08%。

（2）压裂液基液性能。

①压裂液基液基本性能。

原送样基液黏度为 102mPa·s，调节溶液 pH 值为 3~4；现场取样基液黏度为 91.5mPa·s，调整溶液 pH 值为 5。

②不同 pH 值压裂液的交联特性。

由于酸性交联剂 JLJ-3 对 pH 值很敏感，pH 值低，交联速度快，交联冻胶硬脆，剪切或搅动放置脱水严重，流变性能较差；pH 值偏高或接近中性时，交联速度缓慢。表 8-54 是在不同 HCl 浓度下，压裂液在不同温度和交联比的条件下的延迟交联作用时间和在一定温度下的流变性能。

可见，溶液 pH 值对压裂液交联特性有较大影响，溶液 pH 值越低，交联速度加快，冻胶黏弹性越差，易造成脱水。随着交联温度的提高，交联速度加快，延迟交联时间缩短；同时，在相同交联离子浓度下，提高交联比，增加交联离子与植物胶分子的接触机会，交联时间进一步缩短。

鉴于基液黏度较低，溶液 pH 值对盐酸浓度强烈的敏感性，推荐选用醋酸调节溶液 pH 值。通过进一步实验，优化溶液 pH 值，调整 pH 值为 5，压裂液交联时间为 40~50 秒。

表 8-54　不同条件下的 CO_2 泡沫压裂液的延迟交联作用时间

序号	温度（℃）	HCl（%）	JLJ-3（%）	增稠时间（s）	挑挂时间（s）	描述
1	16	0.6	0.3	5	20	硬脆脱水
2	16	0.4	0.3	5	30	硬脱水
3	16	0.2	0.3	10	45	硬脱水
4	16	0.15	0.3	25	70	硬脱水
5	16	0.125	0.3	330	750	冻胶弹性好
6	16	0.1	0.3	390	870	冻胶弹性好
7	16	0.1	0.3（100:5）	330	750	冻胶弹性好
8	16	0.125	0.3（100:5）	270	630	冻胶弹性好
9	16	0.15	0.3（100:5）	600	3300	冻胶弹性好
10	30	0.1	0.3（100:5）	210	330	冻胶弹性好
11	30	0.125	0.3（100:5）	90	270	冻胶弹性好
12	50	0.1	0.3（100:5）	90	220	冻胶弹性好
13	50	0.125	0.3（100:5）	600	3000	冻胶弹性好

（3）压裂液耐温、耐剪切性能与流变参数。

使用德国 Haake 公司流变仪分别测定了在不同温度和破胶剂浓度下的压裂液配方耐温耐剪切性能及流变性能。酸性交联冻胶压裂液在 110℃ 和 90℃ 下的流变性能见表 8-55 和表 8-56。可见，优化后的酸性交联压裂液具有较好的耐温、耐剪切性能，在无破胶剂下 110℃、$170s^{-1}$连续剪切 120 分钟后，表观黏度仍然大于 90mPa·s。

将液态 CO_2（9℃、7.0MPa）通入酸性交联冻胶，按照 1:1 混合，然后升温形成泡沫压裂液，测定在 90℃ 下泡沫压裂液的耐温、耐剪切性能。其试验结果见表 8-57、表 8-58。可见，加入液态 CO_2 后，由于稀释作用，使得压裂液流变性能有所降低，特别是 CO_2 溶于水后的酸性介质作用，使其表观黏度较用 50%水稀释压裂液后的表观黏度还要低（表 8-59）。因此，CO_2 酸性介质对泡沫压裂液的交联和耐温、耐剪切性能均有较严重的影响，增加了泡沫压裂液研究的复杂性和难度。

表 8-55　酸性交联冻胶压裂液在 110℃时的耐温耐剪切性能（无 APS）

时间（min）	0.5	10	20	30	40	50	60	80	100	120
温度（℃）	21.7	69.2	105	111	109	110	110	109	110	110
黏度（mPa·s）	374	316	167	148	146	125	117	109	92.7	90.2

表 8-56　酸性冻胶压裂液在 90℃时的耐温耐剪切性能（0.005%APS）

时间（min）	0.5	10	20	30	40	50	60	80	100	120
温度（℃）	27.9	46.8	85.2	89.2	90.1	89.3	89.8	90.4	90	90.4
黏度（mPa·s）	260	246	449	428	307	365	305	267	215	182

表 8-57 CO_2 泡沫压裂液在 90℃时的耐温耐剪切性能（无 APS）

时间（min）	0.5	10	20	30	40	50	60	80	100	120
温度（℃）	14.3	11.3	28.5	62.1	84.9	89	90.1	91.1	91.3	91.6
黏度（mPa·s）	306	667	349	276	218	212	206	186	158	112

表 8-58 CO_2 泡沫压裂液在 90℃时的耐温耐剪切性能（0.005%APS）

时间（min）	0.5	10	20	30	40	50	60	70	80	90
温度（℃）	11.1	15.2	47.6	81.6	89.4	89.7	90.9	91.4	91	91
黏度（mPa·s）	403	198	167	143	120	113	100	93	80	70

表 8-59 CO_2 泡沫压裂液加 50%水在室温下的耐温耐剪切性能（0.03%APS）

时间（min）	0.5	10	20	30	50	60	80	90	100	120
温度（℃）	25.1	26	26	26	25	25	25	25	25	25
黏度（mPa·s）	726	422	881	759	511	369	225	178	143	88

表 8-60 压裂液流变参数对比

温度（℃）	APS（%）	60min		90min	
		k'	n'	k'	n'
110	0.001	2.128	0.4753	1.875	0.4699
110	0.01	1.671	0.4403	1.487	0.4160
90	0.02	2.057	0.3872	1.557	0.4013

（4）压裂液破胶性能。

将该压裂液体系在不同温度和破胶剂浓度下，使用 $\phi 1.2mm$ 的毛细管黏度计，分别测试在不同时间内的压裂液破胶液黏度。该破胶试验结果见表 8-61。

表 8-61 压裂液破胶性能对比

序号	温度（℃）	APS（%）	不同时间下破胶液黏度（mPa·s）					
			1h	2h	3h	4h	6h	8h
1	110	0.001				5.471	4.125	3.147
2	110	0.005				5.014	4.101	3.104
3	90	0.01				部分破胶	9.875	
4	90	0.02		5.12		1.252		
5	90	0.05		4.78		1.047		

（5）动态模拟试验结果。

使用多功能泡沫流动回路，进一步动态模拟 CO_2 泡沫压裂液流体的流变学特性，模拟条件为泡沫质量 55%、温度 80℃、压力 800psi，模拟试验结果如图 8-29 所示。试验结果表明，该泡沫压裂液具有较好的流变性能，最高黏度为 294.5mPa·s，随后仍保持了较高黏度，剪切 60 分钟后黏度为 132.1mPa·s，90 分钟后黏度仍保持在 105mPa·s 以上。

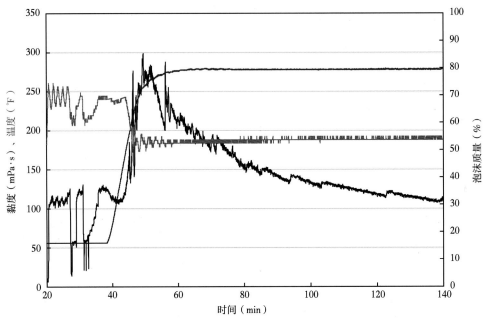

图 8-29　CO$_2$ 泡沫压裂液动态模拟结果

（6）助排性能。

对破胶液的清液进行测试，表面张力为 29.92mN/m，界面张力为 1.34 mN/m。

（7）残渣。

压裂液的残渣为 226mg/L。

六、CO$_2$ 泡沫压裂液小结

（1）CO$_2$ 泡沫压裂液是一种优质的低伤害压裂液体系，是不同压裂液类型的重要组成部分，具有含水量低、黏度高、滤失低、清洁裂缝、易返排、伤害小等特点。CO$_2$ 泡沫压裂液在国外有了较大发展，而国内仍处于是室内研究与现场试验阶段。

（2）CO$_2$ 泡沫压裂液是热力学不稳定体系，起泡和稳泡是泡沫压裂液的两项关键技术。必须具备具有良好起泡性能的表面活性剂，即易于产生泡沫和产生的泡沫有较好的稳定性两个条件。易于产生泡沫要求表面活性剂具有良好的降低表面张力能力；泡沫稳定性要求表面活性剂的吸附层有足够的强度，以增加弹性，减少液体的排泄量。研究优选的起泡剂具有良好的起泡能力、稳泡能力和高效特性。

（3）研制开发了酸性交联剂。酸性增黏与交联是提高 CO$_2$ 泡沫压裂液体系稳定，改善流变特性的重要途径。在 CO$_2$ 酸性介质下实现了酸性增黏和酸性交联，大幅提高泡沫压裂液热稳定性和剪切稳定性。通过大量试验研究，优选出了具有良好综合性能的 CO$_2$ 泡沫压裂液配方体系。该压裂液具有起泡能力和稳泡能力强、流变性能和携砂能力好、低滤失、破胶快、低膨胀及低伤害等特点；同时储层岩心实验证实了 CO$_2$ 泡沫压裂液对储层岩石具有低膨胀及低伤害特性。

（4）对国外 CO$_2$ 泡沫压裂液四种主要添加剂性能评价表明，羧甲基羟丙基瓜尔胶稠化剂水溶性好，水不溶物含量低，增黏能力强，黏度高；JLJ-3 交联剂交联反应受溶液 pH 值影响很大，在碱性和酸性可以交联，初交联较快，形成挑挂冻胶时间长，但在中性或弱

340

酸性（pH值为5~7）交联性能差；起泡剂AMP75起泡性能较好，与国内优质起泡剂性能相当；助排剂PQJ-418表面张力高，差于国内优质气井助排剂；同时该助排剂和起泡剂与长庆油田常用的杀菌剂和黏土稳定剂配伍性差，影响性能。

（5）鉴于对国外压裂液添加剂（送样与现场取样）和配方体系性能评价及国内工程应用分析，建议引进了国外压裂液主剂，国内配套了泡沫压裂液起泡剂、助排剂、破胶剂、黏土稳定剂、杀菌剂等，并优化了各添加剂用量，研究形成了CO_2泡沫压裂液新体系。研究表明，国外采用羧甲基瓜尔胶酸性交联技术在一定程度上改善了酸性压裂液流变性能。

（6）通过了室内实验及现场应用的验证，酸性交联CO_2泡沫压裂液技术条件成熟，能满足较大规模的压裂施工。

（7）国内用CO_2泡沫压裂液体系与国外有一定的差距，主要表现在使用的酸性交联稠化剂（羧甲基）。建议深入开展稠化剂的改进及现有羧甲基稠化剂的筛选，提高CO_2酸性交联压裂液性能水平。

（8）CO_2泡沫压裂液是一种复杂的气液两相非牛顿流体，涉及了表面（界面）化学、胶体化学、高分子物理、高分子化学、流体力学、流变学、热力学和反应动力学等相关学科。在起泡与稳泡、酸性交联机理、超临界CO_2流体流变学特征等方面研究还很不够，建议深入开展泡沫压裂液机理与高泡沫质量流变性能及工艺技术研究，提高气藏压裂施工水平，满足不同储层压裂施工的需要。

第五节　CO_2泡沫压裂油气藏模拟研究

本次CO_2泡沫压裂试验研究，必须根据储层地质特点，研究储层与水力泡沫压裂的匹配关系，以及压后的产量变化情况，优化施工参数系统。由于本次CO_2泡沫压裂试验研究分两步进行，先进行油井的CO_2泡沫压裂试验，待工艺技术成功后，再对气井进行CO_2泡沫压裂实施。因此，本次CO_2泡沫压裂模拟研究也分为油井和气井两部分。

一、油井CO_2泡沫压裂模拟研究

1. 油井选井概况

1999年8月，长庆油田选择了三口油井进行CO_2泡沫压裂试验，分别是靖安油田盘古梁区的J39-54井、L136井，五里弯一区的L81-56井。后来调整为L85-26井、L90-27井和L91-29井均位于靖安油田五里弯一区的西南部（位于"开发压裂"试验区东南侧）。

2. 油藏（地质）的一般描述

1）油藏沉积特征

靖安油田五里弯一区长6_2储层为三叠系延长组三角洲前缘水下分流河道沉积为主。储层岩性为一套灰绿色中、细粒岩屑质长石砂岩，碎屑物以长石为主，其中长石含量49.2%，石英含量21.4%，岩屑含量14.0%，其他4.1%；填隙物以绿泥石、铁方解石为主，绿泥石含量4.9%，铁方解石含量1.42%，水云母含量0.9%，方解石含量0.66%，长石含量0.19%，硅质含量1.66%，杂基含量0.5%，其他含量1.17%。

2）储层敏感性分析

据室内敏感性分析表明，该区长6段油层属中等偏弱酸敏性，弱速敏性，中等偏弱水

敏性。

3）地面原油性质

该区长 6 段油层地面原油密度 0.8535g/cm³，黏度（50℃）6.82mPa·s，凝固点 22.73℃，沥青质含量 2.45%。

长 6 段水矿化度 82.2g/L，水型为 $CaCl_2$ 型，pH 值 5.93。

4）地应力场与岩石力学性质

靖安油田长 6 段储层特征与安塞油田相似，由于连通性好，构造相对稳定，因此，长 6 段储层的最大主应力方向是相对稳定的。借鉴安塞油田长 6 段储层测试结果，长 6 段储层最大主应力方向为北东方向 60°~75°。

根据 L82-51 井长源距声波测井曲线进行的地应力剖面研究，油层最小水平主应力 21MPa 左右，油层与上下隔层应力差为 7MPa。据长庆油田统计，长 6 段油层破裂压力为 31~36 MPa，裂缝延伸压力为 20~24 MPa。

借用 ZJ60 试验区 L84-49 井岩石力学实验，储层砂岩弹性模量平均为 17000MPa，泊松比 0.21，平均抗压强度 113 MPa，平均孔隙弹性系数 0.68。

5）储层有效厚度、渗透率、孔隙度的评估

据"靖安油田 120 万吨产能建设可行性研究（1997 年 1 月）"靖安油田长 6 段主要在中部、南部和东部，其油层综合数据见表 8-62。

表 8-62　靖安油田长 6 段油层综合数据表

油田区块	层位	有效厚度（m）	岩心平均渗透率（mD）	岩心平均孔隙度（%）	试油		初期试采	
					油（t/d）	水（m³/d）	油（t/d）	水（m³/d）
中部	长 6 段	10.6	1.0	12.6	10.83	1.74	6.7	9.0
南部	长 6 段	12.92	1.5	13.6	11.58	1.57	7.4	12.6
东部	长 6 段	10.3	0.88	12.1	6.34	4.9		
平均	长 6 段	11.27	1.13	12.8				

（1）储层有效厚度。

中部地区长 6 段油层平均有效厚度 10.6m；南部地区长 6 段油层平均有效厚度 12.92m，其中长 6_1 亚段油层平均有效厚度 5.3m，长 6_2 亚段油层平均有效厚度 7.62m；东部地区长 6_1 亚段油层平均有效厚度 10.3m，三个地区长 6 段油层平均有效厚度 11.27m。据"开发压裂"长 6_2 亚段油层平均有效厚度 10~15m。

（2）储层有效渗透率。

中部地区长 6 段油层平均岩心分析渗透率 1.0mD，其中，长 6_1 油层岩心分析渗透率 0.7mD，长 6_2 亚段油层岩心分析渗透率 1.065mD；南部地区长 6 段油层平均岩心分析渗透率 1.5mD，其中长 6_1 亚段油层岩心分析渗透率 1.216mD，长 6_2 亚段油层岩心分析渗透率 1.519mD；东部地区长 6_1 亚段油层平均岩心分析渗透率 0.88mD；三个地区长 6 段油层平均岩心分析渗透率 1.13mD。J39-54 井长 6 段测井解释渗透率 3.88mD，据"开发压裂"的研究结果，认为储层有效渗透率是测井解释渗透率的 1/5~1/6，即储层平均有效渗透率取 0.5mD。

（3）储层孔隙度。

靖安油田中部地区长 6 段油层平均岩心分析孔隙度 12.6%；南部地区长 6 段油层平均岩心分析孔隙度 13.6%；东部地区长 6_1 亚段油层平均岩心分析孔隙度 12.1%。J39-54 井长 6 油层测井解释孔隙度 11.3%。

3. 油藏模拟条件分析

综合分析储层地质条件，结合"开发压裂"研究结果，得出本次 CO_2 泡沫压裂试验研究的油藏模拟条件见表 8-63。

表 8-63　CO_2 泡沫压裂试验研究的油藏模拟条件

层位	长 6_2 亚段	有效厚度（m）	12
井网	反九点	有效渗透率（mD）	0.5~1
井距（m）	300~350	孔隙度（%）	11~12
地温（℃）	60	生产压差（MPa）	10
埋深（m）	1860	地面原油密度（g/cm³）	0.8535
原始地层压力（MPa）	16.66	50℃下黏度（mPa·s）	6.82

4. 油藏模拟研究结果

根据油藏的地质特征和泡沫压裂改造的要求，本次油藏模拟主要包括几个方面。

1）不同支撑缝长条件下的产量变化情况

图 8-30 是在有效厚度 12m、有效渗透率为 0.5mD、生产压差 10MPa、导流能力 15D·cm 的条件，产油量随缝长的变化情况；从图中可以看出，不压裂时，12 个月平均产油量只有 0.81t/d；缝长 100m，压裂后 12 个月平均产油量为 3.2t/d。增产倍比为 3.95。同理，在缝长分别为 130m、180m、200m 时，压后 12 个月平均产油量分别为 3.24t/d、3.48t/d、和 3.52 t/d，分别在同样时间里增产量分别为 0.04t/d、0.11t/d 和 0.04t/d，增产倍比分别为 4、4.3 和 4.35，增加的幅度逐渐减少。由此说明：当厚度和有效渗透率一定时，增加支撑缝长，平均产油量有一定程度的提高，增产倍比相应增加。但是，压裂后期的产油量却有一定程度的降低，并且，随着支撑缝长的增加，产油量增加的幅度逐渐减少。

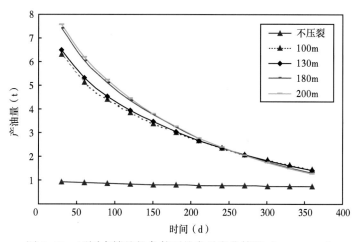

图 8-30　不同支撑缝长条件下的产量变化情况（$K=0.5mD$）

图 8-31 是在有效厚度 12m、有效渗透率为 1.0mD、生产压差 10MPa、导流能力 15D·cm 的条件，产油量随缝长的变化情况。从图中可以看出，不压裂时，12 个月（1 年）平均产油量只有 1.47t/d；缝长 100m，压裂后 12 个月平均产油量为 3.72t/d，增产倍比为 3.95；同理，在缝长分别为 130m 和 180m 时，压后 12 个月平均产油量分别为 3.78t/d 和 3.82t/d，随着支撑缝长的增加，产油量增加的幅度逐渐减小。

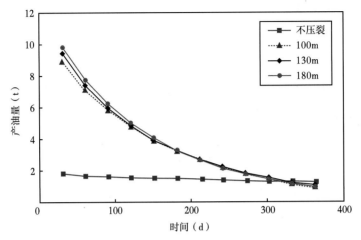

图 8-31　不同支撑缝长条件下的产量变化情况（*K*=1.0mD）

图 8-32 和图 8-33 是在有效厚度 12m、生产压差 10MPa、导流能力 30D·cm 的条件，有效渗透率分别为 0.5mD 和 1.0mD 条件下，产油量随缝长的变化情况。其产油量增加的规律与图 8-30 和图 8-31 相似。

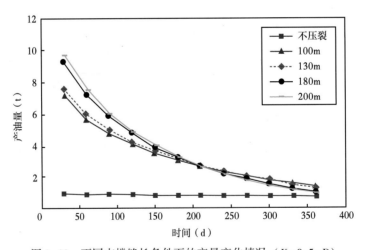

图 8-32　不同支撑缝长条件下的产量变化情况（*K*=0.5mD）

从以上规律可知，压裂后增产趋势是产油量随支撑缝长的增加而增加，但增加的幅度并不大。随着支撑缝长的增加，产油量增加的幅度逐渐减少。因此，施工规模不是越大越好，必须以能造出最佳支撑缝长时为佳。

2）不同导流能力情况下产油量变化情况

图 8-30 和图 8-32 是有效渗透率为 0.5mD、生产压差 10MPa，导流能力分别为

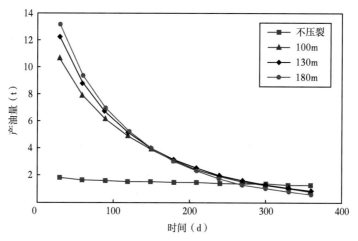

图 8-33　不同支撑缝长条件下的产量变化情况（$K=1.0mD$）

15D·cm 和 30D·cm 的条件下产量变化情况，由图中可知，若支撑半缝长为 180m、导流能力为 15D·cm 时，压裂后 1 个月平均产油量为 7.42 t/d，压裂后 12 个月平均产油量为 3.48t/d；导流能力分别为 30D·cm 时，压裂后 1 个月平均产油量为 9.3t/d，压裂后 12 个月平均产油量为 3.72t/d。压裂初期的增加幅度较大，但后期增加幅度逐步减小。

图 8-31 和图 8-33 是有效渗透率为 1.0mD、生产压差 10MPa、导流能力分别为 15D·cm 和 30D·cm 的条件下产量变化情况，由图中可知，若支撑半缝长为 180m、导流能力为 15D·cm 时，压裂后 1 个月平均产油量为 9.8t/d，压裂后 12 个月平均产油量为 3.82t/d；导流能力分别为 30D·cm 时，压裂后 1 个月平均产油量为 13.2t/d，压裂后 12 个月平均产油量为 4.11t/d。

由此可知，随着导流能力的增加，其产油量相应增加，且在压裂初期的增加幅度较大，但后期增加幅度逐步减小。对于油井压裂，选择石英砂作为支撑剂是经济可行的。

3）不同渗透率条件下的产油量变化情况

对于渗透率不同的井，压裂后产油量差别很大。

图 8-30 和图 8-31 是导流能力为 15D·cm、生产压差 10MPa、有效渗透率分别为 0.5mD 和 1mD 的条件下产量变化情况，由图中可知，若支撑半缝长为 180m、有效渗透率为 0.5mD 时，压裂后 1 个月平均产油量为 7.42t/d，压裂后 12 个月平均产油量为 3.48t/d；有效渗透率为 1mD 时，压裂后 1 个月平均产油量为 9.8t/d，压裂后 12 个月平均产油量为 3.82t/d。

图 8-32 和图 8-33 是导流能力为 30D·cm、生产压差 10MPa、有效渗透率分别为 0.5mD 和 1mD 的条件下产量变化情况，由图中可知，若支撑半缝长为 180m、有效渗透率为 0.5mD 时，压裂后 1 个月平均产油量为 9.3t/d，压裂后 12 个月平均产油量为 3.72t/d；有效渗透率为 1mD 时，压裂后 1 个月平均产油量为 13.2t/d，压裂后 12 个月平均产油量为 4.11t/d。

由此可知，压裂后初期产油量随渗透率增加而增加，且增加的幅度较大。但是在后期的变化幅度逐步变小。因此，压裂改造时，在生产压差、有效渗透率和有效厚度一定的情况下，有效渗透率太低，即使压裂后，也不能达到工业开采价值；反之，渗透率适当增加，则增产较为明显。故本次 CO_2 泡沫压裂实验，应该优先选择渗透率较高、物性较好的井压裂，待成功后再推广。

4）不同压裂液体系下的产油量变化情况

据文献调研，水基压裂液对裂缝导流能力的保持率为 10%~50%，对地层渗透率的保持率为 40% 左右，泡沫压裂液（泡沫质量大于 70%）对裂缝导流能力的保持率为 80%~90%，对地层渗透率的保持率为 90% 左右。但 CO_2 泡沫压裂液（比例 1:1）由于的水基体积较大，对裂缝导流能力的保持率比泡沫压裂液（泡沫质量大于 70%）低，结合石英砂在 20MPa 下的导流能力为 45.5D·cm，则优化后的水基压裂液和 CO_2 泡沫压裂液的裂缝导流能力分别为 15D·cm 和 30D·cm。

图 8-34 是根据典型井 J39-54 井的储层条件，模拟了优化后的水基压裂液和 CO_2 泡沫压裂液对储层和导流能力的影响。其有效渗透率为 0.5mD，水基压裂后的有效渗透率为 0.2mD，泡沫压裂后的有效渗透率为 0.45mD；根据石英砂的导流能力，水基压裂和 CO_2 泡沫压裂后的裂缝导流能力分别为 24D·cm 和 56.5D·cm。支撑缝长 100m，生产压差 10MPa，由图中可知，两种压裂液压裂后 30 天的产油量分别为 9.8t/d 和 15.3t/d，其趋势与前面不同裂缝导流能力下产量变化情况类似。

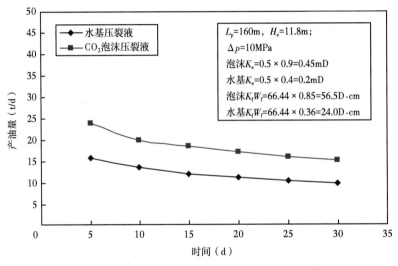

图 8-34　不同压裂液下产量变化情况（J39-54 井）

显然，采用 CO_2 泡沫压裂比常规水基压裂，可以更多地返排残余压裂液，有利于提高压后产量。但是，在压裂后期，两种压裂的产量非常接近。

5. 油层与水力压裂的匹配研究

根据长庆油田长 6 段特点和模拟结果，进行了缝长的优化研究，研究缝长与不同渗透率的关系（图 8-35 和图 8-36）。从图中可以看出，当地层平均有效渗透率为 0.5mD 时，压裂后产量随缝长的增加而增加，但当缝长超过了 180m 后，产量增加的幅度明显变小。

同理，当地层平均有效渗透率为 1.0mD 时，压裂后产量随缝长的增加而增加，但当缝长超过了 150m 后，产量增加的幅度明显变小。

结合 Elkins 理论曲线，得出长 6 段的油藏物性与水力压裂的匹配关系（表 8-64）。

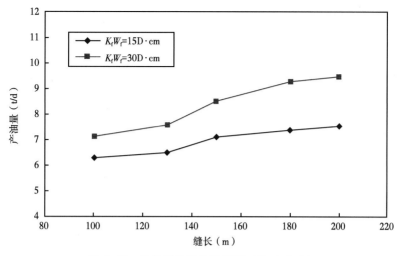

图 8-35　油井缝长优化示意图（$K = 0.5\text{mD}$）

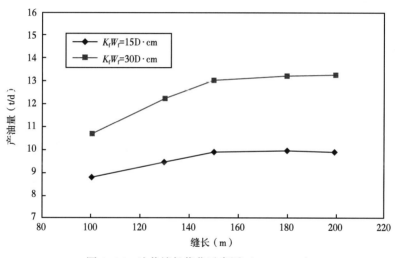

图 8-36　油井缝长优化示意图（$K = 1.0\text{mD}$）

表 8-64　油藏物性与水力压裂的匹配关系

平均有效渗透率（mD）	支撑半缝长（m）	加砂量（m³）
0.15	>180	>30
0.5	160~180	25~30
1.0	130~160	20~25

为了保证压裂液造缝，同时控制液体滤失伤害地层，前置液百分比控制在 25% 左右。通过优化压裂施工，力争压裂后一年单井平均产量大于 4t/d。

6. 油藏模拟分析与认识

（1）根据油藏模拟结果，针对长 6 段 CO_2 泡沫压裂试验井的情况，平均有效厚度 12m，平均有效渗透率 0.5mD，经过泡沫压裂改造，基本可以达到工业开采价值。

（2）在现有的地质条件下，根据水力裂缝模拟和经济优化结果，对于储层平均有效渗透率 0.5mD 的情况，裂缝最佳支撑半长在 160~180m 为宜。

（3）随着导流能力的增加，其产油量相应增加，但是增加的幅度不大。考虑油井深度和闭合压力，选择石英砂作为油井泡沫压裂支撑剂是经济可行的。

（4）采用 CO_2 泡沫压裂比常规水基压裂，可以更多地返排残余压裂液，有利于提高压裂后产量。但是，在压裂后期，两种压裂的压后产量非常接近。

（5）对有效厚度一定的储层，有效渗透率增加，压裂后产油量相应增加。鉴于本次 CO_2 泡沫压裂试验的原则是先油井后气井，油井处于试验阶段，最终目的是气井 CO_2 泡沫压裂，建议优先选择物性较好的储层，以期提高单井采油量，确保 CO_2 泡沫压裂工艺技术的成功，在气井泡沫压裂时推广应用。

二、气井 CO_2 泡沫压裂模拟研究

1. 气井选井概况

2000 年 3 月，长庆油田选择了三口进行 CO_2 泡沫压裂试验气井，分别是勘探区域的 S216 井和 S242 井，开发区域的试验井待定。后来调整为 G34-12 井、S217 井、S6（盒 8 段）井、S28 井、S156 井等 18 口井。

2. 油藏模拟条件分析

综合分析上古生界储层地质条件，结合以往上古生界泡沫压裂研究结果，得出本次 CO_2 泡沫压裂试验研究的油藏模拟条件（表 8-65）。

表 8-65　CO_2 泡沫压裂试验研究的气藏模拟条件

地温（℃）	90~120	有效厚度（m）	6、9、12、15、18、21、24
埋深（m）	3000	有效渗透率（mD）	0.15、0.5
原始地层压力（MPa）	27	孔隙度（%）	11~12
气体密度（g/cm³）	0.5842	生产压差（MPa）	6、10

3. 气井 CO_2 泡沫压裂规模与缝长的关系

由于 CO_2 泡沫压裂的特殊性，如 CO_2 进入井筒或地层，当温度超过 31℃ 就必然气化，使得泡沫压裂液发泡膨胀，因此，它不同于水基压裂液体系。在泡沫压裂设计时必须考虑这一特点。

采用目前比较先进的压裂优化设计软件——Stimplan 压裂设计软件，研究了水基压裂和 CO_2 泡沫压裂两种不同情况下的裂缝几何尺寸的关系，模拟的条件是，加砂 $20m^3$，砂液比 25%，前置液百分比 40%，有效厚度 12m，应力差 6.7MPa。模拟结果见表 8-66，其裂缝延伸图见图 8-37 和图 8-38。

从表 8-66 中可知，采用水基压裂液的裂缝几何尺寸小于 CO_2 泡沫压裂的裂缝几何尺寸，但由于体积在裂缝中膨胀，在同样条下的铺置浓度较低。

表 8-66　两种不同情况下的裂缝几何尺寸

动态半缝长（m）	支撑半缝长（m）	动态缝高（m）	平均动态缝宽（mm）	铺砂浓度（kg/m²）	所用压裂液体系
192	170	31.6	8.1	5.4	水基压裂液
220	190	32.6	8.4	4.9	70%CO_2 泡沫压裂液

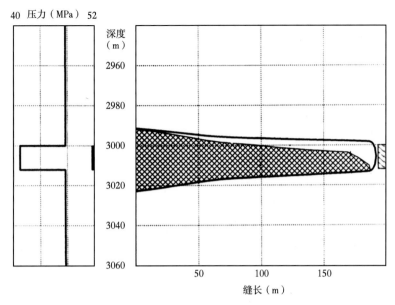

图 8-37　水基压裂裂缝延伸示意图

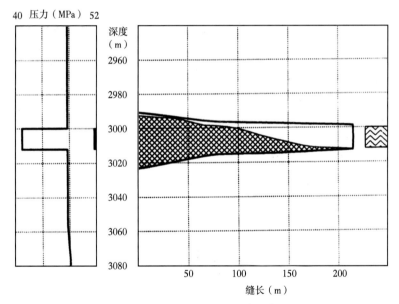

图 8-38　泡沫压裂裂缝延伸示意图

　　根据上述结论，利用 Stimplan 压裂设计软件，模拟了不同规模下 CO_2 泡沫压裂的裂缝几何尺寸（表 8-67）。

　　从表 8-67 中可知，当砂量由 $10m^3$ 增加到 $50m^3$，动态半缝长从 125m 增加到 340m，支撑半缝长从 100m 增加到 300m，铺置浓度相应增加。因此，增加施工规模，有利于提高裂缝导流能力，从而利于提高气井产能。

表 8-67 气井 CO_2 泡沫压裂规模与缝长的关系

砂量 （m^3）	动态半缝长 （m）	支撑半缝长 （m）	缝高 （m）	缝宽 （in）	铺砂浓度 （kg/m^2）	导流能力 （$D \cdot cm$）
10	125	100	27	0.33	4.40	17.10
15	160	130	32	0.34	4.89	17.71
20	184	155	37	0.35	5.38	19.08
30	230	200	42	0.35	6.35	23.47
40	280	250	48	0.36	7.33	27.90
50	340	300	52	0.35	8.31	29.88

4. 不同射孔情况与裂缝几何尺寸的关系

射孔段不同，裂缝延伸不一样，导致其裂缝几何尺寸也不同。表 8-68 显示了加砂 40m^3、砂液比 25%、前置液百分比 46.7% 时，不同射孔情况与裂缝几何尺寸的关系。

从表 8-68 可以看出，只射一段和射两段的裂缝几何尺寸是明显不同的。只射一段，裂缝长度较长，缝高延伸较小，裂缝宽度较大（图 8-39）。

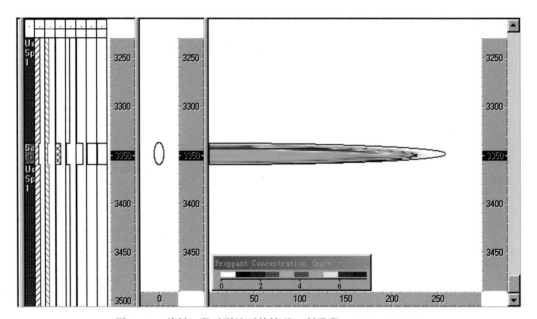

图 8-39 单射一段时裂缝延伸情况（射孔段：3344~3354m）

表 8-68 不同射孔情况与裂缝几何尺寸的关系

射孔情况	裂缝 形态	动态半缝长 （m）	支撑半缝长 （m）	缝高 （m）	缝宽 （mm）
射一段	单缝	258	228	23.4	6.0
射两段	上缝	174	159	22.0	4.5
	下缝	183	170	26.7	5.0

而射两段时出现两条裂缝,裂缝长度大幅减小,缝宽也变小(图8-40)。同时,排量也根据射孔数分配,使得每段的排量变小,影响施工成功。因此,对于长庆气田低渗透率的气井来说,要提高裂缝长度,尽量减少射孔段,达到深穿透的目的。

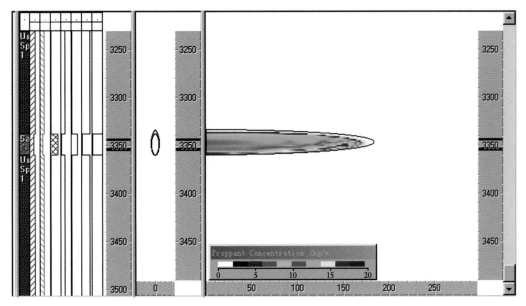

图8-40 射两段时裂缝延伸情况(射孔段:3343~3346m;3353~3357m)

5. 气藏模拟研究结果

根据气藏的地质特征和泡沫压裂改造要求,本次气藏模拟主要包括几个方面:

1)不同支撑缝长条件下的产气量变化情况

图8-41至图8-44是在有效厚度12m,有效渗透率分别为0.15mD、0.5mD,生产压差6MPa,导流能力分别为15D·cm、30D·cm的条件,产气量随缝长的变化情况。

图8-41是在有效厚度12m、有效渗透率0.15mD、生产压差6MPa、导流能力15D·cm

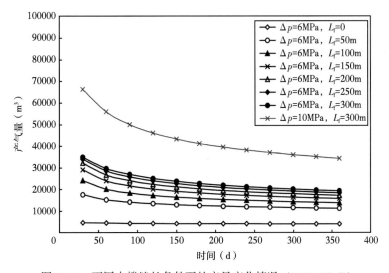

图8-41 不同支撑缝长条件下的产量变化情况($K=0.15$mD)

的条件，产气量随缝长的变化情况。

从图8-41可以看出，不压裂时，12个月（1年）平均产气量只有$0.4×10^4m^3/d$；缝长50m，压裂后12个月平均产气量$1.3×10^4m^3/d$，增产倍比为3.25；同理，在缝长分别为100m、150m、200m、250m、300m时，压裂后12个月平均产气量分别为$1.7×10^4m^3/d$、$1.9×10^4m^3/d$、$2.1×10^4m^3/d$、$2.3×10^4m^3/d$、$2.4×10^4m^3/d$，增产倍比分别为4.25、4.75、5.25、5.75、6，增加的幅度逐渐减小。由此说明：当厚度和有效渗透率一定时，增加支撑缝长，平均产气量有一定程度的提高，增产倍比相应增加。

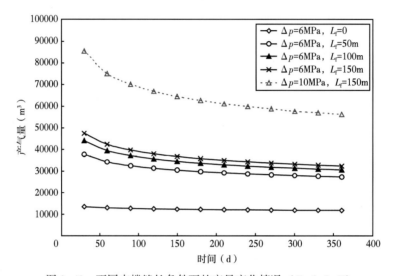

图8-42　不同支撑缝长条件下的产量变化情况（$K=0.5$mD）

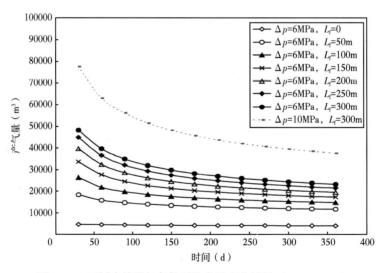

图8-43　不同支撑缝长条件下的产量变化情况（$K=0.15$mD）

图8-41是在有效厚度12m、有效渗透率0.5mD，生产压差6MPa，导流能力15D·cm的条件，产气量随缝长的变化情况，从图中可以看出，不压裂时，12个月（1年）平均产气量只有$1.3×10^4m^3/d$；缝长50m，压裂后12个月平均产气量$3.1×10^4m^3/d$，增产倍比为2.4；同理，在缝长分别为100m、150m时，压裂后12个月平均产气量分别为$3.5×10^4m^3/d$、

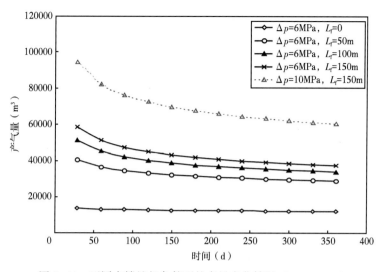

图 8-44　不同支撑缝长条件下的产量变化情况 （$K = 0.5\text{mD}$）

$3.7 \times 10^4 \text{m}^3/\text{d}$，增产倍比分别为 2.7、2.8。随着支撑缝长的增加，产气量增加的幅度逐渐减小。

图 8-43 和图 8-44 是在有效厚度 12m，生产压差 6MPa，导流能力 30D·cm 的条件，有效渗透率分别为 0.15mD 和 0.5mD 条件下，产气量随缝长的变化情况。其产气量增加的规律与图 8-39 和图 8-40 相似。

从以上规律可知，压裂后增产趋势是产气量随支撑缝长的增加而增加。随着支撑缝长的增加，产气量增加的幅度逐渐减少。因此，施工规模不是越大越好，必须以能造出最佳支撑缝长时为佳。

2）不同导流能力情况下产气量变化情况

图 8-41 和图 8-42 是有效渗透率为 0.15mD、生产压差 6MPa、导流能力分别为 15D·cm 和 30D·cm 的条件下产量变化情况，由图中可知，若支撑半缝长为 200m，导流能力为 15D·cm 时，压裂后 1 个月平均产气量为 $3.2 \times 10^4 \text{m}^3/\text{d}$，压裂后 12 个月平均产气量为 $2.1 \times 10^4 \text{m}^3/\text{d}$；导流能力为 30D·cm 时，压裂后 1 个月平均产气量为 $4.0 \times 10^4 \text{m}^3/\text{d}$，压裂后 12 个月平均产气量为 $2.5 \times 10^4 \text{m}^3/\text{d}$。压裂初期的增加幅度较大，但后期增加幅度逐步减小。

图 8-42 和图 8-43 是有效渗透率为 0.5mD、生产压差 6MPa、导流能力分别为 15D·cm 和 30D·cm 的条件下产量变化情况，由图中可知，若支撑半缝长为 150m，导流能力分别为 15D·cm 时，压裂后 1 个月平均产气量为 $4.8 \times 10^4 \text{m}^3/\text{d}$，压裂后 12 个月平均产气量为 $3.7 \times 10^4 \text{m}^3/\text{d}$；导流能力为 30D·cm 时，压裂后 1 个月平均产气量为 $5.9 \times 10^4 \text{m}^3/\text{d}$，压裂后 12 个月平均产气量为 $4.3 \times 10^4 \text{m}^3/\text{d}$。压裂初期的增加幅度较大，但后期增加幅度逐步减小。

由此可知，随着导流能力的增加，其产气量相应增加，且在压裂初期的增加幅度较大，但后期增加幅度逐步减小。对于气井压裂，由于闭合压力较大，选择陶粒作为支撑剂才能满足压裂对裂缝导流能力的要求。

3）不同渗透率条件下的产气量变化情况

图 8-41 和图 8-42 是导流能力为 15D·cm、生产压差 6MPa、有效渗透率分别为

0.15mD 和 0.5mD 的条件下产量变化情况。由图中可知，若支撑半缝长为 150m，有效渗透率为 0.15mD 时，压裂后 1 个月平均产气量为 $2.9 \times 10^4 \mathrm{m}^3/\mathrm{d}$，压裂后 12 个月平均产气量为 $1.9 \times 10^4 \mathrm{m}^3/\mathrm{d}$；有效渗透率为 0.5mD 时，压裂后 1 个月平均产气量为 $4.8 \times 10^4 \mathrm{m}^3/\mathrm{d}$，压裂后 12 个月平均产气量为 $3.7 \times 10^4 \mathrm{m}^3/\mathrm{d}$。

图 8-43 和图 8-44 是导流能力为 30D·cm、生产压差 6MPa、有效渗透率分别为 0.15mD 和 0.5mD 的条件下产量变化情况，由图中可知，若支撑半缝长为 150m、有效渗透率为 0.15mD 时，压裂后 1 个月平均产气量为 $3.3 \times 10^4 \mathrm{m}^3/\mathrm{d}$，压裂后 12 个月平均产气量为 $2.2 \times 10^4 \mathrm{m}^3/\mathrm{d}$；有效渗透率为 0.5mD 时，压裂后 1 个月平均产气量为 $5.9 \times 10^4 \mathrm{m}^3/\mathrm{d}$，压裂后 12 个月平均产气量为 $4.3 \times 10^4 \mathrm{m}^3/\mathrm{d}$。

由此可知，压裂后初期产气量随渗透率增加而增加，且增加的幅度较大；但是在后期的变化幅度逐步变小。因此，压裂改造时，在生产压差、有效渗透率和有效厚度一定的情况下，若有效渗透率太低，即使压裂后，也不能达到工业开采价值；反之，渗透率增加，则增产明显。故本次 CO_2 泡沫压裂试验，应该优先选择渗透率较高、物性较好的井压裂，待成功后再推广。

4）不同压差条件下的产气量变化情况

图 8-41 至图 8-44 中还显示了是缝长分别为 300m 和 150m，地层有效渗透率分别为 0.15mD 和 0.5mD，有效厚度 12m，生产压差分别为 6MPa、10MPa 的条件下的日产气量随生产时间变化情况。由图可知，随着生产压差的增加（条件许可之下），日产气量相应增加。可见，当其他条件不变的情况下，适当提高生产压差，也是提高单井采气量的一种手段。

5）不同压裂液条件下的产气量变化情况

据文献调研，水基压裂液对裂缝导流能力的保持率为 10%~50%，对地层渗透率的保持率为 40% 左右，泡沫质量大于 70% 的泡沫压裂液对裂缝导流能力的保持率为 80%~90%，对地层渗透率的保持率为 90% 左右。但 CO_2 泡沫压裂液（比例 1:1）由于的水基体积较大，对裂缝导流能力的保持率比泡沫质量大于 70% 的泡沫压裂液低，腾飞陶粒在 40MPa 下的导流能力为 74.63D·cm，结合裂缝模拟结果，水基压裂液的裂缝导流能力保持在 15D·cm（支撑剂铺置浓度 5kg/m²），则 CO_2 泡沫压裂液的裂缝导流能力为 30D·cm，因此，图 8-45 反映了不同压裂液的压裂后产量变化情况。

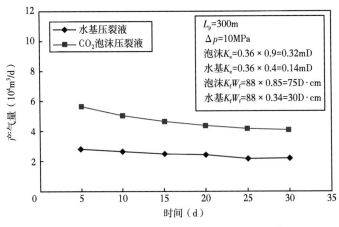

图 8-45 不同压裂液下产量变化情况（S36 井）

图 8-45 是根据典型井 S36 井的储层条件，模拟了优化后的水基压裂液和 CO_2 泡沫压裂液对储层和导流能力的影响。其有效渗透率为 0.36mD，水基压裂后的有效渗透率为 0.15mD，泡沫压裂后的有效渗透率为 0.32mD；根据陶粒的导流能力，水基压裂液和 CO_2 泡沫压裂后的裂缝导流能力分别为 30D·cm 和 75D·cm。支撑缝长 300m，生产压差 10MPa，由图可知，两种压裂液压裂后 30 天的产气量分别为 $2.2 \times 10^4 m^3/d$ 和 $4.1 \times 10^4 m^3/d$，其趋势与前面不同裂缝导流能力下产量变化情况类似。

显然，采用 CO_2 泡沫压裂比常规水基压裂，可以更多地返排残余压裂液，减少压裂液对地层和裂缝导流能力的伤害，有利于提高压裂后产量。但是，在压裂后期，两种压裂的压裂后产量非常接近。

6）不同厚度条件下的产气量变化情况

图 8-46 中是缝长 300m、地层有效渗透率 0.15mD、生产压差 6MPa、导流能力 30D·cm，不同有效厚度下日产气量随生产时间变化情况。由图可知，随着有效厚度的增加，日产气量相应增加。当有效厚度大于 18m 时，压裂后 1 年平均产气量才能大于 $4 \times 10^4 m^3/d$。

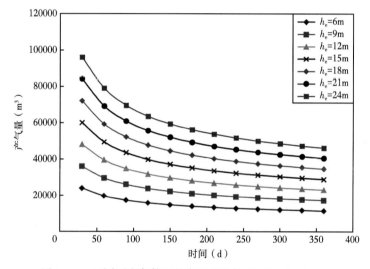

图 8-46 不同厚度条件下的产量变化情况（$K = 0.15mD$）

图 8-47 中是缝长 150m、地层有效渗透率 0.5mD、生产压差 6MPa、导流能力 30D·cm，不同有效厚度下日产气量随生产时间变化情况。当有效厚度大于 12m 时，压裂后 1 年平均产气量才能大于 $4 \times 10^4 m^3/d$。

一般随着有效厚度增加，压裂后增产气量相应增加。另外，从图 8-45 中可看出，即使 K_e 较低，在增产挖潜中，如果能使有效厚度适当增加，也能使这类气藏成为工业开采价值的气藏。因此，在生产压差和有效渗透率一定的情况下，选择有效厚度较大的气藏压裂，是提高单井产气量的有效途径之一。

6. 气层物性与水力压裂缝长的匹配关系

根据上古生界气层特点和模拟结果，进行了缝长的优化研究，研究缝长与不同渗透率的关系（图 8-48 和图 8-49）。

从图 8-46 中可以看出，当地层平均有效渗透率为 0.15mD 时，压后产量随缝长的增加而增加，但当缝长超过了 300m 后，产量增加的幅度逐步变小。

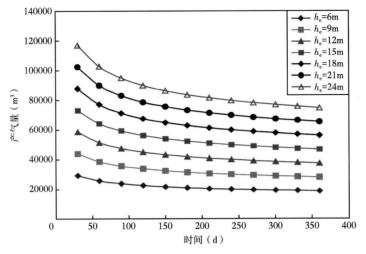

图 8-47 不同厚度条件下的产量变化情况（$K=0.5mD$）

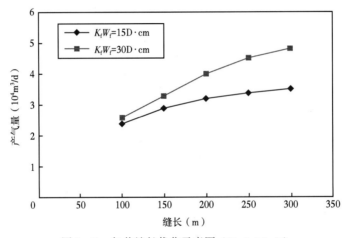

图 8-48 气井缝长优化示意图（$K=0.15mD$）

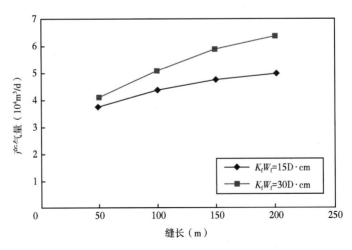

图 8-49 气井缝长优化示意图（$K=0.5mD$）

同理，当地层平均有效渗透率为 0.5mD 时，压后产量随缝长的增加而增加，但当缝长超过了 200m 后，产量增加的幅度明显变小。

结合 Elkins 理论曲线，得出上古生界气层的气藏物性与水力压裂的匹配关系，见表 8-69。

表 8-69　气藏物性与水力泡沫压裂的匹配关系

平均有效渗透率 （mD）	有效厚度 （m）	支撑半缝长 （m）	加砂量 （m³）
0.15	12	>300	>30
0.5	9	150~200	20~30

为了保证泡沫压裂液造缝，同时控制液体滤失伤害地层，前置液百分比控制在 40% 左右。通过优化泡沫压裂施工，力争压裂后一年单井平均产量达 $4×10^4m^3/d$。

7. 气藏模拟分析与认识

（1）根据气藏模拟结果，针对上古生界气层 CO_2 泡沫压裂试验井的情况，平均有效厚度 12m，平均有效渗透率 0.15mD，经过泡沫压裂改造，基本可以达到工业开采标准。

（2）在现有的地质条件下，根据水力裂缝模拟和经济优化结果，对于储层平均有效渗透率 0.5mD 的情况，裂缝最佳支撑半长在 150~200m 为宜；对于储层平均有效渗透率 0.15mD 的情况，裂缝最佳支撑半长一般在 300m 为宜。

（3）随着导流能力的增加，其产气量相应增加。考虑气井深度和闭合压力，选择陶粒作为气井压裂支撑剂是经济可行的。

（4）采用 CO_2 泡沫压裂比常规水基压裂可以更多地返排残余压裂液，减少对裂缝导流能力和地层的伤害，有利于提高压后产量。但是，在压裂后期，两种压裂的压裂后产量非常接近。

（5）对有效渗透率一定的储层，增加有效厚度，压后产量相应增加。鉴于本次 CO_2 压裂的试验性质，建议优先选择物性较好的储层，以期提高单井采气量。

第六节　CO_2 泡沫压裂工程条件分析

上古生界气藏 CO_2 泡沫压裂是一项新工艺试验，试验工程参数不仅要尽可能满足油气藏改造的要求，而且要充分考虑设备条件、工程技术条件的可操作性，特别是在试验初期，研究 CO_2 泡沫压裂工程条件，在现有的条件下，尽可能发挥 CO_2 泡沫压裂的特点，提高 CO_2 泡沫压裂的技术水平，有利于高效、合理地开发上古生界低渗透气藏。

一、泡沫质量为 53% 的加砂规模情况分析

这种情况是一般情况，即指压裂液不加温，也没有砂浓缩器。这种情况下，考虑水基压裂液的携砂能力以及发泡条件，不能提高 CO_2 的比例（即泡沫质量），按水基压裂液和 CO_2 的体积比为 1:1（泡沫质量 53%）左右考虑，有两种情况：

1. 90m³ 液态 CO_2 加砂能力分析

吉林压裂队 CO_2 运输车，其最大运输能力为 90m³，可用 CO_2 液量为 70m³。按水基压

裂液和 CO_2 的体积比为 1:1（泡沫质量 53%）考虑，前置液百分比分别为 35% 和 25%，则不同砂液比情况下的加砂能力分析见表 8-70。

表 8-70 不同砂液比情况下的预算加砂能力分析

溶胶平均砂比（%）	混合液平均砂比（%）	加砂量（m³）	
		前置液百分比 35%	前置液百分比 25%
20	10	9.1	10.5
30	15	13.7	15.8
40	20	18.2	21.0
50	25	22.8	26.3

从表 8-70 中可以看出，溶胶平均砂比最大 50%，而混合液平均砂比只有 25%，即使前置液百分比为 25%，最大加砂能力只有 26.3m³。然而，溶胶的携砂能力能否满足平均砂比为 50% 的压裂工艺的要求，有较大难度。一般考虑溶胶平均砂比为 40% 的情况，而其最大加砂能力只有 21.0m³。显然，在这种条件下，施工规模与改造要求有一定差距。

2. 125m³ 液态 CO_2 加砂能力分析

吉林压裂队 CO_2 运输车的最大运输能力为 90m³，陕西兴平的运输车的最大运输能力为 35m³，总最大运输能力为 125m³，那么，可用 CO_2 液量为 100m³。按水基压裂液和 CO_2 的体积比为 1:1（泡沫质量 53%）考虑，前置液百分比分别为 35% 和 25%，则不同砂液比情况下的加砂能力分析见表 8-71。

表 8-71 不同砂液比情况下的预算加砂能力分析

溶胶平均砂比（%）	混合液平均砂比（%）	加砂量（m³）	
		前置液百分比 35%	前置液百分比 25%
20	10	13.0	15.0
30	15	19.5	22.5
40	20	26.0	30.0
50	25	32.5	37.5

从表 8-71 中可以看出，溶胶平均砂比最大为 50%，而混合液平均砂比只有 25%，即使前置液百分比为 25%，最大加砂能力只有 37.5m³。然而，溶胶的携砂能力能否满足平均砂比为 50% 的压裂工艺的要求，有较大难度。一般考虑溶胶平均砂比为 40% 的情况，而其最大加砂能力有 30.0m³。显然，在这种条件下，施工规模可以满足上古生界气层的改造要求。

二、泡沫质量为 70% 的加砂规模情况分析

这属于特殊情况，即指压裂液加温，有砂浓缩器，同时增加 CO_2 的运输能力的情况。这种情况下，由于 CO_2 可以发泡，按水基压裂液和 CO_2 的体积比为 1:2（泡沫质量 70%）考虑，有两种情况：

1. 125m³ 液态 CO_2 加砂能力分析

吉林和兴平的 CO_2 的最大运输能力为 125m³，可用 CO_2 液量为 100m³。按水基压裂液和 CO_2 的体积比为 1:2（泡沫质量 70%）考虑，前置液百分比分别为 35% 和 25%，则不同砂液比情况下的加砂能力分析见表 8-72。

表 8-72　不同砂液比情况下的预算加砂能力分析

溶胶平均砂比（%）	混合液平均砂比（%）	加砂量（m³）	
		前置液百分比 35%	前置液百分比 25%
40	13.3	13.0	15.0
60	20	19.5	22.5
80	26.7	26.0	30.0
100	33.3	32.5	37.5

从表中可以看出，溶胶平均砂比最高 100%，而混合液平均砂比为 33.3%，前置液百分比为 25%，最大加砂能力 37.5m³。然而，溶胶的携砂能力要满足平均砂比为 100% 的压裂工艺的要求，有较大难度。一般考虑溶胶平均砂比为 80% 的情况，而其最大加砂能力可达 30m³。显然，在这种条件下，施工规模可以满足上古生界储层改造要求。

2. 150m³ 液态 CO_2 加砂能力分析

若 CO_2 的最大运输能力增加为 150m³，可用 CO_2 液量为 120m³。按水基压裂液和 CO_2 的体积比为 1:2（泡沫质量 70%）考虑，前置液百分比分别为 35% 和 25%，则不同砂液比情况下的加砂能力分析见表 8-73。

从表中可以看出，溶胶平均砂比最大 100%，而混合液平均砂比为 33.3%，前置液百分比为 25%，最大加砂能力 45.0m³。一般考虑溶胶平均砂比为 80% 的情况，而其最大加砂能力可达 36m³。显然，在这种条件下，施工规模可以满足上古生界储层改造要求。

表 8-73　不同砂液比情况下的预算加砂能力分析

溶胶平均砂比（%）	混合液平均砂比（%）	加砂量（m³）	
		前置液百分比 35%	前置液百分比 25%
40	13.3	25.6	18.0
60	20.0	23.4	27.0
80	26.7	31.2	36.0
100	33.3	39.0	45.0

三、CO_2 泡沫压裂工程条件综合分析

综合分析上述 4 种情况，结合 CO_2 泡沫压裂考察和文献调研结果，认为 CO_2 泡沫压裂井口不加温，一般水温大于 12℃ 即可正常施工。也无需砂浓缩器系统，但必须充分发挥混砂车的携砂能力，提高施工排量，采用与 CO_2 相配伍的酸性压裂液体系，可以适当提高施工砂液比。只要能适当增加 CO_2 的运输能力，在设计中优化 CO_2 的比例，精细施工，可以

达到预期目的。

第七节 CO_2 泡沫压裂施工基本方案

通过大量室内研究和模拟计算分析，深化了对 CO_2 泡沫压裂的特点和规律的认识。根据 CO_2 泡沫压裂的室内研究结果，结合 CO_2 压裂的施工设备和工程条件，确定了 CO_2 泡沫压裂施工方案。

一、压裂施工方案

1. 方案1
条件是：压裂液体系为酸性交联冻胶+CO_2，交联冻胶和 CO_2 比例为1:1，地面不加温发泡，经 $2\frac{7}{8}$in 油管和 $3\frac{1}{2}$in 油管泵入，其施工参数指标如下：

泡沫质量：53%；

稠化剂浓度：油井 $0.55\% \sim 0.6\%$；气井 $0.7\% \sim 0.75\%$；

泵注排量：油井 $2.5 \sim 3.5 m^3/min$，气井 $2.0 \sim 3.0 m^3/min$；

加砂量：油井 $20 \sim 25 m^3$，气井 $15 \sim 20 m^3$。

2. 方案2
条件是：压裂液体系为酸性交联冻胶+CO_2，交联冻胶和 CO_2 比例为1:2，地面加温 30℃，使用砂浓缩器，经 $2\frac{7}{8}$in 油管和 $3\frac{1}{2}$in 油管泵入，施工参数如下：

泡沫质量：70%；

稠化剂浓度：油井 $0.55\% \sim 0.6\%$，气井 $0.7\% \sim 0.75\%$；

泵注排量：油井 $2.5 \sim 3.5 m^3/min$，气井 $2.0 \sim 3.0 m^3/min$；

加砂量：油井 $25 \sim 30 m^3$，气井 $20 \sim 25 m^3$。

3. 方案3
条件是：压裂液体系为酸性交联冻胶+CO_2，交联冻胶和 CO_2 比例为1:2，地面加温 30℃，使用砂浓缩器，经 $3\frac{1}{2}$in 油管 或 $5\frac{1}{2}$in 套管泵入，其施工参数指标如下：

泡沫质量：70%；

稠化剂浓度：油井 $0.55\% \sim 0.6\%$；气井 $0.7\% \sim 0.75\%$；

泵注排量：油井 $3.0 \sim 3.5 m^3/min$，气井 $>3.0 m^3/min$；

加砂量：油井 $30 m^3$ 左右，气井 $>30 m^3$。

4. 方案4
条件是：压裂液体系为线性胶+CO_2，其比例为1:1，地面不加温发泡，不使用砂浓缩器，经 $2\frac{7}{8}$in 油管泵入，其施工参数指标如下：

泡沫质量：53%；

稠化剂浓度：0.7%；

泵注排量：油井 $3.0 \sim 3.5 m^3/min$，气井 $2.5 \sim 3.0 m^3/min$；

加砂量：油井 $10 \sim 15 m^3$，气井 $5 \sim 10 m^3$。

5. 综合对比分析小结
几种压裂方案对比见表8-74。

表 8-74　压裂施工方案对比表

项目		方案 I		方案 II		方案 III		方案 IV	
		油井	气井	油井	气井	油井	气井	油井	气井
条件	压裂液体系	酸性交联冻胶+CO_2		酸性交联冻胶+CO_2		酸性交联冻胶+CO_2		线性胶+CO_2	
	冻胶：CO_2	1:1		1:2		1:2		1:1	
	加温与否	否		加		加		否	
	压裂管柱	油井：2½in 油管 气井：3½in 油管		油井：2½in 油管 气井：3½in 油管		3½in 油管 (5½in 套管)		2½in 油管	
参数	泡沫质量（%）	53		70		70		53	
	稠化剂浓度（%）	0.55~0.6	0.7~0.75	0.55~0.6	0.7~0.75	0.55~0.6	0.7~0.75	0.7	0.7
	泵注排量（m^3/min）	2.5~3.5	2.0~3.0	2.5~3.5	2.0~3.0	3.0~3.5	>3.0	3.0~3.5	2.5~3.0
	加砂量（m^3）	20~25	15~20	20~30	20~25	30	>30	10~15	5~10

综合对比分析，结合压裂设备和施工条件，结论如下：

（1）对储层厚度中等以下，上下隔层遮挡能力相对较弱需进行中（小）规模压裂的压裂层段，推荐方案 I 和 II；

（2）对储层厚度相对较大，上下隔层遮挡能力相对较好需进行大规模压裂的压裂层段，推荐方案 III。

二、CO_2 泡沫压裂施工基本参数

（1）施工方式：油井：2½in 油管+封隔器；气井：3½in 油管+封隔器。

（2）施工排量：油井：3.0~3.5m^3/min；气井：2.5~3.0m^3/min。

（3）砂液比：无砂比浓缩器：20%；使用砂比浓缩器：30%~40%；（油井40%，气井35%）。

（4）前置液：25%~35%（其中，油井25%，气井35%）。

（5）泡沫质量：不加温时为52%~53%；气井采用变泡沫质量。

（6）泵注程序：洗井→封隔器座封→前置液→携砂液→顶替液。

（7）压裂液：瓜尔胶+酸性交联压裂液体系。

（8）支撑剂：油井：兰州石英砂，20~40目；气井：腾飞陶粒，20~40目。

（9）井口装置、地面管线及压裂井口承压：气井 80MPa，油井 60MPa。

三、CO_2 泡沫压裂实施要求

CO_2 泡沫压裂工艺方案，充分考虑了地层条件对 CO_2 泡沫压裂的改造要求，同时提高国内 CO_2 泡沫压裂技术水平。

本次工艺试验原则：

（1）施工规模先小后大：即先在小规模压裂施工成功的基础上，逐步完善设备条件，提高工艺技术，为大规模压裂施工创造条件。

（2）施工参数先低后高：为了逐步认识 CO_2 泡沫压裂技术特点，及时发现和解决 CO_2 泡沫压裂出现的问题，在施工前期，采用较低的施工参数，如砂液比、排量等。在认识和掌握压裂液性能和施工压力变化规律的基础上，提高压裂施工参数、提高裂缝导流能力，

从而提高工艺技术水平。

（3）施工井别先油后气：靖安长 6_2 亚段油藏埋深为 1800m 左右，而上古生界气藏埋深为 3000m 左右。CO_2 泡沫压裂的施工井别采取先油后气，目的是认识 CO_2 泡沫压裂在长 6_2 亚段低渗透油层的适应性，待工艺技术在深度较浅的油井上获得成功后，再在深度较深的气井进一步推广应用，为上古生界气藏 CO_2 泡沫压裂成功并获得较好的压裂效果创造条件。

四、CO_2 泡沫压裂技术关键

（1）压前地层评估。

充分认识地层特征，选择具有明显含油气特征显示，并具有一定厚度的储层进行压裂改造；

（2）CO_2 泡沫压裂液在井筒和地层的相态变化。

根据 CO_2 泡沫压裂特点，注重研究 CO_2 泡沫压裂液在泵注和停泵两个阶段中，经过井筒和地层裂缝两种条件下的温度场的变化，分析研究 CO_2 泡沫压裂液相态变化，分析和认识 CO_2 泡沫压裂流变性能随 PVT 变化的条件。

（3）酸性交联压裂液体系。

（4）工艺技术措施。

根据地面不增温发泡和无砂浓缩器的特点，适当控制施工规模和砂比，增加稠化剂浓度；采用酸性交联压裂液体系，提高施工排量，优选和控制 CO_2 地面伴注比例，从而优化压裂设计和施工。

（5）评估→总结→提高 CO_2 泡沫压裂技术。

第八节　长庆油田低渗透油气藏 CO_2 压裂实施评估

针对长庆油田低渗透油气藏的储层特点及长 6 段油藏和上古生界气藏的不同改造要求，为了使上古生界气藏 CO_2 压裂试验获得成功，本次 CO_2 压裂试验的指导思想是"先油后气"，即先进行 3 口油井 CO_2 压裂的先导性试验，探索适合长庆低渗透油气田压裂的工艺方法和压裂液体系，最终目标是提高长庆油田上古生界气藏的单井产量，增加长庆油田低丰度气藏的探明储量和开发效益。

一、CO_2 压裂先导性试验

从 1999 年 7 月至 9 月，经过室内研究，完成了《长庆低渗透油气田 CO_2 泡沫压裂试验初步方案》。于 1999 年 9 月至 10 月，进行了 3 口油井的 CO_2 压裂先导试验，施工取得圆满成功。

1. 油井压裂井的基本情况

1）油井选井及油藏基本条件

1999 年 9 月，长庆油田选择了 3 口油井进行 CO_2 压裂先导性试验，井号分别为 L85-26 井、L90-27 井和 L91-29 井，位于靖安油田五里弯一区。靖安油田五里弯一区的油藏基本条件见表 8-75。

表 8-75 靖安油田五里弯一区的油藏模拟条件

层位	长 6_2 亚段	地温	60℃
井网	反九点	埋深	1860m
井距	300~350m	原始地层压力	16.7MPa

2）压裂层基本数据

3 口油井的压裂层基本数据见表 8-76 所示。从表中可知，L90-27 井和 L91-29 井的物性和厚度均好于 L85-26 井，但中间存在几个厚度不等的夹层。3 口井的射孔井段如下：L85-26 井：1790.5~1795.0m；L90-27 井：1776.2~1778.2m、1780.2~1782.2m、1786.0~1788.0m；L91-29 井：1881.0~1883.0m、1885.0~1888.0m。

表 8-76 油井的压裂层基本数据

井号	层位	井段（m）	h（m）	R_t（Ω·m）	K（mD）	ϕ（%）	S_w（%）	解释结果
L85-26	长 6_2^1	1788.0~1790.1	2.1	17.1	3.10	11.96	51.09	油
		1790.2~1795.1	4.9	16.8	4.22	12.61	49.27	油
		1796.0~1798.0	2.0	14.4	3.51	12.53	53.41	油
		1798.3~1802.3	4.0	15.0	5.28	13.33	49.72	油
	平均		13.0	15.9	4.26	12.71	50.34	油
	射孔井段	1790.5~1795.0m						
L91-27	长 6_2^1	1771.7~1775.3	3.6	16.8	3.18	11.81	48.96	油
		1776.2~1778.3	2.1	18.7	4.45	12.29	45.08	油
		1778.8~1785.3	6.5	11.7	5.48	13.83	52.31	油
		1785.5~1794.6	9.1	18.0	5.38	12.82	45.39	油
	平均		21.3	15.9	4.95	12.91	48.1	油
	射孔井段	1776.2~1778.2m、1780.2~1782.2m、1786.0~1788.0m						
L91-29	长 6_2^1	1875.0~1877.0	2.0	16.8	3.63	12.26	48.04	油
		1877.6~1879.9	2.3	24.2	4.45	11.89	41.11	油
		1880.6~1884.5	3.9	17.7	6.25	13.22	44.11	油
		1884.9~1891.5	6.6	15.5	6.07	13.36	45.82	油
	平均		14.8	17.6	5.54	12.95	44.94	油
	射孔井段	1881.0~1883.0m、1885.0~1888.0m						

3）压裂方案设计

（1）压裂方案工艺设计要点。

①压裂参数的确定：由于本次油井 CO_2 压裂是先导性试验性质，因此，施工规模先小后大，施工参数先低后高。

压裂规模：第一口井 20.0m³，第二口井 25.7m³，第一口井 27.3m³。

施工砂比：第一口井冻胶平均砂比 40%；混合液（冻胶+CO_2 液）平均砂比 20.0%。第二口井冻胶平均砂比 44.3%；混合液平均砂比 22.2%。第三口井冻胶平均砂比 50%；混合液平均砂比 25%。

　　施工排量：3.0~3.2m³/min。

　　泡沫质量：52%~53%（CO₂ 的比例为 1:1）。

　　②设计技术：采用内相恒定技术以提高砂液比。

　　（2）压裂施工方式及要求。

　　①压裂方式：封隔器保护套管，CO₂（液）与冻胶在地面三通混合后经 73mm 油管注入。

　　②压裂液：羟丙基瓜尔胶酸性交联冻胶+CO₂。

　　③支撑剂：采用 0.5~0.8mm 兰州石英砂。

　　④安装 KQ-600 井口，施工限压：60.0MPa。

　　（3）压裂液配方。

　　①基液：0.55%GRJ+1.0%KCl+0.05%SQ-8+0.2%DL-8；

　　②起泡剂比例：100:1；

　　③交联液：AC-8+APS；

　　④交联比：100:1.5；

　　⑤活性水：1.0%氯化钾+0.3%CF-5B+清水。

　　（4）压裂设计结果。

　　采用先进的三维 CO₂ 压裂设计软件进行压裂优化设计，压裂设计结果见表 8-77。

表 8-77　3 口油井压裂设计结果

井号	压裂井段（m）	加砂量（m³）	前置液（m³）	携砂液（m³）	水力缝长（m）	支撑缝长（m）
L85-26	1784.0~1812.0	20.0	34.0	101.2	180	158
L90-27	1768.5~1798.0	25.7	38.0	117.2	193	169
L91-29	1870.0~1900.0	27.3	38.0	112.0	176.0	155.0

2. 油井压裂井实施情况

1）压裂实施情况

　　三口试验井经过充分准备，严格按试油压裂规程和压裂设计要求进行了压裂施工，其施工参数见表 8-78。

表 8-78　三口油井压裂施工参数

井号	L85-26	L90-27	L91-29
施工管柱	2⅜in 油管	2⅜in 油管	2⅜in 油管
施工排量（m³/min）	3.2	3.0	3.1
总液量（m³）	126.73	194.42	142.5
瓜尔胶量（m³）	61.4	109.7	70.0
CO₂ 液（m³）	65.33	84.72	72.5
泡沫质量（%）	54.6	46.2	53.9
破裂压力（MPa）	31	17	23
停泵压力（MPa）	7	5.4	5

364

L85-26 井于 1999 年 10 月 5 日施工，整个施工过程进展顺利，其压力排量曲线如图 8-50 所示。

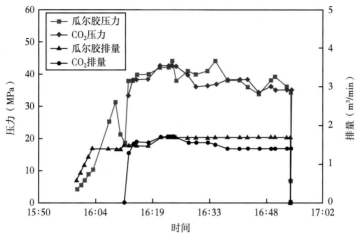

图 8-50 L85-26 井压力排量曲线

L90-27 井于 1999 年 10 月 13 日施工，整个施工过程进展不太顺利，第一车砂加完（8.5m³）时，混砂车皮带断，停泵 2 小时 40 分钟，更换混砂车后继续施工，但后来二氧化碳泵注设备不正常。其压力排量曲线如图 8-51 所示。

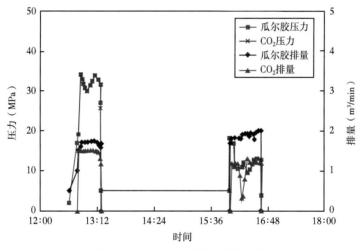

图 8-51 L90-27 井压力排量曲线

L91-29 井于 1999 年 10 月 20 日施工，整个施工过程进展顺利，其压力排量曲线如图 8-52 所示。

2）压裂监测情况

三口油井压裂期间进行了压力监测。其中 L90-27 井由于中途停泵，进行了两次压力监测，监测结果见表 8-79。

从结果可以看出，三口油井 CO_2 压裂的平均滤失系数为 3.4×10^{-4} m/min$^{1/2}$，而常规水基压裂液的滤失系数一般为 $(5 \sim 6) \times 10^{-4}$ m/min$^{1/2}$，说明 CO_2 压裂液比常规水基压裂液更能降低滤失。

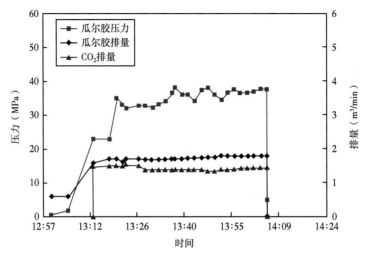

图 8-52　L91-29 井压力排量曲线

表 8-79　三口油井压裂监测结果

井号	L85-26 井	L90-27 井（1）	L90-27 井（2）	L91-29
监测方式	油管	油管	油管	油管
闭合压力（MPa）	21.4	21.3	20.7	23.24
滤失效率（%）	76	74.1	74.63	57.92
滤失系数（m/min$^{1/2}$）	0.00025	0.00033	0.00029	0.00049
裂缝半长（m）	179.8	127.4	138.3	183.6
平均缝宽（mm）	12.08	12.51	10.78	12.27

3. 油井压后评估分析

1）压裂井设计参数与施工参数的对比

压裂井设计参数与施工参数的对比结果见表 8-80，从表中可以看出，除了 L90-27 井由于中间停泵，导致最终砂液比低于设计指标，其余施工参数均高于设计参数。三口油井施工成功，总体达到设计要求。

表 8-80　压裂井设计参数与施工参数的对比结果

井号		前置液（m³）		携砂液（m³）		顶替液（m³）		砂量（m³）	砂比（%）		排量（m³/min）	压力（MPa）
		胶液	CO₂ 液	胶液	CO₂ 液	胶液	CO₂ 液		胶液	混合液		
L85-26	设计	17	17	50	51.2	3.5	2.9	20	40.0	20.0	3~3.2	
	施工	19.7	17.4	39	44.3	3.7	3.65	20	52.6	24.3	3.2	30~40
L90-27	设计	19	19	58	58.9	3.6	2.7	25.7	44.3	22.2	3~3.2	
	施工	29.1	21.14	72.28	58.14	9.6	5.44	25.7	36.2	20.0	3.0	28~34
L91-29	设计	19	19	82	56	3.8	2.8	27.3	50.0	25.0	3~3.1	
	施工	17.4	15	48.8	54.9	3.8	2.6	28	57.4	27.0	3.1	29~36

2）压裂摩阻分析

三口油井 CO_2 泡沫压裂施工摩阻分析见表 8-81。从结果可以看出，三口油井 CO_2 压裂的平均摩阻系数为 42.7%，而常规水基压裂液的摩阻系数一般为 28.5% 左右，说明 CO_2 压裂液的摩阻系数高于常规水基压裂液。

表 8-81　油井 CO_2 泡沫压裂施工摩阻分析

井号	井深 （m）	注入方式	排量 （m³/min）	泡沫质量 （%）	延伸压力 （MPa）	停泵压力 （MPa）	摩阻 （MPa）	摩阻系数 （%）
L85-26	1790.0	2½in 油管	3.2	54.6	33.5	5.5	28.0	40.1
L90-27	1783.3	2½in 油管	3.2	46.2	35.0	5.0	30.0	43.1
L91-29	1885.0	2½in 油管	3.1	53.9	37.0	4.0	33.0	44.9

3）压裂后排液求产情况

三口油井压裂后排液求产情况见表 8-82。从表可知，三口油井实施 CO_2 压裂后水化液返排率高，压裂后冻胶返排率分别为 70%、61% 和 80%，平均压后冻胶返排率 71.3% 左右，而常规压裂井压后冻胶返排率平均值为 30% 左右。

表 8-82　三口油井压后排液求产情况

井号	自喷液 （m³）	排液量 （m³）	返排率 （%）	压裂后求产* （m³/d）
L85-26	29.1	54.7	70.0%	14.8
L90-27	29.4	103.2	61.0%	30.8
L91-29	45.1	131.0	84.0%	36.8
平均	34.53	96.3	71.7%	27.5

*压裂后求产——压裂后初期折算产量，仅供参考。

三口油井返排时间短。常规水基压裂井压后冻胶返排的自喷液一般只有 $1 \sim 2 m^3$，而本次三口油井实施 CO_2 压裂后，平均自喷液有 $34.53 m^3$，排液时间缩短一半。

同时，三口油井实施 CO_2 压裂后产量较高，压后产量分别为 14.8t/d、30.8t/d 和 36.8t/d，平均 27.5t/d。

4）油井 CO_2 压裂与邻井的对比分析

油井 CO_2 压裂与邻井常规水基压裂进行对比分析，分析它们的物性参数、压裂施工参数和压裂后效果。

（1）CO_2 压裂井与邻井物性和施工参数对比。

靖安油田 CO_2 压裂井与邻井物性和施工参数对比见表 8-84。从表 8-82 可知，L85-26 井油层厚度不及其邻井 L85-27 和 L86-27 井，物性在两者之间；L91-29 井，不论其物性和厚度均优于邻井，CO_2 压裂的冻胶平均砂液比均高于邻井，但总入井砂液比（冻胶+ CO_2 的砂液比）比邻井低。

（2）CO_2 压裂井与邻井压后初期效果对比。

靖安油田 CO_2 压裂井与邻井压后效果对比见表 8-83、表 8-85，从表可知，三口油井压后水化液返排率均高于邻井。除 L85-26 井外，其余两口井的抽深和动液面高度均低于其邻井，而其压后产量均高于邻井，折算成每米油层产油量，CO_2 压裂井均高于邻井，说明 CO_2 压裂的初期效果比常规水基冻胶压裂效果好。

表 8-83 靖安油田 CO_2 压裂井与邻井物性和施工参数对比

井别	压裂井号	压裂层位	电测解释参数					压裂参数		
			油层厚度（m）	电阻率（Ω·m）	孔隙度（%）	渗透率（mD）	含水饱和度（%）	砂量（m³）	平均砂液比（%）	排量（m³/min）
CO_2 压裂试验井	L85-26	长 6_2	8.5	15.9	12.71	4.26	50.34	20.0	总:24.3 冻胶:52.6	3.176
常规水基压裂井	L85-27	长 6_2	16.9	13.6	12.23	3.35	53.5	10+21	36.1	1.600
常规水基压裂井	L86-27	长 6_2	17.1	13.2	13.63	5.62	52.21	30.0	33.3	1.800
CO_2 压裂试验井	L90-27	长 6_2	14.8	15.9	12.91	4.95	48.1	25.7	总:19.9 冻胶:36.2	3.038
常规水基压裂井	L90-29	长 6_2	6.8	12.4	12.75	3.34	60.1	14.0	34.0	1.400
常规水基压裂井	L89-29	长 6_2	9.7	12.2	13.82	6.27	50.9	18.0	35.1	2.000
CO_2 压裂试验井	L91-29	长 6_2	10.0	15.0	12.95	5.54	51.32	28.0	总:27.0 冻胶:57.4	3.208
常规水基压裂井	L90-29	长 6_2	6.8	12.4	12.75	3.34	60.1	34.0	34.0	1.400
常规水基压裂井	L91-30	长 6_2	7.1	13.4	12.86	4.39	56.41	35.8	35.8	1.550

表 8-84 靖安油田 CO_2 压裂井与邻井压后初期效果对比

井别	压裂井号	压裂层位	排液数据			求产数据			
			入井液量（m³）	排出液量（m³）	返排率（%）	抽吸井深（m）	动液面（m）	日产油（m³/d）	每米油层产量 [m³/(d·m)]
CO_2 压裂试验井	L85-26	长 6_2	83.0	54.7	70.0	1650	1550	14.8	1.74
常规水基压裂井	L85-27	长 6_2	171.8	75.5	44.0	1450	1350	17.47	1.03
常规水基压裂井	L86-27	长 6_2	141.4	64.1	45.0	1400	1250	18.16	1.06
CO_2 压裂试验井	L90-27	长 6_2	170.3	103.0	61.0	1400	1200	30.8	2.08
常规水基压裂井	L90-29	长 6_2	90.25	56.7	53.0	1700	1620	11.05	1.63
常规水基压裂井	L89-29	长 6_2	86.4	39.0	46.0	1500	1420	13.01	1.34
CO_2 压裂试验井	L91-29	长 6_2	155.8	131.0	84.0	1400	1200	36.8	3.68
常规水基压裂井	L90-29	长 6_2	90.25	56.7	53.0	1700	1620	11.05	1.63
常规水基压裂井	L91-30	长 6_2	126.1	102.6	81.3	1750	1670	5.61	0.79

注：①米采油指数、产量——按抽吸折算。

（3）CO_2 压裂井与邻井压后效果对比。

2000 年 8 月，统计了靖安油田 CO_2 压裂井 L85-26 井、L90-27 井、L91-29 井三口井与邻井压后 8 个月的效果对比见表 8-85。

表8-85 靖安油田 CO_2 压裂井与邻井压后产量对比（8个月）

井号	月产量（m^3/d）								
	试油初产	1	2	3	4	5	6	7	8
L85-26	14.8	7.5	5.6	4.36	3.2	3.31	4.64	4.45	4.02
L85-27	17.47	11.49	10.53	10.33	5.32	4.93	4.58	4.3	4.48
L86-27	18.16	8.74	11.63	12.19	12.19	5.94	6.53	6.92	6.92
L90-27	30.8	4.61	12.35	7.89	6.47	7.07	5.75	6.11	6
L90-29	11.05	12.49	10.2	9.58	8.32	11.68	9.71	8.71	9.26
L89-27	13.01	10.63	14.82	12.79	10.23	7.8	7.39	6.79	7
L91-29	36.8	9.93	7.22	6.69	8.49	8.72	6.49	6.8	6.7
L90-29	11.05	12.49	10.2	9.58	8.32	11.68	9.71	8.71	9.26
L91-30	5.61	10	6.68	6.68	4.3	2.57	2.58	2.56	3.1

从表8-85可知，三口油井压后压后初期产量均高于邻井，其压后初期每米油层产油量（米采油指数）均高于邻井，但8个月后和邻井没有多少区别。L85-26井的压裂后期米采油指数高于邻井，而L90-27井则低于邻井，L91-29井的米采油指数界于邻井之间（图8-53至图8-55）。说明对于长庆靖安油田的油井进行 CO_2 压裂，其压后初期效果比常规水基冻胶压裂效果好，但后期则优势不明显，这与油藏模拟结论一致。

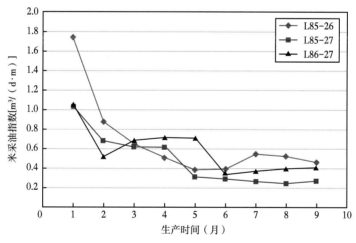

图8-53 L85-26井 CO_2 泡沫压裂效果对比

4. CO_2 压裂先导性试验的几点认识

（1）本次油井 CO_2 压裂先导性试验，针对长 6_2 亚段特征和现有的工程条件，分析了本次 CO_2 压裂试验存在的有利因素和不利条件，对试验中的部分关键技术进行了重点攻关，对试验中可能出现的问题进行了充分预测。试验结果表明，施工参数达到设计要求，说明油井 CO_2 压裂试验是成功的，达到了预期目的。

（2）三口油井的 CO_2 压裂试验，压后返排率高，压后初期效果明显，说明 CO_2 压裂能提高油井单井产量。但是，三口油井压裂后期与水基压裂相比没有明显优势，其原因是后续能量不足，施工规模较低、砂液比较低。这与油藏模拟的趋势一致。

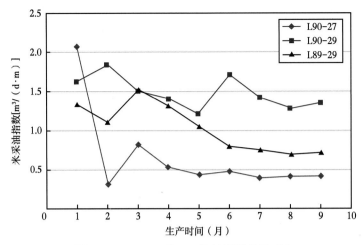

图 8-54 L90-27 井 CO_2 泡沫压裂效果对比

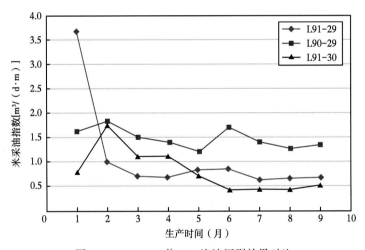

图 8-55 L91-29 井 CO_2 泡沫压裂效果对比

（3）本次油井 CO_2 压裂试验，采用了新工艺、新技术，如三维 CO_2 压裂优化设计、恒定内相技术、酸性交联压裂液体系等，为试验成功提供了技术支持。试验结果表明，酸性交联压裂液体系基本能满足工艺技术的要求。

（4）三口油井的 CO_2 压裂试验，压裂施工摩阻较高，平均摩阻系数为 42.7%，而常规水基压裂液的摩阻系数为 28.5%，说明 CO_2 压裂液的摩阻系数高于常规水基压裂液。通过三口油井 CO_2 压裂先导性试验，认识了 CO_2 压裂的特点，为下一步长庆气田上古生界低丰度气藏 CO_2 压裂试验成功及提高其压裂改造效果积累了经验。

（5）本次油井 CO_2 压裂先导性试验，CO_2 压裂的优点是提高返排率，缺点是施工规模小、砂液比低。主要原因是压裂设备及技术上仍存在不足，因为如果提高了泡沫质量，虽然提高了液体的携砂能力，但提高了施工摩阻，压裂成功就难以保证。反之，降低泡沫质量，降低了携砂能力，也就降低了施工规模及砂液比，因此，如何解决提高返排率与提高施工规模和砂液比的关系还需要进一步攻关研究。

二、上古生界气藏 CO_2 泡沫压裂实施评估

经过 1999 年油井 CO_2 泡沫压裂先导性试验及评估分析，总结出 CO_2 泡沫压裂的成功经验，结合气藏压裂的特点，分析了 CO_2 泡沫压裂需要进一步解决的问题，通过 1999 年底和 2000 年上半年的室内研究和国外考察，进一步认清了 CO_2 泡沫压裂中几个混淆不清的问题，对气井 CO_2 泡沫压裂的压裂液体系和工艺技术进行了深入研究。于 2000 年 6 月开始至 2001 年 10 月以来，在上古生界气藏进行了 19 井次的 CO_2 泡沫压裂现场实施，施工取得了圆满成功，增产效果良好。

1. 上古生界气藏 CO_2 泡沫压裂的难点分析

1）储层条件对比分析

靖安油田长 6 段油藏与上古生界气藏的储层条件相差较大，最大的区别是油气藏类型不同，井深、井温、闭合压力等多方面均有较大差异（表 8-86）。

表 8-86 长 6 段油藏与上古生界气藏 CO_2 泡沫压裂条件分析

类别	长 6 段油藏	上古生界气藏
井深（m）	1800	2800~3500
井温（℃）	60	90~120
井距（km）	0.3~0.35	6000
闭合压力（MPa）	15~20	30~40

2）气井 CO_2 泡沫压裂施工难点对比分析及对策

通过对比分析靖安油田长 6 段油藏与上古生界气藏的储层条件，气井 CO_2 泡沫压裂施工增加了难度（表 8-87），主要表现在：井深增加，施工摩阻增加，加之由于采用陶粒作支撑剂，陶粒密度比石英砂高，对压裂液的携砂能力和工艺技术方面提出了更高的要求。

表 8-87 上古生界气藏 CO_2 泡沫压裂施工难点分析及对策

难点	长 6 段油藏	上古生界气藏	气井压裂对策
加砂量增加	20~30m³	≥30m³	①增大 CO_2 运输能力；
施工摩阻增加	25~35MPa	45~55MPa	②采用 3½in 油管压裂，降低压裂液摩阻；
施工泵压增加	30~40MPa	60~70 MPa	
支撑剂类型改变	石英砂	陶粒	③提高增稠剂浓度，增大冻胶的携砂能力；
支撑剂颗粒密度增加	2.57g/cm³	3.18g/cm³	④逐步降低泡沫质量；
支撑剂体积密度增加	1.67g/cm³	1.73g/cm³	⑤研究和试用新型压裂液
施工排量降低	2.5~3.5m³/min	2.0~3.0m³/min	

通过对气藏 CO_2 泡沫压裂施工难点对比分析，结合室内研究和国外考察结果，提出了本次气藏 CO_2 泡沫压裂的对策。即通过增大 CO_2 运输能力增加施工规模；采用 3½in 油管压裂管柱，降低压裂液摩阻；提高冻胶的携砂能力，逐步降低泡沫质量，以解决因排量和改变支撑剂类型导致支撑剂脱砂的问题。

2. 气井 CO_2 压裂基本情况

1）选井及选层情况

2000年6月至11月，长庆油田公司及长庆 CO_2 泡沫压裂试验项目组共选择了13口井进行 CO_2 压裂现场试验——G34-12井、S217井、Y18井、S6井（盒8段、山1段）、S28井、S156井、S11井、S242井、G18-11井、G01-9井、G23-4井、G26-1井。2001年主要在苏里格气田的4口探井展开了试验，即盒8段或盒9段气层的S12井、S14井、S22井和S29井；并在榆林南区的2口开发评价井进行了补充试验，即山2段气层的Y43-9井和Y44-10井。

2）压裂层基本数据

本次 CO_2 压裂井的部分压裂层基本数据见表8-88。根据压裂井物性，大体可以分为三类情况：第一类是气层条件好的井，如S6井（盒8段），这类型的试验井很少；第二类是气层条件较好的井，如S28井、S14井、S242井、S217井、S11井、Y44-10井等井；第三类是气层条件较差的井，如Y18井、G34-12井、S12井、Y43-9井、S22井等井。

表8-88 部分气井 CO_2 泡沫压裂层基本数据

井号	层位	井段 （m）	H （m）	R_t （Ω·m）	ΔT （μs/m）	$K_{测井}$ （mD）	ϕ （%）	S_w （%）	储层情况
S6	盒8段	3318.4~3329.0	10.0	54.3	243.7	1.0/30.0*	10.6	32.5	好
S28	盒8段	3175.2~3182.3	7.1	200	240	1.1	10.7	18.7	较好
S14	盒9段	3452.8~3462.0	9.2	73.5	250.8	11.6*	13.07	29.37	较好
Y44-10	山2段	2785.5~2794.7	9.2	598.4	213.7	0.38	7.8	20.5	较好
S217	山2段	2777.4~2793.9	15.3	463.5	204.8	0.20	5.8	25.2	较好
S11	盒8段	2926.0~2937.0	9.2	140	252	1.28	9.1	25.6	较好
G09-1	盒9段	3038.0~3063.4	15.9			0.40	8.38	23.64	较好
Y43-9	山2段	2787.3~2793.9	5.7	395.7	200.9	1.82	5.8	25.0	较差
S29	盒8段	3516.0~3524.0	8.0	70.5	233.1	0.47*	9.41	39.27	较差
S242	盒8段	3140.3~3148.3	8.0			0.74	8.12		较差
S22	盒9段	3523.6~3529.8	6.2	21.3	257.75	0.41*	14.4	44.6	较差
S6	山1段	3375.3~3385.4	10.1			0.67	9.46		较差
S156	盒8段	3034.0~3041.6	7.6	100	226	0.89	9.4	28.2	较差
S12	盒9段	3246.5~3251.5	5.0	24.6	244.87	0.36*	10.69	38.96	较差
Y18	盒8段	2176.3~2182.9	6.6	123.1	213.71		6.8	38.8	较差
G34-12	山2段	3511.0~3520.9	9.9	86.8	207.16	0.56	6.7	38.7	较差

注：*——岩心分析渗透率。

3）压裂方案设计

（1）压裂方案工艺设计要点。

①由于气井井深，压裂施工泵压高，为了便于施工，设计时每口井考虑3种方案供压裂施工时备用。

②为了提高酸性压裂液的携砂能力，考虑变泡沫质量的压裂设计，CO_2 的比例随砂液比增加而逐步降低。

G34-12井CO_2的比例变化情况一般为：50%→45%→40%→35%→30%。

③施工参数情况。

压裂规模：$20\sim40m^3$。

施工砂比：冻胶平均砂比35.7%～38.7%；混合液（冻胶+CO_2液）平均砂比22.2%～26.2%。

施工排量：$2.8\sim4.2m^3/min$。

（2）国内压裂液体系配方。

①基液：0.7%GRJ+1.0%KCl+0.05%SQ-8+0.3%DL-10（CQ-A1）；

②起泡剂（YFP-1）比例：100:1；

③交联液：酸性交联剂AC-8+破胶剂APS；

④交联比：100:1.5；

⑤活性水：1.0%KCl+0.3%CQ-A1+清水。

（3）国外压裂液体系配方。

①基液：0.6%HK-60稠化剂+1%KCl黏土稳定剂+0.10%SQ-8杀菌剂+0.3%CF-5A助排剂+1.0%YFP-1起泡剂+0.4%醋酸；

②交联液：30%JLJ-3+0.5%NH；

③交联比：100:1（0.8～1.2）。

（4）压裂设计计算结果。

部分气井CO_2压裂设计计算结果见表8-89。其设计加砂量为$20\sim40m^3$，冻胶砂液比为35%～39%，混合液砂液比为22%～27%，压裂设计参数值是比较高的。

表8-89　部分气井CO_2泡沫压裂设计计算结果

井号	压裂井段（m）	加砂量（m^3）	前置液（m^3）	携砂液（m^3）	水力缝长（m）	支撑缝长（m）	水力缝高（m）
G34-12	3511.0～3520.9	25	76	113	170	145	26.7
S217	2777.4～2793.9	28	84	115	156.8	142.3	28.9
S6	3318.4～3329.0	20	75	76.3	116.7	94.7	33.9
Y18	2176.3～2182.9	24	70	97.6	175	145	22
S12	3246.5～3251.5	26	75	104	143	128	28
S14	3452.8～3481.3	30	110	120	118	105	29
S22	3423.6～3529.8	40	140	160	270	240	24
S29	3516.0～3524.0	40	140	154	320	282	17
Y43-9	2787.3～2793.0	24	107	107	142	135	15
Y44-10	2785.5～2794.7	35	120	140	250	206	26

3. 气井CO_2泡沫压裂实施情况

1）气井CO_2泡沫压裂情况

2000年6月以来，对上古生界气藏19井次进行CO_2泡沫压裂现场实施，其施工参数见表8-90至表8-92。

表 8-90　气井 CO_2 泡沫压裂施工参数统计表（1）

井号	G34-12	S217	S6（盒8）	S6（山1）	Y18
注入方式（油管）	3½in	3½in	3½in	3½in	2⅞in
排量（m³/min）	2.8	2.8	3.1	2.37	2.5
支撑剂体积（m³）	24.1	28.0	16.4	20.0	24.0
压裂液体积（m³）	169.34	196.46	180.8	134.4	178.1
冻胶体积（m³）	98.74	116.38	100.6	67.5	105.0
CO_2 体积（m³）	70.6	80.08	80.2	60.0	73.1
泡沫质量（%）	44.6	43.6	47.5	48.0	43.9
混合/冻胶砂比（%）	25.9/42.9	24.8/41.0	21.0/36.8	26.0/45.2	26.4/43.7
破裂压力（MPa）	42.2	44.6	46.3	58.6	34.4
延伸压力（MPa）	39.6~43.2	40.5~45.0	34.1~41.5		34.4~48.5
停泵压力（MPa）	28.6	29.6	16.5	26.8	17.6

表 8-91　气井 CO_2 泡沫压裂施工参数统计表（2）

井号	S28	S156	S11	S242	G18-11	G01-9	G23-4	G26-1
注入方式（油管）	3½in	3½in	3½in	3½in	3½in	3½in	3½in	3½in
排量（m³/min）	2.55	2.8	2.83	2.81	2.46	2.75	2.88	2.42
支撑剂体积（m³）	17.4	21.4	28.0	17.5	35.0	35.0	38.0	36.0
压裂液体积（m³）	172.85	214.21	210.94	151.24	186.9	266.6	283.0	232.6
冻胶体积（m³）	87.0	120.7	113.84	71.53	84.9	172.4	140.5	116.9
CO_2 体积（m³）	81.55	89.81	94.0	67.71	102.0	94.2	142.5	115.7
泡沫质量（%）	50.7	45.1	47.9	48.1	58.7	38.0	54.1	53.5
混合/冻胶砂比（%）	19.9/41.8	20.83/39.3	22.6/39.7	22.0/38.0	25.4/45.6	18.7/27.9	27.4/47.35	25.78/50.1
破裂压力（MPa）	25.5	55.3	26.7	55.0	45.0	45.0	52.9	
停泵压力（MPa）		20.3	24.4		30.1	21.0	25.1	27.7

表 8-92　气井 CO_2 泡沫压裂施工参数统计表（3）

井号	S12	S14	S22	S29	Y43-9	Y44-10
注入方式（油管）	3½in	3½in	3½in	3½in	2⅞in	2⅞in
排量（m³/min）	3.54	3.53	4.17	4.13	2.39	3.08
支撑剂体积（m³）	21.6	24.5	40.0	38.7	17.0	35.0
压裂液体积（m³）	78.24	141.62	229.5	181.4	99.3	168.8
CO_2 体积（m³）	61.8	95.68	114.9	102.0	53.5	90.5
泡沫质量（%）	47.2	43.1	50.3	38.5	37.5	37.3
混合/冻胶砂液比（%）	29.52/47.8	21.52/35.2	24.13/35.0	25.4/34.9	25.1/39.7	27.66/38.8
施工压力（MPa）	52	60.0	50.7	53.0	58.0	46.3
停泵压力（MPa）		23.2	24.0	45.0		33.0

G34-12 井由于混砂车输砂系统出故障，加入支撑剂体积 24m³（1m³ 没有加完）。S217井除前置液阶段 CO_2 泵注管线漏外，整个加砂过程进展顺利。S6 井（盒 8 段）由于混砂车坏，只加砂 16.4m³（余 3.6m³）。S28 井顶替 4min 时砂堵，S156 井施工中途砂堵，冲砂 3.6m³。S242 井施工中途砂堵。S12 井由于排量和砂浓度不能正常显示，导致交联液无法正常注入，出现了高砂比、低交联比的现象，引起后期砂堵。Y43-9 井压裂由于压裂设备不能正常工作，导致施工排量偏低、胶液不充足和 CO_2 压裂泵车问题使得前置液泵入量太低，导致施工后期砂堵。其余井现场实施均顺利。

图 8-56 至图 8-58 列举了典型的 CO_2 泡沫压裂施工曲线，分别反映了变比例注入 CO_2 泡沫压裂、高渗透气层 CO_2 泡沫压裂和羧甲基羟丙基压裂液 CO_2 泡沫压裂的现场实施情况。

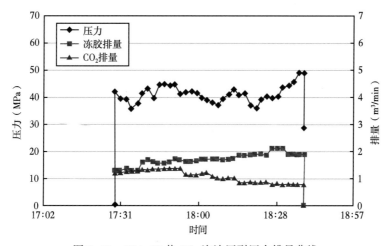

图 8-56　G34-12 井 CO_2 泡沫压裂压力排量曲线

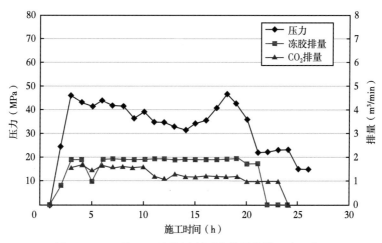

图 8-57　S6 井 CO_2 泡沫压裂压力排量曲线（盒 8 段）

2）压力监测情况

气井 CO_2 泡沫压裂，共进行了 2 井次的压力监测及压降测试，S217 井还进行了压裂前后的井温测试，但压后井温异常段不明显，可能与测试时间有关系。监测结果见表 8-93。

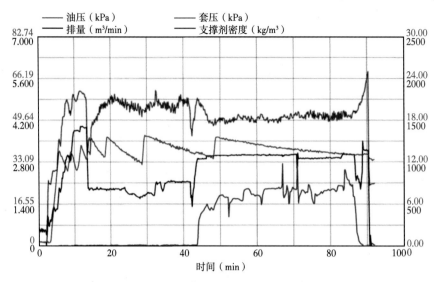

图 8-58　S22 井 CO₂ 泡沫压裂施工曲线

表 8-93　两口气井压裂监测结果

井号	G34-12 井	S217 井
监测方式	油管	油管
闭合压力（MPa）	54.64	47.77
滤失效率（%）	54.4	51.1
裂缝半长（m）	169.2	157.7
平均缝宽（mm）	15.37	15.34

从结果可以看出，压裂施工基本与设计相符，监测曲线如图 8-59 和图 8-60 所示。

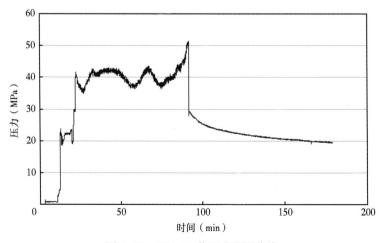

图 8-59　G34-12 井压力监测曲线

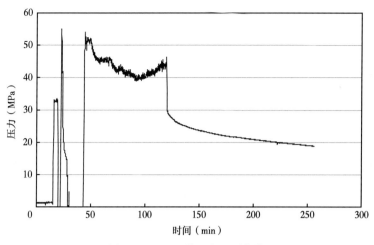

图 8-60　S217 井压力监测曲线

3）压裂摩阻分析

影响压裂液摩阻的因素较多，例如压裂液类型、注入方式、排量等。对于 CO_2 泡沫压裂液，泡沫质量的影响不容忽视。表 8-94 是对 CO_2 泡沫压裂井摩阻的统计。

表 8-94　气井 CO_2 泡沫压裂施工摩阻分析

井号	井深（m）	注入方式	排量（m³/min）	泡沫质量（%）	延伸压力（MPa）	停泵压力（MPa）	摩阻（MPa）	相当于清水摩阻的百分比（%）
S6（盒 8 段）	3323.9	3½in 油管	3.1	45.5	41.5	16.5	25.0	57.8
S217	2790.0	3½in 油管	2.8	49.2	46.2	29.6	16.6	55.1
G34-12	3516.0	3½in 油管	2.8	46.2	43.2	28.6	14.6	38.4
Y18	2180.0	2½in 油管	2.5	51.1	43.2	17.6	25.6	48.8
S6（山 1 段）	3382.0	3½in 油管	2.3	61.3	45.0	26.8	18.2	71.8
S156	3038.0	3½in 油管	2.7	60.4	43.6	20.3	23.3	76.8

从表 8-94 可以看出，6 口气井 CO_2 压裂的平均摩阻系数为 58.1%，而常规水基压裂液的摩阻系数为 30%，如评价井 G4-5 井采用水基压裂，其摩阻系数为 28.2%，说明 CO_2 压裂液的摩阻系数高于常规水基压裂液；还可以看出，采用 CO_2 泡沫压裂井的摩阻，在施工条件基本相同的情况下，泡沫质量越大，施工的摩阻越高，其原因是泡沫是气液两相体系，与仅为一相的水基压裂液相比在流动中进一步增加了内摩擦力，流动阻力相应增大，摩阻就越高。如 S217 井和 G34-12 井，施工排量均为 2.8m³/min，但 S217 井的泡沫质量为 49.2%，G34-12 井的泡沫质量为 46.2%，相差 3%，但摩阻系数相差 16.7%。摩阻系数高的两口井是 S6 井（山 1 段）和 S156 井，其泡沫质量也高。如 S6 井（山 1 段）的泡沫质量为 61.3%，摩阻系数为 71.8%，S156 井的泡沫质量为 60.4%，其摩阻系数为 76.8%。

4. 气井 CO_2 泡沫压裂压后评估分析

1) CO_2 泡沫压裂总体改造效果

表 8-95 是 CO_2 泡沫压裂试验井的压裂排液及求产数据。天然气井的 CO_2 泡沫压裂试验井与常规压裂井对比，连续排液能力也明显增强，有效排液时间短，一般为 20~70 小时（常规水力压裂井平均 80 小时以上）；只有个别产水的低产气井，由于抽汲助排措施使排液时间增长。返排率一般在 90% 以上。由于气井排液量难以准确计量（雾化水较多），排液量与返排率数据仅供参考。压裂后有 14 井次达到了工业气流标准，占 73.7%，明显优于常规水力压裂工业气流比例（表 8-96）。CO_2 泡沫压裂水平居国内之首，且逐年提高（图 8-61 与图 8-62）。

表 8-95　长庆天然气井 CO_2 压裂排液求产数据

井号	层位	入井液量 （m^3）	返出液量 （m^3）	返排率 （%）	有效排液时间 （h）	无阻流量 （$10^4 m^3/d$）
S28	盒 8 段	149.4	115.2	77.11	21.0	56.2247
S156	盒 8 段	179.93	146.0	81.14	41.75	4.1894
G34-12	山 2 段	178.93	334.3		96.0	水 46m^3/d；气 97.5m^3/d
S6	山 1 段	151.8	135.5	89.26	51.53	4.1052
S11	盒 8 段	189.8	169.5	89.30	72.08	7.6561
S6	盒 8 段	166.1	164.0	98.74	39.16	120.1632
S217	山 2 段	180.84	128.8	71.22	18.83	15.3993
Y18	盒 8 段	136.5	124.2	90.99	41.0	0.9016（井口产量）
S242	盒 8 段	140.3	99.0	70.6	52.0	0.3356（井口产量）
G18-11	山 2 段	145.0	260.0	179	77.0	20.7594（与下古生界合求）
G01-9	盒 9 段	223.6	200.0	89.5	25.5	29.4776
G23-4	盒 9 段	200.0	160.0	80.0	27.0	7.049
G26-1	盒 6 段	179.96	173.5	96.4	57.8	0.0445
S12	盒 9 段	167.08	184.0	110.1	154.0	0.82（井口），产水 3m^3/d
S14	盒 9 段	209.17	203.0	97.1	39.2	12.9（井口），产水 3m^3/d
S22	盒 9 段	292.5	266.0	90.9	128.0	5.0024
S29	盒 8 段	223.5	204.5	91.5	58.5	7.9866（初算）
Y43-9	山 2 段	213.3	120.0	56.3	41.0	6.6142
Y44-10	山 2 段	239.87	219.0	91.3	12.0	15.7598

表 8-96　长庆油田天然气井 CO_2 压裂与常规压裂对比分析

对比项	测试井数 （口）	工业气流井数 （口）	占试气井数的比例 （%）
以往长庆油田压裂（2000 年以前）	148	80	54.1
2000—2001 年常规压裂	80	50	62.5
2000—2001 年 CO_2 泡沫压裂	19	14	73.7

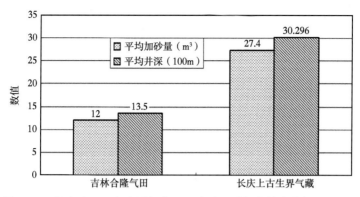

图 8-61　长庆油田上古生界气藏 CO_2 泡沫压裂与吉林合隆气田的对比

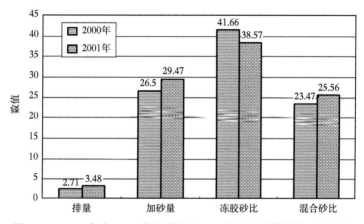

图 8-62　2000 年与 2001 年长庆油田 CO_2 泡沫压裂参数的对比分析

2）CO_2 压裂排液效果分析

上古生界气藏分布较广，区块差异较大。据历年来长庆油田上古生界气层的压裂试气经验，由于靖边区、榆林区上古生界气层压力系数较高（0.85～0.97MPa/100m 者居多），压裂排液问题较少；而苏里格区上古生界气层压力系数较低（0.8～0.85MPa/100m 者居多），压后排液问题较多。针对苏里格低压、低渗透和致密气藏，把各项压裂工艺的压后排液统计结果及措施列于表 8-97。

表 8-97　苏里格气田上古生界气层压裂工艺及排液情况统计对比

工艺类型	井数	入井液量（m^3）	排出液量（m^3）	返排率（%）	累计排液用时（h）	助排措施	备注
CO_2 泡沫压裂（加砂规模 20～40m^3）	6	201.7	192.9	95.6	191.6	1 口井抽汲，占 16.7%	产水、且产量小于 1×$10^4 m^3$/d 的井不能完全自喷
常规水基压裂（加砂规模 20～40m^3，注 1 车液氮）	23	256.9	231.9	90.3	237.2	8 口井抽汲，占 34.5%	产量小于 4.5×$10^4 m^3$/d 的井不能完全自喷
大规模水基压裂（加砂规模 60～100m^3，注 2 车液氮）	5	758.5	549.7	72.5	354.5	4 口井抽汲，占 80%	产量小于 5×$10^4 m^3$/d 的井不能完全自喷

从表 8-97 还可以看出，CO_2 压裂工艺与常规水基压裂工艺对比，具有返排率高、排液时间短、抽汲助排措施使用率低等特点。在有液氮助排的前提下，常规水力压裂排液时间仍然较长，且低产气井难以实现完全自喷、需要借助抽汲等辅助措施，当压裂规模加大时，这种现象更为突出。

3）CO_2 压裂增产效果分析

CO_2 压裂试验井分布区域较广，为便于对比分析和评价，可归为三个气区分别进行讨论，即榆林南区、靖边—乌审旗区和苏里格庙区。

（1）榆林南区。

榆林南区 CO_2 泡沫压裂试验井有：S217 井、S43-9 井和 Y44-10 井。压裂试气结果分析表明，该区块常规水基压裂井的压裂试气产量与气层岩心分析参数相关性较强，与储能系数（孔隙度、含气饱和度、有效厚度三者之积）具有一定的对应趋势，但相关性相对较差。鉴于 S217 井具有岩心分析数据，可进行定量分析；而 Y43-9 井和 Y44-10 井只有测井解释数据，只宜定性对比。

榆林区山 2 段气层的压裂试气结果与岩心渗透率相关性较好（图 8-63），按图上所得出的相关式可进行推算。S217 井、S214 井、S215 井的岩心渗透率分别为：3.0745mD、2.6839mD、6.366mD，相应地理论推算值为：$8.252 \times 10^4 m^3/d$、$7.2938 \times 10^4 m^3/d$、$23.3496 \times 10^4 m^3/d$。从预测值与实际值对比情况来看，两口常规压裂井实测产量均略低于预测值 [低 $(1\sim2) \times 10^4 m^3/d$]，而 CO_2 压裂的 S217 井实际产量比预测值高出 $7 \times 10^4 m^3/d$ 以上，应该说其效果要比常规压裂效果增加 $(8\sim9) \times 10^4 m^3/d$（表 8-98）。

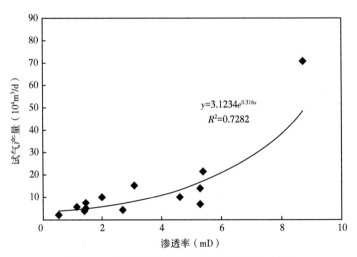

图 8-63　榆林区山西组气层压裂试气交会图

表 8-98　S217 井及其对比井压裂效果对比

井号	岩心渗透率 （mD）	按经验回归公式预测 Q_{AOF} （$10^4 m^3/d$）	实际 Q_{AOF} （$10^4 m^3/d$）	实际值－预测值 （$10^4 m^3/d$）	工艺措施
S217	3.0745	8.252	15.3993	7.1473	CO_2 泡沫压裂，陶粒 28m^3
S214	2.6839	7.2938	4.4256	-2.868	常规水基压裂，支撑剂（14+10）m^3
S215	6.366	23.3496	21.59	-1.7596	常规水基压裂，陶粒 20m^3

表 8-99 是 Y43-9 井、Y44-10 井与邻井的对比数据，从中可以看出，试验井 Y43-9 井的条件差于其对比井 Y45-10 井，其储能系数小、基质渗透率也低，但压裂效果却明显占优。按榆林区的试气规律，储能系数为 0.24 时，常规水力压裂后试气产量一般小于 $4 \times 10^4 \mathrm{m}^3/\mathrm{d}$。因此，Y43-9 井应比常规压裂增产 $2 \times 10^4 \mathrm{m}^3/\mathrm{d}$ 以上。试验井 Y44-10 没有对比性较强的井，气层条件比 S215 井差，压裂后试气产量也稍低，不能定量分析，但从气层数据与压后产量对应情况来看增产效果也是较好的。

表 8-99 榆林南区 CO_2 压裂与邻井常规压裂数据对比表

井号	地层	气层井段 (m)	厚度 (m)	储能系数	基质渗透率 (mD)	陶粒量 (m³)	压裂工艺	无阻流量 (10⁴m³/d)
Y43-9	山 2 段	2787.4~2793.0	5.6	0.2436	1.82	17.0	CO_2 压裂	6.6142
Y45-10	山 2 段	2726.7~2736.0	9.3	0.536	2.04	37.5	常规压裂	3.3681
Y44-10	山 2 段	2785.5~2794.7	9.2	0.5499	0.38	35.0	CO_2 压裂	15.034
S215	山 2 段	2736.0~2745.9	9.4	0.575	2.83	20	常规压裂	21.59

结合前述的对比分析，榆林区 CO_2 泡沫压裂的效果优于常规水基压裂，储能系数在 0.24 时，CO_2 压裂可比常规压裂增产 $2 \times 10^4 \mathrm{m}^3/\mathrm{d}$ 以上；岩心渗透率为 3mD 时，可比常规压裂效果增加 $(8~9) \times 10^4 \mathrm{m}^3/\mathrm{d}$。

（2）靖边—乌审旗区。

该区域试验井较分散、井间跨距大，且大都为预探井，对比评价难度大。G18-11 井的产量是上、下古生界合试结果，故不进行对比分析。G34-12 井与其邻井 G34-13 井相比，虽然孔渗数据相近，但电阻率较小、含水饱和度较大，构造较低（低 10m），压裂后产水量较大。对比井压裂后气水同出，而在试验井选井时对地层的产水的认识估计不足。S242 井、G26-1 井、G23-4 井、S11 井物性差，对比井也难以选定，不做对比评价。

S28 井、G01-9 井、S11 井盒 8 段气层均没有岩心分析数据。S28 井附近无对比井，与 S232 井、S232 井、S99 井盒 8 段电测解释数据很接近；G01-9 井与 S173 井对比性也很强；S11 井与 S168 井、S149 井可对比（表 8-100）。

表 8-100 靖边—乌审旗区 CO_2 压裂与邻井常规压裂数据对比表

井号	层位	气层井段 (m)	厚度 (m)	孔隙度 (%)	渗透率 (mD)	含水饱和度 (%)	工艺类型及规模	无阻流量 (10⁴m³/d)
S28	盒 8 段	3175.2~3183.1	7.1	10.7	1.099	18.7	CO_2 泡沫压裂，陶粒 17.4m³	56.225
S99	盒 8 段	3362.0~3385.3	12.7	10.80	1.047	34.2	常规水基压裂，支撑剂（20+10）m³	45.635
S231	盒 8 段	3124.4~3146.6	9.9	10.7	1.239	33.2	常规水基压裂，支撑剂（18+10）m³	24.957
S232	盒 8 段	3146.6~3154.6	8.0	10.3	1.167	26.5	常规水基压裂，支撑剂（18+10）m³	8.1371
G01-9	盒 9 段	3038.0~3063.4	15.9	8.38	0.398	23.64	CO_2 泡沫压裂，陶粒 35m³	29.4776
S173	盒 9 段	3125.0~3130.6	5.6	6.93	0.650	16.47	常规水基压裂，支撑剂（14+10）m³	11.0749
S231	盒 8 段	3124.4~3146.6	9.9	10.7	1.239	33.2	常规水基压裂，支撑剂（18+10）m³	24.957
S11	盒 8 段	2926.0~2937.0	9.2	9.1	1.28	25.6	CO_2 泡沫压裂，陶粒 21.4m³	7.6561
S168	盒 8 段	2990.8~2997.3	6.6	9.03	0.32	27.8	常规水基压裂，支撑剂（5+7）m³	4.7930
S149	盒 8 段	2929.6~2946.7	7.1	13.3	2.813	38.7	常规水基压裂，支撑剂（14+5）m³	4.1061

S28 井与 S99 井、S231 井、S232 井相距较大，且无取心数据，可采用储能系数对比。S28 井的储能系数为 0.618，对比井的储能系数分别为 0.903、0.708、0.606。S28 井 CO_2 压裂后获无阻流量 56.225×10⁴m³/d，对比井压裂后的无阻流量分别为 45.635×10⁴m³/d、24.957×10⁴m³/d 和 8.1371×10⁴m³/d。可见 S28 井 CO_2 压裂的增产效果优于其对比井的常规压裂。增产量估计在（20~30）×10⁴m³/d。

G01-9 井与 S173 井、S231 井可以定性对比，其孔隙度、渗透率、声波时差数据及含气性介于 S173 井和 S231 井之间，但增产效果均好于其他两口井，增产量应在 10×10⁴m³/d 以上；S11 井与 S168 井、S149 井可对比气层条件接近，多增产 3×10⁴m³/d。

总体上该区 CO_2 压裂在这类气层试验效果是明显的。与常规压裂对比单井多增产（3~30）×10⁴m³/d。

（3）苏里格区。

苏里格气田的 CO_2 压裂进行了 5 口井 6 层次，由于层位及类型差异较多，分别进行分析评价。

S6 井是长庆气田初产最高的一口井，盒 8 段本身的条件较好，有一段（3.9m 气层）渗透率平均达 62.74mD，最大岩心渗透率 561mD。在此类气层成功进行了 CO_2 压裂，压裂规模之大，在国际上也是不多见的（表 8-101）。从测井曲线上看，压裂段上下还包括三个厚度为 17.7m 的含气砂岩段，其测井曲线如图 8-64 所示。

表 8-101　S6 井盒 8 层位物性参数

井段 （m）	厚度 （m）	电阻率 （Ω）	时差 （μm/s）	孔隙度（%）		渗透率（mD）	
				电测	岩心分析	电测	岩心分析
3318.4~3324.5	6.1	62.1	239.2	9.85	块数：32 块 平均：13.03 最大：16.78 最小：6.02	0.84	块数：32 块 平均：9.0 最大：67.01 最小：2.07
3325.1~3329.0	3.9	42.2	250.7	11.82	块数：22 块 平均：12.11 最大：19.96 最小：3.24	1.26	块数：22 块 平均：62.74 最大：561.0 最小：0.07
平均	10.0	54.3	243.7	10.6	12.7	1.0	30.0

该井射孔完井后，井口测试产量为 23.3650×10⁴m³/d，无阻流量为 50.142×10⁴m³/d。CO_2 压裂后获得井口产量 36.7756×10⁴m³/d，无阻流量 120.163×10⁴m³/d，增产效果显著。目前虽无一口井可与它直接对比，但苏里格庙区常规水力压裂井的试气结果与气层数据具有一定的相关性（图 8-65），因此可按常规压裂试气结果的趋势线（相关式）进行分析。

S6 井岩心得到的储能系数（$\phi \cdot H \cdot S_g$）为 0.8318，测井得到的储能系数为 0.7169，可推出 S6 井无阻流量最大能达到 94.664×10⁴m³/d（岩心）；而采用 CO_2 压裂后获得的无阻流量为 120.163×10⁴m³/d，增加 25.5×10⁴m³/d，相比常规压裂增产率为 27%（至少）。

应该说明，苏里格庙区盒 8 段地层系数与压裂后试气无阻流量相关性也较强，但 Kh 在 80~300 之间无数据点，故不能采用回归式推算 S6 井。

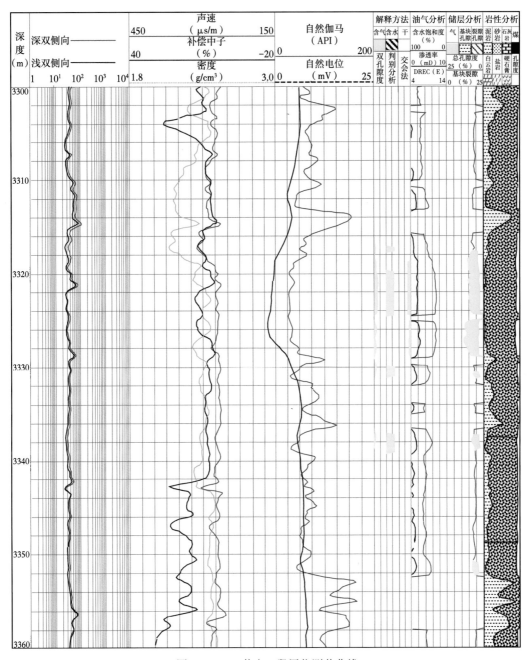

图 8-64　S6 井盒 8 段层位测井曲线

　　在苏里格气田石盒子组进行的 CO_2 压裂试验井还有 S12 井、S14 井、S22 井和 S29 井，这些井物性条件远不及 S6 井。其中，S12 井物性最差，周围没有可对比井，但该井在 CO_2 压裂之后又进行了常规水力压裂，虽然规模增加了（CO_2 压裂加砂 $21.6m^3$，常规水基压裂加砂 $40m^3$），但压裂后产量没有增加。S14 井、S29 井及 S22 井均位于苏里格气田盒 8 段砂体中砂带的南部，可采用上述的常规压裂试气规律进行分析评价（表 8-102）。

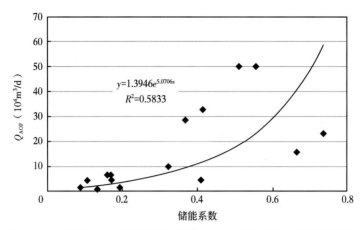

图 8-65　苏里格盒 8 段气层岩心数据与 Q_{AOF} 相关分析（常规压裂井）

表 8-102　苏里格气田石盒子组气层 CO_2 压裂井结果分析

井号	地层	气层井段 （m）	岩心储 能系数 （m）	岩心含水 饱和度 （%）	岩心 孔隙度 （%）	岩心 渗透率 （mD）	预测 Q_{AOF} （$10^4m^3/d$）	实测 Q_{AOF} （$10^4m^3/d$）
S14	盒 9 段	3452.8~3462.0	0.610	51.6	13.70	11.60	30.76	10.903（井口产量）
S22	盒 9 段	3523.6~3529.8	0.220	70.97	12.20	0.42	4.26	5.0024
S29	盒 8 段	3516.0~3524.0	0.32	62.9	10.80	0.47	7.07	7.9866

　　分析结果表明，S22 井、S29 井按常规压裂试气规律预测的产量均低于 CO_2 压裂的实际产量。对于苏里格气田石盒子组储能系数为 0.2~0.3 的井，进行 CO_2 压裂，增产效果优于常规压裂井，增产量为 $1\times10^4m^3/d$ 左右，增产率为 15%~20%。

　　S14 井盒 9 段气层是一个特例，该井显示较好，压裂前求初产获得了 $15.5243\times10^4m^3/d$ 的试气井产量，压裂后压力恢复程度低，试气产量也较初产低。压前地层测试求初产后，由于油管脱扣，经抢装井口后挤注压井，2001 年 6 月 4 日至 6 月 6 日这 3 天时间，累计入井液量 $125.6m^3$，只排出 $68.0m^3$，余 $57.6m^3$ 滞留于地层中，这部分液体必将对 S14 井地层造成一定程度的伤害。

　　S14 井从 6 月 4 日压前试气后油管脱扣压井起，至 6 月 29 日返排无液止，累计入井液量 $635.77m^3$，排出 $566.5m^3$，返排率 89.1%，余 $69.27m^3$ 于地层中，而这部分液体在苏里格这种高水锁、低压的地层中的时间较长（近 25 天），必将在一定程度上伤害地层，最终影响压后效果。

　　S14 井经 CO_2 压裂前试气时，没有测试压力恢复。压裂后压力恢复曲线如图 8-66 所示。

　　通过压力恢复曲线分析，可以说明，S14 井压裂后至压井、DDL-PL 测试及液氮助排之前的时间里，压力恢复虽然不是十分理想，但还是处于上升趋势。而经过压后压井、DDL-PL 测试等一系列作业后，压力恢复大幅降低，因此从曲线看，压后压井作业期间对地层造成了一定程度的伤害。

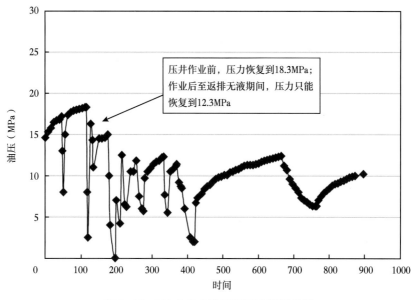

图 8-66 S14 井盒 9 段压后压力恢复曲线

三、长庆低渗透油气藏 CO_2 泡沫压裂综合评估

1. CO_2 泡沫压裂综合分析

1）本次 CO_2 泡沫压裂试验特点

综合分析油井和气井 CO_2 泡沫压裂试验，本次 CO_2 泡沫压裂试验具有以下特点：

（1）施工成功率高。

本次 CO_2 泡沫压裂共进行了 3 口油井和 19 井次气井的压裂试验，排除设备因素，施工基本获得圆满成功，施工成功率在 90% 以上。

（2）施工参数水平大幅度提高。

通过对 3 口油井和 19 井次气井的设计与施工的压裂参数对比分析，压裂施工参数均达到设计要求，压裂井深达到 3530m，施工混合砂液比达到 29.2%，冻胶砂液比达到 43%，施工规模达到 40m³，表明本次 CO_2 泡沫压裂工艺试验把国内 CO_2 泡沫压裂技术提高到了一个新水平。

（3）压后水化液返排率高，对地层伤害小。

CO_2 泡沫压裂实施的 19 井次气井，其压裂液的返排较以往氮气助排有明显提高。不但返排时间短，而且返排率较高。由于气井压裂液返排不易计量，但本次压裂的 19 口井，产气井全部自喷见气，平均返排率达到 90%；特别是苏里格气田，平均返排率达到 95.6%。说明 CO_2 压裂大幅提高压后残余液的返排率，减少了对地层的伤害。

（4）压后效果显著。

本次 CO_2 压裂的压裂后效果：油井压后测试产量日产油 27.7t，气井压后无阻流量平均 $22.2 \times 10^4 m^3$；压裂的 19 井次上古生界气井，G34-12 井为水层，14 井次均达到工业气流标准，占统计井中的 73.7%。而本项目开展前，长庆上古生界气区测试 148 口井，获得工业气流标准井有 80 口井，占试气井中的 54.1%。同时期的常规水基压裂测试 80 口井，获得工业气流标准井有 50 口井，占试气井中的 62.5%。因此，本次 CO_2 泡沫压裂的压裂后效果要比常规水基压裂的压裂后效果好。

但是，CO_2 泡沫压裂在试验压裂液体系的条件下也表现出压裂施工摩阻较高的特点，3 口油井 CO_2 泡沫压裂的平均摩阻系数为 42.7%，统计的 6 口气井 CO_2 泡沫压裂的平均摩阻系数为 58.1%；而常规水基压裂液的摩阻系数为 30%，如评价井 G4-5 井采用水基压裂，其摩阻系数为 28.2%，说明 CO_2 泡沫压裂液的摩阻系数高于常规水基压裂液。

2）本次 CO_2 泡沫压裂试验取得了三项主要研究成果

（1）S6 井盒 8 段压裂后无阻流量达到 $120×10^4 m^3/d$，取得了较好的增产效果。同时，CO_2 泡沫压裂试验井压后全部自喷见气，快速返排十分明显。

（2）研制和开发了酸性压裂液体系，提高了 CO_2 泡沫压裂液的流变性能，完善了国内低伤害压裂液体系。初步建立了长庆低渗透油气田 CO_2 增能压裂配套技术。

（3）提高了中国 CO_2 泡沫压裂技术水平，完善和提高了国内复杂油气藏多元化合理改造技术和工艺方法。不仅使 CO_2 泡沫压裂的深度从研究前的 2000m 以内增加到 3530m，而且使 CO_2 泡沫压裂的加砂规模从研究前的 $15~20m^3$ 增加到 $40m^3$，CO_2 泡沫压裂设计施工规模及参数水平均有较大提高。

3）本次 CO_2 泡沫压裂试验形成了五项配套技术

通过三年来的室内研究和现场试验，初步形成了一套适合长庆上古生界气藏的 CO_2 泡沫压裂配套技术。该项技术不仅在长庆上古生界气藏的高效、合理开发中发挥了积极作用，还对国内其他油田的低压、水敏性油气藏的合理改造具有积极的推动作用。形成的配套技术主要包括以下几个方面：

（1）CO_2 泡沫压裂发泡条件分析及实验研究技术。

研究了 CO_2 的相态变化、发泡条件及相应的实验研究技术，为设计、施工提供了决策依据。

（2）CO_2 泡沫压裂优化设计技术。

采用三维 CO_2 泡沫压裂设计软件，根据施工情况优选施工方案，提高了施工成功率和施工水平。采用变泡沫质量和内相恒定的工艺技术，在一定程度上提高了施工砂液比和施工规模。CO_2 的比例由前置液至携砂液逐渐降低：50%→45%→42%→35%→30%。

（3）CO_2 泡沫压裂优化施工技术。

现场施工时采用了三项优化施工的工艺方法，提高了施工成功率。

①优化管柱结构，降低了施工摩阻。压裂管柱由 $2^{7/8}$ in 调整为 $3^{1/2}$ in，或采用 $2^{7/8}$ in+$3^{1/2}$ in 的复合管柱，降低了施工摩阻，从而降低了施工压力。

②适当提高了稠化剂浓度（稠化剂浓度由 0.6% 提高到 0.7%），在一定程度上提高了基液黏度，有利于压裂液的携砂。

③根据施工情况进行多方案优选。

长庆气区上古生界气井是目前国内 CO_2 泡沫压裂最深井，设计时进行了多方案准备：若施工正常时，则执行方案 1；若压力较低时，则执行方案 2；若压力超过 55MPa 时，则执行方案 3。

（4）酸性交联技术。

研制和开发了酸性交联剂，采用酸性交联压裂液体系，提高了 CO_2 泡沫压裂液的流变性能。

（5）CO_2 泡沫压裂适应性研究及综合评价分析技术。

通过对 CO_2 泡沫压裂的井层条件分析和压后效果分析，研究了 CO_2 泡沫压裂在长庆上古生界气藏的适应性，综合评价 CO_2 泡沫压裂在长庆上古生界气藏的应用情况，为下一步决策提供了依据。

2. CO_2 泡沫压裂试验研究结论与认识

1）CO_2 泡沫压裂取得的认识

（1）通过长庆上古生界气藏 CO_2 泡沫压裂试验表明：充分利用形成的 CO_2 泡沫压裂最新工艺技术，对长庆上古生界气藏进行 CO_2 泡沫压裂改造在工艺技术上是可行的，上古生界气藏的 CO_2 泡沫压裂工艺试验是成功的。

（2）通过三类典型气井分析表明，CO_2 压裂效果中—高渗透层>低渗透层>致密层。因此，对于上古生界气藏使用 CO_2 泡沫压裂，要优先选择物性较好、含气特征明显的储层。

（3）针对长庆上古生界低渗透油气藏的特征，使用 CO_2 泡沫压裂工艺对于提高压后返排率，缩短排液时间，减少压裂液对地层的二次伤害的效果显著。随着上古生界气藏开发的不断深入，地层压力的逐渐降低，CO_2 泡沫压裂工艺将会得到广泛的应用。

（4）长庆上古生界气藏对于渗透率为 0.5~1mD、有效厚度为 10~20m、Kh 值大于 10mD·m 左右的储层，建议选择 CO_2 泡沫压裂施工。压裂此类储层是充分发挥 CO_2 压裂特点，实现高投入，获得更高产出的有效途径。

2）CO_2 压裂需进一步解决的几个问题

CO_2 压裂试验，由于是中国第一次较系统地在长庆低渗透油气田进行的 CO_2 压裂试验，不仅时间紧、任务重，还存在施工设备不配套等不利因素，因此，通过本次 CO_2 压裂试验，经过实施评估和认真分析，认为 CO_2 压裂需进一步解决以下问题：

（1）提高 CO_2 压裂及配套技术，完善配套设施；

（2）完善和提高酸性压裂液体系。如何解决提高压裂液的携砂能力与降低施工摩阻的关系、研制和开发羧甲基羟丙基瓜尔胶；

（3）降低 CO_2 压裂的成本。本次 CO_2 压裂使用的 CO_2 都是从 500km 以外的化工厂购进并运输的，由于 CO_2 的纯度较高（可用于食品工业），每吨价格 1200 元左右，如果在靖边的甲醇厂或银川化工厂增设相应的配套装置，生产压裂用的 CO_2，就可以大幅降低 CO_2 的生产成本和运输成本，从而大幅降低 CO_2 压裂的成本。

参 考 文 献

陈立群，郑继龙，翁大丽，等，2016. CO_2 泡沫压裂液体系优选实验研究 [J]. 精细石油化工进展，17（6）：13-15.

丛连铸，吴庆红，赵波，等，2005. CO_2 泡沫压裂在煤层气井中的适应性 [J]. 钻井液与完井液，（1）：51-52+56-84.

代云龙，胡园园，张春阳，2016. 水平井内二氧化碳泡沫压裂液流动规律研究 [J]. 辽宁化工，45（8）：993-995.

丁云宏，丛连铸，卢拥军，等，2022. CO_2 泡沫压裂液的研究与应用 [J]. 石油勘探与开发，29（4）：103-105.

段瑶瑶，卢拥军，管保山，等，2017. CO_2 泡沫压裂工艺技术研究及现场实践 [J]. 河南理工大学学报

（自然科学版），36（4）：14-19.

付文耀，王博，刘亭，等，2017. 二氧化碳泡沫压裂的基本原理分析 [J]. 石化技术，24（9）：36.

高亚罡，陈光杰，刘通义，等，2017. 聚合物—CO_2 泡沫压裂液性能研究及现场应用 [J]. 油田化学，34（3）：438-443.

高志亮，吴金桥，乔红军，等，2014. 一种新型酸性交联 CO_2 泡沫压裂液研制及应用 [J]. 钻井液与完井液，31（2）：72-75+78+101.

韩金轩，2015. 含水煤层中气体吸附、解吸—扩散的分子模拟研究 [D]. 成都：西南石油大学.

韩重莲，李萍，李发荣，2008. 以水合甲醇为基液的二氧化碳乳化液的化学性质及其在低渗透气藏中的应用 [J]. 国外油田工程，24（9）：28-29+35.

何涛，景芋荃，柯玉彪，等，2019. 无水压裂液技术研究现状及展望 [J]. 精细石油化工进展，20（2）：24-28+32.

吉磊，王震，2014. CO_2 泡沫压裂的基本原理 [J]. 内蒙古石油化工，40（23）：65-66.

金忠康，2003. CO_2 泡沫压裂技术在江苏油田的应用 [J]. 江汉石油学院学报，（S2）：76-77+7.

李阳，翁定为，于永波，等，2006. CO_2 泡沫压裂液的研究及现场应用 [J]. 钻井液与完井液，23（1）：51-54+89.

刘通义，董国峰，林波，等，2016. 一种清洁 CO_2 泡沫压裂液稠化剂的合成与评价 [J]. 现代化工，36（6）：92-95.

刘晓明，蔡明哲，蔡长宇，2004. CO_2 泡沫压裂液性能评价 [J]. 钻井液与完井液，21（3）：3-6+63.

邱杰，2008. CO_2 酸性冻胶压裂液的开发与应用 [J]. 油气田地面工程，27（12）：25-26.

申峰，杨洪，刘通义，等，2016. 抗高温清洁 CO_2 泡沫压裂液在页岩气储层的应用 [J]. 石油钻采工艺，38（1）：93-97.

宋微立，2007. 低伤害压裂液在扶杨油层的应用 [J]. 油气井测试，16（3）：55-56+77.

宋晓莉，刘英，雷宏，2016. 压裂液伤害室内评价 [J]. 辽宁化工，45（4）：523-524+527.

孙长健，张仁德，漆林，等，2009. 二氧化碳泡沫压裂液性能研究 [J]. 精细石油化工进展，10（3）：12-15.

谭明文，何兴贵，张绍彬，等，2008. 泡沫压裂液研究进展 [J]. 钻采工艺，31（5）：129-132+173.

田少华，2014. 二氧化碳泡沫压裂的分析与研究 [J]. 化工管理，（18）：90.

王建平，贾红娟，2018. CO_2 泡沫压裂技术机理研究与应用 [J]. 内江科技，39（5）：19.

王树众，王斌，林宗虎，等，2004. 施工条件下 CO_2 泡沫压裂液的对流换热特性 [J]. 化工学报，55（3）：468-471.

王树众，王志刚，林宗虎，等，2003. CO_2 泡沫压裂液两相流流动特性的试验研究 [J]. 西安交通大学学报，37（9）：975-978.

吴金桥，李志航，宋振云，等，2008. AL-1 酸性交联 CO_2 泡沫压裂液研究与应用 [J]. 钻井液与完井液，25（6）：53-55+93.

邢宽宏，2015. 二氧化碳泡沫压裂技术在新场气田的应用研究 [J]. 石化技术，22（10）：74.

熊友明，1992. 国内外泡沫压裂技术发展现状 [J]. 钻采工艺，（1）：46-55.

徐占东，2008. 吉林油田 CO_2 泡沫压裂液的研究与应用 [D]. 大庆：大庆石油学院.

许贞，李莉，2005. 非常规发泡技术在油田现场的应用：液态二氧化碳压裂技术的推广 [J]. 国外油田工程，（1）：19-20.

杨发，汪小宇，李勇，2014. 二氧化碳压裂液研究及应用现状 [J]. 石油化工应用，33（12）：9-12.

杨胜来，邱吉平，何建军，等，2007. CO_2 泡沫压裂液的流变性及井筒摩阻计算方法研究 [J]. 内蒙古石油化工，（5）：3-6.

曾雨辰，2005. 中原油田二氧化碳压裂改造初探 [J]. 天然气勘探与开发，28（2）：27-31+4.

张波，温庆志，罗明良，等，2012. 压裂助排工艺优化设计研究 [J]. 油田化学，29（1）：69-74.

388

赵正龙，李建国，杨朝辉，等，2006. CO_2 泡沫压裂工艺技术在中原油田的实践 [J]. 钻采工艺，29 （2）：54-56+124-125.

郑新权，2003. 长庆上古生界气藏 CO_2 泡沫压裂技术研究 [J]. 石油勘探与开发，30 （4）：111-113.

钟渝，2018. 新型无水压裂液技术研究现状与展望 [J]. 石化技术，25 （6）：122.

周长林，彭欢，桑宇，等，2016. CO_2 泡沫压裂技术研究进展及应用展望 [J]. 钻采工艺，39 （3）：46-49+129.

左家强，陈晓媛，杨彪，2007. CO_2 泡沫压裂技术的优化与应用 [J]. 胜利油田职工大学学报，21 （5）：36-37+48.

第九章　CO_2 无水压裂液

随着全球对油气资源需求量的不断增加，油气资源勘探开发的重心逐步向更低品位的致密砂岩气、煤层气和页岩气等非常规油气转移，而此类低渗透油气藏和非常规油气资源的经济、有效开发急需压裂改造技术的革新与突破。

由于低渗透油气藏和非常规油气储层具有孔喉细小、强水锁性、强水敏性和吸附气含量高等特点，目前以水基压裂为主的储层改造技术存在储层伤害大、返排时间长、返排困难、解析速度慢等问题，影响了压裂改造和开发的效果。另外，水力压裂耗水量巨大、返排液处理困难，对生态平衡和环境保护造成极大压力。

CO_2 无水压裂技术对低渗透油气藏、低压油气藏具有较好的适用性。该技术能够消除储层水敏伤害和水锁伤害，提高压裂改造效果；压裂液无残渣，能够保护储层和支撑裂缝（导流能力保留系数大于 90%）；实现自主快速返排，可以大幅缩短返排周期；用于页岩气、煤层气压裂可促进吸附天然气的解析。此外，通过对 CO_2 气体的回收利用，可大量节约压裂作业用水，减少常规压裂作业返排液处理工作量；压后返排无废液产出，消除了废液处理环节，降低了成本；CO_2 废气的综合利用，可实现循环经济。

中国石油自 1998 年在国内率先开展 CO_2 增产技术研究，技术发展共经历了增能伴注压裂—泡沫压裂—无水压裂三个阶段，近十年来完成 CO_2 泡沫压裂近 100 井次，CO_2 无水压裂 5 井次，在 CO_2 增能伴注、泡沫压裂技术方面趋于成熟和配套。2013 以来在 CO_2 无水压裂现场试验取得了突破，独立研究设计、组织实施了 2 口 CO_2 无水压裂试验井——SD44-22 井和 S60 井，其中 SD44-22 井为中国第一口 "CO_2 无水压裂" 试验井，已经初步形成了 CO_2 无水压裂施工工艺与设备，对 CO_2 无水压裂液体系的室内评价、现场施工工艺、施工装置设备都有了初步的研究。

虽然 CO_2 无水压裂技术在储层保护、节约用水和环境保护等方面较水力压裂有明显优势，但也存在 CO_2 黏度低、滤失量大，使得压裂液效率较低、造缝和携砂能力差的缺陷，制约了技术的发展，因此有效提高 CO_2 压裂液黏度并形成相应的施工工艺技术，从而提高液体效率是 CO_2 无水压裂急需攻关的关键技术之一。

第一节　CO_2 无水压裂液体系优化与应用

鄂尔多斯盆地长庆苏里格气田是典型的"三低"致密气藏，具有较严重水锁伤害，近年来，随着该地区勘探开发的不断推进，储层物性越来越差，特别是在前期勘探过程中，水力压裂后期排液效果差，排液时间长，制约了储层的评价与开发，而 CO_2 无水压裂技术是从根本上解决水锁伤害的有效手段之一，前期在该地区已经开展的小规模 CO_2 无水压裂先导性试验取得了较好的效果，因此本项目选择苏里格气田作为新型 CO_2 无水压裂液的试验区域，并针对该地区储层及矿场特点，开展了 CO_2 无水压裂储层适应性研究、施工工艺研究及现场试验效果分析，优化形成了新型 CO_2 无水压裂液体系及其施工工艺技术，进一步推动了CO_2无水压裂技术的发展和CO_2无水压裂液体系的推广应用。

一、CO_2无水压裂液储层适应性研究

CO_2无水压裂选井选层研究

液态CO_2压裂技术应用的成功取决于选择适当的储层和井。国外石油工作者认为,任何被认为是水敏性的或易受渗透液、凝胶或表面活性剂损害的储层都是优先考虑的候选储层。适合液态CO_2压裂技术方法的储层还包括那些吸水的、低压的、有细粒运移问题的或相对渗透率易改变的地层。液态CO_2压裂处理方法在处理以下情况时也特别有用:

(1)具有低压、低渗透或处理液回收较差的井;

(2)表皮系数为正值的井要求在没有对地层注入有潜在伤害的液体或材料的情况下进行近井修复,这些候选对象具有好的渗透性但并不要求有长的裂缝延伸;

(3)具有较低岩石应力的井;

(4)压裂改造不彻底的井,与高滤失相关的低黏液体(0.1mPa·s),使裂缝过高增长的可能性降到最小,可强化了产层内支撑剂的分布;

(5)初探井试验,尤其是操作人员想在无残余液或凝胶伤害产能的情况下,压裂目的层并评估其潜能。如果储层在液态CO_2压裂处理后出水,也能够明确鉴别出是原生水而不是残余压裂液,对井的实际评价可在施行压裂增产措施后48~60小时做出;

(6)煤层,特别是那些易受凝胶伤害的煤层;

(7)易被水伤害的页岩层,页岩表面在受到水的侵蚀时也能引起气体相对渗透率下降;

(8)储气层,这类地层不需要有长裂缝,用液态CO_2压裂法能防止过度表皮引起的产能降低且能直接增加产能;

(9)井底压力低,该情况下流体的采收率也低,这种井一般是用普通泡沫处理剂压裂;

(10)重复压裂。

二、长庆苏里格气田试验区选择分析

1. 长庆苏里格气田储层特征概况

苏里格气田为低压、低渗透、低丰度大面积分布的岩性气藏,储层分布受砂体展布和物性控制,无明显边(底)水,属定容弹性驱动气藏,主要产气层为二叠系下石盒子组盒8段和山西组山1段,气藏埋深3200~3600m。

1)储层岩性特征

苏里格气田盒8段储层岩性主要为灰白色中粗粒石英砂岩、岩屑石英砂岩,属于辫状河沉积。山1段的沉积类型为曲流河,岩性以中—细粒石英砂岩为主。

以石英、长石、岩屑三端元进行岩石类型的分类(图9-1),可见岩石类型主要为石英砂岩,少量岩屑石英砂岩,偶见次长石岩屑砂岩。

砂岩中胶结物类型多样,有泥质杂基、铁方解石、菱铁矿、铁白云石、硅质、凝灰质、绿泥石、伊利石、高岭石等,总胶结物含量一般不超过15%(表9-1)。各胶结物种类在各类岩石中无明显差异。在这些胶结物中以黏土类、硅质和凝灰质较为重要,是影响砂岩储层性质的主要因素。碳酸盐类胶结物分布很不均匀,虽在局部含量可达15%以上,

但由于分布局限，总体含量较低，对总体储层特征影响不大。

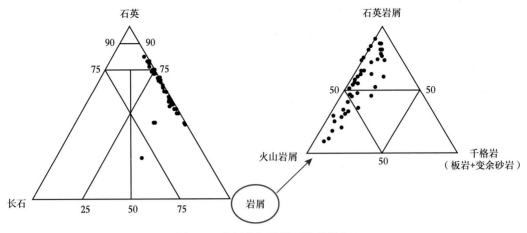

图 9-1　苏里格气田岩石类型划分

表 9-1　苏里格气田主要胶结物特征

层位	泥质 （%）	凝灰质 （%）	硅质 （%）	高岭石 （%）	含铁方解石 （%）
盒 8 段	1~6 (3)	0~8 (1.6)	1~8 (2.3)	1~8 (2.1)	0~18 (1.1)
山 1 段	1~6 (2.6)	0~8 (2.6)	1~10 (2.8)	1~9 (4.4)	0~26 (2.6)
备注	1~6 (3)：最小百分含量~最大百分含量（平均百分含量）				

2）孔喉特征

苏里格气田上古生界储层的孔隙类型可分为残余原生粒间孔、溶蚀孔、晶间孔和微孔，以次生溶孔和高岭石晶间孔为主，微裂缝不发育。

各层段孔隙类型分布及其发育特征见表 9-2，其中盒 8 段砂层以岩屑溶孔、粒间孔及杂基溶孔为主；山 1 段砂层以岩屑溶孔和高岭石晶间孔为主，微孔次之。

表 9-2　苏里格气田上古生界砂岩储层孔隙类型分布表

层位	粒间孔 （%）	长石 溶孔 （%）	岩屑 溶孔 （%）	碳酸盐 溶孔 （%）	晶间孔 （%）	杂基 溶孔 （%）	微裂隙 （%）	总面 孔率 （%）	平均 孔径 （μm）	储集 类型	岩性
盒 8 段 高渗透储层	2~11	0~3	2~12	0~1	0~5	2~5		5~15	80~750	溶孔型	粗粒石英砂岩、细砾岩
盒 8 段 一般储层	0.2~0.3		0.5~1.5		1.2~1.7	0.5~1	0~0.5	0.5~3.6	5~20	溶孔—微孔型	含泥中—粗粒石英砂岩
山 1 段	0~1		0.2~3		0.2~1	0~1		0.5~5	5~30	溶孔—微孔型	细中—中粗粒石英砂岩

储层岩石孔径在 3~400μm，平均值为 53μm，表现为强烈的非均质性。盒 8 段喉道半径中值在 0.2~0.5μm，山 1 段喉道半径中值在 0.2μm 以下。排驱压力在 0.4~10MPa，一

392

般大于 2MPa。

3）隔（夹）层特征

从砂体纵向上的分布状况看，气层一般由多段组成，各气层段厚度不等，分布形态各异，气层段间均有致密或高泥质含量夹层。统计苏里格气田内 21 口井夹层厚度，夹层数一般 1~3 层，夹层厚度不均，反映出砂层中所夹的非储层比例较大。在砂体顶底界一般具有厚度较大的泥岩隔层，为裂缝在目的层段内的有效延伸提供了较好的遮挡条件。

4）物性特征

统计苏里格气田 764 块岩心样品分析结果：

盒 8 段砂岩孔隙度主要分布在 5%~12%，平均值为 8.95%；渗透率主要分布在 0.06~2mD，平均值为 0.73mD（图 9-2）。

山 1 段砂岩孔隙度一般在 5%~11%，平均值为 8.5%；渗透率在 0.06~1.0mD，平均值为 0.589mD（图 9-3）。

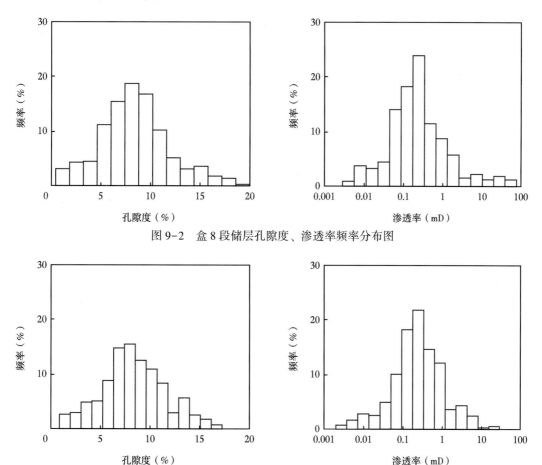

图 9-2　盒 8 段储层孔隙度、渗透率频率分布图

图 9-3　山 1 段储层孔隙度、渗透率频率分布图

5）岩石力学参数及地应力特征

苏里格气田部分井储层砂岩的岩石力学参数测试表明，石盒子组储层砂岩杨氏模量在 $(0.97~1.39) \times 10^4$ MPa，山西组储层砂岩杨氏模量在 $(2.32~3.66) \times 10^4$ MPa。泊松比为 0.26~0.28。苏里格气田部分井地层最小主应力在 45.3MPa 以上，变化范围大；最大主应

力方位在近东西向，与砂体的走向垂直。利用小型压裂测试得到的苏里格区闭合压力为32.78~34.79MPa，闭合应力梯度0.969~1.017MPa/100m。

苏里格气田泥岩与砂岩的地应力差平均为6.19MPa，泥岩和砂质泥岩的地应力差为4.77MPa，这有利于控制裂缝的缝高。

6）气藏类型、流体性质、储层压力及温度特征

（1）气藏类型。

驱动类型：无边底水定容弹性驱动气藏。

储渗空间类型：溶孔、晶间孔和微孔为主复合型。

储层物性类型：低孔隙度、低渗透率储层。

（2）流体性质。

苏里格气田天然气组分中甲烷平均含量92.5%，乙烷平均含量4.525%，CO_2平均含量0.843%，不含或微含H_2S，气体相对密度为0.6037，凝析油含量2~5g/m^3。

（3）储层压力、温度特征。

苏里格气田气藏温度为100~115℃，地温梯度约为3.06℃/100m；压力系数平均值为0.87MPa/100m。

7）储层伤害特征

（1）储层敏感性特征分析。

根据前期苏里格气田储层敏感性实验结果，苏里格地区上古生界储层为弱酸敏性、弱速敏性、无—中偏弱盐敏性、弱—中等水敏性储层。

①水敏效应。

苏里格气田共完成储层水敏实验8口井16个样品；其中：无水敏性样品3个，弱—中偏弱水敏性样品9个，中等—强水敏性样品4个；中偏弱以下水敏性样品共12个，占实验样品总数的75%，因此，苏里格气田储层主体表现为弱—中偏弱水敏性，水敏性不会对气井产能造成大的影响。

②酸敏效应。

酸敏实验共完成4口井19个岩样；其中：无酸敏性样品9个，占样品总数的47.4%；弱—中偏弱酸敏性样品9个，也占样品总数的47.4%，中偏强酸敏性样品只有1个。储层岩石主体表现为无—弱酸敏性。

③速敏效应。

速敏实验共完成6口井11个岩样；其中：弱速敏性样品5个，占样品总数的45.5%；中偏弱速敏性样品4个，占样品总数的36.4%；中等速敏性样品只有2个。储层岩石主体表现为弱—中偏弱速敏性。

④盐敏效应。

盐敏实验共完成6口井19个岩样；其中：无盐敏性样品5个，占样品总数的26.3%；弱—中偏弱盐敏性样品13个，占样品总数的68.4%；强盐敏性样品只有1个。储层岩石主体表现为无—中偏弱盐敏性。

（2）储层水锁特征分析。

①自吸伤害分析。

苏里格气田上古生界储层表现为强亲水特征，通过自吸，岩心含水饱和度达到70%~80%（图9-4）。

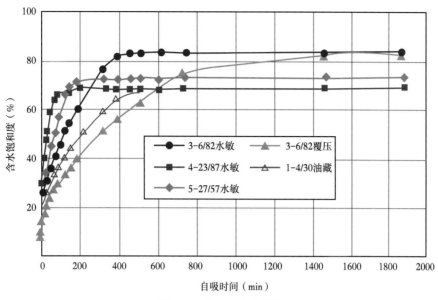

图 9-4　自吸实验曲线图

②水锁伤害分析。

水锁伤害实验结果见表 9-3，可以看出，水浸入储层岩心之后，渗透率伤害程度为 37.2%~68.2%，平均值为 56.2%，表现为中—强水锁伤害。

表 9-3　苏里格气田上古生界储层水锁实验结果表

井号	样号	层位	孔隙度（%）	渗透率（mD）	含水饱和度（%）	损害指数（%）	水锁评价
SP1	1-158-156-5	盒 8 段	6.4	0.179	35.4	67.8	中—偏强
	2-150-115-5		6.7	0.158	40.9	57.2	中—偏强
	4-135-61-5		7.7	0.306	27.5	56.5	中—偏强
SP2	1-145-91-8		11.7	0.422	34.5	68.2	中—偏强
	2-129-7-7		7.8	0.141	26.1	45.6	中—偏弱
	2-129-36-5		5.2	0.0339	36.7	37.2	中—偏弱
	2-129-87-7		9.2	0.142	40.5	60.7	中—偏强

③启动压差分析。

水锁时启动压差实验见表 9-4，结果表明储层水锁后，会严重地阻碍流体的流动。3 个样品水锁伤害后，流体重新流动，其启动压力梯度高达 17.9~19.2MPa/m，平均值为 18.5 MPa/m。

④相渗特征分析。

气水相渗特征实验如图 9-5 和表 9-5 所示，可以看出，束缚水饱和度相对较高，平均值为 32.1%；残余气饱和度相对较低，平均值为 18%；气水两相相渗曲线交点处的含水饱和度为 65.0%，远远超过 50%。

表 9-4　水锁时的启动压差试验结果表

岩心编号	孔隙度 （%）	渗透率 （mD）	岩心长度 （cm）	水锁启动压差 （MPa）	水锁启动压力梯度 （MPa/m）
4-25（8/80）-1	9.23	2.22	4.79	0.92	19.207
4-25（8/80）-2	9.03	3.47	4.52	0.81	17.920
4-25（28/80）-1	7.33	2.13	4.33	0.80	18.476
平均值	8.53	2.27	4.55	0.84	18.534

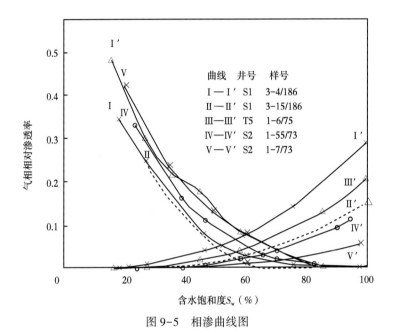

曲线	井号	样号
I—I′	S1	3-4/186
II—II′	S1	3-15/186
III—III′	T5	1-6/75
IV—IV′	S2	1-55/73
V—V′	S2	1-7/73

图 9-5　相渗曲线图

表 9-5　相渗实验结果表

井号	S14	S18	S20	S23		S26	S27	S32
束缚水饱和度（%）	38.2	31.1	33.3	35.4	32.3	26	34.5	31.6	29.3
残余气饱和度（%）	12.6	16.8	20	18	8.2	18	24.5	19.5	15.7

井号	SP2		S1	T5	T3	S2	T2
束缚水饱和度（%）	27.4	29.8	18.6	35.8	27.1	35	39.8	38.9	34.5
残余气饱和度（%）	16.3	18	24.1	35	14.3	16	17	15	14.3

2. 苏里格气田适应性分析

1）储层地质适应性

苏里格气田具有低孔隙度、低渗透率的特点。气、水及少量的油赖以流动的通道很窄，渗流阻力很大，液固界面及液气界面的相互作用力很大，极易产生水锁效应。开发及改造过程中，使用的各种作业流体通常都是水基的。在射孔和压裂过程中，储层中注入了大量的射孔液和压裂液，它们沿缝壁渗滤入储层，使储层中的原始含水饱和度增加，并产生两相流动，流动阻力加大，毛细管力的作用使返排难度和流体流动阻力增加。如果储层压力不能克服升高的毛细管力及有效地排除外来水，则会出现严重而持久的水锁效应，给储层造成严重的伤害。前期开发经验表明在各种作业过程中产生的水锁伤害是苏里格气田最基本的伤害因素。

CO_2 无水压裂技术采用纯液态 CO_2 作为压裂液，具有非常明显的优点，在苏里格气田具有较好的地质适应性：施工过程中没有任何的水相进入地层，从根本上消除了水锁伤害、水敏伤害；即使对于长庆气田这种低压、低渗透、强水锁、强水敏性储层。无水压裂施工后返排迅速，节约时间，可以很快投入生产；更有利于形成复杂的裂缝网络，能够显著提高单井产量。

2）试验规模适应性

CO_2 无水压裂技术的显著增产效果为该技术在区域的推广应用奠定了良好的基础，同时，该区域每年近千口井的产建规模保证现场试验的连续性、改进效果的验证以及试验应用的规模。

3）工程技术条件适应性

（1）地理环境适应性。

苏里格气田行政划区属内蒙古自治区鄂尔多斯市乌审旗、鄂托克旗和鄂托克前旗。气田地表北部为沙漠、草原区，地势相对平坦，海拔 1200～1350m；南部为黄土塬地貌，沟壑纵横、梁峁交错，海拔 1100～1400m。区内属大陆性半干旱气候，夏季炎热、冬季严寒，昼夜温差大，冬春两季多风沙，降水量小，蒸发量大。

气态 CO_2 相对密度 1.53，比空气更重，易聚集在山谷等低洼处。为避免造成人身伤害，在选井时，应尽可能避免选择在低洼处、通风环境差的作业场所进行施工。

（2）道路条件适应性。

目前，在长庆区域，CO_2 无水压裂施工所用液态 CO_2 主要靠低温液体运输半挂车拉运至作业现场。

某厂家额定载重 22.9m³ 液态 CO_2 的低温液体运输半挂车技术参数见表 9-6，可以看出，该半挂车车身较长，对道路的坡度、弯度等有一定要求。因此，在施工前，需要求 CO_2 供应商进行道路踏勘，使液态 CO_2 运输半挂车能够安全、顺利地抵达井场。

表 9-6 某厂家低温液体运输半挂车技术参数表

参数	数值
外形尺寸	12970mm×2500mm×3960mm
总质量	37700kg
整备质量	14800kg
额定载质量	22900kg
接近角/离去角	19°
轴荷	23870（三轴组）
轴距	7019mm+1310mm+1310mm
后轮距	1840mm
轮胎数	12 个

苏里格气田内上井道路平坦，少见急弯，17m 长的拖挂车均可安全抵达绝大多数井场。CO_2 压裂用 CO_2 通常采用长 15~17m 拖挂槽车从生产厂家运输至井场，前述道路条件对现场试验很有利。

（3）井场条件适应性。

CO_2 无水压裂施工所需设备较多，目前现场试验井所用的设备达到 45 台（套）。要把这么多的施工设备整齐摆放，对施工作业井场提出一定要求。经初步测算，施工现场至少需提供 60m×60m 的作业井场（图 9-6）。

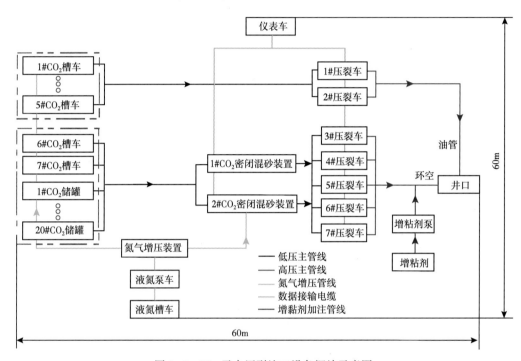

图 9-6　CO_2 无水压裂施工设备摆放示意图

苏里格气田多采用丛式井组开发，单井场通常部署 3~9 口丛式井组，多数井场均满足 CO_2 无水压裂工艺设备布置条件。若井场范围不够，需要扩大井场，因周围通常为沙漠、草原、荒地等，征地及扩大井场相对容易。

（4）井口（井筒）条件适应性。

苏里格气田石盒子组、山西组主力气层埋深 3000~4000m，直井、定向井通常采用 ϕ139.7mm 壁厚 9.17mmN80 钢级油层套管固井、射孔完井，采用 KQ70/65 型 9 阀压裂试气井口、ϕ73.0mm 外加厚 N80 油管进行分层压裂施工；水平井通常采用 ϕ177.8mm 壁厚 9.19mmN80 或 P110 钢级油层套管、直井段固井+水平段挂 ϕ114.3mm 壁厚 8.56mmN80 钢级尾管或筛管完井，采用 KQ105/78-65 型 11 阀压裂试气井口、ϕ88.9mm 外加厚油管（直井段）+ϕ73.0mm 特殊接箍平式油管（水平段）进行分段压裂施工。在目前井口、井筒工况条件下，直井、定向井完全满足 CO_2 无水压裂工艺技术条件，水平井现场试验需进一步改进研究与验证。

同时，低温（-18℃）、高压（甚至高达 60MPa 以上）、强穿透性液态或超临界 CO_2 通过井口系统、井下管柱及附件系统注入地层，将产生高达 60℃ 的温差、60MPa 的压差，剧烈的温度和压力变化，以及 CO_2 的强穿透性给井口和井下管柱系统的完整性带来了较大的挑战。因此，CO_2 无水压裂施工需充分考虑井口和井下管柱系统完整性。

（5）环境保护要求。

CO_2 无水压裂由于不会返排出任何液体，所以不需要进行压后返排液体处理环节，也不会对环境造成任何污染。

第二节 CO_2 注入对储层的影响研究

一、国内外研究现状

CO_2 注入地层后，会与地层流体和岩石等发生一系列的物理化学反应，对这个相互作用过程的研究有助于理解其相互作用机理。因此，CO_2—地层流体—储层岩石相互作用研究对利用 CO_2 提高油气藏采收率都具有重要的意义，能为相关研究提供基础的理论支撑。油气藏主要赋存于砂岩、碳酸盐岩和泥岩、页岩等沉积岩储层中。国内外学者已经开展一定量的 CO_2—水—岩相互作用相关实验研究，主要得到的反应结果有：碳酸盐矿物的溶解和沉淀、长石矿物的溶解和黏土矿物的溶蚀行为及生成少量新的次生矿物等。在驱替实验中，方解石和长石矿物发生了一定程度的溶解，同时生成次生矿物沉淀，驱替前后岩心孔隙度和渗透率也有一定程度的改变。并且，CO_2—水—岩相互作用过程对储层物理化学性质的影响主要存在于两方面：一是在地层条件下，CO_2 与地层水结合后会形成碳酸溶液，碳酸溶液对一部分长石、黏土等硅酸盐矿物和绝大多数碳酸盐矿物与胶结物都具有溶蚀作用，使得岩石孔隙数目和体积在发生矿物溶解后有所增加，从而改善储层岩石孔喉的连通性，显著提升储层的渗流能力；另一方面是在压力、温度等条件变化的情况下，黏土、碳酸盐等矿物会发生转化和形成次生沉淀，从而减小岩石的孔隙数目体积，堵塞储层岩石孔喉通道，降低储层的渗透率。

对于砂岩来说，砂岩的主要组分为石英和长石，其次还含有少量的碳酸盐矿物及其胶结物和少量的黏土矿物等。Tang 等认为在注入 CO_2 后，对于含有碳酸盐矿物的储层岩石来说，长期的水岩相互作用后会提高其储层岩石的渗透率。Ross 等研究了表明在砂岩（碳酸盐胶结物含量 20%）、白云岩和鲕粒砂岩中，注入 CO_2 能够有效提高岩石渗透率，并且研究指出碳酸盐胶结物的溶解是渗透率升高的主要因素。Omole 等在储层砂岩岩石中开展了注入 CO_2 驱替实验研究，结果表明砂岩岩心渗透率在反应后有显著的提升，孔隙度变化不大。Bertier 等研究了 Westphalian 和 Buntsandstein 砂岩储层在 CO_2 驱替后砂岩储层渗透率的变化情况，结果表明在 CO_2 注入后渗透率和孔隙度都显著提升，并认为矿物的溶解是其主要的因素。

不过，也有其他研究学者认为 CO_2 的注入会发生矿物沉淀，会造成储层岩石堵塞，从而降低其渗透率。Sayegh 等对艾尔伯塔的 Cardium 砂岩储层开展了 CO_2 驱替实验研究，研究发现储层岩石的渗透率一开始显著降低，随后恢复到初始渗透率的 70%~85%，研究指出由于早期少量碳酸盐矿物溶解造成的黏土矿物运移是造成储层岩石孔隙堵塞的重要原因，后期碳酸盐胶结物大量溶解使得渗透率有所改善，表明溶解后产物的粒径与岩石孔喉尺寸关系密切。并且，研究学者还发现在 CO_2 注入后，储层砂岩存在一定的矿物转化与矿物沉淀过程。Shuler 等对 Weber 砂岩储层进行了 CO_2 驱替实验，发现反应过程中形成了碳酸盐矿物和黏土矿物沉淀，并且会对储层造成阻塞，降低渗透率。Shiraki 等研究了 Tensleep 砂岩储层中 CO_2 与砂岩岩心相互作用过程，发现碱性长石会转化为较多的高岭石，而生成的高岭石会堵塞岩石孔隙与通道。

此外，也有一些学者认为 CO_2 的注入，对储层岩石没有太大影响，不会影响其渗透率发生明显变化。Baker 等研究了 CO_2 驱替过程中与储层砂岩（含 10% 碳酸盐胶结物）的相互作用过程，发现反应过程中渗透率没有发生明显变化，而且在整个过程中黏土矿物的运移与堵塞过程会与碳酸盐矿物的溶解作用效果相互抵消。

随后，学者们还相继系统研究探讨了 CO_2 注入地层后与储层岩石相互作用的具体的影响因素，包括岩心的成分差异、地层水的 pH 值、矿化度、地层温度和压力等，不同的影响因素对反应体系中的矿物溶解、迁移和沉淀过程具有不同的作用。

国内研究方面，陈育红等研究探讨了东辛油田储层砂岩与饱和碳酸水相互作用过程，分析了溶液中离子浓度变化与岩石渗透率之间的关系，并且指出离子浓度变化与体系中矿物溶解和次生矿物的生成直接相关。谷丽冰等研究表明由于储层中不同位置的岩石岩性差异较大，与 CO_2 和地层水相互作用过程中的物理化学变化特点存在明显差异，但主要发生碳酸盐矿物的溶解和钾长石转化为高岭石的过程。随后，李科星等对 CO_2 驱替过程中形成次生沉淀的因素进行了探讨，表明反应温度和 pH 值的升高及反应压力和矿化度的降低会使碳酸盐矿物发生次生沉淀。于志超等研究了 CO_2 注入砂岩储层后对其物性变化的影响，发现反应过程中碳酸盐矿物发生了明显的溶蚀，并生成了次生的高岭石和过渡态中间产物，生成的次生矿物及溶解释放的黏土矿物颗粒会迁移堵塞岩石孔隙，从而降低岩石渗透率。

除此之外，Okamoto 等对盖层页岩样品进行了室内实验研究，探讨了注入超临界 CO_2 对于盖层页岩的孔隙度、渗透率的影响。此外，Faye Liu 等通过对 Eau Claire 页岩进行水—岩模拟实验研究并结合前人相关文献报道，系统总结了 CO_2—地层水—盖层岩石相互作用研究的总体特征。

前人虽然进行了特定条件下 CO_2—地层水—砂岩实验与模拟研究，但结论并不统一。针对某一具体的油气藏，需根据实际储层条件，开展 CO_2—水—岩相互作用的研究，深入认识液态 CO_2 注入对储层的影响。

本项目研究选定长庆油田苏里格气田作为主要试验区域，因此，在开展液态 CO_2 注入对储层影响研究时，根据苏里格气田储层实际条件，采用了苏里格气田上古生界储层岩心，应用了岩心驱替实验、扫描电子显微镜分析、X 射线衍射分析、能谱分析、三轴应力实验等室内实验手段，研究了 CO_2 注入前后储层物性和力学特征的变化。

二、CO_2 注入对储层物性影响研究

1. 室内实验装置及流程

1）实验装置

实验装置包括微量泵（驱替液体）、微量泵（驱替气体）、压力变送器（0.1MPa、10.0MPa、50.0MPa）、天平、回压阀、岩心夹持器、手动泵、压力容器等。实验装置如图 9-7 所示。

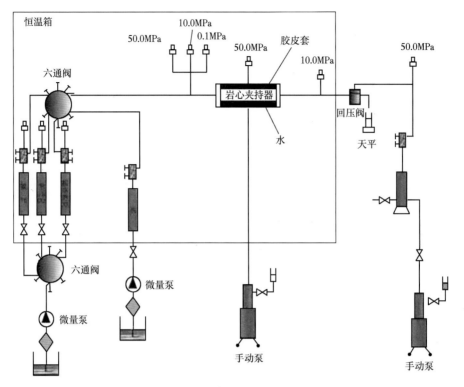

图 9-7　岩心驱替实验装置图

2）实验材料

实验材料主要包括工业 CO_2（纯度 99.99%）、工业氮气（纯度 99.99%）、蒸馏水、苏里格气田上古生界储层岩心（表 9-7）。

表 9-7　驱替实验岩心参数

岩心编号	长度（cm）	直径（cm）	横截面积（cm²）	体积（cm³）	孔隙体积（cm³）	孔隙度（%）	气测渗透率（mD）
1	5.536	2.54	5.065	28.040	2.199	7.8	5.615
2	5.897	2.54	5.065	29.868	2.15	7.2	4.365
3	6.158	2.53	5.025	30.944	1.859	6	3.398

3）实验方法

受地下储层条件的影响，CO_2 从裂缝中滤失进入地层之后，多处于超临界状态（临界压力 7.38MPa，临界温度 31.1℃），因此，着重研究了超临界 CO_2 的注入对储层物性的影响。

依据上述实验装置及流程，建立了相应的实验评价方法。

（1）将现场岩心进行洗油、烘干处理，然后切片，利用 X 射线衍射仪进行实验前矿物成分测定，并进行电子显微镜扫描获得岩心微观孔隙图像。然后测岩心相关参数（尺寸、孔隙度、气测渗透率）。

401

（2）将岩心放到胶皮套中，岩心夹持器两端采用密封圈密封，将水通过加压泵注入岩心夹持器环空中，加压至 1.5 MPa，以使胶皮套与岩心之间紧密结合，避免流体进入胶皮套和岩心之间。

（3）测装置气密性直至装置气密性良好，抽真空，饱和水。3 块岩心分别进行不同类型的气驱，1#岩心为氮气驱，2#岩心和 3#岩心为 CO_2 驱。其中，1#岩心和 3#岩心在保证注入压力相同的前提下，通过调节回压将驱替过程中压力控制在 7.0MPa 以上，保证 3#岩心为超临界 CO_2 驱，在保证 2#岩心注入压力在 CO_2 超临界压力以下的条件下，控制其两端压差与 3#岩心 CO_2 驱过程中压差相近。在整个驱替过程中，温度维持在50℃。

（4）气驱过程模拟水气交替驱，每一阶段测定岩心水测渗透率，并采集产出液进行离子分析。实验结束后，将岩心烘干切片送样，再次进行矿物组成成分的测定和电子显微镜扫描。

2. 实验结果

1）岩心渗透率变化

实验主要研究岩石经过超临界 CO_2 驱后，CO_2 对岩石物性的影响规律，因此岩石渗透率这一岩石基本物性成为研究该影响规律的重要参数。

实验中，气驱前及气驱过程中每一循环最后阶段进行水测渗透率，记录岩心两端压力及流量大小，利用达西公式计算各阶段水测渗透率。将各阶段水测渗透率对时间作图（图9-8），得到整个驱替过程中岩心渗透率随注入时间的变化规律。

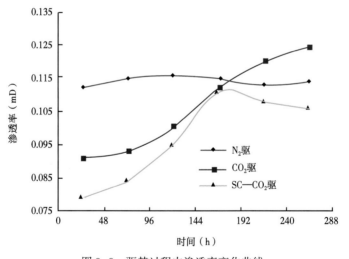

图 9-8 驱替过程中渗透率变化曲线

从图 9-8 中可以看出，氮气驱过程中岩心渗透率基本不变，CO_2 和超临界 CO_2 驱替过程中岩心渗透率有明显升高，在最初阶段，超临界 CO_2 的注入使得岩心渗透率增加的幅度最大，但是，随着实验的进行，超临界 CO_2 注入的后续阶段渗透率略有下降。

对比氮气驱和 CO_2 驱，可以说明在气体不与岩石矿物成分发生化学反应的前提下，气体注入产生的冲刷作用对岩石渗透率产生的影响很小。对比 CO_2 驱和超临界 CO_2 驱，可以发现二者的注入均导致岩石渗透率增加，这是因为注入的 CO_2 溶解于岩石中的剩余水形成碳酸，对岩石矿物有溶蚀作用，该气田储层岩石中长石及方解石含量较多，极易与碳酸反应，产生溶蚀孔隙，导致渗透率变大。在初始阶段，超临界 CO_2 的注入使得岩石渗透率增加的幅度更大，这主要是因为 CO_2 处于超临界状态时，其在水中的溶解速度变快，在水中的扩散速度也变快，形成碳酸的速度变快、范围变大，进而使得溶蚀速度加快，渗透率增加幅度随之增大。从图中还可以看出，在超临界 CO_2 注入后期，渗透率有下降趋势，这是因为前期的溶蚀导致岩石矿物间胶结物的脱落，后续 CO_2 及水的注入又对脱落的胶结物产生一定的冲刷运移作用，而在运移过程中，一些胶结物会对小孔隙产生封堵作用，导致渗透率降低。

2）产出液离子浓度变化

为了进一步了解岩石渗透率的变化规律，通过对整个驱替过程中产出液的收集及检测，整理出了产出液离子质量浓度在整个驱替过程中的变化情况（图9-9），以检测 Ca^{2+} 质量浓度随时间的变化规律。

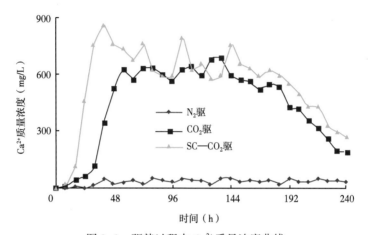

图9-9　驱替过程中 Ca^{2+} 质量浓度曲线

从图9-9中可以看出，在 CO_2 驱和超临界 CO_2 驱的初始阶段，Ca^{2+} 质量浓度均存在快速上升阶段，这意味着反应开始时长石及方解石快速溶解，但是 CO_2 驱的初始上升阶段滞后于超临界 CO_2 驱，这与图9-8中渗透率变化趋势相符，都是因为初始阶段超临界 CO_2 的高压状态使得其扩散、溶解速度加快，导致溶蚀加快。在气体注入后期，CO_2 驱及超临界 CO_2 驱的 Ca^{2+} 质量浓度均呈下降状态，这是因为在注入后期，长石由于溶蚀作用形成的 Ca^{2+} 与后期注入的 CO_2 发生反应，生成了二次沉淀物，导致产出液中 Ca^{2+} 质量浓度降低。在整个氮气驱中，Ca^{2+} 质量浓度基本不变，这也验证了 CO_2 的注入导致岩石渗透率变大的主要原因是 CO_2 的溶蚀作用。

3）岩心矿物成分变化

实验结束后，将岩心烘干、切片，与实验前切片样品一起进行 X 射线衍射分析，得出岩心驱替前后矿物成分对比表（表9-8）。

从表9-8可以看出，氮气驱仅使黏土矿物含量降低，进而导致不被溶蚀的石英、长石、方解石所占比例上升。CO_2 驱和超临界 CO_2 驱则导致方解石及长石有明显下降，黏土矿物比例也有所下降，石英由于不参与反应，其总量不变，但是由于其他矿物成分含量的减少导致其所占比例升高。这也进一步说明 CO_2 的注入使得方解石、长石被溶蚀，胶结这些矿物成分的黏土矿物脱落且被冲刷运移。

表 9-8　样品 X 射线衍射分析结果

气驱类型	状态	矿物含量（%）			黏土矿物总量（%）
		石英	长石	方解石	
氮气驱	溶蚀前	64. 20	11. 26	17. 20	7. 34
	溶蚀后	65. 42	11. 56	17. 90	5. 12
CO_2 驱	溶蚀前	69. 70	8. 10	14. 80	6. 17
	溶蚀后	77. 74	7. 18	9. 77	5. 31
超临界 CO_2 驱	溶蚀前	65. 43	10. 28	16. 94	7. 35
	溶蚀后	77. 30	8. 91	10. 21	3. 58

4）岩心孔隙结构变化

图 9-10 为超临界 CO_2 驱替前后岩心扫描电子显微镜图，通过对比可以看出，溶蚀前样品致密、连通性差、粒间孔隙发育差、颗粒表面光滑，溶蚀后样品疏松、连通性变好、

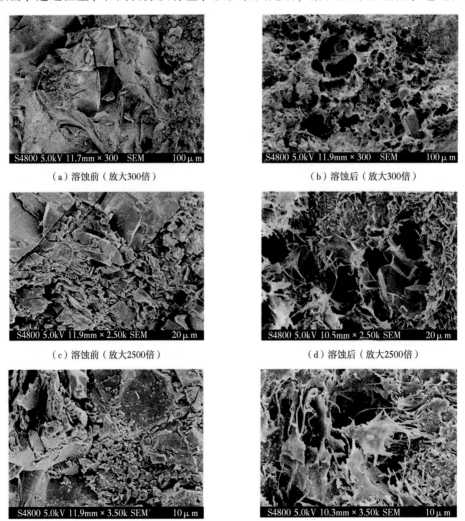

（a）溶蚀前（放大300倍）　　　　　　　（b）溶蚀后（放大300倍）

（c）溶蚀前（放大2500倍）　　　　　　　（d）溶蚀后（放大2500倍）

（e）溶蚀前（放大3500倍）　　　　　　　（f）溶蚀后（放大3500倍）

图 9-10　岩心溶蚀前后扫描电子显微镜图

粒间孔隙发育充分、颗粒表面变粗糙。从图9-10（b）、（d）中可以看到方解石和长石等矿物成分被溶蚀形成次生孔隙，部分起胶结作用的黏土矿物发生脱落导致孔隙变大，并且能够清晰地观测到不参与反应的石英。

三、CO_2 侵入对储层储集空间影响研究

1. 实验方法

由于 CO_2 在储层中具有较强的渗透性，压裂过程中添加剂只滤失在裂缝附近薄层，而 CO_2 却能渗透储层深部及较微小的孔喉，为了考察 CO_2 侵入对储层储集空间的影响情况，室内设计了岩心核磁共振测试方法。实验步骤如下：

（1）用核磁分析仪扫描岩心；

（2）模拟现场施工过程，将岩心在 CO_2 中浸泡2小时，初始状态由-18℃、3MPa升至40℃、15MPa，放压取出岩心。

（3）用核磁分析仪沿同一方向再次扫描岩心；

（4）对比 CO_2 浸泡前后核磁扫描数据。

2. 实验结果

室内共开展了5块岩心的核磁共振分析实验，实验结果如图9-11至图9-15所示（图中绿色曲线为浸泡前核磁扫描结果，红色曲线为浸泡后核磁扫描结果）。

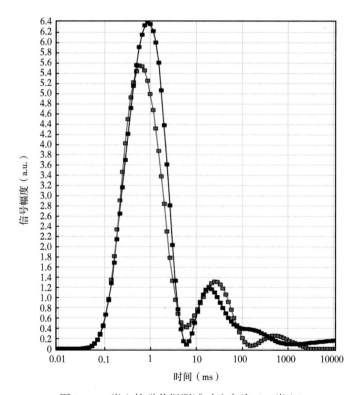

图9-11　岩心核磁共振测试对比实验（2#岩心）

实验结果表明，CO_2 浸泡后岩心储集空间比浸泡前有明显提高，且弛豫时间小于10ms的曲线部分面积增加较多，说明 CO_2 的侵入对微小孔隙改善明显，分析认为超临界 CO_2 渗

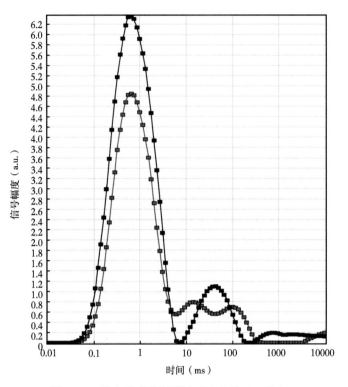

图 9-12 岩心核磁共振测试对比实验（5#岩心）

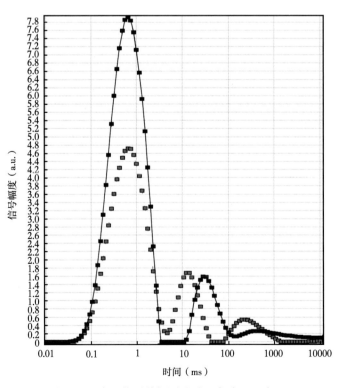

图 9-13 岩心核磁共振测试对比实验（6#岩心）

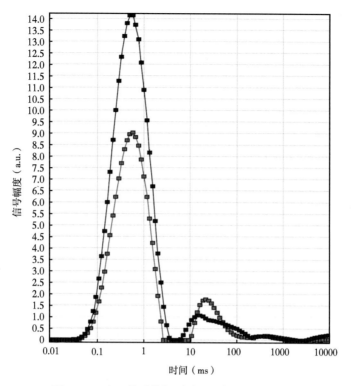

图 9-14　岩心核磁共振测试对比实验（9#岩心）

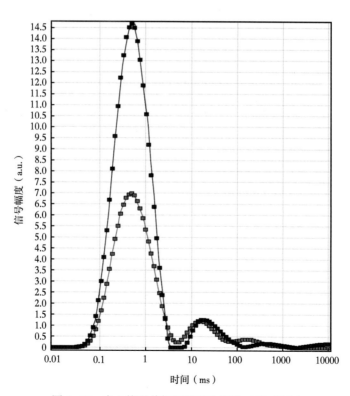

图 9-15　岩心核磁共振测试对比实验（10#岩心）

透性较强，且自身具有较大能量，能够进入微小储集空间并撑开孔喉，有利于致密储层岩心整体物性改善。但弛豫时间大于 10ms 的曲线部分面积变化不大，甚至有些减少，说明泄压速度较快，造成了孔喉内压力变化大，有垮塌或微粒运移伤害。

四、CO_2 注入对储层岩石力学性质影响研究

1. 岩石力学测试实验设备及实验方法

1）岩石力学实验设备简介

实验装置采用美国 GCTS 公司生产的 RTR-1500 型高温高压岩石三轴仪（图 9-16），该测试系统能够模拟地层在高温高压条件下测试岩心的位移、声发射、声波传播速率和渗透率参数并进行分析；能够进行差应变测试和分析；能够进行热传导测试。最高加载温度为 200℃，最大加载围压 140MPa，最大孔隙压力 140MPa，最大轴向静态压力 1000kN，最大轴向动态压力 800kN，最大试样直径 54mm。满足 7000m 以深高温高压地层岩石力学参数及特性评价要求。可以获得弹性模量、泊松比、抗压强度、体积模量、剪切模量、内聚力、内摩擦角、渗透率及 P 波和 S 波的波速等各种实验参数。

图 9-16　RTR-1500 型高温高压岩石三轴仪

RTR-1500 型高温高压岩石三轴仪主要包括模块加载系统、加压系统、轴向和径向变形测量系统、伺服控制和数据采集系统、超声波和声发射测量系统、径向速度各向异性系统、差应变测试系统、高温控制系统和热传导系统共 8 个系统。

2）实验方法

岩石三轴试验是在三向应力状态下，测定和研究岩石变形和强度特性的一种试验，是针对岩土材料采用的较成熟的力学试验方法。

液压泵站控制窗口点击"Off"关闭液压泵后打开保护门。弹出警告对话框时不用做任何处理，下一步将下压头安装到底座。进行孔压排水。剪裁热缩管到适当的长度（热缩管的长度一般为，岩心的长度加上热缩管的长度 35mm）将热缩管套到试样和下压头外部，

并放好上压头，对齐试样和上下压头。用热风枪从下到上吹热缩管，让热缩管同下压头和试样紧密接触，保证试样与下压头对齐并紧密接触，保证上部的热缩管收缩较小，上部压头可以方便取出和放入（图9-17）。

图 9-17　压头安装

取下上压头，将下部的轴向 LVDT 安装环和径向 LVDT 安装链条套入试样放置于下夹具上部，将上压头对齐试样，注意孔压出口连接的位置，用热风枪吹将上部和上压头连接的热缩管，让上部压头和试样固定好；将上部轴向 LVDT 安装环从上压头套入，并将两个安装环用连接杆对齐并紧固，保证两个连接杆能够顺畅地连接；安装两个轴向的 LVDT，LVDT 线圈部分的露出部分不宜过长，注意安装的 LVDT 与通道对应，并注意 LVDT 的核与线圈部分要一一对应。将三个应变计连接到底座上，注意连线不能弯折，不能支出底座外。一般绕过试样一周，连接时注意接口较大的凸起要对着试样的圆心；如果采用超声波传感器的压头，将上下压头的连线按照同样方式连接到底座；将三个应变计外部连接线，超声波连接线和内置轴向传感器连线连接到底座对应的外部接口，要注意要根据编号一一对应（图9-18、图9-19）。

图 9-18　安装应变传感器

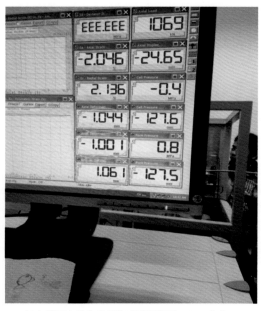

（a）分别调整三个螺钉 　　　　（b）将两个轴向应变传感器调节到-1.0mm左右，
　　　　　　　　　　　　　　　　　将径向传感器调节到+1.0mm左右

图9-19　调整螺栓和传感器

3）实验方案

建立液态 CO_2 影响岩石力学性质测试实验装置，开展在不同温度、不同流体、不同围压、不同孔压的条件下，液态 CO_2 对岩石泊松比、弹性模量、抗压强度、抗拉强度、脆性、渗透率等物理力学性质的测试，掌握液态 CO_2 对岩石力学性质的影响规律。

为了研究超临界 CO_2 流体对岩石尤其是致密砂岩储层等非常规地层岩石强度的影响，选取天然砂岩作为实验岩心。具体实验方案见表9-9。

表9-9　岩石力学实验参数

项目	围压（MPa）	孔压（MPa）	温度（℃）	流体	岩心编号
流体	10	0	50	无	1-1
	25	15	50	清水	1-2
	25	15	50	超临界 CO_2	1-3
温度	25	15	50	超临界 CO_2	2-1（1-3）
	25	15	70	超临界 CO_2	2-2
	25	15	100	超临界 CO_2	2-3
围压	20	15	50	超临界 CO_2	3-1
	25	15	50	超临界 CO_2	3-2（1-3）
	30	15	50	超临界 CO_2	3-3
孔压	30	15	50	超临界 CO_2	4-1（3-3）
	30	20	50	超临界 CO_2	4-2
	30	25	50	超临界 CO_2	4-3

2. 岩石力学实验结论

1) 超临界 CO_2 环境下流体对砂岩岩石力学性质的影响

当改变实验流体（水、超临界 CO_2 及干燥条件），进行岩样的弹性模量、抗压强度及泊松比等岩石力学参数的测试。

岩石力学实验参数见表 9-10。实验结果如图 9-20 至图 9-28 所示，实验数据见表 9-11。

表 9-10　岩石力学实验参数

	围压（MPa）	孔压（MPa）	温度（℃）	流体	试验编号
流体	10	0	50	无	1-1
	25	15	50	清水	1-2
	25	15	50	超临界 CO_2	1-3

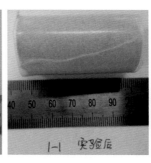

图 9-20　岩心 1-1 实验前后照片

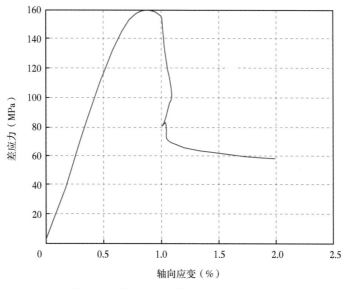

图 9-21　岩心 1-1 差应力与轴向应变曲线

从上述实验结果可以看出：

（1）水饱和时的岩样杨氏模量得到提高，而超临界 CO_2 饱和则会显著降低岩样的杨氏模量；

411

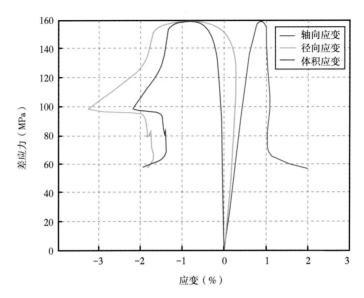

图 9-22　岩心 1-1 差应力与全应变曲线

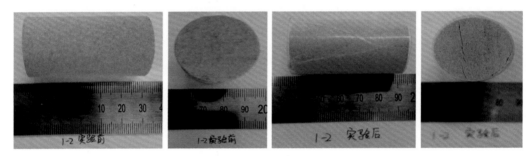

图 9-23　岩心 1-2 实验前后照片

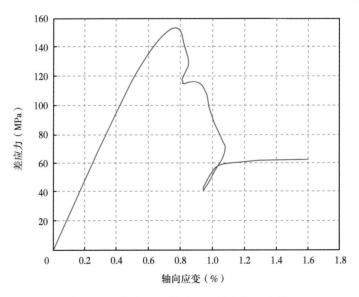

图 9-24　岩心 1-2 差应力与轴向应变曲线

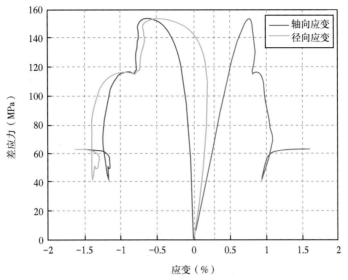

图 9-25　岩心 1-2 差应力与全应变曲线

图 9-26　岩心 1-3 实验前后照片

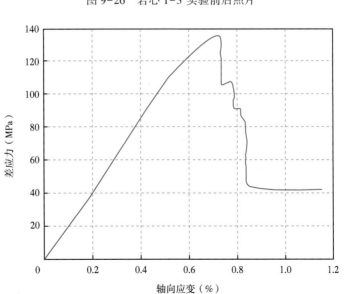

图 9-27　岩心 1-3 差应力与轴向应变曲线

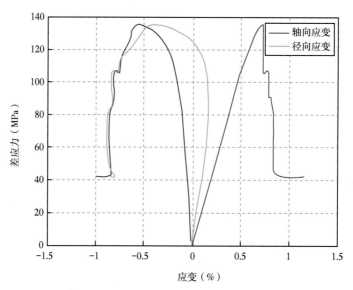

图 9-28　岩心 1-3 差应力与全应变曲线

表 9-11　受流体影响的岩石力学参数

实验编号	1-1	1-2	1-3
流体	无	水	超临界 CO_2
杨氏模量（GPa）	23.34	23.73	22.04
泊松比	0.32	0.42	0.49
剪切模量（GPa）	8.84	8.36	7.40
抗压强度（MPa）	160.00	153.30	135.50
脆性指数	0.516922	0.600403	0.790147

（2）岩样经过水饱和与超临界 CO_2 饱和均可提高泊松比，在超临界 CO_2 环境下泊松比的提高幅度要比水更大；

（3）在水和超临界 CO_2 环境下，剪切模量都会发生降低，在超临界 CO_2 环境下剪切模量的降低幅度要比水更大；

（4）在水和超临界 CO_2 环境下，抗压强度都会发生降低，在超临界 CO_2 环境下抗压强度的降低幅度要比水更大；

（5）砂岩中饱和水和超临界 CO_2 环境下，脆性都会增加，在超临界 CO_2 环境下脆性的提升幅度要比水更为显著。

2）超临界 CO_2 环境下温度对砂岩岩石力学性质的影响

当改变实验温度（50℃、70℃、100℃），进行岩样的弹性模量、抗压强度及泊松比等岩石力学参数的测试。岩石力学实验参数见表 9-12 所示。实验结果如图 9-29 至图 9-34 及表 9-13 所示。

表 9-12 岩石力学实验参数

围压	孔压	温度（℃）	流体	试验编号
25	15	50	超临界 CO_2	2-1（1-3）
25	15	70	超临界 CO_2	2-2
25	15	100	超临界 CO_2	2-3

图 9-29 岩心 2-2 实验前后照片

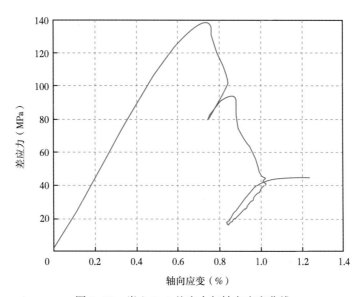

图 9-30 岩心 2-2 差应力与轴向应变曲线

表 9-13 受温度影响的岩石力学参数

实验编号	2-1	2-2	2-3
温度（℃）	50	70	100
杨氏模量（GPa）	22.04	22.11	32.99
泊松比	0.49	0.36	0.41
剪切模量（GPa）	7.40	8.13	11.70
抗压强度（MPa）	135.50	138.70	261.80
脆性指数	0.790147	0.520267	0.475863

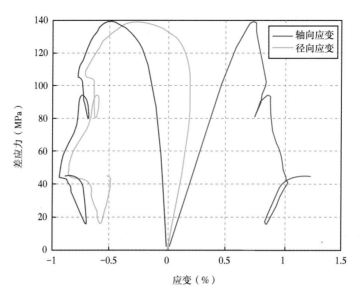

图 9-31 岩心 2-2 差应力与全应变曲线

图 9-32 岩心 2-3 实验前后照片

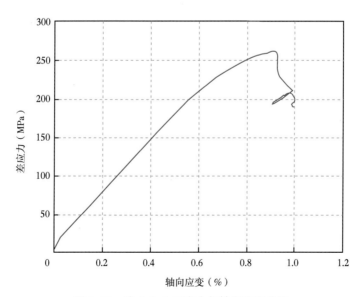

图 9-33 岩心 2-3 差应力与轴向应变曲线

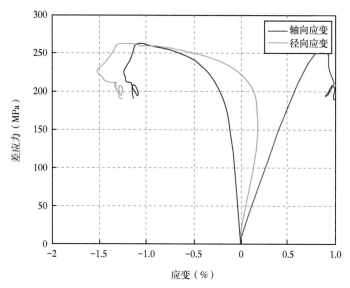

图 9-34　岩心 2-3 差应力与全应变曲线

从上述实验结果可以看出：

（1）在温度较低的情况下（50~70℃左右）超临界 CO_2 对岩样的杨氏模量影响不大，而在温度较高时（100℃左右）超临界 CO_2 会显著提高岩样的杨氏模量；

（2）温度升高会降低岩样的泊松比，至于温度继续升高（大于100℃）泊松比是否会上升，还有待后续实验验证；

（3）温度升高会使岩样的剪切模量提高，且在高温的时候，剪切模量的提高幅度有所增加；

（4）在温度较低的情况下（50~70℃左右）超临界 CO_2 对岩样的抗压强度影响不大，而在温度较高时（100℃左右）超临界 CO_2 会显著提高岩样的抗压强度；

（5）温度升高会降低岩样的脆性，温度继续升高时，脆性的降低幅度变小。

3）超临界 CO_2 环境下围压对砂岩岩石力学性质的影响

当改变实验净围压（5MPa、10MPa、15MPa），进行岩样的弹性模量、抗压强度及泊松比等岩石力学参数的测试。岩石力学实验参数见表9-14。实验结果见图9-35至图9-43及表9-15。

表 9-14　岩石力学实验参数

围压（MPa）	孔压（MPa）	温度（℃）	流体	试验编号
20	15	50	超临界 CO_2	3-1
25	15	50	超临界 CO_2	3-2（1-3）
30	15	50	超临界 CO_2	3-3

从上述实验结果可以看出：

（1）在净围压增大情况下，砂岩的杨氏模量先减小、后增大，但是整体波动较小，在22~25MPa 内；

（2）在净围压增大情况下，砂岩的泊松比先稍有增大，后明显减小；

图 9-35 岩心 3-1 实验前后照片

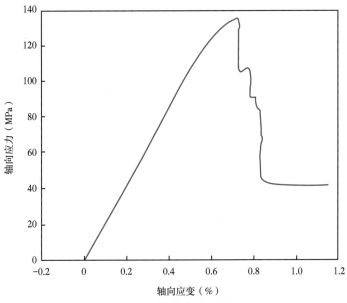

图 9-36 岩心 3-1 偏应力与轴向应变图

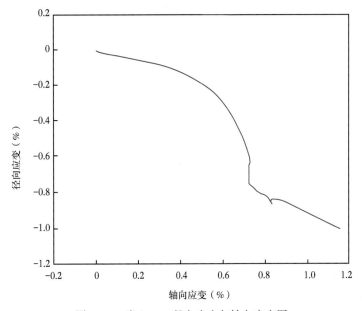

图 9-37 岩心 3-1 径向应变与轴向应变图

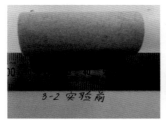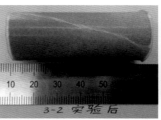

图 9-38 岩心 3-2 实验前后照片

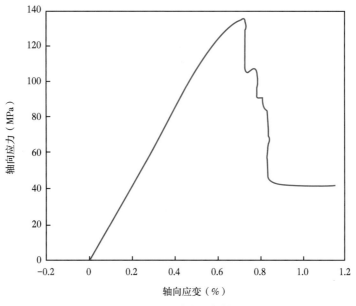

图 9-39 岩心 3-2 偏应力与轴向应变图

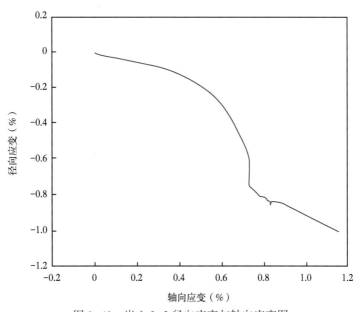

图 9-40 岩心 3-2 径向应变与轴向应变图

图 9-41 岩心 3-3 实验前后照片

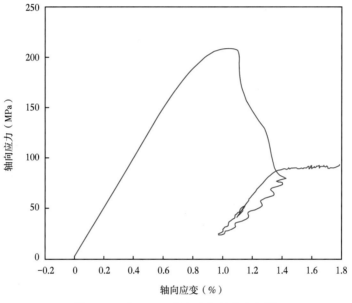

图 9-42 岩心 3-3 偏应力与轴向应变图

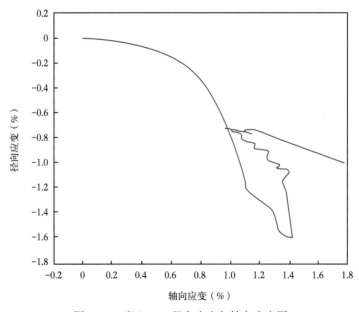

图 9-43 岩心 3-3 径向应变与轴向应变图

表 9-15　受围压影响的岩石力学参数

实验编号	3-1	3-2	3-3
围压（MPa）	20	25	30
杨氏模量（GPa）	25.1265	22.1366	24.9
泊松比	0.2757	0.2764	0.166
抗压强度（MPa）	140.5	135.4	209
脆性指数	0.817274	0.790147	0.542149

（3）在净围压增大情况下，砂岩的抗压强度先稍有减小，后明显增大；

（4）砂岩脆性先稍有减小，后大幅降低。

4）超临界 CO_2 环境下孔压对砂岩岩石力学性质的影响

当改变实验孔压（15MPa、20MPa、25MPa），进行岩样的弹性模量、抗压强度以及泊松比等岩石力学参数的测试。岩石力学实验参数见表 9-16，实验结果如图 9-44 至图 9-47 及表 9-17。

表 9-16　岩石力学实验参数

围压（MPa）	孔压（MPa）	温度（℃）	流体	试验编号
30	15	50	超临界 CO_2	4-1（3-3）
30	20	50	超临界 CO_2	4-2
30	25	50	超临界 CO_2	4-3

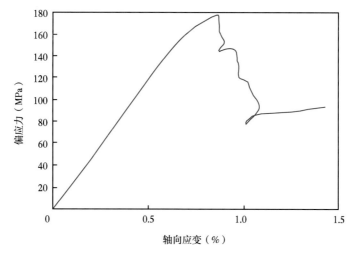

图 9-44　岩心 4-2 偏应力与轴向应变图

表 9-17　受孔压影响的岩石力学参数

实验编号	4-1	4-2	4-3
孔压（MPa）	15	20	25
杨氏模量（GPa）	24.9	23.8	18.39
泊松比	0.166	0.266	0.345
抗压强度（MPa）	209	175	78
脆性指数	0.542149	0.429924	0.378593

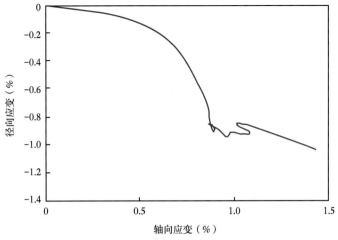

图 9-45 岩心 4-2 径向应变与轴向应变图

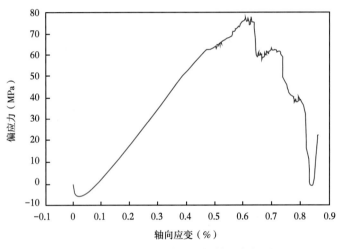

图 9-46 岩心 4-3 偏应力与轴向应变图

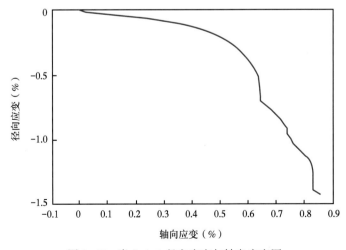

图 9-47 岩心 4-3 径向应变与轴向应变图

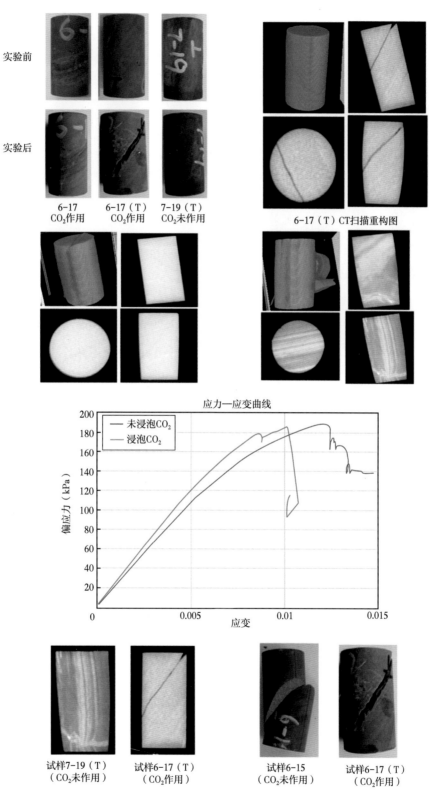

实验前

实验后

6-17
CO₂作用

6-17（T）
CO₂作用

7-19（T）
CO₂未作用

6-17（T）CT扫描重构图

应力—应变曲线

试样7-19（T）
（CO₂未作用）

试样6-17（T）
（CO₂作用）

试样6-15
（CO₂未作用）

试样6-17（T）
（CO₂作用）

图 9-48　CT 扫描结果

从上述实验结果可以看出：

（1）在孔压增大情况下，砂岩的杨氏模量也随之减小；

（2）在孔压增大情况下，砂岩的泊松比明显增大；

（3）在孔压增大情况下，砂岩的抗压强度明显减小；

（4）在孔压增大情况下，砂岩脆性随之减小。

3. CT 扫描岩心破坏特征对比

对比 CO_2 作用前后应力应变曲线（图9-48）发现，作用 CO_2 后白云岩弹性模量变大，塑性区减小。对比 CT 扫描图，作用 CO_2 后试样脆性破坏，形成明显剪切缝，形成的裂缝面较为粗糙。CO_2 作用后砂泥岩脆性增强，使用 CO_2 压裂有利于改善地层的可压性。

第三节　CO_2 无水压裂泵注过程中相态变化研究

一、CO_2 物理化学性质

1. CO_2 的三相点及临界点

CO_2 的三相图如图9-49所示，可以看出三相点压力温度-56.6℃、0.52MPa；临界点压力温度31℃、7.29MPa。

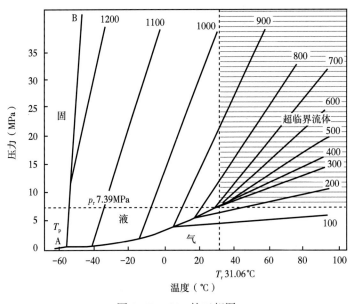

图 9-49　CO_2 的三相图

2. 气态 CO_2 的基本物理化学性质

化学式：CO_2。

分子量：44。

熔点：-78.45℃（194.7K）。

沸点：-56.55℃（216.6K）。

水溶性：1.45 g/L（25℃，100kPa）。

密度：1.977kg/m³。

外观：无色无味气体。

闪点：无。

3. 固态 CO_2（干冰）的基本物理化学性质

分子量：44。

密度：1560kg/m³（-78℃）。

沸点：-57℃。

熔点：-78.5℃。

三相点：-56.6℃、0.52MPa。

临界点：31℃、7.37MPa。

外观：白色固体。

溶解：溶于水（体积比1:1），部分生成碳酸。

4. 液态及超临界 CO_2 的基本物理化学性质

1）密度

从图9-50可看出，-20℃、0℃和20℃三条曲线在压力从低到高的过程中出现密度值的跃升，而40℃、60℃和80℃三条曲线所对应的密度值则相对平缓上升，未出现较大的跳跃点。在低于临界温度时，对气体 CO_2 加压会使其从气态转换为液态，因此密度值发生跳跃；而在高于临界温度时，对气体 CO_2 加压会使其从气态向超临界态过渡，密度呈连续变化，无密度值跳跃。

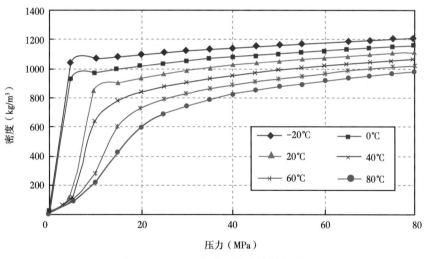

图9-50 CO_2 密度—压力等温曲线

同样的，做出 CO_2 密度—温度等压曲线如图9-51所示，图中低于临界压力的3MPa和6MPa两条曲线随着温度的升高，密度出现明显突变；而高于临界压力的另外四条曲线却无此现象；此外，从图中可直观地看出在低于临界压力时，压力越低，从液态转变为气态过程中密度突变值越大；而高于临界压力时，从液态转变为超临界态密度呈连续变化。

结合图9-50和图9-51可看出，CO_2 从液态和气态向超临界态转变过程，具有相同的突变规律，故后续内容中仅进行等压条件下物性参数随温度变化的分析。

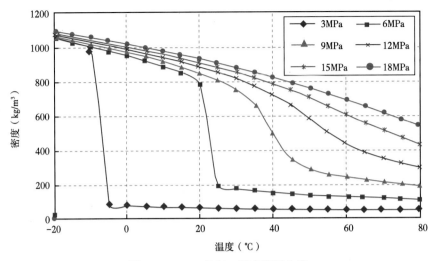

图 9-51　CO_2 密度—温度等压曲线

2）热容

CO_2 热容—压力等温曲线如图 9-52 所示，从图中可看出，CO_2 在不同温度下的热容值随着压力增加都是呈先增后减小的趋势，表现出明显的峰值；随着温度的升高，六条曲线的峰值也是先增加后减小的，且温度越高的曲线峰值所对应的压力值也越高。在低压段（压力小于临界压力），已经进入液态的-20℃、0℃和20℃三条曲线较处于气态的三条曲线所对应的热容明显更大；此时温度对热容起主导控制作用；在进入高压段（压力大于30MPa）之后，六条曲线几乎重合，即此时压力对热容起主导控制作用；而介于二者之间的区域，由温度、压力协同控制。分析认为，不论 CO_2 从气态转变为液态及超临界态，或其从液态转变为气态及超临界态，热容值均呈连续变化，仅在临界点及附近表现出热容值的奇异性。

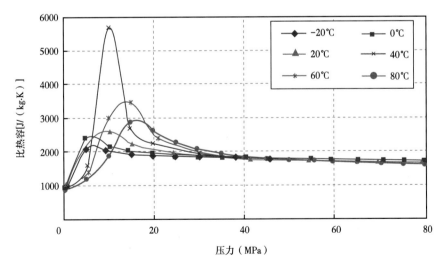

图 9-52　CO_2 热容—压力等温曲线

3）焦汤系数

CO_2焦汤系数—压力等温曲线如图 9-53 所示，从图中可看出，CO_2 在不同温度下的焦汤系数随压力增加呈逐渐降低的趋势。从 -20℃ 和 0℃ 两条曲线看出，CO_2 从气态转变为液态时，焦汤系数显著降低；20℃ 和 40℃ 两条曲线由于靠近临界温度，故在初期出现一段平缓段，之后同样呈现出下降趋势；而 60℃ 和 80℃ 两条曲线则降低相对缓慢。因此，在压力较低时（约小于 20MPa，焦汤系数由温度、压力协同控制；随着压力的升高，温度和压力对焦汤系数的控制作用逐渐减弱，六条曲线也都趋于常数。

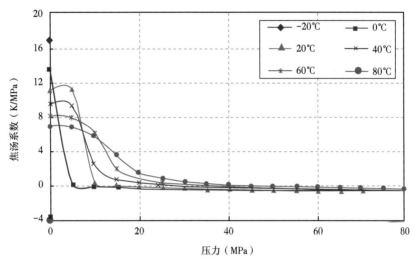

图 9-53　CO_2 焦汤系数—压力等温曲线

4）黏度

CO_2黏度—压力等温曲线如图 9-54 所示，从图中可看出，不同温度下的 CO_2 黏度随压力增大而逐渐增大。-20℃、0℃ 和 20℃ 三条曲线从气态变为液态时，CO_2 黏度表现出明显上升，而剩下三条曲线从气态变为超临界态时，黏度升高幅度相对平缓，且大小介于气态和液态之间。整体看来，CO_2 黏度主要受温度、压力协同控制作用。

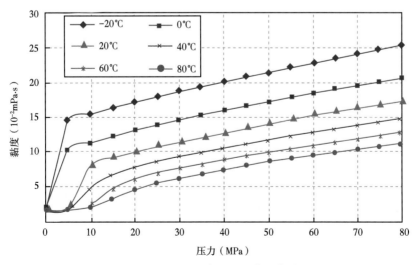

图 9-54　CO_2 黏度—压力等温曲线

5）碳导热系数

CO_2 导热系数—压力等温曲线如图 9-55 所示，从图中可看出，CO_2 导热系数在不同温度下随压力变化趋势与黏度变化趋势类似，皆是受温度、压力协同控制，但温度对导热系数的影响程度较其对黏度的影响程度更弱。

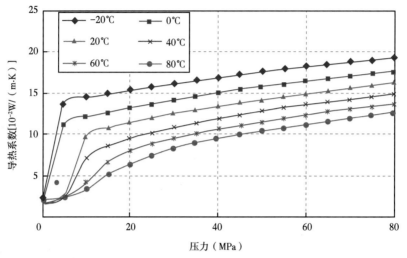

图 9-55　CO_2 导热系数—压力等温曲线

6）焓值

CO_2 焓值—压力等温曲线如图 9-56 所示，从图中可看出，CO_2 焓值在不同温度下，随压力增大而逐渐降低。低于临界温度的 -20℃、0℃ 和 20℃ 三条曲线在从气态转变为液态过程中表现出明显的下降；而高于临界温度的三条曲线的变化则相对平缓。在压力较低时，焓值受温度压力协同控制；而在高压段，压力对焓值几乎无影响，表现为主要受温度控制。

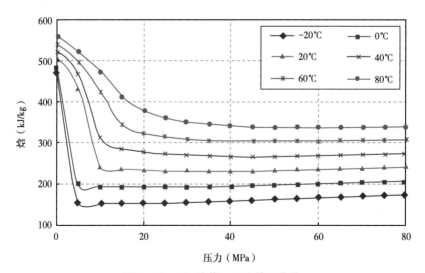

图 9-56　CO_2 焓值—压力等温曲线

428

二、压裂施工中关键节点的相态分析

CO_2 相态变化十分复杂，且与温度、压力变化密切相关，因此 CO_2 相态变化预测时，必须结合 CO_2 无水压裂施工过程中的温度压力变化进行相态变化分析。

Campbell 介绍了一口 CO_2 无水压裂井（CO_2 储运温度-18℃、地层温度62℃、中部深度460m、CO_2 注入量170m³、排量7.4m³/min）压裂过程中及压后温度、压力的监测结果（图9-57、图9-58）。

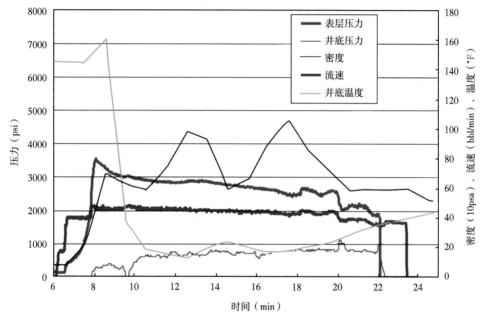

图 9-57 压后关井排液期间的井底压力和温度变化曲线（国外实测）

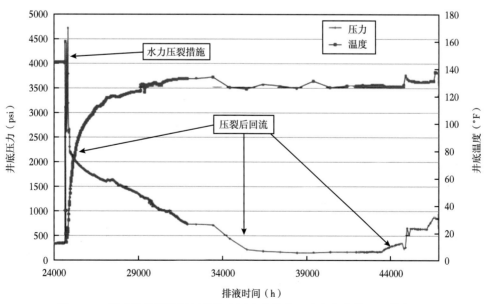

图 9-58 压后关井排液期间的井底压力和井底温度变化曲线（国外实测）

由以上测试结果可以看出：

（1）井底温度变化情况。

采用89mm油管注入，油管内容积$11m^3$，在$7.4m^3/min$的注入排量下，仅1.5分钟井口注入的液态CO_2就到达井底进入地层，因此，压裂施工开始后，井底温度从55℃急剧下降到-8℃。压后关井5分钟，井底温度就从-8℃基本上恢复到了55℃。开始放喷排液之后，井底温度基本在53~59℃之间徘徊波动。

（2）井底压力变化情况。

压裂施工时，井底压力最高达到31MPa，停泵时井底压力18MPa。放喷排液开始之后，井底压力逐渐下降，最低降至1.7MPa。放喷至19小时之后，井底压力开始逐渐恢复，快速上升。

结合CO_2相态图（图9-59）和压裂作业及压后关井排液期间的井底压力和井底温度变化情况，对CO_2无水压裂施工过程中CO_2相态进行分析。

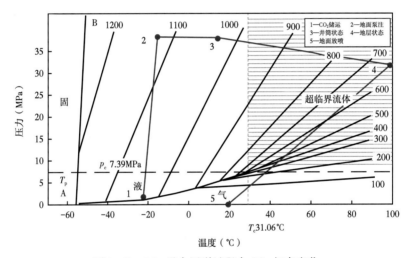

图9-59 CO_2无水压裂过程中CO_2相态变化

①储运、混砂及供液过程（图9-59中点1）：在CO_2无水压裂施工作业中，液态CO_2的储运条件通常为-18℃、2.0MPa。在储运、混砂及供液过程中，温度基本不变，压力有微小增加（根据供液系统额定工作压力，增压至2.5MPa或3.5MPa）。因此，此时CO_2相态呈液态。

②地面泵注（图9-59中点2）：CO_2在经过压裂泵车之后，进入井口之前，被加压至施工压力。温度基本不变，压力大幅增加，此时CO_2相态依然呈液态。

③井筒状态（图9-59中点3）：CO_2进入井口之后，被加压至施工压力，且逐渐被井筒外地层加热。Zhiyuan Wang等研究了CO_2压裂过程中人工裂缝的温度分布，结果表明，液态CO_2进入地层5分钟后，井底温度基本降至超临界温度31.7℃之下；Campbell等公布井底温度监测结果亦证实了上述结果：在CO_2储运温度-18℃、地层温度55℃、储层中部深度460m、排量$7.4m^3/min$的条件下，泵注4分钟、注入CO_2量$25m^3$时，井底温度降低至-6℃。由此可见，CO_2注入井筒之后，会在极短的时间内将井底温度和井底压力降低至超临界温度T_c（31.7℃）以下。因此，除前期泵注的部分前置液CO_2达到超临界状态之外，后期的泵注CO_2相态依然呈液态。

④井筒状态（图 9-59 中点 4）：停泵裂缝闭合之后，压力逐渐下降到储层压力，温度逐渐恢复到储层温度，此时 CO_2 相态为超临界状态。

⑤地面放喷（图 9-59 中点 5）：当开始返排后，CO_2 压力迅速下降，体积快速膨胀，以气态形式返排至地表。

压裂施工中关键节点的相态分析结果表明，CO_2 无水压裂过程中保持 CO_2 相态稳定非常重要。

结合 CO_2 相态分析结果，可以看出，在 CO_2 无水压裂施工过程中确保 CO_2 相态稳定非常重要。

根据供液系统额定工作压力，低压供液系统工作压力增压至 2.5MPa 或 3.5MPa，在低压供液系统中，在温度基本保持在 -18℃ 的条件下，系统压力必须高于临界压力 2.0MPa，因此，现场实际设计供液系统额定工作压力达到 2.5MPa 或 3.5MPa，以确保供液系统压力高于储运临界条件（-18℃、2.0MPa），此时 CO_2 相态呈液态。

在放喷时，由于液态 CO_2 迅速从地层—井底—井筒—井口采油树—地面放喷管线—放喷管线出口排出，在此过程中，液态 CO_2 迅速气化，体积迅速膨胀，大量吸热，温度急剧下降。若控制不当，易发生放喷管线内或出口及井筒内结干冰现象，堵塞管线。因此，在放喷过程中，为避免冰堵出现，结合现场压力测量及控制实际，控制放喷管线井口压力大于 1.0MPa，确保放喷排液系统温度、压力达不到固相条件（CO_2 三相点——56.6℃、0.52MPa），以避免出现结干冰现象。

第四节　CO_2 无水压裂液体系评价与优化

CO_2 无水压裂技术在储层保护、节约用水和环境保护等方面较水力压裂有明显优势，但也存在 CO_2 黏度低、滤失量大，使得压裂液效率较低、造缝和携砂能力差的缺陷，制约了技术的发展，因此增加体系黏度，提高液体效率成为 CO_2 无水压裂急需攻关的关键技术之一。

由于液态或超临界 CO_2 基本性质与水有较大差别（表 9-18），其压裂液体系在应用过程中存在以下三个方面难题：（1）溶解性：液态 CO_2 介电常数非常低，极性物质和许多非极性物质在 CO_2 中的溶解性较差，且其溶解性随温度和压力的变化而变化，在压裂过程中较难控制；（2）低温流动性：现场使用工业液态 CO_2，储存温度为 -20℃ 左右，接近或低于大多数物质的凝固点，使得物质黏性高、流动分散性极差，造成施工中泵送困难；（3）高温渗透性：CO_2 进入储层后达到超临界状态，分子活性急剧增加，黏度大幅降低，滤失增大，使得液体效率极低，施工难度非常高。

表 9-18　CO_2 与水的主要性质对比

流体名称	CO_2	水
密度（g/cm³）	1.02	1.00
表面张力（mN/m）	3.0（液），0（超临界）	72.0
黏度（mPa·s）	0.1（液），0.02（超临界）	1.0
介电常数	1.6（液）	81.5
压缩性	1m³ 液态 CO_2 可气化为 546m³ 的标况气体	液体压缩量可忽略
溶解性	溶解性受温度、压力影响较大，对大多数物质溶解较差	良好的溶剂，能够溶解大多数极性物质

室内参照石油天然气行业对压裂液技术要求和评价方法，结合 CO_2 性质及 CO_2 在压裂过程中相态变化情况，建立了一套 CO_2 无水压裂液实验评价方法（表9-18），实现了对研发出的 CO_2 增稠剂进行主要性能实验评价，并优化出压裂配方。

一、新型 CO_2 压裂增稠剂基本性质

室内依据国家标准和石油天然气行业标准对研发出的新型 CO_2 增稠剂主要技术指标进行了测试，实验结果见表9-19。

表 9-19　新型 CO_2 压裂增稠剂主要技术指标

技术参数	指标	依据标准/实验方法
外观	无色透明液体	目测
可燃性	不可燃	明火点燃
挥发性	不易挥发，有微量甘味	目测，扇闻
表观黏度（20℃，常压，170s^{-1}）	23.99mPa·s	SY/T 5107—2016
密度（20℃，密度计法）	1.058g/cm³	GB/T 4472—2011
pH 值（20℃，pH 值试纸法）	6.5	SY/T 5107—2016
凝固点	−26℃	GB/T 510—2018

实验结果表明，该 CO_2 增稠剂具有凝固点低、易流动泵送、不易燃和不易挥发的特点，能够满足现场施工和安全的要求。

二、配伍性评价

1. 实验方法

1）油溶性

在常压条件下，将 CO_2 增稠剂与煤油按不同体积比混合（混合比例分别为1:1、1:2、2:1），分别在 20℃、60℃和80℃水浴中放置 4 小时，观察并描述实验现象。

2）水溶性

在常压条件下，将 CO_2 增稠剂与标准盐水（参考 SY/T 5358—2010）按不同体积比混合（混合比例分别为 1:1、1:2、2:1），分别在 20℃、60℃和80℃水浴中放置 4 小时，观察并描述实验现象。

2. 实验结果

室内分别考察了 CO_2 增稠剂与煤油和标准盐水的配伍情况，实验结果见表9-20 和表9-21。

表 9-20　CO_2 增稠剂配伍性测试结果（煤油）

增稠剂（mL）	煤油（mL）	温度（℃）	时间（min）	实 验 现 象
50	100	20	240	透明，分层，界面有乳化现象，无沉淀
50	50	20	240	透明，分层，界面有乳化现象，无沉淀
100	50	20	240	透明，分层，界面有乳化现象，无沉淀
50	100	60	240	透明，分层，界面有乳化现象，无沉淀
50	50	60	240	透明，分层，界面有乳化现象，无沉淀

续表

增稠剂（mL）	煤油（mL）	温度（℃）	时间（min）	实 验 现 象
100	50	60	240	透明，分层，界面有乳化现象，无沉淀
50	100	80	240	透明，分层，界面有乳化现象，无沉淀
50	50	80	240	透明，分层，界面有乳化现象，无沉淀
100	50	80	240	透明，分层，界面有乳化现象，无沉淀

表 9-21　CO$_2$ 增稠剂配伍性测试结果（标准盐水）

增稠剂（mL）	煤油（mL）	温度（℃）	时间（min）	实 验 现 象
50	100	20	240	透明，均一，无沉淀
50	50	20	240	透明，均一，无沉淀
100	50	20	240	透明，均一，无沉淀
50	100	60	240	透明，均一，无沉淀
50	50	60	240	透明，均一，无沉淀
100	50	60	240	透明，均一，无沉淀
50	100	80	240	透明，均一，无沉淀
50	50	80	240	透明，均一，无沉淀
100	50	80	240	透明，均一，无沉淀

由实验结果可知，新型 CO$_2$ 增稠剂与煤油和盐水等地层流体混合后均不会产生浑浊或沉淀等不配伍现象，且易溶于水，可随地层流体排出。

三、溶解分散性评价

1. 实验方法

在自研的可视化评价实验系统（图 9-60）中，分别加入不同体积比的 CO$_2$ 增稠剂和低温液态 CO$_2$（体积比分别为 2:98、3:97、5:95、7:93），观察溶解分散现象。

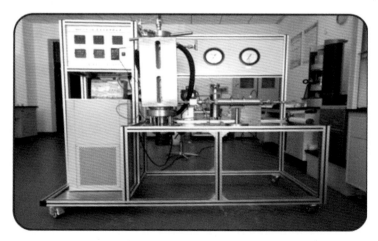

图 9-60　CO$_2$ 无水压裂液可视化评价实验系统

实验条件为：实验温度：-20~-18℃；实验压力：2~3MPa。

2. 实验结果

室内模拟工业液态 CO_2 储存条件，测试了不同浓度增稠剂分散现象和增稠时间，实验结果见图 9-61 和表 9-22。

（a）液态CO_2　　　　（b）新型增稠体系

图 9-61　新型 CO_2 增稠剂溶解分散实验

表 9-22　新型 CO_2 增稠剂分散时间

增稠剂比例（浓度）	实验温度（℃）	实验压力（MPa）	分散时间（s）
2%	-18.5	2.45	240~270
3%	-18.2	2.49	180~210
5%	-18.6	2.46	100~120
7%	-18.5	2.44	30~80

实验结果显示，该增稠剂在低温液态 CO_2 中能够迅速分散，流动性良好，分散增稠时间可通过增稠剂的加入比例控制，在 0.5~5 分钟内可调。

四、耐温耐剪切性评价

1. 实验方法

压裂流体黏度是压裂液体系携砂、滤失和造缝性能的关键指标，关系到 CO_2 无水压裂施工的成败。为了准确测试 CO_2 压裂液体系黏度，通过调研，引进了德国 HAKKE 公司生产的 MARSⅢ型流变仪的双狭缝低黏测试系统。该系统测试单元为全密闭，压力范围 0~40MPa，温度-30~200℃，能够满足 CO_2 压裂液测试条件。

根据 CO_2 性质，实验全过程需要保持一定的压力，所以室内充分模拟现场工艺流程对 MARSⅢ型流变仪进行了改造，增加了高压密闭进样系统（图 9-62），并最终形成了 CO_2 无水压裂液黏度测试流程（图 9-63）。

图 9-62 MARSⅢ型流变仪及高压密闭进样系统

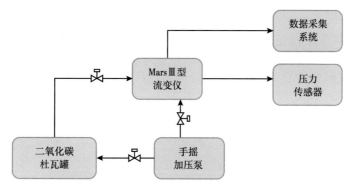

图 9-63 CO_2 无水压裂液黏度测试流程示意图

利用建立的实验流程，分别测试不同 CO_2 增稠剂使用浓度的压裂液体系的耐温耐剪切黏度，根据测试结果优化 CO_2 增稠剂使用浓度。实验条件为：

（1）CO_2 增稠剂测试浓度：纯 CO_2、2%、3%、5%；

（2）实验压力：5~38MPa；

（3）实验温度：-15~40℃；

（4）剪切速率：3000s^{-1}、170s^{-1}。

2. 实验结果

实验测试了不同新型增稠剂加量下，CO_2 无水压裂液体系黏度，实验结果如图 9-64 至图 9-67 和表 9-23 所示。

表 9-23 CO_2 无水压裂液黏度测试

增稠剂比例 （浓度）	最高黏度（液态） （mPa·s）	稳定黏度（超临界态） （mPa·s）
2%	18~20（16min）	12（60min）
3%	45~50（22min）	15（60min）
5%	90~120（19min）	18（60min）

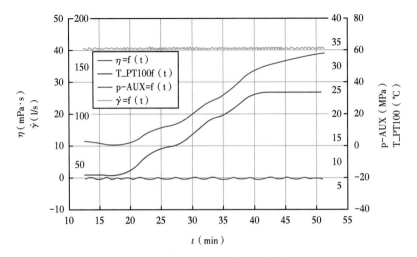

图 9-64　纯 CO_2 黏度测试实验

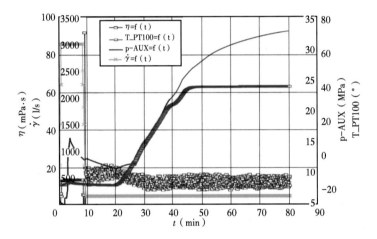

图 9-65　CO_2 新型增稠体系黏度测试实验（浓度 2%）

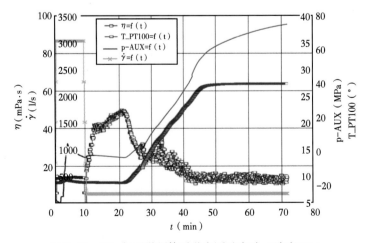

图 9-66　CO_2 新型增稠体系黏度测试实验（浓度 3%）

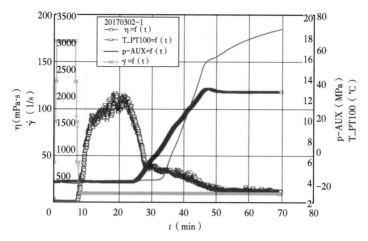

图 9-67　CO_2 新型增稠体系黏度测试实验（浓度5%）

实验结果显示，液态和超临界态 CO_2 测试黏度基本为 $0\sim0.2mPa\cdot s$，与理论值相当，说明该方法测量 CO_2 压裂液体系黏度可靠。通过对黏度测试实验结果分析可知，体系在液态下的黏度随着增稠剂加量的增加而增加，最高达到 $120mPa\cdot s$ 左右，但超临界条件下的黏度变化不大，基本保持在 $12\sim18mPa\cdot s$。

依据黏度测试结果，为降低施工时井筒摩阻，同时为保护储层，减少液相侵入，最终确定了 CO_2 无水压裂体系配方为：2%～3%增稠剂+97%～98%液态 CO_2。

五、滤失性能评价

1. 实验方法

根据 CO_2 混相增稠剂使用浓度优化结果，借鉴水基压裂液造壁滤失系数测试方法，利用自研设备 CO_2 压裂液性能评价实验装置（图9-68）的滤失测试模块（图9-69），测试增稠体系对岩心薄片的造壁滤失系数并与纯 CO_2 对比。实验条件为：

图 9-68　CO_2 压裂液性能评价实验装置

（1）评价层位：山西组；

（2）实验温度：50℃；

（3）实验压力：驱动压力 12MPa，回压 8MPa。

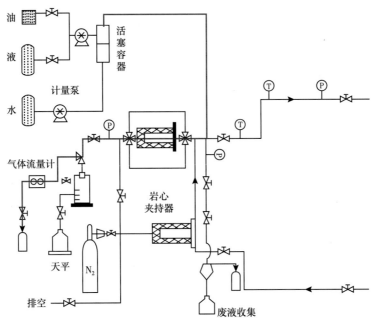

图 9-69　滤失测试模块

2. 实验结果

1）造壁滤失系数计算

针对长庆油田苏里格气田储层岩心开展了造壁滤失实验，利用公式 9-1，计算得到实验结果见表 9-24 和图 9-70 至图 9-73。

$$C_3 = \frac{0.005m}{A} \qquad (9-1)$$

式中　C_3——受压裂液造壁性控制的滤失系数，$m/\sqrt{min}$；

　　　　m——滤失曲线斜率，$mL/\sqrt{min}$；

　　　　A——滤纸或岩心薄片面积，cm^2。

表 9-24　CO_2 无水压裂增稠体系滤失系数 C_3 计算结果

井号	Y497		Z28	
层位	山 2 段		山 2 段	
岩心号	9-8/31-4		1-75/111-6	
岩心厚度（cm）	0.230		0.224	
岩心直径（cm）	2.542		2.500	
孔隙度（%）	4.61		10.3	
克氏渗透率（mD）	0.006		0.107	
滤失流体	纯 CO_2	增稠体系	纯 CO_2	增稠体系
C_3（$m/\sqrt{min}$）	0.0242	0.0113	0.0540	0.0416

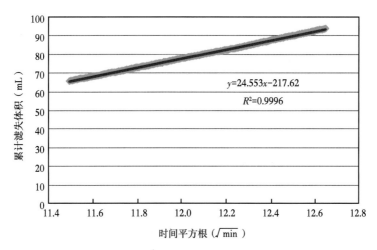

图 9-70 Y497 井岩心造壁滤失系数测试实验（纯 CO_2）

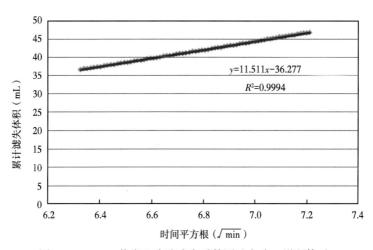

图 9-71 Y497 井岩心造壁滤失系数测试实验（增稠体系）

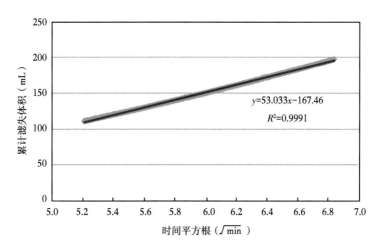

图 9-72 Z28 井岩心造壁滤失系数测试实验（纯 CO_2）

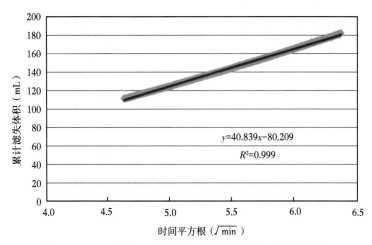

图 9-73　Z28 井岩心造壁滤失系数测试实验（增稠体系）

实验结果显示，增稠体系对致密岩心的造壁滤失系数较小，相对纯 CO_2 流体的造壁滤失系数降低幅度也相对较大，说明该体系在施工中具有一定的造壁降滤失效果，对致密储层和微小孔隙的造壁降滤失效果相对明显。

　　2）综合滤失系数计算

　　根据压裂液在储层中的滤失模型，选取黏度和滤失测试实验参数及长庆苏里格气田储层参数，分别计算 CO_2 增稠体系受压裂液黏度控制的滤失系数 C_1（公式 9-2）和受储层流体压缩性控制的滤失系数 C_2（公式 9-3），并结合造壁滤失系数 C_3 实验结果，计算综合滤失系数 C（公式 9-4），实验结果见表 9-25 至表 9-27。

$$C_1 = 0.17\left(\frac{K_f \Delta p \phi}{\mu_f}\right)^{\frac{1}{2}} \qquad (9-2)$$

式中　C_1——由滤液黏度控制的滤失系数，$m/\sqrt{min}$；

　　　　K_f——地层对压裂液滤液的渗透率，D；

　　　　Δp——缝内外的压差，MPa；

　　　　μ_f——压裂液在缝内流动条件下的视黏度，$mPa \cdot s$；

　　　　ϕ——地层孔隙度。

$$C_2 = 0.136\Delta p\left(\frac{K_r C_r \phi}{\mu_r}\right)^{\frac{1}{2}} \qquad (9-3)$$

式中　C_2——受地层流体压缩性控制的滤失系数，$m/\sqrt{min}$；

　　　　C_r——地层流体的综合压缩系数，MPa^{-1}；

　　　　K_r——地层对地层流体的渗透率，D；

　　　　Δp——缝内外的压差，MPa；

　　　　μ_r——地层流体黏度，$mPa \cdot s$；

　　　　ϕ——地层孔隙度。

$$\frac{1}{C} = \frac{1}{C_1} + \frac{1}{C_2} + \frac{1}{C_3} \qquad (9-4)$$

式中　C——综合的滤失系数，$m/\sqrt{min}$；

　　　C_1——由滤液黏度控制的滤失系数，$m/\sqrt{min}$；

　　　C_2——受地层流体压缩性控制的滤失系数，$m/\sqrt{min}$；

　　　C_3——受压裂液造壁性控制的滤失系数，$m/\sqrt{min}$。

表 9-25　CO_2 无水压裂增稠体系滤失系数 C_1 计算结果

井号	Y497		Z28	
岩心号	9-8/31-4		1-75/111-6	
层位	山 2 段		山 2 段	
孔隙度（%）	4.61		10.3	
滤失压差（MPa）	4		4	
滤失流体	纯 CO_2	增稠体系	纯 CO_2	增稠体系
压裂液黏度（mPa·s）	0.02	10	0.02	10
压裂液渗透率（mD）	0.0244	0.0038	0.6048	0.0807
C_1（$m/\sqrt{min}$）	0.0378	0.0021	0.1881	0.0031

表 9-26　CO_2 无水压裂增稠体系滤失系数 C_2 计算结果

井号	Y497	Z28
岩心号	9-8/31-4	1-75/111-6
层位	山 2 段	山 2 段
孔隙度（%）	4.61	10.3
滤失压差（MPa）	4	4
气测渗透率（mD）	0.0198	0.5827
天然气黏度（mPa·s）	0.0221	0.0221
天然气压缩系数	0.98	0.98
C_2（$m/\sqrt{min}$）	0.0346	0.2806

表 9-27　CO_2 无水压裂增稠体系综合滤失系数 C 计算结果

井号	Y497		Z28	
岩心号	9-8/31-4		1-75/111-6	
层位	山 2 段		山 2 段	
滤失流体	纯 CO_2	增稠体系	纯 CO_2	增稠体系
C_1（$m/\sqrt{min}$）	0.0378	0.0021	0.1881	0.0031
C_2（$m/\sqrt{min}$）	0.0346	0.0346	0.2806	0.2806
C_3（$m/\sqrt{min}$）	0.0242	0.0113	0.0540	0.0416
C（$m/\sqrt{min}$）	0.0103	0.0017	0.0365	0.0029
综合滤失系数降低比率（%）	83.5		92.1	

　　实验结果表明，增稠体系对储层岩心的综合滤失系数比纯 CO_2 降低率平均值为 87.8%，能够有效降低增稠体系在储层中的滤失，提高压裂液工作效率。

六、摩擦阻力测试与评价

1. 实验方法

实验利用自研装置"CO_2压裂液性能评价实验装置"（图9-68）中"气液供给模块"（图9-74）与"摩阻测试模块"（图9-75）对CO_2无水压裂增稠体系进行摩擦阻力测试。实验中考察了流速、温度和增稠剂浓度对体系摩擦阻力影响情况，为现场施工提供定性参考。

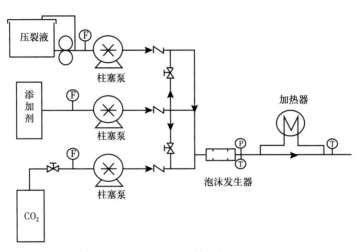

图9-74 气液供给模块

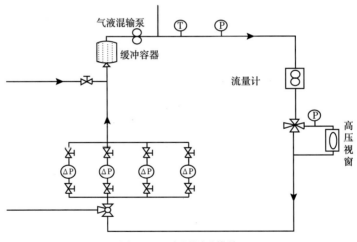

图9-75 摩阻测试模块

主要实验条件：

（1）测试管径：10mm；

（2）流速变化：0.25m/s、0.50m/s、1.00m/s、2.25m/s、2.50m/s；

（3）温度变化：-10℃、-5℃、0℃、5℃、10℃、15℃、20℃、25℃、30℃、35℃；

（4）实验压力：20MPa；

（5）CO_2混相增稠剂测试浓度：3%、5%、7%、10%。

采集每个实验条件下压降、雷诺数和阻力系数。

442

2. 实验结果

CO_2 无水压裂增稠体系摩擦阻力测试结果如图 9-76 至图 9-78 所示。

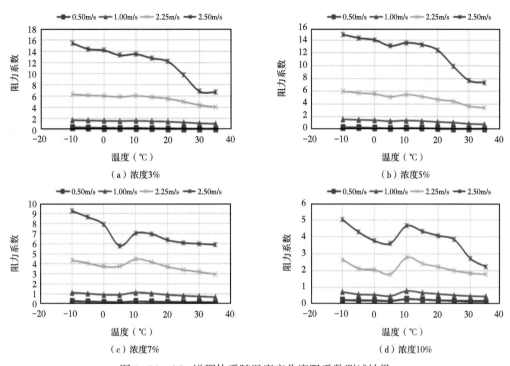

图 9-76 CO_2 增稠体系随温度变化摩阻系数测试结果

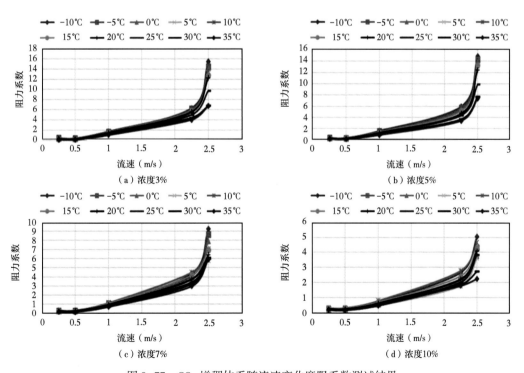

图 9-77 CO_2 增稠体系随流速变化摩阻系数测试结果

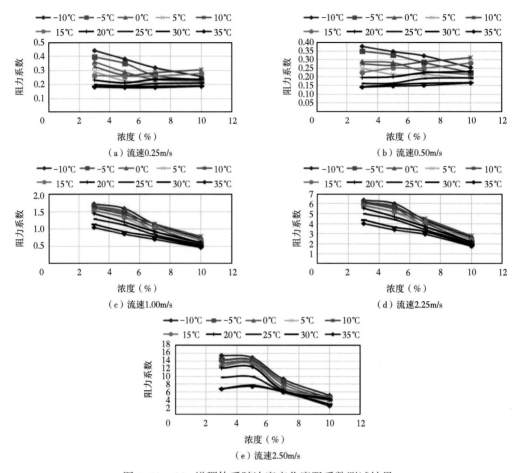

图9-78 CO$_2$增稠体系随浓度变化摩阻系数测试结果

由实验结果可以看出，CO$_2$增稠体系摩阻系数随温度升高而降低，分析认为：由于温度升高后，流体有效黏度降低，根据摩阻计算公式，流体的摩阻系数会相应地降低；CO$_2$增稠体系摩阻系数随流速升高而升高，高流速下摩阻增速明显；CO$_2$增稠体系摩阻系数随添加剂浓度升高有下降，低温下和高流速下该趋势相对明显。

七、岩心驱替伤害测试

1. 实验方法

室内模拟压裂返排过程，利用美国岩心公司生产的AFS-870型酸化多功能岩心驱替模拟实验系统（图9-79）考察了CO$_2$增稠体系对致密储层岩心的伤害情况，实验步骤如下：

（1）饱和岩心：用模拟地层水抽真空饱和岩心24小时；

（2）正向油驱：选择一个岩心柱塞轴向方向作为正方向，在100℃下用湿氮气驱替岩心至驱替压力和流量稳定，测试过程中保持围压大于内压4MPa及回压0.5MPa，计算渗透率K_1；

（3）液体制备：模拟现场施工条件，将高压搅拌器内通入CO$_2$后降温至-20～-15℃，

444

图 9-79　AFS-870 型酸化多功能岩心驱替模拟实验系统

系统压力保持 12MPa 左右；待温度低于-15℃且压力不在发生变化后，用高压计量泵挤入一定比例的 CO_2 增稠剂样品，并高速搅拌 3 分钟左右；

（4）反向伤害：将配制好的 CO_2 无水压裂液体系接通岩心反向端面，保持液体容器内压力 12MPa，回压设置 8MPa，保持岩心滤失前后 CO_2 均处于超临界态，测试过程中保持围压始终大于内压 4MPa，岩心温度 100℃，伤害 120 分钟；

（5）正向油驱：在 100℃下用湿氮气驱替岩心至驱替压力和流量稳定（驱替方向与伤害前气驱方向一致），测试过程中保持围压大于内压 4MPa，计算渗透率 K_2；

（6）计算伤害率：

$$\eta_d = \frac{K_1 - K_2}{K_1} \times 100\% \qquad (9-5)$$

式中　η_d——静态伤害率；

K_1——伤害前的气测渗透率；

K_2——伤害后的气测渗透率。

2. 实验结果

按照以上实验流程，共开展了 2 块岩心的伤害实验，实验结果见表 9-28。

表 9-28　CO_2 无水压裂增稠体系岩心伤害测试

井号	层位	孔隙度（%）	伤害前渗透率（mD）	伤害后渗透率（mD）	伤害率（%）
Y497	山 2 段	5.24	0.0245	0.0286	-16.7
T7-1	山 2 段	6.14	0.0085	0.0108	-27.1

实验结果显示，增稠体系对储层岩心平均伤害率为-21.9%，分析可知，超临界 CO_2 具有较强的破岩作用，能够渗入微小的储集空间，并依靠自身的膨胀能，将孔喉撑开，提

高储层连通性，是压裂液体系岩心伤害率为改善的主要因素；另外，CO_2 无水压裂增稠剂加量小，且主要成分无残渣、无吸附，对储层伤害影响较弱。

第五节　CO_2 无水压裂施工参数优化研究

一、CO_2 无水压裂模拟优化软件优选

1. CO_2 压裂软件模拟的难点

CO_2 无水压裂与常规水力压裂的本质区别在于压裂液介质性质的不同。常规压裂液以水为介质，水属于不可压缩流体（或接近不可压缩流体），其流变性受压力影响较小。而 CO_2 无水压裂液以 CO_2 为介质，CO_2 属于可压缩流体，其流体性质受压力、温度影响显著。

正是由于流体性质的差异，使得许多压裂软件不能用于 CO_2 无水压裂的模拟计算。原因是常规的压裂设计软件中所使用的流体连续性方程、流体运动微分方程与 CO_2 无水压裂不同。

1）不可压缩流体稳定流

连续性方程：

$$\frac{\partial u_x}{\partial x} + \frac{\partial u_y}{\partial y} + \frac{\partial u_z}{\partial z} = 0 \tag{9-6}$$

流体运动微分方程：

$$X - \frac{1}{\rho}\frac{\partial p}{\partial x} + \frac{\mu}{\rho}\left(\frac{\partial^2 u_x}{\partial x^2} + \frac{\partial^2 u_x}{\partial y^2} + \frac{\partial^2 u_x}{\partial z^2}\right) = \frac{\mathrm{d}u_x}{\mathrm{d}t} \tag{9-7}$$

$$Y - \frac{1}{\rho}\frac{\partial p}{\partial y} + \frac{\mu}{\rho}\left(\frac{\partial^2 u_y}{\partial x^2} + \frac{\partial^2 u_y}{\partial y^2} + \frac{\partial^2 u_y}{\partial z^2}\right) = \frac{\mathrm{d}u_y}{\mathrm{d}t} \tag{9-8}$$

$$Z - \frac{1}{\rho}\frac{\partial p}{\partial z} + \frac{\mu}{\rho}\left(\frac{\partial^2 u_z}{\partial x^2} + \frac{\partial^2 u_z}{\partial y^2} + \frac{\partial^2 u_z}{\partial z^2}\right) = \frac{\mathrm{d}u_z}{\mathrm{d}t} \tag{9-9}$$

2）可压缩流体稳定流

连续性方程：

$$\frac{\partial(\rho u_x)}{\partial x} + \frac{\partial(\rho u_y)}{\partial y} + \frac{\partial(\rho u_z)}{\partial z} = 0 \tag{9-10}$$

流体运动微分方程中，由于密度成为方程中的一个因变量，使得可压缩流体的运动微分方程更加复杂。

除了在运动方程的描述方面的不同外，在支撑剂的输送机理方面也有所不同，常规压裂液主要考虑的是流体对支撑剂沉降的阻力，而可压缩性流体除考虑流体对支撑剂的阻力外，还需考虑流体对固体颗粒的升力。由于对支撑剂输送的理论多属于经验方程，因此在实际的应用中还需结合实验数据对经验方程进行修正。

压裂设计中非常重要的一点是压裂液数据库的建立，数据库中应包括描述压裂液在不

同条件（压力、温度、剪切速率等）下的性能参数，这些性能参数多来自室内实验的评价结果。

基于以上主要区别，常规用于水力压裂设计的设计模型难以满足 CO_2 无水压裂的设计需要。

2. CO_2 压裂模拟软件选择

当前国内外主要压裂软件的类型有 Core Lab 公司的 GOHFER、Terra Tek 公司的 Terra Frac、Meyer 公司的 MFrac、NS 公司的 StimPlan 和 Pinnacle 公司的 Fracpro 是当前压裂酸化作业中普遍使用的软件。

1）Terra Tek 公司的 Terra Frac 软件

Terra Tek 公司于 20 世纪 80 年代开始全三维压裂软件的研究与开发，1984 年推出了世界上第一套三维压裂软件——Terra Frac。

Terra Frac 是建立在三维弹性力学、二维流体力学和断裂力学的理论基础上的，该软件具有以下功能：

（1）可以模拟具有任意地应力层状介质三维压裂过程；

（2）用二元流体流动方程描述裂缝内的流体流动和温度场；

（3）流体注入速度、流态指数、流体相对密度、支撑剂浓度相对密度、颗粒等可以在压裂过程中变化；

（4）各地层的弹性模量、断裂韧性、泊松比、滤失性质可以不同；

（5）自动进行网格划分；

（6）所用的数学方法收敛速度快；

（7）关井后的模拟不采用任何假设。

2）Mayer 公司的 Mfrac 软件

该软件为拟三维实时水力压裂软件，具有以下特点：

（1）采用拟三维裂缝几何模型；

（2）自动内部网格生成器，考虑裂缝柔性系数在时间上和空间上的变化；

（3）考虑了影响裂缝延伸和支撑剂输送的耦合参数；

（4）考虑了多层非对称应力差；

（5）考虑了多层流体滤失；

（6）考虑了变排量注入工艺。

3）NS 公司的 StimPlan 软件

该软件的主要特点是：

（1）采用拟三维裂缝模型和全三维裂缝模型；

（2）采用有限元网格算法。

4）Pinnacle 公司的 Fracpro PT 软件

该软件采用拟三维裂缝模型，主要功能包括：

（1）预测裂缝三维延伸情况及裂缝几何尺寸；

（2）预测停泵后裂缝的延伸情况；

（3）模拟温度场的情况；

（4）进行变排量、变压裂液、变支撑剂模拟；

（5）施工实时监测。

5）Core Lab 公司的 GOHFER 软件

特点如下：

（1）基于大量增产实验室测试和现场增产技术试验及应用；

（2）唯一采用剪切滑移弹性力学模型的全（真）三维压裂模拟软件；

（3）所用数值方程、计算模型、技术方法都曾在 SPE 论文中公开发表过（软件之技术培训内容完全透明）；

（4）采用先进的全（真）三维网格方法进行划分和描述油藏；

（5）配置有测井数据快速录入及计算工具模块，并进一步计算给出垂直应力剖面；

（6）模拟计算过程中充分考虑了"裂缝扩展"与"携砂压裂液流动（动态流变性）"之间的相互动态作用；

（7）能更好地对复杂油藏和复杂井况条件进行模拟处理（非对称模拟）；

（8）配置有完备的小型测试压裂拟合工具；

（9）配置有非常丰富的支撑剂和压裂（酸液）数据库；

（10）配置有完备的"产能预测和经济评价"模块。

通过以上对比可知，GOHFER 压裂软件在功能、动态仿真能力、资料库及信息公开程度方面具有明显的技术优势，并最终将其作为 CO_2 压裂模拟的软件使用。

之所以将 GOHFER 压裂软件用于 CO_2 压裂的模拟，除其具有的普遍技术优势外，更加看重其在 CO_2 压裂模拟方面所具有的针对性，包括：

（1）完备的 CO_2 压裂液数据库。

在 GOHFER 压裂软件中的压裂液数据库中，提供了较为完整的 CO_2 性能参数（表9-29）。

表 9-29　CO_2 在不同温度、压力下的黏度、密度数据

温度（℃）	压　力					
	20.7MPa		41.4MPa		69MPa	
	黏度（mPa·s）	密度（g/cm³）	黏度（mPa·s）	密度（g/cm³）	黏度（mPa·s）	密度（g/cm³）
37.8	0.088	0.853			0.188	1.038
93.3			0.079	0.78		
148.9					0.076	0.781

CO_2 的流变性质主要受温度和压力的影响，美国岩心公司在多种工况下评价了 CO_2 的流变性质，结果如图 9-80 所示。

（2）适用于 CO_2 性质的压裂液流变模型。

GOHFER 采用 Carreau 流变模型对压裂液的流变性进行描述。在常用的幂律流变模型的基础上，Carreau 流变模型对流体性质进行了更加全面、深入地刻画，尤其突出了极端（极大值、极小值）剪切条件下，压裂液的流变性；此外，突出了支撑剂浓度对流变性的影响。这些刻画，对于更好地表述纯 CO_2 的极度低黏性质，表述支撑剂对 CO_2 性质的影响和增黏后 CO_2 性质都起到了好效果。

Carreau 流变模型是通过高剪切黏度 μ_∞、支撑剂比例 s_f、零剪切黏度 μ_0、剪切速率 γ、低剪切过渡 γ_1、固体体积比 C_v、固体指数 α（1.8）、稠度系数 k'、流态指数 n' 及时间 t 来对压裂液的流变性进行描述的。

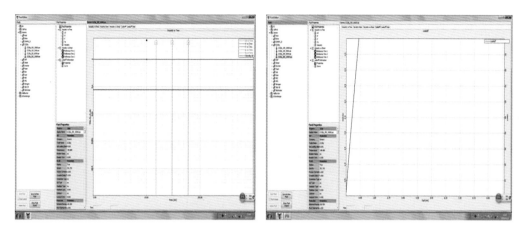

图 9-80　GOHFER 压裂软件中的 CO_2 数据库参数及曲线

$$\mu_{app} = \mu_\infty + \frac{s_f\mu_0 - \mu_\infty}{\left[1 + \left(\dfrac{s_f\gamma}{\gamma_1}\right)^2\right]^{\frac{1-n'}{2}}} \qquad (9-11)$$

$$s_f = \left(1 - \frac{Cv}{Cv_{max}}\right)^{-a} \qquad (9-12)$$

$$\gamma_1 = \left(\frac{k'\mu_0}{48479}\right)^{\frac{1}{n'-1}} \qquad (9-13)$$

$$X_{min} + \frac{X_{max} - X_{min}}{\left[1 + \left(\dfrac{\text{time}}{3t_{ind}}\right)^3\right]^{t_{exp}}} \qquad (9-14)$$

$$\mu_0(t) = \mu_\infty + \frac{\mu_0 - \mu_\infty}{\left[1 + \left(\dfrac{t}{3t_{ind}}\right)^3\right]^{t_{exp}}} \qquad (9-15)$$

$$n'(t) = n'_{max} + \frac{n' - n'_{max}}{\left[1 + \left(\dfrac{t}{3t_{ind}}\right)^3\right]^{t_{exp}}} \qquad (9-16)$$

$$k'(t) = \frac{\mu_\infty}{47879} + \frac{k' - \dfrac{\mu_\infty}{47879}}{\left[1 + \left(\dfrac{t}{3t_{ind}}\right)^3\right]^{t_{exp}}} \qquad (9-17)$$

$$\gamma_N(t) = \left[\frac{\mu_0(t)}{47879k'}\right]^{\frac{1}{n'-1}} \qquad (9-18)$$

式中　X_{min}——参数的最小值；

　　　X_{max}——参数的最大值；

449

t_{ind}——破胶前的诱发时间；

t_{exp}——破胶指数。

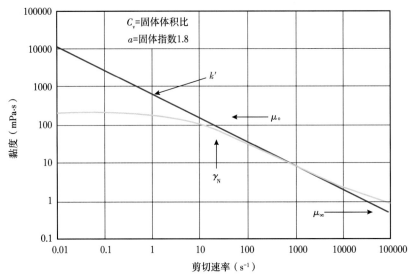

图9-81 压裂液的剪切速率—表观黏度关系曲线图

（3）适用于CO_2低黏特性的支撑剂输送模型。

由于CO_2的低黏特性，在支撑剂有输送过程中，会带来明显的支撑剂沉降，在裂缝底部形成沙堤（图9-82）。

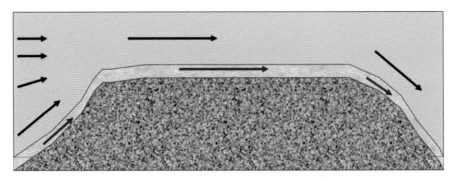

图9-82 低黏度流体下的支撑剂沉降示意图

此外，由于CO_2在储层中急剧滤失，在裂缝壁面方向上形成由于流体流动所引起的压差，该压差提供了支撑剂在裂缝壁面"吸附"所需要的外力，从而加剧了CO_2压裂过程中支撑剂在裂缝壁面的聚集（图8-83）。在这种现象下所引起的裂缝宽度减小，支撑剂流动阻力增加。

对于支撑剂沉降和高滤失导致的砂堵问题在GOHFER压裂软件中都给予了充分考虑，并提供了模拟方法。

6）EFrac-3D软件

EFrac-3D是一款全三维、全组分、以气体或泡沫为主的压裂软件，该模拟器整合了产量模型、压裂模型和井筒模型，可以进行气体压裂设计和参数优化。

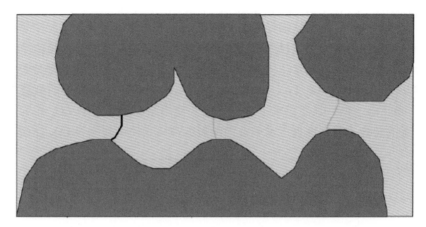

图 9-83　高裂缝壁面滤失所引起的支撑剂抱团吸附示意图

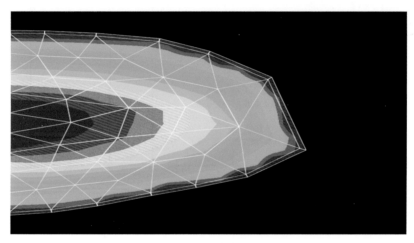

图 9-84　EFrac-3D 压裂软件模拟裂缝剖面示意图

Efrac-3D 主要功能包括以下方面：

（1）模拟多相、多组分、可压缩流体在裂缝和井筒的流动；

（2）预测温度、压力、流体组分相态的变化；

（3）模型可模拟裂缝在多层发育；

（4）模型适用于直井、斜井和水平井；

（5）井筒模型考虑了地面和井筒条件；

（6）裂缝模型与井产量模型相关联，产量模型为流体两相流，考虑侵入带的伤害，机械表皮和流体组分的变化。

二、CO_2 无水压裂人工裂缝研究

1. 室内压裂模拟实验研究

Kizaki 等使用液态 CO_2 对体积为 $15cm^3$ 的花岗岩进行了室内压裂模拟实验，并与水力压裂模拟实验进行了对比，结果表明使用水作为压裂液形成的裂缝形态单一，但是使用超临界状态的 CO_2 形成的裂缝分支较多且形态复杂。图 9-85 显示了不同流速、岩石类型和

压裂液种类形成的裂缝分支数，使用超临界 CO_2 压裂得到的岩样裂缝分支数大于水压裂形成的裂缝分支数。因此，使用超临界 CO_2 形成的裂缝形态更为复杂。实验结果也表明，使用稻田花岗岩得到的裂缝分支数目大于获野凝灰岩的裂缝分支数目，这是由于结晶岩如花岗岩有许多微裂缝，因此，通常认为使用超临界 CO_2 作为压裂液所得的部分裂缝是开启了微裂缝。图 9-86（a）、（b）、（c）、（d）是使用超临界 CO_2 压裂获得的裂缝形态的透视图，而图 9-86（e）、（f）是使用水压裂得到的，使用超临界状态的 CO_2 作为压裂液可获得更复杂形态的裂缝，并且垂直于水平方向的裂缝往往是使用超临界 CO_2 压裂所得的。

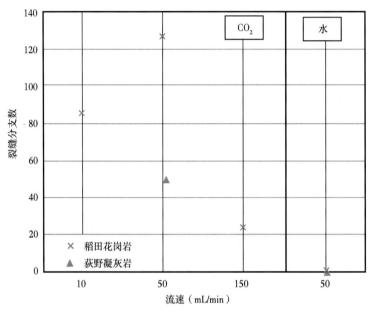

图 9-85　不同流速、岩石类型和压裂液形成的裂缝分支数

2. 不同压裂液人工裂缝比较研究

Lillies 等分析比较研究了使用水、滑溜水和超临界 CO_2 等三种压裂流体时产生的人工裂缝。实验参数见表 9-30，实验结果如图 9-87、图 9-88 和图 9-89 所示。

表 9-30　实验参数表

案例	压裂液	密度 （kg/m³）	黏度 （Pa·s）	杨氏模量 （GPa）	泊松比	注入速率 （m³/s）	裂缝距离 （mm）	裂缝长度 （m）
1	水	998	0.001	40	0.2	0.002	0.248	5.2
2	滑溜水	1000	0.01	40	0.2	0.002	0.412	3.0
3	超临界 CO_2	860	0.00002	40	0.2	0.002	0.114	10.8

图 9-87 详细说明了裂缝间距与裂缝长度关系的模拟结果。压裂结果很清晰地显示了最高黏度的滑溜水有最长的裂缝间距和最短的裂缝长度。超临界 CO_2 曲线平滑且具有最长的裂缝长度。

通过对比三种流体（图 9-88），可总结为最低黏度的超临界 CO_2 流体可以使裂缝长度更长，意味着进入更小的岩石裂缝并连接它们。有着最高黏度的滑溜水能够将裂缝开启的更大，有利于铺砂。图 9-89 展示了超临界 CO_2 压裂过程中的压力是持续不变的。超临界

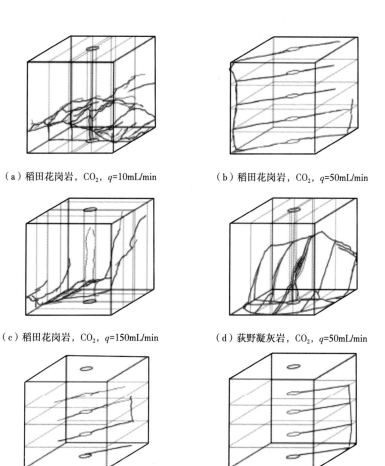

（a）稻田花岗岩，CO_2，q=10mL/min   （b）稻田花岗岩，CO_2，q=50mL/min

（c）稻田花岗岩，CO_2，q=150mL/min   （d）荻野凝灰岩，CO_2，q=50mL/min

（e）稻田花岗岩，水，q=50mL/min   （f）荻野凝灰岩，水，q=50mL/min

图 9-86　岩样裂缝形态透视图

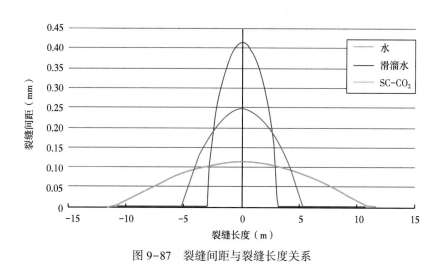

图 9-87　裂缝间距与裂缝长度关系

CO_2 能更好地维持压力直到压裂终止，但是低黏度的超临界 CO_2 可以进入其他流体无法进入的非常小的裂缝中。

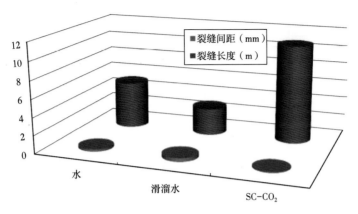

图 9-88　三种压裂流体模拟结果对比

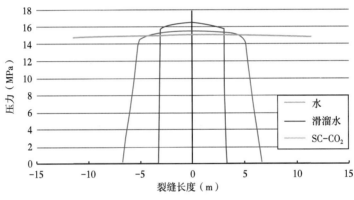

图 9-89　三种压裂流体在压裂过程中的压力

3. 不同页岩人工裂缝比较

Lillies 等研究了在三种不同的页岩中应用超临界 CO_2 压裂时人工裂缝的变化。实验参数见表 9-31，实验结果如图 9-90 和图 9-91 所示。

表 9-31　实验参数表

案例	压裂液	密度（kg/m³）	黏度（Pa·s）	杨氏模量（GPa）	泊松比	注入速率（m³/s）	裂缝距离（mm）	裂缝长度（m）	脆性指数
1	超临界 CO_2	860	0.00002	40	0.20	0.002	0.114	10.8	0.61
2	超临界 CO_2	860	0.00002	50	0.15	0.002	0.108	11.4	0.82
3	超临界 CO_2	860	0.00002	32	0.22	0.002	0.119	10.4	0.52

图 9-90 研究结果显示，裂缝距离从大到小为：案例 5>案例 3>案例 4；裂缝长度从小到大为：案例 5<案例 3<案例 4。对比三个例子中的裂缝间距、裂缝长度和脆性指数，我们可以发现，脆性指数和裂缝长度有着正相关性。越脆的页岩，裂缝长度越长。可以做以下结论，脆性页岩的微裂缝容易被压裂流体延伸，在页岩中超临界 CO_2 压裂流体主要功效是裂缝延伸而不是裂缝打开。

454

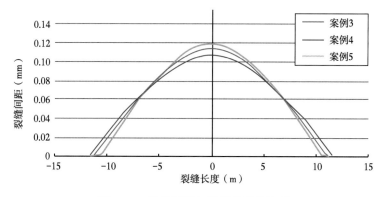

图 9-90 裂缝间距与裂缝长度的关系

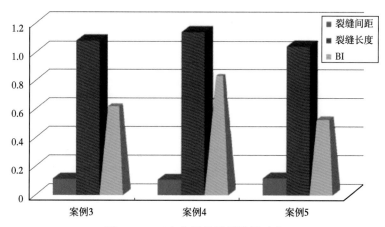

图 9-91 三个实例的模拟结果对比

三、压裂施工参数优化设计

1. 国外纯液态 CO_2 压裂施工参数

截至 1997 年，Fracmaster 作业公司在不同地区共计使用纯液态 CO_2 进行压裂作业超过 1200 井次，其中 95% 的井为气井，5% 的井为油井；47.5% 的井深度小于 1000m，51.3% 的井深度在 1000~2500m，井深超过 3000m 的只有 1.3%。井深度超过 3000m 时的最大加砂量达到 44t（约 27.5m³），95% 井深小于 2500m，平均加砂量 22t（约 13.75m³）。一般的砂浓度为 400~600kg/m³，最大砂浓度为 1100kg/m³，最大砂浓度取决于施工排量和储层深度，施工排量越大，储层深度越小，可提高砂浓度的使用值。施工排量最高达到 7.5m³/min，作业时施工压力最高达到 70MPa。

Gupta（SPE40016）根据前期施工经验，建议在进行 CO_2 无水压裂工程设计时遵循以下原则：

（1）前置液量等于或大于携砂液量；

（2）所选用支撑剂的粒径较常规水基压裂选用的支撑剂粒径小一个级别；

（3）根据泵注速度和储层埋深，建议最大支撑剂浓度在 500~800kg/m³；

（4）压后裂缝闭合时间非常短，约 0.5~1.5 分钟。

2. CO_2 无水压裂施工压力分析

1）施工管柱沿程摩阻计算与分析

液态 CO_2 作为压裂液存在着不可避免的缺点，如黏度低、滤失大、摩阻高等。对于埋藏深度较浅的井进行压裂施工，摩阻问题不是首要的。但是，对于深井压裂、采用小尺寸管柱压裂，压裂液的摩阻将会对压裂施工产生严重影响，有的甚至会关系到施工的成败。压裂施工管柱沿程摩阻值的准确性直接影响到压裂工艺的设计，是确定井底压力的必要数据。项目通过矿场试验，验证了 Campbell 等的液态 CO_2 压裂液摩阻计算图版的准确性，并将其与 Lord 等的清水摩阻计算模型比较，得到了易于工程应用的简单快速评价液态 CO_2 压裂液摩阻的计算公式（表 9-32）。

表 9-32　液态 CO_2 压裂液摩阻梯度拟合计算公式

管柱	拟合计算公式	R^2
$\phi 60.3mm$	$p_{fd} = 0.156Q^2 + 1.639Q - 0.228$	0.999
$\phi 73.0mm$	$p_{fd} = 0.037Q^2 + 0.777Q - 0.169$	0.999
$\phi 88.9mm$	$p_{fd} = 0.017Q^2 + 0.268Q - 0.041$	0.999
$\phi = 114.3mm$	$p_{fd} = 0.003Q^2 + 0.089Q - 0.021$	0.999

Campbell 等于 2000 年在介绍 New Mexico San Juan 盆地 Lewis 页岩 CO_2 无水压裂技术时，提出了液态 CO_2 压裂液摩阻计算图版，如图 9-92（a）所示；将该图版中使用的单位换为石油行业单位制，结果如图 9-92（b）所示，并得到如表 9-32 所示的摩阻梯度 p_{fd}（单位：MPa/100m）和排量 Q（单位：m^3/min）的拟合计算公式。

2）静液柱压力计算与分析

由于液态 CO_2 特殊的相态条件，其密度随着温度和压力的改变而变化，给静液柱压力的精确计算带来较大的不便。液态 CO_2 在 -17℃、2.1MPa 的储运条件下，密度为 $1.02g/cm^3$。矿场计算中，为方便计算，可以此时的密度计算静液柱压力，再根据预测泵压给予一定的附加值。

3）压裂施工压力分析

压裂施工过程中，井口施工压力计算公式如下：

$$p_{wh} = p_{wf} + p_f - p_h \tag{9-19}$$

式中　p_{wh}——井口施工压力；

p_{wf}——井底裂缝延伸压力；

p_f——摩阻；

p_h——静液柱压力。

其中：

$$p_{wf} = p_c + p_N$$
$$p_f = p_{f井筒} + p_{f近井}$$

式中　p_c——闭合应力；

p_N——净压力；

$p_{f井筒}$——井筒沿程摩阻；

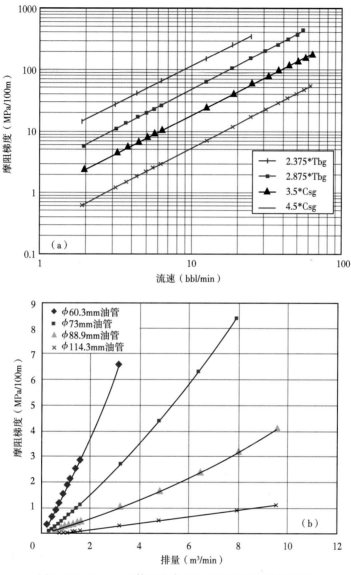

图 9-92 Campbell 等的液态 CO_2 压裂液摩阻计算图版

$p_{f近井}$——近井摩阻（含射孔孔眼摩阻）。

通常认为 $p_c = \sigma_{Hmin}$（σ_{Hmin} 是最小水平主应力），因此，井口施工压力计算如下：

$$p_{wh} = \sigma_{Hmin} + p_N + p_{f井筒} + p_{f近井} - p_h \qquad (9-20)$$

由此可知，对于需要进行压裂改造的储层，在已知储层埋深和最小水平主应力的条件下，σ_{Hmin} 和 p_h 已经确定。另外，考虑井口、油（套）管的承压能力，施工限压亦已确定。净压力提供裂缝延伸的动力通常为 3~10MPa 便能够满足造缝需求。因此，压裂施工优化设计时需要侧重考虑与施工排量关系密切的施工摩阻（井筒沿程摩阻和近井地带摩阻）。

3. CO_2 无水压裂施工参数优化设计

基于现场经验及液态 CO_2 的低黏特性和混砂装置的特殊性，在进行压裂施工参数优化设计时主要的考虑因素包括压裂施工管柱及井口、地面最大砂浓度、液态 CO_2 滤失性质、纯液态 CO_2 压裂液的黏度、混砂装置的输砂能力和支撑剂的体积等。这些参数的组合结果直接关系到现场施工的难易程度及加砂量的多少。CO_2 无水压裂技术受作业设备、井筒条件的限制，压裂参数的选择具有较大的局限性，需综合各因素，从而得到一个统筹兼顾的压裂参数值。

1）加砂量优化

统计分析苏里格气田苏中地区 134 口井水基压裂液压裂施工加砂量与投产后平均产气量的关系图（图9-93）。

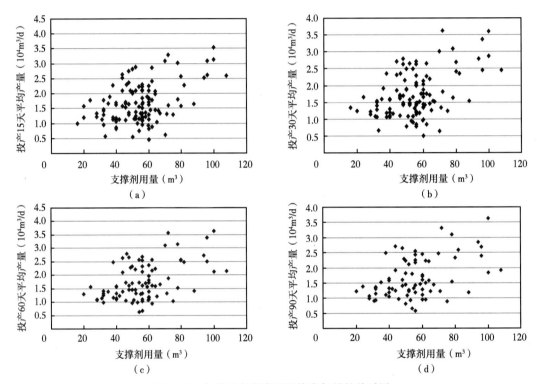

图9-93 加砂量与投产后平均产气量的关系图

从图9-93 中可以看出，支撑剂用量与投产后平均产气量呈现出一定相关性。由此看出，施工规模对气井产能有较大的影响。但是，在增加施工砂量的同时，也相应大规模增加了入地液量，给压裂液的返排处理量及排液时间带来较大影响，从而影响完井投产时效和增加环境保护风险。

CO_2 无水压裂压后无需对返排液进行处理，排液周期短，但是，施工砂量的选择与 CO_2 压裂液性质、施工设备能力密切相关。随着 CO_2 无水压裂施工集成与配套能力的提升，加砂量也逐渐提高，现场施工最高加砂量达到 $30m^3$（演 180-3-8 井）。CO_2 无水压裂压裂施工设备全面配套，压裂液体系全面升级，单次作业水平大幅度提升，具备单次施工 39600HP、加砂 $61m^3$、单次 CO_2 储运 1000t 的作业能力。

2）施工砂比优化

统计分析苏里格气田苏中地区 134 口井水基压裂液压裂施工砂比与投产后平均产气量的关系图（图9-94）。

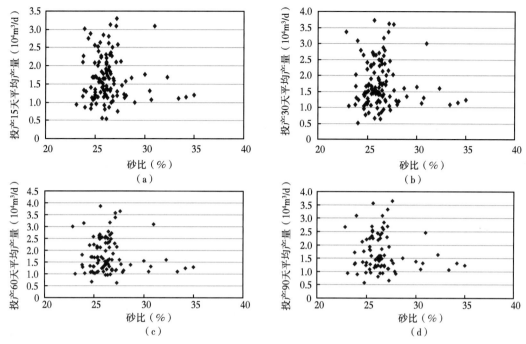

图 9-94　施工砂比与投产后平均产气量的关系图

从图 9-94 中可以看出，施工砂比与投产后平均产气量的关系并不明显。

罗英俊、万仁溥主编的《采油技术手册》中对不同类型压裂液的支撑剂层导流能力保留系数进行了探讨，结果见表 9-33。可以看出，CO_2 压裂液具有较高的支撑剂导流能力保留系数。即与常规压裂液相比，采用 CO_2 压裂液时，较低的铺置浓度就可以达到常规压裂高铺置浓度的导流能力，极大地提高了支撑剂的利用效率。

表 9-33　不同类型压裂液的支撑剂导流能力保留系数表

压裂液名称	导流能力保留系数（%）
CO_2 压裂液	99 以上
生物聚合物	95
泡沫	80~90
聚合物乳化液	65~85
线性凝胶	45~55
交联羟丙基瓜尔胶	10~50

采用水压裂液对长庆苏里格气田上古生界砂岩储层进行压裂改造时，优选平均砂比为 21%~28%。一般来说，瓜尔胶压裂液的支撑裂缝导流能力保留系数为 30% 左右，而 CO_2 无水压裂液的支撑裂缝导流能力保留系数在 95% 以上。因此，在采用 CO_2 无水压裂液时，平均砂比保持在 7%~9% 时即可达到常规瓜尔胶压裂液 21%~28% 的支撑裂缝导流能力，满足储层改造需要。

与此同时，CO_2 无水压裂施工砂比的选择与 CO_2 压裂液性质、施工设备能力密切相关。随着 CO_2 无水压裂施工集成与配套能力的提升，平均施工砂比也逐渐提高，现场施工最高砂比达到 25%（演 180-3-8 井）。

3）施工排量优化

应用自主开发新型 CO_2 增黏剂，形成高效 CO_2 无水压裂液体系，使低温液态下体系黏度可达到 90~120mPa·s，超临界条件下体系黏度为 12~18mPa·s，均比纯 CO_2 都有提高 400~750 倍，提黏效果显著。

提黏后的 CO_2 黏度大幅提升，低温液态下体系黏度与 0.35% 的未交联水基瓜尔胶压裂液基液黏度接近，超临界条件下体系黏度与活性水相接近。但 CO_2 无水压裂液体系的滤失系数仍较大，远高于水基交联压裂液的滤失系数。

因此，在 CO_2 无水压裂作业中，应尽可能地提高施工排量，以确保压裂施工的安全顺利进行。

根据苏里格气田储层特征，结合 CO_2 无水压裂施工压力分析，考虑套管限压 50MPa、油管限压 70MPa（采用 ϕ139.7mm、壁厚 9.05mm 的光套管，KQ65/70 采油树）情况下，研究计算了不同的储层深度、注入方式、施工排量、裂缝延伸压力梯度等条件下的井口油压和井口套压（表 9-34），结果表明，在套管限压 50MPa、油管限压 70MPa 的条件下，采用油管注入时需采用 ϕ89mm 以上油管；储层埋深对压裂施工排量的影响较为显著；储层埋深 3100m 时，139.7mm 光套管注入排量最高不超过 9.0m³/min，环空注入排量最高不超过 5.0m³/min。

表 9-34　不同的储层深度、注入方式、施工排量、裂缝延伸压力
梯度等条件下的井口油压和井口套压

储层深度（m）	注入方式	施工排量		延伸压力梯度（MPa/m）							
				0.015		0.016		0.017		0.018	
		环空注入（m³/min）	油管注入（m³/min）	井口套压（MPa）	井口油压（MPa）	井口套压（MPa）	井口油压（MPa）	井口套压（MPa）	井口油压（MPa）	井口套压（MPa）	井口油压（MPa）
3100	ϕ73mm 油管注入		1.8		58.3		61.4		64.5		67.6
	ϕ89mm 油管注入		3.6		57.5		60.6		63.7		66.8
	ϕ139.7mm 光套管注入	9.0		38.9		42.0		45.1		48.2	
	ϕ60.3mm 油管与 ϕ139.7mm 套管同注	5.0	0.8	40.3	60.2	43.4	63.3	46.5	66.4	49.6	69.5
	ϕ73mm 油管与 ϕ139.7mm 套管同注	2.9	1.8	40.0	60.3	43.1	63.4	46.2	66.5	49.3	69.6
3200	ϕ73mm 油管注入		1.7		57.3		60.5		63.7		66.9
	ϕ89mm 油管注入		3.4		56.3		59.5		62.7		65.9
	ϕ139.7mm 光套管注入	8.5		38.9		42.0		45.1		48.2	
	ϕ60.3mm 油管与 ϕ139.7mm 套管同注	4.8	0.7	40.3	56.4	43.5	59.6	46.7	62.8	49.9	66.0
	ϕ73mm 油管与 ϕ139.7mm 套管同注	2.8	1.6	40.2	56.7	43.4	59.9	46.6	63.1	49.8	66.3

储层深度（m）	注入方式	施工排量		延伸压力梯度（MPa/m）							
		环空注入（m³/min）	油管注入（m³/min）	0.015		0.016		0.017		0.018	
				井口套压（MPa）	井口油压（MPa）	井口套压（MPa）	井口油压（MPa）	井口套压（MPa）	井口油压（MPa）	井口套压（MPa）	井口油压（MPa）
3300	φ73mm 油管注入		1.6		56.2		59.5		62.8		66.1
	φ89mm 油管注入		3.4		57.9		61.2		64.5		67.8
	φ139.7mm 光套管注入	8.0		38.0		41.3		44.6		47.9	
	φ60.3mm 油管与 φ139.7mm 套管同注	4.5	0.7	39.7	58.0	43.0	61.3	46.3	64.6	49.6	67.9
	φ73mm 油管与 φ139.7mm 套管同注	2.6	1.5	39.6	55.6	42.9	58.9	46.2	62.2	49.5	65.5
3400	φ73mm 油管注入		1.6		57.8		61.2		64.6		68.0
	φ89mm 油管注入		3.2		56.5		59.9		63.3		66.7
	φ139.7mm 光套管注入	7.5		37.5		40.9		44.3		47.7	
	φ60.3mm 油管与 φ139.7mm 套管同注	4.3	0.7	39.6	59.5	43.0	62.9	46.4	66.3	49.8	69.7
	φ73mm 油管与 φ139.7mm 套管同注	2.5	1.5	39.7	57.0	43.1	60.4	46.5	63.8	49.9	67.2

第六节　CO_2 无水压裂工艺研究

一、不同注入方式优化

根据注入方式的不同，可将合（单）层压裂工艺分为油管注入、油套环空注入和套管注入三种方式。下面就其特点分别进行讨论。

1. 油管注入工艺

油管注入是压裂改造最常见的注入方式，其优点在于能够较好地保护套管（通过在底部加装封隔器工具），井筒内压裂液的流速较高；缺点在于地面施工压力较高，注入排量较小。因此，对于所需注入排量较小的 CO_2 无水压裂试验井可采用该种注入工艺。

1）注入管柱的选择

通过摩阻模型计算、场地试验和现场试验的方式，获得了不同管柱下的管柱摩阻损失。依据管柱摩阻损失，计算了长庆苏里格气田典型储层（储层埋深 3300m）的注入排量与井口施工压力的对应关系（表 9-35）。

由上面的计算结果可知，在 70MPa 的井口限压下，φ88.9mm 油管所允许的最大注入排量为 4.0m³/min，φ73.02mm 油管所允许的最大注入排量小于 3.0m³/min。

由前面关于注入排量的分析可知，φ73.02mm 油管难以满足施工作业需要，故 φ88.9mm 油管是油管注入的推荐选择。

表 9-35   油管注入时的排量-井口施工压力对应关系数据表

排量 （m³/min）	不同管径下的摩阻（MPa/km）		不同管径下的井口施工压力预测（MPa/km）	
	φ88.9mm	φ73.0mm	φ88.9mm	φ73.0mm
3.0	9.7	25.8	56.0	109.1
3.4	11.2	30.0	61.0	123.0
3.8	12.8	34.2	66.2	136.9
4.0	13.6	36.3	68.9	143.8
4.6	15.9	42.6	76.5	164.6
5.0	17.5	46.8	81.8	178.4
5.6	19.9	53.2	89.7	199.6
6.0	21.4	57.4	94.6	213.4

表 9-36   油管性能数据表

规格	钢级	壁厚 （mm）	内径 （mm）	外径 （mm）	重量 （kg/m）	抗拉强度 （kN）	抗内压强度 （MPa）	抗外挤强度 （MPa）
φ88.9mm 外加厚	N80	6.45	76.0	88.9	13.84	939.9	71.4	63.8
φ73.0mm 外加厚	N80	5.51	62.0	73.0	9.67	645	72.9	76.9

2）井下压裂管柱的配套

为了保护套管，在油管注入时需在油管底部加装封隔器工具。由于 CO_2 温度低、穿透性强，推荐使用压缩式封隔器，其优点在于可降低低温条件下收缩对密封性的影响，降低了 CO_2 与胶筒的接触面积，从而实现更好的密封性。

此外，注入油管所用的密封脂在低温条件下应具有较好的流动性，根据国外井下温度监测的结果来看，井下温度最低可降低-10℃左右。因此，所选的油管密封脂耐低温不高于-10℃。

2. 油套环空注入工艺

为了满足更高的注入排量需求，应尽可能提供较大的过流面积，在油管注入无法满足作业需要的情况下，可采用油套环空注入的方式。

油套环空注入的技术优点在于过流面积较大、摩阻损失较小，生产时有利于含水气层的携液生产；缺点是压裂液与套管直接接触，完井质量要求较高。

为了充分利用油套环空注入生产时有利于含水气层的携液的技术优势，一般使用管径较小的油管（φ60.32mm）与套管组合进行压裂作业。根据现场试验结果可知，对于长庆苏里格气田油套环空注入（φ60.32mm 油管+139.7mm 套管）在井口套管限压 50MPa（油管限压 70MPa）的条件下，最大施工排量可达 5.0～6.0m³/min。

表 9-37   油套环空注入井 CO_2 压裂井口压力预测表

排量（m³/min）		管柱摩阻（MPa）		井口施工压力（MPa）	
油管	套管	油套环空	油管	套压	油压
0.8	3.5	19	35	40±3	56±3
0.8	4.0	22	35	43±3	56±3

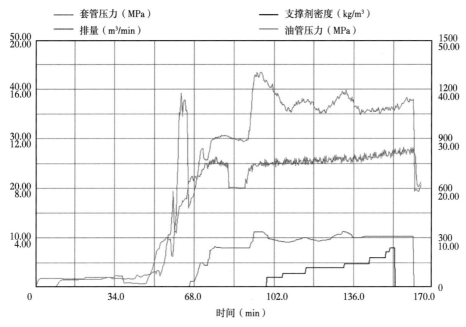

图 9-95　油套环空注入井 CO_2 压裂施工曲线

3. 光套管注入工艺

对于需要以最大注入排量进行注入的井层，光套管注入是唯一的选择。光套管注入的优点是能够提供最大的过流面积，从而在最低管路摩阻下实现最大排量的注入；缺点是对完井质量要求高、压后需再下生产管柱投产及发生压裂砂堵后无法建立循环通道。该注入方式通常用于非常规储层的改造中，如页岩气井压裂。

二、压裂工艺方式研究

1. 合（单）层压裂工艺

根据油田压裂作业中常用的油套管尺寸，计算了不同注入排量下的沿程管路摩阻损失，用于施工压力的预测，由计算结果可知，在 $\phi73.02mm$ 油管中，以及 $3.0m^3/min$ 的注入排量下，液态 CO_2 的沿程摩阻损失为 $11.185MPa/km$，相当于常规瓜尔胶压裂液（$8MPa/km$）的 1.4 倍。因此，相对常规水力压裂而言，CO_2 无水压裂具有较高的施工压力。因此，合（单）层压裂工艺所需要解决的主要问题是如何尽可能地提高注入排量。

根据注入方式的不同，可将合（单）层压裂工艺分为油管注入、油套环空注入和套管注入三种合（单）层压裂工艺。以上三种注入方式各有优缺点，可根据不同类型的储层改造需要予以选择和使用。结合长庆气田的普遍情况，根据不同类型的井层特点，对注入方式的选择和参数的设计提供了一套推荐做法（表 9-38）。

表 9-38　基于长庆气田的注入方式推荐作法表

储层物性	$K=0.1mD$，$h=5m$		$K=0.5mD$，$h=8m$		$K=1.0mD$，$h=10m$	
储层埋深（m）	<3000	>3300	<3000	>3300	<3000	>3300
注入方式	油管注入	油套环空注入	油管注入	油套环空注入	油套环空注入	套管注入
注入排量（m³/min）	3.5~4.0	4.0~5.0	4.0	4.0~5.0	4.0~5.0	>5.0

该推荐做法的基本原理是，对于埋藏较浅、物性较差的井层可采用油管或油套环空注入，因为该类井层一般不需要很大的注入排量；对于埋藏较深、物性较好的井层应采用油套环空或套管注入，以尽可能提高注入排量，弥补裂缝内压裂液的滤失速度。

2. 分层压裂工艺

分层压裂改造技术主要应用于多层的油气井中，对其中某个层或某些目的层进行压裂改造。分层压裂改造技术已经在苏里格气田大规模推广应用，需要进行分层压裂改造的井占总井数的 90% 以上，成为苏里格气田低成本高效开发的重要技术手段。

封隔器分层压裂技术是苏里格气田应用最广泛的一种分层压裂改造工艺技术，封隔器分层压裂的工作原理是：施工前将封隔器坐封，在射孔段之间的油套环形空间产生密封，在将最下端的目的层完成压裂改造后，投入钢球将正对目的层的滑套喷砂器打开，使井筒与上端目的层连通，同时封隔最下端目的层，按此方式逐层投入钢球，从而实现多层分压的目的。

将 CO_2 无水压裂技术与封隔器分层压裂技术相结合，形成 CO_2 无水分层压裂技术，充分利用上述两种技术的优势，拓展了 CO_2 无水压裂技术的应用范围。但由于其液态 CO_2 低温、穿透性强的特点，对分层压裂管柱提出了新的挑战。

1) 分层压裂管柱面临的困难

(1) 液态 CO_2 注入时油管温度变形模拟研究。

-18℃下液态 CO_2 注入时，会导致油管柱内温度急剧降低，基于热胀冷缩原理，油管遇冷收缩。应用 Landmark 管柱设计软件，对外径 88.9mm 的油管注入时的温度变形进行了模拟研究，结果见表 9-39。

表 9-39 外径 88.9mm 油管注入时温度变形表

序号	管柱下入深度（m）	施工排量（m³/min）	温度形变（m）
1	3500	2	-3.085
2	3500	2.5	-3.079
3	3500	3	-3.057
4	3500	3.5	-3.022

模拟软件：Landmark 管柱设计软件。

模拟储层条件：地层温度 120℃，井深 3600m（直井），压力延伸梯度 0.0172MPa/m，产层中部深度 3550m，封隔器位置 3500m。

压裂注入方式：油管注入。

管柱材料：外径 88.9mm，壁厚 6.45mm，钢级 N80，线重 13.69kg/m，抗拉强度 1090kN，抗内压强度 83MPa，抗外挤强度 83MPa。

模拟结果：模拟结果表明，在 $2.0 \sim 3.5 m^3/min$ 的施工排量下注入 $600 m^3$ 液态 CO_2，井底温度降低至 9℃左右，温度引起的油管柱变形量在 3.0m 左右。

(2) 液态 CO_2 的强渗透性对密封性提出挑战。

在单上封和分层压裂试验的初期，采用常规水基压裂中成熟的封隔器、水力锚等井下作业工具，发现随着 CO_2 的注入，套压持续上升（图 9-96），增加了现场施工风险。氟胶

在液态 CO_2 浸泡前后变化情况如图 9-97 所示，分析结果表明，套压持续上升的主要原因在于液态 CO_2 的强渗透性对管柱及封隔器的密封性提出了更高的要求。

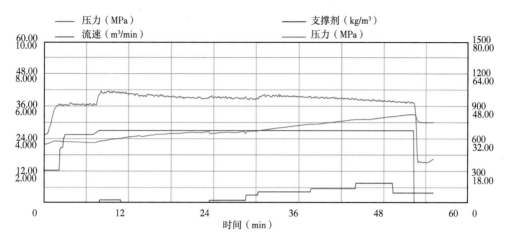

图 9-96　S6-2-26C2 井第二层压裂施工曲线图

（a）液态CO_2浸泡试验前

（b）液态CO_2浸泡试验后

图 9-97　氟胶在液态 CO_2 浸泡前后变化图

（3）液态 CO_2 投钢球打滑套的可靠性。

与水基压裂不同，压裂施工过程中突然停泵会对高压泵车的冷却效果造成一定影响，从而影响泵效。因此，在液态 CO_2 压裂施工作业中，一般均要求连续施工。但机械封隔器分层压裂工具需要投钢球打滑套，钢球到达滑套的速度不宜过快，否则会造成较大的冲击力，影响滑套开启，与连续施工的要求存在一定矛盾。

S6-2-26C2 井分层压裂现场实际施工过程中，压裂施工过程中压力平稳，打滑套迹象显示明显，按照设计要求完成了不动管柱两层分压。现场实践表明，液态 CO_2 送钢球打开滑套是完全可行的。

2）分层压裂管柱设计

充分考虑上述困难，借鉴前期成功经验，对 CO_2 无水分层压裂管柱进行优化设计，采用新型对 CO_2 具有耐受性的封隔器工具、配套 2 级伸缩补偿器、更换油管柱密封油脂等改进措施。

管柱结构自下而上为：$\phi93.2mm$ 喇叭口（3163m）+$2\frac{7}{8}$inEUE 油管+JS-2A 封隔器（3135.5±0.5m）+ KZL100-53 型坐落接头+ ZHT-100IV 滑套开关（2×$\phi28mm$）+$2\frac{7}{8}$inEUE 油管调整短节+PHP-2-SR 液压封隔器（3114±0.5m）+KZL100-58 型坐落接头+ZHT-100V 滑套开关（2×$\phi28mm$）+1 根 $2\frac{7}{8}$inEUE 油管+KSLAJ-108 液力式安全接头+$3\frac{1}{2}$in Y8 母变扣接头×$2\frac{7}{8}$inY8 公变扣接头+1500m 长 $3\frac{1}{2}$in EUE 油管+$3\frac{1}{2}$in Y8 公变扣接头×$2\frac{7}{8}$inY8 母变扣接头+KBC 伸缩补偿器+KBC 伸缩补偿器+$3\frac{1}{2}$in Y8 母变扣接头×$2\frac{7}{8}$in Y8 公变扣接头+$3\frac{1}{2}$in EUE 油管至井口。

分压两层施工管柱结构如图 9-98 所示。

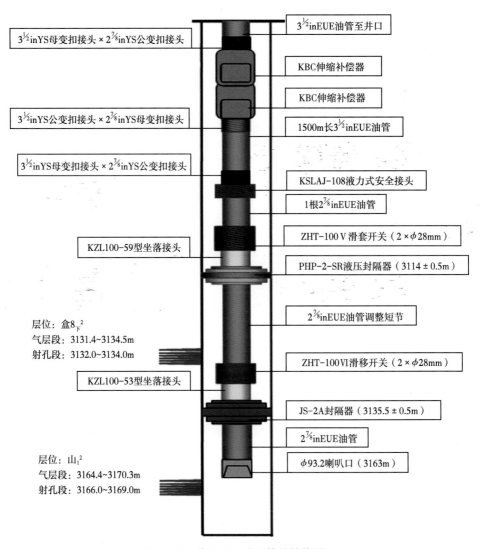

图 9-98　分压两层施工管柱结构图

3) 分层压裂施工

结合前面的分析,应用上述分层压裂管柱,在 SDJ1-4 井进行不动管柱 CO_2 无水分层压裂试验,施工曲线如图 9-99 所示。压裂施工过程中油管、套管压力平稳,打滑套迹象显示明显,按照设计要求完成了不动管柱两层分压。此次试验成功为该技术在长庆气田的规模化应用奠定了技术基础。

图 9-99　SDJ1-4 井不动管柱 CO_2 无水分层压裂施工曲线

三、压裂施工工艺流程

1. 设备的摆放及连接

CO_2 无水压裂施工的地面设备流程由五部分组成,即 CO_2 存储系统、氮气增压系统、密闭混砂系统、增黏剂注入系统、高压泵注系统等。

CO_2 的存储系统主要由指 CO_2 储罐群。

氮气增压系统由氮气增压装置、液氮泵车、液氮罐车组成。氮气流程为液氮罐车—液氮泵车—氮气增压装置—CO_2 储罐气相管线入口。通过氮气对 CO_2 储罐加压,驱动储罐内的 CO_2 流出(图 9-100)。

密闭混砂系统由 CO_2 密闭混砂装置、CO_2 增压泵和管线组成。其中,CO_2 增压泵通过管线与 CO_2 储罐液相管线相连,增压后排出向密闭混砂装置供液。密闭混砂装置对 CO_2 流量进行计量,并向 CO_2 中输出一定浓度的支撑剂。由密闭混砂装置流出的液体流向高压泵注系统,经加压后进入井筒(图 9-101)。

增黏剂注入系统主要由增黏剂罐车和增黏剂注入泵车组成,主要用于注入液态 CO_2 增黏剂。

高压泵注系统主要是指压裂泵车,用于将加压后的液体流向井筒。

连接 CO_2 储罐与压裂泵上水室的管线为高压软管线,压裂施工过程中管线内的压力在

2.0~2.5MPa 之间。

在地面排液流程中应配套除砂器，用于除掉压后排液过程中带出的支撑剂，保护地面排液流程安全。在除砂器后安装针阀，用于控制 CO_2 的排放速度。

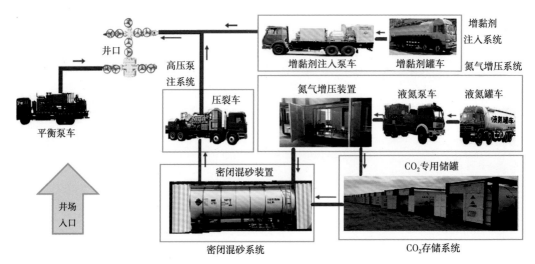

图 9-100　CO_2 无水压裂施工压裂设备关联流程示意图

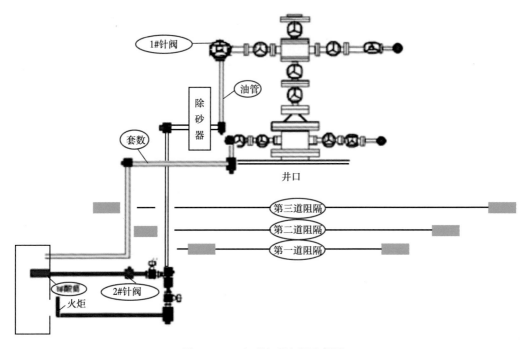

图 9-101　地面放喷流程示意图

2. 压裂施工流程

（1）材料准备。现场准备实际施工用液量 1.2 倍的液态 CO_2，30/50 目或 40/70 目的陶粒支撑剂及若干活性水。

（2）下压裂管柱。按设计要求下好压裂钻具，坐封封隔器，坐好井口，连接好地面放喷管线。

（3）试压。使用氮气泵车，对地面放喷管线试压，并稳压一定时间无压力降落为合格；使用氮气泵车对地面高压管线试压，稳压一定时间无压力降落为合格；使用 CO_2 气相管线对地面低压上水管线试压 3.0MPa，稳压 5 分钟无压力降落为合格。

（4）冷却地面管线及压裂设备。

（5）按泵注程序表进行压裂施工。

（6）关井。

（7）开井放喷。

（8）完井投产。

第七节　CO_2 无水压裂压后管理研究

一、国外 CO_2 无水压裂压后排液措施

加拿大 Fracmaster Ltd. 的 Lillies 在《Sand Fracturing With Liquid Carbon Dioxide》中提出如下压后排液管理措施：（1）压后 1~2 小时后排液；（2）选择的油嘴必须能够举升储层排出液体：73mm 油管采用 8mm（5/16in）油嘴放喷，60.3mm 油管采用 6.4mm（1/4in）油嘴放喷。

King 在《Liquid CO_2 for the Stimulation of Low–Permeability Reservoirs》（SPE/DOE 11616）中提出压后关井 12~24 小时以待裂缝闭合和油管恢复储层静温，3~4 天完成排液作业。

Campbell 在《Liquid CO_2 and Sand Stimulations in the Lewis Shale, San Juan Basin, New Mexico：A Case Study》（SPE/DOE 60317）中提出表 9-40 所示压后排液管理措施。采用该排液程序，排液 48 小时之后，16 口 CO_2 无水压裂井平均 CO_2 浓度为 37.96%；通过控制排流过程，能快速地洗井而地表产砂量很少，能使砂的流失量接近和达到最小。

表 9-40　SPE 60317 压后排液管理措施

油嘴	放喷时间
20/64in	大约 1h
24/64in	大约 1h
32/64in	大约 1h
48/60in	大约 1h
2/60in 管线	大约 2h

二、CO_2 无水压裂压后温度压力监测

本项目监测了 CO_2 无水压裂井 SDJ1-7 井（CO_2 储运温度-18℃、储层温度89℃、储层埋深3271m、施工排量 4.8m^3/min、加砂 25.0m^3、入地 CO_2 量 389m^3）压裂施工过程中及压裂后关井排液期间的井底压力和温度，结果如图 9-102 和图 9-103 所示，可以看出：（1）压裂泵注开始之后，储层逐渐由地层温度 89℃ 快速降低至临界温度 31.7℃；在此之

469

后，井底温度持续降低，但降低速度大幅度减小，直至停泵时温度降低至最低（19.5℃）；（2）地层破裂后，井底施工压力基本保持平稳；（3）压裂后关井，井底温度快速恢复；关井 80 分钟，井底温度恢复到了 72℃；关井 8 小时（480 分钟），井底温度恢复到了 80.2℃；（4）压裂后关井，井底压力缓慢下降。从停泵关井时的 51.5MPa，缓慢下降到 34MPa（图 9-102、图 9-103）。

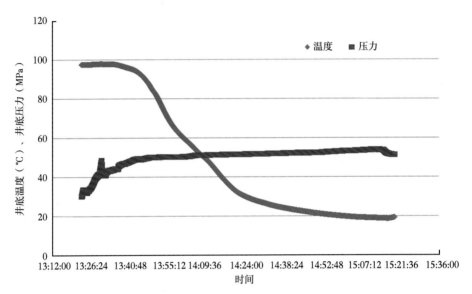

图 9-102　SDJ1-7 井压裂施工过程中井底压力和温度变化曲线

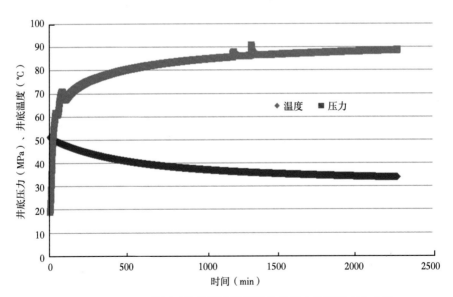

图 9-103　SDJ1-7 井压后关井排液期间的井底压力和温度变化曲线

三、CO_2 无水压裂压后排液措施

苏里格气田常规水力压裂压后排液采用强制闭合返排工艺，压裂停泵后 20~30min 内开始放喷返排，根据压裂工艺、管柱特点和地层的需要，排液过程通常需要 4 个阶段。

（1）闭合控制阶段：根据压后停泵压力的大小，及压力降落情况来确定。停泵压力高，压力降落慢的井要选择小的油嘴；反之，选择大的油嘴。现场通常用 2~6mm 油嘴控制，排量控制在 100~200L/min。

（2）放大排量阶段：通常用 8~10mm 油嘴控制或畅放，排量控制在 500L/min 以下，以地层不出砂，放喷管线出口不见砂粒（或检查油嘴的磨损程度）为控制原则。

（3）压力上升阶段：用 6~10mm 油嘴进行控制，并随着气量增大、压力上升而逐步减小油嘴。

（4）间歇放喷阶段：由于深入地层远处的液体向油管聚集速度小于气体，返排液量减少，出气量增大，排液效率降低，则应关井恢复，采取间开工作制度，选择 4~8mm 油嘴放喷。

CO_2 无水压裂压后放喷返排，既要控制返排速度以防吐砂，又要最大限度地利用 CO_2 能量快速返排。在现场试验初期，对压裂后放喷返排认识不是很充分，仅参考常规水力压裂放喷措施，提出以下关放措施：施工结束后，测压降 20~40 分钟；监测井口压降速度小于 1MPa/d 时，开始控制放喷，根据压力变化情况逐渐控制放大放喷。但是，在实际实施过程中，上述关放措施并得到很好的执行。在现场试验后期，在充分认识 CO_2 自身性质的基础上，制订 CO_2 无水压裂压后放喷返排措施：

（1）少量 CO_2 对人体无危害，但其浓度超过一定量时会影响人的呼吸，因此，为避免可能的人身伤害，要求试油气现场在压裂施工设备及作业人员基本撤离且光线明亮的环境下，开始进行放喷作业。

（2）施工结束，测压降 20~40 分钟。现场不必立即放喷，一般建议关井至第二天早晨试气（油）队换班后第一班次开始放喷。

（3）放喷初期采用 $\phi8~12mm$ 油嘴控制放喷，压力下降后根据压力变化情况逐渐控制放大放喷。

（4）由于 CO_2 无水压裂属无水压裂，因此，在无地层水产出的情况下，不需要考虑液体举升能量，若环境条件具备，进行连续放喷作业，缩短排液周期。

（5）放喷过程中，控制放喷管线井口压力大于 1.0MPa，避免冰堵出现。CO_2 三相点——-56.6℃、0.52MPa，固相条件较难达到，产生冰堵的可能性较小。但为了放喷作业安全，因此在井口对放喷压力进行适当控制，确保井底温度、井底压力达不到固相条件。

（6）放喷过程中，密切关注放喷排出管线出气量及冰堵情况，若发生管线出口堵塞，及时调整排出管线。

（7）放喷过程中，注意观察 CO_2 返出情况。在气井放喷过程中，有天然气返出时及时点火；在油井放喷过程中，有原油返出时及时接入回收计量装置。

（8）放喷结束要求根据各油田相应要求制定。在长庆苏里格气田，一般情况下，油管压力、套管压力基本平衡，油管压力在 24 小时内上升值小于 0.05MPa 时，转入求产。

（9）放喷排液应录取的资料要求根据各油田相应要求制订。在长庆苏里格气田，放喷排液应录取的资料包括放喷时间、针阀开度、油压、套压、喷出液量、液性（密度、pH 值、氯离子含量）、火焰长度、颜色。井口压力记录要求前密后稀，一般关井在一小时内每隔 3~5 分钟记录油套压力一次，以后间隔时间可适当放宽，但最长不得超过 2 小时记录一次。

第八节 CO_2 无水压裂液现场试验及压裂效果分析

一、现场试验总体概况

自立项以来，先后在苏里格气田、陇东气田、榆林气田完成了 6 井次的现场应用（表 9-41），最大井深 3454m，最高井温 102℃，最大单层加砂量 30m³，最大单井加砂量 45.2m³，最高砂比 25%（平均砂比 15.3%），刷新了国内 CO_2 无水压裂最大井深、最大单层加砂量、最大单井加砂量和最高砂比四项技术指标。试验井压后平均单井无阻流量 $8.95 \times 10^4 m^3/d$，较常规水力压裂对比邻井增加 42.20%；在完井投产层位数量（1.25 层）远低于水力压裂对比邻井（2.2 层）的情况下，完井投产后有效生产 180 天，苏里格气田 CO_2 无水压裂试验井平均单井日产气量相对于水力压裂对比邻井增加 163.82%；较常规压裂表现出了明显的增产效果和优越的水节环保技术优势，具备了工业化应用的技术条件，有较好发展前景。

表 9-41　CO_2 无水压裂施工参数及压后效果数据表

序号	施工日期	井号	层位	厚度 (m)	渗透率 (mD)	孔隙度 (%)	解释结果	排量 (m³/min)	砂量 (m³)	平均砂比 (%)	液体 CO_2 用量 (m³)	增稠剂用量 (m³)	压后无阻流量 (m³/d)
						储层物性参数				压裂施工参数			
1	2017.06.14	SD29-49C4	山1段	4.3	1.61	12.71	气层	4.2~4.8	10.0	8.2	413	5.8	34347
2	2017.08.09	T2-16-18C10	盒8段下亚段	10.8	0.82	9.52	气层	4.0~4.5	20.0	10.3	426	6.0	247560
3	2017.09.25	SDJ1-4	山1段	5.9	0.93	10.21	气层	3	14.1	10.5	297.3	3.8	81085
			盒8段	3.1	1.29	8.13	含气层	3	6.2	11.2	90.4	1.5	
4	2017.10.15	SDJ1-7	山1段	11	0.561	9.49	气层	4.8	25.0	12.2	389	6.5	41547
5	2018.05.27	Y180-3-8	长6段3小层	10.2	1.0	16.0	含气层	3.0~4.0	30.0	15.3	413.0	6.5	未求产
6	2019.05.08~2019.05.10	S167	盒8段下亚段	6.4		7.77	差气层	5.0~5.6	20.0	14.1	266.84	4.0	43000
			盒8段上亚段	7.4		6.89	差气层	5.0~6.0	25.2	14.5	323.79	5.1	

二、主要施工参数对比情况

室内对项目运行期间开展的 6 井次现场试验以及前期在鄂尔多斯盆地开展的 4 井次 CO_2 无水压裂先导性试验的施工参数进行了对比分析（表 9-42）。

通过对项目运行前后现场试验主要施工参数进行对比可以得到如下结论：

（1）压裂液携砂性能大幅提高。

项目运行期间较前期现场试验平均单层加砂量由 7.2m³ 提高到了 18.8m³，增幅达到

161.1%（图 9-104）；平均单层加砂强度由 1.21m³/m 提高到 2.54m³/m，增幅达到109.9%（图 9-105）；平均砂比由 6.0% 提高到了 12.0%，增幅达到 100%（图 9-106）。

表 9-42　CO₂ 无水压裂施工参数对比表

阶段	井号	层位	层厚（m）	排量（m³/min）	砂量（m³）	平均砂比（%）	前置 CO₂ 量（m³）	入地 CO₂ 量（m³）
前期先导性试验	S60	太原	5	3.0	9.6	7.9	150	355.1
	SD44-58A	盒 8 段	9.4	3.6~4.2	8.5	5.3	165	325
	T2-14-19C1	盒 8 段	3.7	3.7~3.9	0.8	2.5	104.5	181.3
	SD60-65C2	盒 8 段	5.6	4.9	10.0	8.4	279.2	457.4
项目运行期间	SD29-49C4	山 1 段	4.3	4.2~4.8	10.0	8.2	242.8	413
	T2-16-18C10	盒 8 段	10.8	4.0~4.5	20.0	10.3	167	426
	SDJ1-4	山 1 段	5.9	3.0	14.1	10.5	140	297.3
		盒 8 段	3.1	3.0	6.2	11.2	20	90.4
	SDJ1-7	山 1 段	11	4.8	25.0	12.2	108	389
	Y180-3-8	长 6 段	10.2	3.0~4.0	30.0	15.3	206	430.2
	S167	盒 8 段	6.4	5.0~5.6	20.0	14.10	95	266.84
		盒 8 段	7.4	5.0~6.0	25.2	14.50	120	323.79

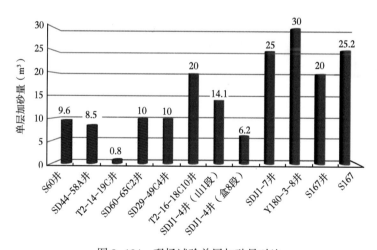

图 9-104　现场试验单层加砂量对比

（2）前置液比例降低，造缝性能明显提升。

项目运行期间较前期现场试验平均前置液比例由 52.9% 降低到了 39.4%，降幅达到25.5%（图 9-107），其造缝性能已接近水基压裂液。

以上对比分析结果显示，项目运行期间，应用了新型 CO₂ 增稠体系，并对工艺、装备等进行了优化，有效提升了 CO₂ 无水压裂液携砂和造缝的工作效率，促进了 CO₂ 无水压裂技术发展与应用。

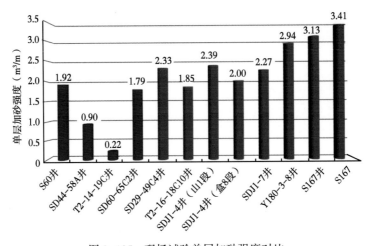

图 9-105　现场试验单层加砂强度对比

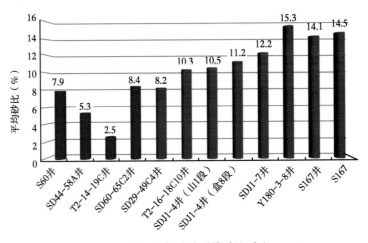

图 9-106　现场试验平均砂比对比

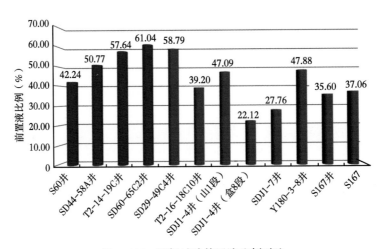

图 9-107　现场试验前置液比例对比

三、典型试验井分析评价

1. 两层分压现场试验井（SDJ1-4 井）

1）基本井况

SDJ1-4 井为鄂尔多斯盆地长庆苏里格气田一口天然气开发井，该井于 2017 年 5 月 30 日开钻，于 2017 年 6 月 10 日完钻，完钻井深 3325m，完钻层位马家沟组。根据测井综合解释、气测结果，确定对该井层射孔、分层改造，合层试气求产。该井主要基本数据见表 9-43。

表 9-43　SDJ1-4 井基本数据表

序号	项目	参 数	
1	井型	定向井	
2	人工井底（m）	3301.24	
3	完钻层位	马家沟组	
4	完钻方法	套管完井	
5	改造层位	山 1 段	盒 8 段
6	储层埋深（m）	3164.4～3170.3	3131.4～3134.5
7	储层厚度（m）	5.9	3.1
8	射孔井段（m）	3166.0～3169.0	3132.0～3134.0
9	地层压力（MPa）	27.29	26.98
10	储层温度（℃）	97	
11	孔隙度（%）	10.21	8.13
12	基质渗透率（mD）	0.93	1.29
13	含气饱和度（%）	78.42	50.33
14	综合解释结果	气层	含气层

2）压裂施工

2017 年 9 月 25 日，采用 ϕ88.9mm 油管注入方式，通过封隔器对山 1 段 2 小层、盒 8 段下亚段 2 小层进行分层压裂改造，共计注入液态 CO_2 计 387.7m^3，其中山 1 段的注入排量 3.0m^3/min，加入支撑剂 14.1m^3，平均砂比 10.5%，施工压力 48.6～59.8MPa，注入液态 CO_2 计 297.3m^3，使用增稠剂 3.8m^3；盒 8 段：注入排量 3.0m^3/min，加入支撑剂 6.2m^3，平均砂比 11.2%，施工压力 47.8～57.6MPa，注入液态 CO_2 计 90.4m^3，使用增稠剂 1.5m^3。压裂施工过程顺利，压裂设备及其配件运转正常，压裂管柱分层可靠，达到了设计的预期目标，压裂施工参数及施工曲线如表 9-44、图 9-108 和图 9-109 所示。

表 9-44　SDJ1-4 井压裂施工参数表

序号	项目	参 数	
1	改造层位	山 1 段	盒 8 段
2	施工排量（m^3/min）	3	3
3	砂量（m^3）	14.1	6.2

序号	项目	参 数	
4	平均砂比（%）	10.5	11.2
5	施工压力（MPa）	48.6~59.8	47.8~57.6
6	液态 CO_2 用量（m³）	297.3	90.4
7	增稠剂用量（m³）	3.8	1.5

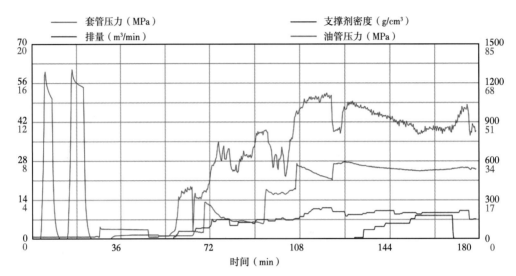

图 9-108　SDJ1-4 井山 1 段 CO_2 无水压裂施工曲线图

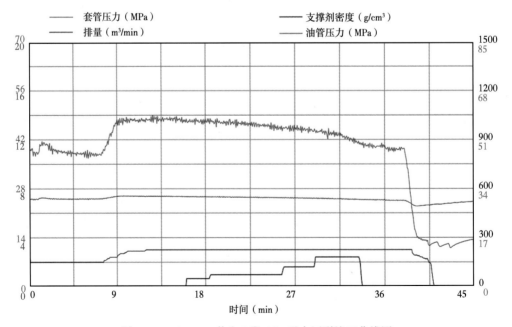

图 9-109　SDJ1-4 井盒 8 段 CO_2 无水压裂施工曲线图

3）压裂后效果

该井压裂后无阻流量 $8.1 \times 10^4 \mathrm{m}^3/\mathrm{d}$，压后无阻流量较同井场的常规压裂邻井产能平均提高了 24.5%，增产效果较好（表9-45）。

表9-45　SDJ1-4井及其邻井储层参数与产能对比表

类别	井号	层位	厚度（m）	孔隙度（%）	渗透率（mD）	含气饱和度（%）	解释结果	排量（m³/min）	砂量（m³）	无阻流量（10⁴m³/d）
试验井	SDJ1-4	山1段	5.9	10.2	0.93	78.4	气层	3.0	14.1	8.1
		盒8段	3.1	8.1	1.29	50.3	含气层	3.0	6.2	
对比井	SDJ2-6	山1段	6.5	9.4	0.58	57.8	气层	3.2	29.0	4.5
		盒8段	1.7	12.4	0.98	58.4	气层	2.8	21.0	
	SDJ1-3	山1段	12	11.2	1.25	58.1	气层	4.5	37.5	12.1
	SDJ1-6	盒8段	3.7	10.84	0.86	56.8	气层	5.0	30.0	6.4
		山1段	9.1	9.45	0.59	57.6	气层	5.0	40.0	
		山2段	2.7	9.64	0.60	62.6	气层	5.0	25.0	

2. 压后单层无阻流量最高试验井（桃2-16-18C10井）

1）基本井况

T2-16-18C10井为鄂尔多斯盆地长庆苏里格气田一口天然气开发井，该井于2017年4月1日开钻，于2017年4月21日完钻，完钻井深3620m，完钻层位本溪组。该区储层属于低压、低渗透、水锁伤害型储层，常规压裂作业后压裂液返出程度低，为此，开展了 CO_2 无水压裂试验，旨在避免储层水锁伤害，提高单井产量。该井主要基本数据见表9-46。

表9-46　桃2-16-18C10井基本数据表

序号	项目	参　数	
1	井型	定向井	
2	人工井底（m）	3595	
3	完钻层位	本溪组	
4	完钻方法	套管完井	
5	改造层位	盒8段下亚段1小层	盒8段下亚段2小层
6	储层埋深（m）	3442.4~3448.4	3449.6~3454.4
7	储层厚度（m）	6.0	4.8
8	射孔井段（m）	3444.0~3447.0	3451.0~3454.0
9	地层压力（MPa）	30.88	31.05
10	储层温度（℃）	102	
11	孔隙度（%）	8.18	11.21
12	基质渗透率（mD）	0.51	1.11
13	含气饱和度（%）	57.99	65.74
14	综合解释结果	气层	气层

2）压裂施工

2017年8月9日，采用油套同注的方式（$\phi 60.32mm$油管+$\phi 139.7mm$套管），共计注入液态CO_2计$426m^3$，注入排量$4.0\sim 4.5m^3/min$，加入支撑剂$20m^3$，施工压力$40.5\sim 42.8MPa$，使用增稠剂$6m^3$。压裂施工过程顺利，压裂设备及其配件运转正常，达到了设计的预期目标，压裂施工参数及施工曲线如表9-47和图9-110所示。

表9-47 桃2-16-18C10井压裂施工参数表

序号	项目	参数
1	改造层位	盒8段
2	施工排量（m^3/min）	$4.0\sim 4.5$
3	砂量（m^3）	20
4	平均砂比（%）	10.3
5	施工压力（MPa）	$40.5\sim 42.8$
6	液态CO_2用量（m^3）	426
7	增稠剂用量（m^3）	6.0

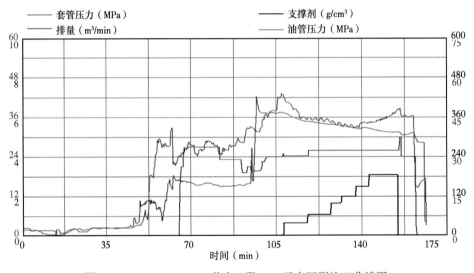

图9-110 T2-16-18C10井盒8段CO_2无水压裂施工曲线图

3）压裂后效果

压裂后第一天即出天然气，第二天即可放喷点火，火焰黄红长$7\sim 8m$，最高关井压力22.9MPa（图9-111）。放喷过程初期返出物以CO_2为主，中期CO_2与天然气同出，后期

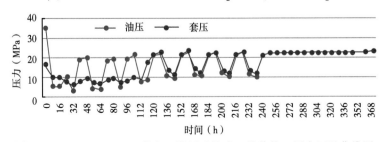

图9-111 T2-16-18C10井盒8段压后放喷—关井井口压力记录曲线图

478

以天然气为主，点火连续。

该井在加砂规模较小的情况下（加砂量为常规压裂邻井的56%），压后无阻流量达到 $24.7 \times 10^4 m^3/d$（表9-48），对比邻井提高了62.5%，增产效果显著。

表9-48　桃2-16-18C10井盒8段及其邻井储层参数与产能对比表

类别	井号	层位	厚度（m）	渗透率（mD）	解释结果	排量（m³/min）	砂量（m³）	无阻流量（$10^4 m^3/d$）
试验井	T2-16-18C10	盒8段下亚段2小层	10.8	0.78	气层	4.0~4.5	20	24.7
对比井	T2-16-15	盒8段上亚段2小层	9.8	0.25	气层	2.5	35.5	15.2
	T2-16-18C1	盒8段下亚段1小层	6.1	0.39	气层	2.5	35.5	未测试
		盒8段下亚段2小层	10.1	0.77	气层	5.0	31.5	
		山1段2小层	10.2	0.67	气层	4.0	23.2	
	T2-16-18C3	盒8段下亚段1小层	4.1	0.174	含气层	4.0	21.0	未测试
		山1段2小层	4.6	0.21	气层	4.5	21.1	
	T2-16-18C8	盒8段上亚段2小层	3.3	0.32	气层	4	21.2	未测试
		山1段1小层	6.8	0.54	气层	5	36.6	
		山2段1小层	7.4	0.35	气层	4.5	31.4	

3. 压裂参数突破试验井（SDJ1-7井）

1）基本井况

SDJ1-7井为鄂尔多斯盆地长庆苏里格气田一口天然气开发井，该井于2017年6月8日开钻，2017年6月24日完钻，完钻井深3390m，完钻层位马家沟组。根据测井综合解释、气测结果，确定对该井山1段压裂改造投产。该井主要基本数据见表9-49。

表9-49　SDJ1-7井基本数据表

序号	项目	参数
1	井型	定向井
2	人工井底（m）	3359
3	完钻层位	马家沟组
4	完钻方法	套管完井
5	改造层位	山1段
6	储层埋深（m）	3260.0~3271.0
7	储层厚度（m）	11.0
8	射孔井段（m）	3262.0~3266.0
9	地层压力（MPa）	28.16
10	储层温度（℃）	96
11	孔隙度（%）	9.49
12	基质渗透率（mD）	0.56
13	含气饱和度（%）	53.90
14	综合解释结果	气层

2）压裂施工

2017年10月15日，采用油套同注的方式（ϕ60.32mm 油管+ϕ139.7mm 套管），共计注入液态 CO_2 计389m³，注入排量 4.8m³/min，加入支撑剂 25m³，施工压力 35.9～43.4MPa，使用增稠剂 6.5m³。压裂施工过程顺利，压裂设备及其配件运转正常，达到了设计的预期目标，压裂施工参数及施工曲线如表 9-50 和图 9-112 所示。此次试验对 CO_2 无水压裂工作液体、施工装备、工艺技术进行了整体的检验，因此现场施工参数较前期试验井均有了较大的突破（砂量突破25m³、最高砂比突破20%），检验结果表明 CO_2 无水压裂技术已经具备工业化应用技术能力。

表 9-50　T2-16-18C10 井压裂施工参数表

序号	项目	参数
1	改造层位	山 1 段
2	施工排量（m³/min）	4.8
3	砂量（m³）	25
4	平均砂比（%）	12.2
5	施工压力（MPa）	35.9～43.4
6	液态 CO_2 用量（m³）	389
7	增稠剂用量（m³）	6.5

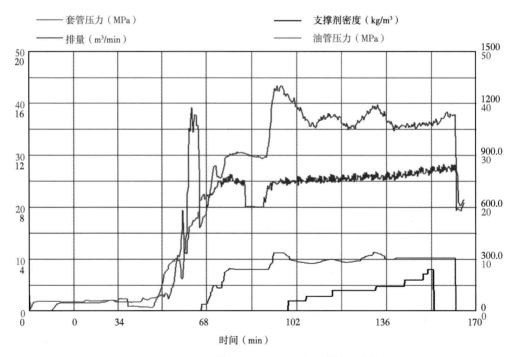

图 9-112　SDJ1-7 井山 1 段 CO_2 无水压裂施工曲线图

3）压裂后效果

压裂后第三天放喷点火，火焰黄红长 2～3m，最高关井压力 15.7MPa（图 9-113）。放喷过程初期返出物以 CO_2 为主，中期 CO_2 与天然气同出，后期以天然气为主，点火连续。

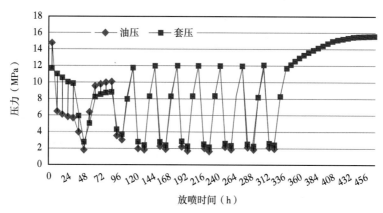

图 9-113　SDJ1-7 井山 1 层压后放喷-关井井口压力记录曲线图

该井压后无阻流量 $4.15×10^4m^3/d$，压后无阻流量在该井场的 3 口丛式井中改造层数最小，加砂规模最小，压后产能最高，较两口常规压裂邻井产能分别提高了 31.8% 和 44.6%，见到了明显的增产效果（表 9-51）。

表 9-51　SDJ1-7 井山 1 段及其邻井储层参数与产能对比表

类别	井号	层位	厚度 （m）	孔隙度 （%）	渗透率 （mD）	含气饱和度 （%）	解释 结果	排量 （m³/min）	砂量 （m³）	无阻流量 （10⁴m³/d）
试验井	SDJ1-7	山 1 段	11	9.4	0.56	53.9	气层	4.8	25	4.15
对比井	SDJ1-8	山 1 段	5.8	7.9~9.1	0.28~0.42	44~46	含气层	4.5	24	2.87
		盒 8 段	2.5	9	0.38	44.4	含气层	4.5	26	
对比井	SDJ1-9	山 1 段	2.3	6.4	0.27	51.5	含气层	3.5	30	3.15
		盒 8 段	3	9.5	0.54	56.5	气层	3.2	18	

4. 最大加砂规模试验井（双 167 井）

1）基本井况

双 167 井为鄂尔多斯盆地东部新区一口天然气探井，该井于 2018 年 6 月 17 日开钻，于 2018 年 7 月 12 日完钻，完钻井深 2915m，完钻层位马家沟组。根据测井综合解释、气测结果，确定对该井盒 8 段进行分层压裂改造投产。该井主要基本数据见表 9-52。

表 9-52　双 167 井基本数据表

序号	项目	参数	
1	井型	直井	
2	人工井底（m）	2889	
3	完钻层位	马家沟组	
4	完钻方法	套管完井	
5	改造层位	盒 8 段下亚段	盒 8 段上亚段
6	储层埋深（m）	2543.0~2549.4	2482.5~2489.9

序号	项目	参数	
7	储层厚度（m）	6.4	7.4
8	射孔井段（m）	2544.0~2547.0	2483.0~2487.0
9	地层压力（MPa）	19~24	
10	储层温度（℃）		
11	孔隙度（%）	7.77	6.89
12	基质渗透率（mD）		
13	含气饱和度（%）	40.1	44.7
14	综合解释结果	差气层	差气层

2）压裂施工

2019 年 5 月 8 日至 5 月 10 日，采用 $\phi139.7mm$ 套管桥塞分层压裂工艺、光套管注入，共计注入液态 CO_2 计 590.63m³，其中盒 8 段下亚段：注入排量 5.0~5.6m³/min，加入支撑剂 20m³，平均砂比 14.1%，施工压力 26.5~27.6MPa，注入液态 CO_2 计 266.84m³，使用增稠剂 4.0 m³；盒 8 段上亚段：注入排量 5.0~6.0m³/min，加入支撑剂 25.2m³，平均砂比 14.5%，施工压力 25.8MPa，注入液态 CO_2 计 323.79m³，使用增稠剂 5.1 m³。压裂施工过程顺利，压裂设备及其配件运转正常，压裂桥塞分层可靠，达到了设计的预期目标，压裂施工参数及施工曲线如表 9-53、图 9-114 和图 9-115 所示。此次试验成功实施了国内首次 CO_2 无水桥塞分层压裂改造作业，现场施工参数持续突破（单井砂量达到 45.2m³、最大施工排量达到 6.0m³/min），进一步完善了 CO_2 无水压裂技术。

表 9-53　双 167 井压裂施工参数表

序号	项目	参 数	
1	改造层位	盒 8 段下亚段	盒 8 段上亚段
2	施工排量（m³/min）	5.0~5.6	5.0~6.0
3	砂量（m³）	20.00	25.20
4	平均砂比（%）	14.10	14.50
5	施工压力（MPa）	26.5~27.6	25.80
6	液态 CO_2 用量（m³）	266.84	323.79
7	增稠剂用量（m³）	4.0	5.1

3）压裂后效果

压裂后第一天即即到了天然气返出，第二天即可放喷点火，火焰黄红长 3~4m，最高关井压力 10.4MPa，放喷过程中压力保持较好，关井后压力恢复速度快（图 9-116）。

压裂后测试日产气 $2.4×10^4m^3$，无阻流量 $4.3×10^4m^3/d$，压裂后日产气较常规邻井提高 96.7%以上，无阻流量提高 112.9%以上。

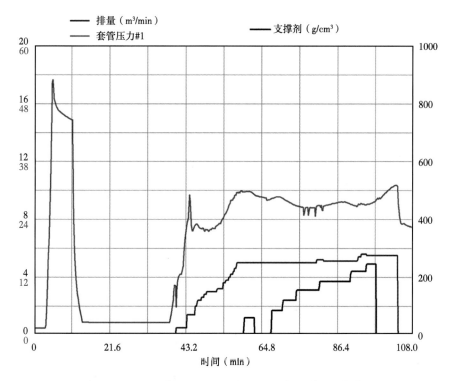

图 9-114　S167 井盒 8 段下亚段 CO_2 无水压裂施工曲线图

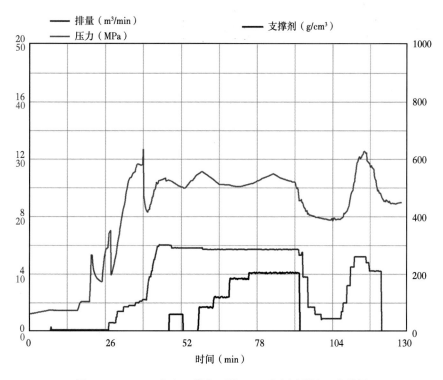

图 9-115　S167 井盒 8 段上亚段 CO_2 无水压裂施工曲线图

表 9-54　双 167 井盒 8 段 CO_2 压裂与邻井增产效果对比

井号	层位	无阻流量（$10^4 m^3/d$）	试气产量（$10^4 m^3/d$）
S167	盒 8 段	4.3	2.4
S38	盒 8 段		0.73
Y25	盒 8 段	0.36	
Y7	山 1 段、盒 8 段	2.02	
S122	盒 8 段下亚段		1.22

图 9-116　S167 井现场施工图

四、苏里格气田试验井增产效果评价

项目期间内，完成 CO_2 无水压裂现场试验 6 口井，其中 4 口井为苏里格气田开发井，已全部完井投产。

为评价增产改造效果，需选取水力压裂改造井进行对比分析。由于苏里格气田采用多层系同时开发投产的模式进行生产，以及 CO_2 无水压裂现场试验主要为单层压裂，导致在储层物性接近的条件下，选择单层压裂投产的井进行比较分析难度较大，因此，在进行对比分析的时候，主要选择水力压裂邻井进行对比分析。

4 口 CO_2 无水压裂试验井与 11 口水力压裂对比邻井储层物性及压裂施工参数见表 9-55。

1. 压裂后试气无阻流量对比分析评价

苏里格气田 4 口 CO_2 无水压裂试验井与 11 口水力压裂对比邻井压后试气无阻流量统计结果见表 9-56 和图 9-117，可以看出，11 口水力压裂对比邻井压后平均无阻流量 $6.2219 \times 10^4 m^3/d$，4 口 CO_2 无水压裂试验井压后平均无阻流量 $10.1135 \times 10^4 m^3/d$；与水力压裂对比邻井相比，试验井压后无阻流量平均增幅达 24.64%~62.54%（平均 33.37%），取得较好的试气效果。

表 9-55　CO₂ 无水压裂试验井与水力压裂邻井对比井储层物性及压裂施工参数表

序号	类别	井号	层位	储层物性参数					压裂改造工艺	压裂施工参数			
				厚度(m)	渗透率(mD)	孔隙度(%)	含气饱和度(%)	解释结果		排量(m³/min)	砂量(m³)	平均砂比(%)	入地液量(m³)
1	试验井	SD29-49C4	山1段2小层	4.3	1.610	12.71	71.39	气层	CO₂ 无水压裂，油套同注	4.2~4.8	10.0	8.2	413.0
	邻井对比井	SD29-49	山1段2小层	6.8	1.031	10.56	66.51	气层	水力单上封压裂	3.5	26.0	15.5	301.9
		SD29-50	盒3段	5.9	13.370	0.65	57.50	气层	水力压裂，机械工具分压三层（先盒8段，后上试盒3段）	3.5	30.6	16.0	351.4
			盒8段	2.1	9.090	0.51	53.00	含气层		3.5	14.8	15.9	153.8
			山1段	3.5	10.230	0.74	56.50	气层		3.5	14.8	15.9	153.8
2	试验井	T2-16-18C10	盒8段下亚段	10.8	0.820	9.52	61.87	气层	CO₂ 无水压裂，油套同注	4.0~4.5	20.0	10.3	426.0
		T2-16-15	盒8段上亚段	9.8	0.247	8.82	81.59	气层	水力压裂	2.5	35.5	17.0	215.6
	邻井对比井	T2-16-18C1	盒8段下亚段1小层	6.1	8.3	0.39	52.18	气层	水力压裂，机械工具分压三层	2.5	35.5	17.5	213.8
			盒8段下亚段2小层	10.1	11.16	0.77	59.49	气层		5	31.5	18.0	333.5
			山1段2小层	10.2	10.07	0.67	57.36	气层		4	23.2	18.0	280.4
		T2-16-18C3	盒8段下亚段1小层	4.1	6.65	0.174	50.9	含气层	水力压裂，机械工具分压两层	4	21	17.5	232.5
			山1段2小层	4.6	7.39	0.21	60.97	气层		4.5	21.1	18.0	223.3
		T2-16-18C8	盒8段上亚段2小层	3.3	7.6	0.32	66.9	气层	水力压裂，机械工具分压三层	4	21.2	19.0	220.3
			山1段1小层	6.8	10.69	0.54	63.1	气层		5	36.6	19.5	345.0
			山2段1小层	7.4	7.1	0.35	60.5	气层		4.5	31.4	18.0	322.4

序号	类别	井号	层位	储层物性参数					压裂改造工艺	压裂施工参数			
				厚度(m)	渗透率(mD)	孔隙度(%)	含气饱和度(%)	解释结果		排量(m³/min)	砂量(m³)	平均砂比(%)	入地液量(m³)
1	试验井	SDJ1-4	盒8段下亚段2小层	3.1	1.260	8.13	50.33	含气层	CO_2无水压裂,机械工具分压两层	3.0	6.2	11.2	90.4
		SDJ2-6	山1段2小层	5.9	0.930	10.21	78.42	气层	水力压裂,机械工具分压两层	3.0	14.1	10.5	297.3
			山1段1小层	1.7	0.983	12.36	58.43	气层		2.8	21.0	17.4	192.4
			山1段2小层	6.5	0.582	9.37	57.81	气层		3.2	29.0	18.2	263.5
	邻井对比井	SDJ1-6	盒8段下亚段1小层	3.7	0.859	10.84	56.80	气层	水力压裂,连续油管喷砂射孔环空压裂三层	5.0	30.0	17.5	312.9
			山1段	9.1	0.588	9.45	57.56	气层		5.0	40.0	17.6	412.0
			山2段2小层	2.7	0.604	9.64	62.62	气层		5.0	25.0	17.3	260.7
4	试验井	SDJ1-3	山1段1小层	12.0	11.22	1.245	58.05	气层	5½in光套管+2⅜in油管环空注入	4.5	37.5	20.0	347.3
		SDJ1-7	山1段	11.0	0.561	9.49	53.90	含气层	CO_2无水压裂,油套同注	4.8	25.0	12.2	389.0
	邻井对比井	SDJ1-8	盒8段下亚段2小层	2.5	0.380	9.03	44.37	含气层	水力压裂,连续油管喷砂射孔环空压裂两层	4.5	27.2	18.4	271.0
			山1段2小层	5.8	0.329	8.32	44.65	含气层		4.5	25.2	18.1	254.5
		SDJ1-9	盒8段下亚段2小层	2.3	0.277	6.38	51.46	含气层	水力压裂,机械工具分压两层	3.2	19.2	19.2	145.4
			山1段2小层	3.0	0.536	9.44	56.50	气层		3.5	31.2	18.0	278.7

表 9-56 CO₂无水压裂试验井与水力压裂邻井对比井压后试气无阻流量统计结果

序号	类别	井号	无阻流量（m³/d）	增幅（%）	平均增幅（%）
1	试验井	SD29-49C4	34347		26.90
	邻井对比井	SD29-49	31449	9.21	
		SD29-50	23754	44.59	
2	试验井	T2-16-18C10	247560		62.54
	邻井对比井	T2-16-15	152309	62.54	
		T2-16-18C1			
		T2-16-18C3			
		T2-16-18C8			
3	试验井	SDJ1-4	81085		24.64
	邻井对比井	SDJ2-6	45000	80.19	
		SDJ1-6	63961	26.77	
		SDJ1-3	121075	-33.03	
4	试验井	SDJ1-7	41547		38.33
	邻井对比井	SDJ1-8	28700	44.76	
		SDJ1-9	31500	31.90	
平均值					33.37

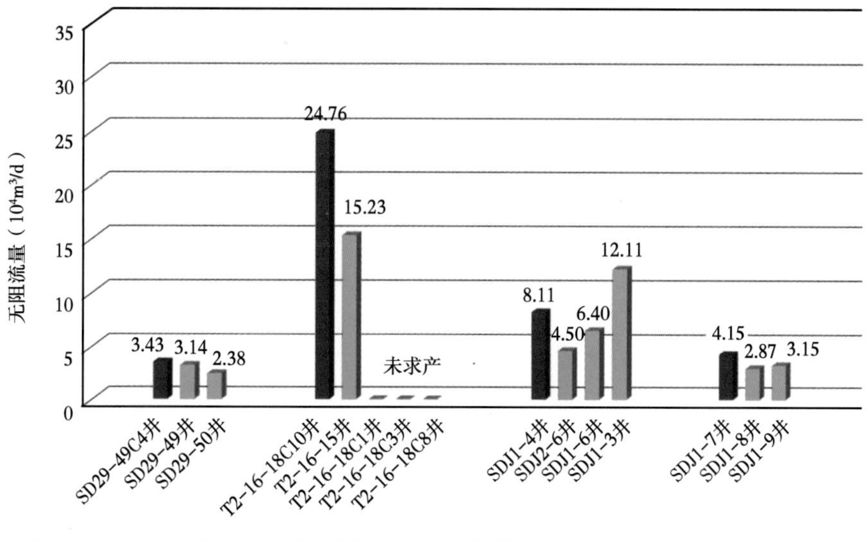

图 9-117 CO₂无水压裂试验井与水力压裂邻井对比井压裂后试气无阻流量统计

2. 完井投产效果对比分析评价

苏里格气田 CO₂ 无水压裂试验井与水力压裂对比邻井投产后有效生产时间生产统计结果见表 9-57 和图 9-118 至图 9-120 所示。

表 9-57　CO_2 无水压裂试验井与水力压裂邻井对比井完井投产统计表

类别	井号	30d		60d		90d		180d		360d	
		平均产气量 ($10^4 m^3/d$)	累计产气量 ($10^4 m^3$)	平均产气量 ($10^4 m^3/d$)	累计产气量 ($10^4 m^3$)	平均产气量 ($10^4 m^3/d$)	累计产气量 ($10^4 m^3$)	平均产气量 ($10^4 m^3/d$)	累计产气量 ($10^4 m^3$)	平均产气量 ($10^4 m^3/d$)	累计产气量 ($10^4 m^3$)
试验井	SD29-49C4	0.44	13.11	0.47	28.53	0.52	47.09	0.65	116.89	0.65	232.46
对比邻井	SD29-49	0.32	9.44	0.65	38.95	0.57	51.60	0.49	87.83	0.59	213.65
	SD29-50	0.36	10.77	0.49	29.44	0.38	34.55	0.22	39.33	0.15	54.30
试验井	T2-16-18C10	3.09	92.52	3.33	201.12	3.34	302.31	3.46	622.59	2.49	894.74
对比邻井	T2-16-18C1	1.19	36.73	1.12	67.12	1.10	98.39	0.96	172.67	0.99	356.86
	T2-16-18C3	0.91	28.00	0.90	54.91	0.88	78.74	0.75	135.81	0.76	272.64
	T2-16-18C8	0.93	28.76	0.91	55.57	0.89	79.68	0.77	137.82	0.76	271.98
试验井	SDJ1-4	1.51	45.33	1.52	90.93						
对比邻井	SDJ2-6	0.78	23.25	0.75	44.88	0.71	64.13	0.70	126.78	0.67	239.77
	SDJ1-3	1.39	38.78	1.30	78.04	1.32	118.36	1.37	247.02	1.32	476.64
	SDJ1-6	1.02	30.70	0.66	56.87	0.61	77.14				
试验井	SDJ1-7	1.44	28.25	0.65	71.86	0.43	99.75	1.00	180.00		
对比邻井	SDJ1-8	0.35	10.36	0.21	12.98	0.33	29.49	0.26	46.03	0.16	58.70
	SDJ1-9	0.51	15.69	0.75	44.56	0.54	48.59	0.29	52.30	0.18	65.00
CO_2 无水压裂试验井平均值		1.62	44.80	1.49	98.11	1.43	149.72	1.70	306.49	1.57	563.60
水力压裂对比邻井平均值		0.78	23.25	0.77	48.33	0.73	68.07	0.65	116.18	0.62	223.28

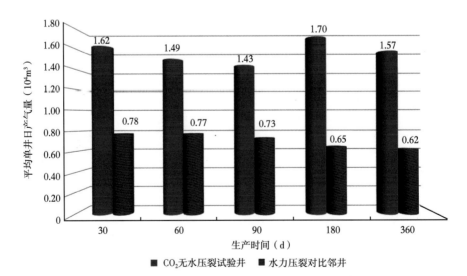

图 9-118　完井投产后平均单井日产气量统计图

可以看出，相较于 10 口水力压裂对比邻井而言，4 口 CO_2 无水压裂试验井完井投产后增产效果显著（图 9-122）：

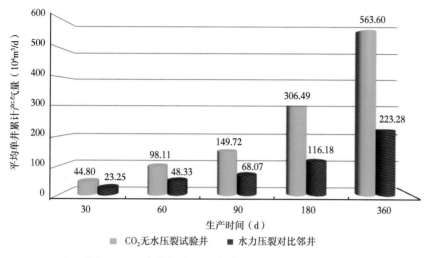

图 9-119　完井投产后平均单井累计产气量统计图

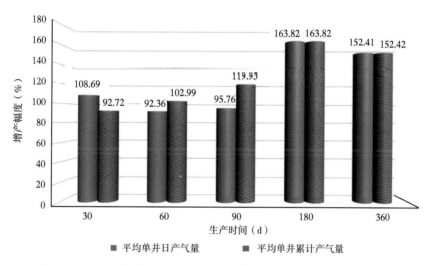

图 9-120　平均单井日产气量和平均单井累计产气量增产幅度统计图

（1）投产初期，CO_2 无水压裂试验井平均单井日产气量较水力压裂对比邻井大幅增加。投产后有效生产时间达到 30 天时，CO_2 无水压裂试验井平均单井日产气量达到 $1.6179×10^4 m^3$，较水力压裂对比邻井的 $0.7753×10^4 m^3/d$ 增加了 108.69%。其中，T2-16-18C10 井平均日产气量达到 $3.0860×10^4 m^3$，远高于 T2-16-18C1 井（$1.1910×10^4 m^3/d$）、T2-16-18C3 井（$0.9094×10^4 m^3$）、T2-16-18C8 井（$0.9322×10^4 m^3/d$）等水力压裂对比邻井。

（2）生产过程中，CO_2 无水压裂试验井生产优势明显。投产后有效生产时间达到 180d 时，平均单井日产气量增加幅度为 163.82%。其中，T2-16-18C10 井、SDJ1-4 井、SDJ1-7 井单井累计产气量远高于水力压裂对比邻井；SD29-49C4 井投产初期与对比邻井相当，但投产 120 天后提高配产产量，累计产气量快速递增以致高于水力压裂对比邻井。

（3）在完井投产层位数量远低于水力压裂对比邻井的情况下，获得了更高的日产气量和累计产气量。CO_2 无水压裂试验井与水力压裂邻井对比井完井投产层位统计结果见

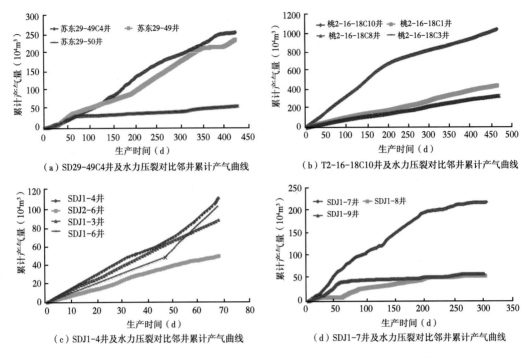

（a）SD29-49C4井及水力压裂对比邻井累计产气曲线

（b）T2-16-18C10井及水力压裂对比邻井累计产气曲线

（c）SDJ1-4井及水力压裂对比邻井累计产气曲线

（d）SDJ1-7井及水力压裂对比邻井累计产气曲线

图 9-121　CO_2 无水压裂试验井与水力压裂对比邻井累计采气曲线

表 9-58，CO_2 无水压裂试验井平均投产层位数量为 1.25 层，仅为水力压裂对比邻井（2.2 层）的 56.8%，但投产 180 天平均单井日产气量相对于水力压裂对比邻井增加 163.82%。

表9-58　CO_2 无水压裂试验井与水力压裂邻井对比井完井投产层位统计

类别	井号	生产层位	生产层位数量
试验井	SD29-49C4	山1段2小层	1
对比邻井	SD29-49	山1段2小层	1
	SD29-50	山1段、盒8段、盒3段	3
试验井	T2-16-18C10	盒8段下亚段	1
对比邻井	T2-16-18C1	山1段2小层、盒8段下亚段2小层、盒8段下亚段1小层	3
	T2-16-18C3	山1段2小层、盒8段下亚段1小层	2
	T2-16-18C8	山2段1小层、山1段1小层、盒8段上亚段2小层	3
试验井	SDJ1-4	山1段2小层、盒8段下亚段2小层	2
对比邻井	SDJ2-6	山1段1小层、山1段2小层	2
	SDJ1-6	盒8段下亚段1小层、山1段、山2段2小层	3
	SDJ1-3	山1段1小层	1
试验井	SDJ1-7	山1段2小层	1
对比邻井	SDJ1-8	山1段2小层、盒8段下亚段1小层	2
	SDJ1-9	山1段2小层、盒8段下亚段1小层	2
CO_2 无水压裂试验井平均值			1.25
水力压裂对比邻井平均值			2.2

参 考 文 献

白建文，周然，邝聃，等，2017. 二氧化碳干法加砂压裂增黏剂研制 [J]. 钻井液与完井液，34（6）：105-110.

陈斌，2011. 压裂井中油层保护技术的应用 [J]. 中国石油和化工标准与质量，31（2）：46.

陈晨，朱颖，翟梁皓，等，2018. 超临界二氧化碳压裂技术研究进展 [J]. 探矿工程（岩土钻掘工程），45（10）：21-26.

程健，2011. 重复压裂技术在桩西油田的应用 [J]. 中国石油和化工标准与质量，31（9）：80-81.

程宇雄，李根生，王海柱，等，2014. 超临界二氧化碳喷射压裂井筒流体相态控制 [J]. 石油学报，35（6）：1182-1187.

崔伟香，邱晓惠，2016. 100%液态 CO_2 增稠压裂液流变性能 [J]. 钻井液与完井液，33（2）：101-105.

崔伟香，舒玉华，崔明月，等，2017. 液态 CO_2 增稠压裂液流变性能分析 [J]. 油田化学，34（2）：250-254+264.

崔伟香，2016. 二氧化碳无水压裂技术研究与应用 [C]. 中国石油学会天然气专业委员会、四川省石油学会. 2016 年全国天然气学术年会论文集：1328-1336.

丁立苹，2017. 液态 CO_2 干法压裂滤失规律研究 [D]. 青岛：中国石油大学（华东）.

董庆祥，王兆丰，韩亚北，孙小明，2014. 液态 CO_2 相变致裂的 TNT 当量研究 [J]. 中国安全科学学报，24（11）：84-88.

杜明勇，2016. 超临界二氧化碳压裂液体系研究 [D]. 青岛：中国石油大学（华东）.

方长亮，2015. 超临界二氧化碳压裂页岩的可压裂性模拟研究 [A] // 中国地质学会探矿工程专业委员会. 第十八届全国探矿工程（岩土钻掘工程）技术学术交流年会论文集 [C]. 中国地质学会探矿工程专业委员会：中国地质学会探矿工程专业委员会，545-552.

冯璇，2017. 致密油藏二氧化碳干法压裂技术研究 [D]. 北京：中国石油大学（北京）.

付新，2012. 二氧化碳的生产、回收与应用进展 [J]. 化学与生物工程，29（6）：10-13.

葛强，2018. 致密油储层 CO_2 压裂增产机理研究 [D]. 北京：中国石油大学（北京）.

韩珂，2018. 长庆 XX 区块致密砂岩地层超临界二氧化碳压裂研究与应用 [D]. 北京：中国石油大学（北京）.

韩亚北，2014. 液态二氧化碳相变致裂增透机理研究 [D]. 郑州：河南理工大学.

何福胜，毕建乙，王海东，2018. 液态 CO_2 相变致裂增透强化抽采技术研究 [J]. 中国矿业，27（S2）：146-150.

侯博恒，施松杉，2013. 碳酸盐岩酸化压裂 CO_2 量的计算 [J]. 断块油气田，20（5）：656-658.

贾光亮，2018. 东胜气田超临界 CO_2 复合干法压裂技术试验 [J]. 重庆科技学院学报（自然科学版），20（2）：24-27.

兰建平，龚群，徐治国，2018. CO_2 压裂参数对井内温度和压力的影响 [J]. 石油机械，46（11）：97-103.

李宾飞，柏浩，李强，等，2018. 硅氧烷增稠 CO_2 压裂液高压流变性 [J]. 中国石油大学学报（自然科学版），42（6）：114-120.

李宾飞，郑超，丁立苹，等，2018. 高压条件下 CO_2 滤失性测量装置设计及应用 [J]. 实验室研究与探索，37（2）：76-79.

李宾飞，2018. 液态 CO_2 压裂液圆管流变特性实验研究 [A]. 西安石油大学、陕西省石油学会. 2018 油气田勘探与开发国际会议（IFEDC 2018）论文集 [C]. 西安石油大学、陕西省石油学会：西安华线网络信息服务有限公司，727-734.

李珊，郑维师，2017. 国外新型 CO_2 密闭混砂装置及液态 CO_2 压裂案例分析 [J]. 钻采工艺，40（5）：36-38+3.

刘玉伟，段爱民，2017. 低渗储层干法加砂压裂增黏剂的研发及压裂液体系优选［J］. 能源化工，38（6）：67-70.

牟善波，张士诚，曹砚锋，等，2009. 气体对阴离子表活剂压裂液破胶实验研究（英文）［J］. 科学技术与工程，9（20）：6156-6158.

任志成，杜刚，年军，2017. 高瓦斯煤层液态 CO_2 致裂消突巷道快速掘进技术［J］. 煤矿安全，48（5）：77-80.

宋振云，苏伟东，杨延增，等，2014. CO_2 干法加砂压裂技术研究与实践［J］. 天然气工业，34（6）：55-59.

宋振云，2017. CO_2 干法加砂压裂工艺技术［A］∥2017 油气田勘探与开发国际会议（IFEDC 2017）论文集［C］. 西安石油大学、西南石油大学、陕西省石油学会：西安华线网络信息服务有限公司：1774-1782.

苏建政，李凤霞，周彤，2019. 页岩储层超临界二氧化碳压裂裂缝形态研究［J］. 石油与天然气地质，40（3）：616-625.

苏伟东，宋振云，马得华，等，2011. 二氧化碳干法压裂技术在苏里格气田的应用［J］. 钻采工艺，34（4）：39-40+44+3-4.

孙小明，2014. 液态二氧化碳相变致裂穿层钻孔强化预抽瓦斯效果研究［D］. 郑州：河南理工大学.

田磊，何建军，杨振周，等，2015. 二氧化碳蓄能压裂技术在吉林油田的应用［J］. 钻井液与完井液，32（6）：78-80+84+109.

田泽础，2018. 液态二氧化碳相变致裂裂缝形态及影响因素研究［D］. 北京：中国矿业大学.

汪小宇，宋振云，王所良，2014. CO_2 干法压裂液体系的研究与试验［J］. 石油钻采工艺，36（6）：69-73.

王翠翠，2018. 二氧化碳无水蓄能压裂参数优化［J］. 钻井液与完井液，35（4）：102-107.

王磊，2018. 液态 CO_2 相变致裂增透技术在贝勒矿的应用研究［D］. 西安：西安科技大学.

王满学，何静，陈刚，等，2017. 液态二氧化碳增稠过程中相态变化及机理探讨［J］. 钻井液与完井液，34（3）：94-98.

王满学，何娜，2017. 液态 CO_2 干法加砂压裂增稠剂技术现状及展望［J］. 石油与天然气化工，46（4）：57-62.

王强，李科，2012. 配合 CO_2 压裂的试油施工常见问题及对策［J］. 油气井测试，21（6）：53-54+75.

王文朋，2019. 超临界二氧化碳压裂液在裂缝内流动数值模拟研究［A］∥2019 国际石油石化技术会议论文集［C］. 西安石油大学、陕西省石油学会、北京振威展览有限公司：西安华线网络信息服务有限公司：182-192.

王洋，袁清芸，赵兵，等，2017. 二氧化碳对塔河油田裂缝性储层酸岩反应的影响研究［J］. 石油钻探技术，45（1）：78-82.

夏玉磊，2018. 前置 CO_2 压裂工艺优化与研究［A］∥2018 年全国天然气学术年会论文集（04 工程技术）. 中国石油学会天然气专业委员会：147-158.

肖博，蒋廷学，张士诚，2018. 垂直裂缝内液体二氧化碳携砂性能的数值模拟［J］. 科学技术与工程，18（12）：186-190.

肖诚旭，邓守春，李海波，2018. 液态 CO_2 相变致裂试验研究［J］. 煤炭技术，37（7）：190-192.

肖诚旭，2018. 液态二氧化碳相变致裂的试验研究［D］. 武汉：湖北工业大学.

谢晓锋，李夕兵，李启月，等，2018，液态 CO_2 相变破岩技术述评研究［J］. 铁道科学与工程学报，15（6）：1406-1414.

徐永强，李紫晶，郭冀隆，等，2018. 页岩储层—超临界 CO_2—模拟压裂液相互作用实验研究及其环境意义［J］. 地学前缘，25（4）：245-254.

许梦飞，2016. 煤层中液态二氧化碳相变致裂半径的研究［D］. 郑州：河南理工大学.

许耀波，2014. 构造煤储层 CO_2 辅助水力压裂复合增产技术及应用评价 ［J］. 中国煤层气，11（5）：20-23.

俞壹凡，喻高明，余跃惠，等，2017. 超零界二氧化碳无水压裂增稠剂实验研究 ［J］. 当代化工，46（6）：1146-1148.

张东明，白鑫，尹光志，等，2018. 低渗煤层液态 CO_2 相变射孔破岩及裂隙扩展力学机理 ［J］. 煤炭学报，43（11）：3154-3168.

张宏伟，朱峰，李云鹏，等，2017. 液态 CO_2 致裂技术在冲击地压防治中的应用 ［J］. 煤炭科学技术，45（12）：23-29.

张怀文，周江，高燕，2018. 二氧化碳干法压裂技术综述 ［J］. 新疆石油科技，28（1）：30-34.

张继兵，高云，2018. 液态 CO_2 压裂增透技术在松软煤层瓦斯治理上的应用 ［J］. 煤矿安全，49（4）：68-71.

张健，徐冰，崔明明. 纯液态二氧化碳压裂技术研究综述 ［J］. 绿色科技，（4）：200-203+206.

张健，张国祥，邹雨时，等，2018. 致密储层 CO_2 压裂裂缝扩展规律数值模拟 ［J］. 石油钻采工艺，40（3）：354-360+368.

张俊江，李涵宇，牟建业，等，2018. 超临界 CO_2 压裂液增黏设计及性能测试 ［J］. 断块油气田，25（5）：680-683.

张融，2017. 无水增能二氧化碳压裂液体系的优化及评价研究 ［D］. 北京：中国石油大学（北京）.

张世春，2017. 液态 CO_2 压裂技术与工艺研究 ［J］. 石油化工应用，36（11）：59-61.

张树立，韩增平，潘加东，2016. CO_2 无水压裂工艺及核心设备综述 ［J］. 石油机械，44（8）：79-84.

张星，严小波，巨颖娇，等，2019. CO_2 压裂技术在深层稠油油藏中提高单井产量的效果评价 ［J］. 石化技术，26（4）：78.

张振安，贺兴平，2017. CO_2 酸化压裂增产措施技术的应用研究 ［J］. 石化技术，24（10）：94.

赵凯灵，2016. 二氧化碳干法压裂技术应用现状与发展趋势 ［J］. 化工设计通讯，42（6）：103+119.

赵龙，王兆丰，孙矩正，等，2016. 液态 CO_2 相变致裂增透技术在高瓦斯低透煤层的应用 ［J］. 煤炭科学技术，44（3）：75-79.

赵龙，2016. 液态二氧化碳相变致裂影响半径时效性研究 ［D］. 郑州：河南理工大学.

郑国超，2017. CO_2 敏感型清洁压裂液体系的构筑及循环再利用机制研究 ［D］. 青岛：中国石油大学（华东），2017.

郑维师，宋振云，苏伟东，2017. 液态 CO_2 压裂施工管柱摩阻计算与分析 ［J］. 钻采工艺，40（6）：53-55+8.

周波，叶凯，杨风柱，2012. 试析液态 CO_2 压裂技术及在油田增产中的运用 ［J］. 中国石油和化工标准与质量，32（6）：114.

朱腾，2017. 超临界二氧化碳/聚合物复合体系高压相平衡和流变性评价 ［A］. 中国化学会第十六届胶体与界面化学会议论文摘要集——第六分会：应用胶体与界面化学 ［C］. 中国化学会，2017：78-79.

Baojiang Sun, Jintang Wang, Zhiyuan Wang, et al, 2018. Calculation of proppant-carrying flow in supercritical carbon dioxide fracturing fluid ［J］. Elsevier B V, 166.

Benzene Derivatives-Toluene, 2018. Researchers' Work from University of Western Australia Focuses on Toluene (Laboratory experiment on a toluene-polydimethyl silicone thickened supercritical carbon dioxide fracturing fluid) ［J］. Energy Weekly News.

Bozhi Deng, Guangzhi Yin, Minghui Li, et al, 2018. Feature of fractures induced by hydrofracturing treatment using water and L-CO_2 as fracturing fluids in laboratory experiments ［J］. Elsevier Ltd, 226.

C Boschi, A Dini, L Dallai, et al, 2009. Enhanced CO_2-mineral sequestration by cyclic hydraulic fracturing and Si-rich fluid infiltration into serpentinites at Malentrata (Tuscany, Italy) ［J］. Elsevier B. V. 265 (1).

Caili Dai, Tao Wang, Mingwei Zhao, et al, 2018. Impairment mechanism of thickened supercritical carbon di-

493

oxide fracturing fluid in tight sandstone gas reservoirs [J]. Elsevier Ltd, 211.

China University of Petroleum (East China), Researchers Submit Patent Application, 2017. "Device and Method for Measuring Supercritical Carbon Dioxide Fracturing Fluid Throttling Coefficient under Different Viscosities" for Approval (USPTO 20170089850) [J]. Energy Weekly News.

E. Ura-Bińczyk, A Dobkowska, M Płocińska, et al, 2017. The influence of grain refinement on the corrosion rate of carbon steels in fracturing fluids used in shale gas production [J]. Materials and Corrosion, 68 (11).

Hai-dong Chen, Zhao-feng Wang, Ling-ling Qi, et al, 2017. Effect of liquid carbon dioxide phase change fracturing technology on gas drainage [J]. Springer Berlin Heidelberg, 10 (14).

Inorganic Carbon Compounds - Carbon Dioxide; Researchers from China University of Petroleum Describe Findings in Carbon Dioxide, 2018. Calculation of proppant-carrying flow in supercritical carbon dioxide fracturing fluid [J]. Energy Weekly News, 2018.

Jizhao Xu, Cheng Zhai, Shimin Liu, et al, 2017. Feasibility investigation of cryogenic effect from liquid carbon dioxide multi cycle fracturing technology in coalbed methane recovery [J]. Elsevier Ltd, 206.

Mingyong Du, Xin Sun, Caili Dai, et al, 2018. Laboratory experiment on a toluene-polydimethyl silicone thickened supercritical carbon dioxide fracturing fluid [J]. Elsevier B. V. , 166.

Praxair Technology Inc, 2018. Patent Issued for System and Apparatus for Creating a Liquid Carbon Dioxide Fracturing Fluid (USPTO 9896922) [J]. Energy Weekly News.

Saudi Arabian Oil Company, 2018. Viscosifying Proppants For Use In Carbon Dioxide-Based Fracturing Fluids And Methods Of Making And Use Thereof" in Patent Application Approval Process (USPTO 20180230366) [J]. Energy Weekly News.

Saudi Arabian Oil Company, 2018. Patent Issued for Viscosifying Modified Proppant System For Carbon Dioxide Based Fracturing Fluids (USPTO 10, 106, 733) [J]. Energy Weekly News.

Saudi Arabian Oil Company, 2018. Patent Issued for Viscosifying Proppants For Use In Carbon Dioxide-Based Fracturing Fluids And Methods Of Making And Use (USPTO 10, 066, 155) [J]. Energy Weekly News.

Zhao Zhong Yang, Liang Ping Yi, Xiao Gang Li, et al, 2018. Phase control of downhole fluid during supercritical carbon dioxide fracturing [J]. Greenhouse Gases: Science and Technology, 8 (6).

Zhenguo He, Shouceng Tian, Gensheng Li, et al, 2015. The pressurization effect of jet fracturing using supercritical carbon dioxide [J]. Elsevier B. V. , 27.

Ziad Bennour, Tsuyoshi Ishida, Yuya Nagaya, et al, 2015. Crack Extension in Hydraulic Fracturing of Shale Cores Using Viscous Oil, Water, and Liquid Carbon Dioxide [J]. Springer Vienna, 48 (4).

第十章　LPG 无水压裂液

　　较之于水力压裂技术，无水压裂技术将极大地缓解水资源的压力。无水压裂技术包括氮气泡沫压裂、二氧化碳压裂和 LPG 无水压裂技术。

　　LPG 无水压裂技术采用 100% 液化石油气（LPG）作为压裂液，LPG 无水压裂技术优势为无水锁、无残渣伤害、100% 返排、返排液可回收销售、无须水返排液处理，是一套全新的工艺技术。我国水资源严重匮乏，开发无水压裂技术，对于减少和避免非常规油气田开发对水资源的依赖和污染，具有十分重要的意义。

第一节　LPG 压裂液研究进展

　　加拿大 GasFrac 公司最先提出 LPG 无水压裂理念，采用液化石油气（LPG）作为压裂液，其主要成分是丙烷（C_3H_8），还有少量乙烷、丙烯、丁烷和化学添加剂，对地层无任何伤害。

　　2007 年，Lestz 和 Wilson 等研究了适用于非常规气藏的液化石油气（LPG）压裂液，它是从混相烃基压裂液演变而来，通过高达 90% 液化石油气和低分子液态烃混合替代水，从而解决水锁问题的一种压裂液。

　　2007 年，Loree 和 Mesher 发明了一项在压裂过程中使用液化石油气作为压裂液进行储层改造的国际专利，在室温条件下，当压力为 1.4MPa 时该压裂液体系呈液体状态，液化压力远低于二氧化碳。该专利重点说明了压裂的特殊装置和施工流程。其中，介绍了稠化剂主要是由磷酸盐酯与硫酸铝反应生成的，提出可以调节稠化剂的浓度获得理想的压裂液黏度，从而获得较好的携砂效果。

　　2008 年，100%LPG 压裂施工的先导性试验在加拿大 McCully 首次展开，压裂施工顺利展开，压裂改造效果显著，测试有效裂缝长度高达 100m 以上。同时在美国与加拿大交界的 Bakken 页岩油层采用了 LPG 压裂技术进行分段改造并获得良好的效果及广泛的应用。

　　2009 年，Tudor 和 Nevison 等介绍了液化石油气的性质及将它增稠后作为凝胶压裂液的性质，与常规水基压裂液对比了黏度、浓度、表面张力和在油气藏烃类中的溶解度。指出 100%LPG 凝胶压裂工艺能够实现迅速彻底的返排，产量明显提高，能显著地增加有效裂缝的长度。

　　2011 年，Leblanc 和 Martel 等探讨了 LPG 压裂液体系被成功应用在加拿大致密气田压裂改造中。与水基压裂液相比较，分析了液态丙烷压裂液的独特优势，实践证明液态丙烷压裂液可明显提高返排效果和生产井初期产量。

　　2012 年，有报道称美国 eCORP 压裂公司研发了一种纯液态丙烷压裂技术，在 Eagle Ford 页岩气储层利用纯液态丙烷作为压裂介质，混合低密度的支撑剂进行了压裂施工，取得了成功。

　　2012 年，范志坤、任韶然等指出 LPG 压裂液具有密度低、表面张力低、与储层流体混相、压裂有效裂缝长度长等诸多优势，能解决低渗透储层压裂液伤害严重、返排率低等问题。

2014 年，侯向前等以丁烷作为基液，以磷酸三乙酯、五氧化二磷、三种醇作为反应原料，采用"两步法"合成了胶凝剂，以硫酸铁作为基本原料，制备出了可以与双烷基磷酸酯快速交联的新型络合铁交联剂，形成了低碳烃无水压裂液体系配方，在 90℃、170s^{-1}、连续剪切条件下黏度逐渐保持稳定，凝胶的最终保留黏度为 41.38mPa·s，具有较优的耐温、耐剪切能力（图 10-1）。

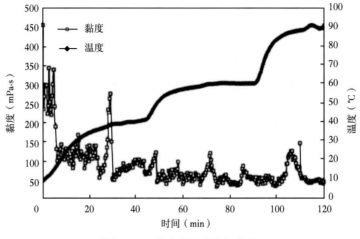

图 10-1   凝胶耐温耐剪切曲线

2015 年，陈晨等以石油醚作为基液，磷酸酯作为稠化剂，利用络合 Fe^{3+} 与交联促进剂配合使用的交联剂体系制备了快速、高效交联的低碳烃压裂液（图 10-2）。

2015 年，刘鹏以五氧化二磷、磷酸三乙酯等为原料合成出了胶凝剂磷酸酯，络合 Fe^{3+} 与交联剂，低分子烷烃无水压裂液体系。正戊烷烃基压裂液在 60℃、170s^{-1} 下连续剪切

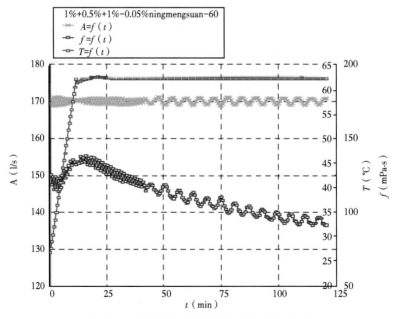

图 10-2   压裂液黏度随剪切时间的变化曲线

1.5 小时，黏度保持在 100mPa·s 以上；正己烷烃基压裂液在 90℃、170s^{-1} 下连续剪切 1.5 小时，黏度保持在 80mPa·s 以上（图 10-3、图 10-4）。

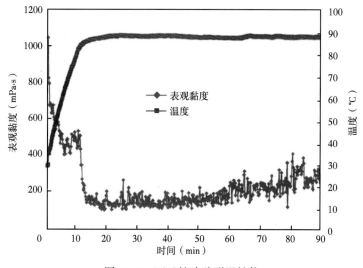

图 10-3　正己烷冻胶耐温性能

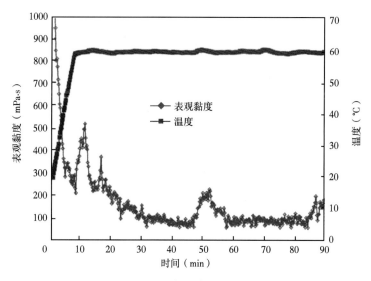

图 10-4　正戊烷冻胶耐温性能

2017 年，祝佳秋以低碳烃为基液，形成了以碳链改短后的双烷基磷酸酯作为胶凝剂，以络合铁溶液作为交联剂的配方体系，研究了 LPG 压裂液的破胶、携砂、伤害性能。

第二节　LPG 压裂液技术特点

LPG 压裂液是以液化丙烷、丁烷或者二者的混合液为基液（液态密度 0.51g/cm^3），油溶性表面活性剂烷基磷酸酯作为稠化剂，Fe^{3+} 或者 Al^{3+} 等多价金属盐作为交联剂而形成的一种低碳烃类无水压裂液体系。其交联机理类似于油基压裂液体系，磷酸酯胶凝剂溶解于 LPG 基液中，在一定的酸碱平衡条件下，与配位数为 6 的多价金属离子交联剂通过分子间作用力将 LPG 基液链接包裹，最终形成三维网状结构凝胶。由于烷基磷酸酯的烃链在长度上与 LPG 类低碳烃基液烃链相当，因而能够实现相似相溶。通过调节胶凝剂的质量浓度，来增稠低碳烃基液，获得理想的压裂液黏度，从而获得较好的携砂效果。

LPG 低碳烃压裂液的优点

（1）与储层岩石及流体的配伍性好，不会造成水相圈闭伤害和黏土膨胀效应，对储层几乎无伤害（图 10-5）。

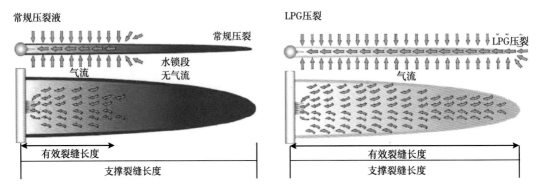

图 10-5　LPG 压裂液作用示意图

（2）压裂液在压裂施工后由于高温、高压而汽化（图 10-6），在形成的缝隙中只留下支撑剂，无压裂液残留，使裂缝长期具有良好的导流能力，且压裂后的有效裂缝面积更大。

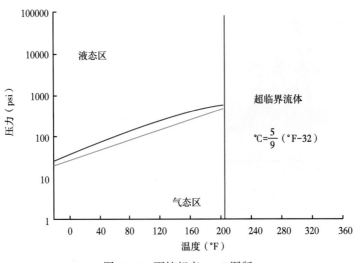

图 10-6　丙烷相变 p—T 图版

（3）破胶液黏度 0.1mPa·s（约为水黏度的 10%），表面张力 7.6mN/m（约为水的表面张力的 10%），密度低且能自然溶于储层流体，低毛细管压力，易于返排（图 10-7 至图 10-9）；LPG 密度差不多是水的一半、膨胀比为 270:1（气液体积比），LPG 的静水柱压力梯度降到 0.51MPa/100m，自然实现欠平衡状态，返排效果更快更好；施工后几天内即可 100% 回收压裂液，压裂液返排的时间短、废物处理少、改造作业后运输量少。因此，比常规压裂方法投产速度更快，极大地提高了油气井增产改造的初期产能与长期产能。

498

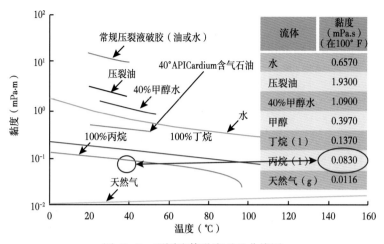

图 10-7　不同流体黏度对比曲线图

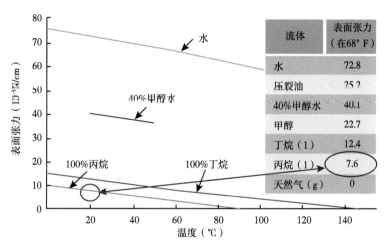

图 10-8　LPG 与其他流体的表面张力对比图

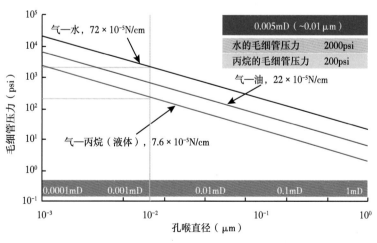

图 10-9　流体毛细管压力图版

（4）压裂后可与天然气一同被抽回地面，其返排率、回收率可达100%，且经过简单的分离处理后即可循环再利用。

（5）低碳烃压裂液不需要用水，能尽可能地缓解对环境和水资源造成的压力，同时也省去了压裂液废液处理的成本。

第三节　LPG压裂工艺

一、LPG压裂设备

典型的LPG压裂施工工艺流程如图10-10中过程1，2，3所示。过程1表示在地面密闭装置中存储的液态丙烷经交联后输送至混砂器，再被高压泵加压泵送至井口；过程2指的是LPG压裂液从井口通过压裂管柱的高速剪切流至裂缝起裂点；过程3指LPG压裂液在裂缝中产生净压力使裂缝得以延伸及它自身滤失的过程。

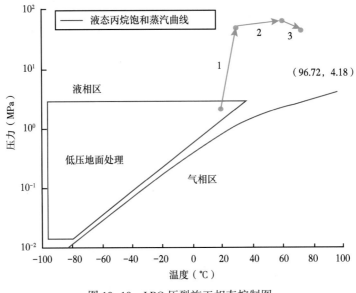

图10-10　LPG压裂施工相态控制图

LPG压裂施工工艺流程与常规压裂有所不同（图10-11）。在试压阶段，首先要将支撑剂添加到密闭容器中，然后利用氮气循环整个管汇系统，检查系统密封性，隔断LPG与空气的接触，防止燃爆。

根据图10-12和具体井温来优化混合气体的组分，以便充分利用现场天然气降低成本，井温过高时还可与柴油混合，这样更容易转变成超临界流体。

在压裂阶段，首先向支撑剂容器注入LPG，并利用氮气加压，通过压力、温度控制，使LPG保持为液态。然后向井筒注入经过稠化的LPG混合压裂液；利用压力泵对井筒加压，直至储层启裂；打开支撑剂阀门，将搅拌均匀的携砂液注入井筒，进行裂缝延伸铺砂，支撑剂含量一般为50%。待注入量达到设计规模，停泵，关井。注入过程中，随着LPG温度升高，黏度会降低，因此要做好设备、材料的充分准备，控制好施工时间，确保压裂成功率。

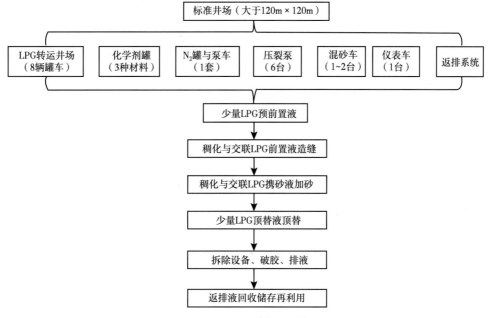

图 10-11 LPG 压裂施工工艺流程

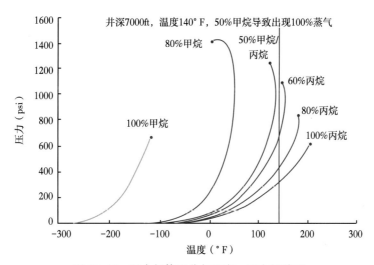

图 10-12 混合气体组分与温度、压力的关系

　　在压裂液返排阶段，首先利用氮气清理地面管线，然后放喷返排压裂液。由于压力的下降和储层热量的吸收，LPG 压裂液汽化后即破胶，无须抽汲装置，利用自身的膨胀就能返回到地面管线。

　　与常规水基压裂相同，在不同施工阶段 LPG 压裂工艺所使用的压裂液也有所差异：前置液、顶替液阶段使用 100% 的液态 LPG 交联压裂液，携砂液阶段使用 90% 的液态 LPG 交联压裂液与 10% 左右的挥发性液化天然气的混合液作为基液。所有添加剂（胶凝剂、交联剂）都在封闭系统中通过管线加入压裂液基液中，并在密闭的混砂车内于支撑剂混合，整个过程完全封闭，保证了压裂液从井口注入地层保持单相（液态），与氮气及二氧化碳干法压裂技术所采用的设备与工艺相同，并且 LPG 压裂液体系具有与常规水基压裂液、

501

油基压裂液相似的流变性、携砂能力及降滤失能力。

二、压裂返排效能评价

采用无量纲的曲线来分别评价水压裂系统和丙烯压裂系统的返排效能，并对二者进行了比较。这些典型曲线是由生产指数（J_D），时间（t_D）和裂缝导流系数（FCD）的无量纲参数组成的。

采用一种包括有压裂井模型模板的商业模拟器，为不同储层特性、裂缝传导性（k_fW）和裂缝半长（x_f）生成大量预测，再利用模拟结果，生成 J_D、t_D、FCD 的函数标准曲线。由于非常规储层的瞬变周期的长度，不管井眼是处于径向流状态，还是水力压裂，还是直井或水平井，J_D 都是相对独立的，所以采用了无量纲生产指数。

用于 McCully 气井压裂返排分析的方程如下：

$$PI = \frac{q}{\Psi_R - \Psi_{wf}} = J_D \frac{Kh}{1.417 \times 10^6 T} \tag{10-1}$$

$$J_D = \frac{1.417 \times 10^6 T}{Kh} PI \tag{10-2}$$

$$t_D = \frac{2.637 \times 10^{-4} Kt}{\varphi \mu_{gi} C_{ti} r_w^2} \tag{10-3}$$

$$FCD = \frac{K_f W}{K x_f} \tag{10-4}$$

式中　PI——生产率指数；

　　　q——气体流速；

　　　Ψ_R——储层压力；

　　　Ψ_{wf}——流动压力；

　　　K——储层的渗透率；

　　　h——净厚度；

　　　T——温度；

　　　ϕ——孔隙度；

　　　u_{gi}——初始储层压力条件下的气体黏度；

　　　c_{ti}——初始储层压力条件下的总压缩系数；

　　　r_w——井的半径。

利用公式及油井的测试得到的数据可绘制出典型曲线，从曲线可看出，FCD 随着时间的推移而提高。处于砂岩段和页岩段的油井，其水压裂系统的初始阶段的测试结果显示压裂是无效的（FCD 为 0）。而随着时间的推移，FCD 逐渐增大而达到最大值。循环测试 3~4 次所得到的结果也是一样，并且此结果与压裂水量无关。另外，研究发现为了得到 FCD 的最大值，水压裂系统的压裂清洗过程，流动或关闭的测试要求 3~4 次的压力循环。流动或关井试验周期的长短并不如实际的压力周期那么重要。这也可从多层水压裂油井测试得到相同的结果。

LPG 压裂井标准曲线与常规水力压裂井有显著差异。观察到最明显的一点是，所有的流动测试都是在标准曲线最大 FCD 值之后，丙烷压裂没有出现任何清井问题。与标准曲线最大 FCD 值出现的唯一偏差是 Green Road G-41 井页岩返排的最初阶段，在此阶段，数据下落至位于最大 FCD 值下方，但很快又上升恢复到与最大 FCD 一致。在所有实例中，初始测试的最初阶段测得气体相对密度大于 1.0，这表明在气体流中的丙烷含量较高。随着相对密度的下降，无量纲数据逐渐移至最大 FCD 标准曲线（图 10-13）。

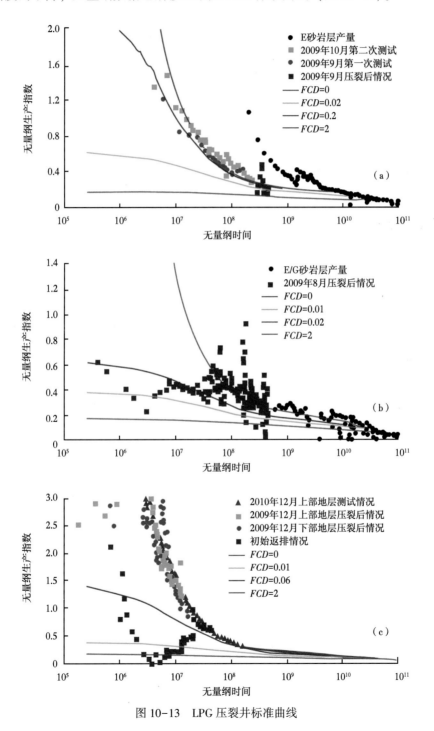

图 10-13 LPG 压裂井标准曲线

第四节　LPG 压裂液现场应用情况

LPG 压裂液技术从 2008 年开始研发，截至 2013 年 4 月，已在 657 井施工 1863 层次，涉及加拿大 McCully Field 地区 Hiram Brook 砂岩和 Frederick Brook 页岩，以及美国 Bakken 砂岩及 Eagle Ford 页岩等多个地区，包括 30 个砂岩地区，9 个页岩地区和 2 个碳酸盐岩储层。使用 LPG 达到 $20.7 \times 10^4 m^3$，加入 $4.3 \times 10^4 t$ 支撑剂；水平井最大加砂量 672t、21 段；最高施工压力 90MPa；排量 8m^3/min，最大砂浓度 1000kg/m^3；可用于致密油、致密气和凝析油储层；施工最深 4934m（水平井）；LPG 压裂适用储层温度为 12~150℃。

加拿大 New Brunswick 省的 McCully 致密气田由 Corridor 资源公司开发，McCully 气田中储气量 $141.59 \times 10^8 m^3$ 的 Hiram Brook（HB）地层含有大量砂岩，上覆于 Frederick Brook（FB）页岩上，而 Frederick Brook（FB）页岩含有 $1.90 \times 10^{12} m^3$ 的自由气。2003 年开始仅 2 口气井产气，2007 年建设 McCully 采气厂，管道发达。由于储藏为非常规气藏，所有井眼都要进行压裂增产，才能达到具有经济价值的产气量。2009 年前首选水力压裂，2009 年开始尝试采用稠化丙烷作为压裂液，试图提高裂缝效能及返排效果。致密（低渗透）HB 砂岩处于极为严峻的高应力环境下，孔隙度 4%~8%，含水饱和度 10%~30%，埋藏深度 1800m，估计层厚 900m，净产层厚度 95m；计算出的渗透率最低 0.001mD、最高 1.8mD，储层压力 2900~5100psi；储层温度异常低，只有 40℃。

根据地质分析与钻完井经验，认为 HB 砂岩为欠饱和状态，低于残余水饱和度，且都低于 10%，所以，压裂流体可能会出现相圈闭。对 McCully 岩心进行了实验室渗透率恢复试验，因其较强的吸水性，测得渗透率降低了 50%。

在大约 400m 长的直井段上会进行 1~7 级压裂增产改造。由于 HB 砂岩层的总厚度大，因此油田中大都采用 "S" 形直井井网开发。采用高压复合桥塞封隔井筒中的每一级压裂。

在 McCully 气田压裂水返排率都很低，严重影响压裂效果，因此，2009 年在 4 口井中采用稠化丙烷（LPG）作为压裂液进行了 9 次水力压裂作业，最终提高了压裂返排效率和气井产能。

压力瞬变分析、产量-时间分析表明，在 McCully 气田的井压裂对比结果是，尽管作业规模一样（泵注的支撑剂用量一样），但丙烷压裂井的裂缝半长是常规水力压裂井平均裂缝半长的两倍。

利用 McCully 砂岩及裂缝平均参数，通过分析模型，生成气田丙烷压裂与水力压裂的分区增产率曲线，表明 10 年后产量持平，丙烷压裂增产量超过常规水力压裂增产量，还包括丙烷回收量，投资回报更快。

LPG 压裂技术在美国、加拿大交界的 Bakken 页岩油层分段改造中也得到了广泛应用。2013 年 12 月，GasFrac 宣布在 Maverick 镇的 Eagle Ford 地层为 Terrace 能源公司成功实施混合 LPG 压裂改造作业，为开发 Eagle Ford 页岩的低气油比的 "黑油" 取得显著进步。GasFrac 能源服务公司已经在俄亥俄州的 2 口尤蒂卡页岩气井上试验使用 LPG 进行压裂。雪佛龙公司也使用 LPG 压裂液在 Piceance 盆地的几口天然气井上实施了压裂作业，还在科罗拉多地区的几口利润丰厚的煤层气和油井进行了压裂作业，都显示 LPG 压裂能大幅提高油气产量，同时减少用水量。GasFrac 公司利用 LPG 压裂技术，使 Union Gas（联合天然气公司）在 Wilcox 中南部 1 口原本在 6~8 个月内完全枯竭的老井恢复了生产，并创造出额外几年的经济效益。在 Husky 的加拿大阿尔伯达省的 Ansell 地区的直井增产中，LPG 压裂比水力压裂提高产能 40%以上，水平井也有类似的产量提高。

LPG 压裂液在致密油气储层压裂均取得良好增产效果。Infill Drill 的某口气井，储层以石英为主，井深 2153m，温度 70℃，压力 2.5MPa，加砂 21t，所用液体丙烷 98m³，所用丙烷气 2.67×10⁴m³，回收时间 1.25d，稳定产量日产气 1.4×10⁴m³，凝析油 2.5m³。Doe Creek 的某口油井，连续生产了 23 年，日产量降为 18bbl，累计产量 20×10⁴bbl；2011 年 6 月 LPG 压裂后，该井日产量达到 275bbl，连续 19 个月的产量在 63bbl/d，累计产量达到约 280×10⁴bbl，收益 410%。

加拿大阿尔伯达省的 Cardium 储层，地质年代属于白垩纪，该地区储层主要由砂岩和泥岩组成。储层岩性为致密砂岩，井深为 1300m，完井方式为套管射孔完井，射孔段厚度为 4.3m。储层孔隙度为 10%，渗透率为 0.1mD，含水饱和度为 20%。在 LPG 压裂施工过程中，该井采用 114.3mm 套管注入。共计注入 100m³LPG 压裂液，32t 30 目/50 目的石英砂，加砂浓度为 320kg/m³。监测结果显示，压裂形成了 1 条长度为 88m 的裂缝，其中，有效裂缝长度为 83m，比率为 94%。在压裂液返排阶段，23 小时后即达到了 100%的返排率。利用裂缝优化软件模拟了该井的有效裂缝长度对储层累计产气量的影响，可知有效裂缝的长度可以影响储层的累计产气量。100%有效裂缝长度比 50%有效裂缝长度单井 5 年的累计产量高出 32%，因此 LPG 压裂技术与水力压裂技术相比，可以获得较高的最终采收率。有效裂缝长度对累计产量的影响模拟实际生产结果显示，裂缝导流能力为 2.787D·cm，表皮系数为-4.66。该井与同一区块基本井况相近、压裂规模相近的 1 口常规压裂井的产量对比可知，分别取开井初期生产 30 天、60 天及 90 天的日产气量对比发现，LPG 压裂井的日产气量比常规压裂井高 55%~75%。较长时间的累计产气量也证实了 LPG 压裂的优异表现，分别取生产时间为 3 个月、6 个月及 9 个月的累计产气量对比发现，LPG 压裂井的累计产气量比常规压裂井高出 50%~70%。

从储层伤害、返排效果、经济收益及社会影响等各方面比较，LPG 压裂技术的研究及应用非常必要。设备的特殊性（全封闭式特制），安全监测，管线内压裂平衡的控制，及时处理气体泄漏等都是 LPG 压裂技术难点。LPG 压裂工艺已经成熟，其研制、标准制定、专利申请、现场严格安全监测及管理保证了 LPG 压裂技术的安全性。

参 考 文 献

查尔斯，2012. LPG 压裂过程中支撑剂运移模拟 [D]. 北京：中国石油大学（北京）.

陈晨，2015. 低碳烃压裂液用高效交联剂的研发及性能评价 [A]. 2015 学术年会论文摘要汇编（中册）[C]. 中国地质学会：中国地质学会地质学报编辑部，697-700.

陈晓宇，张志全，燕明慧，等，2016. 页岩气开采中的液化石油气无水压裂技术 [J]. 当代化工，45（2）：409-411.

范志坤，任韶然，张亮，等，2013. LPG 压裂工艺在超低渗储层中的应用 [J]. 特种油气藏，20（2）：142-145+158.

韩烈祥，朱丽华，孙海芳，等，2014. LPG 无水压裂技术 [J]. 天然气工业，34（6）：48-54.

何涛，景芳荃，柯玉彪，等，2019. 无水压裂液技术研究现状及展望 [J]. 精细石油化工进展，20（2）：24-28+32.

侯向前，卢拥军，方波，等，2013. 非常规储集层低碳烃无水压裂液 [J]. 石油勘探与开发，40（5）：601-605.

侯向前，2014. 低碳烃无水压裂液体系及流变特性研究［D］. 东营：华东理工大学.

黄兴，李天太，胡伟，等，2015. 中国页岩气开发中 LPG 压裂技术应用前景分析［J］. 石油机械，43（7）：87-92.

康一平，2016. 国内外无水压裂技术研究现状与发展趋势［J］. 石化技术，23（4）：73.

李颖虹，2016. 全球页岩气无水压裂技术特点及研发策略分析［J］. 世界科技研究与发展，38（3）：465-470.

李元灵，杨甘生，朱朝发，等，2014. 页岩气开采压裂液技术进展［J］. 探矿工程（岩土钻掘工程），41（10）：13-16.

李媛，2017. 无水压裂技术评价［J］. 石化技术，24（6）：113.

刘鹏，赵金洲，李勇明，等，2015. 碳烃无水压裂液研究进展［J］. 断块油气田，22（2）：254-257.

刘鹏，2015. 页岩低分子烷烃无水压裂液研究［D］. 成都：西南石油大学.

刘忠运，周楠，2017. 川渝山区高效开发页岩气无水清洁压裂技术探讨［J］. 中国石油石化，（4）：54-55.

孙孟莹，荣继光，杨双春，等，2020. 短链碳氢化合物应用于页岩气烃基无水压裂液的研究现状［J/OL］. 应用化工：1-6［2020-05-21］. https：//doi. org/10. 16581/j. cnki. issn1671-3206. 20200306. 003.

王迪，金衍，陈勉，等，2016. 毛细管力影响下页岩储层液化石油气压裂裂缝网络扩展形态研究［J］. 中国科技论文，11（21）：2440-2444.

王俊豪，漆林，龙英，2016. 无水压裂技术研究现状及发展趋势［J］. 石化技术，23（12）：217-218.

祝佳秋，2017. LPG 压裂液体系优选与评价方法研究［D］. 北京：中国石油大学（北京）.

Energy-Oil and Gas Research，2018. Development of an LPG fracturing fluid with improved temperature stability［J］. Energy Weekly News.

Jinzhou Zhao，Pengfei Chen，Youquan Liu，et al，2018. Development of an LPG fracturing fluid with improved temperature stability［J］. Elsevier B V，162.

Leblanc Don，Huskins Larry，Lestz Robert，2011. Propane based fracturing improves well performance in Canadian tight reservoirs［J］. Wold Oil，（7）：39-46.

Lei Wang，Bowen Yao，Minsu Cha，et al，2016. Waterless fracturing technologies for unconventional reservoirs-opportunities for liquid nitrogen［J］. Elsevier B. V.，35.

Pengfei Chen，Honggang Chang，Gang Xiong，et al，2019. Synthesis of phosphates for liquefied petroleum gas（LPG）fracturing fluid［J］. Springer International Publishing，9（3-4）.

Tudor E H，Nevison G W，Allen S，et al，2009. 100% gelled LPG fracturing process：An alternative to conventional water-based fracturing techniques［A］// paper 124495-MS presented at the SPE Eastern Regional Meeting，23-25 September 2009，Charleston，West Virginia USA. New York：SPE.

Tudor E H，Nevison G W，Allen Sean，et al，2009. Case study of a novel hydraulic fracturing method that maximizes effective hydraulic fracture length［C］//paper 124480-MS presented at the SPE Annual Technical Conference and Exhibition. 4-7 October 2009，New Orleans，Louisiana USA. New York：SPE.

Xing Huang，2015. LPG Fracturing Technology and Its Prospect on Shale Gas Exploitation in China［C］. Global Research & Development Service. Proceedings of 2015 International Conference on Science and Environment（ICSE 2015）. Global Research & Development Service：Global Research & Development Service，10-11.

506

第十一章 纳米材料在压裂液中的应用

第一节 纳米材料在油气领域的主要作用

1959 年，理查德·费曼（Richard Feynman）在加州理工学院发表了题为《底下的空间还很大》（There's Plenty of Room at The Bottom）的演讲，他在演讲中讨论了科学家能够处理单个原子和分子的想法，这启发了纳米技术的概念。"纳米技术"一词在 1974 年首次被诺里奥（Norio）教授引入并使用，当时它被定义为"获得超高精度和超细尺寸的生产技术，即精确程度和精细程度约为 1 纳米（10^{-9}m）"。此外有人指出，"纳米技术"主要涉及"通过一个原子或一个分子对材料进行分离、固结和变形处理"。从那时起，不同的研究人员开始使用"纳米技术"这个术语。现在"纳米技术"的一般定义是"在纳米尺度（大约 1~100nm）进行的科学、工程和技术"。

纳米技术现已应用于不同的行业，包括食品、生物医学、电子、材料等。其中一个行业是石油和天然气行业，纳米技术的应用涵盖了上游和下游的不同领域。纳米粒子具有独特的属性，比如它们的尺寸大小和极大的面体比，从而导致更高的反应活性或者与相邻表面相互反应，因此可在较低浓度下提高材料性能。此外，纳米颗粒的小尺寸使它们能够通过地层中的小孔隙运移，有助于纳米颗粒在孔隙空间内轻松流动。纳米技术在石油和天然气工业中日益得到重视和发展，从其相关出版物的数量中可清楚地观察到（图 11-1）。

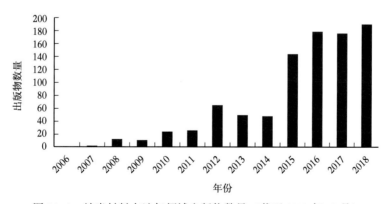

图 11-1 纳米材料在油气领域出版物数量（截至 2018 年 10 月）

图 11-2 显示了纳米材料在石油和天然气行业中不同领域所进行研究的百分比，可以看出纳米材料在提高采收率、钻井和固井等方面开展了大量研究，在增产改造方面的研究关注度没有其他领域高。

图 11-3 展示了不同纳米材料在石油和天然气行业中研究的百分比，可以清楚地看到，二氧化硅是石油和天然气行业中使用最广泛的纳米材料，其次是氧化铝。

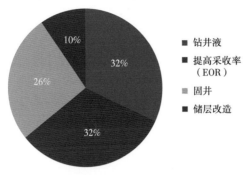

图 11-2 纳米材料在石油和天然气行业中不同领域所进行研究的百分比

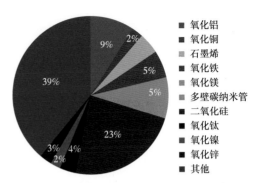

图 11-3 不同纳米材料在石油和天然气行业中研究的百分比

一、提高钻井液性能

钻井液可以简单地定义为在钻井阶段使用的高黏性流体混合物，完成包括提升钻屑、控制地层压力、保持井筒稳定等任务。不同的添加剂用于增强钻井液的不同性质，如流变性、滤失性能等。在设计使用传统添加剂的钻井液时会面临不同的限制，如温度和添加剂的粒径限制等。因此，纳米技术被加以研究以克服这些限制，表 11-1 总结了用于改善钻井液性能的主要纳米材料及其作用。

表 11-1　纳米材料在提高钻井液性能中的主要作用

纳米材料	作用
氧化铝	改善流变性能
	提高井眼清洁
氧化铜	改善滤失性能
	堵塞页岩纳米孔隙
	提高井眼稳定性
氧化镁	改善滤失性能
CNT-聚合物纳米复合材料	改善流变性能
	提高井眼稳定性
	改善高温高压钻井液滤失特性
氧化铁	改善滤失性能
	改善钻井液润滑性
多壁碳纳米管（MWCNT）	改善热传导性能
	改善钻井液润滑性
氧化锌	改善流变性能
二氧化硅	改善流变性能
	改善滤失性能
	提高井眼清洁
	改善页岩抑制性能
	减缓孔隙压力传递
	提高井眼稳定性

508

纳米材料	作用
纳米黏土	改善合成聚合物钻井液流变性能
	改善滤失性能
	降低电阻率
纳米聚合物	改善滤失性能
	提高井眼强度
非改性硅纳米颗粒	改善孔隙密封性能
磺化纳米颗粒	提高页岩储层的井眼稳定性
氧化钛	改善流变性能
	改善导热性和导电性
	改善滤失性能
钛酸锌	改善流变性能
	提高热稳定性
	改善滤失性能

二、提高采收率（EOR）

地下原油在经过一次采油、二次采油后，即使采用了包括化学注入、热采、注气等强化采油的三次采油手段，仍有三分之二的原油未被采出。近年来，开展了大量的纳米技术应用于提高采收率（EOR）的研究，表 11-2 总结了主要纳米材料在提高采收率中的作用。这些纳米材料主要是通过改善与提高采收率有关的一个或多个参数来研究纳米材料在提高采收率方面的作用。

表 11-2　纳米材料在提高采收率（EOR）中的主要作用

纳米材料	作用
氧化铝	降低原油黏度
	降低界面张力
二氧化钛	提高注入水稳定性
二氧化硅	添加纳米颗粒的低矿化度热水（LSHW）提高采收率
	改善注入水的流变特性
	提高扫油效率
	提高泡沫稳定性
	改善流度系数
	降低表面活性剂在多孔介质表面吸附
	在更低的表面活性剂浓度下改善乳化效果
	降低原油黏度
	提高表面活性剂性能
纤维素纳米晶体	波及系数控制
	油在水乳液中的稳定性
石墨烯氧化物	降低原油黏度

纳米材料	作用
石墨烯基氧化锆纳米复合材料	减少过量的水产出
	用作堵水的交联剂
氧化镁	改变润湿性
氧化锌	降低原油黏度
氧化锆	降低流度比
氧化锡	改变渗透性
氧化铁	
氧化镍	
疏水性二氧化硅	
氧化镍/二氧化硅	低浓度下提高采收率
杰纳斯纳米颗粒	降低储层伤害
	降低界面张力
聚合物包覆纳米颗粒	提高流度控制
	改变表面润湿性
表面功能化纳米纤维素	绿色化学提高采收率

三、提高固井水泥浆性能

固井可定义为在环空中泵入水泥浆，使其固化并黏结在地层和套管之间，达到稳定井眼保持油气流动通道的作用。添加水泥添加剂是为了改善某些具体参数，如密度、凝结时间、滤失性能和黏度等。表 11-3 总结了主要纳米材料对水泥性能的影响。

表 11-3　纳米材料在提高固井水泥浆性能中的主要作用

纳米材料	作用
氧化铝	增加电阻率
	提高抗压强度
	加速凝固时间
	改善力学性能
石墨烯	改善力学性能
	减少化学收缩
氧化铁	改善传感性能
	提高抗压强度
氧化镁	加速凝固时间
	减少化学收缩
多壁碳纳米管	加速凝固时间
纳米合成石墨	提高早期抗压强度
二氧化硅	加速凝固时间
	提高抗压强度
	改善滤失性能
	改善力学性能

四、提高压裂液性能，降低储层伤害

油气井增产改造可以简单地定义为通过水力压裂、酸化压裂来改善渗透性和提高油井产能的措施，研究对象包括压裂液和酸液的流变特性和滤失性能等。大量研究表明纳米技术手段能改善油气井增产改造效果，表 11-4 总结压裂液和酸液中应用的主要纳米材料及其作用。

表 11-4　纳米材料在提高压裂液性能、降低储层伤害中的主要作用

纳米材料	作用
氧化镁	改善压裂液流变性能
氧化锌	
热电纳米颗粒	改善压裂液滤失特性
	改善压裂液流变性能
二氧化硅	改善压裂液滤失特性
	改善表面活性剂压裂液流变性能
	提高未支撑裂缝渗透率
	减少储层吸附能力，降低渗透率伤害
	形成微胶囊酸

第二节　纳米材料在压裂液中的应用

一、在压裂前置液中的应用

纳米材料具有很大的比表面积，可以通过纳米材料在岩石表面的吸附来改变岩石表面的润湿性，从而改变油、水的相对渗透率。纳米材料在亲水性岩石性壁面的吸附主要是依靠静电力、范德华力和氢键作用，从而可以在竞争吸附中占据优势。通过在压裂液前置液中加入亲油性纳米级 SiO_2 颗粒，通过亲油性纳米级 SiO_2 颗粒在油藏岩石表面的吸附来实现油藏岩石表面润湿性的反转，即将油藏岩石表面由原来的亲水性转变为亲油性或中性润湿，降低压裂液的滤失，有效提高了压裂液前置液的性能。当油田进入生产阶段时，亲油性的纳米级 SiO_2 颗粒可溶于原油，被原油带出地层，使得油藏岩石表面再次转变为亲水性表面，使地下原油更易被采出。同时具有粒径优势的纳米级 SiO_2 颗粒可以进入到更细小的天然裂缝中，起到封堵天然裂缝、降低压裂液滤失的作用。

二、在控制液体滤失中的应用

水力压裂过程中压裂液侵入地层，对地层造成物理伤害（如典型的含有蒙脱石的储层黏土膨胀伤害）和水动力伤害（如相对渗透率和毛细管压力曲线的改变），这些伤害会降低储层裂缝导流能力和后期的油气产量。许多研究表明，对于致密储层和超致密储层由于压裂液滤失导致的伤害更为严重，然而，常规的降滤失剂并不能防止压裂液滤失进入非常规油气储层的纳米尺度和微米尺度裂缝。这是因为常规降滤失剂的宏观尺寸比喉道直径大，因此需要纳米—微米尺度的降滤失剂来暂堵致密和超致密储层的纳米级孔隙及微米级裂缝，以此降低液体滤失，提高裂缝的有效扩展。

利用纳米材料可以研发智能压裂液，使得压裂后形成一层薄且致密的滤饼，最终改善常规压裂液的流变性能和降滤失性能。主要有两类不同的纳米材料被用作压裂液的降滤失剂，第一类是聚电解质（PEC）类纳米材料，主要包含支化聚乙烯亚胺和硫酸葡聚糖钠盐，此类聚电解质（PEC）的平均尺寸为547nm。开展了聚电解质（PEC）类纳米降滤失剂对硼交联的羟丙基瓜尔胶压裂液的滤失性能测试，结果表明聚电解质（PEC）类纳米级降滤失剂可以有效降低渗透率为0.1mD（或更低）岩心的压裂液滤失量，且添加了聚电解质（PEC）类纳米级降阻剂的压裂液形成的滤饼更弱，滤饼能够更好地破胶、返排，进一步降低伤害。第二类是纳米级SiO_2（降滤失剂），平均粒径尺寸为110.7nm。同样开展了纳米级SiO_2降滤失剂对硼交联的羟丙基瓜尔胶压裂液的滤失性能测试，结果与聚电解质（PEC）类纳米级降滤失剂对比，纳米级SiO_2降滤失剂和聚电解质（PEC）类纳米级降滤失剂都能够有效降低渗透率为0.1mD（或更低）岩心的压裂液滤失量，聚电解质（PEC）类纳米级降滤失剂对低渗透率岩心的滤失控制更为成功，活性水压裂液（2%KCL）中聚电解质（PEC）类纳米级降滤失剂可以将液体滤失将降至零，但纳米级SiO_2降滤失剂仍有少量的液体滤失，但对于硼交联的羟丙基瓜尔胶压裂液，纳米级SiO_2降滤失剂也可以将液体滤失量降至零。

三、在交联剂中的应用

通过非金属或金属化合物与高分子的交联，能够有效提高压裂液的黏度和耐温能力。但研究表明，由瓜尔胶与交联剂（如锆、钛和硼离子络合物）相互作用得到的聚合物压裂液黏度随着温度和压力的升高而降低，且随着交联剂用量的增加，在压裂液返排过程中会造成交联剂残留，限制了压裂液的回收再利用。由于纳米材料的高比表面积，将交联剂通过化学基团连接到纳米材料的表面，再与瓜尔胶或聚合物分子交联，可以减少用于聚合物压裂液交联的配位基的数量，显著降低瓜尔胶、聚合物及交联剂的用量，甚至完全去除传统的交联剂。

主要有三类纳米材料可以作为压裂液的交联剂使用。第一类是更加环保高效的功能化硼酸盐纳米材料，功能化硼酸盐纳米材料平均粒径尺寸为17nm，表面积高达$300m^2/g$，比起普通的硼粒子交联瓜尔胶压裂液更加高效。由于纳米材料巨大的表面积，能够提供更多的交联点，单个纳米颗粒可以交联更多的瓜尔胶分子。在相同压裂液黏度下，使用功能化硼酸盐纳米材料交联剂的浓度是普通硼粒子交联剂浓度的三十分之一。第二类是纳米级TiO_2交联剂，纳米级TiO_2交联剂通过-OH官能团与羟丙基瓜尔胶（HPG）之间的氢键作用交联羟丙基瓜尔胶（HPG）。纳米级TiO_2交联剂极大的表面积是其交联效能的关键，在足够的浓度下，纳米材料交联羟丙基瓜尔胶（HPG）形成一个三维的多糖网络结构。根据研究，纳米级TiO_2交联剂的颗粒粒径必须小于10nm，才能有效交联羟丙基瓜尔胶（HPG），6nm的纳米级TiO_2交联剂可以使得羟丙基瓜尔胶（HPG）压裂液的黏度增加25倍。同时，通过使用螯合配位体（如柠檬酸或三乙醇胺）修饰纳米级TiO_2的表面可以延迟交联过程，螯合配位体的-OH逐渐被羟丙基瓜尔胶（HPG）取代，达到延迟交联目的。第三类是使用ZrO_2纳米材料交联瓜尔胶及其衍生物，通过Zr复合物在多糖中水解和凝析从而得到尺寸为2~6nm的纳米粒子，纳米粒子起到交联的作用。对比通过三乙醇胺稳定

512

的 3nm ZrO$_2$ 纳米材料和通过柠檬酸修饰的 11nmZrO$_2$ 纳米材料的交联效能，柠檬酸修饰的 11nm ZrO$_2$ 纳米材料交联效能相对较差，这是由于其较大的尺寸和较低的用于交联的表面积和结构（水氧化锆和氧化锆的对比）。其他的更便宜的纳米材料也可以作为压裂液交联剂，如磁铁矿纳米材料等。

四、在破胶剂中的应用

破胶剂是通过将聚合物分子的长链降解为短链达到降低压裂液黏度的作用。通常破胶剂被直接加入到压裂液中，但是对于高温储层，温度较高，破胶剂活性较强，破胶剂会导致压裂液在早期破胶，不能很好地造缝和携砂。以此延迟释放技术被研究出来，通过胶囊包覆技术，将破胶剂包覆在胶囊内部，在压裂液注入过程中控制破胶剂的活性，在井底控制破胶剂的释放速率，以达到控制压裂液破胶的目的。然而，胶囊的尺寸相对较大，有可能导致滤饼不能完全降解。破胶剂应该能够在井底的环境下以可控的速率在较短的时间内（1~24 小时）使压裂液和滤饼完全、彻底地破胶。

纳米胶囊技术可以提高传统破胶剂的性能，有两种纳米胶囊破胶剂可以达到延迟释放的目的。一种是在聚电解质（PEC）纳米材料中胶囊包覆传统的破胶剂，如酶等。聚电解质复合纳米颗粒可以有序地捕获和释放酶破胶剂，使其在压裂液中起有效破胶剂的作用。聚电解质（PEC）纳米材料带正电荷，尺寸 235~852nm。实验表明聚电解质（PEC）纳米材料包覆的破胶剂具有良好的包覆效率，随着时间的推移，压裂液性能稳定，没有随剪切而降解，破胶剂表现出良好的控制释放的效果。纳米材料包覆的酶破胶剂能够完全破胶硼酸盐交联的瓜尔胶和 HPG 凝胶，与未包覆的破胶剂相比，在相同破胶剂浓度下表现出良好的延迟释放能力。破胶剂的延迟释放使得破胶剂能够与凝胶充分混合，同时由于纳米材料的尺寸较小，使得破胶剂能够在压裂液中均匀分布，使得压裂液更完全、彻底地破胶，保持水力裂缝清洁和良好的导流能力。纳米材料包覆胶囊（NAC）破胶剂由自排列的正电荷纳米材料和负电荷的聚电解质分子组成，纳米材料主要采用的是金属、金属氧化物、金属非氧化物、有机粒子、线性聚合物、生物分子、富勒烯和单壁碳纳米管（SWCNT）、多壁碳纳米管（MWCNT）等。在微胶囊组装过程中破胶剂被包覆在纳米材料内部，包覆的破胶剂在盐的诱导下变形或破坏释放出破胶剂。第二种是由半导体纳米材料制成的尺寸为 1~100nm 的破胶剂，纳米材料是无机纳米材料，如 Cuo、Cu$_2$O、Si、SiC、Ge、GaAs、InSb、GaN 及其组合物；或者有机纳米材料，如戊二烯、蒽、橡胶、聚（3-己基噻吩）、聚（对苯乙烯）、聚吡咯或聚苯胺等。还有一种纳米级破胶剂是纳米级乳液破胶剂，该类破胶剂含有外相（如水、盐水）、表面活性剂和包含至少一种有机过氧化物的非水内相组成，有机过氧化物包括异丙苯过氧化氢、异丁基异丙苯过氧化氢、异丁基过氧化氢、二丁基过氧化氢、二（2-丁基过氧化异丙基）苯、苯甲酰过氧化物等。这类破胶剂能够实现硼酸盐交联的瓜尔胶压裂液、羟乙基纤维素压裂液等完全破胶。

五、在杀菌剂中的应用

传统压裂液杀菌剂（如甲醛等）有许多缺点：（1）可能有毒性，对工作人员健康有影响；（2）有从井筒渗漏到含水层或其他非目的层的风险，可能会对周围的生态系统造成危害；（3）有些杀菌剂需要相对较高的浓度才能起到杀菌作用，这就造成了成本过高的问题；（4）许多杀菌剂分解或耗散较快，必须得定期更换，这同样会导致成本增加。

纳米技术在压裂液中作为杀菌剂的应用已有专利授权,它是由非金属材料制成的核和银或银的氧化物制成的壳组成的纳米材料,壳至少覆盖核的 20%～75%,纳米材料的直径为 2～100nm。金属纳米组分含有永久的、基本上永久的或半永久的金属银纳米材料与结构水结合,利用多种生物灭杀模式(如催化或协同模式)杀灭细菌(如病原体等),而不是以一种消耗的模式。此外,由于纳米材料的体积小,结合纳米材料的结构和各种力,可以使得纳米材料保持悬浮状态,不会在液体中沉降或沉降相对比较缓慢,从而保持其生物杀灭性能。且纳米材料由于高水平的布朗运动,能够很好地保持杀菌效果;而且这种纳米级杀菌剂能够比其他常规杀菌剂保持更长时间的浓度和功效。

六、在助排剂中的应用

在压裂液中使用表面活性剂的主要目的是减少流体与岩石或裂缝表面之间的界面张力,减少压裂侵入到多孔介质,利于压裂后的返排,使得支撑裂缝在油气生产前保持较高的导流能力。但是,表面活性剂可以吸附在岩石基质或支撑剂表面,使得表面活性剂的浓度降低到临界胶束浓度以下,并降低保持流体较低表面张力的效能,吸附有可能是表面活性剂在高温下沉淀所致。纳米液滴由于粒径尺寸更小,能够进一步渗透到基质中而不破坏流体流动前缘,这将有利于改善表面活性剂降低界面张力、提高岩石润湿性的能力。

共有三类纳米材料用于压裂液助排剂,分别是纳米乳液、乳液纳米添加剂和纳米分散体。

第一类是纳米乳液,又被称为"微乳液""复合纳米液体",主要成分为一种或多种表面活性剂、油相、助溶剂和水,纳米乳液具有环境友好性(可生物降解性、植物源性)和化学安全性(非致癌、无毒、无害、不含挥发性有机物化合物)。2004 年报道了实验室和现场试验的"微乳液"助排剂,粒径范围大概是 2～4nm。纳米结构通过扩大到它们各自表面积的 12 倍,被认为可以最大限度地增加表面能量的相互作用,因此产生以下优点:降低表面张力、对岩层具有最大穿透性、在井眼故障处理中均匀的悬浮性、最大化重质或复杂烃的分解或溶解、控制理想油层润湿性产生表面有效清洁、延缓无机(有机)酸反应、增强压裂过程中流滤失控制机制、降低油管摩阻等。实验室测试显示,当使用了纳米级乳液助排剂时,支撑剂渗透率增加了一倍,返排的启动压力降低了 50%。现场测试表明,流体摩阻降低了 10%～15%,恢复了压裂伤害油井的生产能力,提高了油气井产量。纳米级乳液在美国科罗拉多州等 9 个不同的油气盆地和 19 处不同的岩层得到了应用,30% 的井处理后产量提高了 350%,举升成本降低了 68% 以上,使用纳米级乳液的井产量比邻井未使用纳米乳液的井高出 20%～100%。

第二类是乳液纳米添加剂,由碳纳米管(CNT)和无机纳米级组分(如 SiO_2、Al_2O_3、MgO 和 TiO_2)组成。纳米复合材料有助于乳化和保持乳液的稳定性,防止内部分散相的液滴絮凝或在外部凝聚而成相),此外,其固有的亲水性和疏水性特征使纳米复合材料具有很高的表面活性,由于其具有非常高的热动力学能,使得它们随时间和温度变得非常稳定。

第三类是纳米级分散体,SiO_2 级纳米分散体平均粒径尺寸为 4～20nm,被用作润湿剂,用于从岩层中去除有机物质,如石油、沥青和聚合物,从而使得岩石保持水湿性表面。表面未被修饰的 SiO_2 纳米粒子和部分(20%)被硅烷修饰的 SiO_2 纳米粒子(轻微的疏水性)已用于实验室测试,结果显示,样品中含有 10% 胶体 SiO_2 纳米粒子分散体清除了大约 90% 的聚合物,表面修饰的 SiO_2 纳米粒子分散体清除了 100% 的聚合物,且比未修

饰的 SiO_2 纳米粒子清除速度更快。

七、在黏土稳定和控制颗粒运移中的应用

在石油和天然气开采过程中遇到的公认问题之一是压裂、酸化、砾石充填、二次采油、三次采油等作业导致的细粒的形成和运移。细粒的运移是指在地下储层中，由于油、气、水生产而产生的拖拽力和其他作用力导致的细小的黏土或非黏土颗粒（如石英、无定形二氧化硅、长石、沸石、碳酸盐、盐类和云母）或类似的材料的运移。细粒的来源可能是胶结疏松或不稳定的地层、支撑剂选择不当产生的破碎或是采用了与地层不配伍的液体。细粒的运移会产生非常细小的颗粒悬浮在产出液中，堵塞近井附近的孔隙和喉道，从而导致油气井减产，细粒运移导致的伤害一般在近井 $1\sim2m$ 范围内。

有大量研究证明纳米粒子有固定分散的细小颗粒潜力，如黏土颗粒和非黏土颗粒，包括油气生产过程中运移的带电粒子和非带电粒子。由于尺寸很小，纳米材料的表面力（如范德华力和静电力）能够聚集、成团、絮凝细小颗粒，使其成为聚集物、大团或絮凝体，这些物理作用力使细粒不会靠近井筒区域，从而造成井筒堵塞和地层伤害。用于固定细粒的纳米材料添加剂，尺寸多比油气藏内孔隙和喉道小，因此不发生孔隙喉道堵塞，对储层渗透率的伤害也远远小于细粒本身。更小的尺寸允许纳米材料很容易地进入地层，然后在原位结合或固定细粒，使细粒和纳米材料都留在地层内，而不会长距离运移或者至少不运移到近井区域。

有两种可行的方法来固定细粒：一是将纳米材料混入压裂液中注入地层；二是采用纳米材料包覆的支撑剂。采用与压裂液一起注入地层的纳米颗粒一般是无机纳米颗粒，主要是不同的金属氧化物，例如碱性金属氧化物（如 MgO）、过渡金属氧化物（如 TiO_2）、两性氧化物（如 Al_2O_3）、压电金属氧化物（如 ZnO）。合适的纳米材料粒径范围介于 $1\sim500nm$，使用浓度介于 $0.024\%\sim12\%$；同时无机纳米材料可以通过抑制和防止黏土矿物膨胀控制细粒运移。

八、在黏弹性表面活性剂压裂液（VES）中的应用

黏弹性表面活性剂（VES）压裂液又被称为清洁压裂液，由表面活性剂分子形成的蠕虫状交联结构，其结构是通过分子间物理相互作用力自组装形成的，与高分子一样具有黏弹性质的液体。

黏弹性表面活性剂压裂液与交联聚合物压裂液相比有两个不足：一是不能形成滤饼，从而导致大量的压裂液滤失到基质孔隙中，随之带来地层伤害；二是热稳定性较差，不适合温度较高的储层。研究表明纳米材料的加入可以提高并稳定黏弹性表面活性剂压裂液的耐温能力，通过胶束间相互缠绕和形成胶束—纳米材料连接体促进胶束溶液形成三维网络结构（图 11-4）。胶束以物理方式附着在纳米材料的表面，形成胶束—纳米材料连接体，因此纳米材料起到物理交联剂的作用，既增加了胶束的有效长度，又增加了胶束间的相互缠绕度，形成独特的稳定三维排列结构（图 11-4），这种现象被称为"伪交联"。通过这种物理交联，黏弹性表面活性剂压裂液高温条件下的黏度得到提升和保持，且会形成"伪滤饼"，从而可有效减少压裂液向基质孔隙的滤失，提高黏弹性表面活性剂（VES）压裂液的效率，提高造缝效率，VES 胶束与纳米材料相互作用形成的独特的有弹性的网络结构使得支撑剂在压裂液中悬浮性能良好，提高了压裂液的携砂性能。

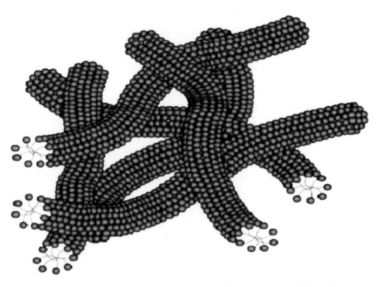

图 11-4　纳米颗粒与表面活性剂胶束形成的三维立体结构

一般来说，黏弹性表面活性剂基纳米颗粒增效压裂液的性能取决于纳米颗粒的形状、VES 浓度及温度。有两大类的纳米材料被用来提升和稳定黏弹性表面活性剂压裂液黏度：一是无机纳米材料，主要包括 ZnO、MgO 和 SiO_2 纳米材料。采用平均粒径尺寸为 35nm 的 ZnO 纳米材料（表面积高达 $500m^2/g$）作为添加剂进行压裂液滤失实验，实验表明：（1）0.1% 的 ZnO 纳米材料加入就能使压裂液黏度增加 10 倍以上，且在高温下保持稳定（120℃下黏度为 $200mPa·s$）；（2）能够产生"伪滤饼"；（3）小尺寸的纳米可以随压裂液一起通过储层孔隙喉道，而不会产生储层伤害；（4）能够提高黏弹性表面活性剂压裂液的携砂性能；（5）当使用破胶剂时，压裂液的黏度能够很快降低，且"伪滤饼"也能完全破胶。MgO 纳米材料也能起到提高黏弹性表面活性剂压裂液黏度的作用，但效果没有 ZnO 纳米材料好。另外一种纳米材料是专门针对煤层气压裂用黏弹性表面活性剂压裂液，主要用于解决煤层气压裂过程中微裂缝发育导致的压裂液大量滤失、低温条件下压裂液难破胶、煤粉堵塞导致的低导流能力等问题。通过加入由聚丙烯和聚酯制成的纳米复合纤维、无机纳米材料，纳米复合纤维能够显著减少支撑剂的沉降速率，同时能够显著降低黏弹性表面活性剂压裂液中表面活性剂的用量（用量由 2.5% 降低到 1.0%），这也有利于黏弹性表面活性剂压裂液在低温条件下的破胶。纳米复合纤维具有极大的表面积、大量的活性基团和特定的电荷，能够使表面活性剂胶束形成自组装滤饼结构，降低压裂液滤失。添加 0.5% 的纳米复合纤维，黏弹性表面活性剂压裂液的滤失系数和滤失速率分别降低 13.4% 和 30.1%；同时添加的纳米复合纤维对煤粉聚集有抑制作用。

九、在 CO_2 压裂液中的应用

液态 CO_2 压裂液是一种无水相无残渣易返排的压裂液体系，适用于水敏性储层，能够有效减少压裂液对地层的伤害。但液态 CO_2 压裂液黏度低，导致其携砂能力弱，施工摩阻高，加入的增稠剂达不到使用量少、绿色环保的效果。通过加入纳米复合纤维材料，能够显著提升液态 CO_2 压裂液的携砂能力、降低施工摩阻。

超临界CO_2压裂液除了保留液态CO_2压裂液的优点外，还具有增产效果佳、施工压力小的优点。通过加入纳米材料到超临界CO_2压裂液中，聚集的纳米颗粒通过产生厚固体膜来防止流体之间的直接接触，该固体膜为液膜变薄、排液泡沫聚合和粗化提供了空间屏障，可以改善CO_2压裂液驱替前缘的传播。有研究显示，使用尺寸在$5\sim20nm$的聚乙二醇包覆的硅纳米材料，纳米粒子包覆在CO_2液滴上，在CO_2驱替前缘形成一层泡沫层，可以有效减少CO_2压裂液的指进现象，提高压裂效果。此外，在CO_2压裂过程中，纳米颗粒聚集在CO_2压裂液前端，被输送到常规支撑剂无法到达的页岩储层的纳米级孔隙中，从而使岩石产生更多的裂缝。

十、在压裂返排液处理中的应用

在石油天然气开采过程中，大量的废水如压裂液返排液、地层产出水等随原油、天然气一同产出，其成分复杂、矿化度高，直接排放会对环境造成严重污染，随着严格的《中华人民共和国环境保护法》出台，压裂液返排液、地层产出水等必须经过处理达标后才能进行排放。目前常用的生物、物理、化学等处理方法都存在处理效率低、处理不彻底等问题。纳米级TiO_2光催化剂氧化能力强、反应速度快且反应彻底，是废水处理新技术的研究热点。刘宏菊等针对粉体纳米级TiO_2及负载TiO_2在废水处理中的问题，采用溶胶—凝胶法制备了纳米级TiO_2颗粒，用于处理冀东油田的采出废水，应用结果显示化学需氧量降低61%。Saien等评价了纳米级TiO_2处理油田废水，降解其中有机污染物含量的能力，并认为将光催化方法结合生物降解方法，可以显著降低化学需氧量。

第三节　微乳液技术在储层改造中的应用研究

近年来，随着中国非常规油气研究工作的广泛开展，储层改造对象由常规储层到非常规储层，储层物性由高渗透到低渗透、特低渗透、超低渗透，甚至为纳达西级致密储层；油藏类型由常规油气藏到致密气、致密油、页岩气、煤层气等；并伴有低压、异常高压、水敏、高温等特性，改造对象异常复杂。

国内现有储层改造液体体系主要包括稠化剂（交联剂）、降阻剂、返排剂、pH值调节剂等，不同化学剂通过协同作用，满足储层改造对液体体系性能的需求。20世纪90年代以来，微乳液由于其优异的特性，目前已经在钻井液完井液和油基钻井液滤饼清洗，油井的清蜡、防垢、解堵及油气增产等石油领域得到广泛的应用。研究表明：微乳液可以降低毛细管阻力，提高渗透率恢复率，降低滤失比，提高返排和驱替效率。因此，其在低—特低渗透油藏、致密气、页岩气、煤层气、页岩油等非常规油藏的储层改造中发挥了重要作用。

一、微乳液理论

1. 微乳液的概念及分类

微乳液（Microemulsion）是1943年由Hoar和Schulman提出来的，微乳液是由表面活性剂、助表面活性剂、水、油、盐等按照一定配比在特定条件下形成的热力学稳定的各向同性的分散体系，其结构如图11-5所示。微乳液按形成的相数可分为多相微现液（Winsor Ⅰ型、Winsor Ⅱ型和Winsor Ⅲ型）和单相微乳液（WinsorⅣ型）。Winsor Ⅰ型又称为下相微乳液，平衡时油/水型微乳液和剩余油共存；Winsor Ⅱ型又成为上相微乳液，平衡时水/油型微乳液和剩余水共存；Winsor Ⅲ型又称为中相微乳液，油、水都是连续相，平衡时与剩余油、水共存。Winsor Ⅰ、Winsor Ⅱ、Winsor Ⅲ型在特定情况下能互相转变，要产生 Winsor Ⅰ→Winsor Ⅲ→Winsor Ⅱ 的过程，可应用很多办法：（1）提高体系的盐含量；（2）提高表面活性剂的浓度；（3）增加表面活性剂疏水基的链长度；（4）增加助表面活性剂疏水基的链长度；（5）减少非离子表面活性剂的环氧乙烷基数；（6）降低油的链长；（7）增加油的芳香性；（8）升高（非离子表面活性剂）或降低（离子型表面活性剂）的温度等。Winsor Ⅳ型是 Winsor Ⅲ型的特例，包括油/水型和水/油型两种，具体分类如图 11-6 所示。

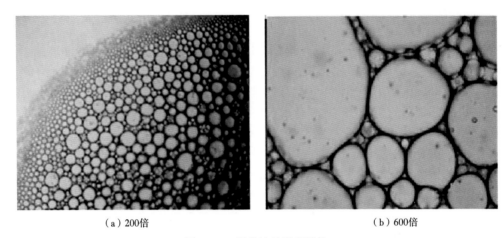

（a）200倍　　　　　　　　　　　　　　（b）600倍

图 11-5　微乳液的微观结构

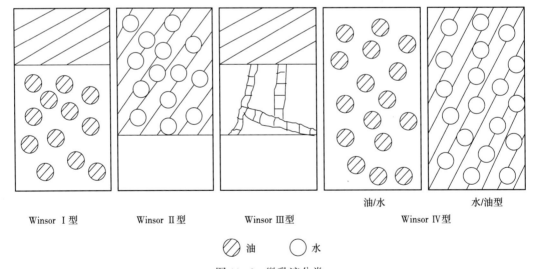

Winsor Ⅰ型　　　Winsor Ⅱ型　　　Winsor Ⅲ型　　　油/水　Winsor Ⅳ型　　水/油型

⊘ 油　　○ 水

图 11-6　微乳液分类

2. 微乳液的形成理论

关于微乳液形成并稳定存在的机理，前人做了很多工作。典型的理论有 R 比理论、几何排列、混合膜、增溶及热力学理论等，其中 R 比理论较为完备，中相微乳液配方设计就是以 R 比理论为基础的。

1）混合膜理论

混合膜理论的代表人物主要有 Schulman 和 Prince，他们认为相界面是微乳液存在的必要条件。正常情况下，油和水是不互溶的，油和水会形成一个明显的分界面，即油水界面。加入表面活性剂和助表面活性剂后，他们会在油水界面上发生吸附，进而形成一个新的相，这个相与油和水不同，它存在一个混合膜。这个混合膜具有降低界面张力的作用，当界面张力小于零时，界面十分不稳定，会不断吸附新的油和水形成更大的界面，从而使界面张力得到提升。当界面张力增加到一定值（一般仍为超低值）后，界面达到稳定状态。因此，微乳液形成的过程可以看作是界面增加的过程。

2）增溶理论

坚持增溶理论的代表人物主要有 Shinoda 和 Friberg，他们认为，胶团是可以膨胀的，膨胀后的胶团便会形成微乳液。当表面活性剂在水中溶解时，存在一个临界胶束浓度（cmc），当表面活性剂浓度小于这一值时，溶液中不会形成胶束，当表面活性剂浓度大于这一值后，溶液中开始出现胶束。形成胶束后的溶液增溶原油的能力会大幅增强。若在形成胶束的溶液中加入油和助表面活性剂，胶束会吸收油和助表面活性剂，继而尺寸胀大，并形成微乳液的小液滴。这种表面活性剂胶束的增溶作用是自发形成的，不需要外界提供能量，这直接导致了微乳液是自发形成的这一特性。但是这一理论存在缺陷，如增溶现象发生时却不一定会形成微乳液。

3）几何排列理论

Robbins 和 Michell 等提出，几何排列理论认为界面膜是由表面活性剂分子的亲水基和亲油基分别于水和油组成的双重界面。在油相界面上，油分子穿插到疏水尾端，而在水相界面上，亲水基水化形成水化层。表面活性剂分子在界面膜上的几何堆积，用堆积参数 v/a_0l_c 来表示（其中，v 表示表面活性剂分子疏水尾端的体积，l_c 表示疏水尾端的长度，a_0 表示单个表面活性剂分子亲水其的截面积）。当 $v/a_0l_c=1$ 时，界面不发生弯曲，形成层状液晶；当 $v/a_0l_c>1$ 时，界面膜凸向油相优先弯曲，有利于形成水/油型微乳液；反之，当 $v/a_0l_c<1$ 时，有利于形成油/水型微乳液，Michell 和 Ninham 在此基础上对这一理论做了进一步解释，提出了油/水型微乳液存在的必要条件为 $1/3<v/a_0l_c<1$。

4）R 比理论

R 比理论主要考虑分子间的相互作用。从微观上来说，微乳液体系存在油区、水区和界面层区 3 个相区。在界面层上油多种分子间相互作用，定义为内聚能，以 A_{xy} 表示任意 2 种分子间的内聚能，该值为负值。定义 $R=(A_{co}-A_{oo}-A_{ll})/(A_{cw}-A_{ww}-A_{hh})$，$A_{co}$ 和 A_{cw} 分别代表界面层中的表面活性剂分子与油和水的内聚能，A_{oo} 和 A_{ww} 分别代表油分子之间和水分子之间的内聚能，A_{ll} 和 A_{hh} 分别代表界面层中的表面活性剂分子疏水基之间和亲水基之间的内聚能。当 $R=1$ 时，体系可形成层状液晶或者双连续结构；当 $R\neq1$ 时，界面层对水和油的亲和性不再相同；当 $R<1$ 时，界面层与水的混溶性增大，界面层凸面朝向水弯曲，有利于形成油/水型微乳液；当 $R>1$ 时，界面层趋向于油铺展，有利于形成水/油型微乳液。

3. 微乳液的制备方法

微乳液的传统制备方法是高能乳化法，主要是指采用高剪切速率、大功率超声等方式对含有表面活性剂、助表面活性剂的水相和油相进行强制乳化，利用常规均质机、胶体磨、搅拌器等设备仅能得到微米级乳液体系，必须采用如高压均质器和大功率超声等专用设备，利用高能方式将乳液中大液滴破坏成纳米级小液滴，其设备昂贵、生产成本高，且得到的微乳液稳定性差。随着表面活性剂研发技术的不断突破，低能乳化法制备微乳液技术得到广泛的关注，包括相转变组分法（PIC 法）、反相乳化法、相转变温度法（PIT 法）、sub-PIT 法、D 相法和微乳液稀释法。其中表面活性剂是低能法的核心，利用表面活性剂的强界面活性在短时间内形成微乳液颗粒或液滴，在稀释、临界相转变温度、自乳化等条件下形成层状或双连续层，有效包裹油相物质，并实现小尺寸液滴状态，最终得到纳米级微乳液体系。

4. 微乳液体系的组成

微乳体系配方的研究就是使用最少量的表面活性剂增溶最大量的油和水。配制微乳液的表面活性剂主要作用是降低界面张力和形成吸附膜，促使微乳液的形成；主要有阳离子型、阴离子型、非离子型、两性离子型和双子表面活性剂等类型。表面活性剂要根据形成微乳液的特性和使用情况进行选择，表面活性剂的亲水亲油平衡值（HLB）反映其亲水亲油性的相对大小。HLB 值为 4~7 的表面活性剂可形成水/油型微乳液；HLB 值为 8~18 的表面活性剂可形成油/水型微乳液；对于离子型表面活性剂，由于亲水基较短，亲油基较长，油比水更容易渗透到膜中，所以更易形成水/油型微乳液。

常用的助表面活性剂为具有极性的中等链长的双亲有机物，如醇、酸、酚、酮、胺和砜等，其中以醇最为常用。醇作为助剂有两个作用：一是醇在微乳液中有一部分溶解在油相中，处于微乳液油水界面膜中，增加界面活性及流动性；二是溶于油相中增加了油相的极性，从而增加了油相的溶解度。随着体系中醇的浓度的增加，不但改变了油相的极性，而且还改变了微乳液油水界面组成，导致微乳液体系发生相的转变。

在微乳液体系中，油相与表面活性剂之间具有适当的渗透性，更易于形成界面膜。随着油相烷基链长的增加，油相嵌入表面活性剂分子中的难度越大，体系的自由能降低，不利于微乳液的形成和稳定，所以在选择油相时通常选用小分子物质。此外，较高的油/表面活性剂比例更易形成水/油型微乳液。

5. 微乳液体系的特点

微乳液与普通乳液相比具有如下特殊性质：（1）粒径小，液滴粒径大小一般为 10~100nm，为透明或半透明的澄清溶液；（2）界面面积大，具有超低表面张力，一般小于 20mN/m；（3）较强的增溶能力，溶油能力强，可与水以任意比例互溶；（4）热力学稳定性好，长期放置不易发生凝絮或相分离。

二、微乳液在储层改造应用中的国内外研究进展

微乳液在储层改造中的增产机理主要体现在：（1）将水溶液或酸性液体与岩石表面的表面张力和界面张力降低到超低值，同时改变岩石表面润湿性，降低毛细管压力；（2）接触并分散各种石蜡类、沥青质类、垢类、细菌膜和凝胶滤饼、地层微粒、钻井液等，具有超强增溶性能；（3）控制和保持理想的润湿性，且不改变岩石表面的润湿性；（4）当泵注流体时能显著减少水、压裂液、二氧化碳及氮气等流体与管壁的摩擦；（5）微乳液液滴极小，能迅速、有效地进入岩石孔隙，提高处理液与地层表面的接触效率。

1. 国外研究进展

微乳液一般作为一种高效降阻剂或返排剂等，与滑溜水复配应用于储层改造中。20 世纪 70 年代中期，由于瓜尔胶的成本不断提高，国外开始进行滑溜水压裂的室内研究和现场试验。滑溜水压裂从 1997 年至今一直是 Barnett 页岩开发中最重要的增产措施，Mitchell

能源公司（2001 年被 Devon 能源公司收购）在 Barnett 页岩中首先开始使用滑溜水压裂，滑溜水压裂技术使 Barnett 页岩采收率提高 20% 以上的同时，使作业费用减少了 65%。国外大约在 2000 年以后将微乳液应用于储层改造中，现已有了一些成熟的产品。

Pentagon Marketing 公司开发了一种新型微乳液添加剂，用于压裂液返排作业。这种微乳液可以有效地分散在处理液中，形成粒径较小的纳米级乳液，极易进入油藏伤害区域及裂缝系统，将表面扩大到 12 倍，从而提高处理液与伤害地层表面的接触效率。在增产措施中，2% 的加量就能够有效地修复污染井，提高液体采收率和相对渗透率，解除水锁效应和聚合物伤害。试验还表明微乳液添加剂能使残留压裂液在低压下从裂缝中返排出来，返排时摩阻降低 10%~15%，泵注压力降低 50%。

Flotek 化学公司用 D-柠檬烯作为油相，生产的 CnF® 微乳液体系（阳离子 +10%~50% 橙皮油）具有破乳、液滴尺寸小、流动能力强、溶解性强、可增加储层连通性等优点。在北美地区压裂作业中使用超 3000 口井，现场试验表明：添加 CnF® 微乳液的压裂液增产效果提升 20%~50%，平均单井累计 18 个月增油超过 4100t。加拿大蒙特尼（Montney）地层致密岩心用 CnF® 微乳液处理的渗吸采收率为自来水的 12 倍；该区块某水平井采用 CnF® 微乳液和压裂液复合体系施工，油气生产 5 个月后闷井 7 个月，闷井后油气产量约为关井前的 3 倍。加拿大下肖纳文（Lower Shaunavon）地层采用 CnF® 微乳液处理后，日产油量增加 50~90bbl。国内苏里格气田应用 CnF® 微乳流压裂井对比同层位邻井，各项指标获得全面突破，90 天累计产量增加 55%。

Elevance 公司生产的 Elevance HFS 系列不饱和烯烃甲酯溶剂是将典型的天然植物油原料，如大豆、棕榈油、油菜、玉米、麻风树。海藻、芥菜、动物脂等，通过拥有专利并获得诺贝尔奖的"烯烃置换反应技术"，再经过精馏和脂交换反应生产得到。代表产品有 Elevance HFS™10、Elevance HFS™12、Elevance HFS™1012，这些产品结合了酯和烯烃的功能，可生物降解，抗氧化性强，洗油能力强，闪点温度高于 100℃，适合在油田化学品种替代 D-柠檬烯和其他溶剂使用。Elevance HFS™ 与表面活性剂和助溶剂按一定比例混合可以形成微小、均匀的微乳液体系，平均粒径约为 120nm，聚合物分散直属（PI）约为 0.12。通过对比三个分别含有 HFS 微乳液、D-柠檬烯微乳液及无添加的微乳液基压裂液样品，发现：与 D-柠檬烯相比，HFS 微乳液提升流速更为显著，稳定性好，在石英砂里的吸附更少，HFS™10 和 HFS™12 将支撑剂渗透率分别提高了 47% 和 60%（图 11-7）。

尼桑（Nissan）化学公司研发的二氧化硅纳米颗粒胶体分散体系（Nano Actic HRT，10% 二氧化硅（<12nm）+ 5% 乙二醇 + 大豆萃取溶剂 + 表面活性剂），既可用于压裂液的前置液或滑溜水中，又可应用于井筒或地面设施的修复作业。作为压裂液添加剂时，使用浓度为 0.2%~1%，可在各种 pH 值和 350℉ 的温度下使用，作用机理是通过胶体分散体系内纳米级颗粒的布朗运动进入基质的微小孔隙，增大接触面积，提高作用效率，将碳氢化合物分解为更小的液滴，并抑制压裂液的乳化，清楚残余的压裂液凝胶，改善油藏连通性，实现快速增产。2017—2018 年，在美国巴肯（Bakken）油田威利斯顿盆地（Williston Basin）的 13 口井进行了试验，7 口井采用 Nano Actic HRT 进行压裂处理，6 口井不使用。90d 后 Nano Actic HRT 处理井平均每口井可增加 13000bbl 的原油产量，投资收益比高达 173%。美国沃尔夫组（Wolfcamp）油田的 78 口井进行压裂试验，13 口井采用 Nano Actic HRT 进行处理，65 口井不使用。90 天后 Nano Actic HRT 处理井平均每口井可增加 4700bbl 的原油产量，投资收益比高达 186%。180 天后 Nano Actic HRT 处理井平均每口井可增加

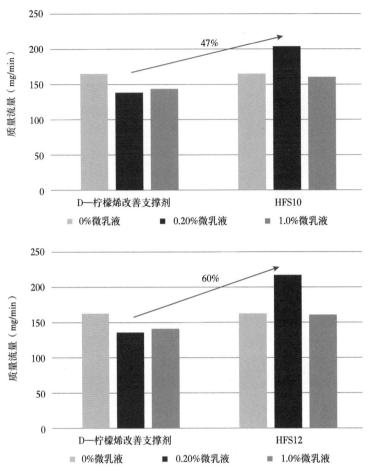

图 11-7　HFS™10（左）和 HFS™12（右）与 D-柠檬烯改善支撑剂渗透率效果对比图

16000bbl 的原油产量。

哈里伯顿公司研发的 GasPerm 1000ˢᵐ 是一种主要针对页岩气、煤层气、致密气等，用来降低水相圈闭的特殊微乳液表面活性剂。GasPerm 1000ˢᵐ 可降低表面张力至 20mN/m，改变接触角至 90°，应用温度达到 165℃，与酸和压裂液互溶，替代甲醛解除水锁，提高气体在多相流中的相对渗透率和流动性，提高液体返排率。在得克萨斯州棉花谷（Cotton Valley）致密气藏进行现场试验，采用 GasPerm 1000sm 处理的井口生产压力是不使用的 14 倍，单井产量是不使用的 1.7 倍。

斯伦贝谢公司研发的微乳液型绿色返排助剂（5~25%水溶性酯+5%~25%油溶性酯+5%~25%非离子表面活性剂+5%~25%两性/阴离子表面活性剂），也可降低裂缝性油藏的水性圈闭。

2. 国内研究进展

国内将微乳液用于储层改造中的研究比外国较晚，大约开始于 2010 年以后。

中国石油大学（华东）的罗明良教授课题组以绿色表面活性剂脂肪酸甲酯磺酸钠（MES）和生物柴油（BD-1）为主要原料，研发了一种环保型 MES 中相微乳液，同时以 MES 中相微乳液为基本组分，制备了一种适用于低渗透油气藏增产改造的微乳液型压裂助排剂。室内评价显示，MES 中相微乳助排率为 87.07%，比氟碳型助排剂 CF-1 提高 16%，并且储层渗透率恢复率可提高 2 倍左右，在改善压裂助排效果方面具有良好的应用前景。

该课题组还以表面活性剂十二烷基硫酸钠和白油为主要原料，制备了一种适用于低渗透油气藏增产改造的环境友好型纳米级乳液压裂助排研 SFC，研究了压裂液对填砂管的水锁伤害率，发现不加助排剂、加 SFC 助排剂的压裂液的水锁伤害率分别为 56.06%、19.17%。SFC 在浓度为 0.5% 时的助排率为 78.6%，比氟碳比氟碳型助排剂 CF-1 提高 3%~5%，并具有良好的耐温性和配伍性，对环境污染小。

卢拥军等分析页岩气改造对压裂液需求出发，结合分子功能设计，合成了 F3AO 速溶乳液降阻剂和 SF-6 微乳助排剂，优化了滑溜水压裂液配方体系。该滑溜水压裂液体系在西南地区某页岩气探井上进行了现场试验，场施工表明，该滑溜水压裂液配制快速、简便、速溶，没有"鱼眼"，在 16m³/min 的排量下，与清水比较，其降阻率达到 81%，压裂改造后证实了页岩的可压性，获得了页岩气改造的工业气流。

陈鹏飞等研发了适合页岩气藏体积压裂的微乳增能助排剂 CT5-13，CT5-13 在降低表面张力、改变接触角、优化地层润湿性的同时，改变了压裂液在页岩地层中的气液驱替特性，使工作液均匀连续排出，有效提高岩心的渗透率。以此配置的压裂滑溜水配方在四川 W 区块和 C 区块共计压裂施工 4 井次，压后平均返排率 46.19%，C 区块共计压裂施工 4 井次，压后平均返排率 27.93%，累计增加测试产量为（6.24~11.35）×10⁴m³/d，施工取得了较好的效果。

赵秋实等针对压裂材料如何进入纳米级孔喉这一问题，研究出专为非常规油气定制的纳米级微乳助排剂，胶束外部为非离子表面活性剂，内部为有机溶剂，胶束外端为亲水结构，胶束直径 10~30nm，平均值为 20nm，可进入纳米—微米级孔隙。以此复配的滑溜水 CST 吸收时间比小，利于压裂后快速返排，复配滑溜水防膨率高，满足低伤害改造需求，复配滑溜水表面张力比气井滑溜水的降低 40% 以上，利于致密气井助排（图 11-8）。

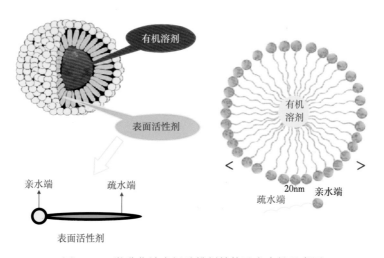

图 11-8　微乳化纳米级助排剂结构及亲水性示意图

周福建等研发了一套适用于致密储层的纳米乳液体系 LNF，LNF 中均匀分散的胶束分子具有约 10nm 的粒径，能够伴随压裂液进入储层，实现岩石的润湿反转，同时保持一定的油水相界面张力，可利用致密储层强大的毛细管力效应渗吸置换原油。使用 LNF 作为压裂液添加剂是实现补充储层能量、高效利用"万方压裂液"并最大化产能的可行办法之一。

三、增渗驱油体系

针对目前国内致密油（气）、页岩油（气）等非常规油藏开发面临"水注不进去，油采不出来"的关键技术难题，中国石油勘探开发研究院油田化学研究所以二苯醚类水溶性（双子）表面活性剂为水相外壳，$C_{10} \sim C_{14}$直链烃类化合物为油相内核，通过微乳液制备技术研制出可改善原油储层流动性、提高原油采收率的增渗驱油体系。该体系具有"小尺寸液"、"小尺寸油"、双相润湿、高表界面活性、破乳降黏五大特征。可用于致密油藏压裂驱油增产、降压增注补充地层能量、驱替与吞吐提高原油采收率等领域，将为致密油藏的有效动用与高效开发及持续提高采收率提供关键技术支撑。

1. 增渗驱油提高采收率技术思路

增渗驱油体系外壳为二苯醚类水溶性（双子）表面活性剂，内核为$C_{10} \sim C_{14}$直链烃类油溶性原油解缔合剂。该核—壳结构的增渗驱油具有五大特征与提高采收率机理。

1）"小尺寸液"特征与扩大微纳米基质波及体积机理

如图11-9所示，制备的增渗驱油体系外相为二苯醚类水溶（双子）表面活性剂，内核为油溶性原油解缔合剂（$C_{10} \sim C_{14}$直链烃类），体系整体呈"水包油"微乳液状态，平均粒径小于30nm，油藏稳定性好。"水包油"纳米级微乳液具有在微米—纳米基质孔喉渗透、扩散、运移能力，可大幅减弱水的氢键缔合作用，降低注入介质启动压力梯度，提高油藏微米—纳米基质孔喉进入能力，实现"小尺寸液"扩大微米—纳米基质波及体积。

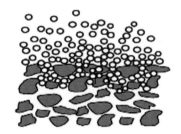

外壳：水溶（双子）表面活性剂

内核：油溶性原油解缔合剂

图11-9　增渗驱油体系"小尺寸液"扩大微观波及体积示意图

2）"小尺寸油"特征与提高微米—纳米基质原油渗流能力机理

如图11-10所示，增渗驱油体系整体呈现"水包油"纳米级微乳液状态，在模拟储层条件下接触原油后水相外壳破裂，立即释放内核油溶性原油解缔合剂，基于解缔合剂与

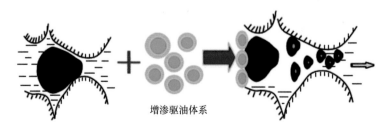

增渗驱油体系

图11-10　增渗驱油体系"小尺寸油"提高原油渗流能力示意图

原油组分的"相似相溶"原理，减弱甚至消除原油各组分间的分子缔合作用，在运动条件下将原油打散成"小尺寸油"状态，大幅提高原油在储层条件下的运移与渗流能力，有利于原油从基质中采出，在水驱基础上进一步提高驱油效率。

3）高表界面活性特征与提高洗油效率机理

体系与原油具有超低界面张力，可增强储层基质原油洗脱能力，有效提高细小孔隙洗油效率。

4）双相润湿特征与有效发挥毛细作用机理

体系对亲水性、亲油性界面均具有良好的润湿能力，能够有效进入不同亲水、亲油条件下的微米—纳米孔隙基质，高效发挥毛细作用，提高油藏复杂润湿条件下毛细管作用的适应能力。

5）破乳降黏特征与改善原油流动性机理

体系具有破乳脱水能力，可破坏原油"油包水"反相乳化状态，大幅提高"油包水"反相乳化原油破乳降黏效率，辅助提高原油流动性。

通过增渗驱油体系五大特征的协同作用，扩大致密油藏微米—纳米基质波及体积，提高原油在储层条件下的渗流能力，最终实现大幅提高致密油藏动用程度和开发效果及采收率的目标。

2. "小尺寸液"特征进入并扩大微纳米基质波及体积机理

根据图 11-11 结果显示：当体系浓度为 0.1% 时，水动力学半径均在 30nm 以下，大于 10nm 比例占 43%，体系平均粒径仅为 10nm 左右，且粒径分布窄，说明体系整体呈"水包油"纳米级微乳液状态。

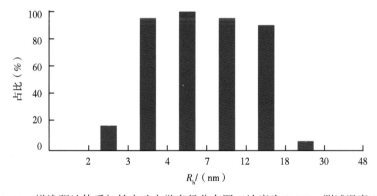

图 11-11　增渗驱油体系初始水动力学半径分布图（浓度为 0.1%、测试温度 85℃）

图 11-12 显示在模拟致密油藏条件下，不同浓度的增渗驱油体系的长期稳定性。在初始条件下，0.1%、0.3% 和 0.5% 浓度初始平均粒径分别为 8nm、11.5nm 和 15nm，这主要是因为随着体系浓度的增大，"水包油"纳米微乳液液滴布朗运动碰撞的概率加大，致使体系初始粒径略有增加，但整体粒径保持在 20nm 以下，说明二苯醚表面活性剂形成的水相外壳稳定性良好，可有效保持体系的"水包油"微乳液的"小尺寸液"状态。随着稳定时间的不断增加，0.1% 浓度体系微乳液状态保持稳定，平均粒径为 10nm 基本保持不变；当体系浓度提高至 0.% 和 0.5%，稳定时间增大，体系粒径也随之增加并达到平衡，说明在 85℃ 的温度条件下，"水包油"液滴布朗运动加剧，碰撞的概率增加，导致部分液滴发生聚集并达到热力学平衡状态，体系粒径最终稳定在 30nm 左右。

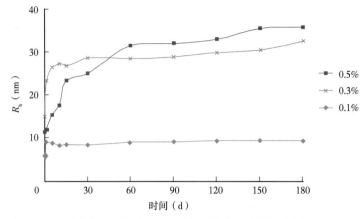

图 11-12　不同浓度条件下增渗驱油体系长期稳定性（测试温度85℃）

3. "小尺寸油"特征提高微米—纳米基质原油渗流能力和驱替与吞吐效率机理

图 11-13 和图 11-14 分别显示，在原油表观黏度分别为 33.4mPa·s 和 5.3mPa·s 条件下三维孔喉刻蚀模型增渗驱油体系"小尺寸油"评价结果。在注入 0.1% 浓度的增渗驱油体系后，原油立即呈现"小尺寸油"分散状态，这主要是因为体系呈"水包油"纳米级微乳液状态，当体系接触原油后，原油与体系内核原油解缔合剂（$C_{10} \sim C_{14}$ 直链烃类）会产生强烈的分子间吸引作用，破坏体系"水包油"微乳液状态，并释放原油解缔合剂进入原油中，利用解缔合剂与原油各组分的"相似相溶"作用，大幅减弱甚至消除原油饱和烃、环烷烃、芳香烃等组分间的缔合效应，在模拟油藏"孔隙—喉道"运移过程中，便可将原油"打碎"成"小尺寸油"分散状态，大幅提高原油在孔隙与喉道的渗流能力与运移效率，有利于原油从基质中采出。

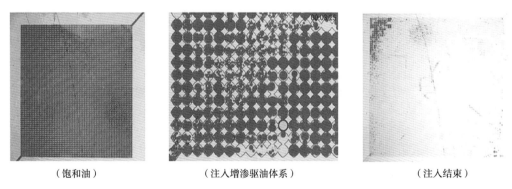

（饱和油）　　　　　　　　（注入增渗驱油体系）　　　　　　　（注入结束）

图 11-13　三维孔喉模型"小尺寸油"特征评价实验（原油表观黏度为 33.4mPa·s）

根据基质区域含油饱和度计算结果显示，注入 1PV 增渗驱油体系后基质区域原油波及体积与洗油效率均超过 95%，揭示了增渗驱油体系具有"小尺寸油"特征，可大幅提高原油在模拟油藏条件下渗流能力。

图 11-15 显示人造致密岩心饱和油、矿化氘水驱后、增渗驱油体系驱后剩余油的低场核磁 T_2 谱图，图中各曲线的积分面积代表剩余油总含量。经计算可得，矿化氘水驱效率为 49.1%，主要驱替较大孔隙基质的原油；增渗驱油体系可在矿化氘水驱的基础上总体驱

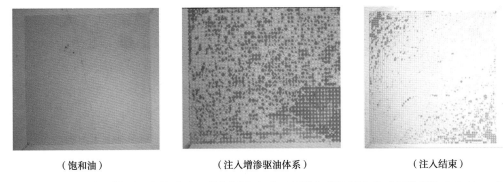

|（饱和油）|（注入增渗驱油体系）|（注入结束）|

图 11-14　三维孔喉模型"小尺寸油"特征评价实验（原油与煤油混合物表观黏度为 5.3mPa·s）

油效率再提高 19.7%，且主要动用较小孔隙剩余油（0.1~2ms），较小孔隙区域剩余油驱替效率比水驱提高了 61.76%，说明体系更容易进入致密岩心微米—纳米基质，并改善原油在基质内流动性，通过"小尺寸油"特征有效提高微米—纳米基质原油驱替效率。

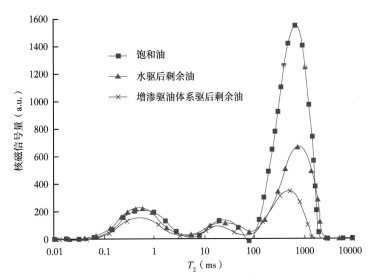

图 11-15　人造致密岩心饱和油、矿化氘水驱后、增渗驱油体系驱油后剩余油的 T_2 谱图

4. 高表界面活性特征提高洗油效率机理

图 11-16 和表 11-5 结果显示重烷基苯磺酸盐、甜菜碱和增渗驱油体系与新疆某致密油界面张力变化情况。从图 7-18 结果可以看出，在 0.1% 的浓度条件下，增渗驱油体系与新疆致密油界面张力平衡值和甜菜碱基本相同，达到 10^{-2} mN/m 级别，远低于重烷基苯磺酸盐，说明增渗驱油体系外壳二苯醚类表面活性剂与原油具有高界面活性特征，可大幅降低致密原油与表面活性剂水溶液的界面张力。

此外，结合表 11-5 的评价结果，增渗驱油体系达到超低界面张力的时间最短，在 4min 左右可使界面张力达到平衡值，主要是因为增渗驱油体系接触原油后，释放的内核原油解缔合剂可大幅减弱原油各组分间缔合的作用，外壳表面活性剂分子更容易达到油水界面并形成规则排列，从而快速降低油水界面张力，提高储层基质细小孔隙原油洗油效率。

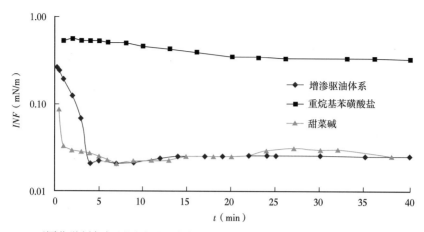

图 11-16　不同化学剂与新疆原油界面张力变化曲线图（化学剂浓度为 0.1%、温度为 85℃）

表 11-5　不同化学剂与新疆原油界面活性（化学剂浓度为 0.1%、温度为 85℃）

化学剂	平衡界面张力值（mN/m）	达到平衡所需时间（min）
	新疆原油	新疆原油
重烷基苯磺酸盐	0.33	26
甜菜碱	0.025	7
增渗驱油体系	0.025	4

5. 双相润湿特征有效发挥复杂油藏毛细管作用机理

由毛细管作用公式（11-1）可以看出，当毛细管半径（r）和界面张力（γ）一定时，接触角（润湿性）是毛细管力渗吸作用的关键，当注入介质与界面的接触角小于 90°时，毛细管力则发挥毛细管渗吸作用，化学剂可自发渗吸进入细小孔隙；当注入介质与界面的接触角大于 90°时，毛细管力则变为毛细管阻力，化学剂将无法自发进入油湿性储层，且容易产生水锁效应。对于致密油藏来说，储层普遍存在亲水、亲油的混合润湿条件，所以要求注入介质与亲水性界面和亲油性界面接触角均小于 90°，在油藏条件下有效发挥毛细管渗吸作用。

$$p_c = 2\gamma\cos\theta/r \tag{11-1}$$

式中　p_c——毛细管力，N；

　　　γ——界面张力，mN/m；

　　　θ——接触角，(°)；

　　　r——毛细管半径，m。

图 11-19 和图 11-20 分别显示矿化水、增渗驱油体系与亲水性 SiO_2 界面、亲油性的 SiO_2 界面初始接触角，根据实验结果可以看出，矿化水与亲水性 SiO_2 界面、亲油性 SiO_2 界面的接触角分别为 9±1° 和 107±1°，根据毛细管作用公式，矿化水只能自发进入水湿性孔隙，对于油相孔隙此时显示为毛细管阻力；加入浓度 0.1% 增渗驱油体系后，亲水性界面和亲油性界面的接触角改变分别为 46±1° 和 68±1°。一方面说明纳米级增渗驱油体系对水湿性界面与油湿性界面均具有良好的润湿特征，可自发进入亲水、亲油微纳米孔隙基质；另一方面，显示出该体系具有改变界面岩石润湿性的功能，可将亲油性储层变为弱亲

水性，有效减少油水两相毛细管末端效应，发挥注入介质毛细管渗吸作用，提高在复杂油藏条件下毛细管作用适应能力。

图 11-17　矿化水与亲水性 SiO_2 界面和亲油性 SiO_2 界面接触角图像（浓度为 0.1%、温度为 85℃）

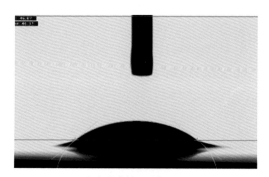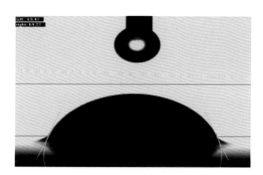

（a）亲水性SiO_2界面　　　　　　　　　　　（b）亲油性涂层SiO_2界面

图 11-18　增渗驱油体系与亲水性 SiO_2 界面和亲油性 SiO_2 界面接触角图像

（浓度为 0.1%、温度为 85℃）

6. 破乳降黏特征辅助改善原油流动性机理

新疆原油在致密储层条件下极易与地层水发生反相乳化作用，原油采出液平均含水率为 30%，且普遍呈现反相"油包水"状态，导致原油表观黏度大幅上升，严重影响原油在储层内流动性。表 11-6 显示增渗驱油体系和市售水溶性破乳剂破乳脱水效果，在 85℃、5 小时条件下，增渗驱油体系对新疆反相乳化原油具有良好的破乳脱水效果，在用量 300mg/L 的条件下，破乳脱水率超过 80%，优于市售水溶性破乳剂。

表 11-6　不同体系对含水率 30% 的反相乳化原油破乳脱水效果

名称	85℃、5 小时破乳脱水效果			
	用量（mg/L）	脱水率（%）	水色	油水界面
增渗驱油体系	150	51	下部清澈	油水界面分明
	300	84.44		
	500	88.89		
	700	93.33		

名称	85℃、5小时破乳脱水效果			
	用量（mg/L）	脱水率（%）	水色	油水界面
市售水溶性破乳剂产品	150	20	下部清澈	油水界面分明
	300	35		
	500	51		
	700	84		

结合图 11-19 的结果可以看出：加入增渗驱油体系可大幅度降低新疆反相乳化原油表观黏度，在 85℃ 的油藏温度下，反相乳化原油表观黏度从 110mPa·s 下降至 12mPa·s 左右，降黏率达 89%，验证了增渗驱油体系具有辅助破乳、降黏、提高原油流动性机理。

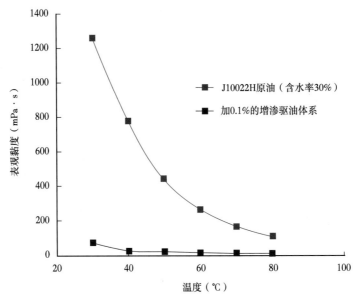

图 11-19　新疆原油与加入增渗驱油体系降黏曲线（原油与药剂质量比为 1000∶1）

参 考 文 献

常冬梅, 罗明良, 贾自龙, 等, 2011. 微乳液型油气增产助剂研究进展 [J]. 应用化工, 40 (8)：1440-1443.

常冬梅, 2018. 致密油气藏用微乳液研制及其性能研究 [D]. 天津：天津科技大学.

春辉, 2014. 纳米技术在压裂作业中的应用 [J]. 石油钻采工艺, 36 (3)：64.

崔正刚, 殷福珊, 1999. 微乳化技术及应用 [M]. 北京：中国轻工业出版社.

邓校国, 蒋无穷, 许晓翠, 等, 2019. 低伤害纳米增效压裂液在福山油田的应用 [J]. 中国矿业, 28 (S1)：315-316+321.

段瑶瑶, 杨战伟, 杨江, 等, 2016. 一种新型纳米复合清洁压裂液的研究与应用 [J]. 科学技术与工程, 16 (30)：68-72.

贺承祖, 华明琪, 2000. 水锁机理的定量研究 [J]. 钻井液与完井液, 17 (3)：1-4.

贺承祖, 华明琪, 1996. 水锁效应研究 [J]. 钻井液与完井液, 13 (6)：13-15.

黄福芝, 2018. 聚合物纳米复合压裂体系的优化及其微胶囊破胶剂的制备研究 [D]. 北京：中国石油大学

（北京）．

黄万里，罗明良，司晓东，等，2017. 环境友好型纳米乳液助排剂制备与性能评价［R］，中国化学会第十六届胶体与界面化学会议论文摘要集——第六分会：应用胶体与界面化学．

贾文峰，陈作，姚奕明，等，2015. 纳米二氧化硅交联剂的合成及其交联形成羟丙基胍胶压裂液的性能研究［J］. 精细石油化工，32（5）：15-18.

姜伟，2014. 煤层气储层压裂用微乳液助排剂及高效返排研究［D］. 北京：中国科学院大学．

乐雷，秦文龙，杨江，2016. 一种耐高温低伤害纳米复合清洁压裂液性能评价［J］. 石油与天然气化工，45（6）：65-69.

李超，王辉，刘潇冰，等，2014. 纳米乳液与微乳液在油气生产中的应用进展［J］. 钻井液与完井液，31（2）：79-86.

李丹，伊向艺，王彦龙，等，2017. 压裂用纳米体膨颗粒裂缝封堵性能实验研究［J］. 钻井液与完井液，34（4）：112-116.

李丹，2018. 纳米颗粒在压裂工艺中封堵裂缝性水层的研究［D］. 成都：成都理工大学．

李干佐，郭荣，徐桂英，等，1995. 微乳液理论及其应用［M］. 北京：石油工业出版社．

李彦尊，武文涛，陈刚，2016. 纳米颗粒在超临界 CO_2 压裂中的作用评价［J］. 煤炭技术，35（9）：136-139.

李勇，王宇哲，李天柱，等，2019. 纳米颗粒在非常规油藏水力压裂中的应用进展［J］. 化学工程师，33（6）：55-59.

李峥，2017. 新型纳米材料在现代压裂中的应用［J］. 江汉石油职工大学学报，30（1）：46-50.

李治鹏，杨洋，谷卓然，等，2019. 纳米 t-ZrO_2 的制备及交联胍胶压裂液的研究［J］. 石油化工，48（11）：1151-1156.

刘佳林，罗明良，任斌，等，2011. 防垢功能纳米乳液制备与性能研究［J］. 应用化工，40（4）：559-563.

卢拥军，邱晓惠，王海燕，等，2012. 新型滑溜水压裂液的研究与应用［R］. 流变学进展——第十一届全国流变学学术会议论文集．

罗明良，刘佳林，温庆志，等，2011. 一种微乳液型压裂酸化助排剂及其制备方法与应用［P］：CN 201010609208. 2011-07-20.

罗明良，刘佳林，温庆志，等，2011. 环保型 MES 中相微乳液改善压裂液助排的效果［J］. 石油学报（石油加工），27（3）：454-460.

罗明良，高遵美，黄波，等，2012. 纤维基纳米复合清洁压裂液性能研究［J］. 应用化工，41（12）：2060-2063.

罗明良，孙涛，吕子龙，等，2016. 致密气层控水压裂用纳米乳液的制备及性能评价［J］. 中国石油大学学报（自然科学版），40（1）：155-162.

吕腾，2017. 低渗透油藏微乳液驱油提高采收率机理研究［D］. 大庆：东北石油大学．

毛雪彬，杜志平，台秀梅，等，2016. 微乳液的理论及应用研究［J］，日用化学工业，46（11）：648-654.

宁雅倩，2016. 纳米颗粒改性清洁压裂液的分子动力学模拟及实验研究［D］. 杭州：浙江大学．

齐双瑜，2018. 辅助油页岩微波加热的纳米压裂前置液体系研究［D］. 成都：西南石油大学．

孙鹏飞，邓卫星，彭锦雯，2010. 相乳化法制备 D4 乳液的研究［J］. 印染助剂，27.

王川，王世彬，郭建春，2018. 纳米陶粉对胍胶压裂液性能的影响［J］. 油田化学，35（1）：31-35.

王佳，2012. 亲油纳米二氧化硅在压裂前置液中改变岩石润湿研究［J］. 新疆石油天然气，8（S1）：71-74+8-9.

王松，曹明伟，丁连民，等，2006. 纳米 TiO_2 处理河南油田压裂废水技术研究［J］. 钻井液与完井液，（4）：65-68+93.

王彦玲，王坤，金家锋，等，2016. 纳米材料在压裂液体系中的应用进展［J］. 精细石油化工，2016，33

（6）：63-67.

王彦玲，张传保，戎旭峰，等，2020. 压裂用纳米交联剂的研究进展 ［J］. 科学技术与工程，20（3）：874-882.

吴斌，王松，喻霞，等，2009. 纳米 TiO_2 处理油田压裂废液研究 ［J］. 长江大学学报（自然科学版）理工卷，6（4）：179-181+2.

吴越琼，2015. 纳米颗粒改性粘弹性清洁压裂液的流变特性研究 ［D］. 杭州：浙江大学.

肖博，蒋廷学，张正道，等，2018. 纳米复合纤维基表面活性剂压裂液性能评价 ［J］. 科学技术与工程，18（29）：59-64.

杨兆中，朱静怡，李小刚，等，2018. 含纳米颗粒的黏弹性表面活性剂泡沫压裂液性能 ［J］. 科学技术与工程，18（10）：42-47.

杨兆中，朱静怡，李小刚，等，2017. 纳米材料用于压裂工艺的研究进展 ［J］. 化工新型材料，2017，45（4）：202-204.

袁士焱，2019. 微纳米泡空化反应器及其在油田压裂返排液处理中的应用 ［D］. 北京：中国矿业大学.

战丽颖，2015. 煤岩气藏压裂液损害评价及加入纳米粒子改性 ［D］. 成都：西南石油大学.

张敬春，2015. 纳米材料在压裂液中的应用研究进展 ［J］. 化工中间体，11（10）：26-27.

张鹏翼，2018. 纳米清洁压裂液配方研究及性能评价 ［D］. 北京：中国石油大学（北京）.

张鹏翼，2017. 一种添加二氧化硅纳米颗粒的阳离子型清洁纳米压裂液性能研究 ［A］//中国化学会第十六届胶体与界面化学会议论文摘要集——第六分会：应用胶体与界面化学 ［C］. 中国化学会：中国化学会：24-25.

张世岭，郭继香，杨鬲琦，等，2015. 滑溜水压裂液技术的发展现状 ［J］. 四川化工，18（4）：21-25.

章子锋，2017. 胍胶压裂液高效纳米交联剂的制备及其性能研究 ［D］. 郑州：河南大学.

赵秋实，王倩，郑丽娜，等，2018. 非常规气藏纳米微乳助剂增产技术研究与应用 ［R］. 2018 年全国天然气学术年会论文集（03 非常规油气藏）.

赵晓航，2018. 纳米颗粒改性 VES 压裂液的工程特性及分子动力学模拟研究 ［D］. 杭州：浙江大学.

周珺，贾文峰，蒋廷学，等，2017. 耐高温超低浓度纳米胍胶压裂液性能评价研究 ［J］. 现代化工，37（5）：59-61+63.

周琼，2017. 纳米颗粒复合清洁压裂液制备及其性能研究 ［A］. 中国化学会第十六届胶体与界面化学会议论文摘要集——第六分会：应用胶体与界面化学 ［C］. 中国化学会：22-23.

周琼，2017. 一种耐温抗剪切纳米清洁压裂液研制与性能评价 ［A］//中国化学会. 中国化学会第十六届胶体与界面化学会议论文摘要集——第六分会：应用胶体与界面化学 ［C］. 中国化学会：260-264.

Al-Muntasheri G A, Liang F, Hull K L, 2017. Nanoparticle-Enhanced Hydraulic-Fracturing Fluids: A Review ［J］. Society of Petroleum Engineers. doi：10.2118/185161-PA.

Alsaba M T, Al Dushaishi M F, Abbas A K, 2020. A comprehensive review of nanoparticles applications in the oil and gas industry ［J］. Petroleum Explore Product Technology 10, 1389-1399. https://doi.org/10.1007/s13202-019-00825-z.

Michell D J, Ninham B W, 1981. Micelles, vesicles and microemulsions ［J］. J Chem Soc Faraday Trans, 77：601-629.

Moussa D, Jones T, Anwar M, et al, 2013. New insights into surfactant system designs to increase hydrocarbon production ［R］. SPE 164273.

Pursley J, Glenn P, David H, 2004. Microemulsion additives enable optimized formation damage repair and prevention ［R］. SPE 86556.

Robbins M, 1977. Micellization, solubilization and microemulsion ［M］. New York：Penum Press：15-28.

Roger K, Cabane B, Olsson U, 2009. Formation of 10-100nm size-controlled emulsions through a sub-PIT cycle ［J］. Langmuir, 26（6）：3860-3867.

Sadurní N, Solans C, Azemar N, et al, 2005. Studies on the formation of O/W nano-emulsions, by low-energy emulsification methods, suitable for pharmaceutical applications [J]. European Journal of Pharmaceutical Sciences, 26 (5): 438-445.

Shinoda K, Saito H, 1968. The effect of temperature on the phase equilibria and the types of dispersions of the ternary system composed of water, cyclohexane, and nonionic surfactant [J]. Journal of Colloid and Inter face Science, 26 (1): 70-74.

Solans C, Izquierdo P, Nolla J, et al, 2005. Nano-emulsions [J]. Current Opinion in Colloid & Interface Science, 10 (3): 102-110.

Yu L, Li C, Xu J, et al, 2012. Highly Stable Concentrated Nanoemulsions by the Phase Inversion Composition Method at Elevated Temperature [J]. Langmuir, 28 (41): 14547-14552.